国家科学技术学术著作出版基金资助出版

相关熵与循环相关熵信号处理导论

邱天爽　栾声扬　田　全　张家成　著

電子工業出版社
Publishing House of Electronics Industry
北京·BEIJING

内 容 简 介

本书紧密结合通信信号处理和无线电监测中的复杂电磁环境问题，针对非高斯、非平稳统计信号处理领域的前沿与热点问题，系统介绍相关熵与循环相关熵的概念、理论、方法与应用问题，旨在为读者提供一种在复杂电磁环境或其他噪声干扰环境下能够有效抑制非高斯脉冲噪声和同频带干扰的理论与技术，以便胜任非高斯、非平稳统计信号处理领域的研究与应用工作。

全书共 10 章，包括：预备知识，复杂电磁环境下的噪声与干扰问题，分数低阶统计量信号处理理论与方法，分数低阶循环统计量及其信号处理，相关熵基本理论，相关熵的主要性质与物理几何解释，基于相关熵的信号滤波技术，相关熵信号处理的其他应用，循环相关熵基本理论，基于循环相关熵的信号处理方法。

本书适合相关领域教师、科技人员阅读，也可用作高等院校信号与信息处理专业博士、硕士研究生（适当兼顾高年级本科生）的教材或辅助教材。

图书在版编目（CIP）数据

相关熵与循环相关熵信号处理导论 / 邱天爽等著. —北京：电子工业出版社，2022.8

ISBN 978-7-121-43958-2

Ⅰ. ①相… Ⅱ. ①邱… Ⅲ. ①信息熵-信号处理 Ⅳ. ①TN911.7

中国版本图书馆 CIP 数据核字（2022）第 119627 号

责任编辑：张小乐
印　　刷：天津千鹤文化传播有限公司
装　　订：天津千鹤文化传播有限公司
出版发行：电子工业出版社
　　　　　北京市海淀区万寿路 173 信箱　邮编　100036
开　　本：787×1092　1/16　印张：20.25　字数：518 千字
版　　次：2022 年 8 月第 1 版
印　　次：2022 年 8 月第 1 次印刷
定　　价：128.00 元

凡所购买电子工业出版社图书有缺损问题，请向购买书店调换。若书店售缺，请与本社发行部联系，联系及邮购电话：（010）88254888，88258888。

质量投诉请发邮件至 zlts@phei.com.cn，盗版侵权举报请发邮件至 dbqq@phei.com.cn。

本书咨询联系方式：（010）88254462，zhxl@phei.com.cn。

前　　言

在无线电监测、目标定位和雷达声呐及机械振动等信号处理应用领域，传输中的有用信号经常会受到脉冲噪声和同频带干扰的影响。在这种脉冲噪声与同频干扰并存的复杂电磁环境下，传统的信号分析处理理论和方法会出现显著的性能退化，甚至不能正常工作。为此，必须研究在复杂电磁环境下能够有效工作的信号处理新理论与新方法。

从统计信号处理的角度来看，脉冲噪声属于一类典型的非高斯随机过程，通常用 Alpha 稳定分布来描述或建模。这类噪声的特点是不存在有限的二阶统计量，且其概率密度函数具有显著的厚拖尾。无线电监测和通信信号处理中的大部分接收信号和同频带干扰可以归属于循环平稳随机过程，是一类典型的非平稳随机过程。因此，脉冲噪声与同频干扰并存复杂电磁环境下的信号处理问题，可以提炼为一类非高斯、非平稳随机信号分析与处理问题。

非高斯、非平稳随机信号分析与处理是统计信号处理领域的前沿问题。近年来，随着信号处理理论和计算机技术的发展，以往难以解决的非高斯、非平稳随机信号分析处理问题，已经或正在受到广泛的重视，并得到逐步的解决。在这个前沿领域，近年来提出并得到迅速发展的相关熵和循环相关熵理论与方法正在日益受到人们的重视。

相关熵（correntropy）是一种广义的相关函数，它可以将数据空间的非线性问题通过非线性变换，映射为再生核希尔伯特空间的线性问题来进行求解，是一种既能有效描述随机过程统计分布，又能刻画其时间结构的单一测度，同时也是一种有效的局部化相似性测度，对于远离统计分布中心的异常值具有很好的抑制作用，因此非常适合在 Alpha 稳定分布条件下的信号处理、参数估计与目标定位等研究与应用。循环相关熵（cyclic correntropy）则在相关熵概念的基础上融入了循环统计量的理论与方法，构建了一种新型循环统计量。循环相关熵保持了相关熵的特点，并借助其在循环频率域能够对不同循环特性信号进行区分的特点，具有很好的同时抑制脉冲噪声与同频带干扰的能力。相关熵和循环相关熵在非高斯、非平稳信号处理中具有广泛的应用价值，并具有进一步深入研究的空间。

相关熵的概念是 2006 年由美国佛罗里达大学 Principe 教授团队首次提出的。循环相关熵的概念则是由本书作者团队于 2016 年率先给出的。近十几年来，相关熵和循环相关熵由于其优越的性能，得到统计信号处理领域的高度重视和深入研究，其理论体系正在逐步完善，其应用已经在信号检测、参数估计、数据滤波、目标定位、图像处理和自适应信号处理等领域广泛展开。其中，Principe 教授团队的研究起到了开创性和引领性的作用，西安交通大学陈霸东教授及其团队也做出了重要贡献。

另一方面，尽管相关熵和循环相关熵的理论与技术得到了广泛的重视和深入研究，但是迄今为止，国内外尚未见到成体系的学术著作出版。为了弥补这一缺憾，并进一步促进相关熵和循环相关熵信号处理理论方法的深入研究和推广应用，本书作者团队在深入调研和研究的基础上，系统整理了十几年来散落在期刊、会议、学位论文等各个角落的文献资料，并结合本团队近年来的亲身研究经历和成果，撰写了这本《相关熵与循环相关熵信号处理导论》，希望对本领域的研究工作者有所裨益。

全书共 10 章。第 1 章，预备知识。简要介绍相关熵与循环相关熵理论所涉及的有关集合、空间和概率密度估计等泛函数学知识。第 2 章，复杂电磁环境下的噪声与干扰问题。介绍复杂电磁环境的基本概念，并详细介绍 Alpha 稳定分布所描述的非高斯脉冲噪声的特点和同频带干扰的特点与产生原因。第 3 章，分数低阶统计量信号处理理论与方法。专题介绍经典的用于处理 Alpha 稳定分布噪声的分数低阶统计量理论与方法，用作后续章节与本书重点介绍的相关熵和循环相关熵的对比。第 4 章，分数低阶循环统计量及其信号处理。从循环平稳随机信号的概念出发，引入循环统计量和分数低阶循环统计量的概念和方法。第 5 章，相关熵基本理论。主要介绍相关熵的起源、背景、基本概念、基本性质和广义相关熵等基本理论。第 6 章，相关熵的主要性质与物理几何解释。主要介绍相关熵的主要性质及其在物理上和几何上的解释，还特别地把相关熵与经典的均方误差概念进行对比。第 7 章，基于相关熵的信号滤波技术。专题介绍基于相关熵的多种滤波技术，包括基于相关熵的核自适应滤波、卡尔曼滤波和贝叶斯参数估计等。第 8 章，相关熵信号处理的其他应用。根据广泛文献阅读和作者团队亲身科研经历，整理并介绍基于相关熵的局部相似性测度、非线性检测、波达方向估计和时间延迟估计等方面的应用问题。第 9 章，循环相关熵基本理论。将相关熵与循环平稳特性相结合，构建循环相关熵的概念和理论方法，分析循环相关熵的存在性和其他主要性质。第 10 章，基于循环相关熵的信号处理方法。介绍循环相关熵在信号载频估计、DOA 和 TDOA 等参数估计、调制识别和机械故障诊断等方面的方法与应用问题。

本书在编写前，作者团队对全书内容的深度、广度和体系模块等进行了充分的研究与讨论，以加强全书的逻辑性。编写时，在注重基本概念、基本内容等理论知识的基础上，由浅入深、循序渐进，涉及较多相关领域的科学研究与应用，使读者在阅读过程中既加深对基础知识的理解，又能较为顺利地进入相关熵与循环相关熵信号处理领域。

本书的著者为邱天爽（第 1～4 章）、栾声扬（第 9～10 章）、田全（第 5～6 章）、张家成（第 7～8 章）。著者感谢西安交通大学陈霸东教授、大连理工大学殷福亮教授、深圳大学李霞教授对本书的推荐，感谢国家自然科学基金的支持，感谢国家科学技术学术著作出版基金的资助，感谢大连理工大学电子信息与电气工程学部的积极支持，感谢在本书成书过程中做出贡献的课题组全体成员，特别是已毕业的宋爱民、刘洋、郭莹、李森、张金凤、王鹏、尤国红、于玲等多位博士和硕士。在本书撰写的过程中，参阅了许多相关文献资料，并利用了其中一些曲线图表等实验结果，在此谨向这些文献的作者和有关单位表示感谢。

著者谨识

2021 年 11 月于大连

主要缩略语表

英文缩写	英 文 全 称	中 文 含 义
ACS	almost-cyclostationary process	准循环平稳过程
AM	amplitude modulation	幅度调制
AOA	angle of arrival	波达角
AR	auto-regressive	自回归
ARMA	auto-regressive moving average	自回归滑动平均
BCI	brain-computer interface	脑机接口
CCCC	correlated cyclic cross-correlation method	基于循环互相关的相关法
CCE	cyclic correntropy	循环相关熵
CCE-LP	cyclic correntropy-based linear prediction	基于循环相关熵的线性预测
CCES	cyclic correntropy spectrum	循环相关熵谱
CD	correntropy for dimension	维度相关熵
CGH	array comparative genomic hybridization	序列比较基因杂交技术
CIM	correntropy induced metric	相关熵诱导距离
CLMS	constrained least mean squares	约束最小均方算法
CMCC	constrained maximum correntropy criterion	约束最大相关熵准则
CRCO	correntropy based correlation	基于相关熵的相关
CRLS	constrained recursive least squares	约束递归最小二乘
CS	cyclostationary random process	循环平稳随机过程
CYC-LP	cyclic correlation-based linear prediction	基于循环相关的线性预测
DOA	direction of arrival	波达方向
EEG	electroencephalogram	脑电图
EKF	extended Kalman filter	扩展卡尔曼滤波器
ESPRIT	estimation of signal parameters via rotational invariance techniques	旋转不变子空间信号参数估计
ETDE	explicit time delay estimation	直接时间延迟估计
FLOCC	fractional lower-order cyclic correlation	分数低阶循环相关
FLOM	fractional lower-order moment	分数低阶矩
FLOS	fractional lower-order statistics	分数低阶统计量
FOT	fraction-of-time	时间片段
GACS	generalized almost cyclostationary	广义准循环平稳
GCIM	generalized correntropy induced metric	广义相关熵诱导距离
GGD	generalized Gaussian distribution	广义高斯分布

续表

英文缩写	英 文 全 称	中 文 含 义
GGD	generalized Gaussian density	广义高斯密度
GMM	Gaussian mixture model	高斯混合模型
HOS	higher-order statistics	高阶统计量
IP	information potential	信息潜
ISM	Industrial Scientific Medical Band	工业科学医疗频段
ITL	information theoretic learning	信息论学习
ITU	International Telecommunication Union	国际电信联盟
KF	Kalman filter	卡尔曼滤波器
KLMP	kernel least mean *p*-norm	核最小平均 *p* 范数
KLMS	kernel least mean square	核最小均方
KM	kernel method	核方法
KMC	kernel maximum correntropy	核最大相关熵
KRLS	kernel recursive least squares	核递归最小二乘
KRMC	kernel recursive maximum correntropy	核递归最大相关熵准则
LCK	local correntropy K-means	局部相关熵 K 均值
LMP	least mean *p*-norm	最小平均 *p* 范数
LMS	least mean square	最小均方
MA	moving average	滑动平均
MAP	maximnm a posteriori	最大后验
MCC	maximum correntropy criterion	最大相关熵准则
MCCC	maximum complex correntropy criterion	最大复相关熵准则
MCC-LP	maximum correntropy criterion-based linear prediction	基于最大相关熵准则的线性预测
MCKF	maximum correntropy Kalman filter	基于 MCC 的卡尔曼滤波器
MD	minimal distribution	最小分散系数
MEE	minimum error entropy	最小误差熵
MGCC	minimum generalized correntropy criterion	最小广义相关熵准则
MMSE	minimal mean square error	最小均方误差
MSE	mean square error	均方误差
MU_CMA	multiuser constant modulus algorithm	多用户恒模算法
MUSIC	multiple signal classification	多重信号分类
PCA	principal component analysis	主成分分析
PCCAF	fractional lower-order cyclic ambiguity function	分数低阶循环模糊函数
PDF	probability density function	概率密度函数
PFLOM	phased fractional lower-order moment	相位分数低阶矩
PSD	power spectral density	功率谱密度
RBF	radial basis function	径向基函数

续表

英文缩写	英 文 全 称	中 文 含 义
RKHS	reproducing kernel Hilbert space	再生核希尔伯特空间
RLS	recursive least square	递归最小二乘
RMSE	root mean square error	均方根误差
SOI	signal of interest	有用信号
SOS	second-order statistics	二阶统计量
SPECCORR	spectral correlation ratio method	谱相关比率法
TDE	time delay estimation	时间延迟估计
TDOA	time difference of arrival	到达时差
UKF	unscented Kalman filter	无迹卡尔曼滤波器
ULA	uniform linear array	均匀线性阵列
ZOS	zero-order statistics	零阶统计量

主要符号表

符　号	含　义
X	随机变量
$f_X(x)$	随机变量 X 的概率密度函数
$F_X(x)$	随机变量 X 的概率分布函数，或称为累积分布函数
$X(t)$ 或 $\{x(t)\}$	随机过程
$x(t)$	连续时间信号，在不引起混乱时表示随机信号，即随机过程
$X(n)$	离散时间随机过程
$x(n)$	离散时间信号，在不引起混乱时表示离散时间随机信号，即离散时间随机过程
$E[X(t)]$	随机过程 $X(t)$ 的数学期望
$R_X(t_1,t_2)$	随机过程 $X(t)$ 的自相关函数
$R_{XY}(t_1,t_2)$	随机过程 $X(t)$ 与 $Y(t)$ 的互相关函数
$R_X(\tau)$	平稳随机过程 $X(t)$ 的自相关函数
$R_{XY}(\tau)$	平稳随机过程 $X(t)$ 与 $Y(t)$ 的互相关函数
$R_X(m)$	离散时间平稳随机过程 $X(n)$ 的自相关函数
$R_{XY}(m)$	离散时间平稳随机过程 $X(n)$ 与 $Y(n)$ 的互相关函数
$S_X(\omega)$	随机过程 $X(t)$ 的自功率谱密度函数
$E[\lvert X\rvert^p]$	随机变量 X 的 p 阶矩
α	Alpha 稳定分布的特征指数
β	Alpha 稳定分布的对称参数
γ	Alpha 稳定分布的分散系数
a	Alpha 稳定分布的位置参数
$\boldsymbol{R}_x$	信号 $x(n)$ 的自相关矩阵
$\lVert X\rVert_\alpha$	随机变量 X 的 α 范数
$[X,Y]_\alpha$	随机变量 X 与 Y 的共变
λ_{XY}	随机变量 X 与 Y 的共变系数
$E[XY^{\langle p-1\rangle}]$	第一类分数低阶相关（或称为协方差）
$E[X^{\langle a\rangle}Y^{\langle b\rangle}]$	第二类分数低阶相关（或称为协方差）
$\mathbb{H}$	再生核希尔伯特空间
$\boldsymbol{\varphi}(\cdot)$	映射函数
$\kappa(\cdot,\cdot)$	核函数
ε	循环频率
M_x^ε	循环均值

续表

符　号	含　义
$\langle\cdot\rangle_t$	时间平均算子
$R_x^{\varepsilon}(\tau)$	循环自相关函数
$S_x^{\varepsilon}(f)$	循环谱密度函数
$M_{x,n}^{\varepsilon}(\tau_1, \cdots, \tau_{n-1})$	循环平稳随机信号 $x(t)$ 的 n 阶循环矩
$C_{x,n}^{\varepsilon}(\tau_1, \cdots, \tau_{n-1})$	循环平稳随机信号 $x(t)$ 的 n 阶循环累积量
${}_{\mathrm{M}}S_{x,n}^{\varepsilon}(f_1, \cdots, f_{n-1})$	循环平稳随机信号 $x(t)$ 的 n 阶循环谱
${}_{\mathrm{C}}S_{x,n}^{\varepsilon}(f_1, \cdots, f_{n-1})$	循环平稳随机信号 $x(t)$ 的 n 阶循环累积量谱
$R_x^{\varepsilon,p}(\tau)$	分数低阶循环自相关
$S_x^{\varepsilon,p}(f)$	分数低阶循环谱
$\boldsymbol{A}(\theta)$	导向矩阵
$\boldsymbol{R}_{\boldsymbol{x}}^{\varepsilon,p}(\tau)$	p 阶循环自相关矩阵
$\mathrm{IP}(X)$	随机变量 X 的信息潜
$V_X(t,s)$	随机过程 $X(t)$ 的自相关熵
$V_{\sigma}(X(t),Y(t))$	随机过程 $X(t)$ 与 $Y(t)$ 的互相关熵
$V_{\sigma}(X,Y)$	随机变量 X 与 Y 的互相关熵
$V_{u,v}(X,Y)$	第一类广义相关熵
$C_{\sigma}(X,Y)$	第二类广义相关熵
$V_{\sigma}^{C}(C_1-C_2)$	复相关熵
$U_{XY}^{\sigma}(\varepsilon,\tau)$	循环互相关熵
$S_{XY}^{\sigma}(\varepsilon,f)$	循环互相关熵谱
$U_X^{\sigma}(\varepsilon,\tau)$	循环自相关熵
$S_X^{\sigma}(\varepsilon,f)$	循环自相关熵谱
$U_{XY}^{\sigma}(\varepsilon,\tau)$	复循环平稳随机过程 $X(t)$ 和 $Y(t)$ 的复循环互相关熵
$S_{XY}^{\sigma}(\varepsilon,f)$	复循环互相关熵谱
$U_X^{\sigma}(\varepsilon,\tau)$	复循环自相关熵
$S_X^{\sigma}(\varepsilon,f)$	复循环自相关熵谱
$U_{XY}^{(1)}(\varepsilon,\tau)$	第一类广义循环相关熵
$S_{XY}^{(1)}(\varepsilon,f)$	第一类广义循环相关熵谱
$U_{XY}^{(2)}(\varepsilon,\tau)$	第二类广义循环相关熵
$S_{XY}^{(2)}(\varepsilon,f)$	第二类广义循环相关熵谱

目　　录

第1章 预 备 知 识

1.1 概述

相关熵与循环相关熵的概念涉及数学领域中泛函分析的一些基本概念与理论，如集合、空间与映射等。为了便于读者进行阅读，更顺利地进入到相关熵与循环相关熵的理论体系中，作为全书的预备知识，本章简要介绍数学中泛函分析的初步知识，特别着重于集合与空间概念及其分类问题的介绍；同时，介绍希尔伯特空间及与相关熵概念密切相关的再生核希尔伯特空间的概念与基本理论；最后介绍概率密度函数的 Parzen 窗估计方法。

1.2 集合与空间的概念

现代数学的一个特点是以集合为研究对象，其基本方法和特点是可以将很多不同问题的本质抽象出来，变成同一个问题。当然这样做的缺点是描述起来比较抽象，理解上有一定难度。本节主要整理了有关集合、空间、线性空间、欧氏空间和从向量空间到再生核希尔伯特空间的概念等基础知识。

1.2.1 集合的概念与表示

1. 集合的基本概念

所谓集合，是数学中的一个基本概念，又称为集。它是指具有某种特定性质的具体的或抽象的对象汇总而成的集体。其中，构成集合的对象称为该集合的元素。例如，“全中国人”这个集体就是一个集合，而这个集合的元素就是“每一个中国人”。再如，所有实数构成一个集合 R，它的元素是实数。

通常用大写字母（如 A、B、S 等）来表示集合，用小写字母（如 a、b、s 等）来表示集合的元素。若 A 表示一个集合，a 表示集合 A 的元素，则记为 $a \in A$（读作 a 属于 A）。若 a 不是集合 A 的元素，则记为 $a \notin A$（读作 a 不属于 A）。若集合 A 中没有元素，则称为空集，用符号 $\varnothing$ 表示。

若集合 A 的每一个元素都是集合 B 的元素，则称 A 是 B 的子集，记为 $A \subset B$（读作 A 包含于 B）；也可以记为 $B \supset A$（读作 B 包含 A）。若满足 $A \subset B$ 且 $B \subset A$，则称集合 A 与集合 B 相等，记为 $A = B$。

有限集是指包含有限个元素的集合。反之，若集合中含有无限个元素，则称为无限集。若满足 $A \subset B$，$A \neq B$，且 $A \neq \varnothing$，则集合 A 称为集合 B 的真子集。若 $A \cap B = \varnothing$，则称集合 A 与集合 B 不相交。

在集合的概念中，一个元素要么属于这个集合，要么不属于这个集合；集合中的元素是不重复的；集合中的元素排列不分先后，即 $\{2,3,1\} = \{1,2,3\}$；$A \subset B$ 并不能保证集合 A 是集合 B 的真子集，因为其中包含了 $A = B$ 的情形；空集 $\varnothing$ 是任一集合的子集。

2．集合的运算

（1）集合的并交运算

设 A 与 B 是两个集合，则 A 与 B 的并集记为 $A \cup B$，表示由 A 与 B 的全部元素构成的集合，表示为

$$A \cup B = \{x : x \in A \text{ 或 } x \in B\} \tag{1.1}$$

设 A 与 B 是两个集合，则 A 与 B 的交集记为 $A \cap B$，表示由 A 与 B 的公共元素构成的集合，表示为

$$A \cap B = \{x : x \in A \text{ 且 } x \in B\} \tag{1.2}$$

集合的并交运算满足以下性质：

① 交换律

$$\begin{aligned} A \cup B = B \cup A \\ A \cap B = B \cap A \end{aligned} \tag{1.3}$$

② 结合律

$$\begin{aligned} (A \cup B) \cup C = A \cup (B \cup C) \\ (A \cap B) \cap C = A \cap (B \cap C) \end{aligned} \tag{1.4}$$

③ 分配律

$$\begin{aligned} A \cap (\bigcup_{\alpha \in I} B_\alpha) = \bigcup_{\alpha \in I} (A \cap B_\alpha) \\ A \cup (\bigcap_{\alpha \in I} B_\alpha) = \bigcap_{\alpha \in I} (A \cup B_\alpha) \end{aligned} \tag{1.5}$$

式中，$B_\alpha : \alpha \in I$ 表示一个集族。其中，I 是某个指标集。集族的并运算和交运算分别定义为 $\bigcup_{\alpha \in I} B_\alpha = \{x : \exists \alpha \in I, x \in B_\alpha\}$ 和 $\bigcap_{\alpha \in I} B_\alpha = \{x : \forall \alpha \in I, x \in B_\alpha\}$。

④ 吸收律

$$\begin{aligned} A \cup (A \cap B) = A \\ A \cap (A \cup B) = A \end{aligned} \tag{1.6}$$

集合的并交运算可以推广到任意多个集合的情形。

（2）集合的差补运算

设 A 与 B 是两个集合，由属于 A 但不属于 B 的元素构成的集合称为 A 与 B 的差集，简称为 A 与 B 的差，记为 $A \setminus B$。若 X 为基本集，则称 $X \setminus A$ 为 A 的补集（或余集），记为 A^c。

集合的差补运算有下列性质：

① $A \setminus B = A \cap B^c$；

② $A\bigcup A^{c}=X$，$A\bigcap A^{c}=\varnothing$；

③ $X^{c}=\varnothing$，$\varnothing^{c}=X$，$(A^{c})^{c}=A$；

④ 对偶原理（De Morgan 律）：$(\bigcup\limits_{\alpha\in I}A_{\alpha})^{c}=\bigcap\limits_{\alpha\in I}A_{\alpha}^{c}$，$(\bigcap\limits_{\alpha\in I}A_{\alpha})^{c}=\bigcup\limits_{\alpha\in I}A_{\alpha}^{c}$。

（3）集合的直积运算

设 A 与 B 是两个非空集合，则称集合 $\{(x,y):x\in A,y\in B\}$ 为 A 与 B 的直积集，记为 $A\times B$。直积不服从交换律，即 $A\times B\neq B\times A$。

1.2.2 映射的概念

所谓映射，实际上是将函数概念中定义域和值域的范围由实数集推广到一般的集合。

定义 1.1 映射 设 X 和 Y 为两个非空集合，若 $\forall x\in X$，按照某一法则 f，在 Y 中有唯一的 y 与之对应，则称 f 是 X 到 Y 的映射，记为 $f:X\to Y$；y 称为 x 在映射 f 下的像，记为 $f(x)$；X 称为 f 的定义域，并称

$$f(X)=\{f(x):x\in X\} \tag{1.7}$$

为 f 的值域。

映射又常称为算子，并根据 X 与 Y 的不同情形和不同数学分支有不同的名称。例如，当 $Y=X$ 时，f 可称为 X 上的变换。当 Y 是数集（实数集 $\mathbb{R}$ 或复数集 $\mathbb{C}$）时，f 可称为定义在 X 上的泛函。

对映射 $f:X\to Y$，若 f 的值域为 $f(X)=Y$，则称 f 为 X 到 Y 上的满射。若 $\forall x_1,x_2\in X$，$x_1\neq x_2$，有 $f(x_1)\neq f(x_2)$，则称 f 为 X 到 Y 的单射。若 f 既是单射又是满射，则称 f 为 X 到 Y 上的双射（或一一映射）。

对映射 $f:X\to Y$，若 $A\subset X$，$B\subset Y$，则集合 $f(A)=\{f(x):x\in A\}$ 称为 A 在 f 下的像集；集合 $f^{-1}(B)=\{x\in X:f(x)\in B\}$ 称为 B 在 f 下的原像集。

对映射 $f:A\to Y$，$F:B\to Y$，若 $A\subset B$，且 $\forall x\in A$ 有 $F(x)=f(x)$，则称 F 是 f 在 B 上的一个延拓，f 是 F 在 A 上的限制。

对映射 $f:X\to Y$，$g:Y\to Z$，由 $h(x)=g[f(x)]$ 所确定的映射 $h:X\to Z$ 称为 f 与 g 的复合映射，记为 $g\circ f$。

对映射 $f:X\to Y$，若存在 $g:Y\to X$，使得 $g\circ f=I_X$，$f\circ g=I_Y$，则称 g 为 f 的逆映射，记为 f^{-1}。

1.2.3 空间的概念

在数学上，空间是指一种具有特殊性质及一些额外结构的集合，一般地，把“点”（元素）的集合或具有某种几何结构的集合称为空间。例如，线性空间、向量空间、仿射空间、度量空间，等等。数学的特点就是抽象，数学家喜欢把问题的本质抽象出来，而不再只针对具体的问题进行研究。因此，现代数学常以集合为研究对象，例如，在研究中国人特点时，其研究对象就是全体中国人所组成的集合，每一个中国人都是该集合的一个元素。

有了研究的对象，还需要有要遵循的规则。例如，要研究全班同学的微信联系情况。

“全班同学”就是一个集合，“每个同学”是该集合中的一个元素。现需要定义规则，即班里的每一个同学都可以与班里其他任意一个同学建立微信连接。定义了这个规则，就得到了一个赋有某种规则的班上同学的集合。当然，还可以定义不同的规则。定义之后的规则就成为公理，后续的任何操作及推导都只能在公理的基础上进行，而不能仅凭常识来处理。这个定义了微信规则的同学集合可以称为同学微信空间。

在实变量与复变量理论中，有许多结果是依赖于实数与复数的代数性质的。例如，在幂级数研究中，在组成多项式$a_0+a_1z+\cdots+a_nz^n$时，要用到复数加法和乘法等代数的概念。此外，还要引进一个分析的概念，即取这样一个多项式的极限（当$n\to\infty$）才能得到一个幂级数。但是，也有许多结果并不依赖于实数或复数的代数结构，而依赖于两个数x与y的距离概念。

将上述实变量与复变量推广应用于集论时，从形式几何意义上，用点表示集合中的元素，用空间表示集合。这样，有的空间依赖于代数结构，一个集合若引入线性运算（加法与乘法），便成为线性空间；还有一些空间依赖于距离概念，这就是度量空间。

1.2.4 线性空间

所谓线性空间，就是定义了加法和数乘的空间。

线性空间强调空间中的元素是满足线性结构的，这就需要定义加法和数乘。定义了加法和数乘，空间里的一个元素就可以由其他元素线性表示，这就是线性空间。

线性空间中的元素为实数或复数，称为实线性空间或复线性空间。所有在区间$[a,b]$上连续的实函数构成的集合，以$C(a,b)$表示，为一线性空间。所有在区间$[a,b]$上具有连续k阶导数的实函数构成的集合，以$C_k(a,b)$表示，也为一线性空间。

1．线性空间的定义

现以函数空间来说明。设L为定义在可测数集$E(x)$上的函数集，在L中任取三个元素$f(x)$、$g(x)$与$h(x)$，在$E(x)$中任取α和β，若能满足下列性质：

① $(\alpha f+\beta g)\in L$；

② $f+g=g+f$，$(f+g)+h=f+(g+h)$；

③ $\alpha(\beta f)=(\alpha\beta)f$，$(\alpha+\beta)(f+g)=\alpha f+\beta f+\alpha g+\beta g$；

④ $1\cdot f=f$。

则称L为线性空间。

2．l_2线性空间与L_2线性空间

（1）l_2线性空间

所有平方可和的无穷数列构成的集合

$$l_2=\left\{x=(\xi_1,\xi_2,\cdots),\ \sum_{n=1}^{\infty}|\xi_n|^2<\infty\right\} \tag{1.8}$$

称为l_2线性空间，其中加法与乘法定义为$x+y=(\xi_1+\eta_1,\xi_1+\eta_2,\cdots)$和$\lambda x=(\lambda\xi_1,\lambda\xi_2,\cdots)$

其中，$x=(\xi_1,\xi_2,\cdots)$，$y=(\eta_1,\eta_2,\cdots)$，λ 为常数。

（2）L_2 线性空间

所有在区间 $[a,b]$ 上平方可积的函数构成的集合

$$L_2(a,b)=\left\{x(t):\int_a^b |x(t)|^2\,\mathrm{d}t<\infty\right\} \tag{1.9}$$

称为 L_2 线性空间。

若 $x(t),y(t)\in L_2(a,b)$，则 $x(t)+y(t)\in L_2(a,b)$。

1.2.5　度量空间

所谓度量空间，就是定义了距离的空间。设 D 是一个非空集，d 是一个将 $D\times D$ 变为一维空间 $\mathbb{R}^1$ 的变换，如果对所有的 $x\in D$、$y\in D$ 和 $z\in D$ 满足下列条件：

① 非负性：$d(x,y)\geqslant 0$，而且仅当 $x=y$ 时等号成立；

② 对称性：$d(x,y)=d(y,x)$；

③ 三角不等式：$d(x,y)+d(y,z)\geqslant d(x,z)$。

则称 d 为 D 的一个度量。$d(x,y)$ 是在 d 这个度量下的 x 和 y 的距离，D 是以 d 为度量的度量空间或距离空间。

在处理某种对象集合时，常常可以有几种不同的定义距离的方法。在函数空间中，若 $f(x)$ 与 $g(x)$ 为在有界区间 $[a,b]$ 上的两个实值函数，则 f 与 g 之间的 $d(f,g)$ 常采用下列两种定义方式：

（1）均匀一致度量（C 度量）

$$d(f,g)=\sup\{|f(x)-g(x)|:x\in[a,b]\} \tag{1.10}$$

式中，sup 表示上确界。或

$$d(f,g)=\max\{|f(x)-g(x)|:x\in[a,b]\} \tag{1.11}$$

（2）二次度量（L_2 度量）

$$d(f,g)=\left[\int_a^b |f(x)-g(x)|^2\,\mathrm{d}x\right]^{1/2} \tag{1.12}$$

设 $\{x_n\}_{n=1}^{\infty}$ 是度量空间 (D,d) 中的元素序列，如果 (D,d) 中的元素满足

$$\lim_{n\to\infty} d(x_n,x)=0 \tag{1.13}$$

则称 $\{x_n\}$ 是收敛序列，x 称为它的极限，记为

$$x_n\to x \tag{1.14}$$

一般地，若能够在一个集合中确切地引入极限的概念，则称其为拓扑空间。度量空间是一种最常见的拓扑空间。应该注意，在定义度量空间时并没有要求它一定是线性空间；但是，如果一个线性空间再被赋予距离的概念，便可在其中研究许多有趣而深刻的课题。

1.3 希尔伯特空间

有穷维（n 维）空间的几何性质与三维空间的几何性质是相似的，因此，其几何意义是清楚的。然而，一般来说，希尔伯特空间是无穷维空间，为了使无穷维空间具有明显的几何意义，须把有穷维空间中的一些运算方法推广到无穷维空间中去。实际上，对有穷维空间的性质进行必要的补充或定义，就能够将大部分性质推广至无穷维空间中去。

1.3.1 有穷维矢量空间的内积

设 $\boldsymbol{x}$ 与 $\boldsymbol{y}$ 是具有复数元素（分量）$(\xi_1,\xi_2,\cdots,\xi_n)$ 与 $(\eta_1,\eta_2,\cdots,\eta_n)$ 的 n 维矢量，它们的内积定义为

$$\langle \boldsymbol{x},\boldsymbol{y}\rangle=\sum_{i=1}^{n}\xi_i^*\eta_i \tag{1.15}$$

矢量 $\boldsymbol{x}$ 的长度为

$$\|x\|=\langle x,x\rangle^{1/2}=\left(\sum_{i=1}^{n}\xi_i^*\xi_i\right)^{1/2}=\left(\sum_{i=1}^{n}|\xi_i|^2\right)^{1/2} \tag{1.16}$$

在实矢量或复矢量空间中的内积是一对有序矢量 $\boldsymbol{x}$ 与 $\boldsymbol{y}$ 的数量值函数，满足如下内积公理：

① $\langle \boldsymbol{x},\boldsymbol{y}\rangle=\langle \boldsymbol{y},\boldsymbol{x}\rangle^*$；

② $\langle \alpha\boldsymbol{x}+\beta\boldsymbol{y},z\rangle=\alpha^*\langle \boldsymbol{x},z\rangle+\beta^*\langle \boldsymbol{y},z\rangle$，其中 α 和 β 是数量；

③ 对于任意 $\boldsymbol{x}$，$\langle \boldsymbol{x},\boldsymbol{x}\rangle\geqslant 0$，当且仅当 $\boldsymbol{x}=0$ 时，$\langle \boldsymbol{x},\boldsymbol{x}\rangle=0$。

具有上述内积的实矢量内积空间称为欧几里得（Euclidean）空间（简称欧氏空间），而复内积空间则称为酉空间。

当且仅当 $\langle \boldsymbol{x},\boldsymbol{y}\rangle=0$ 时，矢量 $\boldsymbol{x}$ 与 $\boldsymbol{y}$ 正交。而在有穷维矢量空间中，如果一个正交归一集合不包含于任何更大的正交归一集合之中，则称该正交归一集合是完备的。

1.3.2 范数与线性赋范空间

在函数空间中，把函数 $f(x)$ 的长度称为范数，记作 $\|f\|$。函数的范数可根据所研究问题的性质与目的而任意选择，但不应与习惯上的三维欧氏空间中的“长度”的基本特点相矛盾。从这个观点来看，函数的范数需要满足下列公理：

① $\|f\|\geqslant 0$，当且仅当 $f(x)=0$ 时，$\|f\|=0$；

② $\|-f\|=\|f\|$；

③ $\|f+g\|\leqslant\|f\|+\|g\|$（$f$ 与 g 属于同一线性空间）；

④ $\|cf\|=|c|\cdot\|f\|$，c 为任意实数或复数。

在线性空间 L 中引入满足上述 4 条公理的范数后，L 就变为线性赋范空间。

范数的定义较多，常用的有以下两种。

（1）均匀一致范数或上确界范数。若定义在闭区间 $[a,b]$ 的连续函数 $f(x)$ 的范数为

$$\|f\|_c = \sup_{a\leqslant x\leqslant b}|f(x)| \tag{1.17}$$

则称这种范数为均匀一致范数或上确界范数。

（2）p 范数。若定义在闭区间 $[a,b]$ 的连续函数 $f(x)$ 的范数为

$$\|f\|_p = \left[\int_a^b |f(t)|^p \mathrm{d}t\right]^{1/p} \tag{1.18}$$

则称这种范数为 p 范数。

不难证明，上述两种定义是满足前面 4 条公理要求的。为了能在线性赋范空间中进行各种计算，还必须使其完备化。设 L 为定义在可测集 $E[x]$ 上的线性赋范函数集，若每一收敛的元素序列 $\{f_n(x)\}$ 都以同一集中的某元素 $f(x)$ 为极限，即

$$\lim_{n\to\infty} f_n(x) = f(x) \in L \tag{1.19}$$

则 L 就是完备的线性赋范空间，否则就是不完备的。完备的线性赋范空间称为巴拿赫（Banach）空间，简称为 $\mathbb{B}$ 空间。

1.3.3　内积空间与希尔伯特空间

1．内积空间与希尔伯特空间的定义

范数的定义有很多，除了前述的均匀一致范数与 p 范数，还常用内积定义范数，这就是通常三维欧氏空间中用矢量的数量积来计算矢量长度与相互之间夹角的办法。这种空间就是内积空间。在闭区间 $[a,b]$ 按内积定义的范数为

$$\|f\| = \langle f,f\rangle^{1/2} = \left(\int_a^b |f(x)|^2 \mathrm{d}x\right)^{1/2} \tag{1.20}$$

式中，$\int_a^b |f(x)|^2 \mathrm{d}x < \infty$，即 $f(x)$ 为 $[a,b]$ 闭区间上的平方可积函数。由式（1.18）与式（1.20）可见，按内积定义的范数为 $p=2$ 的 p 范数。

当按内积 $\|f\| = \langle f,f\rangle^{1/2}$ 赋范时，线性赋范空间就称为内积赋范空间，也就是 L_2 线性空间。完备的内积赋范空间称为希尔伯特（Hilbert）空间，简称 $\mathbb{H}$ 空间。

巴拿赫空间 $\mathbb{B}$ 是包含了各种不同赋范规则的完备空间。按内积赋范的希尔伯特空间是它的子空间，即 $\mathbb{H} \in \mathbb{B}$。

2．完备的正交函数集

在有穷 n 维矢量空间中，如果 n 个互相正交的矢量形成一组完整的坐标系统，则任意一个矢量都可以表示为沿着这 n 个正交矢量的分量之和。在希尔伯特空间中，相应的问题是将函数表示成给定函数的线性组合，即利用给定的函数做级数展开。这种级数展

开的典型例子是傅里叶级数。实际上，它还包括很多数学物理函数，而傅里叶级数仅是其中的一种特殊情况。

设 $f(x)$ 为希尔伯特空间中任意（即任意平方可积）函数，并设 $\{\varphi_i(x)\}$ 为希尔伯特空间中一正交函数集，若存在常数系数 $\{a_i\}$ 使得部分和序列

$$f_n(x)=\sum_{i=1}^{n}a_i\varphi_i(x) \tag{1.21}$$

平均收敛于 $f(x)$，则函数集 $\{\varphi_i(x)\}$ 是一个完备的正交函数集。等价地，若均方误差极限为

$$\lim_{n\to\infty}\int_a^b\left|f(x)-f_n(x)\right|^2\mathrm{d}x=\lim_{n\to\infty}\int_a^b\left|f(x)-\sum_{i=1}^{n}a_i\varphi_i(x)\right|^2\mathrm{d}x=0 \tag{1.22}$$

则集合 $\{\varphi_i(x)\}$ 是一个完备的正交函数集。注意到系数 $\{a_i\}$ 与 n 无关。当将求和扩展到无限时，可以认为无穷级数 $\sum_{i=1}^{\infty}a_i\varphi_i(x)$ 平均逼近于函数 $f(x)$，将其表示为

$$f(x)=\sum_{i=1}^{\infty}a_i\varphi_i(x) \tag{1.23}$$

这样，在无穷维函数空间中，将任意函数 $f(x)$ 分解为正交函数集的线性组合，$\{\varphi_i(x)\}$ 必须是完备的。线性组合中的系数为

$$a_i=\langle f,\varphi_i\rangle=\int_a^b f(x)\varphi_i(x)\mathrm{d}x,\quad i=1,2,\cdots \tag{1.24}$$

即 a_i 为 $f(x)$ 在正交函数集 $\{\varphi_i(x)\}$ 中 $\varphi_i(x)$ 上的投影。可以证明

$$\int_a^b f^2(x)\mathrm{d}x=\sum_{i=1}^{\infty}a_i^2 \tag{1.25}$$

上式的几何意义：在希尔伯特空间中，矢量 $f(x)$ 的长度（范数）平方等于该矢量在完备的正交函数集中矢量 $\varphi_i(x)$ 上的投影 a_i 的平方和。

对于“希尔伯特空间中正交函数是完备的”这个概念，还可用“封闭”来定义：若不存在与正交函数集中的每一个函数正交的非零函数，则称此正交函数集为封闭的。在希尔伯特空间中，这两种术语是等价的。下面对其进行说明。

设存在一个非零函数 $g(x)$，对于所有 i，满足与正交函数 $\varphi_i(x)$ 正交的条件，即

$$\langle\varphi_i,g\rangle=c_i=\int_a^b\varphi_i^*(x)g(x)\mathrm{d}x=0 \tag{1.26}$$

那么

$$\lim_{n\to\infty}\int_a^b\left|g(x)-\sum_{i=1}^{n}c_i\varphi_i(x)\right|^2\mathrm{d}x=\int_a^b\left|g(x)\right|^2\mathrm{d}x\neq0 \tag{1.27}$$

所以集合 $\{\varphi_i\}$ 不是完备的。因此，一个正交函数集的完备性隐含不存在与集合的所有成员正交的函数。

1.3.4　再生核希尔伯特空间

核方法是解决非线性模式分析问题的一种有效途径，其核心思想是：首先，通过某种非线性映射将原始数据嵌入到合适的高维特征空间；然后，利用通用的线性学习器在这个新的空间中分析和处理模式。特征空间映射示意图如图 1.1 所示，假设有一些用实心圆和空心圆代表的不同模式的点，它们在 $\mathbb{R}^2$ 空间中不容易线性分离。但是，如果我们将它们映射到高维特征空间中，就可以很容易地将它们线性分离了。

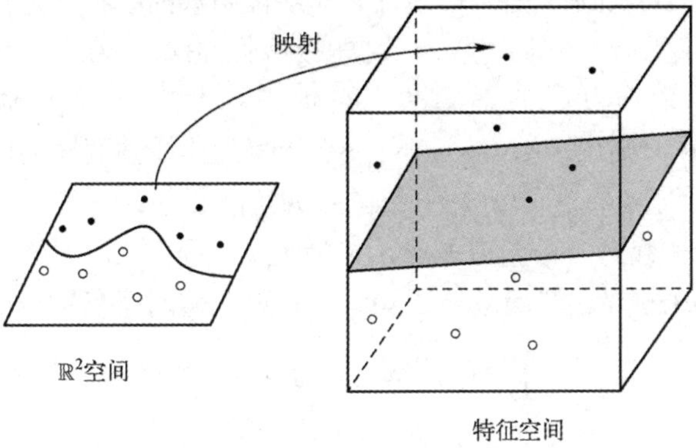

图 1.1　特征空间映射示意图

1．矩阵的特征分解

设 N 维非零矢量 $\boldsymbol{v}$ 为 $N\times N$ 矩阵 $\boldsymbol{A}$ 的特征矢量，则有下式成立：

$$\boldsymbol{A}\boldsymbol{v}=\lambda\boldsymbol{v} \tag{1.28}$$

式中，λ 为一标量，是与 $\boldsymbol{v}$ 对应的特征值。上式表明，当对特征矢量 $\boldsymbol{v}$ 施以线性变换 $\boldsymbol{A}$ 时，仅使矢量 $\boldsymbol{v}$ 伸长或缩短，而其方向不会改变。

若 $\boldsymbol{A}$ 为一实对称方阵，且有两个特征值 λ_1 和 λ_2 满足 $\lambda_1\neq\lambda_2$，分别对应两个特征矢量 $\boldsymbol{v}_1$ 和 $\boldsymbol{v}_2$，则有

$$\lambda_1\boldsymbol{v}_1^{\mathrm{T}}\boldsymbol{v}_2=\boldsymbol{v}_1^{\mathrm{T}}\boldsymbol{A}^{\mathrm{T}}\boldsymbol{v}_2=\boldsymbol{v}_1^{\mathrm{T}}\boldsymbol{A}\boldsymbol{v}_2=\lambda_2\boldsymbol{v}_1^{\mathrm{T}}\boldsymbol{v}_2 \tag{1.29}$$

由于 $\lambda_1\neq\lambda_2$，则有 $\boldsymbol{v}_1^{\mathrm{T}}\boldsymbol{v}_2=0$，即 $\boldsymbol{v}_1$ 和 $\boldsymbol{v}_2$ 是正交的。

对于 $\boldsymbol{A}\in\mathbb{R}^{n\times n}$，我们可以得到 n 个特征值和 n 个特征矢量。这样，$\boldsymbol{A}$ 可以分解为

$$\boldsymbol{A}=\boldsymbol{Q}\boldsymbol{\Lambda}\boldsymbol{Q}^{\mathrm{T}} \tag{1.30}$$

式中，$\boldsymbol{Q}$ 为正交矩阵，即满足 $\boldsymbol{Q}\boldsymbol{Q}^{\mathrm{T}}=\boldsymbol{I}$，$\boldsymbol{\Lambda}=\mathrm{diag}(\lambda_1,\lambda_2,\cdots,\lambda_n)$。若把 $\boldsymbol{Q}$ 逐列展开写为

$$\boldsymbol{Q}=[\boldsymbol{q}_1,\boldsymbol{q}_2,\cdots,\boldsymbol{q}_n]$$

则有

$$\boldsymbol{A}=\boldsymbol{Q}\boldsymbol{\Lambda}\boldsymbol{Q}^{\mathrm{T}}=[\boldsymbol{q}_1,\boldsymbol{q}_2,\cdots,\boldsymbol{q}_n]\begin{bmatrix}\lambda_1 & & & \\ & \lambda_2 & & \\ & & \ddots & \\ & & & \lambda_n\end{bmatrix}\begin{bmatrix}\boldsymbol{q}_1^{\mathrm{T}}\\ \boldsymbol{q}_2^{\mathrm{T}}\\ \vdots\\ \boldsymbol{q}_n^{\mathrm{T}}\end{bmatrix}=\sum_{i=1}^{n}\lambda_i\boldsymbol{q}_i\boldsymbol{q}_i^{\mathrm{T}} \tag{1.31}$$

式中，$\{\boldsymbol{q}_i\}_{i=1}^{n}$ 为 $\mathbb{R}^{n\times n}$ 的一组正交基。

2．核函数

（1）核函数的概念

根据模式识别理论，低维空间线性不可分的模式通过非线性映射到高维特征空间，则可能实现线性可分。但是，如果直接在高维空间进行分类或回归，则可能在确定非线性映射函数的形式、参数和特征空间维数等问题上遇到困难，特别是在高维特征空间运算时可能会发生“维数灾难”，而采用核函数技术则可以有效地解决这一问题。

核函数（kernel function）是一类线性和非线性函数的统称，包括线性核函数、多项式核函数、高斯核函数等，它们可以将数据映射到无穷维。若在低维空间存在某个函数 $\kappa(x,y)$，而这个函数恰好与高维空间中特征函数的内积 $\langle\varphi(x),\varphi(y)\rangle$ 相等，即满足 $\kappa(x,y)=\langle\varphi(x),\varphi(y)\rangle$，则由函数 $\kappa(x,y)$ 可以直接得到非线性变换的内积，而无须再计算复杂的非线性变换。那么，称 $\kappa(x,y)$ 这类函数为核函数。

函数 $f(x)$ 可以被视为一个无穷矢量，记为 $f(\boldsymbol{x})$。而二元函数 $K(x,y)$ 可以被视为一个无穷矩阵，记为 $\kappa(\boldsymbol{x},\boldsymbol{y})$。若满足 $\kappa(\boldsymbol{x},\boldsymbol{y})=\kappa(\boldsymbol{y},\boldsymbol{x})$，且对于任意函数 f 有

$$\iint f(\boldsymbol{x})\kappa(\boldsymbol{x},\boldsymbol{y})f(\boldsymbol{y})\mathrm{d}\boldsymbol{x}\mathrm{d}\boldsymbol{y}\geqslant 0 \tag{1.32}$$

则 $\kappa(\boldsymbol{x},\boldsymbol{y})$ 是对称且正定（含半正定）的。

类似于矩阵的特征值和特征矢量，核函数 $\kappa(\boldsymbol{x},\boldsymbol{y})$ 也存在特征值 λ 和特征函数 $\boldsymbol{\varphi}(\boldsymbol{x})$，使得

$$\int\kappa(\boldsymbol{x},\boldsymbol{y})\boldsymbol{\varphi}(\boldsymbol{x})\mathrm{d}\boldsymbol{x}=\lambda\boldsymbol{\varphi}(\boldsymbol{y}) \tag{1.33}$$

对于不同的特征值 λ_1 和 λ_2，其分别对应特征函数 $\boldsymbol{\varphi}_1(\boldsymbol{x})$ 和 $\boldsymbol{\varphi}_2(\boldsymbol{x})$，容易得到

$$\begin{aligned}\int\lambda_1\boldsymbol{\varphi}_1(\boldsymbol{x})\,\boldsymbol{\varphi}_2(\boldsymbol{x})\mathrm{d}\boldsymbol{x}&=\iint\kappa(\boldsymbol{y},\boldsymbol{x})\,\boldsymbol{\varphi}_1(\boldsymbol{y})\mathrm{d}\boldsymbol{y}\boldsymbol{\varphi}_2(\boldsymbol{x})\mathrm{d}\boldsymbol{x}\\&=\iint\kappa(\boldsymbol{x},\boldsymbol{y})\,\boldsymbol{\varphi}_2(\boldsymbol{x})\mathrm{d}\boldsymbol{x}\boldsymbol{\varphi}_1(\boldsymbol{y})\mathrm{d}\boldsymbol{y}\\&=\int\lambda_2\boldsymbol{\varphi}_2(\boldsymbol{y})\,\boldsymbol{\varphi}_1(\boldsymbol{y})\mathrm{d}\boldsymbol{y}\\&=\int\lambda_2\boldsymbol{\varphi}_2(\boldsymbol{x})\,\boldsymbol{\varphi}_1(\boldsymbol{x})\mathrm{d}\boldsymbol{x}\end{aligned} \tag{1.34}$$

因此，

$$\langle\boldsymbol{\varphi}_1,\boldsymbol{\varphi}_2\rangle=\int\boldsymbol{\varphi}_1(\boldsymbol{x})\boldsymbol{\varphi}_2(\boldsymbol{x})\mathrm{d}\boldsymbol{x}=0 \tag{1.35}$$

可以看出，特征函数是正交的。这里，$\boldsymbol{\varphi}_i$（i=1,2）表示函数（无穷矢量）本身。

对于核函数，无穷特征值 $\{\lambda_i\}_{i=1}^{\infty}$ 连同无穷特征函数 $\{\boldsymbol{\varphi}_i\}_{i=1}^{\infty}$ 是可以得到的。类似于矩阵的情况，有

$$\kappa(\boldsymbol{x},\boldsymbol{y})=\sum_{i=1}^{\infty}\lambda_i\boldsymbol{\varphi}_i(\boldsymbol{x})\boldsymbol{\varphi}_i(\boldsymbol{y})$$

实际上，由于 $i\neq j$ 时，有 $\langle\boldsymbol{\varphi}_i,\boldsymbol{\varphi}_j\rangle=0$，因此 $\{\boldsymbol{\varphi}_i\}_{i=1}^{\infty}$ 为函数空间构造了一组正交基。

例 1.1 设 $\boldsymbol{x}=[x_1, x_2, x_3]$ 和 $\boldsymbol{y}=[y_1, y_2, y_3]$ 分别为维数 $n=3$ 的两组数据矢量。定义 $\boldsymbol{\varphi}(\boldsymbol{x})$ 和 $\boldsymbol{\varphi}(\boldsymbol{y})$ 分别表示对 $\boldsymbol{x}$ 和 $\boldsymbol{y}$ 由 $n=3$ 维到 $m=9$ 维的非线性映射，其中 $\boldsymbol{\varphi}(\boldsymbol{x})=[x_1x_1, x_1x_2, x_1x_3, x_2x_1, x_2x_2, x_2x_3, x_3x_1, x_3x_2, x_3x_3]$，同理，有 $\boldsymbol{\varphi}(\boldsymbol{y})=[y_1y_1, y_1y_2, y_1y_3, y_2y_1, y_2y_2, y_2y_3, y_3y_1, y_3y_2, y_3y_3]$。若令 $\boldsymbol{x}=[1, 2, 3]$，且 $\boldsymbol{y}=[4, 5, 6]$，则有 $\boldsymbol{\varphi}(\boldsymbol{x})=[1, 2, 3, 2, 4, 6, 3, 6, 9]$ 和 $\boldsymbol{\varphi}(\boldsymbol{y})=[16, 20, 24, 20, 25, 30, 24, 30, 36]$。①试直接计算 $\boldsymbol{\varphi}(\boldsymbol{x})$ 与 $\boldsymbol{\varphi}(\boldsymbol{y})$ 的内积；②试采用核函数 $\kappa(\boldsymbol{x},\boldsymbol{y})=(\langle x,y\rangle)^2$ 来计算这个内积。

解 ① 根据内积的定义，直接计算 $\boldsymbol{\varphi}(\boldsymbol{x})$ 与 $\boldsymbol{\varphi}(\boldsymbol{y})$ 的内积，有

$$\langle\boldsymbol{\varphi}(\boldsymbol{x}),\boldsymbol{\varphi}(\boldsymbol{y})\rangle=16+40+72+40+100+180+72+180+324=1024$$

② 定义核函数 $\kappa(\boldsymbol{x},\boldsymbol{y})=\left(\langle\boldsymbol{x},\boldsymbol{y}\rangle\right)^2$，有

$$\kappa(\boldsymbol{x},\boldsymbol{y})=(4+10+18)^2=32^2=1024$$

显然，$\kappa(\boldsymbol{x},\boldsymbol{y})=\langle\boldsymbol{\varphi}(\boldsymbol{x}),\boldsymbol{\varphi}(\boldsymbol{y})\rangle$。由此可知，只需要计算核函数 $\kappa(\boldsymbol{x},\boldsymbol{y})$，就可以得到高维空间内积的结果。

由例 1.1 可知，核函数 $\kappa(\boldsymbol{x},\boldsymbol{y})$ 的作用，实际上显著简化了高维空间的计算，甚至可以解决无限维空间难以计算的问题。

（2）常用核函数

常用的核函数包括线性核函数、多项式核函数、高斯核函数、指数核函数、拉普拉斯核函数和 Sigmoid 核函数。简要介绍如下。

① 线性核函数：线性核函数是最简单的核函数，其表达式为

$$\kappa(\boldsymbol{x},\boldsymbol{y})=\boldsymbol{x}^{\mathrm{T}}\boldsymbol{y} \tag{1.36}$$

② 多项式核函数：多项式核函数是一种非标准核函数，它非常适合于处理正交归一化后的数据，其表达式为

$$\kappa(\boldsymbol{x},\boldsymbol{y})=(a\boldsymbol{x}^{\mathrm{T}}\boldsymbol{y}+c)^d \tag{1.37}$$

式中，a、c 和 d 为参数。

③ 高斯核函数：高斯核函数是一种鲁棒的径向基核函数，对于数据中的噪声（特别是脉冲噪声）具有较好的抑制能力，其表达式为

$$\kappa(\boldsymbol{x},\boldsymbol{y})=\frac{1}{\sqrt{2\pi}\sigma}\exp\left(-\frac{\|\boldsymbol{x}-\boldsymbol{y}\|^2}{2\sigma^2}\right) \tag{1.38}$$

式中，参数 σ 称为核长。

④ 指数核函数：指数核函数是高斯核函数的变形，它仅将矢量之间的 L_2 范数调整为 L_1 范数，这样改动会降低对参数的依赖性，但是适用范围相对狭窄。其表达式为

$$\kappa(\boldsymbol{x},\boldsymbol{y})=\exp\left(-\frac{\|\boldsymbol{x}-\boldsymbol{y}\|}{2\sigma^2}\right) \tag{1.39}$$

⑤ 拉普拉斯核函数：拉普拉斯核函数也是高斯核函数的变形，其表达式为

$$\kappa(\boldsymbol{x},\boldsymbol{y}) = \exp\left(-\frac{\|\boldsymbol{x}-\boldsymbol{y}\|}{\sigma}\right) \tag{1.40}$$

⑥ Sigmoid 核函数：Sigmoid 是一类函数的统称，其源于神经网络，现已广泛应用于深度学习领域，其中一种常用的表示形式为

$$\kappa(\boldsymbol{x},\boldsymbol{y}) = \tanh(a\boldsymbol{x}^{\mathrm{T}}\boldsymbol{y}+c) \tag{1.41}$$

式中，$\tanh(\cdot)$ 为双曲正切函数，a 和 c 为参数。

3．Mercer 定理

定理 1.1　Mercer 定理　任何半正定函数都可以作为核函数。

设有数据集合 $\{x_1, x_2, \cdots, x_N\}$，定义一个 $N\times N$ 矩阵 $\boldsymbol{A}$，其元素表示为 $a_{ij}=f(x_i,x_j)$。若矩阵 $\boldsymbol{A}$ 是半正定的，则称 $f(x_i,x_j)$ 为半正定函数。

4．再生核希尔伯特空间

（1）再生核的概念

设 X 为非空集，$\mathbb{H}$ 是定义在 X 上的希尔伯特空间。若核函数 κ 满足下面两条性质，则称 κ 为 $\mathbb{H}$ 的再生核，且 $\mathbb{H}$ 称为再生核希尔伯特空间（reproducing kernel Hilbert space，RKHS）。

① 对于 $\forall x \in X$，有 $\kappa(\cdot,x)\in\mathbb{H}$；

② 对于 $\forall x \in X$ 和 $f\in\mathbb{H}$，有 $f(x)=\langle f,\kappa(\cdot,x)\rangle_{\mathbb{H}}$。

其中性质②又称为再生性质（reproducing property）。

（2）再生核希尔伯特空间与核技巧

考虑 $\left\{\sqrt{\lambda_i}\varphi_i\right\}_{i=1}^{\infty}$ 为一组正交基并构成一个希尔伯特空间 $\mathbb{H}$。该空间中的任意函数或矢量可以表达为这个基的线性组合，即

$$\boldsymbol{f} = \sum_{i=1}^{\infty} f_i\sqrt{\lambda_i}\varphi_i \tag{1.42}$$

可以把 $\boldsymbol{f}$ 表示为 $\mathbb{H}$ 中的一个无穷矢量，即

$$\boldsymbol{f} = (f_1, f_2, \cdots)_{\mathbb{H}}^{\mathrm{T}} \tag{1.43}$$

对于另一个函数 $\boldsymbol{g}=(g_1,g_2,\cdots)_{\mathbb{H}}^{\mathrm{T}}$，$\boldsymbol{f}$ 和 $\boldsymbol{g}$ 的内积为

$$\langle \boldsymbol{f},\boldsymbol{g}\rangle_{\mathbb{H}} = \sum_{i=1}^{\infty} f_i g_i \tag{1.44}$$

再来看核函数 $\kappa(\boldsymbol{x},\boldsymbol{y})$：若将其中一个元素固定，则 $\kappa(\boldsymbol{x},\cdot)$ 也可以看成一个函数，有 $\kappa(\boldsymbol{x},\cdot)=\sum_{i=1}^{\infty}\lambda_i\boldsymbol{\varphi}_i(\boldsymbol{x})\boldsymbol{\varphi}_i$。在 $\mathbb{H}$ 空间，可以表示为

$$\kappa(\boldsymbol{x},\cdot) = (\sqrt{\lambda_1}\boldsymbol{\varphi}_1(\boldsymbol{x}), \sqrt{\lambda_2}\boldsymbol{\varphi}_2(\boldsymbol{x}), \cdots)_{\mathbb{H}}^{\mathrm{T}} \tag{1.45}$$

由此计算内积，有

$$\langle \kappa(\boldsymbol{x},\cdot),\kappa(\boldsymbol{y},\cdot)\rangle_{\mathbb{H}}=\sum_{i=1}^{\infty}\lambda_i\varphi_i(\boldsymbol{x})\varphi_i(\boldsymbol{y})=\kappa(\boldsymbol{x},\boldsymbol{y}) \tag{1.46}$$

上述关系称为再生性质。因此，空间 $\mathbb{H}$ 被称为再生核希尔伯特空间。再生性质是一个非常有用的性质，由上式可以看出，原本函数之间计算内积需要计算无穷维的积分（求和），但是由再生性质，只需要计算核函数就可以了。

为了把一个点 $\boldsymbol{x}$ 映射到无穷维的特征空间中，先定义一个映射

$$\boldsymbol{\varphi}(\boldsymbol{x})=\kappa(\boldsymbol{x},\cdot)=(\sqrt{\lambda_1}\boldsymbol{\varphi}_1(\boldsymbol{x}),\sqrt{\lambda_2}\boldsymbol{\varphi}_2(\boldsymbol{x}),\cdots)^{\mathrm{T}} \tag{1.47}$$

即先把点 $\boldsymbol{x}$ 变成一个函数，再把点 $\boldsymbol{x}$ 映射到 $\mathbb{H}$ 空间。于是有

$$\langle \boldsymbol{\varphi}(\boldsymbol{x}),\boldsymbol{\varphi}(\boldsymbol{y})\rangle_{\mathbb{H}}=\langle \kappa(\boldsymbol{x},\cdot),\kappa(\boldsymbol{y},\cdot)\rangle_{\mathbb{H}}=\kappa(\boldsymbol{x},\boldsymbol{y}) \tag{1.48}$$

因此，实际上并不需要真正知道什么是映射，什么是特征空间，或者什么是特征空间的基础和性质。然而，对于对称正定函数 κ，必须存在至少一个映射 $\boldsymbol{\varphi}$ 和一个特征空间 $\mathbb{H}$，以便使

$$\langle \boldsymbol{\varphi}(\boldsymbol{x}),\boldsymbol{\varphi}(\boldsymbol{y})\rangle_{\mathbb{H}}=\kappa(\boldsymbol{x},\boldsymbol{y}) \tag{1.49}$$

这就称为核技巧（kernel trick）。使用核技巧，可以方便地将数据映射到特征空间并进一步进行分析处理。

1.4 概率密度函数估计的 Parzen 窗法

以数据样本来推断概率总体分布问题，常称为统计推断问题，或称为概率密度函数估计问题，是统计信号处理与模式识别中经常遇到的问题。本节简要介绍概率密度函数的一种非参数估计方法，即 Parzen 窗估计方法。

1.4.1 概率密度函数及其估计问题

（1）概率密度函数

定义随机变量 X 取值不超过 x 的概率 P 为概率分布函数，记为 $F_X(x)=P(X\leqslant x)$。连续型随机变量的概率密度函数 $f_X(x)$（简记为 PDF）是描述该随机变量在某个确定取值点处可能性的函数，定义为概率分布函数 $F(x)$ 对 x 的导数，即

$$f_X(x)=\frac{\mathrm{d}F_X(x)}{\mathrm{d}x} \tag{1.50}$$

也可以写成积分形式，即

$$F_X(x)=\int_{-\infty}^{x}f_X(\lambda)\mathrm{d}\lambda \tag{1.51}$$

概率密度函数满足以下性质：

① 概率密度函数非负，即

$$f_X(x)\geqslant 0 \tag{1.52}$$

② 概率密度函数在整个取值区间的积分为 1，即

$$\int_{-\infty}^{\infty} f_X(x)\mathrm{d}x = 1 \tag{1.53}$$

③ 概率密度函数在区间 $[x_1, x_2]$ 的积分，给出该区间的概率取值，即

$$P(x_1 \leqslant X \leqslant x_2) = \int_{x_1}^{x_2} f_X(x)\mathrm{d}x \tag{1.54}$$

最常用的概率密度函数是高斯（或称为正态）分布概率密度函数，即

$$f_X(x) = \frac{1}{\sqrt{2\pi}\sigma}\exp\left(-\frac{(x-\mu)^2}{2\sigma^2}\right) \tag{1.55}$$

式中，μ 和 σ 分别表示高斯分布的均值和标准差。若将一维的情况推广到多维，即假定 n 维随机矢量表示为 $\boldsymbol{x} = [x_1, x_2, \cdots, x_n]$，则 $\boldsymbol{x}$ 的概率密度函数 $f_X(\boldsymbol{x})$ 定义为其对应的 n 维概率分布函数 $F_X(\boldsymbol{x})$ 的 n 阶偏导数。

（2）概率密度函数的简单估计

设给定 n 个数据样本 $x_1, x_2, \cdots, x_n$，用这些数据样本来估计对应的概率密度函数 $f_X(x)$。如果已知概率密度函数的分布形式，只需要确定其中的参数，估计概率密度函数的问题就转化为参数估计问题。但是，如果未知或不确定这些观测数据属于哪种概率分布模型，则只能用非参数估计的方法去估计真实数据所符合的概率密度模型。这就是概率密度函数估计的非参数方法。

设一个随机变量的样本 x 落入区域 $\mathbf{R}$ 中的概率为

$$P = \int_{\mathbf{R}} f_X(x)\mathrm{d}x \tag{1.56}$$

假设区域 $\mathbf{R}$ 非常小，则 $f_X(x)$ 的变化也很小。这样，上式可改写为

$$P = \int_{\mathbf{R}} f_X(x)\mathrm{d}x \approx f_X(x)\int_{\mathbf{R}} \mathrm{d}x = f_X(x)V \tag{1.57}$$

式中，V 表示 $\mathbf{R}$ 的“体积”。

另一方面，假设 $x_1, x_2, \cdots, x_n$ 是根据概率密度函数 $f_X(x)$ 独立取的 n 个样本点，其中有 k 个样本点落入区域 $\mathbf{R}$ 中，则关于 $\mathbf{R}$ 的概率为

$$P = k/n \tag{1.58}$$

这样，就可以得到一个关于 $f_X(x)$ 的估计函数

$$f_X(x) = \frac{k/n}{V} \tag{1.59}$$

1.4.2 概率密度函数的 Parzen 窗估计方法

概率密度函数的 Parzen 窗估计方法是概率论中用来估计未知概率密度函数的一种有效的非参数估计方法，是以 E. Parzen 的名字命名的一种核概率密度估计方法。

设 $\mathbf{R}$ 为以 $\boldsymbol{x}$ 为中心的超立方体，h 为该超立方体的边长。在二维的正方形中，有 $V = h^2$，而在三维的立方体中，则有 $V = h^3$。图 1.2 给出了二维正方形示意图。

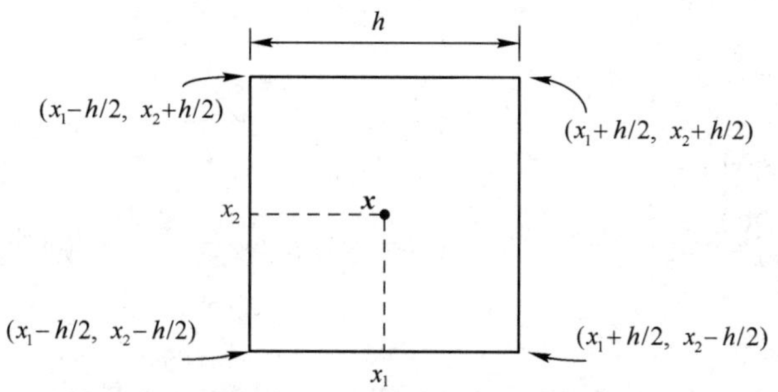

图 1.2　二维正方形示意图

第 i 个数据样本 $x^{(i)}$ 是否落在图 1.2 所示正方形中，可以表示为

$$\phi\left(\frac{x^{(i)}-x}{h}\right)=\begin{cases}1, & 若\dfrac{\left|x_k^{(i)}-x_k\right|}{h}\leqslant\dfrac{1}{2},\quad k=1,2\\ 0, & 其他\end{cases} \tag{1.60}$$

式中，$x_k\,(k=1,2)$ 表示二维正方形中心的坐标。这样，Parzen 窗概率密度估计式为

$$f_X(x)=\frac{k/n}{V}=\frac{1}{n}\sum_{i=1}^{n}\frac{1}{h^2}\phi\left(\frac{x^{(i)}-x}{h}\right) \tag{1.61}$$

式中，$\phi\left(\dfrac{x^{(i)}-x}{h}\right)$ 称为窗函数。

同时，若对窗函数做一定的泛化，则可以得到其他形式的 Parzen 窗概率密度估计方法。例如，在一维的情况下，常使用高斯函数作为窗函数，即

$$f_X(x)=\frac{1}{n}\sum_{i=1}^{n}\frac{1}{\sqrt{2\pi}\sigma}\exp\left(-\frac{(x_i-x)^2}{2\sigma^2}\right) \tag{1.62}$$

这种方法相当于将以 n 个样本值为中心的高斯函数进行平均。其中，标准差 σ 需要预先设定。

例 1.2　给定 5 个数据样本点：$x_1=2,\ x_2=2.5,\ x_3=3,\ x_4=1,\ x_5=6$。试计算 $x=3$ 位置的 Parzen 窗概率密度函数，采用 $\sigma=1$ 的高斯函数作为窗函数。

解　依据高斯函数 $\dfrac{1}{\sqrt{2\pi}\sigma}\exp\left(\dfrac{(x_i-x)^2}{2\sigma^2}\right)$ 分别对 5 个给定数据样本进行计算，并求其平均值。计算过程如下：

$$\frac{1}{\sqrt{2\pi}}\exp\left(-\frac{(x_1-x)^2}{2}\right)=\frac{1}{\sqrt{2\pi}}\exp\left(-\frac{(2-3)^2}{2}\right)=0.2420$$

$$\frac{1}{\sqrt{2\pi}}\exp\left(-\frac{(x_2-x)^2}{2}\right)=\frac{1}{\sqrt{2\pi}}\exp\left(-\frac{(2.5-3)^2}{2}\right)=0.3521$$

$$\frac{1}{\sqrt{2\pi}}\exp\left(-\frac{(x_3-x)^2}{2}\right)=\frac{1}{\sqrt{2\pi}}\exp\left(-\frac{(3-3)^2}{2}\right)=0.3989$$

$$\frac{1}{\sqrt{2\pi}}\exp\left(-\frac{(x_4-x)^2}{2}\right)=\frac{1}{\sqrt{2\pi}}\exp\left(-\frac{(1-3)^2}{2}\right)=0.0540$$

$$\frac{1}{\sqrt{2\pi}}\exp\left(-\frac{(x_5-x)^2}{2}\right)=\frac{1}{\sqrt{2\pi}}\exp\left(-\frac{(6-3)^2}{2}\right)=0.0044$$

于是

$$f_X(x=3)=(0.2420+0.3521+0.2989+0.0540+0.0044)/5=0.2103$$

图 1.3 给出了上述 Parzen 窗概率密度估计方法得到的结果。其中，假定给出的 5 个数据样本点对整个概率密度函数估计的贡献是相等的。

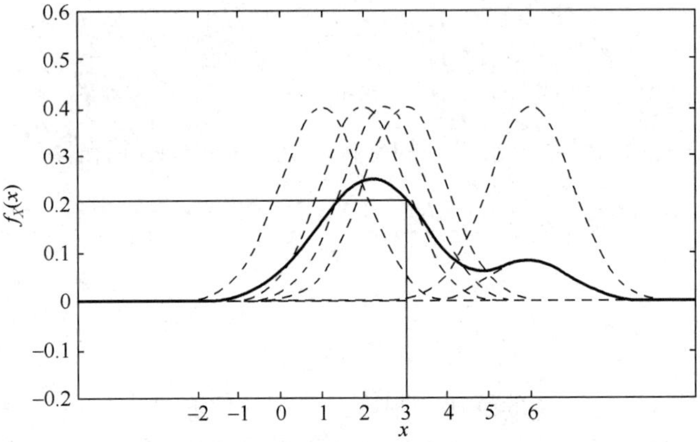

图 1.3　Parzen 窗概率密度估计举例

图 1.3 中，5 条细虚线分别表示给定的 5 个数据样本各自对应的高斯函数，而粗实曲线则表示 Parzen 窗估计法得到的概率密度函数曲线。实际上，这条曲线是经由 5 条高斯函数曲线平均得到的。由图可见，在 $x=3$ 处，对应的概率密度函数估计值为 0.2103。

1.5　本章小结

针对本书后续章节关于相关熵与循环相关熵基本理论及对应的信号处理方法的背景与需求，本章介绍了数学领域中关于泛函分析的初步知识，主要包括集合、空间的基本概念与基本原理，介绍了核函数与再生核希尔伯特空间的概念与基本原理，还介绍了概率密度函数的 Parzen 窗估计方法。这些基本概念与基本理论，将对本书后续章节的学习提供一定的理论支持。

参 考 文 献

[1] WATKINS D S. Fundamentals of Matrix Computations[M]. John Wiley & Sons, 2004.

[2] 张贤达. 矩阵分析与应用[M]. 北京：清华大学出版社, 2004.

[3] HALMOS P R. A Hilbert Space Problem Book[M]. Springer Science & Business Media, 2012.

[4] JOHNSON W B, LINDENSTRAUSS J. Extensions of Lipschitz mappings into a Hilbert space[J]. Contemporary mathematics, 1984, 26: 189-206.

[5] AKHIEZER N I, GLAZMAN I M. Theory of linear operators in Hilbert space[M]. Courier Corporation, 2013.

[6] KWAK N, CHOI C H. Input feature selection by mutual information based on Parzen window[J]. IEEE Transactions on Pattern Analysis & Machine Intelligence, 2002 (12): 1667-1671.

[7] BABICH G A, CAMPS O I. Weighted Parzen windows for pattern classification[J]. IEEE Transactions on Pattern Analysis & Machine Intelligence, 1996 (5): 567-570.

[8] SCHLØLER H, HARTMANN U. Mapping neural network derived from the Parzen window estimator[J]. Neural Networks, 1992, 5(6): 903-909.

[9] WANG S, CHUNG F, XIONG F. A novel image thresholding method based on Parzen window estimate[J]. Pattern Recognition, 2008, 41(1): 117-129.

[10] GAO G. A Parzen-window-kernel-based CFAR algorithm for ship detection in SAR images[J]. IEEE Geoscience and Remote Sensing Letters, 2010, 8(3): 557-561.

[11] NANNI L, LUMINI A. Ensemble of Parzen window classifiers for on-line signature verification[J]. Neurocomputing, 2005, 68: 217-224.

[12] PARZEN E. On estimation of a probability density function and mode[J]. The annals of mathematical statistics, 1962, 33(3): 1065-1076.

[13] SILVERMAN B W. On the estimation of a probability density function by the maximum penalized likelihood method[J]. The Annals of Statistics, 1982: 795-810.

[14] 王宏禹. 信号处理方法与应用[M]，北京：机械工业出版社，2008.

[15] 姚泽清，苏晓冰，郑琴，等. 应用泛函分析[M]，北京：科学出版社，2007.

[16] 樊磊，何伟. 应用泛函分析[M]，北京：高等教育出版社，2005.

[17] 田铮，秦超英. 随机过程与应用[M]，北京：科学出版社，2007.

[18] 张鸿庆. 泛函分析[M]，大连：大连理工大学出版社，2007.

[19] SUN HONG-WEI. Mercer theorem for RKHS on noncompact sets[J], Journal of Complexity, 2005, 21(3): 337-349.

[20] PAULSEN V I, RAGHUPATHI M. An introduction to the theory of reproducing kernel Hilbert spaces[M]. Cambridge University Press, 2016.

[21] LIU WEIFENG, PRINCIPE J C, HAYKIN S. Kernel Adaptive Filtering[M], John Wiley & Sons, Inc. 2010.

[22] LIU W, POKHAREL P P, PRINCIPE J C. The Kernel Least-Mean-Square Algorithm[J]. IEEE Transactions on Signal Processing, 2008, 56(2)：543-554.

[23] MERCER J. Functions of positive and negative type, and their connection with the theory of integral equations[J], Royal society of Landon philosophical Transactions, 1909, 209：415-446.

[24] ARONSZAJN A. Theory of Reproducing Kernels[J]. Transactions of the American Mathematical Society, 1950, 68(3)：337-404.

[25] CORTES C, VAPNIK V. Support-vector networks[J]. Machine Learning, 1995, 20(3)：273-297.

[26] GOGINENI V C, TALEBI S P, WERNER S, et al. Fractional-order correntropy filters for tracking dynamic systems in α-Stable environments[J]. IEEE Transactions on Circuits and Systems II: Express Briefs, 2020, 67(12)：3557-3561.

[27] ZHAO J, ZHANG H, WANG G, et al. Projected kernel least mean p-power algorithm: convergence analyses and modifications[J]. IEEE Transactions on Circuits and Systems I: Regular Papers, 2020, 67(10)：3498-3511.

[28] WU Q, LI Y, XUE W. A parallel kernelized data-reusing maximum correntropy algorithm[J]. IEEE Transactions on Circuits and Systems II: Express Briefs, 2020, 67(11)：2792-2796.

第 2 章　复杂电磁环境下的噪声与干扰问题

2.1　概述

随着现代通信技术日益广泛深入的发展，人们在享受各种现代通信方式带来的便捷的同时，其赖以生存的环境也受到各种电磁噪声和干扰的严重影响，形成了所谓的复杂电磁环境问题。

所谓复杂电磁环境，主要是指在一定的时空范围内，自然形成和人为发射的多种电磁现象的总和。构成复杂电磁环境的主要因素有各种军用电磁发射源所释放的高密度、高强度、多频谱的电磁波，民用电磁设备的辐射和自然界产生的电磁波等。

在雷达、声呐、无线通信、无线电监测、目标定位和机械振动模态分析等信号处理应用领域，特别是在接收信号强度较弱的条件下，接收到的有用信号（signal of interest，SOI）经常会受到各种噪声和干扰的影响，也常认为属于一种复杂的电磁环境。在复杂电磁环境下，对信号检测、接收以及后续的分析处理、特征提取、信号识别等工作危害最大的是接收信号中混合的脉冲噪声（impulsive noise）和同频带干扰（co-channel interference），简称为脉冲噪声与同频干扰（INCI）并存环境。在这种复杂电磁环境中，传统的信号分析处理理论和方法会出现显著的性能退化，甚至不能正常工作。为此，必须研究在这种复杂电磁环境下具有较好鲁棒性的信号处理新理论与新方法。

针对这种脉冲噪声与同频干扰并存的复杂电磁环境下的信号处理问题，本章系统介绍随机噪声的统计分布问题，重点介绍描述脉冲噪声的 Alpha 稳定分布的概念、特点和理论，详细介绍复杂电磁环境下同频带（含邻近频带）干扰的概念、产生的原因与危害，并系统分析复杂电磁环境下，特别是 Alpha 稳定分布噪声条件下，传统信号处理方法产生退化的原因和避免退化的基本方法。

2.2　随机过程与随机信号

2.2.1　随机变量的概念

在一定条件下进行试验或观察会出现不同的结果（出现多于一种可能的试验结果），而且在每次试验之前都无法预言出现哪一种结果，这种现象称为随机现象。在随机试验中，可能出现也可能不出现，而在大量重复试验中具有某种规律性的事件称为随机事件。

随机变量（random variable）是表示随机现象各种结果的变量（一切可能的样本点）。例如，随机投掷一枚硬币，可能的结果有正面朝上或反面朝上两种情况。若定义 X 为投掷一枚硬币时正面朝上的情形，当正面朝上时，X 取值 1，当反面朝上时，X 取值 0，则 X 为一随机变量。又如，掷一颗骰子，其所有可能出现的结果是 1 点、2 点、3 点、4 点、5 点和 6 点。若定义 X 为掷一颗骰子时出现的点数，则 X 为一随机变量。此外，某一时间段内公共汽车站等车乘客的人数，电话交换台在一定时间内收到的呼叫次数，以及灯泡的寿命等，都是随机变量的实例。

随机变量主要分为连续型随机变量和离散型随机变量。连续型（continuous）随机变量在一定区间内的取值有无限多个，或数值无法一一列举出来。例如，某地区健康男性成年人的身高值、体重值，一批传染性肝炎患者的血清转氨酶测定值等。有几个重要的连续型随机变量常常出现在概率论中，如均匀随机变量、指数随机变量、伽马随机变量和正态随机变量。离散型（discrete）随机变量则在一定区间内变量取值为有限个或可数个。例如，某地区某年人口的出生数、死亡数，某药治疗某病患者的有效数、无效数等。离散型随机变量通常依据概率质量函数分类，主要分为伯努利随机变量、二项随机变量、几何随机变量和泊松随机变量。此外，除了连续型和离散型随机变量，还存在混合型随机变量。

一般来说，若变量 X 的取值依随机试验的结果而定，则称变量 X 为随机变量，或称随机变量 X 是依赖于随机试验的变量。严格地说，若设 E 为随机试验，其样本空间为 $S=\{e_i\}$。如果对于每一个 $e_i \in S$，有一个实数 $X(e_i)$ 与之对应，则得到一个定义在 S 上的实的单值函数 $X=X(e)$，称 $X(e)$ 为随机变量，简写为 X。通常，用大写字母 X、Y、Z 等表示随机变量，而用小写字母 x、y、z 等表示对应随机变量的可能取值，本书亦采用这一表示方法。

在一些实际问题中，对于某些随机试验的结果可能需要同时用两个或两个以上随机变量来描述。举例来说，通常随机变量 X 可以用于描述随机信号的电压幅度，这时，X 称为一维随机变量；但是，若同时描述随机信号的幅度和相位，则必须使用两个随机变量 X 和 Y，由 X 和 Y 构成一个随机矢量 (X,Y)，称 (X,Y) 为二维随机变量；对于更复杂的随机试验，则可能需要使用更多的随机变量（多维随机变量）来描述。

2.2.2 随机过程及其统计分布

1. 随机过程与随机信号

随机变量的取值可以用来表示随机试验可能的结果。在许多情况下，这些随机变量会随着某些参数变化，是某些参数的函数，通常称这类随机变量为随机函数。在通信、电子信息与工程技术各领域，经常遇到的是以时间作为参变量的随机函数，在数学上称其为随机过程（stochastic process 或 random process）。

在工程技术中，通常使用随机信号（stochastic signal 或 random signal）的概念。所谓随机信号，是指信号中至少有一个参数（如信号的幅度或相位等）属于随机函数的一类信号。例如，测量仪器中电子元器件的热噪声是一种典型的随机信号。

定义 2.1　随机过程　设随机试验的样本空间 $S=\{e_i\}$，如果对于空间的每一个样本 $e_i \in S$，总有一个时间函数 $X(t,e_i)(t \in T)$ 与之对应，那么，对于样本空间 S 的所有样本 $e \in S$，有一族时间函数 $X(t,e)$ 与其对应，这族时间函数定义为随机过程。

实际上，随机过程是一族时间函数的集合，用 $X(t)$ 来表示。随机过程的每个样本函数（sample function）是一个确定的时间函数 $x(t)$。另一方面，随机过程在一个确定的时刻 t_1，是一个随机变量 $X(t_1)$。由此可见，随机过程与随机变量既有区别，又有着密切的联系。在本书中，用大写形式 $X(t)$、$Y(t)$（或 $\{x(t)\}$、$\{y(t)\}$）等表示随机过程，用小写字母 $x(t)$、$y(t)$ 等表示随机过程的样本函数。

在工程技术领域，更多地使用随机信号这一概念来表示一个随机过程。在不引起混乱的前提下，也常用 $x(t)$、$y(t)$ 等表示随机信号（随机过程）。图 2.1 给出了随机信号的例子。

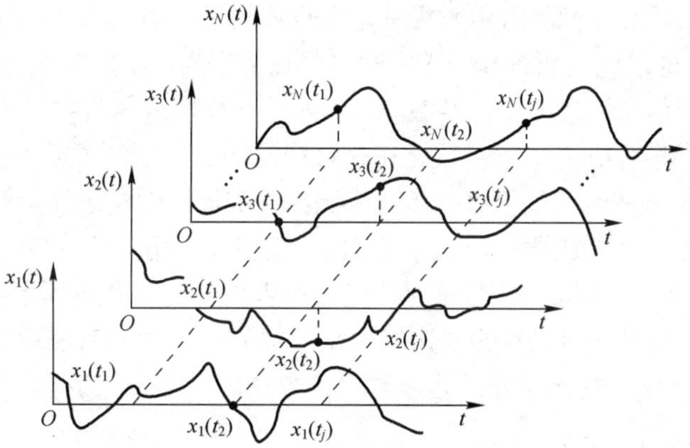

图 2.1　随机信号举例——晶体管直流放大器的温漂电压

如图 2.1 所示，如果把对晶体管直流放大器温漂电压的观察作为随机试验，则每一次试验得到一个样本函数 $x_i(t)$，所有样本函数的集合 $\{x_i(t)\}$, $i=1,2,\cdots,N$，当 $N\to\infty$ 时，就构成了温漂电压可能经历的整个过程，即随机过程（或随机信号）$X(t)$。另一方面，在某一特定时刻 $t=t_1$，各样本函数值 $x_1(t_1), x_2(t_1),\cdots,x_N(t_1)$ 的集合构成一个随机变量，相当于在同一时刻同时测量 N 个相同放大器的输出值。

2．时间片段（FOT）的概念

在经典的随机信号处理中，通常把信号建模为随机过程的一个实现（或称为样本函数），其概率统计函数则定义为随机过程的总体平均。但是在某些场合下，可能只能得到时间序列的一个实现。例如，某种特定生物的生物信号、来自特定机械的振动信号、来自特定天体的信号、来自特定发射机的通信信号、特定场景记录的温度信号等，都可能是只有一个时间序列的样本信号。在这些情况下，样本信号的总体是不存在的，或者是不可得到的。实际上，作为总体实现的随机过程，只是为创建信号分析方法的数学模型而引入的一种抽象。当手头只有单一的时间序列时，这种抽象就不那么必要了。

针对上述情况，在随机信号处理领域存在另一种信号分析处理的方法，称为时间片段（fraction-of-time，FOT）方法。在这种信号处理方法中，把观测到的信号或时间序列建模为单一时间函数，而不再将其考虑为随机过程的一个样本函数。这种方法是由 Wiener 于 1930 年在进行相关函数与谱估计时首次引入的。在 FOT 方法中，假设在观察时段之外也存在信号。但是与经典随机分析方法不同，FOT 方法避免了随机分析方法如下的两个抽象过程：先把观测到的一段信号扩展到整个时间范围，再把这个信号视为随机过程总体的一个样本实现。

FOT 方法的关键概念是 1938 年由 Kac 等人引入的相对测度（relative measure）μ_R 的概念。在 FOT 方法中，一旦对信号 $x(t)$ 确定了相对可测的特性，就可以构建一个有效的分布函数，而其数学期望则是信号的无限时间平均。由该分布和期望，可以得到熟悉的在统计信号分析中常用的时不变概率统计函数，包括均值、矩和累积量等概念。此外，若考虑该信号的两个或多个时移版本，则可以将此概念扩展到多变量情形，从而定义时不变的联合概率分布、自相关函数、互相关函数和累积量等概念。在这个框架下，还可以进一步定义函数的独立性，且中心极限定理也得到了证明。

Gardner 等人的研究表明，基于无限时间平均值作为数学期望的 FOT 概率方法，可以得到由单一时间信号构建的平稳概率模型。对上述概念进一步扩展，使得 FOT 方法适用于周期性和准周期性时变概率函数。在这种情况下，期望算子成为信号中准周期成分的提取算子。FOT 方法也可以更进一步推广到高阶准周期时变统计量的情形。

在统计信号处理实际应用中，由于人们很难获取一个随机过程的总体，并对该总体进行直接的分析与处理，因此往往只对该随机过程总体的一个或几个样本实现进行分析处理。这个思路实际上与 FOT 的理论框架是相似的。在本书后面章节中，将继续讨论随机过程或随机信号的概念与分析处理的理论方法，而 FOT 的概念与方法可以作为一个参考。

3．随机过程的概率分布与概率密度函数

随机过程 $X(t)$ 的一维分布函数和概率密度函数定义为

$$F_X(x_1,t_1)=P[X(t_1)\leqslant x_1] \tag{2.1}$$

$$f_X(x_1,t_1)=\frac{\partial F_X(x_1,t_1)}{\partial x_1} \tag{2.2}$$

同样，可以定义随机过程的 n 维概率分布函数和概率密度函数为

$$F_X(x_1,x_2,\cdots,x_n;t_1,t_2,\cdots,t_n)=P[X(t_1)\leqslant x_1,\ X(t_2)\leqslant x_2,\cdots,\ X(t_n)\leqslant x_n] \tag{2.3}$$

$$f_X(x_1,x_2,\cdots,x_n;t_1,t_2,\cdots,t_n)=\frac{\partial^n F_X(x_1,x_2,\cdots,x_n;t_1,t_2,\cdots,t_n)}{\partial x_1\partial x_2\cdots\partial x_n} \tag{2.4}$$

4．随机过程的数字特征

尽管随机过程的分布函数能够完全刻画随机过程的统计特性，但是在实际应用中，仅仅根据观察所得到的信息往往难于确定分布函数。因此，引入随机过程的数字特征［又称为统计量（statistics）］的概念，包括随机过程的数学期望（或均值）、方差和相关函数等。

随机过程的数学期望是随机过程在时刻 t 的统计平均，是一个确定性的时间函数，定义为

$$\mu_X(t)=E[X(t)]=\int_{-\infty}^{+\infty}xf_X(x,t)\mathrm{d}x \tag{2.5}$$

随机过程的方差描述随机过程所有样本函数相对于数学期望 $\mu_X(t)$ 的分散程度，定义为

$$\sigma_X^2(t) = D[X(t)] = \int_{-\infty}^{+\infty} [x - \mu_X(t)]^2 f_X(x,t)\mathrm{d}x \tag{2.6}$$

式中，$\sigma_X(t)$ 称为随机过程的标准差。

对于任意两个时刻 t_1 和 t_2，定义实随机过程 $X(t)$ 的自相关函数为

$$R_X(t_1,t_2) = E[X(t_1)X(t_2)] = \int_{-\infty}^{+\infty}\int_{-\infty}^{+\infty} x_1 x_2 f_X(x_1,x_2;t_1,t_2)\mathrm{d}x_1\mathrm{d}x_2 \tag{2.7}$$

定义随机过程 $X(t)$ 和 $Y(t)$ 的互相关函数为

$$R_{XY}(t_1,t_2) = E[X(t_1)Y(t_2)] = \int_{-\infty}^{+\infty}\int_{-\infty}^{+\infty} xy f_{XY}(x,y;t_1,t_2)\mathrm{d}x\mathrm{d}y \tag{2.8}$$

相关的概念表征了随机过程在两个时刻之间的关联程度。与此相关联，随机过程的自协方差函数和互协方差函数分别定义为

$$\begin{aligned} C_X(t_1,t_2) &= E\{[X(t_1) - \mu_X(t_1)][X(t_2) - \mu_X(t_2)]\} \\ &= \int_{-\infty}^{+\infty}\int_{-\infty}^{+\infty} [x_1 - \mu_X(t_1)][x_2 - \mu_X(t_2)] f_X(x_1,x_2;t_1,t_2)\mathrm{d}x_1\mathrm{d}x_2 \end{aligned} \tag{2.9}$$

$$\begin{aligned} C_{XY}(t_1,t_2) &= E\{[X(t_1) - \mu_X(t_1)][Y(t_2) - \mu_Y(t_2)]\} \\ &= \int_{-\infty}^{+\infty}\int_{-\infty}^{+\infty} [x - \mu_X(t_1)][y - \mu_Y(t_2)] f_{XY}(x,y;t_1,t_2)\mathrm{d}x\mathrm{d}y \end{aligned} \tag{2.10}$$

由上面各式不难看出，相关函数与协方差函数满足如下关系：

$$C_X(t_1,t_2) = R_X(t_1,t_2) - \mu_X(t_1)\mu_X(t_2) \tag{2.11}$$

$$C_{XY}(t_1,t_2) = R_{XY}(t_1,t_2) - \mu_X(t_1)\mu_Y(t_2) \tag{2.12}$$

对于互相关函数和互协方差函数，若对任意两个时刻 t_1 和 t_2 都有 $R_{XY}(t_1,t_2) = 0$，则称 $X(t)$ 和 $Y(t)$ 为正交过程；若对任意两个时刻 t_1 和 t_2 都有 $C_{XY}(t_1,t_2) = 0$，则称 $X(t)$ 和 $Y(t)$ 是互不相关的。当 $X(t)$ 和 $Y(t)$ 相互独立时，$X(t)$ 和 $Y(t)$ 也一定是互不相关的。

2.2.3　平稳随机信号

根据随机信号统计特性的时变特性，可以将随机信号划分为平稳随机信号（stationary random signal）和非平稳随机信号（non-stationary random signal）两类。其中，平稳随机信号又可以分为严平稳（strict-sense stationary）随机信号（或狭义平稳随机信号）和宽平稳（wide-sense stationary）随机信号（习惯上常称为广义平稳随机信号）两类。

平稳随机信号是一类非常重要的随机信号。在实际应用中，许多随机信号都是平稳的或近似平稳的。由于对平稳随机信号的分析与处理要比一般随机信号简单得多，因此，无论是理论研究还是实际应用，都尽可能把随机信号近似看作平稳的。

定义 2.2　严平稳随机过程　如果对于时间 t 的任意 n 个值 $t_1,t_2,\cdots,t_n$ 和任意实数 τ，随机过程（随机信号）$X(t)$ 的 n 维分布函数不随时间平移而变化，即满足

$$F_X(x_1,x_2,\cdots,x_n;t_1,t_2,\cdots,t_n) = F_X(x_1,x_2,\cdots,x_n;t_1+\tau,t_2+\tau,\cdots,t_n+\tau) \tag{2.13}$$

则称 $X(t)$ 为严平稳随机过程（随机信号），又称为狭义平稳随机过程（随机信号）。

也就是说，严平稳随机信号的 n 维分布函数不随时间起点的不同而变化。这样，在任何时刻计算它的统计结果都是相同的。

若两个随机信号 $X(t)$ 和 $Y(t)$ 的任意 $n+m$ 维的联合概率分布不随时间平移而变化，即满足

$$\begin{aligned}&F_{XY}(x_1,x_2,\cdots,x_n,y_1,y_2,\cdots,y_m;t_1,t_2,\cdots,t_n,t_1',t_2',\cdots,t_m')\\&=F_{XY}(x_1,x_2,\cdots,x_n,y_1,y_2,\cdots,y_m;t_1+\tau,t_2+\tau,\cdots,t_n+\tau,t_1'+\tau,t_2'+\tau,\cdots,t_m'+\tau)\end{aligned} \tag{2.14}$$

则称随机信号 $X(t)$ 和 $Y(t)$ 是联合严平稳的。

严平稳随机信号具有以下性质：

① 严平稳随机信号 $X(t)$ 的一维概率密度与时间无关；

② 严平稳随机信号 $X(t)$ 的二维概率密度只与两个时刻 t_1 与 t_2 的间隔有关，而与时间的起始点无关。

定义 2.3　宽平稳随机过程　如果随机过程（随机信号）满足下述条件，则称 $X(t)$ 为宽平稳随机过程（随机信号）或广义平稳随机过程（随机信号）：

$$\begin{gathered}E[X(t)]=\mu_X(t)=\mu_X\\E[X^2(t)]<\infty\\R_X(\tau)=R_X(t_1,t_2)=E[X(t)X(t+\tau)]\end{gathered} \tag{2.15}$$

式中，$\tau=t_2-t_1$。

由上述两个定义可知，严平稳是从 n 维概率分布函数出发来定义的，而宽平稳则只考虑了一维和二维统计特性函数。由于严平稳的定义太严格了，因此在工程实际中，比较常用的是广义平稳（宽平稳）的概念。在本书的后续章节中，若不特别指明，则均指广义平稳。只要均方值有限，则二阶平稳信号必为广义平稳信号，反之则不一定成立。

当两个随机信号 $X(t)$ 和 $Y(t)$ 分别为广义平稳时，若它们的互相关函数满足

$$R_{XY}(\tau)=E[X(t)Y(t+\tau)] \tag{2.16}$$

则 $X(t)$ 和 $Y(t)$ 为联合广义平稳的。

广义平稳的离散时间随机信号 $X(n)$ 具有以下特性：

$$E[X(n)]=\mu_X(n)=\mu_X \tag{2.17}$$

$$E[X(n)X(n+m)]=R_X(n_1,n_2)=R_X(m),\quad m=n_2-n_1 \tag{2.18}$$

$$E[(X(n)-\mu_X)^2]=\sigma_X^2(n)=\sigma_X^2 \tag{2.19}$$

$$E[(X(n)-\mu_X)(X(n+m)-\mu_X)]=C_X(n_1,n_2)=C_X(m) \tag{2.20}$$

若 $X(n)$ 和 $Y(n)$ 为两个广义平稳随机信号，则

$$E[X(n)Y(n+m)]=R_{XY}(m) \tag{2.21}$$

$$E[(X(n)-\mu_X)(Y(n+m)-\mu_Y)]=C_{XY}(m) \tag{2.22}$$

2.2.4　平稳随机信号的各态历经性

对于平稳随机信号 $X(t)$ 或 $X(n)$，若其所有样本函数在某一固定时刻的一阶和二阶统计特性在概率意义上等于单一样本函数在长时间内的时间平均，则称 $X(t)$ 或 $X(n)$ 为各态历经（ergodic）信号，又称为各态遍历信号。各态历经的含义是，单一样本函数随时间变化的过程可以包括该信号所有样本函数的取值经历。这样，可以定义各态历经信号的

数字特征。设 $x(t)$ 为各态历经信号 $X(t)$ 的一个样本函数，则有

$$E[X(t)] = \overline{x}(t) = \mu_X = \lim_{T\to+\infty}\frac{1}{2T}\int_{-T}^{T} x(t)\mathrm{d}t = \mu_x \tag{2.23}$$

$$E[X(t)X(t+\tau)] = R_X(\tau) = \lim_{T\to+\infty}\frac{1}{2T}\int_{-T}^{T} x(t)x(t+\tau)\mathrm{d}t = R_x(\tau) \tag{2.24}$$

式中，T 表示观测时长；$E[\cdot]$ 表示统计期望，又称为集总平均；而 $\overline{x}(t)$ 则表示对 $X(t)$ 中某一样本函数 $x(t)$ 取时间平均。对于各态历经的离散随机信号 $X(n)$，则相应地有

$$E[X(n)] = \overline{x}(n) = \mu_X = \lim_{N\to+\infty}\frac{1}{2N+1}\sum_{n=-N}^{N} x(n) = \mu_x \tag{2.25}$$

$$E[X(n)X(n+m)] = R_X(m) = \lim_{N\to+\infty}\frac{1}{2N+1}\sum_{n=-N}^{N} x(n)x(n+m) = R_x(m) \tag{2.26}$$

定义 2.4　各态历经过程　已知 $X(t)$ [或 $X(n)$]为一平稳随机过程，若式（2.23）[或式（2.25）]以概率 1 成立，则称 $X(t)$ [或 $X(n)$]具有均值各态历经性。若式（2.24）[或式（2.26）]以概率 1 成立，则称 $X(t)$ [或 $X(n)$]具有相关函数各态历经性。若 $X(t)$ [或 $X(n)$]的均值和自相关函数均具有各态历经性，则称 $X(t)$ [或 $X(n)$]为各态历经过程。

所谓以概率 1 成立，其含义是对随机过程的所有样本函数都成立。一个各态历经的随机信号必定是平稳的，而平稳随机信号则不一定是各态历经的。如果两个随机信号都是各态历经的，且它们的时间相关函数等于统计相关函数，则称它们是联合各态历经的。

2.2.5　非平稳随机信号与循环平稳随机信号

1．非平稳随机信号

任何既不属于严平稳又不属于广义平稳的随机信号，均称为非平稳随机信号。用统计量来叙述如下：若随机信号的某阶统计量是随时间变化的，则该随机信号为非平稳随机信号。最常见的非平稳随机信号是均值、方差、自相关函数或功率谱密度随时间变化的信号。从实际应用的角度来看，自然界和工程技术中的许多信号为非平稳随机信号。

非平稳随机信号的概率密度是时间的函数，当 $t = t_i$ 时的概率密度函数为

$$f(x,t_i) = \lim_{\Delta x\to 0}\frac{P[x < x(t_i) < x+\Delta x]}{\Delta x} \tag{2.27}$$

且

$$\int_{-\infty}^{\infty} f(x,t_i)\mathrm{d}x = 1 \tag{2.28}$$

式中，P 表示概率。基于概率密度函数 $f(x,t)$，可以定义非平稳随机信号的数字特征如下。

（1）均值

$$\mu_x(t) \triangleq E[x(t)] = \int_{-\infty}^{\infty} x f(x,t)\mathrm{d}x \tag{2.29}$$

（2）均方值

$$D_x(t) \triangleq E[x^2(t)] = \int_{-\infty}^{\infty} x^2 f(x,t) \mathrm{d}x \tag{2.30}$$

（3）方差

$$\sigma_x^2(t) \triangleq D_x(t) - \mu_x^2(t) \tag{2.31}$$

上述非平稳随机信号的均值、均方值和方差都是时间的函数。应注意，非平稳随机信号只有集总意义上的统计特性，并无时间意义上的统计特性。图 2.2 给出了非平稳随机信号统计特性随时间变化的例子。

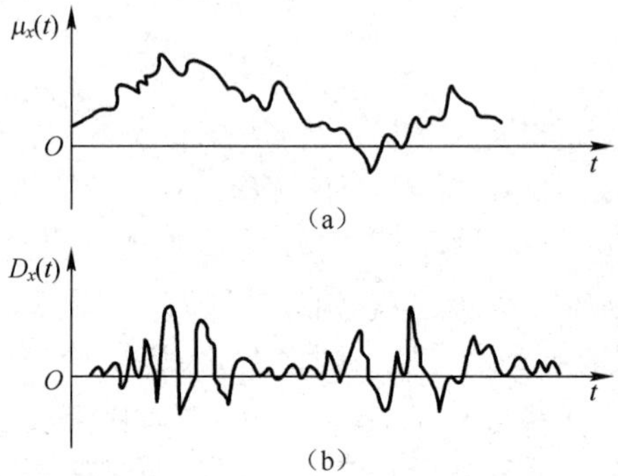

图 2.2　非平稳随机信号统计特性随时间变化的例子。（a）时变均值的情况；（b）时变均方值的情况

2．循环平稳随机信号

在工程技术中，特别是在通信技术中常遇到一类非平稳随机信号，这类信号本身是非平稳的、随机的，但是它们的某些统计特性呈现某种周期性特性，称这类信号为循环平稳随机信号。例如，通信技术中的许多调制信号、某些机械振动信号、某些医学检测信号等，均呈现某种循环平稳特性，这类信号可以归为循环平稳随机信号（cyclostationary random signal）。

循环平稳随机信号是非平稳随机信号中的一个重要子类。从工程应用的角度，给出循环平稳随机信号的定义如下。

定义 2.5　循环平稳随机信号　若随机信号 $X(t)$ 的均值和相关函数具有下述周期性特性：

$$\begin{cases} E[X(t)] = E[X(t+kT)] \\ R(t_1, t_2) = R(t_1 + kT, t_2 + kT) \end{cases} \tag{2.32}$$

则随机信号 $X(t)$ 为广义循环平稳随机信号。上式中，k 为任意整数；T 为常数，表示 $X(t)$ 的循环周期。

需要说明的是，循环平稳随机信号并不是周期性信号。循环平稳信号的周期性是“潜在”的，是统计意义上的，是体现在其统计特性上的。在工程应用中，这种潜在的周期性特性对于某些信号分析是很有意义的。例如，在通信技术中，对于同频带干扰下的信号参数估计问题，可以利用信号的循环平稳特性，在“循环频率域”对信号进行参数估计或信号分析，以抑制或排除同频带干扰的影响。

例 2.1　设实值广义平稳随机信号 $X(t)$ 通过幅度调制（AM）得到 AM 信号 $Y(t)=X(t)\cos(\omega_0 t)$。其中，$\omega_0$ 为常数载频频率。试分析 AM 信号 $Y(t)$ 的循环平稳性。

解　$Y(t)$ 的均值为

$$m_Y(t)=E[Y(t)]=E[X(t)]\cos(\omega_0 t)=m_X\cos(\omega_0 t)$$

$Y(t)$ 的自相关函数为

$$\begin{aligned}R_Y(t,t+\tau)&=E\{X(t)\cos(\omega_0 t)\cdot X(t+\tau)\cos[\omega_0(t+\tau)]\}\\&=R_X(\tau)\cos[\omega_0(t+\tau)]\cos(\omega_0 t)\\&=\frac{1}{2}R_X(\tau)\{\cos[\omega_0(2t+\tau)]+\cos(\omega_0\tau)\}\end{aligned}$$

显然，AM 信号的均值 $m_Y(t)$ 是周期为 $2\pi/\omega_0$ 的周期函数，而其自相关函数 $R_Y(t,t+\tau)$ 是周期为 π/ω_0 的周期函数。因此，AM 信号 $Y(t)$ 为循环平稳信号，其统计特性的周期为 $T=2\pi/\omega_0$。

2.2.6　常见的随机信号与随机噪声

1．高斯（正态）分布随机信号

设随机过程 $X(t)$，若对于任何有限时刻 $t_i\ (i=1,2,\cdots,n)$，由随机变量 $X_i=X(t_i)$ 组成的任意 n 维随机变量的概率分布是高斯分布，那么该随机过程称为高斯分布随机过程（简称高斯过程）。高斯过程的 n 维概率密度函数和 n 维特征函数分别为

$$\begin{aligned}f_X(x_1,x_2,\cdots,x_n;t_1,t_2,\cdots,t_n)&=\frac{1}{(2\pi)^{n/2}|\boldsymbol{C}|^{1/2}}\exp\left[-\frac{1}{2|\boldsymbol{C}|}\sum_{i=1}^{n}\sum_{j=1}^{n}|\boldsymbol{C}|_{ij}(x_i-\mu_{X_i})(x_j-\mu_{X_j})\right]\\ \phi_X(u_1,u_2,\cdots,u_n;t_1,t_2,\cdots,t_n)&=\exp\left[\mathrm{j}\sum_{i=1}^{n}u_i\mu_{X_i}-\frac{1}{2}\sum_{i=1}^{n}\sum_{j=1}^{n}C_{ij}u_iu_j\right]\end{aligned}\tag{2.33}$$

式中，$\mu_{X_i}=E[X(t_i)]$，$|\boldsymbol{C}|_{ij}$ 是行列式 $|\boldsymbol{C}|$ 中元素 C_{ij} 的代数余子式，而 $C_{ij}=E[(X_i-\mu_{X_i})(X_j-\mu_{X_j})]$ 组成以下行列式：

$$|\boldsymbol{C}|=\begin{vmatrix}C_{11}&C_{12}&\cdots&C_{1n}\\C_{21}&C_{22}&\cdots&C_{2n}\\\vdots&\vdots&\ddots&\vdots\\C_{n1}&C_{n2}&\cdots&C_{nn}\end{vmatrix}\tag{2.34}$$

并且，有 $C_{ij}=C_{ji}$，$C_{ii}=\sigma_{X_i}^2$。

同样，可以很方便地用矩阵形式给出高斯过程的 n 维概率密度函数和 n 维特征函数。令 $\boldsymbol{X}=[X_1,X_2,\cdots,X_n]^{\mathrm{T}}$，其均值矢量为

$$E[\boldsymbol{X}]=\boldsymbol{\mu}=[E[X_1]\ E[X_2]\ \cdots\ E[X_n]]^{\mathrm{T}}=[\mu_{X_1},\ \mu_{X_2},\ \cdots,\ \mu_{X_n}]^{\mathrm{T}}\tag{2.35}$$

协方差矩阵为

$$\boldsymbol{C}=\begin{bmatrix} E[(X_1-\mu_{X_1})^2] & \cdots & E[(X_1-\mu_{X_1})(X_n-\mu_{X_n})] \\ \vdots & \ddots & \vdots \\ E[(X_n-\mu_{X_n})(X_1-\mu_{X_1})] & \cdots & E[(X_n-\mu_{X_n})^2] \end{bmatrix} \tag{2.36}$$

高斯过程的 n 维概率密度函数和 n 维特征函数为

$$\begin{aligned} f_X(\boldsymbol{X}) &= \frac{1}{(2\pi)^{n/2}\sqrt{|\boldsymbol{C}|}}\exp[-\frac{1}{2}(\boldsymbol{X}-\boldsymbol{\mu})^{\mathrm{T}}\boldsymbol{C}^{-1}(\boldsymbol{X}-\boldsymbol{\mu})] \\ \phi_X(\boldsymbol{u}) &= \exp[\mathrm{j}\boldsymbol{\mu}^{\mathrm{T}}\boldsymbol{u}-\boldsymbol{u}^{\mathrm{T}}\boldsymbol{C}\boldsymbol{u}/2] \end{aligned} \tag{2.37}$$

式中，$\boldsymbol{u}=[u_1, u_2, \cdots, u_n]^{\mathrm{T}}$。

高斯过程是最常用的随机信号模型之一。从上面的描述可知：只要知道信号的均值矢量 $E[\boldsymbol{X}]=\boldsymbol{\mu}$ 和协方差矩阵 $\boldsymbol{C}$，任意阶数的高斯概率密度函数均可以解析地表示出来。

若 $X(t)$ 为一维高斯随机信号，则有

$$\begin{aligned} f_X(x,t) &= \frac{1}{\sqrt{2\pi}\sigma_X(t)}\mathrm{e}^{-\frac{[x(t)-\mu_X(t)]^2}{2\sigma_X^2(t)}} \\ \phi_X(u,t) &= \mathrm{e}^{\mathrm{j}\mu_X(t)u-\frac{1}{2}\sigma_X^2(t)u^2} \end{aligned} \tag{2.38}$$

式中，$\sigma_X^2(t)$ 表示随机信号 $X(t)$ 的方差函数，$\mu_X(t)$ 表示其均值函数。

若高斯过程是宽平稳的，则其一定是严平稳的。若高斯过程的各随机变量是不相关的，则其一定是统计独立的。此外，高斯过程经过线性运算之后仍为高斯过程。

2．白噪声

白噪声（white noise）定义为在所有频率上具有相等功率谱密度的不相关随机过程。白噪声的双边功率谱密度表示为 $S_w(\omega)=N_0/2$。式中，常数 N_0 表示白噪声平均功率谱密度的数值。由维纳-辛钦定理（Wiener-Khinchin theorem）可知，功率谱密度函数与自相关函数为一对傅里叶变换对，故其自相关函数表示为

$$R_w(\tau)=(N_0/2)\delta(\tau) \tag{2.39}$$

只有当 $\tau=0$ 时，$R_w(\tau)$ 才有非零值。当 $\tau\neq 0$ 时，$R_w(\tau)\equiv 0$。其含义表示不同时刻的白噪声是互不相关的。另一方面，白噪声的平均功率是趋于无穷大的，因而白噪声是物理不可实现的。然而在实际应用中，白噪声作为一个随机信号的模型，对于简化分析是很有意义的。

图 2.3 给出了白噪声的功率谱密度函数和自相关函数的曲线。

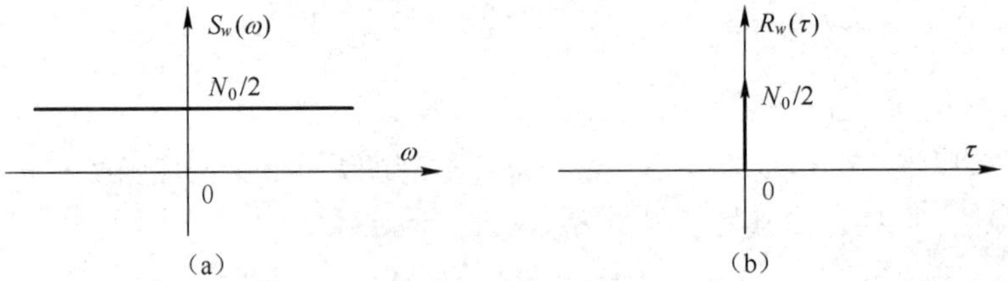

图 2.3　白噪声的功率谱密度和自相关函数曲线。（a）功率谱密度；（b）自相关函数

在许多实际问题中，通常使用高斯分布的白噪声。因此，高斯白噪声（Gaussian white noise）通常被用于表示具有高斯概率密度分布的白噪声随机过程。

类似地，若离散时间平稳随机序列 $W(n)$ 对所有 m 恒有自相关函数 $R(m)=(N_0/2)\delta(m)$ 和功率谱 $S_W(\mathrm{e}^{\mathrm{j}\omega})=N_0/2$，则称 $W(n)$ 为白噪声序列。

3．带限白噪声

由白噪声的定义可知，纯粹的白噪声只是一个理论上的概念，因为它需要有无穷大的功率来覆盖无穷宽的频率范围。另一方面，所有离散时间信号必须是有限带宽的，其最高频率分量必须小于采样频率的一半。定义带宽为 B 的带限白噪声信号的功率谱为

$$S_X(\omega)=\begin{cases}N_0/2, & |\omega|\leqslant B\\ 0, & |\omega|>B\end{cases} \tag{2.40}$$

对上式两边求傅里叶逆变换，得到带限白噪声的自相关函数为

$$R_X(\tau)=\frac{BN_0}{2\pi}\cdot\frac{\sin(B\tau)}{B\tau} \tag{2.41}$$

需要注意的是，带限白噪声的自相关函数在 $\tau=K\pi/B$（K 为整数）处有 $R_X(\tau)=0$。因此，若采样速率为 π/B，则采样得到的数据样本将互不相关。π/B 也就是奈奎斯特采样率。

4．高斯-马尔可夫过程

自相关函数为指数型的平稳高斯过程称为高斯-马尔可夫过程，其自相关函数和功率谱密度函数分别为

$$\begin{aligned}R(\tau)&=\sigma^2\mathrm{e}^{-\beta|\tau|}\\ S(\omega)&=\frac{2\sigma^2\beta}{\omega^2+\beta^2}\end{aligned} \tag{2.42}$$

式中，需保证指数参数 $\beta>0$。随着采样间隔的加大，信号的各采样值的相关性减弱，并趋于不相关。这种随机过程可以看作高斯白噪声通过一个一阶自回归系统产生的。

5．有色噪声

有色噪声（colored noise）是指功率谱密度在整个频域内呈非均匀分布的噪声。由于其在各频段内的功率不同，与有色光相似，所以称为有色噪声。在实际应用中，大多数音频噪声，如汽车噪声、计算机风扇噪声、电钻噪声等都属于有色噪声。

6．热噪声

热噪声（thermal noise）又称为 Johnson 噪声，是由导体中带电粒子的随机运动产生的。热噪声是所有电导体固有的，我们知道，电导体中含有大量的自由电子及在平衡位置随机振动的离子。电子的自发运动构成了自发电流，即热噪声。随着温度的升高，自由电子会跃迁到更高的能级，热噪声也会增加。热噪声具有平坦的功率谱，因此属于白噪声。热噪声是不能通过对电子系统的屏蔽和接地而避免的。

7. 散粒噪声

散粒噪声（shot noise）又称为散弹噪声，是由于离散电荷的运动而形成电流所引起的随机噪声，其噪声强度随着通过导体平均电流的增加而增加。“散粒噪声”这一名词，源自真空管内阴极发射电子的随机变化。电流中的离散电荷粒子是随机到达的，故平均粒子电流会有起伏变化。这种粒子流速率的波动形成了散粒噪声。半导体中的电子流以及电子和空穴的重新结合、光敏二极管发射的光电子流等，也会形成散粒噪声。散粒噪声与热噪声是不同的。热噪声是由于电子的随机热运动而产生的，与电压无关，而散粒噪声在有电压和电流时才产生。粒子到达或发射速率的随机性，表明散粒噪声的随机变化可以用泊松概率分布来描绘。

8. 电磁噪声

电磁噪声（electromagnetic noise）是指环境中存在的由电磁场交替变化而产生的噪声。实际上，每个产生、消耗或者传输能量的电子设备都是无线电频谱的污染源，也是其他系统潜在的电磁噪声干扰源。一般来说，电压或电流越大，电子线路或设备距离越近，所引起的电磁噪声就越大。在实际应用中，电磁噪声的来源主要包括：变压器、无线电和电视发射机、移动电话、微波发射器、交流电力线、电动机和电动机启动器、发电机、继电器、振荡器、荧光灯及电磁风暴等。电磁噪声的主要特性与交变电磁场特性、受迫振动部件和空间形状等因素有关。电磁噪声通常是脉动的和随机的，也可以是周期性的。

9. 随机正弦信号

随机正弦信号是通信信号中应用广泛的信号模型，定义为

$$X(t)=A\cos(\omega t+\theta),\quad t\in(-\infty,+\infty) \tag{2.43}$$

式中，A、ω 和 θ 三个参量部分或全部为随机变量。可以证明，若 ω 为确定量，A 和 θ 相互独立，并分别服从参数为 σ^2 的瑞利分布（Rayleigh distribution）和 $[0,2\pi)$ 的均匀分布（uniform distribution），则该随机正弦信号的均值为 $E[X(t)]=0$，其自相关函数为 $R_X(t_1,t_2)=\sigma^2\cos[\omega_0(t_1-t_2)]$，显然，$R_X(t_1,t_2)$ 是随时间间隔按正弦规律变化的。

10. 伯努利随机序列

伯努利（Bernoulli）随机序列表示为 $\{X_n,\ n=1,2,\cdots\}$。其中，各 X_n 为独立同分布的二值随机变量，记为 $P(X_n=1)=p$，$P(X_n=0)=1-p=q$ 或 $X_n\sim B(1,p)$。

伯努利随机序列可以用来描述许多随机现象。例如，在 $n=1,2,\cdots$ 时刻独立、无休止地进行相同的投币试验，结果为正面记为 1，结果为背面记为 0。在各种数字通信中，串行传输的二进制比特流也常用伯努利随机序列模型来描述。

伯努利随机序列的均值为 $E[X_n]=p$，其自相关函数为 $R_X(n_1,n_2)=pq\delta(n_1-n_2)+p^2$。

11. 半随机二进制传输信号

半随机二进制传输信号是通信技术等领域广泛使用的传输信号模型，表示为 $\{X(t)=2X_n-1,\ (n-1)T\leqslant t\leqslant nT,\ t\geqslant 0\}$。其中，$\{X_n,\ n=1,2,\cdots\}$ 是伯努利随机序列；T

为常数，常在通信中表示 1 个时隙的时间长度。

半随机二进制传输信号也可以表示为

$$X(t)=\begin{cases}+1, & 若X_n=1,\\ -1, & 若X_n=0,\end{cases}\quad t\in[(n-1)T,nT] \tag{2.44}$$

半随机二进制传输信号的均值为$E[X(t)]=p-q$，其自相关函数为

$$R(t_1,t_2)=\begin{cases}p+q=1, & 若n_1=n_2，即两时刻位于同一时隙\\ 1-4pq, & 若n_1\neq n_2，即两时刻位于不同时隙\end{cases} \tag{2.45}$$

图 2.4 给出了半随机二进制传输信号样本函数的示意图。

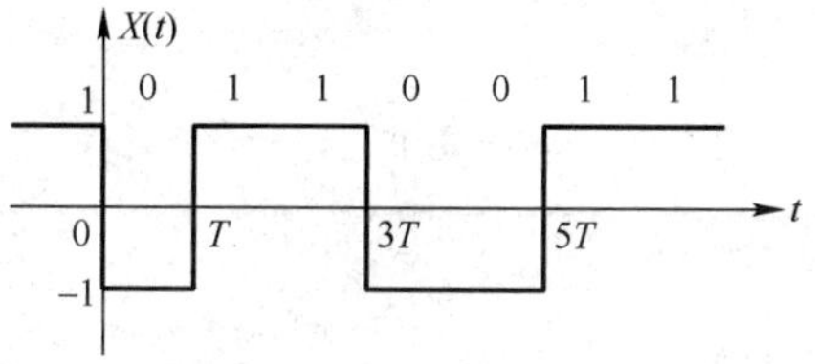

图 2.4　半随机二进制传输信号样本函数示意图

由图 2.4 可见，半随机二进制传输信号的时隙位置准确地与$t=0$对齐，在通信技术中，这实际上是确知同步时钟的情形。

若同步时钟不能完全确知，则有更一般的情形，称为随机二进制传输信号，定义为$Y(t)=X(t-\tau)$。其中，τ是独立于$X(t)$且在$[0,T)$上均匀分布的随机变量。由于τ引入了随机滑动延迟，使得时隙边界的位置具有完全的不确定性。

2.3　脉冲噪声的概率描述——Alpha 稳定分布

2.3.1　Alpha 稳定分布的概念

1．从高斯分布到 Alpha 稳定分布

长期以来，由于计算机的计算速度、存储空间，以及数学、信号分析处理的理论和算法的局限性，人们往往将实际应用中遇到的各种信号和噪声近似为高斯分布。这是因为中心极限定理表明：在一定条件下，大量独立随机变量之和的极限分布是高斯分布。而且，基于高斯分布的假定使人们易于对信号处理问题建模，并对所设计的信号处理算法进行理论上的解析和分析。因此，在通信、滤波、语音处理、参数估计检测、系统辨识等许多研究领域，高斯分布模型一直占据着主导地位，很多信号处理理论和方法都是基于高斯分布提出和发展的。

但是，在许多实际环境中，由于自然因素（如大气噪声、磁暴、雷电、宇宙电磁波等）和人为因素（如荧光灯、微波炉、汽车发动机点火、电动机、发电机、各种电磁设备等）的影响，噪声并不一定符合高斯分布。例如，在雷达、声呐、无线通信、卫星通信和无线电监测等领域，实际测试数据中的强冲激性噪声发生概率较大。即在

某些时刻，噪声/信号呈现突发的尖峰状，这样的过程称为脉冲噪声/信号（impulsive noise/signal）。

根据信号处理理论，为深入分析和探讨算法的性能，通常需要基于一定的概率分布理论对信号和噪声进行建模或描述。当理想的基于高斯模型的算法在非高斯环境中不能得到最优解时，必须基于一个更有效的统计模型来进行新理论的发展。这个模型既要考虑其对噪声/信号本质的准确描述，又要考虑计算和分析的简洁性。目前，非高斯信号处理研究主要基于以下 4 种非高斯分布：混合高斯分布（Gaussian mixture model，又称为高斯混合模型）、广义高斯分布（generalized Gaussian distribution）、广义柯西分布（generalized Cauchy distribution）和 Alpha 稳定分布（Alpha-stable distribution）。表 2.1 对上述 4 种非高斯分布进行了比较。

表 2.1　几种常用非高斯分布的比较

分布类型	闭式概率密度函数 $f_X(x)$	特　点	拖　尾
混合高斯分布	$f_X(x)=\sum_{i=1}^{N}P(X_i)f_{X_i}(x_i)$	（1）数学描述和分析简单；（2）高斯分布是其特例	指数拖尾
广义高斯分布	$f_X(x)=\dfrac{\alpha}{2\beta\Gamma(1/\alpha)}\exp\left[-\left\|\dfrac{x-\mu}{\beta}\right\|^{\alpha}\right]$ 其中，$\Gamma(z)=\int_0^{\infty}\mathrm{e}^{-t}t^{z-1}\mathrm{d}t$ 为伽马函数，μ、σ^2、α 和 β 分别表示均值、方差、形状参数和尺度参数	（1）数学描述和分析简单；（2）高斯分布是其特例；（3）当 $\alpha<1$ 时，概率密度函数不是钟形而是呈现过尖的形状	指数拖尾
广义柯西分布	$f(x)=a\sigma(\sigma^p+\|x-\theta\|^p)^{-2/p}$ 其中，p 是拖尾系数，表示冲激程度；θ 是位置参数	（1）柯西分布和 Meridian 分布是其特例；（2）高斯分布不是该分布的特例	代数拖尾
Alpha 稳定分布	无统一的闭式表达式	（1）满足稳定性和广义中心极限定理；（2）描述脉冲噪声范围广；（3）高斯分布和柯西分布是其特例；（4）不存在阶数高于特征指数的统计量	代数拖尾

由表 2.1 可以得出以下初步结论：

① 混合高斯分布、广义高斯分布和广义柯西分布都具有闭式概率密度函数的表达式，在算法的数学分析上相对方便和简单。但混合高斯分布和广义高斯分布的拖尾是指数拖尾，而非代数拖尾。这并不符合在某些场合的实际情况，而且所描述的脉冲噪声的范围也受限制。

② 广义柯西分布通过对拖尾系数 $p\in(0,2]$ 的控制，使其对脉冲噪声的描述范围远大于混合高斯分布和广义高斯分布。$p=2$ 时为柯西分布，该特例也是 Alpha 稳定分布的特例之一，但高斯分布不是该分布的特例。

③ Alpha 稳定分布是一种典型的非高斯分布，是描述真实噪声最有潜力和吸引力的模型之一。它包含了高斯分布（$\alpha=2$）和分数低阶 Alpha 稳定分布（$0<\alpha<2$）两种情况，可以通过对参数的不同选择来描述各种不同程度的、对称或非对称的脉冲噪声。Alpha 稳定分布具有代数拖尾，能够非常好地与实际数据相吻合。更重要的是，Alpha 稳定分布是唯一一类满足稳定性和广义中心极限定理的非高斯分布模型，具有更广泛的代表性。

Alpha 稳定分布的概念最早是由 Levy 于 1925 年在研究广义中心极限定理时提出的。实际上，最早将 Alpha 稳定分布规则用于随机过程建模的是丹麦天文学家 Holtsmark。他于 1919 年发现星际间引力场的随机波动在某些假设条件下服从特征指数为 $\alpha = 1.5$ 的 Alpha 稳定分布。20 世纪 60 年代，Mandelbrot 等人将 Alpha 稳定分布应用于经济学和金融学中。由于高斯假设和最小均方准则无法描述经济学中的时间序列问题，Mandelbrot 提出了一种基于 Alpha 稳定分布的方法来描述股票指数变动问题。经济学中的一些随机现象，如常见的股票指数、利率、期货指数、汇率等，与 Alpha 稳定分布随机过程有一致的分布特性。

20 世纪 90 年代，随着统计信号处理理论和技术向非高斯方向发展，Alpha 稳定分布引起了信号处理领域研究者的关注。特别是美国南加州大学 Nikias 教授及其团队，把 Alpha 稳定分布从数理统计领域引入信号处理领域，并在信号处理的各个方面进行了许多开创性的工作。近年来，Alpha 稳定分布在信号处理和通信领域得到了许多重要的应用。例如，Alpha 稳定分布在脉冲信号噪声的建模方面受到了更加广泛的关注。在通信技术领域，传统上常采用加性高斯模型来描述信道噪声。实际上这种假定是不准确的，因为通信信号在传输过程中常常引入一些出现概率较低、幅度较大的噪声。尽管这类随机噪声的分布与高斯分布比较接近，但是其统计概率密度函数有较厚的拖尾。研究发现，大气噪声、水声噪声等具有与高斯噪声很相似的分布特性。例如，具有相似对称性、光滑程度、单峰特性，但是这些噪声的概率密度函数具有较厚的拖尾，这表明采用 Alpha 稳定分布来描述这些随机噪声是更为恰当的。

2．Alpha 稳定分布的定义

由于 Alpha 稳定分布没有统一的闭式概率密度函数表达式，故常用其统一的特征函数来定义，即

$$\phi(t) = \exp\left\{ \mathrm{j}at - \gamma |t|^{\alpha} [1 + \mathrm{j}\beta \mathrm{sgn}(t)\omega(t,\alpha)] \right\} \tag{2.46}$$

式中，

$$\omega(t,\alpha) = \begin{cases} \tan(\alpha\pi/2), & \alpha \neq 1 \\ (2/\pi)\lg|t|, & \alpha = 1 \end{cases}$$

$$\mathrm{sgn}(t) = \begin{cases} 1, & t > 0 \\ 0, & t = 0 \\ -1, & t < 0 \end{cases}$$

通过 4 个参数 α 、a、β 和 γ 可以完全确定一个 Alpha 稳定分布的特征函数。

$\alpha(\alpha \in (0,2])$ 称为特征指数，用来度量分布函数拖尾的厚度。α 值越小，分布函数的拖尾越厚，即偏离其中心值的样本越多。α 值越大，则越趋向于高斯过程。$\alpha = 2$ 实际上代表高斯分布，称 $0 < \alpha < 2$ 的非高斯 Alpha 稳定分布为分数低阶 Alpha 稳定分布。

$\gamma(\gamma > 0)$ 称为分散系数。它是关于样本分散程度的度量，其意义与高斯分布中的方差类似，在高斯分布的情况下等于方差值的一半。

$\beta(-1 < \beta < 1)$ 称为对称参数，用于表示分布的斜度。$\beta = 0$ 时称为对称 Alpha 稳定分

布，记为$S\alpha S$分布。$\beta>0$和$\beta<0$分别对应分布的左斜和右斜。

a称为位置参数，对于$S\alpha S$分布，当$1<\alpha\leqslant 2$时，a为 Alpha 稳定分布的均值，当$0<\alpha<1$时，a表示 Alpha 稳定分布的中值。

如果 Alpha 稳定分布中的位置参数$a=0$，分散系数$\gamma=1$，则称此稳定分布为标准 Alpha 稳定分布。

图 2.5 给出了不同特征指数α的标准化$S\alpha S$分布的概率密度函数曲线。

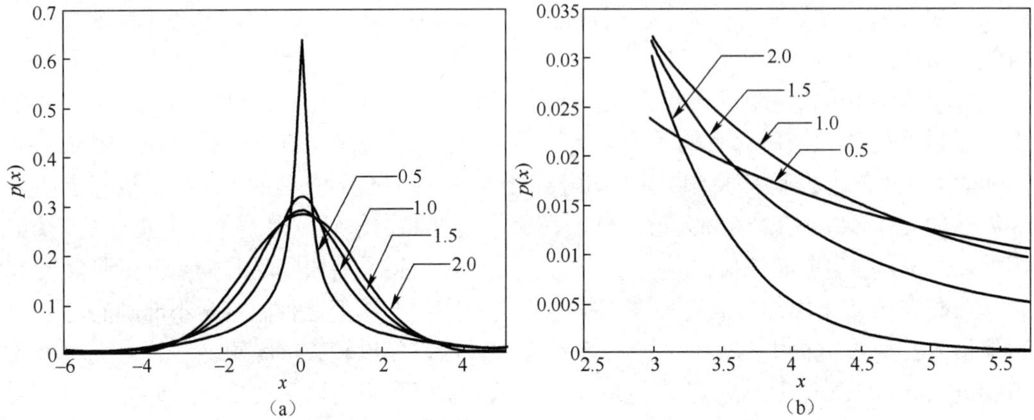

图 2.5　特征指数α为不同值时的$S\alpha S$分布概率密度函数曲线。
（a）完整的概率密度曲线；（b）概率密度曲线的拖尾

服从 Alpha 稳定分布的随机变量X，通常使用$X\sim S_{\alpha}(\beta,\gamma,a)$的形式来表示。Alpha 稳定分布可以表示非常广泛的一类随机现象，若满足$X\sim S_{2}(0,\gamma,a)$，则表示X服从高斯分布；若满足$X\sim S_{1}(0,\gamma,a)$，则表示X服从柯西分布；若满足$X\sim S_{1/2}(-1,\gamma,a)$，则表示$X$服从皮尔逊分布。

2.3.2　Alpha 稳定分布噪声的特点与性质

Alpha 稳定分布是一种广义化的高斯分布，即高斯分布是其特例之一。它之所以能够成为描述脉冲噪声的一个重要模型，是因为它满足以下两个重要的定理。

定理 2.1　稳定性定理　如果独立 Alpha 稳定分布随机变量X_1和X_2具有相同的特征指数α和对称参数β，则对于任意常数m_1和m_2，有下式成立：

$$m_1X_1+m_2X_2\overset{\mathrm{d}}{=}mX+n \tag{2.47}$$

式中，m和n为常数。即随机变量X也是特征指数为α、对称参数为β的稳定分布。符号“$X\overset{\mathrm{d}}{=}Y$”表示$X$和$Y$具有相同的分布。

该定理可以更一般地表述为：若独立随机变量$X_1,X_2,\cdots,X_N$都服从相同的特征指数为α、对称参数为β的稳定分布，则这些随机变量的线性组合$\sum_{j=1}^{N}a_jX_j$也服从特征指数为α、对称参数为β的稳定分布。

定理 2.2　广义中心极限定理　若$X_1,X_2,\cdots,X_N$是独立同分布的随机变量，当$N\to\infty$时，

$$X=\frac{X_1+X_2+\cdots+X_N}{a_N}-b_N$$

则 X 服从 Alpha 稳定分布，其中 a_N 是正的实数，b_N 是实数。

在该定理中，如果 $X_1,X_2,\cdots,X_N$ 是独立同分布的并且具有有限方差，那么这个极限分布是高斯分布。广义中心极限定理也就成为中心极限定理了。

Alpha 稳定分布的另一重要性质是其随机变量只有阶数小于 α 阶的矩是有限的，即定理 2.3。

定理 2.3　有界性定理　任意服从 Alpha 稳定分布的随机变量 X，若 $0<\alpha<2$，则

$$\begin{cases}E[|X|^p]=\infty, 若p\geqslant\alpha\\ E[|X|^p]<\infty, 若0\leqslant p<\alpha\end{cases}\tag{2.48}$$

特别地，当 $\alpha=2$ 时，

$$E[|X|^p]<\infty,\quad p\geqslant 0\tag{2.49}$$

式（2.48）表明，对于 $\alpha<2$ 的分数低阶 Alpha 稳定分布随机变量，其方差（或其他二阶矩）是无界的。因此，基于方差或二阶统计量有界假设的信号处理方法（如相关、功率谱和最小均方等）将会显著退化，甚至会导致错误的结果。而分数低阶统计量则是研究它的有力工具。

2.3.3　Alpha 稳定分布的参数估计

Alpha 稳定分布是由特征指数 α、对称参数 β、分散系数 γ 和位置参数 a 这 4 个参数确定的。对于 $S\alpha S$ 分布，由于满足 $\beta=0$，则其特性完全由 α、γ 和 a 确定。在实际应用中，由于分布参数的理论值难以获取，故常需要根据数据样本对这些参数进行估计。

1．参数估计的最大似然法

最大似然法是估计概率分布参数最直接的方法。对于标准 $S\alpha S$ 分布，其对数似然函数表示为

$$\begin{aligned}\sum_{i=1}^{N}\lg[f_\alpha(z_i)]=N\lg\alpha-N\lg[(\alpha-1)\pi]+\sum_{i=1}^{N}(\lg z_i)/(\alpha-1)+\\ \sum_{i=1}^{N}\lg\int_0^{\pi/2}\nu(\theta)\exp[-z_i^{\alpha/(\alpha-1)}\nu(\theta)]\mathrm{d}\theta\end{aligned}\tag{2.50}$$

式中，$\nu(\theta)=\dfrac{\cos[(\alpha-1)\theta](\cos\theta)^{1/(\alpha-1)}}{(\sin\alpha\theta)^{\alpha/(\alpha-1)}}$；$N$ 表示观测数据长度；$z_i=|x_i-a|/c$，其中 $c=\gamma^{1/\alpha}$。利用观测数据样本 $x_1,x_2,\cdots,x_N$，求式（2.50）的最大值，可以得到参数 α、a 和 c 的估计。不过，这种方法是一个复杂的非线性优化问题，计算量大，且缺乏初值选取的依据。

2．样本分位数法

（1）样本分位数的概念

设随机变量 X 的 f $(0<f<1)$ 分位数 x_f 由其分布函数定义为 $F(x_f)=f$。样本分位

数 $\hat{x}_f$ 可以经由随机样本顺序统计量 $X_{(1)} \leqslant X_{(2)} \leqslant \cdots \leqslant X_{(N)}$ 表示为

$$\hat{x}_f = X_{(i)} + (X_{(i+1)} - X_{(i)})\frac{f - q(i)}{q(i+1) - q(i)} \tag{2.51}$$

式中，$q(i) = (2i-1)/(2N)$，且 $i\ (0 \leqslant i \leqslant N)$ 由 $q(i) \leqslant f \leqslant q(i+1)$ 来确定。

（2）α 参数的估计

Alpha 稳定分布的特征指数 α 可以由估计样本分位数 $\hat{v}_\alpha$ 通过查表 2.2 得到：

$$\hat{v}_\alpha = \frac{\hat{x}_{0.95} - \hat{x}_{0.05}}{\hat{x}_{0.75} - \hat{x}_{0.25}} \tag{2.52}$$

式中，$\hat{x}_f(f = 0.95,\ 0.05,\ 0.75,\ 0.25)$ 为 f 分位数。

表 2.2　由 $\hat{v}_\alpha$ 估计 α 的查找表

$\hat{v}_\alpha$	2.439	2.5	2.6	2.7	2.8	3.0	3.2	3.5	4.0	5.0	6.0	8.0	10.0	15.0	25.0
α	2.0	1.916	1.808	1.729	1.664	1.563	1.484	1.391	1.279	1.128	1.029	0.896	0.818	0.698	0.593

（3）γ 参数的估计

在已知 α 值或已经得到其估计值的条件下，Alpha 稳定分布的分散系数 γ 可以通过估计 $c = \gamma^{1/\alpha}$ 和查表 2.3 而得到。c 参数的样本分位数估计式为

$$\hat{c} = \frac{\hat{x}_{0.75} - \hat{x}_{0.25}}{\hat{v}(\alpha)} \tag{2.53}$$

式中，$\hat{v}(\alpha)$ 通过查表 2.3 得到。

表 2.3　由 α 估计 $\hat{v}_c(\alpha)$ 的查找表

α	2.00	1.90	1.80	1.70	1.60	1.50	1.40	1.30	1.20	1.10	1.00	0.90	0.80	0.70	0.60	0.50
$\hat{v}_c(\alpha)$	1.908	1.914	1.921	1.927	1.933	1.939	1.946	1.955	1.965	1.980	2.000	2.040	2.098	2.189	2.337	2.588

3．回归法

$S\alpha S$ 分布的参数 α、a 和 c 可以基于分布特征函数与参数的关系，通过线性回归而估计得到。研究表明，这些参数的估计是一致的、渐近无偏的。并且，这种方法计算量较小。

Koutrouvelis 回归法是一种在一致性、偏差和效率等方面性能较好的参数估计方法。这种方法基于 $S\alpha S$ 分布的特征函数与其参数的关系，其表达式为

$$\begin{gathered}\lg\left(-\lg|\phi(u)|^2\right) = \lg(2c^\alpha) + \alpha \lg|u| \\ \frac{\mathrm{Im}[\phi(u)]}{\mathrm{Re}[\phi(u)]} = \tan(au)\end{gathered} \tag{2.54}$$

由式（2.54），参数 α 和 c 可以由以下线性回归式估计得到：

$$y_k = \mu + \alpha w_k + \varepsilon_k,\quad k = 1,2,\cdots,K \tag{2.55}$$

式中，$y_k = \lg\left(-\lg\left|\phi(u)\right|^2\right)$，$\mu = \lg(2c^{\alpha})$，$\varepsilon_k = \alpha \lg|u|$。$\varepsilon_k$ 表示零均值独立同分布的误差项。

位置参数 a 可利用以下线性回归式以相同的方法估计得到：

$$z_k = au_k + \varepsilon_k, \quad k = 1,2,\cdots,K \tag{2.56}$$

式中，$z_k = \arctan\left(\dfrac{\mathrm{Im}[\hat{\phi}(u_k)]}{\mathrm{Re}[\hat{\phi}(u_k)]}\right)$。整个过程可以通过迭代方法来实现，直到满足预先设定的收敛条件。估计的初值可以通过样本分位数方法得到。

以这种方法得到的回归估计 $\hat{\alpha}$、$\hat{c}$ 和 $\hat{a}$ 是一致收敛和渐近无偏的，且计算量小，较容易实现。

2.3.4　Alpha 稳定分布随机变量的产生方法

1．Alpha 稳定分布随机变量的产生方法

为了进行仿真研究，常需要产生大量服从 Alpha 稳定分布的随机数。一般通过均匀分布和指数分布随机变量得到 Alpha 稳定分布的随机变量。常用的方法如下。

（1）Chambers-Mallows-Stuck 法

第 1 步：产生一个在 $(-\pi/2, \pi/2)$ 上均匀分布的随机变量 U。

第 2 步：产生另一个指数分布的随机变量 W，均值为 1。

第 3 步：若 $\alpha \neq 1$，则计算

$$X = S_{\alpha,\beta} \times \frac{\sin\left[\alpha(U - B_{\alpha,\beta})\right]}{(\cos U)^{1/\alpha}} \times \left[\frac{\cos\left[U - \alpha(U - B_{\alpha,\beta})\right]}{W}\right]^{[1-\alpha]/\alpha}$$

式中，

$$B_{\alpha,\beta} = \frac{\arctan\left[\beta \tan\dfrac{\pi\alpha}{2}\right]^{1/2\alpha}}{\alpha}$$

$$S_{\alpha,\beta} = \left[1 + \beta^2 \tan^2\frac{\pi\alpha}{2}\right]^{1/2\alpha}$$

第 4 步：若 $\alpha = 1$，则计算

$$X = \frac{2}{\pi}\left[\left(\frac{\pi}{2} + \beta U\right)\right]U - \beta \lg\left[\frac{W\cos U}{\pi/2 + \beta U}\right]$$

第 5 步：上面所产生的随机数 X 是一个标准的随机变量，即 $X \sim S_{\alpha}(\beta,1,0)$。对于非标准的稳定变量 $Y \sim S_{\alpha}(\beta,\gamma,a)$，修改 X 为

$$Y = \begin{cases} \gamma X + \mu, & \alpha \neq 1 \\ \gamma X + \dfrac{2}{\pi}\beta\gamma\lg\gamma + \mu, & \alpha = 1 \end{cases}$$

（2）Deroye 法

该方法针对 $\alpha \neq 1$ 的 $S\alpha S$ 分布产生随机样本。

第 1 步：产生一个在 $(0,\pi)$ 上均匀分布的随机变量 U 。

第 2 步：产生另一个指数分布的随机变量 W ，均值为 1。

第 3 步：定义另一个变量

$$G=\frac{\sin(\alpha U)^{\frac{\alpha}{1-\alpha}}}{\cos(U)^{\frac{\alpha}{1-\alpha}}}\cos[U(1-\alpha)]$$

第 4 步：得到 $S\alpha S$ 分布随机样本

$$X=\left[\frac{G}{W}\right]^{\frac{\alpha}{1-\alpha}}$$

2．广义信噪比及其设定

（1）广义信噪比的概念

由于分数低阶 Alpha 稳定分布没有有限的二阶统计量，因此常规的依据信号与噪声功率之比定义的信噪比（SNR）变得没有意义了。为了适应信号处理中信噪比描述的需求，定义广义信噪比（又称混合信噪比）为

$$\mathrm{GSNR}_{\mathrm{dB}}=10\lg\left[\frac{\sigma_s^2}{\gamma_v}\right] \tag{2.57}$$

式中，σ_s^2 和 γ_v 分别表示信号的方差和分数低阶 Alpha 稳定分布噪声的分散系数，$\mathrm{GSNR}_{\mathrm{dB}}$ 的单位为 dB。

（2）广义信噪比的设定

在计算机仿真中，假定要对给定信号 $s_1(n)$ 和加性分数低阶 Alpha 稳定分布噪声 $v(n)$ 设定广义信噪比为 $\mathrm{GSNR}_{\mathrm{dB}}=m$ dB。由式（2.57）有

$$\sigma_s=\sqrt{\gamma_v\cdot 10^{m/10}} \tag{2.58}$$

式中，σ_s 为设定广义信噪比 $\mathrm{GSNR}_{\mathrm{dB}}=m$ dB 后信号 $s(n)$ 的标准差。按照式（2.58）调整给定信号 $s_1(n)$ 的幅度，就可以实现设定信噪比的目的。

$$s(n)=\frac{s_1(n)}{\sqrt{\mathrm{Var}[s_1(n)]}}\sigma_s \tag{2.59}$$

式中，$s(n)$ 为按照给定信噪比调整幅度后的信号，$\mathrm{Var}[s_1(n)]$ 表示信噪比设定之前信号的方差。

2.3.5 广义高斯分布与混合高斯分布

描述非高斯脉冲噪声的统计分布，除了前文介绍的 Alpha 稳定分布，还常使用广义高斯分布和混合高斯分布。本节简要介绍这两种分布的概念与特性。

1．广义高斯分布

广义高斯分布（generalized Gaussian distribution，GGD）以高斯分布和拉普拉斯分布

为特例（又称为广义拉普拉斯分布），而以均匀分布和狄拉克函数（δ 函数）为极限形式，是一种范围广泛的统计分布模型，在信号处理、图像处理等领域得到普遍重视和广泛应用。

设随机变量 X 服从广义高斯分布（GGD），其概率密度函数表示为

$$f_X(x)=\frac{\alpha}{2\beta\Gamma(1/\alpha)}\exp\left[-\left|\frac{x-\mu}{\beta}\right|^{\alpha}\right] \tag{2.60}$$

式中，$\beta=\sqrt{\dfrac{\sigma^2\Gamma(1/\alpha)}{\Gamma(3/\alpha)}}$，$\sigma>0$。$\Gamma(z)=\int_0^{\infty}\mathrm{e}^{-t}t^{z-1}\mathrm{d}t$ 为伽马函数，μ、σ^2、α 和 β 分别表示 GGD 的均值、方差、形状参数和尺度参数。其中，形状参数 α 的作用类似于 Alpha 稳定分布的特征指数 α。当 $\alpha=2$ 时，GGD 退化为高斯分布；当 $\alpha=1$ 时，GGD 退化为常规的拉普拉斯分布，即双边指数分布；当 $\alpha>2$ 时，GGD 为超高斯分布；当 $1<\alpha<2$ 时，GGD 为亚高斯分布；当 $\alpha\to 0$ 时，GGD 趋于 δ 函数；当 $\alpha\to\infty$ 时，GGD 退化为均匀分布。图 2.6 给出了 GGD 概率密度函数的示意图。

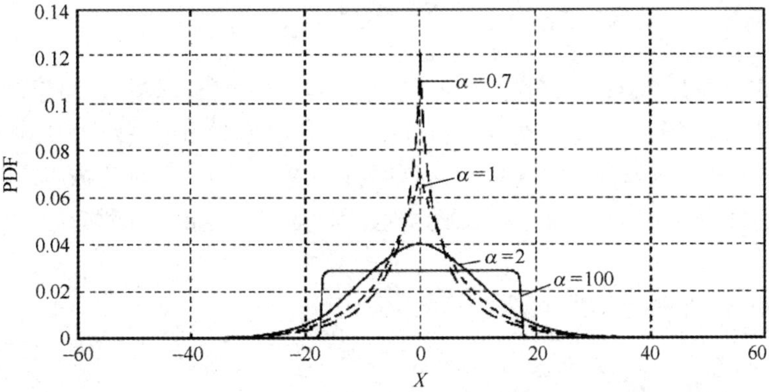

图 2.6　GGD 的概率密度函数示意图（$\sigma^2=100$）

可见，GGD 概率密度函数随参数选择的不同可以表示多种不同的分布情况。当形状参数 α 减小时，其概率密度函数曲线的拖尾变厚，可以用来描述脉冲随机信号与噪声。GGD 的局限性主要体现在其不满足广义中心极限定理，且不具有代数型拖尾，不适合描述强脉冲噪声的情况。

2．混合高斯分布

混合高斯分布又常称为高斯混合模型（Gaussian mixture model，GMM），是一个用来表示总体分布中含有多个高斯子分布的概率模型。简单来说，GMM 就是多个单高斯分布模型之和。在许多实际应用中，用单一高斯分布来描述数据往往不能得到准确的匹配，若用多个高斯分布来描述这样的数据，则会有效避免或削弱由单一高斯分布进行描述而带来的误差。例如，如图 2.7 所示，图中的黑色曲线表示数据真实的概率密度函数，很难用单一的高斯分布来描述。但是，图中下方的各条曲线之和的叠加则可以很好地描述这个统计分布。

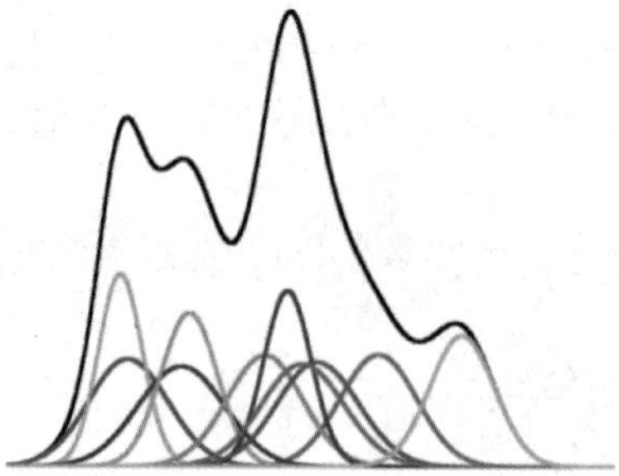

图 2.7　混合高斯分布应用举例

混合高斯分布的概率密度函数表示为

$$f_X(x)=\sum_{i=1}^{N}P(X_i)f_{X_i}(x_i) \tag{2.61}$$

式中，$f_X(x)$ 表示随机变量 X 的混合高斯分布的概率密度函数，$P(X_i)$ 表示第 i 个高斯随机变量 $X_i\sim N(\mu_i,\sigma_i)$ 的先验概率，$f_{X_i}(x_i)$ 表示 X_i 概率密度函数。N 表示混合高斯模型中包含的高斯分布的数量，$P(X_i)$ 满足 $\sum_{i=1}^{N}P(X_i)=1$。

混合高斯分布几乎可以表示任意分布，包括非对称分布和具有多个局部众数的分布，也可以用于描述信号中混入的脉冲噪声，具有较高的灵活性和较宽的适用范围。但是，与 Alpha 稳定分布相比，混合高斯分布的概率密度函数具有指数型拖尾，不便于描述厚拖尾的强脉冲过程的统计特性，且不满足广义中心极限定理，因而具有一定的局限性。

2.4　同频干扰与邻频干扰问题

2.4.1　同频干扰与邻频干扰的概念

同频干扰又称同信道干扰（co-channel interference），是指接收信号中无用信号的载频与有用信号（signal of interest，SOI）的载频相同（或相邻），且无用信号对接收同频有用信号的接收机造成的干扰。图 2.8 给出了同（邻）频干扰的示意图。由图可见，相邻信道的信号频谱有所重叠，从而造成了同频干扰或邻频干扰（又称邻信道干扰），进而对各自信道的接收信号造成影响。

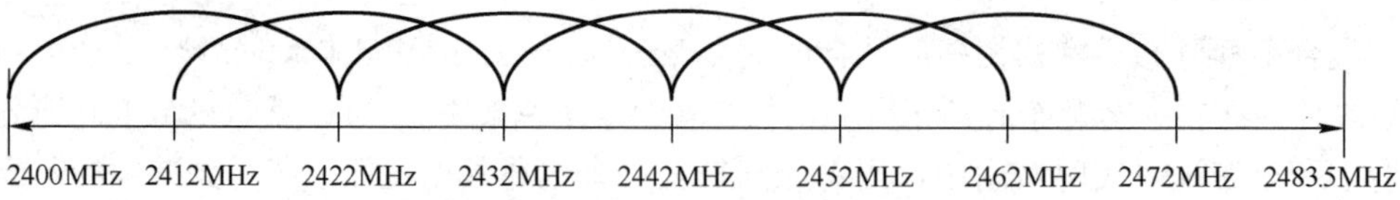

图 2.8　同（邻）频干扰示意图

以图 2.8 中频率为 2412～2432MHz 的频段为例。由图 2.8 可见，该频段与其相邻的较低频段（2400～2422MHz）和较高频段（2422～2442MHz）均各有几乎 50%的频谱重叠。显然，该频段的上下相邻信道的信号会对该信道的信号传播造成显著影响。同样，该信道的信号，也会影响其上下相邻信道的信号传播。由此，造成相互之间的同频（或邻频）干扰。

特别地，在移动通信系统中，为了提高频率利用率，增加系统的容量，常常采用频率复用（reuse）技术。频率复用（也称为再用）是指在相隔一定距离后，在给定的覆盖区域内，存在着许多使用同一组频率的小区，这些小区称为同频小区。同频小区之间的干扰也称为同频干扰。

通常，用有用信号与同频干扰信号幅度的比值来表征同频干扰的严重程度，这个比值定义为同频干扰比。同频干扰比由接收设备参数、信号传播环境、通信概率、移动通信小区半径、信号传播的双工方式和同频复用距离等因素决定。

所谓同频复用最小安全距离，是指为了提高频率利用率，在满足一定通信质量的条件下，允许使用相同信道的无线小区之间的最小距离，简称为同频复用距离或共道复用距离。所谓“安全”是指接收机输入端的有用信号与同频干扰的比值必须大于射频防护比。

射频防护比（RF protection ratio）是指达到设定的接收质量时，所需的射频信号对干扰信号的比值，一般用 dB 表示。在移动通信中，为避免同频干扰，必须保证接收机输入端的信号与同频干扰信号之比大于或等于射频防护比。从这一关系出发，可以研究并设置同频复用距离。当然，有用信号和干扰信号的强度不仅取决于通信距离，而且与调制方式、电波传播特性、要求的可靠通信概率、无线小区半径、选用的工作方式等因素有关。因此，在不同情况下射频防护比有所不同。

在无线电监测中，同频干扰往往指与被监测信号具有相同或邻近载波频率的干扰信号，或者其带宽与有用信号有重叠的干扰信号。这种同频或邻频干扰信号的存在，对有效监测并分析被监测信号造成严重的干扰。

2.4.2　同频干扰与邻频干扰产生的原因

大体上来说，同频干扰或邻频干扰的产生有以下主要原因。

1．移动通信中频率复用所引起的同频干扰

在蜂窝式移动通信系统中，假设基站 A 和基站 B 使用相同的信道，移动台 M 正在接收基站 A 发射的信号，如图 2.9 所示。由于基站天线高度大于移动台天线高度，因此，当移动台 M 处于小区边缘时，容易受到基站 B 发射信号的同频干扰。如果输入到移动台接收机的有用信号与同频干扰信号之比等于射频防护比，则 A、B 两基站之间的距离即为同频复用距离。

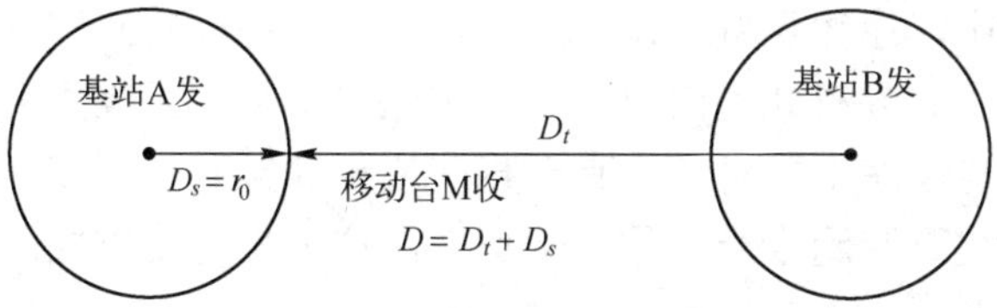

图 2.9　移动通信中同频干扰示意图

在图 2.9 中，D_t 为同频干扰从干扰基站 B 至被干扰接收机 M 的距离，D_s 为有用信号从基站 A 至接收机 M 的传播距离，即为基站 A 的半径 r_0。

在图 2.9 中，A、B 两基站之间的距离为 $D = D_t + D_s = D_t + r_0$。同频复用系数 c 定义为

$$c = D / r_0 = 1 + D_t / r_0 \tag{2.62}$$

由于干扰信号的传播距离 D_t 与有用信号的传播距离 D_s 之比与射频防护比 S/I 由式（2.63）约束，即

$$D_t / D_s = 10^{\frac{S/I}{40}} \tag{2.63}$$

通常取 $S/I = 8\text{dB}$，因此可得同频复用距离为 $D = D_t + r_0 = 2.6r_0$。以上情况只考虑了来自一个小区基站的干扰，实际上，在蜂窝移动通信中，同频干扰有可能会来自周围若干小区。

2．无线电监测中未授权信号所引起的同频干扰

无线电频谱是一种非常重要且有限的自然资源，广泛地应用于广播、电视、通信及其他相关领域中。由于无线电频谱资源是有限的，而电台的数量飞速增加，必然导致频率紧缺的局面。因此，如何从技术上挖掘无线电频谱的潜力，科学地管理和使用无线电频率，已成为各国无线电管理部门的重要任务。

国际电联（ITU）为不同的无线电传输技术和应用分配了无线电频谱的不同区间，ITU 的“无线电规则”定义了约 40 项无线电通信业务。在我国，无线电频谱资源是由国家无线电频谱管理中心统一管理的。根据社会需求，国家把部分无线电频谱的使用授权给无线电传输业务运营商，例如蜂窝移动通信运营商或广播电视台，以及其他应用领域。此外，各国也规划了特定频段的段频谱提供给工业、科学和医学机构使用，称为 ISM 频段（Industrial Scientific Medical Band）。应用 ISM 频段来进行无线电传输，无须许可证或使用费用，而只需遵守一定的发射功率（一般低于 1W）要求，不要对其他频段造成干扰即可。

如果无意或恶意违反国际电联和国家的规则，在未授权的情况下随意进行无线电传输或广播，则必然会对所占用频道或信道的合法授权信号造成干扰。这是无线电监测中最为关注的同频或邻频干扰问题。此外，一些授权信号也可能出现发射功率或带宽等指标超出授权范围的问题，这种现象也会对其他合法授权信号造成同频或邻频干扰。

在无线电监测中，无线电监管部门的任务之一就是发现并查处这些未授权或超出授权范围的信号。由于这些未授权信号占用了合法授权信号的信道，因此，在对这些未授权信号的监测中，往往是将其作为“目标”信号进行监测和分析处理的，并希望通过对这些非法信号的分析处理而获得其相关信息，特别是其发射源位置，以便进行进一步的查处。而与这些未授权信号具有相同或相邻频段的授权信号，在上述监测和分析处理中往往被视为监测信号中的“干扰”。这也是无线电监测中同频干扰的主要来源之一。

2.4.3　同频干扰的危害与解决办法

1．同频干扰的危害

在通信技术中，同频干扰的存在对于通信的有效性和可靠性造成较大危害。例如，在 CDMA 网络中，同频干扰对提升 CDMA 系统的容量及其他关键指标有重要影响。在时分复用同步码分多址接入的 TD-SCDMA 系统中，由于该系统具有时分复用特性，且采用的扩频码较短，扩频增益较小，故同频干扰的危害更为显著。在一些应用中，由于同频干扰的存在，使得用户接入失败率或掉话率较高，从而影响通信的可靠性、有效性和网络容量等技术指标。

2．同频干扰的解决办法

由于同频干扰对于正常通信和无线电监测的影响，使得学术界和应用领域均采取各种措施来减小或抑制同频干扰。

（1）协作通信中的解决办法

在常规的协作通信技术中，通过发送方和接收方的协作调整，有可能较有效地解决同频干扰问题。常用的解决办法包括：适当调整发射机的发射功率，或采用加大天线增益的办法来提高接收点的载噪比；相邻发射台采用不同极化方式；采用屏蔽技术，例如，把接收天线系统设置在周围有山丘或楼房处，可对干扰起到屏蔽作用；相邻发射台的载频采用 2/3 行频（10kHz）偏置，或 3MHz、4MHz（错开几兆赫）偏置，可降低对同频保护度的要求；使用调频技术和裂向技术等，均可以有效地减小同频干扰的影响。

（2）非协作通信中的解决办法

在无线电监测和一些军事通信技术中，通信的双方往往是非协作的，因此基于双方协作的发射与接收调整的同频干扰解决办法是不可行的，必须基于对接收信号的分析处理，寻找削弱和抑制同频干扰的新方法。本书后面章节重点介绍的循环统计量和循环相关熵技术，就是通过信号的循环频率来抑制同频干扰信号的。总体来说，尽管同频干扰与有用信号占有相同的时段和频段，但只要它们的循环频率有所差别，依然可以在循环频率域对有用信号和同频干扰进行区别甚至分离，从而提取出有用信号，或有效削弱并抑制同频干扰。

2.5　基于二阶统计量信号处理方法的退化问题

2.5.1　常见的二阶统计量信号处理方法

统计信号处理是信号处理的重要组成部分。经典的统计信号处理理论与方法，大多是基于二阶统计量的，如常用的信号相关运算、功率谱估计、AR 模型参数估计、维纳滤波器、卡尔曼滤波器及自适应滤波器等。为了配合后续章节关于分数低阶统计量和相关熵等信号处理新理论、新方法的介绍，本节择要介绍几种常用的基于二阶统计量的信号处理方法。

1. 相关函数

相关函数是评价信号相似性有效的线性测度，是一种常用的二阶统计量。对于广义平稳随机过程 $X(t)$，其自相关函数为

$$R_X(\tau)=E[X(t)X(t+\tau)]=E[X(t+t_1)X(t+t_1+\tau)] \tag{2.64}$$

当两个随机过程 $X(t)$ 和 $Y(t)$ 为联合广义平稳时，它们的互相关函数为

$$R_{XY}(\tau)=E[X(t)Y(t+\tau)] \tag{2.65}$$

对于离散广义平稳随机序列，其自相关与互相关序列有完全类似的结果，即

$$R_X(m)=E[X(n)X(n+m)] \tag{2.66}$$

$$R_{XY}(m)=E[X(n)Y(n+m)] \tag{2.67}$$

2. 功率谱密度函数

随机过程 $X(t)$ 的自功率谱密度（auto-power spectral density，PSD）函数定义为

$$S_X(\omega)=E\left[\lim_{T\to\infty}\frac{1}{2T}\left|X_T(\mathrm{j}\omega)\right|^2\right]=\lim_{T\to\infty}\frac{1}{2T}E\left[\left|X_T(\mathrm{j}\omega)\right|^2\right] \tag{2.68}$$

式中，$X_T(\mathrm{j}\omega)$ 表示随机过程 $X(t)$ 样本截断函数 $X_T(t)$ 的傅里叶变换。由维纳-辛钦定理，随机信号的自相关函数与自功率谱密度函数互为傅里叶变换，即

$$S_X(\omega)=\int_{-\infty}^{\infty}R_X(\tau)\mathrm{e}^{-\mathrm{j}\omega\tau}\mathrm{d}\tau \tag{2.69}$$

同样，可以定义两个随机过程 $X(t)$ 与 $Y(t)$ 的互功率谱密度（cross-power spectral density）函数为

$$S_{XY}(\omega)=\int_{-\infty}^{\infty}R_{XY}(\tau)\mathrm{e}^{-\mathrm{j}\omega\tau}\mathrm{d}\tau \tag{2.70}$$

3. AR 模型参数估计

随机信号的模型参数估计，即随机信号建模问题，在信号处理领域的应用非常广泛。许多平稳随机信号序列 $x(n)$ 可以看作由白噪声序列 $w(n)$ 激励某一确定的线性系统 $h(n)$ 而得到的响应。这样，只要白噪声的参数确定了，对随机信号 $x(n)$ 的研究就可以转化为对产生随机信号的线性系统 $h(n)$ 的研究。这就是随机信号分析的参数模型法。

AR（auto-regressive，自回归）模型是随机信号分析处理中最常用的手段之一，其他常用的参数模型，如 MA（moving average）和 ARMA（auto-regressive moving average）模型等，均可以通过 AR 模型转化而得到。设广义平稳随机信号 $x(n)$ 的 AR 模型满足下式：

$$x(n)=-\sum_{k=1}^{p}a_k x(n-k)+w(n) \tag{2.71}$$

式中，$a_k(k=1,2,\cdots,p)$ 为 AR 模型系数，p 为模型的阶数。上式表示，随机信号 $x(n)$ 是由本身的 p 个过去值 $x(n-k)\ (k=1,2,\cdots,p)$ 与白噪声 $w(n)$ 当前激励值的线性组合而构成的。

AR 模型的参数估计，就是根据给定的接收信号 $x(n)$，估计 AR 模型的系统参数

$a_k\ (k=1,2,\cdots,p)$ 和模型阶数 p 等参数。在 AR 参数估计过程中，需要依据接收信号的自相关函数构建 Yule-Walker 方程，并进一步进行求解。Yule-Walker 方程为

$$\begin{bmatrix} R_x(0) & R_x(-1) & \cdots & R_x(-p) \\ R_x(1) & R_x(0) & \cdots & R_x(1-p) \\ \vdots & \vdots & \ddots & \vdots \\ R_x(p) & R_x(p-1) & \cdots & R_x(0) \end{bmatrix} \begin{bmatrix} 1 \\ a_1 \\ \vdots \\ a_p \end{bmatrix} = \begin{bmatrix} \sigma_w^2 \\ 0 \\ \vdots \\ 0 \end{bmatrix} \tag{2.72}$$

式中，$R_x(\cdot)$ 表示接收信号 $x(n)$ 的自相关函数取值，σ_w^2 表示信号中噪声的方差。显然，AR 参数估计的过程是一个二阶矩信号处理与参数估计的过程。

4．维纳滤波

维纳滤波器是以美国数学家、控制论的创始人诺伯特·维纳（Norbert Wiener）的名字命名的一类线性最优滤波器的统称，是 20 世纪线性滤波理论最重要的理论成果之一。维纳滤波器的基本任务，是从被噪声污染的观测数据中提取有用信号的波形或估计信号的参数。

设线性离散系统 $h(n)$ 的输入信号 $x(n)$ 是有用信号 $s(n)$ 与观测噪声 $v(n)$ 的线性组合，即

$$x(n)=s(n)+v(n) \tag{2.73}$$

则系统的输出 $y(n)$ 为输入信号与系统的卷积，即

$$y(n)=x(n)*h(n)=\sum_{m=-\infty}^{+\infty} h(m)x(n-m) \tag{2.74}$$

维纳滤波器的任务是使输出信号 $y(n)$ 与有用信号 $s(n)$ 尽可能地接近，记为 $y(n)=\hat{s}(n)$。若 $h(n)$ 是因果的，则输出 $y(n)=\hat{s}(n)$ 可以看作是由当前时刻的观测值 $x(n)$ 与过去时刻的观测值 $x(n-1)$, $x(n-2)$, $\cdots$ 的线性组合来估计的。定义估计误差函数（又称为误差信号，error signal）为

$$e(n)=s(n)-\hat{s}(n) \tag{2.75}$$

维纳滤波器求解最小均方误差（MMSE）意义下的系统对有用信号的估计，即

$$E[e^2(n)]=E[(s(n)-\hat{s}(n))^2]\rightarrow \min \tag{2.76}$$

对于因果系统 $h(n)$，将 $y(n)=\hat{s}(n)=\sum_{m=0}^{+\infty} h(m)x(n-m)$ 代入式（2.76），对其相对于各 $h(m)(m=0,1,\cdots)$ 求偏导，并令导数为 0，再利用相关函数进行整理，可以得到维纳-霍夫方程（Wiener-Hopf equation）为

$$\begin{bmatrix} R_x(0) & R_x(1) & \cdots & R_x(N-1) \\ R_x(1) & R_x(0) & \cdots & R_x(N-2) \\ \vdots & \vdots & \ddots & \vdots \\ R_x(N-1) & R_x(N-2) & \cdots & R_x(0) \end{bmatrix} \begin{bmatrix} h(0) \\ h(1) \\ \vdots \\ h(N-1) \end{bmatrix} = \begin{bmatrix} R_{xs}(0) \\ R_{xs}(1) \\ \vdots \\ R_{xs}(N-1) \end{bmatrix} \tag{2.77}$$

或写为

$$\boldsymbol{R}_x\boldsymbol{H}=\boldsymbol{R}_{xs} \tag{2.78}$$

式中，$\boldsymbol{R}_x$ 为接收信号 $x(n)$ 的自相关矩阵，$\boldsymbol{R}_{xs}$ 为 $x(n)$ 与待估计信号 $s(n)$ 的互相关矢量，$\boldsymbol{H}$ 表示待求维纳滤波器。

$$\boldsymbol{H}=\left[h(0)\quad h(1)\quad \cdots \quad h(N-1)\right]^{\mathrm{T}} \tag{2.79}$$

通过求解式（2.78），即可得到维纳滤波器的单位脉冲响应。

5. 卡尔曼滤波

卡尔曼滤波器（Kalman filter）是一种以鲁道夫·埃米尔·卡尔曼（Rudolph E. Kalman）的名字命名的用于线性时变系统的递归滤波器。这种滤波器将过去的测量估计误差合并到新的测量误差中来估计将来的误差，可以用包含正交状态变量的微分方程（或差分方程）模型来描述。当输入信号为由白噪声产生的随机信号时，卡尔曼滤波器可以使期望输出和实际输出之间的均方误差达到最小。

卡尔曼滤波器的一个典型应用是从有限的带噪观测数据中估计信号的参数。例如，在雷达应用中，人们感兴趣的是能够跟踪目标的位置、速度和加速度等参数。但是，由于观测噪声的影响，所得到的测量值往往不够准确。如果利用卡尔曼滤波器对观测数据进行处理，依据目标的动态信息，并设法去掉观测数据中噪声的影响，则可以得到关于目标参数的较好的估计，包括对目标参数的滤波、预测和平滑等功能。

卡尔曼滤波器可以被认为是维纳滤波器的推广。与维纳滤波器相比，卡尔曼滤波器具有以下 4 个主要特点：①它可以适用于平稳和非平稳随机过程的滤波问题，其应用范围更加广泛；②它是一种用状态空间描述的系统，过程噪声和观测噪声的统计特性是估计过程中需要利用的信息；③它的计算过程是一个不断“预测—修正”的过程，更适合计算机实时处理；④其算法的计算量并不是很大，且有些计算可以预先离线进行。

图 2.10 给出了根据观测数据得到的卡尔曼滤波估计的结构框图。

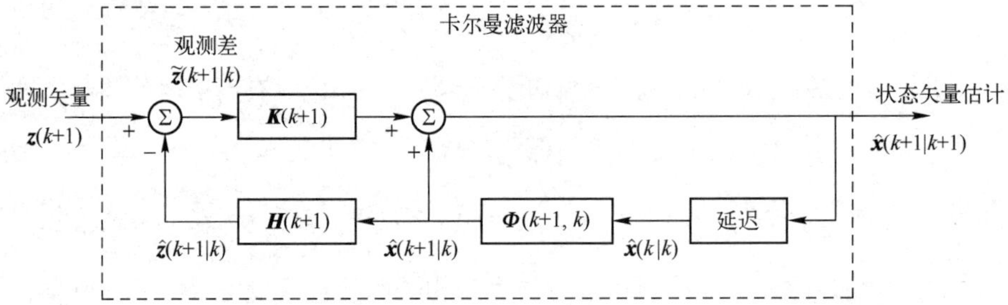

图 2.10　根据观测数据得到的卡尔曼滤波估计的结构框图

图 2.10 中，$\boldsymbol{z}(k+1)$ 表示 $k+1$ 时刻的 m 维观测数据；$\boldsymbol{K}(k+1)$ 为卡尔曼增益；$\boldsymbol{H}(k+1)$ 为 $m\times n$ 维观测矩阵；$\boldsymbol{\Phi}(k+1,k)$ 为 $n\times n$ 维状态转移矩阵，表示从时刻 k 到时刻 $k+1$ 的状态转移。在卡尔曼滤波的递推过程中，状态矢量 $\boldsymbol{x}(k)$ 的协方差矩阵 $\boldsymbol{P}(k+1)$ 的递推是关键环节之一。

6. LMS 自适应滤波

自适应滤波（adaptive filtering）或自适应滤波器（adaptive filter）是信号处理领域的一个非常重要的分支。自 1959 年维德罗（Widrow）提出自适应的概念以来，自适应滤波理论与方法一直受到广泛的重视，得到不断的发展和完善，并且在诸如通信、雷达、声呐、自动控制、图像与语音处理、模式识别、生物医学及地震勘探等领域得到广泛的应用，并推动这些领域的进步。

自适应滤波器的原理框图如图 2.11 所示。

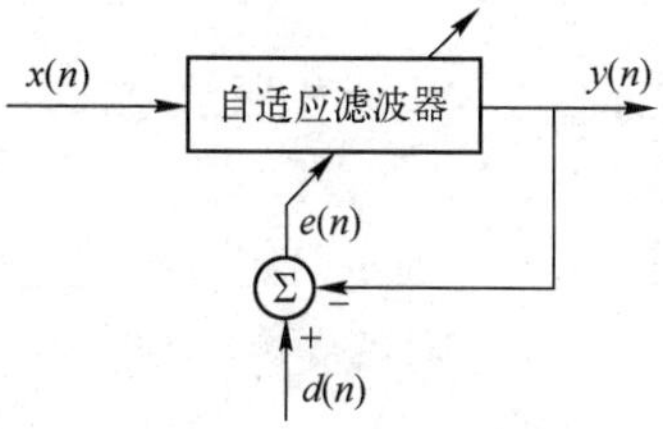

图 2.11　自适应滤波器原理框图

以单输入横向自适应滤波器结构为例，简要介绍自适应滤波器的工作原理。将输入信号矢量 $\boldsymbol{x}(n)$ 与自适应滤波器权系数矢量 $\boldsymbol{w}(n)$ 相乘，形成 n 时刻的输出信号

$$y(n)=\boldsymbol{x}^{\mathrm{T}}(n)\boldsymbol{w}(n)=\boldsymbol{w}^{\mathrm{T}}(n)\boldsymbol{x}(n) \tag{2.80}$$

误差信号为

$$e(n)=d(n)-y(n)=d(n)-\boldsymbol{x}^{\mathrm{T}}(n)\boldsymbol{w}(n)=d(n)-\boldsymbol{w}^{\mathrm{T}}(n)\boldsymbol{x}(n) \tag{2.81}$$

式中，$d(n)$ 为参考信号（或称为期望响应信号）。通常，自适应滤波器调整权系数，使误差信号 $e(n)$ 的均方值 $E[e^2(n)]$ 达到最小，得到

$$E[e^2(n)]=E[d^2(n)]+\boldsymbol{w}^{\mathrm{T}}(n)\boldsymbol{R}\boldsymbol{w}(n)-2\boldsymbol{p}^{\mathrm{T}}\boldsymbol{w}(n) \tag{2.82}$$

式中，$\boldsymbol{R}$ 为输入信号 $\boldsymbol{x}(n)$ 的自相关矩阵，$\boldsymbol{p}$ 为参考信号 $d(n)$ 与输入信号 $\boldsymbol{x}(n)$ 的互相关矢量。显然，$E[e^2(n)]$ 为超抛物面的形式，且由于自相关矩阵 $\boldsymbol{R}$ 为正定的，故 $E[e^2(n)]$ 有唯一的最小值。自适应滤波器在 $E[e^2(n)]$ 所构成的超抛物面上搜索，最终收敛于最优权矢量 $\boldsymbol{w}_{\mathrm{opt}}$。

2.5.2 Alpha 稳定分布条件下传统信号处理方法的退化

1. 传统信号处理方法大多是基于二阶统计量的

在信号处理中，常用的二阶统计量主要包括方差、均方值、相关、协方差、功率谱密度等。如前所述，传统的信号处理算法，大多是基于二阶统计量的。例如，相关函数的运算是基于二阶统计量的；由维纳-辛钦定理可知，功率谱密度函数是相关函数的傅里叶变换，因此，其运算与应用也是基于二阶统计量的；AR 参数模型的建模与应用，均涉及自相关矩阵的表示与求解，自然也是基于二阶统计量的；维纳滤波的基本思路是求解滤波器输出信号与接收信号中纯净信号的均方误差最小，因此也是一种基于二阶统计量的统计信号处理方法；卡尔曼滤波器的关键是状态矢量的递推迭代，在这个过程中，状态矢量的协方差矩阵、激励矢量的协方差矩阵和观测误差矢量的协方差矩阵扮演着重要角色，因此，卡尔曼滤波器也是基于二阶统计量的算法；从原理上来说，自适应滤波器是维纳滤波器的自适应实现，其本质上是求解自适应滤波器输出信号与期望响应信号的均方误差最小，也是一种基于二阶统计量的算法。

其他经典的统计信号分析、滤波、预测、平滑等处理算法，也大多是基于信号的二阶统计量的。

2．分数低阶 Alpha 稳定分布过程不存在有限的二阶统计量

所谓分数低阶 Alpha 稳定分布过程，是指服从 Alpha 稳定分布的随机过程（随机信号或噪声），且其特征指数满足 $0<\alpha<2$。

由定理 2.3 可知，对于任意服从 Alpha 稳定分布的随机变量 X，若其特征指数满足 $0<\alpha<2$，即分数低阶 Alpha 稳定分布随机变量，则有

$$E[|X|^p]=\infty,\ p\geqslant\alpha \tag{2.83}$$

上式表明，对于服从分数低阶 Alpha 稳定分布的信号或噪声，其二阶统计量是无界的、发散的。同理，由式（2.83）可知，对于服从分数低阶 Alpha 稳定分布的信号或噪声，其高阶统计量也是无界的、发散的。

这样，从理论上来说，在分数低阶 Alpha 稳定分布信号或噪声条件下，任何基于二阶统计量有限假设的信号处理方法（如相关、功率谱分析和最小均方等）都不能收敛，因而都是不能成立的。

而在实际应用中，尽管大多算法以真实数据二阶统计量的估计值来替代其理论值，或者回避直接使用二阶统计量，但是这些基于二阶统计量推导出来的信号处理算法，都会由于信号噪声不存在二阶统计量而产生性能退化，而远不能达到其正常使用条件下应有的性能。这就是在分数低阶 Alpha 稳定分布噪声条件下传统的基于二阶统计量信号处理方法退化的根本原因。

同理，在分数低阶 Alpha 稳定分布噪声条件下，基于高阶统计量的信号处理算法也会出现类似的退化问题。

2.5.3 Alpha 稳定分布下避免算法退化的基本思路与方法

针对 Alpha 稳定分布下基于二阶统计量信号处理算法退化的问题，学术界进行了广泛而深入的研究，得到了许多重要的研究成果。实际上，避免信号处理算法在 Alpha 稳定分布下退化最根本的思路与方法，就是在算法设计时避免采用二阶或高阶统计量，而采用分数低阶统计量，这是最初的一个很好的选择。

20 世纪 90 年代中期，美国南加州大学 Nikias 教授团队基于传统数学原理，提出了基于分数低阶统计量（fractional lower-order statistics，FLOS）的信号处理概念、理论与方法，避免在信号处理算法中使用二阶或高阶统计量，从而有效解决了传统信号处理算法在 Alpha 稳定分布下退化的问题。

进一步地，美国佛罗里达大学 Principe 教授团队于 2006 年提出了基于相关熵

（correntropy）的信号处理概念、理论与方法，进一步改善了传统信号处理方法在 Alpha 稳定分布下退化的问题。所谓相关熵，实际上是一种广义的相关函数，它具有能够同时反映信号的时间结构和统计特性的优点，可看作再生希尔伯特空间定义的相关函数。相关熵依据其核函数的调整与控制，对信号中的脉冲噪声有很好的抑制作用，且其对于信号噪声先验知识的依赖程度较低，具有较好的鲁棒性。自相关熵信号处理的概念提出以来，受到信号处理领域的广泛关注，成为近十几年来非高斯、非平稳信号处理领域的一个前沿与热点研究问题。

针对脉冲噪声与同频干扰并存的复杂电磁环境下的信号处理问题，本书作者团队把相关熵与循环统计量（cyclic statistics）有机结合，面向通信信号和机械振动信号等具有循环平稳特性（cyclostationarity）的信号领域，提出了循环相关熵（cyclic correntropy）的概念及相应的信号分析处理理论与方法。循环相关熵既保持了相关熵的特点，又借助其对不同循环特性信号的区分特性，具有同时抑制脉冲噪声与同频干扰的能力，是复杂电磁环境下进行信号分析处理的有力工具。

本书后续章节将分别对分数低阶统计量、相关熵和循环相关熵信号处理的基本理论与基本方法进行详细介绍。

2.6　本章小结

复杂电磁环境下的噪声与干扰问题，是本书后续章节系统介绍基于相关熵、循环相关熵，以及分数低阶统计量的信号处理理论与方法的基本背景和基础问题。本章从随机过程（随机信号）的基本概念和基本理论入手，较为系统地介绍了平稳随机过程和非平稳随机过程的概念和相应的信号处理方法。还特别地介绍了循环平稳过程这种特殊的非平稳随机过程的概念和特点，便于后续章节关于循环统计量和循环相关熵内容的介绍。本章系统介绍了统计描述脉冲噪声的 Alpha 稳定分布的概念和基本理论，为后续章节介绍分数低阶统计量和相关熵理论提供准备。本章从无线电通信应用的角度，介绍了同频及邻频干扰相关问题，包括这种干扰的基本概念、产生的原因和抑制的方法等。在简要介绍常用二阶统计量信号处理理论和方法的基础上，分析了这类经典方法在 Alpha 稳定分布噪声条件下退化的原因，并介绍了避免算法退化的基本思路与基本方法。总之，本章的内容，为后续章节在复杂电磁环境下信号处理新理论和新方法的建立打下了必要的基础。

参 考 文 献

[1] SHAO M, NIKIAS C L. Signal processing with fractional lower order moments: stable processes and their applications[J]. Proceedings of the IEEE, 1993, 81(7): 986-1010.

[2] NIKIAS C L, SHAO M. Signal Processing with Alpha-Stable Distributions and Applications[M]. Wiley-Inter science, 1995.

[3] ZHOU Y, LI R, ZHAO Z, et al. On the alpha-Stable Distribution of Base Stations in Cellular

Networks[J]. IEEE Communications Letters, 2015, 19(10): 1750-1753.

[4] KALLURI S, ARCE G R. Adaptive weighted myriad filter algorithms for robust signal processing in alpha-stable noise environments[J]. IEEE Transactions on Signal Processing, 1998, 46(2): 322-334.

[5] TALEBI S P, WERNER S, MANDIC D P. Distributed adaptive filtering of Alpha-stable signals[J]. IEEE Signal Processing Letters, 2018, 25(10): 1450-1454.

[6] TSIHRINTZIS G A, NIKIAS C L. Fast estimation of the parameters of alpha-stable impulsive interference[J]. IEEE Transactions on Signal Processing, 1996, 44(6): 1492-1503.

[7] ZHANG G, WANG J, YANG G, et al. Nonlinear processing for correlation detection in symmetric alpha-stable noise[J]. IEEE Signal Processing Letters, 2017, 25(1): 120-124.

[8] PIERCE R D. Application of the positive Alpha-stable distribution[C], Proceedings of the IEEE Signal Processing Workshop on Higher-Order Statistics. IEEE, 1997: 420-424.

[9] TZAGKARAKIS G, NOLAN J P, TSAKALIDES P. Compressive sensing using symmetric alpha-stable distributions for robust sparse signal reconstruction[J]. IEEE Transactions on Signal Processing, 2018, 67(3): 808-820.

[10] 陈亚丁，李少谦，程郁凡. 无线通信系统综合抗干扰效能评估[J]. 电子科技大学学报，2010(2): 196-199 转 208.

[11] MIDDLETON D. Non-Gaussian noise models in signal processing for telecommunications: new methods an results for class A and class B noise models[J]. IEEE Transactions on Information Theory, 1999, 45(4): 1129-1149.

[12] WIN M Z, PINTO P C, SHEPP L A. A mathematical theory of network interference and its applications[J]. Proceedings of the IEEE, 2009, 97(2): 205-230.

[13] SHENG H, CHEN Y Q, QIU T S. Fractional Processes and Fractional-order Signal Processing: Techniques and Applications[M]. Springer Science & Business Media, 2011.

[14] NOLAN J P. Maximum Likelihood Estimation and Diagnostics for Stable Distributions[M]. Lévy Processes. Birkhäuser, Boston, MA, 2001: 379-400.

[15] 张中山，王兴，张成勇，等. 大规模 MIMO 关键技术及应用[J]. 中国科学: 信息科学，2015, 45(9): 1095-1110.

[16] NADARAJAH S. A generalized normal distribution[J], Journal of Applied Statistics 2005, 32(7): 685-694.

[17] DELEDALL C A, PARAMESWARAN S, NGUYEN T Q. Image denoising with generalized Gaussian mixture model patch priors[J]. SIAM Journal on Imaging Sciences, 2018, 11(4): 2568-2609.

[18] GOLILARZ N A, GAO H, DEMIREL H. Satellite image de-noising with Harris hawks meta heuristic optimization algorithm and improved adaptive generalized Gaussian distribution threshold function[J]. IEEE Access, 2019, 7: 57459-57468.

[19] ZHU X, WANG T, BAO Y, et al. Signal detection in generalized Gaussian distribution noise with Nakagami fading channel[J]. IEEE Access, 2019, 7: 23120-23126.

[20] MA Y, ZHU J, BARON D. Approximate message passing algorithm with universal denoising and Gaussian mixture learning[J]. IEEE Transactions on Signal Processing, 2016, 64(21): 5611-5622.

[21] KOZICK R J, SADLER B M. Maximum-likelihood array processing in non-Gaussian noise with Gaussian mixtures[J]. IEEE Transactions on Signal Processing, 2000, 48(12): 3520-3535.

[22] GERARDO L S, MIGUEL L G. On the use of Alpha-stable distributions in noise modeling for PLC[J]. IEEE Transactions on Power Delivery, 2015, 30(4): 1863-1870.

[23] LUO J, WANG S, ZHANG E. Signal detection based on a decreasing exponential function in Alpha-stable distributed noise[J]. KSII Transactions on Internet and Information Systems, 2018, 12(1): 269-286.

[24] CRISANTO-NETOA J C, LUZB M G E DA, RAPOSO E P, et al. An efficient series approximation for the Lévy α-stable symmetric distribution[J]. Physics Letters A, 2018, 382(35): 2408-2413.

[25] 周概容. 概率论与数理统计[M]. 北京：高等教育出版社，1984.

[26] BHASKAR V, SUBHA S T, JANARTHANAN S. A quantitative analysis of spectrum efficiency of various diversity combining schemes in the presence of co-channel interference[J]. Wireless Personal Communications, 2020, 114: 1313-1338.

[27] LIU M, ZHAO N, LI J, et al. Spectrum sensing based on maximum generalized correntropy under symmetric Alpha stable noise[J]. IEEE Transactions on Vehicular Technology, 2019, 68(10): 10262-10266.

[28] FREITAS M L D, EGAN M, CLAVIER L, et al. Capacity bounds for additive symmetric Alpha-stable noise channels[J]. IEEE Transactions on Information Theory, 2017, 63(8): 5115-5123.

[29] NAPOLITANO A. Cyclostationary Processes and Time Series: Theory, Applications, and Generalizations[M]. Landon, Academic Press, 2020.

[30] SANTAMARIA I, POKHAREL P P, PRINCIPE J C. Generalized correlation function: definition, properties, and application to blind equalization[J]. IEEE Transactions on Signal Processing, 2006, 54(6): 2187-2197.

[31] LIU W, POKHAREL P P, PRINCIPE J C. Correntropy: Properties and Applications in Non-Gaussian Signal Processing[J]. IEEE Transactions on Signal Processing, 2007, 55(11): 5286-5298.

第 3 章　分数低阶统计量信号处理理论与方法

3.1　概述

随机信号的统计量（statistics）主要包括数学期望、方差、相关、协方差等，它们为信号的分析和处理提供了丰富的信息，是分析处理随机信号的有效工具。随机信号统计量（统计矩）的整个分布范围可以从零阶一直延伸到无穷阶。图 3.1 给出了统计矩分布的示意图。

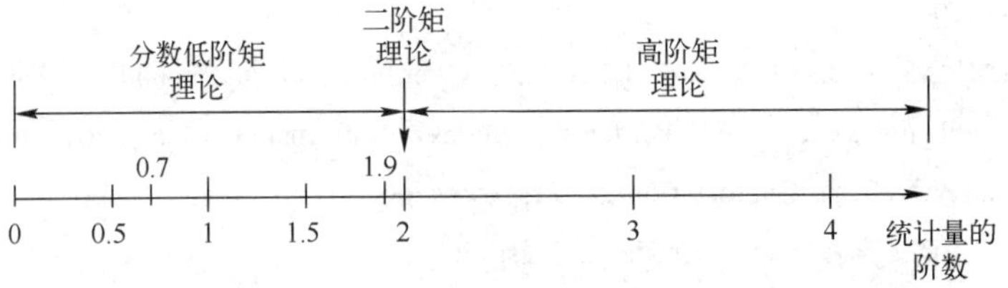

图 3.1　随机信号统计矩的分布示意图

在图 3.1 中，一阶和二阶统计量（second-order statistics，SOS）是经典统计信号处理常用的统计量，例如，均值是常用的一阶统计量，而方差和相关等则是常用的二阶统计量。高于二阶的统计量称为高阶矩或高阶统计量（higher-order statistics，HOS），一般取整数阶，即取$[3,+\infty)$范围内的整数。而低于二阶的统计量称为分数低阶矩或分数低阶统计量，其范围为$(0,2)$，可以取这个范围内的任意值，故称这个范围内的统计量为分数低阶统计量（fractional lower-order statistics，FLOS）。此外，文献中也给出了关于零阶统计量和负阶统计量的概念。

直到 20 世纪 80 年代中期，包括信号分析、系统辨识、参数估计等问题在内的统计信号处理基本上是建立在二阶统计量基础上的，例如，对随机信号的均值、方差、相关和功率谱密度等的分析，以及基于信号二阶统计量的滤波、预测、检测与估值等。由于功率谱密度函数是相关函数的一维傅里叶变换，因此，功率谱也是建立在二阶统计量基础上的。众所周知，高斯分布是统计信号处理领域所普遍采用的描述随机信号和/或随机噪声的模型。高斯概率密度函数可以完全由两个参数来描述，即均值和方差。这样，在统计信号处理领域采用高斯分布模型和基于二阶统计量的信号处理方法就成为顺理成章的事情。到目前为止，基于二阶统计量的方法对随机信号及其通过线性系统特性的分析，在很多情况下都是有效的。然而，基于二阶统计量的方法会受到信号噪声模型假设的限制，如通常假设信号或噪声满足高斯分布等条件。

如果随机信号不是高斯分布的，其概率密度函数就不能仅由均值和方差这两个参数确定，高阶矩（HOM）或高阶统计量（HOS）可能比单独使用二阶统计量能揭示出信号中更多的信息。严格来说，对于非高斯随机信号而言，通常需要利用其概率密度函数才能对其进行完整的刻画。但是在实际应用中，要获得随机信号的概率密度函数往往是比较困难的，甚至是不可实现的。不过幸运的是，概率密度函数的特征往往可以由信号的统计量来描述。这样，在非高斯信号处理中，高阶矩或高阶统计量（特别是三阶和四阶统计量）受到了普遍的重视并得到了广泛的应用。

分数低阶统计量（FLOS）是另一类分析处理非高斯信号的有力工具，是整个矩分布的另一个方面。我们知道，Alpha 稳定分布是广义的高斯分布，它比高斯分布具有更广泛的适用性。根据广义中心极限定理，Alpha 稳定分布是唯一的一类构成独立同分布随机变量之和的极限分布。若随机信号的特征指数为α，则只有阶数小于α的统计量是有界的。即若信号或噪声的特征指数满足$0<\alpha<2$（称为分数低阶 Alpha 稳定分布），则其二阶统计量和高阶统计量都是不存在的。在这种情况下，基于二阶统计量和基于高阶统计量的信号分析处理方法都不能有效地工作，并出现显著的性能退化，甚至会得出错误的结果。这样，分数低阶矩（FLOM）或分数低阶统计量成为非高斯 Alpha 稳定分布条件下信号分析处理的重要手段，自 20 世纪 90 年代中期以来，受到信号处理学术界的广泛关注。

另一方面，基于分数低阶统计量的分数低阶 Alpha 稳定分布信号处理不可避免地会对线性问题引入非线性，从而导致信号处理算法的复杂化。引入非线性的基本原因是必须在巴拿赫（Banach）空间或度量空间来解决线性估计问题，而不是在希尔伯特（Hilbert）空间。众所周知，由高斯过程所产生的线性空间是希尔伯特空间，而 Alpha 稳定分布过程的线性空间为巴拿赫空间（当$1\leqslant\alpha<2$时）或度量空间（当$0<\alpha<1$时）。对于线性估计问题来说，巴拿赫空间或度量空间均不具有与希尔伯特空间一样好的特性和结构。尽管如此，作为一种具有良好韧性的信号分析和处理工具，Alpha 稳定分布和分数低阶统计量理论及方法依然受到普遍的关注和研究，并在许多领域得到了广泛的应用。

本章重点介绍以下 3 个方面的问题：①分数低阶统计量的基本概念与基本理论；②Alpha 稳定分布随机变量的线性理论问题；③Alpha 稳定分布下基于分数低阶统计量信号处理的应用问题。

3.2　分数低阶统计量的基本概念与基本原理

随机信号的统计量包含了丰富的有关信号特性的信息。如图 3.1 所示，统计量的分布可以从零阶一直延伸到无穷阶。传统的信号处理方法通常只利用一阶和二阶统计量，后来伴随着信号处理理论的发展，出现了基于高阶统计量的信号处理技术，主要从三阶或四阶统计量中提取有用的信息。实际上，除了一阶、二阶和高阶统计量，还存在低于二阶的分数低阶统计量（FLOS），其范围为$(0,2)$。FLOS 是分析处理 Alpha 稳定分布随机信号的有力工具。

3.2.1 分数低阶矩

随机变量 X 的二阶矩通常定义为 $E[X^2]$。对于 Alpha 稳定分布随机变量，定义分数低阶矩（fractional lower-order moment，FLOM）为 $E[|X|^p]$，其中，$0<p<\alpha\leqslant 2$。

由第 2 章给出的定理 2.3 可知，对于 Alpha 稳定分布随机变量 X，若其特征指数满足 $0<\alpha<2$，则有

$$\begin{cases} E[|X|^p]=\infty, & p\geqslant\alpha \\ E[|X|^p]<\infty, & 0\leqslant p<\alpha \end{cases} \tag{3.1}$$

若满足 $\alpha=2$，则有

$$E[|X|^p]<\infty,\quad p\geqslant 0 \tag{3.2}$$

显然，若 Alpha 稳定分布随机变量的特征指数为 $0<\alpha<2$，则只有阶数小于 α 的统计量是有界的。特别地，对于 $\alpha<2$ 的分数低阶 Alpha 稳定分布情况，其方差（或二阶统计量）是无界的。这样，基于二阶统计量有界假设的信号处理方法将会显著退化，甚至会导致错误的结果。

对于对称 Alpha 稳定分布（$S\alpha S$ 分布）来说，其分数低阶矩 $E[|X(t)|^p]$ 与分散系数 γ 之间存在一个重要关系，即

$$E[|X|^p]=\begin{cases} C(p,\alpha)\gamma^{p/\alpha}, & 0<p<\alpha \\ +\infty, & p\geqslant\alpha \end{cases} \tag{3.3}$$

式中，

$$C(p,\alpha)=\frac{2^{p+1}\Gamma(\frac{p+1}{2})\Gamma(-p/\alpha)}{\alpha\sqrt{\pi}\,\Gamma(-p/2)} \tag{3.4}$$

式中，伽马函数 $\Gamma(x)=\int_{-\infty}^{x}t^{x-1}\mathrm{e}^{-t}\mathrm{d}t$。$C(p,\alpha)$ 仅为 α 和 p 的函数，与随机变量 X 无关。

若 X 是 $S\alpha S$ 分布随机变量，分散系数 $\gamma>0$，位置参数 $a=0$，则 X 的 α 范数定义为

$$\|X\|_\alpha=\begin{cases} \gamma^{1/\alpha}, & 1\leqslant\alpha\leqslant 2 \\ \gamma, & 0<\alpha<1 \end{cases} \tag{3.5}$$

即范数 $\|X\|_\alpha$ 只与分散系数 γ 有关。

若 X 和 Y 是联合 $S\alpha S$ 分布随机变量，则 X 和 Y 之间的距离定义为

$$d_\alpha(X,Y)=\|X-Y\|_\alpha \tag{3.6}$$

结合式（3.3）和式（3.5），可以得到

$$d_\alpha(X,Y)=\begin{cases} \left[\dfrac{E(|X-Y|^p)}{C(p,\alpha)}\right]^{1/p}, & 0<p<\alpha,\ 1\leqslant\alpha\leqslant 2 \\ \left[\dfrac{E(|X-Y|^p)}{C(p,\alpha)}\right]^{\alpha/p}, & 0<p<\alpha,\ 0<\alpha<1 \end{cases} \tag{3.7}$$

故当$0<p<\alpha$时，两个$S\alpha S$分布随机变量的距离等同于这两个随机变量之差的p阶矩；当$\alpha=2$时，该距离等于这两个随机变量之差的方差的一半。另一方面，$S\alpha S$分布随机变量的所有分数低阶矩都是等价的，也就是说，对于任意$0<p$，$q<\alpha$，$S\alpha S$分布随机变量的p阶矩和q阶矩只相差一个与该随机变量独立的系数。

3.2.2　零阶矩与负阶矩

1．零阶矩

（1）对数矩的概念

零阶统计量（zero-order statistics，ZOS）的概念是 1997 年由 Gonzalez 等人基于对数“矩”提出的。随机变量X的分布具有代数型拖尾时，定义对数矩为

$$E[\lg|X|]<\infty \tag{3.8}$$

已经证明，Alpha 稳定分布过程的对数矩是有界的。由于通常以“二阶”过程来表示方差有界的随机过程，故以“对数阶”过程来表示对数矩有界的随机过程。这样，Alpha 稳定分布过程属于对数阶过程。

（2）几何功率

定义对数阶随机变量的几何功率为

$$S_0=S_0(X)=\exp\{E[\lg|X|]\} \tag{3.9}$$

由于随机过程的功率属于二阶统计量范畴，而分数低阶 Alpha 稳定分布没有有限的二阶统计量，故不能用“功率”这个概念来描述和评价 Alpha 稳定分布过程。但是，用几何功率却可以描述和评价 Alpha 稳定分布过程的强度或“功率”指标，显示出一定的优越性。图 3.2 给出了两个随机信号分别用常规的二阶功率和几何功率来描述的情况。

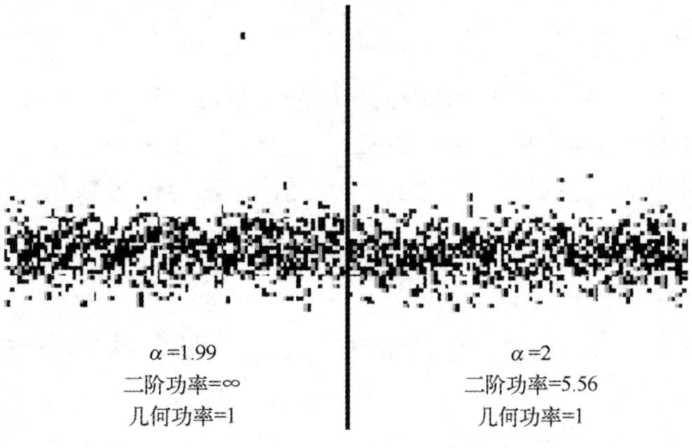

图 3.2　独立分布过程二阶功率与几何功率的比较

在图 3.2 中，左半部分对应$\alpha=1.99$的 Alpha 稳定分布过程，右半部分对应$\alpha=2$的高斯分布过程。若用几何功率来测量这两个信号，所得到的结果都是$S_0=1$，即二者具有相同的几何功率。事实上，二者确实具有相同的强度。然而，如果采用常规的二阶功率来测量，由于 Alpha 稳定分布的二阶统计量趋于无穷，故左半部分的二阶功率趋于无穷，

这与真实情况相去甚远。这表明：常规的二阶功率不适合描述分数低阶 Alpha 稳定分布过程，而几何功率则可以对其客观、准确地描述。几何功率的这种特性提供了一种可以用于比较任意对数阶信号的通用框架。

（3）零阶矩

零阶矩（zero-order moment，ZOM）的概念是根据几何功率与分数低阶统计量的关联而引出的。

设 $S_p = \left[E[|X|^p]\right]^{1/p}$ 为由随机变量 X 的分数低阶矩 $E[|X|^p]$ 定义的尺度参数。对于足够小的 p 值，若 S_p 存在，则几何功率 S_0 与分数低阶矩尺度参数 S_p 的关联如下：

$$S_0 = \lim_{p\to 0} S_p \tag{3.10}$$

上式表明，几何功率与分数低阶统计量是零阶相关的。由此定义了零阶矩或零阶统计量的概念。零阶矩或零阶统计量用于估计强脉冲噪声下随机信号的均值或中值等参数，可以得到比分数低阶统计量更好的估计结果。

2．负阶矩

设 X 是一个 $S\alpha S$ 分布随机变量，其位置参数 $a=0$，分散系数为 γ，其矩的统一表达式为

$$E(|X|^p) = C(p,\alpha)\gamma^{p/\alpha}, \quad -1 < p < \alpha \tag{3.11}$$

式中，$C(p,\alpha)$ 与式（3.4）的形式相同。

显然，式（3.11）把分数低阶矩的范围由式（3.3）的 $0 < p < \alpha$ 扩展到 $-1 < p < \alpha$。实际上，负阶矩定义式（3.11）对于 $p=0$ 也是成立的，这是另一种形式的零阶矩。可以认为，式（3.11）是一个扩展的分数低阶统计量。

3.2.3　共变

由于当 $\alpha < 2$ 时，$S\alpha S$ 分布没有有限的二阶统计量，故其方差和协方差都是不存在的。为了解决 $S\alpha S$ 分布下随机变量的分析处理问题，Miller 和 Cambanis 提出了共变（covariation）的概念。共变这个量在 $S\alpha S$ 分布理论中的地位与协方差在高斯分布理论中的地位是非常相似的。

1．共变的定义

定义 3.1　共变　对于联合 $S\alpha S$ 分布随机变量 X 和 Y，其特征指数满足 $1 < \alpha \leqslant 2$，则 X 与 Y 的共变定义为

$$[X,Y]_\alpha = \int_s xy^{\langle \alpha-1\rangle}\mu(\mathrm{d}s) \tag{3.12}$$

式中，s 表示单位圆，$\mu(\cdot)$ 表示 $S\alpha S$ 分布随机矢量 (X,Y) 的谱测度。式（3.12）中运算符 $\langle\cdot\rangle$ 的含义为

$$z^{\langle p\rangle} = |z|^p \operatorname{sgn}(z) \tag{3.13}$$

式中，$\mathrm{sgn}(\cdot)$ 为符号函数。此外，定义联合 $S\alpha S$ 分布随机变量 X 与 Y 的共变系数为

$$\lambda_{XY}=\frac{[X,Y]_\alpha}{[Y,Y]_\alpha} \tag{3.14}$$

与高斯随机变量的协方差不同，除了 $\alpha=2$，对于其他的 α 值，共变不存在对称性，即

$$[X,Y]_\alpha \neq [Y,X]_\alpha,\quad 1<\alpha<2 \tag{3.15}$$

由于谱测度 $\mu(\cdot)$ 不易得到，因此上述关于共变和共变系数的定义很难应用于实际问题。然而，由于共变、共变系数与分数低阶矩之间存在一定的联系，从而使共变成为具有实际应用价值的概念。

定理 3.1　设 X 和 Y 是联合 $S\alpha S$ 分布随机变量，特征指数满足 $1<\alpha\leqslant 2$。若 Y 的分散系数为 γ_y，则

$$[Y,Y]_\alpha=\|Y\|_\alpha^\alpha=\gamma_y \tag{3.16}$$

$$\lambda_{XY}=\frac{E[XY^{\langle p-1\rangle}]}{E[|Y|^p]},\qquad 1\leqslant p<\alpha \tag{3.17}$$

$$[X,Y]_\alpha=\frac{E[XY^{\langle p-1\rangle}]}{E[|Y|^p]}\gamma_y,\qquad 1\leqslant p<\alpha \tag{3.18}$$

2．共变的性质

共变具有一些十分重要的性质，对 Alpha 稳定分布信号处理有很重要的作用。

性质 3.1　若 X 和 Y 是联合 $S\alpha S$ 分布随机变量，设 a 和 b 是任意实数，则共变 $[X,Y]_\alpha$ 对第一变元 X 是线性的，即

$$[aX_1+bX_2,Y]_\alpha=a[X_1,Y]_\alpha+b[X_2,Y]_\alpha \tag{3.19}$$

性质 3.2　当 $\alpha=2$，即 X 和 Y 是零均值的联合高斯分布随机变量时，X 和 Y 的共变退化为协方差

$$[X,Y]_\alpha=E[XY] \tag{3.20}$$

性质 3.3　若 Y_1 和 Y_2 是独立的，设 a 和 b 是任意实数，并且 X、Y_1 和 Y_2 是联合 $S\alpha S$ 分布随机变量，则共变具有对第二变元的伪线性。

$$[X,aY_1+bY_2]_\alpha=a^{\langle\alpha-1\rangle}[X,Y_1]_\alpha+b^{\langle\alpha-1\rangle}[X,Y_2]_\alpha \tag{3.21}$$

性质 3.4　若 X 和 Y 是独立 $S\alpha S$ 分布随机变量，则

$$[X,Y]_\alpha=0 \tag{3.22}$$

但是，反过来通常是不成立的。

性质 3.5　对于联合 $S\alpha S$ 分布的随机变量 X 和 Y，存在 Cauchy-Schwartz 不等式

$$\left|[X,Y]_\alpha\right|\leqslant\|X\|_\alpha\|Y\|_\alpha^{\langle\alpha-1\rangle} \tag{3.23}$$

如果 X 和 Y 具有单位分散系数，则

$$\left|[X,Y]_\alpha\right| \leqslant 1 \tag{3.24}$$

3．复 $S\alpha S$ 分布的随机变量的共变

若 X_1 和 X_2 为联合 $S\alpha S$ 分布随机变量，则 $X = X_1 + \mathrm{j}X_2$ 为复 $S\alpha S$ 分布随机变量。设 $X = X_1 + \mathrm{j}X_2$ 和 $Y = Y_1 + \mathrm{j}Y_2$ 服从联合 $S\alpha S$ 分布，则 X 与 Y 的共变定义为

$$[X,Y]_\alpha = \int_{S_4} (x_1 + \mathrm{j}x_2)(y_1 + \mathrm{j}y_2)^{\langle\alpha-1\rangle} \mathrm{d}\mu_{X_1,X_2,Y_1,Y_2}(x_1,x_2,y_1,y_2) \tag{3.25}$$

式中，S_4 表示 $\mathbf{R}^4$ 上的单位超球面，$\mu_{X_1,X_2,Y_1,Y_2}(x_1,x_2,y_1,y_2)$ 为 $S\alpha S$ 随机矢量 $[X_1, X_2, Y_1, Y_2]$ 的谱测度。此外，假定上述随机变量均具有零均值，并限定 α 取值在 $(1,2]$ 的范围内。对于复变量 z，有 $z^{\langle p\rangle} = |z|^{p-1} z^*$，式中，"*" 表示复共轭。同样，可以定义复变量 X 与 Y 的共变系数为

$$\lambda_{XY} = \frac{[X,Y]_\alpha}{[Y,Y]_\alpha} \tag{3.26}$$

可以看出，式（3.26）与实变量 X 与 Y 的共变系数具有相同的形式。实 $S\alpha S$ 分布随机变量共变的一些性质可以推广到复 $S\alpha S$ 分布随机变量共变的情况。例如，复变量共变系数的计算式与式（3.17）所示的实变量共变系数的计算式形式相同；关于第一变元的线性性质，实共变与复共变二者具有相同的形式；若复 $S\alpha S$ 分布随机变量 X 和 Y 是独立的，则 $[X,Y]_\alpha = 0$，与实 $S\alpha S$ 分布的情况相同。此外，复 $S\alpha S$ 分布的随机变量的共变还具有以下性质。

性质 3.6 分数低阶矩与共变的关系如下：

$$E[|X|^p] = \frac{p2^p\Gamma(p/2)\Gamma(-p/\alpha)}{\alpha\Gamma(-p/2)}[X,X]_\alpha^{p/\alpha}, \quad 0 < p < \alpha \tag{3.27}$$

性质 3.7 共变中复变量的系数。设 a 和 b 为任意常数，则

$$[aX,bY]_\alpha = ab^{\langle\alpha-1\rangle}[X,Y]_\alpha \tag{3.28}$$

3.2.4 分数低阶相关（分数低阶协方差）

在统计信号处理中，相关函数（correlation function）与协方差函数（covariance function）的概念与计算是相似的，但二者之间有一定的差异。简单来说，二者的差异主要表现为是否去除随机信号的均值。不去除均值的是相关函数，去除均值的是协方差函数。在零均值条件下，可以认为二者是相等的。因此，本节不严格区分分数低阶相关函数与分数低阶协方差函数，以分数低阶相关的概念表示二者的运算。

1．第一类分数低阶相关

第一类分数低阶相关如下：

$$R_{XY}^C = E[XY^{\langle p-1\rangle}], \quad 1 \leqslant p < \alpha \tag{3.29}$$

显然，第一类分数低阶相关是非对称的，即 $R_{XY}^C \neq R_{YX}^C$。可以看出，第一类分数低阶相关与共变系数式（3.17）是非常相似的。

2．第二类分数低阶相关

$$R_{XY}^D = E[X^{\langle a\rangle}Y^{\langle b\rangle}],\quad 0 \leqslant a < \alpha/2,\quad 0 \leqslant b < \alpha/2 \tag{3.30}$$

当 $a=b$ 时，第二类分数低阶相关是对称的，即 $R_{XY}^D = R_{YX}^D$。

3.2.5　相位分数低阶协方差与相位分数低阶矩算子

对于任意两个服从联合 $S\alpha S$ 分布的随机变量 X 和 Y，若其特征指数满足 $0<\alpha<2$，且 p 指数满足 $0<p<\alpha/2$，则相位分数低阶协方差定义为

$$R_{XY}^p = E\left[X^{\langle p\rangle}Y^{-\langle p\rangle}\right] \tag{3.31}$$

式中，对于复变量 z，有

$$z^{\langle p\rangle} = \begin{cases} |z|^{p+1}/z^*, & z\neq 0,\ z\in\mathbb{C} \\ 0, & z=0 \end{cases} \tag{3.32}$$

称为相位分数低阶矩（phased fractional lower-order moment，PFLOM）算子，简称为 PFLOM 算子。对于脉冲噪声，PFLOM 算子具有很好的抑制能力。设 $z=r\mathrm{e}^{\mathrm{j}\theta}$，易于得到 $z^{\langle p\rangle}=r^p\mathrm{e}^{\mathrm{j}\theta}$。这表明，PFLOM 算子仅对被处理信号噪声的幅度进行处理，而保留其相位不变。若设定 $p=1$，数据没有任何变化；而若设定 $p=0$，则从信号中删除了所有的幅度信息，仅保留下其相位信息。PFLOM 算子 p 指数变化对信号振幅的调节作用如图 3.3 所示。

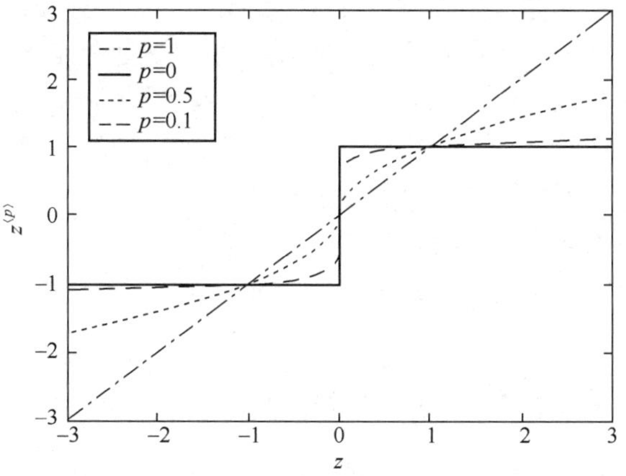

图 3.3　PFLOM 算子 p 指数变化对信号振幅的调节作用

由于 PFLOM 算子对信号振幅的抑制或调节作用，由式（3.31）所示的相位分数低阶协方差在分数低阶 Alpha 稳定分布噪声环境下是有界的。其详细证明，可参见本章参考文献中列出的 Belkacemi 等人的论文。

3.3 Alpha 稳定分布的线性空间与线性理论

3.3.1 Alpha 稳定分布的线性空间

所谓线性空间，是定义了加法和数乘的空间。或者说，线性空间中的一个元素，可以由其他元素线性表出。

统计信号处理中的一个重要问题是给出一组观测样本$\{X(t), t \in T\}$，从其张成的线性空间中找到未知随机变量Y的最佳估计。这就是所谓的随机过程的线性理论，包括线性估计、线性预测和线性滤波。

长期以来，二阶矩过程（特别是高斯过程）的线性理论得到了充分的发展。在二阶统计量存在的情况下，观测样本$\{X(t), t \in T\}$的线性空间$L\{X(t), t \in T\}$是希尔伯特（Hilbert）空间。在最小均方误差（MMSE）准则下对未知变量Y的最佳线性估计是Y在$L\{X(t), t \in T\}$上的正交投影。

然而，对于分数低阶 Alpha 稳定分布过程来说，其线性空间的问题要更为复杂。假设$\{X(t), t \in T\}$为服从$S\alpha S$分布的随机过程，研究表明，当$1 \leqslant \alpha < 2$时，$S\alpha S$分布过程张成的线性空间是巴拿赫（Banach）空间；而当$0 < \alpha < 1$时，$S\alpha S$分布过程张成的线性空间是度量（metric）空间。

我们知道，希尔伯特空间是一个内积空间，有度量和角度以及由此引申而来的正交性概念。此外，希尔伯特空间还是一个完备的空间，该空间上所有柯西序列均收敛，因此数学分析中的大部分概念都可以无障碍地推广到希尔伯特空间中。希尔伯特空间为基于正交基上多项式表示的傅里叶级数和傅里叶变换提供了一种有效的表述方式，而这也是泛函分析的核心概念之一。由此可见，在希尔伯特空间进行信号处理有许多便利条件。

作为完备的内积赋范空间，希尔伯特空间是巴拿赫空间的一个特例，或者说，巴拿赫空间是希尔伯特空间的推广。巴拿赫空间是完备的线性赋范空间，不过其范数却不一定是基于内积定义的。另一方面，巴拿赫空间又是引入范数的度量空间，而一般的度量空间则为仅定义了距离测度的空间。显然，巴拿赫空间特别是度量空间并不像希尔伯特空间那样具有好的特性和结构，因此在这两个空间进行信号分析与处理，有许多需要特别解决的问题。

3.3.2 Alpha 稳定分布的线性理论

随机信号的线性理论可以简要地归纳为依据观测信号数据样本，从随机信号张成的线性空间中对未知变量进行最优估计、预测或滤波的问题。

对于二阶随机过程，线性估计（或预测、滤波）的最优准则常采用最小均方误差（MMSE）准则，即

$$E[(\theta - \hat{\theta})^2] \to \min \tag{3.33}$$

式（3.33）表示，MMSE 准则使估计值$\hat{\theta}$与真值θ的误差均方值达到最小，从而实现最

优估计（或预测、滤波）。

对于分数低阶 Alpha 稳定分布，由于其没有有限的二阶统计量，因此最小均方误差准则不再成立。然而，由 Alpha 稳定分布的线性空间理论可知，Alpha 稳定分布所张成的线性空间是巴拿赫空间（$1 \leqslant \alpha < 2$）或度量空间（$0 < \alpha < 1$），前者可以定义范数的概念，且二者均可定义距离的概念。式（3.6）实际上定义了 Alpha 稳定分布的距离的概念，并可以进一步引申为线性估计（或预测、滤波）中真实值与估计值之间的距离，用来作为二者之间误差大小的测度：

$$d_{\alpha}(\theta,\hat{\theta}) = \left\|\theta - \hat{\theta}\right\|_{\alpha} = \|e\|_{\alpha} \tag{3.34}$$

式中，$e = \theta - \hat{\theta}$ 表示二者的误差，亦服从 Alpha 稳定分布。当距离 $d_{\alpha}(\theta,\hat{\theta})$ 达到最小时，$\hat{\theta}$ 为 θ 的最优估计。故 $d_{\alpha}(\theta,\hat{\theta}) \to \min$ 可称为最小距离准则。

另一方面，由式（3.7）可知，Alpha 稳定分布距离的最小化对应其分数低阶矩的最小化，而由式（3.5）和式（3.34），可推得 $d_{\alpha}(\theta,\hat{\theta})$ 的最小化对应 Alpha 稳定分布分散系数的最小化，即

$$\min\left\{d_{\alpha}(\theta,\hat{\theta})\right\} = \min\left\{\|e\|_{\alpha}\right\} \Leftrightarrow \min\left\{E[|e|]^{p}\right\} \Leftrightarrow \min\{\gamma_e\}, \quad 0 < \alpha < 2 \tag{3.35}$$

式中，符号“$\Leftrightarrow$”表示等价于，γ_e 表示误差 e 的分散系数。由式（3.35）可见，Alpha 稳定分布的最小距离准则，等价于最小 α 范数准则，等价于最小 p 阶矩准则，也等价于最小分散系数（minimal distribution，MD）准则。

对于 Alpha 稳定分布过程来说，分散系数 γ 的概念与高斯过程方差的概念具有同样的地位和作用，均表示统计分布的分散程度，或表示接收数据的“功率”或“能量”方面的信息。分散系数越大，远离分布均值或中值的随机变量样本越多，概率密度函数的拖尾越厚。通过分散系数的最小化，可以使估计误差的平均幅度达到最小。因此，在 Alpha 稳定分布的线性滤波、估计和预测等问题中，常用 MD 准则替代二阶过程的 MMSE 准则，实现在 Alpha 稳定分布噪声条件下的统计滤波或参数估计等运算。

3.3.3　基于共变的广义 Yule-Walker 方程

在统计信号处理中，常认为自回归（auto-regressive，AR）、滑动平均（moving average，MA）和自回归滑动平均（auto-regressive moving average，ARMA）过程的激励信号是独立同分布（i.i.d.）的高斯白噪声过程，这种假设在许多情况下是合理的。采用高斯分布假设的好处是其符合中心极限定理，且计算比较简单。但是，在分数低阶 Alpha 稳定分布条件下，由于这类脉冲噪声比高斯分布噪声有更厚的拖尾，且其方差趋于无穷，故使得传统的基于二阶统计量的信号分析处理方法不再适用，需要新的不受有限方差限制的参数模型方法。

1．广义 Yule-Walker 方程

自回归（AR）模型是最常用的线性参数模型，广泛应用于二阶矩过程的建模与参数估计中。一种典型的估计二阶过程激励的 AR 模型参数的方法是求解 Yule-Walker 方程。考虑

$S\alpha S$ 分布的 AR 过程，由于缺乏二阶统计量，导致求解 Yule-Walker 方程的参数估计的结果失去意义。为了解决这个问题，Kanter 和 Steiger 提出了一种广义 Yule-Walker 方程（GYW）。

设 $S\alpha S$ 过程 $X(n)$ 表示为 K 阶 AR 模型

$$X(n)=a_1X(n-1)+\cdots+a_KX(n-K)+U(n) \tag{3.36}$$

式中，$U(n)$ 表示一特征指数为 α 、分散系数为 γ 的 $S\alpha S$ 分布过程。下面利用 $X(n)$ 的数据样本来估计 AR 参数。对式（3.36）两边同时取条件期望，可以得到

$$E[X(n)|X(m)]=a_1E[X(n-1)|X(m)]+\cdots+a_KE[X(n-K)|X(m)],n-K<m<n-1 \tag{3.37}$$

由于 $S\alpha S$ 分布噪声 $U(n)$ 与 $X(n)$ 互相独立，故 $E[U(n)|X(m)]=0$ 。根据条件期望的性质，可以得到

$$E[X(n+l)|X(n)]=\lambda(l)X(n) \tag{3.38}$$

式中，$\lambda(l)$ 是 $X(n+l)$ 与 $X(n)$ 的共变系数，且 $\lambda(0)=1$ 。将式（3.38）代入式（3.37），有

$$\lambda(n-m)X(m)=a_1\lambda(n-m-1)X(m)+\cdots+a_K\lambda(n-m-K)X(m),\quad n-K\leqslant m\leqslant n-1 \tag{3.39}$$

定义

$$\boldsymbol{p}=[\lambda(1),\ \lambda(2),\ \cdots,\ \lambda(K)]^{\mathrm{T}} \tag{3.40}$$

$$\boldsymbol{a}=[a_1,a_2,\ \cdots,\ a_K]^{\mathrm{T}} \tag{3.41}$$

$$\boldsymbol{C}=\begin{bmatrix}\lambda(0) & \lambda(-1) & \cdots & \lambda(1-K)\\ \lambda(1) & \lambda(0) & \cdots & \lambda(2-K)\\ \vdots & \vdots & \ddots & \vdots\\ \lambda(K-1) & \lambda(K-2) & \cdots & \lambda(0)\end{bmatrix} \tag{3.42}$$

上面各式中，$\boldsymbol{p}$ 、$\boldsymbol{a}$ 和 $\boldsymbol{C}$ 分别表示共变系数矢量、AR 参数矢量和共变矩阵。这样，$S\alpha S$ 分布随机过程 $X(n)$ 的 AR 模型系数可以通过求解下面的线性方程得到：

$$\boldsymbol{Ca}=\boldsymbol{p} \tag{3.43}$$

式（3.43）即为广义 Yule-Walker 方程的矩阵形式。其中，共变矩阵 $\boldsymbol{C}$ 是托普利兹矩阵。因此，如果 $\boldsymbol{C}$ 是满秩的，可以通过求解式（3.43）而得到 AR 参数矢量 $\boldsymbol{a}$ 的估值。在实际应用中，需要根据接收数据来估计共变矩阵 $\boldsymbol{C}$ 和矢量 $\boldsymbol{p}$ ，这就需要估计共变系数 $\lambda(l)$ 。

2．共变系数的估计

为了求解广义 Yule-Walker 方程，需要依据接收数据对共变系数 $\lambda(l)$ 进行估计。

（1）共变系数的 SCR 估计法

Kanter 和 Steiger 提出了一种共变系数的无偏一致估计方法，称为 SCR（screened ratio）估计方法。

设随机变量 X 和 Y 满足 $E[|X|]<\infty$ ，且有

$$E[X|Y]=\lambda Y \tag{3.44}$$

式中，λ 为一常量。对满足 $0<c_1<c_2\leqslant\infty$ 的常量 c_1 和 c_2 ，由 Y 定义一个新的随机变量 χ_Y ：

$$\chi_Y = \begin{cases} 1, & 若\ c_1 < |Y| < c_2 \\ 0, & 其他 \end{cases} \tag{3.45}$$

且

$$\frac{E[XY^{-1}\chi_Y]}{P(c_1 < |Y| < c_2)} = \lambda \tag{3.46}$$

式中，P 表示概率。这样，由独立观测数据 $(X_1,Y_1),\cdots,(X_n,Y_n)$，可得 λ 的无偏估计为

$$\hat{\lambda}_{\mathrm{SCR}}(X,Y) = \frac{\sum_{i=1}^{N}(X_i Y_i^{-1}\chi_{Y_i})}{\sum_{i=1}^{N}\chi_{Y_i}} \tag{3.47}$$

常量 c_1 和 c_2 可以为任意值，通常取 $c_1 > 0$，$c_2 = \infty$。

如果观测值是相互独立的，那么 SCR 估计是渐近一致的。即当 $n \to \infty$ 时，$\hat{\lambda}_{\mathrm{SCR}}$ 收敛于 λ。但是若 AR 过程的输出序列不是独立的，结果会导致 SCR 估计不一致。

（2）共变系数的 FLOM 估计法

设满足联合 $S\alpha S$ 分布（$\alpha > 1$）的两个随机变量 X 和 Y 的共变系数定义为

$$\lambda_{XY} = \frac{E[XY^{\langle p-1\rangle}]}{E[|Y|^P]}, \qquad 1 \leqslant p < \alpha \tag{3.48}$$

Nikias 和 Shao 据此提出了估计共变系数 λ_{XY} 的分数低阶矩（FLOM）法。

对独立的观测数据 $(X_1,Y_1),\cdots,(X_n,Y_n)$，有

$$\hat{\lambda}_{\mathrm{FLOM}}(X,Y) = \frac{\sum_{i=1}^{N} X_i |Y_i|^{p-1}\operatorname{sgn}(Y_i)}{\sum_{i=1}^{N}|Y_i|^p} \tag{3.49}$$

考虑计算效率，可以选择 $p = 1$。这样

$$\hat{\lambda}_{\mathrm{FLOM}}(X,Y) = \frac{\sum_{i=1}^{N} X_i \operatorname{sgn}(Y_i)}{\sum_{i=1}^{N}|Y_i|} \tag{3.50}$$

无论对于相互独立的观测数据还是对于 AR 过程的输出序列，FLOM 估计都是一致的。分析表明，广义 Yule-Walker 方程中的共变系数可以由 FLOM 估计，从而得到 AR 系数的一致估计。

3.3.4　参数模型的最小 p 范数估计

1．最小 p 范数（LPN）估计

由分数低阶矩（FLOM）的定义可以得到在最小分散系数（MD）准则下模型参数辨

识的最优方法：求 $S\alpha S$ 随机变量的 p 阶分数低阶矩的最小化，便得到 MD 意义下的最优参数集。特别是对 K 阶线性 AR 模型估计问题，可以得到如下最小 p 范数（LPN）的优化参数估计：

$$\hat{\boldsymbol{a}}_{\mathrm{LPN}} = \arg\min_{\boldsymbol{a}} \sum_{n=K}^{N} | X(n) - a_1 X(n-1) - \cdots - a_K X(n-K) |^p, \quad 1 \leqslant p \leqslant 2 \tag{3.51}$$

这里讨论的 LPN 方法限于$1 \leqslant p \leqslant 2$，因为对于 $p<1$，误差函数不再是凸函数，且收敛算法复杂。而且，对于 $\alpha<1$，$S\alpha S$ 分布信号或噪声的脉冲性过强，通常不用作信号处理问题的统计模型。LPN 估计是一致收敛的。

2．最小绝对偏差（LAD）估计

在式（3.51）中，若选取 $p=1$，则参数 $a_1, a_2, \cdots, a_K$ 的估计称为最小绝对偏差（LDA）估计：

$$\hat{\boldsymbol{a}}_{\mathrm{LDA}} = \arg\min_{\boldsymbol{a}} \sum_{n=K}^{N} | X(n) - a_1 X(n-1) - \cdots - a_K X(n-K) | \tag{3.52}$$

通常，LAD 估计是一致估计。

3.3.5 基于分数低阶统计量的自适应滤波器

自适应滤波或自适应滤波器是信号处理中一个重要的研究领域，并得到了广泛的应用，本节介绍几种典型的在 Alpha 稳定分布条件下的基于分数低阶统计量的自适应滤波算法。

1．最小平均 p 范数（LMP）自适应滤波器

考虑一个以 $\boldsymbol{x}(n)=[x(n),\ x(n-1),\ \cdots,\ x(n-M)]^{\mathrm{T}}$ 为输入信号的有限脉冲响应（FIR）横向自适应滤波器，其权矢量为 $\boldsymbol{w}(n)=[w_0(n), w_1(n), \cdots, w_M(n)]^{\mathrm{T}}$，期望响应（或称为参考信号）为 $d(n)$，滤波器的输出为 $y(n)$。假设 $d(n)$ 和 $\boldsymbol{x}(n)$ 都是 $S\alpha S$ 稳定分布过程。

最常用的自适应滤波算法是最小均方（LMS）算法。在 Alpha 稳定分布条件下，LMS 算法性能退化，故依据 MD 准则替代 MMSE 准则，用误差信号 $e(n)=d(n)-y(n)$ 的 p 范数取代均方误差函数。由分数低阶矩理论，只要满足 $0<p<\alpha$，$S\alpha S$ 过程的 p 范数等价于其 p 阶矩。这样，构建最小平均 p 范数（least mean p norm，LMP）自适应滤波器，其代价函数写为

$$J = E[|e(n)|^p] \tag{3.53}$$

利用梯度技术，并以误差信号的瞬时值替代其统计平均，得到梯度估计为

$$\hat{\nabla}(n) = \frac{\partial J}{\partial \boldsymbol{w}(n)} = p|e(n)|^{p-1}\operatorname{sgn}[e(n)][-\boldsymbol{x}(n)], \quad 1 \leqslant p < \alpha \leqslant 2 \tag{3.54}$$

这样，可以得到 LMP 自适应滤波算法为

$$\begin{aligned} y(n) &= \boldsymbol{w}^{\mathrm{T}}(n)\boldsymbol{x}(n) \\ e(n) &= d(n) - y(n) \\ \boldsymbol{w}(n+1) &= \boldsymbol{w}(n) + \mu p \boldsymbol{x}(n)|e(n)|^{p-1}\operatorname{sgn}[e(n)] \end{aligned} \tag{3.55}$$

式中，μ 为收敛因子。

若取 $p=1$，则 LMP 算法就退化成极性自适应滤波算法，命名为最小平均绝对偏差（LMAD）算法。其迭代表达式为

$$w(n+1)=w(n)+\mu p\boldsymbol{x}(n)\text{sgn}[e(n)] \tag{3.56}$$

与经典的 LMS 算法相比，LMP 对于脉冲噪声有较强的韧性，但是在极端尖锐的尖峰脉冲情况下，LMP 算法并不理想。为了提高算法的稳定性和收敛速度，文献中又提出了针对 LMP 和 LMAD 算法的归一化方法，分别称为 NLMP 和 NLMAD 算法。二者的自适应迭代公式分别由式（3.57）和式（3.58）给出：

$$\boldsymbol{w}(n+1)=\boldsymbol{w}(n)+\mu p\boldsymbol{x}(n)\frac{|e(n)|^{p-1}\text{sgn}[e(n)]}{\|x(n)\|_p^p+\varepsilon} \tag{3.57}$$

$$\boldsymbol{w}(n+1)=\boldsymbol{w}(n)+\mu p\boldsymbol{x}(n)\frac{\text{sgn}[e(n)]}{\|\boldsymbol{x}(n)\|_1+\varepsilon} \tag{3.58}$$

式中，ε 是为了避免出现分母为零而补充的一个较小的常量。

LMP 算法除了 FIR 结构，还存在对应的格形结构算法。近年来，LMP 算法已经广泛应用于非高斯自适应信号处理的各个应用领域。

2．广义归一化 LMP 自适应滤波算法

设广义归一化 LMP（称为广义 NLMP）自适应滤波器的代价函数为

$$J=E[|e(n)|^{r+1}],\quad 0<r\leqslant\alpha-1 \tag{3.59}$$

式中，$e(n)$ 为误差信号。通过梯度下降法可以得到式（3.60）所示的迭代公式，只要收敛因子 μ 足够小，迭代过程就一定收敛：

$$\boldsymbol{w}(n+1)=\boldsymbol{w}(n)+\mu\frac{[e(n)]^{\langle r\rangle}}{\|x(n)\|_{qr}^{qr}}[\boldsymbol{x}(n)]^{\langle(q-1)r\rangle} \tag{3.60}$$

式中，$0<r\leqslant\alpha-1$，$q\geqslant 1$。

3．韧性最小平均混合范数算法

在 Alpha 稳定分布条件下，韧性最小平均混合范数（简称 RLMMN）算法对自适应滤波器的误差信号 $e(n)$ 进行变换修正，使其具有有限方差：

$$[e(n)]^{\langle b\rangle}=|e(n)|^b\,\text{sgn}[e(n)],\ 0<b<\alpha \tag{3.61}$$

自适应迭代公式为

$$\boldsymbol{w}(n+1)=\boldsymbol{w}(n)+\mu[e(n)]^{\langle b\rangle}\{\eta+(1-\eta)[[e(n)]^{\langle b\rangle}]^2\}\tilde{\boldsymbol{x}}(n) \tag{3.62}$$

式中，$\tilde{\boldsymbol{x}}(n)=\left[x^{\langle r\rangle}(n),\ x^{\langle r\rangle}(n-1),\ \cdots,\ x^{\langle r\rangle}(n-M)\right]^{\mathrm{T}}$，$r<\alpha/8$，$0<\eta\leqslant 1$ 是混合参数。在脉冲噪声环境下，RLMMN 算法能够很好地收敛。

4．递推最小平均 *p* 范数自适应算法

递推最小平均 p 范数（简称 RLMP）自适应算法的思路是，采用滑动窗方法来自适应调整滤波器的系数，即在一个大小为 L 的窗口内使得误差 $e(n)$ 的平均 p 范数最小。

RLMP 自适应滤波器的代价函数为

$$J(n)=\sum_{k=n-L+1}^{n}|e(k)|^{p}=\sum_{k=n-L+1}^{n}|d(k)-\boldsymbol{w}^{\mathrm{T}}(n)\boldsymbol{x}(k)|^{p},\quad 0\leqslant p<2 \tag{3.63}$$

式中，$\boldsymbol{x}(k)$ 表示输入信号最近的 L 个样本。求取 $J(n)$ 相对于权系数矢量 $\boldsymbol{w}(n)$ 的梯度并令其为零，可以得到

$$\sum_{k=n-L+1}^{n}u(k)\boldsymbol{x}(k)\boldsymbol{x}^{\mathrm{T}}(k)\boldsymbol{w}(n)=\sum_{k=n-L+1}^{n}u(k)d(k)\boldsymbol{x}(k) \tag{3.64}$$

式中，$u(k)=|e(k)|^{p-2}$。进一步定义 $\boldsymbol{r}(n)=\sum_{k=n-L+1}^{n}u(k)d(k)\boldsymbol{x}(k)$ 和 $\boldsymbol{R}(n)=\sum_{k=n-L+1}^{n}u(k)\boldsymbol{x}(k)\boldsymbol{x}^{\mathrm{T}}(k)$，可得权矢量表达式为

$$\boldsymbol{w}^{*}(n)=\boldsymbol{R}^{-1}(n)\boldsymbol{r}(n) \tag{3.65}$$

上式是通过在 L 大小的窗口内求误差 p 范数最小化得到的。注意到，由于 $\boldsymbol{R}(n)$ 和 $\boldsymbol{r}(n)$ 都是 $\boldsymbol{w}^{*}(n)$ 的函数，因此 $\boldsymbol{w}^{*}(n)$ 不能由式（3.65）直接求解得到。文献中给出了迭代求解 $\boldsymbol{w}^{*}(n)$ 的方法，其基本思路是通过逐步迭代求得每一时刻的最优权矢量，并以上一时刻的最优权矢量作为下一时刻权矢量的初值。

3.4 Alpha 稳定分布噪声下的核自适应滤波

3.4.1 核方法的概念

核方法（kernel method，KM）是近年来得到广泛重视和快速发展的一类模式识别算法，是解决非线性模式分析问题的一种有效途径。核方法的核心思想是：通过某种非线性映射将原始数据映射到适当的高维特征空间，再利用通用的线性学习器在这个新的空间对数据进行分析和处理。

与以往的非线性信号处理方法不同，核方法处理非线性问题具有坚实的数学基础，且成功应用于支持向量机（SVM）、核主分量分析（KPCA）、核 Fisher 判别分析（KFDA）等。特别地，核方法在非线性自适应信号处理领域开辟了一个新领域。

核方法的理论可以追溯到 1909 年 Mercer 定理的提出。在 Mercer 定理的基础上，Aronszajn 于 1950 年提出了再生核希尔伯特空间（RKHS）的概念和理论。1995 年，Cortes 等人依据 RKHS 提出了非线性 SVM 并将其应用于手写字符识别问题。之后，核方法又被成功推广到 Fisher 判别分析和核主分量分析等领域。

近年来，核方法与自适应滤波技术深度结合，开创性地形成了一个核自适应滤波（kernel adaptive filtering）领域。其中，最早将核方法用于自适应滤波的是 Frieb 等人，他们于 1999 年提出了核 Adline 算法，并将其推广到非线性领域。2008 年，Principe 教授团队的 Liu 等人提出了核最小均方（kernel LMS，KLMS）自适应滤波算法，得到广泛的重视，并在非线性信道均衡、信道辨识和信号预测等方面取得很好的效果。之后，相关文

献中报道了诸多 KLMS 算法的改进算法，包括归一化核 LMS（NKLMS）算法、多核 LMS（MKLMS）算法、量化核 LMS（QKLMS）算法等。另一方面，Liu 等人提出的核仿射投影（kernel affine projection，KAP）算法具有更好的效果。Engel 等人则把经典的递归最小二乘（RLS）算法推广到非线性领域，提出了核递归最小二乘（kernel recursive least squares，KRLS）算法，并引领了后续的改进和扩展。

3.4.2　核自适应滤波

1．线性自适应滤波

自适应滤波或自适应滤波器是信号处理中的一个非常重要的分支，自 1959 年 Widrow 提出自适应滤波的概念和方法以来，自适应滤波和自适应滤波器的理论和方法一直受到广泛的重视，并得到不断的发展和完善，经久不衰。

经典的自适应滤波器由线性组合器构成，属于线性滤波器。最常见的滤波器单元是由抽头延迟线构成的横向滤波器结构。滤波器的单位冲激响应是一组可调参数的权系数矢量，记为 $\boldsymbol{w}(n)$ 。n 时刻的输入信号矢量记为 $\boldsymbol{x}(n)$ ，滤波器的输出信号 $y(n)$ 与外部输入的期待响应 $d(n)$ 进行比较，产生误差信号 $e(n)$ ，系统利用这个误差信号对权系数矢量进行调整，使滤波器得到更新。

自适应滤波器常以均方误差（MSE）最小作为系统的代价函数，即

$$J(n)=E[e^2(n)],\quad n=1,2,\cdots \tag{3.66}$$

经典的最小均方（LMS）算法和递归最小二乘（RLS）算法都是典型的线性自适应滤波算法。

尽管线性自适应滤波器结构简单、易于实现，但是其应用却非常广泛。其强大的信号处理能力使其在噪声抵消、回声对消、信道估计与均衡、阵列自适应波束形成等应用中取得显著成果，并进一步在通信、控制、雷达、声呐、地震信号处理及生物医学工程等多个领域得到广泛的应用。可以说，线性自适应滤波器理论已经发展到一个高度成熟的阶段。

2．非线性自适应滤波

在自然界和工程技术中存在大量的非线性问题，很难依据经典的线性自适应滤波器来解决。这样，非线性自适应滤波理论与技术应运而生。最早的非线性自适应滤波器是通过线性滤波器的串联来实现的，但是这种方法存在三个主要问题：一是其建模能力有限，二是其模型不能独立于问题，三是训练过程中存在局部最优的弊端。这些问题的存在，影响了非线性自适应滤波器的应用和推广。

现有的非线性自适应滤波器中，基于 Volterra 级数展开的非线性自适应滤波器受到广泛重视。理论分析与实践表明，由于这种非线性自适应滤波器综合利用了展开的线性和非线性项，可以很好地逼近非线性过程。然而，Volterra 非线性自适应滤波器的计算复杂度非常高，影响了这种滤波器的进一步推广应用。随后出现的时间抽头多层感知器、径向基函数网络和并发神经网络等，均利用随机梯度法进行实时训练。尽管这些方法也曾

获得了一定的成功，但是这些方法本质上均属于非凸优化，限制了其在线应用和进一步发展。

式（3.67）给出了构建一个非线性自适应滤波器必须遵守的序贯学习规则：

$$f(n) = f(n-1) + g(n)e(n) \tag{3.67}$$

式中，$f(n)$ 表示时刻 n 由输入信号 $x(n)$ 到输出信号 $y(n)$ 的映射关系，即 $y(n) = f[x(n)]$，$e(n)$ 是预测误差函数，$g(n)$ 是与新输入数据有关的增益函数。上式看似简单，但实际上，算法本身可以采用各种不同的目标函数来实现，由此可以产生多种不同的非线性自适应滤波算法。

3．核自适应滤波

核自适应滤波是一类新型的非线性自适应滤波方法，可以使非线性自适应滤波通过非线性映射和线性自适应滤波来完成。其基本原理是依据 Mercer 定理，基于核方法，通过非线性映射，把输入数据空间的非线性问题映射到高维特征空间，称为再生核希尔伯特空间（RKHS），从而转化为线性问题。然后，在特征空间使用线性自适应滤波器进行自适应信号处理。实际上，只要算法可以表示成内积的形式，利用再生核希尔伯特空间的性质和核技巧，就无须直接在高维空间进行计算，使得高维空间的自适应滤波变得非常简单。在这个过程中，RKHS 起到非常关键的作用，它为核自适应滤波提供了非常好的条件，包括线性特性、凸性和通用的逼近能力。有关 RKHS 的详细介绍，请读者参阅本书 1.3.4 节的内容。

概括起来，核自适应滤波属于非线性自适应滤波的范畴，但实际上，它又是一种广义的线性自适应滤波。核自适应滤波的核心思想可以概括为两个方面：①使用 Mercer 核将输入数据空间非线性映射到高维特征空间；②使用线性自适应滤波器进行自适应信号处理。这样，对于诸如自适应均衡、预测、控制、建模和系统辨识等应用中在线、小规模的非线性自适应信号处理，都可以采用最经典的线性自适应滤波算法，如 LMS 算法或 RLS 算法来完成。

3.4.3 核最小平均 *p* 范数自适应滤波

核最小平均 p 范数（kernel least mean p-norm，KLMP）自适应滤波是依据核自适应滤波方法对最小平均 p 范数（LMP）自适应滤波进行改造的新型自适应滤波方法。其主要特点是适用于输入–输出的非线性映射关系，并能够在 Alpha 稳定分布噪声条件下保持良好的鲁棒性。本节在简要介绍 KLMS 算法的基础上，给出对 KLMP 的介绍。

1．KLMS 算法

LMS 算法是自适应信号处理领域最经典且应用广泛的线性自适应滤波算法。通常，LMS 算法假设其由线性有限脉冲响应（FIR）滤波器构成。若滤波器的期待响应 $d(n)$ 与输入信号 $\boldsymbol{x}(n)$ 之间的映射是高度非线性的，则 LMS 算法的性能会急剧退化。为了改善 LMS 算法在非线性条件下的性能，Principe 教授团队的 Liu 等人提出了核 LMS 自适应滤波算法，简称为 KLMS 算法。

为了便于对比，现将 LMS 自适应滤波算法的主要公式列于下式：

$$\begin{cases} \boldsymbol{w}(0)=0 \\ e(n)=d(n)-\boldsymbol{w}^{\mathrm{T}}(n-1)\boldsymbol{x}(n) \\ \boldsymbol{w}(n)=\boldsymbol{w}(n-1)+\mu e(n)\boldsymbol{x}(n) \end{cases} \tag{3.68}$$

式中，$\boldsymbol{w}(n)$ 和 $\boldsymbol{x}(n)$ 分别表示自适应滤波器权矢量和输入信号矢量，$d(n)$ 为期待响应，$e(n)$ 为误差信号，μ 为自适应滤波器的收敛因子。

采用核方法，把原输入空间 $\mathbb{U}$ 中的输入信号 $\boldsymbol{x}(n)$ 通过非线性映射函数 $\boldsymbol{\varphi}$ 映射到高维 RKHS 空间 $\mathbb{H}$，形成 $\boldsymbol{\varphi}(\boldsymbol{x}(n))$，简记为 $\boldsymbol{\varphi}(n)$。由于 $\boldsymbol{x}(n)$ 与 $\boldsymbol{\varphi}(n)$ 存在维度差异，$\boldsymbol{w}^{\mathrm{T}}\boldsymbol{\varphi}(\boldsymbol{x}(n))$ 是比 $\boldsymbol{w}^{\mathrm{T}}\boldsymbol{x}$ 更强大的模型。进一步地，通过随机梯度下降法寻找权矢量 $\boldsymbol{w}(n)$ 的最优值，是实现非线性滤波的基本方法。在 RKHS 空间 $\mathbb{H}$ 中的新样本序列 $\{\boldsymbol{\varphi}(n), d(n)\}$ 上使用 LMS 算法，可以得到

$$\begin{cases} \boldsymbol{w}(0)=0 \\ e(n)=d(n)-\boldsymbol{w}^{\mathrm{T}}(n-1)\boldsymbol{\varphi}(n) \\ \boldsymbol{w}(n)=\boldsymbol{w}(n-1)+\mu e(n)\boldsymbol{\varphi}(n) \end{cases} \tag{3.69}$$

显然，式（3.69）与式（3.68）具有高度相似性。不过，前者是在 RKHS 空间 $\mathbb{H}$ 中的运算，而后者是在输入空间 $\mathbb{U}$ 中的运算。

由于 $\boldsymbol{\varphi}$ 的维度很高，且为隐式表达，不方便计算。对式（3.69）中权矢量 $\boldsymbol{w}(n)$ 进行反复迭代，可得

$$\begin{aligned} \boldsymbol{w}(n) &= \boldsymbol{w}(n-1)+\mu e(n)\boldsymbol{\varphi}(n) \\ &= \left[\boldsymbol{w}(n-2)+\mu e(n-1)\boldsymbol{\varphi}(n-1)\right]+\mu e(n)\boldsymbol{\varphi}(n) \\ &= \boldsymbol{w}(n-2)+\mu\left[e(n-1)\boldsymbol{\varphi}(n-1)+e(n)\boldsymbol{\varphi}(n)\right] \\ &\cdots \\ &= \boldsymbol{w}(0)+\mu\sum_{m=1}^{n} e(m)\boldsymbol{\varphi}(m) \end{aligned} \tag{3.70}$$

若 $\boldsymbol{w}(0)=0$，则 $\boldsymbol{w}(n)=\mu\sum_{m=1}^{n} e(m)\boldsymbol{\varphi}(m)$。这表明，经过 n 步训练，权矢量的估计值可以表示为非线性映射后所有数据的线性组合形式。并且，该自适应系统对于一个新输入 $\boldsymbol{x}'$ 的输出，可以表示成映射后输入信号的内积形式，即

$$\boldsymbol{w}^{\mathrm{T}}(n)\boldsymbol{\varphi}(\boldsymbol{x}')=\left[\mu\sum_{m=1}^{n} e(m)\boldsymbol{\varphi}(\boldsymbol{x}(m))^{\mathrm{T}}\right]\boldsymbol{\varphi}(\boldsymbol{x}')=\mu\sum_{m=1}^{n} e(m)\left[\boldsymbol{\varphi}(\boldsymbol{x}(m))^{\mathrm{T}}\boldsymbol{\varphi}(\boldsymbol{x}')\right]$$

再通过核技巧 $\boldsymbol{\varphi}^{\mathrm{T}}(\boldsymbol{x})\boldsymbol{\varphi}(\boldsymbol{x}')=\kappa(\boldsymbol{x},\boldsymbol{x}')$，可以在输入空间 $\mathbb{U}$ 通过核函数非常高效地计算滤波器的输出：

$$\boldsymbol{w}^{\mathrm{T}}(n)\boldsymbol{\varphi}(\boldsymbol{x}')=\mu\sum_{m=1}^{n} e(m)\kappa[\boldsymbol{x}(m),\boldsymbol{x}'] \tag{3.71}$$

显然，上述新算法与 LMS 算法相比，滤波器的输出仅需要内积运算，不涉及权矢量

的迭代，计算量显著减小。KLMS 算法完整的序贯学习规则为

$$\begin{cases} f_{n-1} = \mu \sum_{m=1}^{n-1} e(m)\kappa[\boldsymbol{x}(m), \cdot] \\ f_{n-1}(\boldsymbol{x}(n)) = \mu \sum_{m=1}^{n-1} e(m)\kappa[\boldsymbol{x}(m), \boldsymbol{x}(n)] \\ e(n) = d(n) - f_{n-1}(\boldsymbol{x}(n)) \\ f_n = f_{n-1} + \mu e(n)\kappa[\boldsymbol{x}(n), \cdot] \end{cases} \tag{3.72}$$

式中，f_n 表示 n 时刻输入–输出非线性映射的估计。KLMS 是 RKHS 空间的 LMS 算法。

2．KLMP 算法

针对 Alpha 稳定分布噪声环境下的自适应滤波问题，赵知劲和 Gao 等人分别提出了核最小平均 p 范数自适应滤波算法。该算法基于核方法，对 LMP 自适应滤波算法进行改造，使之成为适用于 Alpha 稳定分布噪声和非线性并存条件的一种有效的自适应滤波方法。

与 LMS 算法相似，LMP 算法的主要计算式如下：

$$\begin{cases} \boldsymbol{w}(0) = 0 \\ e(n) = d(n) - \boldsymbol{w}^{\mathrm{T}}(n-1)\boldsymbol{x}(n) \\ \boldsymbol{w}(n) = \boldsymbol{w}(n-1) + \mu p\,|\,e(n)\,|^{p-1}\,\mathrm{sgn}[e(n)]\boldsymbol{x}(n), \quad 1 \leqslant p < \alpha \end{cases} \tag{3.73}$$

式中，$\alpha \in (0, 2]$ 为 Alpha 稳定分布的特征指数，p 表示自适应滤波器的阶数，其余参数与 LMS 算法的说明一致。

与 KLMS 算法的推导相似，在非线性条件下，依据核方法，把原输入空间 $\mathbb{U}$ 中的输入信号 $\boldsymbol{x}(n)$ 通过非线性映射函数 $\boldsymbol{\varphi}$ 映射到高维 RKHS 空间 $\mathbb{H}$ 中，形成 $\boldsymbol{\varphi}(\boldsymbol{x}(n))$，同样简记为 $\boldsymbol{\varphi}(n)$。在 RKHS 空间 $\mathbb{H}$ 中的新样本序列 $\{\boldsymbol{\varphi}(n), d(n)\}$ 上使用 LMP 算法，可以得到

$$\begin{cases} \boldsymbol{w}(0) = 0 \\ e(n) = d(n) - \boldsymbol{w}^{\mathrm{T}}(n-1)\boldsymbol{\varphi}(n) \\ \boldsymbol{w}(n) = \boldsymbol{w}(n-1) + \mu p\,|\,e(n)\,|^{p-1}\,\mathrm{sgn}[e(n)]\boldsymbol{\varphi}(n), \quad 1 \leqslant p < \alpha \end{cases} \tag{3.74}$$

若对式（3.74）中的权矢量 $\boldsymbol{w}(n)$ 进行反复迭代，则有

$$\boldsymbol{w}(n) = \mu p \sum_{m=1}^{n} |\,e(m)\,|^{p-1}\,\mathrm{sgn}[e(m)]\boldsymbol{\varphi}(m) \tag{3.75}$$

式中假设了 $\boldsymbol{w}(0) = 0$。滤波器输出 $y(n)$ 可表示为

$$y(n) = \boldsymbol{w}^{\mathrm{T}}(n-1)\boldsymbol{\varphi}(n) = \mu p \sum_{m=1}^{n-1} |\,e(m)\,|^{p-1}\,\mathrm{sgn}[e(m)]\boldsymbol{\varphi}^{\mathrm{T}}(m)\boldsymbol{\varphi}(n) \tag{3.76}$$

依据 Mercer 核函数简化内积计算规则 $\boldsymbol{\varphi}^{\mathrm{T}}(\boldsymbol{x})\boldsymbol{\varphi}(\boldsymbol{x}') = \kappa(\boldsymbol{x}, \boldsymbol{x}')$，可得 KLMP 算法为

$$y(n) = \mu p \sum_{m=1}^{n-1} |\,e(m)\,|^{p-1}\,\mathrm{sgn}[e(m)]\kappa[\boldsymbol{x}(m), \boldsymbol{x}(n)] \tag{3.77}$$

KLMP 算法是 RKHS 空间 $\mathbb{H}$ 的 LMP 算法。由式（3.77）可以看出，KLMP 算法的本质是核函数与误差函数的运算。从输入数据空间 $\mathbb{U}$ 到再生核希尔伯特空间 $\mathbb{H}$ 的非线性映射和在 $\mathbb{H}$ 空间的处理，都隐含在核函数 $\kappa[\boldsymbol{x}(m),\boldsymbol{x}(n)]$ 和误差信号 $e(n)$ 中。当然，KLMP 算法的关键环节和基本原理是所谓的“核技巧”。

在 Alpha 稳定分布噪声条件下进行 KLMP 算法的仿真，仿真条件包括：输入信号为独立同分布高斯随机信号，均值为 0，方差为 0.25；Alpha 稳定分布噪声的特征指数为 $\alpha=1.5$，分数低阶矩指数取 $p=1.3$；核长参数取 $\sigma=0.35$，收敛因子为 $\mu=0.01$。采用 KLMS 算法与 KLMP 算法进行对比。图 3.4 给出了两种算法仿真结果的学习曲线。

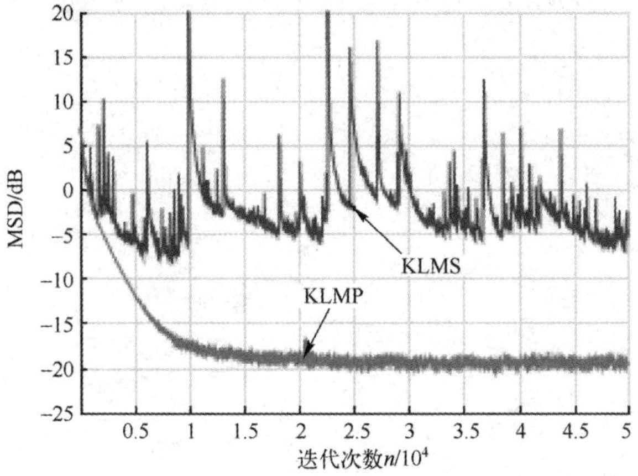

图 3.4　KLMP 算法与 KLMS 算法的仿真结果

图 3.4 中，横轴表示迭代次数，纵轴表示误差的均方离差（mean square deviation，MSD）。显然，在 Alpha 稳定分布噪声条件下，KLMP 收敛快速且稳定，而 KLMS 算法由于 Alpha 稳定分布噪声的影响，会产生较大的误差。

3.5　基于分数低阶统计量的参数估计与信道均衡

3.5.1　基于分数低阶统计量的时间延迟估计

1．时间延迟估计的概念与用途

所谓时间延迟（简称为时延），一般指接收器阵列中不同接收器所接收到的同源带噪信号之间由于信号传输距离不同而引起的时间差。时间延迟估计（time delay estimation，TDE）一般是指利用参数估计和信号处理方法，对上述时间延迟进行估计和测定，并由此进一步确定其他有关参数，如目标信源的距离、方位、运动的方向和速度等。在无线电目标定位等领域，时间延迟估计也常称为到达时差（time difference of arrival，TDOA）估计。

根据目标信源和检测系统的不同，TDE/TDOA 问题大致可分为两种类型，即主动时延估计（active TDE）和被动时延估计（passive TDE）。对于前者，检测系统要发送信号；

而对于后者，检测系统不发送信号，仅依据接收信号来估计目标信源的参数。主动雷达和主动声呐是主动 TDE 的典型应用，而被动雷达和被动声呐是被动 TDE 的典型应用。在无线电监测的目标定位中，由于监测系统本身不发送信号，仅接收被监测目标发出的信号，因此属于被动 TDE 系统。

在被动 TDE 问题中，通常假定信号在信道中是以无色散球面波传播的。为了便于分析和处理，常假设信号源和接收器在同一平面内，从而把三维空间简化为二维空间。在二维空间中，若进一步假定信源的距离远大于接收器阵列的几何尺寸，则可以认为信源发出的信号是以二维平面波的方式传播到接收器的。

TDE 或 TDOA 估计最主要的应用之一是对目标信源进行定位。图 3.5 给出了基于 TDE 的目标信源被动定位示意图。

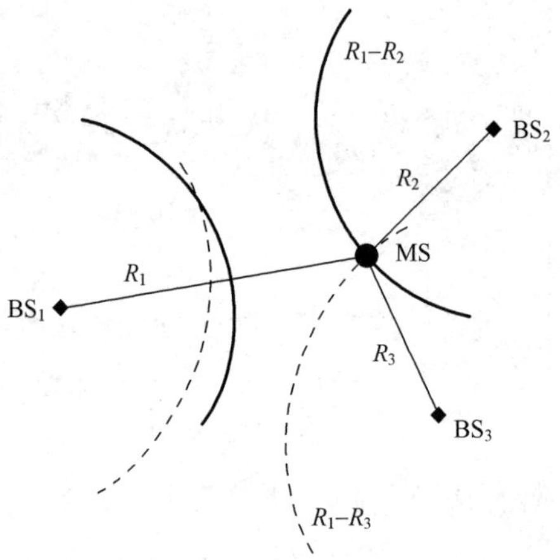

图 3.5　基于 TDE 的目标信源被动定位示意图

如图 3.5 所示，考虑二维平面内的目标定位问题。设待定位目标位于图中 MS 处，三个接收器 BS_1、BS_2 和 BS_3 组成被动 TDE 定位系统。目标 MS 到三个接收器的距离分别为 R_1、R_2 和 R_3。根据电磁波信号在均匀介质中匀速直线传播的特性，目标 MS 发出的信号到达三个接收器的时间 T_1、T_2 和 T_3 分别与 R_1、R_2 和 R_3 成正比。考虑目标信源 MS 与接收器 BS_1 和 BS_2 构成的子系统，以两接收器所在位置为焦点的双曲线 R_1-R_2 轨迹表示 MS 信号分别到达 BS_1 和 BS_2 的时间延迟为 D_{12}。同理，接收器 BS_1 和 BS_3 构成另一条双曲线 R_1-R_3，其曲线表示 MS 信号分别到达 BS_1 和 BS_3 的时间延迟为 D_{13}。这两条双曲线的交点就是目标信源 MS 的位置。通过估计两个子系统的时间延迟 D_{12} 和 D_{13}，可以确定目标信源 MS 的坐标。几何定位方程如下：

$$\begin{cases}\sqrt{(x-x_1)^2+(y-y_1)^2}-\sqrt{(x-x_2)^2+(y-y_2)^2}=cD_{12}\\ \sqrt{(x-x_1)^2+(y-y_1)^2}-\sqrt{(x-x_3)^2+(y-y_3)^2}=cD_{13}\end{cases} \tag{3.78}$$

式中，c 表示信号传播速率，(x,y) 表示目标信源 MS 的坐标，(x_1,y_1)、(x_2,y_2) 和 (x_3,y_3) 分别表示已知的三个接收器 BS_1、BS_2 和 BS_3 的坐标。通过 TDE 技术估计得到时间延迟 D_{12} 和 D_{13}，便可通过式（3.78）计算得到 MS 的坐标 (x,y)，从而实现目标定位。

2．经典的 TDE 方法

（1）基于相关分析的 TDE 方法

相关分析是比较两个信号在时域相似性的基本方法。设两个接收器的接收信号的离散形式 $x_1(n)$ 和 $x_2(n)$ 分别为

$$\begin{cases} x_1(n) = s(n) + v_1(n) \\ x_2(n) = \lambda s(n-D) + v_2(n) \end{cases} \tag{3.79}$$

式中，$s(n)$ 为接收到的目标信源 MS 的纯净信号；$v_1(n)$ 和 $v_2(n)$ 分别表示两个接收器的接收噪声；λ 表示信号的相对衰减，为了简化，常假定 $\lambda=1$；D 表示待估计时间延迟，即由信号传播到两个基站所引起的时间差。计算 $x_1(n)$ 和 $x_2(n)$ 的互相关函数，有

$$R_{x_1x_2}(\tau) = E\left[x_1(n)x_2(n+\tau)\right] = R_s(\tau - D) \tag{3.80}$$

上式在推导过程中利用了信号与噪声以及噪声之间的不相关性。根据自相关函数的性质，可知 $R_s(\tau-D)$ 在 $\tau - D = 0$ 处取得最大值，表明此刻两信号 $x_1(n)$ 和 $x_2(n)$ 具有最大相关性。因此，选择 $R_s(\tau-D)$ 取得最大值处的 τ 值作为时间延迟 D 的估计值，即

$$\hat{D} = \arg\max_{\tau}\left[R_s(\tau - D)\right] \tag{3.81}$$

（2）广义相关 TDE 方法

针对相关分析方法存在的抗噪声和干扰能力不强的局限性，Carter 等人提出了广义相关 TDE 方法，简称为 GCC-TDE 方法。其基本思路是，对两接收信号的互功率谱密度函数进行加权滤波，一方面抑制噪声，另一方面进行白化处理，以获得更好的时间延迟估计。图 3.6 给出了 GCC-TDE 方法的原理框图。

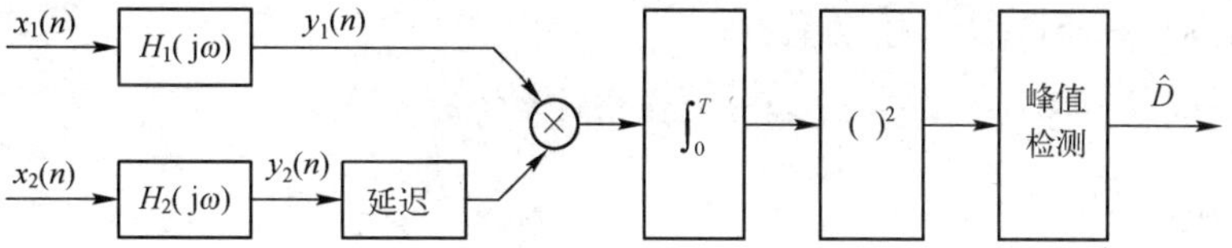

图 3.6　GCC-TDE 方法原理框图

广义相关函数定义为加权后广义互功率谱函数的傅里叶逆变换

$$R_{y_1y_2}^{\mathrm{G}}(\tau) = \mathscr{F}^{-1}\left[G_{y_1y_2}(\omega)\right] = \mathscr{F}^{-1}\left[H(\mathrm{j}\omega)G_{x_1x_2}(\omega)\right] \tag{3.82}$$

式中，$H(\mathrm{j}\omega)$ 为广义相关加权函数。常用的广义相关加权函数有 Roth 处理器 $\dfrac{1}{G_{x_1x_2}(\omega)}$、相位变换 $\dfrac{1}{\left|G_{x_1x_2}(\omega)\right|}$ 和平滑相干变换 $\dfrac{1}{\sqrt{G_{x_1}(\omega)G_{x_2}(\omega)}}$ 等。

3．基于分数低阶统计量的 TDE 方法

上述经典 TDE 方法均是基于信号与噪声的二阶统计量的。若接收噪声服从 Alpha 稳定分布，则这些经典方法的性能显著退化。文献中报道了一类基于分数低阶统计量的 TDE 方法，用以抑制 Alpha 稳定分布噪声的影响，从而在复杂电磁环境中得到更好的 TDE 结果。

（1）基于第一类分数低阶相关的 TDE 方法

设两个接收信号 $x_1(n)$ 和 $x_2(n)$ 的第一类分数低阶相关为

$$\begin{aligned} R^{\mathrm{C}}(m) &\triangleq E\{x_2(n)[x_1(n+m)]^{\langle p-1\rangle}\} \\ &= E\{x_2(n)\,|\,x_1(n+m)\,|^{p-1}\,\mathrm{sgn}[x_1(n+m)]\},\ 1\leqslant p<\alpha \end{aligned} \tag{3.83}$$

在实际计算中，由于信号的统计平均很难得到，通常采用的方法为用有限的时间平均来近似统计平均，即共变可以由样本共变估计得到：

$$\hat{R}^{\mathrm{C}}(m)=\frac{1}{L_2-L_1}\sum_{n=L_1+1}^{L_2} x_2(n)\,|\,x_1(n+m)\,|^{p-1}\,\mathrm{sgn}[x_1(n+m)],\quad 1\leqslant p<\alpha \tag{3.84}$$

式中，$L_1=\max(0,-m)$，$L_2=\min(N-m,N)$。由此可以得到时间延迟估计为

$$\hat{D}=-\arg\max_{m}\hat{R}^{\mathrm{C}}(m) \tag{3.85}$$

由 p 的取值范围可见，该算法适用于 $1<\alpha\leqslant 2$ 稳定分布的噪声环境。

（2）基于第二类分数低阶相关的 TDE 方法

两接收信号 $x_1(n)$ 和 $x_2(n)$ 的第二类分数低阶相关为

$$R^{\mathrm{D}}(m)\triangleq E\{[x_2(n)]^{\langle a\rangle}[x_1(n+m)]^{\langle b\rangle}\},\quad 0\leqslant a<\frac{\alpha}{2},\ 0\leqslant b<\frac{\alpha}{2} \tag{3.86}$$

与第一类分数低阶相关算法类似，基于第二类分数低阶相关的 TDE 算法同样可以用有限时间平均来近似统计平均，计算公式为

$$\hat{R}^{\mathrm{D}}(m)=\frac{1}{L_2-L_1}\sum_{n=L_1+1}^{L_2}|\,x_2(n)\,|^{a}\,|\,x_1(n+m)\,|^{b}\,\mathrm{sgn}(x_2(n)x_1(n+m)) \tag{3.87}$$

由此可以得到时间延迟估计为

$$\hat{D}=-\arg\max_{m}\hat{R}^{\mathrm{D}}(m) \tag{3.88}$$

该算法的适用范围为 $0<\alpha\leqslant 2$。

（3）自适应最小平均 p 范数 TDE 方法

依据最小分散系数（minimum dispersion，MD）准则，参照经典的 LMS 自适应滤波算法，可以得到自适应最小平均 p 范数（LMP）TDE 算法。定义代价函数

$$J_p(\boldsymbol{w})\triangleq E\left[\left|x_2(n)-\sum_{m=-M}^{M}w(m)x_1(n+m)\right|^{p}\right],\ 1<p<\alpha \tag{3.89}$$

式中，$m\in[-M,M]$ 表示滤波器权矢量的阶数。利用最速下降法，使代价函数达到最小，可以得到 LMP 算法的自适应迭代公式为

$$\boldsymbol{w}(n+1)=\boldsymbol{w}(n)-\mu p\left|e(n)\right|^{p-1}\mathrm{sgn}[e(n)]\boldsymbol{x}_1(n) \tag{3.90}$$

要估计的时间延迟为

$$\hat{D}=\arg[\max_{m}(\boldsymbol{w})],\quad m=-M,-M+1,\cdots,0,\cdots,M \tag{3.91}$$

在 LMP 算法中，p 值是一个关键的参数，要求 $p \in [1, \alpha)$ 以满足代价函数的凸性要求和 $S\alpha S$ 过程有限矩的要求。这样，LMP 算法只能应用于 $1 < \alpha \leqslant 2$ 的条件。

（4）基于分数低阶矩的 ETDE 方法

直接时间延迟估计（explicit time delay estimation，ETDE）算法是 So 等人提出的一种自适应 TDE 方法，其特点是在自适应迭代过程中，直接对时间延迟估计值 $\hat{D}(n)$ 进行递推估计，无须插值即可直接得到非整数时间延迟估计。ETDE 的迭代计算公式为

$$\begin{aligned} e(n) &= y(n) - x(n - \hat{D}(n)) = y(n) - \sum_{k=-M}^{+M} \mathrm{sinc}(k - \hat{D}(n)) x(n-k) \\ \hat{\nabla}(n) &= \frac{\partial e^2(n)}{\partial \hat{D}(n)} = 2e(n) \sum_{k=-M}^{M} x(n-k) f[k - \hat{D}(n)] \\ \hat{D}(n+1) &= \hat{D}(n) - 2\mu e(n) \sum_{k=-M}^{M} x(n-k) f[k - \hat{D}(n)] \end{aligned} \tag{3.92}$$

式中，$f(v) = \dfrac{\cos(\pi v) - \mathrm{sinc}(v)}{v}$，$v = k - \hat{D}(n)$。

基于分数低阶矩的 ETDE（记为 LETDE）算法，采用误差函数 $e(n)$ 的 α 范数 $J = \|e(n)\|_\alpha$ 来表示自适应系统的代价函数，避免了 Alpha 稳定分布噪声环境下由最小均方准则引起的性能退化。由分数低阶矩理论，只要满足 $0 < p < \alpha$，$S\alpha S$ 过程的 α 范数与其 p 阶矩就成正比。这样，代价函数可以写为

$$J = E\left[|e(n)|^p \right] \tag{3.93}$$

利用梯度下降法，并以误差信号的瞬时值代替其统计平均，可以得到的 LETDE 自适应迭代公式为

$$\hat{D}(n+1) = \hat{D}(n) - \mu p |e(n)|^{p-1} \mathrm{sgn}[e(n)] \sum_{k=-M}^{M} x(n-k) f[k - \hat{D}(n)] \tag{3.94}$$

比较式（3.94）与式（3.92），可见 LETDE 是具有时变步长 $\mu(n)$ 的 ETDE 算法，即

$$\mu(n) = \frac{\mu p |e(n)|^{p-1}}{2} \tag{3.95}$$

当输入信号中伴有强脉冲噪声时，采用归一化方法，并补充参数 λ，式（3.94）写为

$$\hat{D}(n+1) = \hat{D}(n) - \mu p |e(n)|^{p-1} \mathrm{sgn}[e(n)] \frac{\sum\limits_{k=-M}^{M} x(n-k) f[k - \hat{D}(n)]}{\left\| \sum\limits_{k=-M}^{M} x(n-k) f[k - \hat{D}(n)] \right\|_p^p + \lambda} \tag{3.96}$$

图 3.7 给出了 LETDE 和 ETDE 两种算法的计算机仿真结果。设信号 $s(k)$ 为零均值高斯白噪声，延迟信号 $s(n-D)$ 由 $s(n)$ 经过单位冲激响应为 $\sum\limits_{k=-M}^{M} \mathrm{sinc}(k-D) z^{-k}$ 的 31 阶 FIR 滤波器产生，噪声 $v_1(n)$ 和 $v_2(n)$ 为 Alpha 稳定分布过程。每次实验的数据长度为 15000 点，

每次实验均是500次蒙特卡罗仿真的平均。

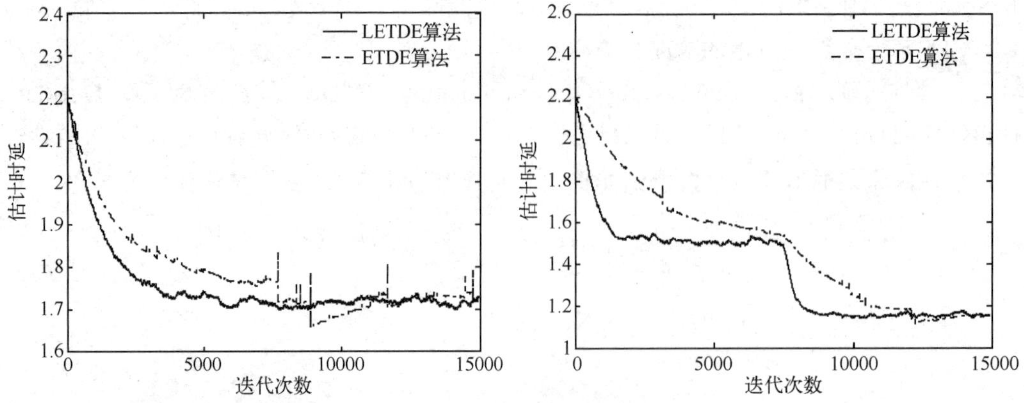

图 3.7 两种算法的计算机仿真结果。(a) 时延估计收敛曲线（时延真值为1.7，α=1.5，GSNR=0dB）；(b) 对突变时延的跟踪能力（时延真值从1.5突变为1.2）

从图3.7可见，在Alpha稳定分布噪声下，LETDE算法比ETDE算法具有更高的估计精度和更好的跟踪能力。

3.5.2 基于分数低阶统计量的波达方向估计

1．波达方向估计的概念与用途

波达方向（direction of arrival，DOA）估计，又称为波达角（angle of arrival，AOA）估计，其基本概念是依据阵列天线的指向作用确定接收信号的来波方向，进而通过多组阵列天线的交叉作用确定信源目标的位置信息。图3.8给出了DOA估计的示意图。

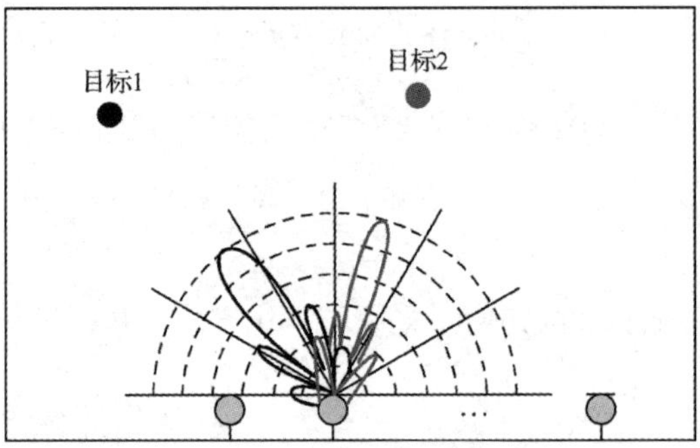

图 3.8 DOA估计进行目标测向定位示意图

如图3.8所示，无线电接收阵列（或声学接收阵列）通过DOA估计算法，可以将其阵列波瓣指向对应目标的来波方向，从而实现目标的方位测定。由多组阵列天线的协同作用，可以确定目标辐射源的坐标位置。

DOA估计是阵列信号处理中的基本任务之一，是实现目标测向定位的关键技术，广泛应用于雷达、声呐及无线电监测等多个领域。最典型的DOA估计方法是以多重信号分类（multiple signal classification，MUSIC）和旋转不变子空间（estimation of signal parameters via rotational invariance techniques，ESPRIT）为代表的基于特征子空间的超分辨率 DOA 估计方法以及它们的改进和扩展算法。其中，MUSIC 算法的基本思想是对阵列输出数据的协方差矩阵进行子空间分解，利用信号子空间与噪声子空间的正交性构造空间谱，通过谱峰搜索获得 DOA 估计值。ESPRIT 方法同样是基于子空间理论的超分辨算法，该方法避免了 MUSIC 算法中的谱峰搜索，利用信号子空间的旋转不变特性获得入射信号的角度估计值，具有较高的计算速度和较低的计算复杂度。

2．基于 MUSIC 算法的 DOA 估计

（1）均匀线阵与信号模型

均匀线性阵列（uniform linear array，ULA）简称为均匀线阵，是接收阵列中最常见、结构最简单的一种形式，是指所有阵元（或称为传感器）均匀地分布在一条直线上的阵列。图 3.9 给出了均匀线阵的示意图。在 x 轴方向上等间距地布置 M 个接收阵元，相邻阵元之间的距离为 d，阵列孔径为 $(M-1)d$。通常将第一个阵元在 x 轴上的位置定义为坐标原点和参考点。

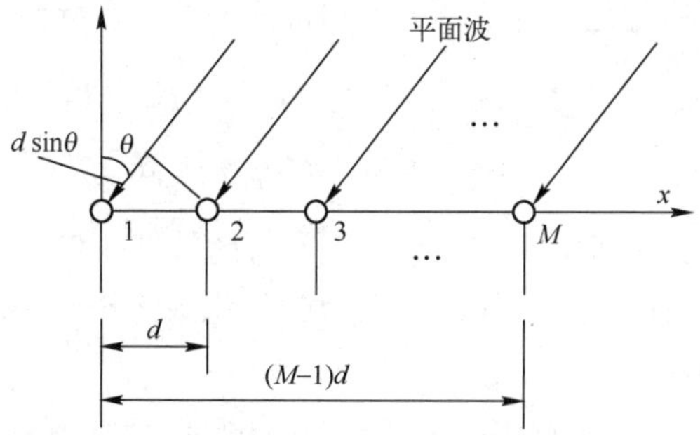

图 3.9　均匀线阵示意图

考虑已知中心频率为 ω 和入射角度为 $\{\theta_1,\theta_2,\cdots,\theta_L\}$ 的 $L<M$ 个各向同性非相干窄带信号入射到均匀线性阵列。由于跨传感器的传播延迟远小于信号带宽的倒数，因此第 i 个阵元接收到的信号可表示为

$$x_i(t)=\sum_{k=1}^{L}a_i(\theta_k)s_k(t)+v_i(t),\quad i=1,2,\cdots,M \tag{3.97}$$

式中，$a_i(\theta_k)=\exp[-\mathrm{j}\frac{2\pi}{\lambda}(i-1)d\sin\theta_k]$ 为第 i 个阵元在 θ_k 方向的导向矢量元素，λ 为载波波长。$s_k(t)$ 是第 i 个阵元接收到的第 k 个信号，$v_i(t)$ 表示第 i 个阵元的接收噪声。

（2）经典 MUSIC 算法

Schmidt 提出的以正交子空间投影为基础的 MUSIC 算法，作为现代谱估计研究的里程碑之一，对 DOA 估计产生了深远的影响。作为一种超分辨率阵列信号处理技术，MUSIC 算法实现了空间谱估计向超分辨率的飞跃。

在均匀线性阵列条件下，基于 MUSIC 算法的 DOA 估计问题可以归结为从 N 个快拍的数据中估计 L 个信源的波达方向 $\{\theta_1,\theta_2,\cdots,\theta_L\}$ 问题。将式（3.97）所示的信号模型改

写为矢量形式，有

$$\boldsymbol{x}(t)=\boldsymbol{A}(\theta)\boldsymbol{s}(t)+\boldsymbol{v}(t) \tag{3.98}$$

式中，$\boldsymbol{x}(t)=\left[x_1(t),\ x_2(t),\ \cdots,\ x_M(t)\right]^{\mathrm{T}}$ 和 $\boldsymbol{v}(t)=\left[v_1(t),\ v_2(t),\ \cdots,\ v_M(t)\right]^{\mathrm{T}}$ 分别表示阵列输出信号矢量和加性观测噪声矢量，$\boldsymbol{s}(t)=\left[s_1(t),\ s_2(t),\ \cdots,\ s_L(t)\right]^{\mathrm{T}}$ 表示纯净信号（即感兴趣信号 SOI）矢量，$\boldsymbol{A}(\theta)=\left[\boldsymbol{a}(\theta_1),\ \boldsymbol{a}(\theta_2),\ \cdots,\ \boldsymbol{a}(\theta_L)\right]^{\mathrm{T}}$ 表示 $M\times L$ 维导向矩阵。这样，阵列输出信号的协方差矩阵为

$$\boldsymbol{R}=E[\boldsymbol{x}(t)\boldsymbol{x}^{\mathrm{H}}(t)]=\boldsymbol{A}E[\boldsymbol{s}(t)\boldsymbol{s}^{\mathrm{H}}(t)]\boldsymbol{A}^{\mathrm{H}}+\sigma^2\boldsymbol{I} \tag{3.99}$$

式中，$(\cdot)^{\mathrm{H}}$ 表示共轭转置，σ^2 表示噪声方差。$\boldsymbol{R}$ 为正定 Hermitian 矩阵，对其进行特征分解，得到

$$\boldsymbol{R}=\sum_{i=1}^{L}\rho_i\boldsymbol{u}_i\boldsymbol{u}_i^{\mathrm{H}}+\sigma^2\boldsymbol{I}=\sum_{i=1}^{M}\lambda_i\boldsymbol{u}_i\boldsymbol{u}_i^{\mathrm{H}} \tag{3.100}$$

式中，λ_i 和 $\boldsymbol{u}_i$ 分别表示协方差矩阵的特征值和特征矢量，且特征值满足

$$\lambda_i=\begin{cases}\rho_i+\sigma^2, & i=1,2,\cdots,L\\ \sigma^2, & i=L+1,\cdots,M\end{cases} \tag{3.101}$$

可以证明，协方差矩阵 $\boldsymbol{R}$ 的前 L 个较大特征值对应的特征矢量（记为 $\boldsymbol{U}$）张成信号子空间，而其余较小特征值对应的特征矢量（记为 $\boldsymbol{G}$）张成噪声子空间。定义信号子空间和噪声子空间的投影矩阵为

$$\begin{aligned}\boldsymbol{P}_U&=\boldsymbol{U}\left\langle\boldsymbol{U},\boldsymbol{U}\right\rangle^{-1}\boldsymbol{U}^{\mathrm{H}}=\boldsymbol{U}\boldsymbol{U}^{\mathrm{H}}\\ \boldsymbol{P}_G&=\boldsymbol{G}\left\langle\boldsymbol{G},\boldsymbol{G}\right\rangle^{-1}\boldsymbol{G}^{\mathrm{H}}=\boldsymbol{G}\boldsymbol{G}^{\mathrm{H}}=\boldsymbol{I}-\boldsymbol{U}\boldsymbol{U}^{\mathrm{H}}\end{aligned} \tag{3.102}$$

式中，$\langle\cdot,\cdot\rangle$ 表示内积运算。将异向矢量向噪声子空间投影，得到以 DOA 为参数的空间谱函数的 MUSIC 估计方法为

$$P(\theta)=\frac{1}{\boldsymbol{a}^{\mathrm{H}}(\theta)\boldsymbol{G}\boldsymbol{G}^{\mathrm{H}}\boldsymbol{a}(\theta)}=\frac{1}{\boldsymbol{a}^{\mathrm{H}}(\theta)(\boldsymbol{I}-\boldsymbol{U}\boldsymbol{U}^{\mathrm{H}})\boldsymbol{a}(\theta)} \tag{3.103}$$

对式（3.103）取峰值就能得到 L 个信源的 DOA 估计。

（3）基于分数低阶统计量的子空间方法与鲁棒性 MUSIC 波达方向估计

在 Alpha 稳定分布条件下，以 MUSIC 为代表的一类 DOA 估计算法均出现性能退化，甚至不能正常工作。特别是式（3.99）定义的协方差矩阵元素可能会无界。针对这个问题，Tsakalides 和 Nikias 提出了基于共变的适用于 Alpha 稳定分布噪声条件的子空间概念，并提出了基于共变的鲁棒性 MUSIC（ROC-MUSIC）的 DOA 估计算法。

采用与经典 MUSIC 方法相同的均匀线阵和信号结构条件，假定信号中的加性噪声服从 $S\alpha S$ 分布。定义阵列输出信号 $\boldsymbol{x}(t)$ 的共变矩阵为 $\boldsymbol{R}^{(\mathrm{C})}$，其第 (i,j) 个元素表示为

$$R_{i,j}^{(\mathrm{C})}=\left[x_i(t),x_j(t)\right]_{\alpha} \tag{3.104}$$

可以证明，共变矩阵 $\boldsymbol{R}^{(\mathrm{C})}$ 与式（3.99）中协方差矩阵 $\boldsymbol{R}$ 具有完全相似的结构形式，即

$$\boldsymbol{R}^{(\mathrm{C})}=\left[\boldsymbol{x}(t),\boldsymbol{x}(t)\right]_{\alpha}=\boldsymbol{A}(\theta)\boldsymbol{\Lambda}_s\boldsymbol{A}^{\langle\alpha-1\rangle}(\theta)+\gamma_v\boldsymbol{I} \tag{3.105}$$

式中，导向矩阵 $\boldsymbol{A}(\theta)=\left[\boldsymbol{a}(\theta_1),\ \boldsymbol{a}(\theta_2),\ \cdots,\ \boldsymbol{a}(\theta_L)\right]^{\mathrm{T}}$，对角阵 $\boldsymbol{\Lambda}_s=\mathrm{diag}\left[\gamma_{s_1},\gamma_{s_2},\ \cdots,\gamma_{s_L}\right]$，其中，$\gamma_{s_k}=\left[s_k,s_k\right]_{\alpha}$，$\boldsymbol{I}$ 为单位阵，γ_v 表示 $S\alpha S$ 噪声的分散系数，$z^{\langle\alpha-1\rangle}=|z|^{\alpha-1}\mathrm{sgn}(z)$。由导向矢量

$$\boldsymbol{a}(\theta_i)=\left[1,\ \mathrm{e}^{-\mathrm{j}\frac{2\pi}{\lambda}d\sin\theta_i},\ \cdots,\ \mathrm{e}^{-\mathrm{j}\frac{2\pi}{\lambda}(M-1)d\sin\theta_i}\right]^{\mathrm{T}}$$

可以得到$\left[\boldsymbol{A}^{\langle\alpha-1\rangle}(\theta)\right]_{i,j}=\left[\boldsymbol{A}(\theta)\right]_{j,i}^{*}$。这样，式（3.105）可改写为

$$\boldsymbol{R}^{(\mathrm{C})}=\left[\boldsymbol{x}(t),\boldsymbol{x}(t)\right]_{\alpha}=\boldsymbol{A}(\theta)\boldsymbol{\Lambda}_s\boldsymbol{A}^{\mathrm{H}}(\theta)+\gamma_v\boldsymbol{I} \tag{3.106}$$

仿照经典 MUSIC 算法对共变矩阵 $\boldsymbol{R}^{(\mathrm{C})}$ 进行特征分解，可得基于共变的 MUSIC 算法（ROC-MUSIC）为

$$P_{\text{ROC-MUSIC}}(\theta)=\frac{1}{\sum_{i=L+1}^{M}|\boldsymbol{a}^{\mathrm{H}}(\theta)\boldsymbol{u}_i|^2} \tag{3.107}$$

式中，$\boldsymbol{u}_i$ 为共变矩阵的特征矢量。对式（3.107）进行峰值搜索，可得 L 个信源的 DOA 估计。

（4）其他基于分数低阶统计量的 MUSIC 波达方向估计方法

理论分析和实验验证均表明，共变并不是性能最优的分数低阶统计量，诸如分数低阶矩、分数低阶协方差和相位分数低阶协方差等，在抑制 Alpha 稳定分布噪声方面，均可能具有更好的性能。

在 ROC-MUSIC 算法的启发下，相关文献中还报道了多种基于不同分数低阶统计量的改进的 MUSIC 算法以及对应的 DOA 估计方法，如基于分数低阶矩的 MUSIC（FLOM-MUSIC）算法、基于符号协方差矩阵的 MUSIC（SCM-MUSIC）算法和基于相位分数低阶矩的 MUSIC（PFLOM-MUSIC）算法等。相对于 ROC-MUSIC 算法，这些改进的分数低阶 MUSIC 类算法的性能均取得了一定程度的改善。

定义阵列输出信号 $\boldsymbol{x}(t)$ 的分数低阶矩矩阵为 $\boldsymbol{R}^{(\mathrm{F})}$，其第 (i,j) 个元素表示为

$$R_{i,j}^{(\mathrm{F})}=E\left[x_i(t)\left|x_j(t)\right|^{p-2}x_j^{*}(t)\right],\quad 1<p<\alpha \tag{3.108}$$

已经证明，$\boldsymbol{R}^{(\mathrm{F})}$ 可以写成式（3.99）的形式，也可以进一步通过子空间分解，得到类似 MUSIC 算法的结果，记为 FLOM-MUSIC。

定义阵列输出信号 $\boldsymbol{x}(t)$ 的相位分数低阶矩矩阵为 $\boldsymbol{R}^{(\mathrm{P})}$，其第 (i,j) 个元素表示为

$$R_{i,j}^{(\mathrm{P})}=E\left[\left[x_i(t)\right]_{\mathrm{PFLOM}}^{\langle p\rangle}\left[x_j(t)\right]_{\mathrm{PFLOM}}^{-\langle p\rangle}\right],\quad 0<p<\alpha/2 \tag{3.109}$$

经过同样的处理方法，可以得到基于相位分数低阶矩的 MUSIC 算法，记为 PFLOM-MUSIC。

（5）DOA 估计的计算机仿真

相关文献中报道了采用各种 MUSIC 算法进行 DOA 估计的计算机仿真结果。

实验 3.1 已知两个独立的具有相同功率的 QAM 通信信号入射到均匀线性阵列。阵列中包含 5 个阵元，各阵元的间隔为信号的半波长。QAM 信号的加性噪声服从 $S\alpha S$ 分布，其分散系数为γ。对经典 MUSIC 算法和 ROC-MUSIC 算法分别进行 200 次蒙特卡罗仿真实验，并依据 DOA 估计的均方误差（MSE）和可分辨概率来对仿真结果进行评价。

设θ_1和θ_2为两个信号的入射角，定义$\theta_m=(\theta_1+\theta_2)/2$，而$P(\theta_m)$表示对应角度的 MUSIC 噪声空间谱的倒数。若下面的不等式成立，则称这两个入射角是可分辨的。

$$P(\theta_m)-\frac{1}{2}\{P(\theta_1)+P(\theta_2)\}>0 \tag{3.110}$$

可分辨概率P_{RS}定义为正确分辨两入射角次数N_{OK}与蒙特卡罗实验总次数N_{MC}之比，即

$$P_{\mathrm{RS}}=N_{\mathrm{OK}}/N_{\mathrm{MC}} \tag{3.111}$$

图 3.10 给出了计算机仿真的结果。显然，ROC-MUSIC 比经典 MUSIC 算法具有更好的性能。

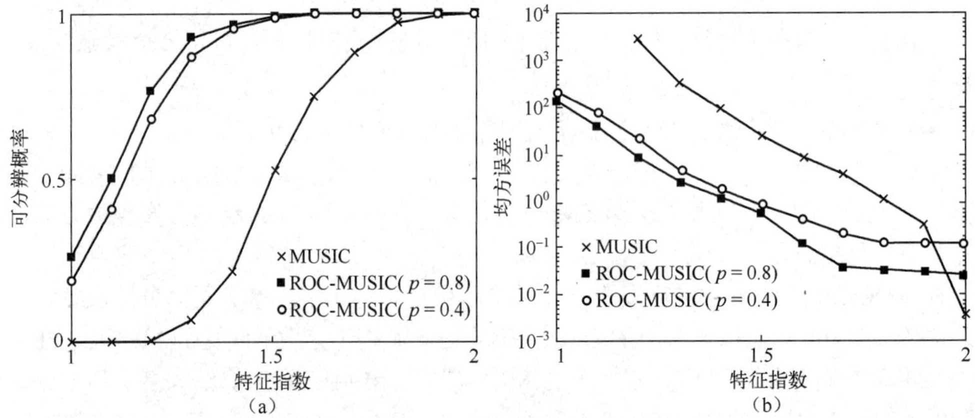

图 3.10 对 MUSIC 算法进行 DOA 估计计算机仿真的结果。（a）可分辨概率；（b）均方误差

实验 3.2 几种分数低阶 MUSIC 算法进行 DOA 估计的对比。图 3.11 给出了几种基于分数低阶统计量的 MUSIC 算法进行 DOA 估计的均方误差随广义信噪比 GSNR 变化的情况。图中，FLOM_SS、PFLOM_SS 和 SCM_SS 分别表示基于分数低阶矩、基于相位分数低阶矩和基于符号协方差矩阵的 MUSIC 算法，各算法名称的后缀 SS 表示算法进行了空间平滑运算。由图 3.11 可以看出，基于相位分数低阶矩的 MUSIC 算法的 DOA 估计效果更好。

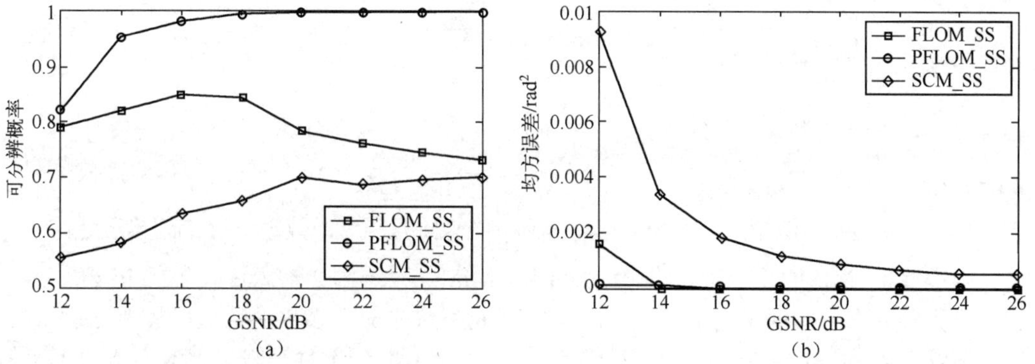

图 3.11　几种分数低阶 MUSIC 算法进行 DOA 估计的对比。（a）可分辨概率；（b）均方误差

3.5.3　基于分数低阶统计量的信道盲均衡

1．信道均衡的概念

信道均衡（channel equalization）是通信技术中一种重要的技术，是指为了提高衰落信道条件下通信系统的传输性能而采取的一种抗衰落措施。其机理是对信道或整个传输系统特性进行补偿，以消除或减弱宽带通信时多径时延带来的码间串扰（ISI，又称码间干扰）问题。针对信道恒参或变参特性及数据速率不同的情况，信道均衡包括多种结构方式，大体上可分为线性均衡与非线性均衡两类。

2．经典的多用户恒模算法

多用户恒模算法（multiuser constant modulus algorithm，记为 MU_CMA）是一种受到广泛关注的信道均衡算法，适用于 MIMO 系统。这种算法在常规恒模算法（CMA）的基础上，增加了不同均衡器输出信号间的互相关部分，保证了各均衡器输出信号之间的不相关性，解决了一对多的问题。

MU_CMA 算法代价函数如下：

$$J_{\text{MU\_CMA}}^{l}=E\left[\left(\left|y_l(k)\right|^2-R_2\right)^2\right]+K\sum_{m=1}^{l-1}\sum_{\delta=-(N+L)}^{N+L}\left|r_{m,\delta}(k)\right|^2 \tag{3.112}$$

式中，$r_{m,\delta}(k)=E\left[y_l(k)y_m^*(k-\delta)\right]$ 为第 l 个均衡器输出与第 $m\ (m=1,2,\cdots,l-1)$ 个均衡器输出之间的互相关函数。考虑到所有可能的信道时延，δ 的取值范围为 $\left[-(N+L),N+L\right]$。$K\in\mathbf{R}^+$ 为混合参数。

由梯度下降法最小化代价函数式（3.112）可得算法的更新方程，并得到互相关函数 $r_{m,\delta}(k)$ 的递推表达式。

3．基于分数低阶统计量的多用户恒模算法

当信道中存在 Alpha 稳定分布噪声时，式（3.112）不能收敛，从而使算法的应用性能受到显著影响。若使用分数低阶统计量代替式（3.112）中的二阶统计量，则分数低阶多用户恒模算法（简称为 FMU_CMA）的代价函数表示为

$$J_{\text{FMU\_CMA}}^{l} = E\left[\left(\left|y_l(k)\right|^p - R_p\right)^2\right] + K\sum_{m=1}^{l-1}\sum_{\delta=-(N+L)}^{N+L}\left|r_{m,\delta}^p\right|^2, \quad p<\alpha/2 \tag{3.113}$$

式中，p 表示分数低阶矩，$r_{m,\delta}^p = E\left[y_l(k)y_m^{\langle p-1\rangle}(k-\delta)\right]$ 为第 l 个均衡器输出与第 $m(m=1,2,\cdots,l-1)$ 个均衡器输出之间的分数低阶互相关函数。其余参数与式（3.112）相同。采用与 MU_CMA 算法相同的操作，可以得到分数低阶互相关函数 $r_{m,\delta}^p(k)$ 的递推表达式。

实验 3.3 MIMO 系统信道均衡。采用的 MIMO 系统为 2 输入 3 输出的 FIR 系统。源信号为独立同分布的零均值 16-QAM 信号。Alpha 稳定分布噪声的特征指数为 $\alpha=1.85$，广义信噪比为 $\text{GSNR}=25\text{dB}$，$p=0.875$。图 3.12 和图 3.13 分别给出了采用 MU_CMA 和 FMU_CMA 算法进行信道均衡的结果。

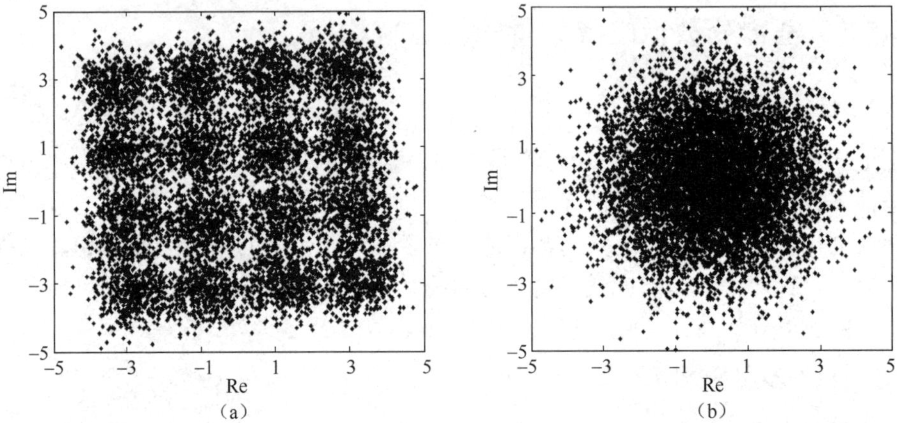

图 3.12 MU_CMA 算法的均衡器输出。（a）均衡器 1 的输出；（b）均衡器 2 的输出

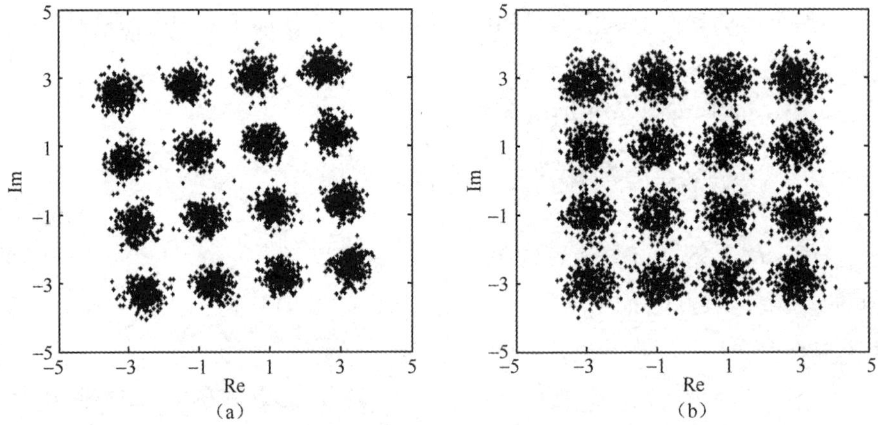

图 3.13 FMU_CMA 算法的均衡器输出。（a）均衡器 1 的输出；（b）均衡器 2 的输出

显然，MU_CMA 算法的均衡器的输出信号勉强可以分离开，而均衡器 2 的输出信号则完全混叠在一起。FMU_CMA 算法的两个均衡器的输出信号很好地聚集在各自的星座点上。进一步得到的组合信道单位脉冲响应表明，FMU_CMA 信道均衡器可以较好地分离源信号并很好地进行恢复，消除了码间串扰的影响。

3.6　本章小结

针对传统的基于二阶统计量信号处理理论方法在 Alpha 稳定分布噪声下的性能退化问题，本章系统地介绍了分数低阶统计量的概念和基于分数低阶统计量的信号处理基本理论框架，主要包括分数低阶统计量的基本概念、性质和基本原理，Alpha 稳定分布的线性空间与线性理论，基于分数低阶统计量的信号参数估计与目标定位等应用问题，给出了多种 TDOA、DOA 和信道均衡的典型应用方法。为了配合后续章节关于相关熵和循环相关熵内容的介绍，本章还特别介绍了 Alpha 稳定分布条件下核方法与核自适应滤波的概念。总之，本章内容在理论和实际应用上为后续章节起到承上启下的作用。

参 考 文 献

[1] SHAO M, NIKIAS C L. Signal processing with fractional lower order moments: stable processes and their applications[J]. Proceedings of the IEEE, 1993, 81(7): 986-1010.

[2] NIKIAS C L, SHAO M. Signal processing with alpha-stable distributions and applications[M]. Wiley-Interscience, 1995.

[3] SAMKO S G, KILBAS A A, MARICHEV O I. Fractional integrals and derivatives[M]. Yverdon-les-Bains, Switzerland: Gordon and Breach Science Publishers, Yverdon, 1993.

[4] BELKACEMI H, MARCOS S. Robust subspace-based algorithms for joint angle/Doppler estimation in non-Gaussian clutter[J]. Signal Processing, 2007, 87: 1547-1558.

[5] ATANGANA A, KOCA I. Chaos in a simple nonlinear system with Atangana-Baleanu derivatives with fractional order[J]. Chaos, Solitons & Fractals, 2016, 89: 447-454.

[6] JERABEK J, SOTNER R, DVORAK J, et al. Reconfigurable fractional-order filter with electronically controllable slope of attenuation, pole frequency and type of approximation[J]. Journal of Circuits, Systems and Computers, 2017, 26(10): 1750157.

[7] BETTAYEB M, MANSOURI R, AL-SAGGAF U, et al. Smith predictor based fractional-order-filter PID controllers design for long time delay systems[J]. Asian Journal of Control, 2017, 19(2): 587-598.

[8] ZHANG L, HU X, WANG Z, et al. Fractional-order modeling and state-of-charge estimation for ultracapacitors[J]. Journal of Power Sources, 2016, 314: 28-34.

[9] MONJE C A, CHEN Y Q, VINAGRE B M, et al. Fractional-order systems and controls: fundamentals and applications[M]. Springer Science & Business Media, 2010.

[10] LI Y, CHEN Y Q, PODLUBNY I. Mittag-leffler stability of fractional order nonlinear dynamic systems[J]. Automatica, 2009, 45(8): 1965-1969.

[11] MILLER G. Properties of certain symmetric stable distribution[J]. J. Multivariate Analy., 1978, 8: 346-360.

[12] CAMNANIS S, MILLER G. Linear problems in pth order and stable process[J]. SIAM J. Appl. Math., 1981, 41(8): 43-49.

[13] SAID L A, ISMAIL S M, RADWAN A G, et al. On the optimization of fractional order low-pass filters[J]. Circuits, Systems, and Signal Processing, 2016, 35(6): 2017-2039.

[14] PETRAS I. Fractional-order nonlinear systems: modeling, analysis and simulation[M]. Springer Science & Business Media, 2011.

[15] ZHU X, ZHU W P, CHAMPAGNE B. Spectrum sensing based on fractional lower order moments for cognitive radios in α-stable distributed noise[J]. Signal Processing, 2015, 111: 94-105.

[16] ARONSZAJN A. Theory of Reproducing Kernels[J]. Transactions of the American Mathematical Society, 1950, 68(3): 337-404.

[17] CORTES, C, VAPNIK, V. Support-vector networks[J]. Machine Learning, 1995, 20(3): 273-297.

[18] BENSON D A, WHEATCRAFT S W, MEERSCHAERT M M. The fractional-order governing equation of Lévy motion[J]. Water resources research, 2000, 36(6): 1413-1423.

[19] MERCER J. Functions of positive and negative type, and their connection with the Theory of Integral equations[J]. Royal society of Landon philosophical Transactions, 1909, 209:415-446.

[20] LIU W, POKHAREL P P, PRINCIPE J C. The kernel least-mean-square algorithm[J]. IEEE Transactions on Signal Processing, 2008, 56(2): 543-554.

[21] LIU W, PRÍNCIPE J C, SIMON H. Kernel Affine Projection Algorithms[J]. Eurasip Journal on Advances in Signal Processing, 2008, 2008(1): 1-12.

[22] ENGEL Y, MANNOR S, MEIR R. The kernel recursive least-squares algorithm[J]. IEEE Transactions on Signal Processing, 2004, 52(8): 2275-2285.

[23] LIU T H, MENDEL J M. A subspace-based direction finding algorithm using fractional lower order statistics[J]. IEEE Transactions on Signal Processing, 2001, 49(8): 1605-1613.

[24] ZENG W J, SO H C, HUANG L. Lp-MUSIC: Robust Direction-of-Arrival Estimator for Impulsive Noise Environments[J]. IEEE Transactions on Signal Processing, 2013, 61(17): 4296-4308.

[25] LI S, HE R, LIN B, et al. DOA estimation based on sparse representation of the fractional lower order statistics in impulsive noise[J]. IEEE/CAA Journal of Automatica Sinica, 2016, 5(4): 860-868.

[26] KNAPP C, CARTER G C. The generalized correlation method for estimation of time delay[J]. IEEE Transactions on Acoustics, Speech, and Signal Processing, 1976, 24(4): 320-327.

[27] 何劲，刘中. 利用分数低阶空时矩阵进行冲激噪声环境下的 DOA 估计[J]. 航空学报，2006，27(1): 104-108.

[28] ZHANG J, QIU T. The Fractional Lower Order Moments Based ESPRIT Algorithm for Noncircular Signals in Impulsive Noise Environments[J]. Wireless Personal Communications, 2017, 96(2): 1673-1690.

[29] 朝乐蒙，邱天爽，李景春，等. 广义复相关熵与相干分布式非圆信号 DOA 估计[J]. 信号处理，2019, 35(5): 795-801.

[30] ZHANG J, QIU T, LUAN S, et al. Bounded non-linear covariance based ESPRIT method for noncircular signals in presence of impulsive noise[J]. Digital Signal Processing, 2019, 87: 104-111.

[31] TOSCANI G. The fractional Fisher information and the central limit theorem for stable laws[J]. Ricerche di Matematica, 2016, 65(1): 71-91.

[32] 查代奉，邱天爽. 一种基于分数低阶协方差矩阵的波束形成新方法[J]. 通信学报，2005，26(7): 16-20.

[33] 吴华佳，赵晓鸥，邱天爽，等. 脉冲噪声环境下基于分数低阶循环相关的 MUSIC 算法[J]. 电子与信息学报，2009 (9): 2269-2273.

[34] 王首勇，朱晓波，李旭涛，等. 基于分数低阶协方差的 AR $S\alpha S$ 模型 α 谱估计[J]. 电子学报，2007, 35(9): 1637-1641.

[35] 孙永梅，邱天爽. 分数低阶 α 稳定分布噪声下 HB 加权自适应时间延迟估计新方法[J]. 信号处理，2007，23(3): 339-342.

[36] 赵知劲，金明明. α 稳定分布噪声下的核最小平均 p 范数算法[J]. 计算机应用研究，2017，34(11): 3308-3310+3315.

[37] GAO W, CHEN J. Kernel least mean p-power algorithm[J]. IEEE Signal Processing Letters, 2017, 24(7): 996-1000.

[38] SCHMIDT R O. Multiple emitter location and signal parameter estimation[J]. IEEE Transactions on Antennas and Propagation, 1986, 34(3): 276-280.

[39] 李森. 稳定分布噪声下通信信号处理新算法及性能分析[D]. 大连：大连理工大学，2010.

[40] 张金凤. 脉冲噪声环境下波达方向估计方法研究[D]. 大连：大连理工大学，2017.

[41] 王鹏. 无线定位中波达方向与多普勒频移估计研究[D]. 大连：大连理工大学，2016.

[42] 郭莹. 稳定分布环境下时延估计新方法研究[D]. 大连：大连理工大学，2009.

第 4 章　分数低阶循环统计量及其信号处理

4.1　概述

非高斯、非平稳随机信号分析与处理是统计信号处理领域的前沿与热点研究问题。在诸如无线电监测、目标定位和雷达、声呐及机械振动等信号处理应用领域，接收到的有用信号（signal of interest，SOI）经常会受到脉冲噪声和同频干扰的影响，简称为脉冲噪声与同频干扰并存的复杂电磁环境。在这种复杂电磁环境下，接收信号受到噪声和干扰的影响，使得传统的信号分析处理理论和方法出现显著的性能退化，甚至不能正常工作。为此，有必要研究在这种复杂电磁环境下能够有效工作的信号处理新理论与新方法。

从统计信号处理的角度来看，脉冲噪声属于一类典型的非高斯随机过程，通常用 Alpha 稳定分布来描述或建模。这类噪声的特点是不存在有限的二阶统计量，且其概率密度函数具有显著的厚拖尾。另一方面，无线电监测和通信信号处理中的大部分接收信号和同频干扰，可以归属于循环平稳随机过程（cyclostationary random process，简称为 CS 过程），是一类典型的非平稳随机过程。因此，脉冲噪声与同频干扰并存的复杂电磁环境下的信号处理问题，可以提炼为一类非高斯、非平稳随机信号分析与处理问题。

循环平稳随机信号是非平稳随机信号中一个非常重要的子类。与常规的非平稳随机信号的特点不同，循环平稳随机信号最主要的特征是其特定阶次的统计量是随时间周期性变化的函数。无线电通信信号、雷达与声呐的接收信号、某些旋转或往复运动机械的振动信号，以及自然界中的水文数据、气象数据、海洋数据和心电图等人体生理信号，都可以归为循环平稳随机信号。

典型的循环平稳随机信号具有随时间周期性变化的某些统计特性，如周期性的均值和自相关函数等。其中，周期性自相关函数在弱正则性条件下可以展开为傅里叶级数，其系数称为循环自相关函数（cyclic auto-correlation function），是时移变量的函数。傅里叶系数即循环自相关函数所对应的频率，均为循环平稳周期倒数的倍数。更广泛地说，如果自相关函数是时间的概周期函数（almost-periodic function，或称为准周期函数，也称为几乎周期函数），则该循环平稳过程称为准循环平稳过程（almost-cyclostationary process，ACS），或称为几乎循环平稳过程。为了简化起见，本章使用循环平稳过程这个概念来表示上述具有循环平稳性（cyclostationarity）和准循环平稳性（almost-cyclostationarity）的随机过程。自相关函数的周期性或准周期性在频域中表现为信号各谱分量之间的相关性，而这些谱分量之间的间隔与循环频率（cycle frequency）相等。作为对比，我们熟知的广义平稳随机过程，其自相关函数与时间无关，而只依赖于时移参数，且所有谱分量都是互不相关的。

循环统计量（cyclic statistics）是描述和分析循环平稳随机信号的有力工具。循环均值（cyclic mean）和循环相关函数（cyclic correlation）分别是常用的一阶和二阶循环统计量，此外，还有高阶循环统计量（higher-order cyclic statistics）和分数低阶循环统计量（fractional lower-order cyclic statistics）。另一方面，循环平稳过程可用循环谱（cyclic spectrum）来表征其在循环频率域的特征。循环谱是循环相关函数的傅里叶变换。在给定循环频率处，循环谱表示循环平稳过程两个谱分量之间的相关程度，这两个谱分量的频率间隔等于过程的循环频率。因此，在循环平稳信号处理中，还常使用循环谱（又称谱相关函数）和循环模糊函数（cyclic ambiguity function）等循环频率域分析方法。

有关非高斯 Alpha 稳定分布过程的基本概念、基本理论和分数低阶统计量的基本理论方法及其在信号分析处理、参数估计和信道均衡等领域的应用等问题，已经在第 2 章和第 3 章分别做了较为详细的介绍。本章则简要介绍随机信号的循环平稳特性，较为系统地介绍一阶和二阶循环统计量及其对应的谱相关函数和循环模糊函数的基本概念与理论，系统地介绍 Alpha 稳定分布条件下的分数低阶循环统计量的理论与方法，并给出分数低阶循环统计量在信号分析处理、参数估计和匹配滤波等方面的应用。

4.2　随机信号的循环平稳性与循环统计量

4.2.1　随机信号的循环平稳性

1．非平稳随机信号与循环平稳随机信号

依据信号统计特性的时变特性对信号进行分类，随机信号大体上可以分为平稳随机信号和非平稳随机信号。所谓平稳随机信号，是指概率密度函数或统计量不随时间变化的信号。反之，若信号的概率密度函数或统计量随时间变化，则称为非平稳随机信号。具体来说，若随机信号的均值、方差、自相关函数或功率谱密度函数等是随时间变化的，则称这类信号为非平稳随机信号。第 2 章已对平稳随机信号和非平稳随机信号给出了较为严格的定义。

在自然界和工程技术中，存在一类很特殊的非平稳随机信号。这类非平稳随机信号的某些统计特性是随时间呈周期性变化的。例如，由于地球自转和公转的周期性机制，诸如天文和气象数据、水文数据、海洋数据等来自自然界的信号，都由于昼夜变化或季节性变化等因素而具有某种程度的循环平稳特性。

此外，人体的心电信号、心音信号和脉搏信号等，也由于人体心脏节律的周期性和昼夜更迭的周期性而呈现某种特定的循环平稳性。图 4.1 给出了一段心音信号的波形图及其对应的希尔伯特包络图。

由图 4.1 可以看出，心音信号具有某种程度的近似周期性，其统计特性也具有某种近似的周期特性，称为循环特性。这种循环特性的机理可以解释为心脏的各腔室及瓣膜在每一个搏动周期中重复着相同的机械运动，导致心音信号呈现一定的周期性特点，其统计特性具有近似的循环平稳性。

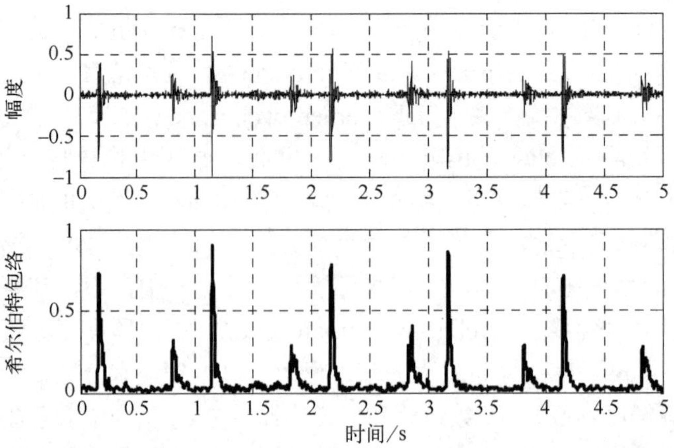

图 4.1　一段正常心音信号的波形图（上图）及其对应的希尔伯特包络图（下图）

在通信技术中，许多调制信号及电视、雷达、声呐系统中的信号，导航、遥测、遥控中的信号大多属于循环平稳随机信号。这些信号的循环平稳性是由数据对载波或脉冲序列的调制所引起的。已经证明，双边带幅度调制（DSB-AM）信号 $x(t)=s(t)\cos(2\pi f_0 t+\phi_0)$ 是典型的循环平稳信号，其循环周期为 $T_0=1/(2f_0)$，其中，f_0 为信号的载波频率。脉冲幅度调制（PAM）信号和直接序列扩频信号等常用的通信信号，均属于循环平稳信号。图 4.2 给出了 DSB-AM 信号循环相关函数幅度示意图。

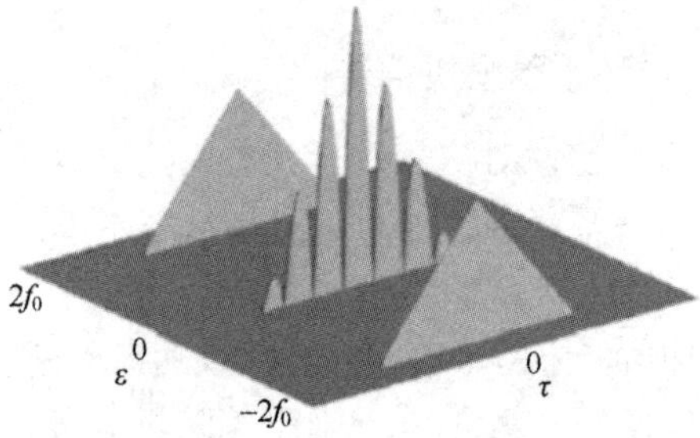

图 4.2　DSB-AM 信号的循环相关函数幅度示意图

人工产生通信信号的循环平稳性是由信号的构造以及后续对信号的处理操作造成的，这些处理包括对信号的调制、采样、扫描、多路复用和编码操作等。在现代通信技术中采用的大多数调制信号均为循环平稳信号或准循环平稳信号。

在机械监控与故障诊断领域，机械振动信号的循环平稳性源自机械系统中齿轮、皮带和轴承等零部件的旋转效应。在经济学领域，股票市场周期性的开放与关闭以及贸易市场上货物供应与需求的季节性变化，造成了相关经济学数据的循环平稳性。

根据信号统计特性所表现出来的不同特点的周期性，循环平稳过程可以进一步分为一阶（或称均值）循环平稳、二阶（或称相关函数）循环平稳和高阶循环平稳。显然，一阶循环平稳随机信号的均值是周期性的，二阶循环平稳随机信号的相关函数是周期性的，而高阶循环平稳随机信号的高阶统计量是周期性的。

2．循环平稳信号处理的起源与发展

对循环平稳信号的研究可以追溯到 1958 年 Bennett 对于具有循环平稳性的非平稳信号的研究工作，他首次使用了术语“cyclostationary”（循环平稳）。循环平稳信号的某些统计量（如自相关函数或功率谱密度函数）具有周期性特点，由此引出了三种不同的表示方法，分别为：基于傅里叶级数（Fourier series）的表示方法，基于调和级数（harmonic series）的表示方法和基于平移级数（translation series）的表示方法。

实际上，这三种表示方法的本质是相同的，均采用一组完备正交基将时变自相关（或其他统计量）展开，只是各自采用了不同的基函数。这三种表示方法更多的是从数学角度分析循环平稳过程，物理意义不够明显。直到 1986 年，Gardner 里程碑式的论文 *The spectral correlation theory of cyclostationary time-series* 进一步系统地提出了循环平稳和谱相关（spectral correlation）的概念和理论。

谱相关理论首次揭示了循环平稳信号的本质特征，即谱相关特征。由谱相关特征引出了循环频率的概念：若将信号瞬时谱在频率上分别上下搬移一定值，所得到的两个信号谱是具有相关性的，且搬移的频率差值就是信号的循环频率。Gardner 等人的进一步工作，建立了循环平稳信号分析处理的理论基础，提出了循环相关函数和循环谱相关函数的高精度计算方法，并给出了常见循环平稳信号分析处理的应用实例。

20 世纪 80 年代至 90 年代，是循环平稳信号处理应用基础理论的建立阶段。在对循环平稳信号本质特征深刻理解的基础上，出现了分析这种本质特征的数学工具。本领域的研究主要集中在构建循环平稳信号分析处理框架上，特别是循环平稳信号的检测与参数估计理论等。其主要研究进展包括：Gardner 提出了关于循环平稳信号截获和时间延迟估计理论与方法、基于循环平稳理论的循环 MUSIC 算法和循环 ESPRIT 算法等，实现了空间源信号的 DOA 估计；Dandawate 提出了基于循环相关函数的信号检测方法，更适合循环平稳信号的检测；Spooner 构建了具有延迟积形式的直扩信号检测结构，具有较高的鲁棒性；Gardner 等人深入研究了强噪声条件下的时间延迟估计问题，进一步完善了时间延迟估计的理论与应用；Schell 等人的研究表明，基于信号循环平稳性的 DOA 估计要优于传统 DOA 估计；而 Xu 等人的研究，得到了一个与信号带宽无关的阵列信号处理模型，进一步完善了空间谱估计的理论和技术。

近 20 年来，循环平稳信号处理技术得到了迅速的发展，并在许多领域取得显著的研究进展和应用成果。根据 Gardner 等人 2005 年发表的论文 *Cyclostationarity: half a century of research*，以及黄知涛等人 2006 年出版的著作《循环平稳信号处理与应用》和 Napolitano 于 2020 年出版的著作 *Cyclostationary Processes and Time Series: Theory, Applications, and Generalizations* 的总结，循环平稳信号分析与处理领域依然在理论和应用两个方面进一步深入发展。在理论研究方面，针对可调和过程框架下的离散时间循环平稳过程进行了严格的理论研究；关于循环平稳信号处理的广义化问题，集中研究了移动场景下的谱分析方法；在振动信号处理中，对随机振荡信号的数学模型进行了深入研究与分析。此外，对发射机与接收机相对运动情况下广义准循环平稳（generalized almost-cyclostationary，GACS）与振荡准循环平稳（oscillatory almost-cyclostationary，OACS）信号模型进行了系统研究与对比分析。在应用研究方面，则继续研究快速、高精度谱相关函数估计方法和基于循环平稳特征的信号检测、波束形成及信号盲分离等新方法，等等。

自 1958 年循环平稳的概念出现以来，尽管循环平稳信号处理的理论研究日趋完善，实际应用日益广泛深入，但仍然存在许多尚未解决的问题，相关研究领域与空间还在不断拓展。本书第 9 章和第 10 章关于循环相关熵（cyclic correntropy）基本理论、方法与应用的内容，可以认为是循环平稳信号处理理论与应用的进一步推广与深化。可以这样说，对于循环平稳信号处理理论与应用的研究与探索依旧方兴未艾。

4.2.2 一阶循环平稳与循环均值

1．严循环平稳与广义循环平稳的概念

（1）严循环平稳性

定义 4.1 严循环平稳性 若随机信号 $X(t)$ 的任意 n 阶概率分布函数满足下述周期性，则 $X(t)$ 具有严循环平稳性，或称 $X(t)$ 为严循环平稳随机信号：

$$F_X(x_1, x_2, \cdots, x_n; t_1, t_2, \cdots, t_n) = F_X(x_1, x_2, \cdots, x_n; t_1 + kT_0, t_2 + kT_0, \cdots, t_n + kT_0) \tag{4.1}$$

式中，k 为任意整数；T_0 为正值常数，表示 $X(t)$ 的循环周期。

根据定义 4.1，严平稳过程可以看作循环周期为任意值的严循环平稳过程，并且若在其循环周期内均匀滑动，则可将其转变为严平稳过程。

（2）广义循环平稳性

定义 4.2 广义循环平稳性 若随机信号 $X(t)$ 的均值和相关函数具有下述周期性，则随机信号 $X(t)$ 具有广义循环平稳性：

$$\begin{cases} E[X(t)] = E[X(t + kT_0)], \quad \text{或写为 } M_X(t) = M_X(t + kT_0) \\ R_X(t_1, t_2) = R_X(t_1 + kT_0, t_2 + kT_0) \end{cases} \tag{4.2}$$

式中，k 为任意整数；T_0 为正值常数，表示 $X(t)$ 的循环周期；$M_X(t)$ 表示随机信号 $X(t)$ 的均值函数。

实际上，这个定义与第 2 章的定义 2.5 是一致的。

由定义 4.1 和定义 4.2 可见，严循环平稳性和广义循环平稳性与常规随机过程的严平稳和广义平稳的概念是一一对应的。根据随机过程概率分布函数定义的循环平稳性属于严循环平稳性，而经由随机信号统计矩定义的循环平稳性则对应广义循环平稳性。

在信号传输过程中，随机信号 $X(t)$ 经过传输而产生时间延迟，使得接收信号变为 $Y(t) = X(t - D)$。其中，D 表示传输延迟，通常是随机变量，可认为其在 $[0, T_0)$ 上服从均匀分布。这种由传输延迟引起的变化称为随机滑动。循环平稳过程的统计特性以周期 T_0 循环重复，但在一个周期内，其统计特性是不一致的。而 $[0, T_0)$ 上的均匀随机滑动消除了这种周期内的不一致性，从而使统计特性不再随参数的移动而变化。因此，若 $X(t)$ 在其循环周期内均匀随机滑动，则 $X(t)$ 变为广义平稳过程。因此可以认为，无论是严循环平稳性还是广义循环平稳性，都是它们各自对应的严平稳和广义平稳过程的特例，也是非平稳随机过程的特例。

例 4.1 设实值广义平稳随机信号 $X(t)$ 通过幅度调制（AM）得到已调信号

$Y(t)=X(t)\cos(\omega_c t)$。其中，载波频率 $\omega_c=2\pi f_c$ 为一定值。若经过 $[0,T_0)$ 上的随机滑动后，得到 $Z(t)=Y(t-D)$，其中 D 是 $[0,T_0)$ 上均匀分布的随机变量，且 D 与 $X(t)$ 统计独立，试确定 $Z(t)$ 的平稳性。

解　由第 2 章例 2.1 知，AM 调制信号 $Y(t)=X(t)\cos(\omega_c t)$ 为循环平稳信号，其循环周期为 $T_0=2\pi/\omega_c$。

经过 $[0,T_0)$ 上的随机滑动后，得到 $Z(t)=Y(t-D)=X(t-D)\cos[\omega_c(t-D)]$，由此有

$$M_Z=\frac{1}{T_0}\int_0^{T_0}M_X\cos(\omega_c t)\mathrm{d}t=0$$

$$\begin{aligned}R_Z(\tau)&=\frac{1}{T_0}\int_0^{T_0}\frac{1}{2}R_X(\tau)\{\cos[\omega_c(2t+\tau)]+\cos(\omega_c\tau)\}\mathrm{d}t\\&=\frac{1}{2}R_X(\tau)\left\{\frac{1}{T_0}\int_0^{T_0}\cos[\omega_c(2t+\tau)]\mathrm{d}t+\frac{1}{T_0}\int_0^{T_0}\cos(\omega_c\tau)\mathrm{d}t\right\}\\&=\frac{1}{2}R_X(\tau)\cos(\omega_c\tau)\end{aligned}$$

显然，$Z(t)=Y(t-D)$ 的均值和相关函数均与时间 t 的变化无关，是广义平稳随机信号。

2．一阶循环平稳的概念

设确定性复正弦信号 $s(t)=a\mathrm{e}^{\mathrm{j}(2\pi f_0 t+\theta)}$ 与零均值白噪声 $v(t)$ 的线性组合信号为

$$x(t)=s(t)+v(t)=a\mathrm{e}^{\mathrm{j}(2\pi f_0 t+\theta)}+v(t)\tag{4.3}$$

式中，a 表示信号的振幅，f_0 表示信号的频率，θ 表示信号的初始相位。对 $x(t)$ 求取数学期望，有

$$M_x(t)=E[x(t)]=a\mathrm{e}^{\mathrm{j}(2\pi f_0 t+\theta)}\tag{4.4}$$

显然，随机信号 $x(t)$ 的均值是随时间变化的函数。若已知复正弦信号 $s(t)$ 的周期为 $T_0=1/f_0$，则可用同步平均方法对信号进行周期性采样。即在任意时刻，对信号 $x(t)$ 取间隔为 T_0 的 $2N+1$ 个点的时间平均来估计信号的统计均值。这样

$$M_x(t)=\lim_{T\to\infty}M_x^{(T)}(t)=\lim_{N\to\infty}\frac{1}{2N+1}\sum_{k=-N}^{N}x(t+kT_0)\tag{4.5}$$

式中，$T=(2N+1)T_0$，表示观测时长。对比式（4.5）与式（4.4），可以得到

$$M_x(t)=M_x(t+kT_0)\tag{4.6}$$

上式表明，$M_x(t)$ 是周期为 T_0 的周期函数。这表明，确定性正弦信号 $s(t)$ 与零均值白噪声 $v(t)$ 的线性组合 $x(t)$ 为一阶循环平稳随机信号。

3．循环频率与循环均值

对于任意一阶循环平稳信号 $x(t)$，由于其时变均值 $M_x(t)$ 是周期函数，故可以写为傅里叶级数的形式，即

$$M_x(t)=\sum_{m=-\infty}^{\infty}M_x^{\varepsilon}\mathrm{e}^{\mathrm{j}2\pi mt/T_0}\tag{4.7}$$

式中，$\varepsilon = m/T_0$ 定义为一阶循环频率，简称为循环频率。需要说明的是，许多文献采用 $\alpha = m/T_0$ 表示循环频率。在本书中，由于 Alpha 稳定分布的特征指数用 α 来表示，为避免混乱，采用 ε 来表示循环频率，其含义与文献中表示的循环频率相同。这样，式（4.7）可以进一步改写为

$$M_x(t) = \sum_{m=-\infty}^{\infty} M_x^{\varepsilon} \mathrm{e}^{\mathrm{j}2\pi\varepsilon t} \tag{4.8}$$

式中，傅里叶级数的系数 M_x^{ε} 的表达式为

$$M_x^{\varepsilon} = \frac{1}{T_0}\int_{-T_0/2}^{T_0/2} M_x(t)\mathrm{e}^{-\mathrm{j}2\pi\varepsilon t}\mathrm{d}t = \frac{1}{T_0}\int_{-T_0/2}^{T_0/2} M_x(t)\mathrm{e}^{-\mathrm{j}2\pi mt/T_0}\mathrm{d}t \tag{4.9}$$

式（4.9）称为一阶循环平稳信号的循环均值（cyclic mean），即一阶循环统计量。

将式（4.5）代入式（4.9），可以得到循环均值的时间平均形式

$$\begin{aligned} M_x^{\varepsilon} &= \lim_{N\to\infty}\frac{1}{T}\int_{-T/2}^{T/2} x(t)\mathrm{e}^{-\mathrm{j}2\pi\varepsilon t}\mathrm{d}t = \lim_{N\to\infty}\frac{1}{T}\int_{-T/2}^{T/2} x(t)\mathrm{e}^{-\mathrm{j}2\pi mt/T_0}\mathrm{d}t \\ &= \left\langle x(t)\mathrm{e}^{-\mathrm{j}2\pi\varepsilon t}\right\rangle_t \\ &= \left\langle x(t)\mathrm{e}^{-\mathrm{j}2\pi mt/T_0}\right\rangle_t \end{aligned} \tag{4.10}$$

式中，$\langle\cdot\rangle_t$ 表示时间平均。

由式（4.10），循环均值 M_x^{ε} 的物理意义可以解释为：将循环平稳信号 $x(t)$ 的频谱左移 $\varepsilon = m/T_0$，再取时间平均。只要 $x(t)$ 存在频率为 ε 的频率分量，则循环均值存在，即 $M_x^{\varepsilon} \neq 0$。这表明，$M_x^{\varepsilon} \neq 0\ (\exists\varepsilon \neq 0)$ 可以作为随机信号 $x(t)$ 是否具有一阶循环平稳性的一个判据。

4.2.3 循环相关函数与循环谱

1. 循环相关函数

设任意平稳随机信号 $x(t)$，若其统计自相关函数 $E[x(t)x^*(t+\tau)]$ 具有周期为 T_0 的周期性，即

$$R_x(t,\tau) = E[x(t)x^*(t+\tau)] = R_x(t+kT_0,\tau) \tag{4.11}$$

上式所示的时变自相关形式，也可以写为时间平均的形式：

$$R_x(t,\tau) = \lim_{N\to\infty}\frac{1}{2N+1}\sum_{k=-N}^{N} x(t+kT_0)x^*(t+kT_0+\tau) \tag{4.12}$$

这样，由于自相关函数 $R_x(t,\tau)$ 是时间 t 的周期函数，可以写为傅里叶级数的形式，即

$$R_x(t,\tau) = \sum_{m=-\infty}^{\infty} R_x^{\varepsilon}(\tau)\mathrm{e}^{\mathrm{j}2\pi mt/T_0} \tag{4.13}$$

由于循环频率 $\varepsilon = m/T_0$，故式（4.13）可以改写为

$$R_x(t,\tau)=\sum_{m=-\infty}^{\infty}R_x^{\varepsilon}(\tau)\mathrm{e}^{\mathrm{j}2\pi\varepsilon t} \tag{4.14}$$

式（4.13）和式（4.14）中的傅里叶系数 $R_x^{\varepsilon}(\tau)$ 表示为

$$R_x^{\varepsilon}(\tau)=\frac{1}{T_0}\int_{-T_0/2}^{T_0/2}R_x(t,\tau)\mathrm{e}^{-\mathrm{j}2\pi\varepsilon t}\mathrm{d}t \tag{4.15}$$

式（4.15）即为循环自相关函数（cyclic auto-correlation function）的表达式，其中的 $\varepsilon=m/T_0$ 称为循环频率。对式（4.15）进行整理，可得循环自相关函数的时间平均形式：

$$\begin{aligned}R_x^{\varepsilon}(\tau)&=\lim_{T\to\infty}\frac{1}{T}\int_{-T/2}^{T/2}x(t)x^*(t+\tau)\mathrm{e}^{-\mathrm{j}2\pi\varepsilon t}\mathrm{d}t\\&=\left\langle x(t)x^*(t+\tau)\mathrm{e}^{-\mathrm{j}2\pi\varepsilon t}\right\rangle_t\end{aligned} \tag{4.16}$$

在理论和应用中，常将式（4.16）所示非对称形式的循环自相关函数写为对称形式，即

$$R_x^{\varepsilon}(\tau)=\left\langle x(t+\tau/2)x^*(t-\tau/2)\mathrm{e}^{-\mathrm{j}2\pi\varepsilon t}\right\rangle_t \tag{4.17}$$

由式（4.15）~式（4.17）可以看出，循环自相关函数 $R_x^{\varepsilon}(\tau)$ 是时移 τ 与循环频率 ε 的二元函数。它不仅可以反映信号在时域的特性，也可以反映信号在循环频率域的特性，可以揭示出关于信号的更多的信息。

2．循环谱

对循环自相关函数 $R_x^{\varepsilon}(\tau)$ 相对于时移变量 τ 求取傅里叶变换，得到

$$S_x^{\varepsilon}(f)=\int_{-\infty}^{\infty}R_x^{\varepsilon}(\tau)\mathrm{e}^{-\mathrm{j}2\pi f\tau}\mathrm{d}\tau \tag{4.18}$$

上式称为循环平稳信号 $x(t)$ 的循环谱密度函数（cyclic spectrum function），简称为循环谱，又称为谱相关函数。

3．循环谱的分析

（1）谱相关系数

为了分析循环谱的物理意义，将式（4.17）表示的循环自相关函数改写为

$$R_x^{\varepsilon}(\tau)=\left\langle\left[x(t+\tau/2)\mathrm{e}^{-\mathrm{j}\pi\varepsilon(t+\tau/2)}\right]\left[x(t-\tau/2)\mathrm{e}^{\mathrm{j}\pi\varepsilon(t-\tau/2)}\right]^*\right\rangle_t \tag{4.19}$$

令

$$\begin{cases}m(t)=x(t)\mathrm{e}^{-\mathrm{j}\pi\varepsilon t}\\n(t)=x(t)\mathrm{e}^{\mathrm{j}\pi\varepsilon t}\end{cases} \tag{4.20}$$

则式（4.19）所示的循环自相关函数可表示成 $m(t)$ 与 $n(t)$ 的互相关函数

$$\begin{aligned}R_x^{\varepsilon}(\tau)&=R_{mn}(\tau)=\left\langle m(t+\tau/2)n^*(t-\tau/2)\right\rangle_t\\&=\lim_{T\to\infty}\frac{1}{T}\int_{-T/2}^{T/2}m(t+\tau/2)n^*(t-\tau/2)\mathrm{d}t\end{aligned} \tag{4.21}$$

对上式相对于时移变量 τ 做傅里叶变换，有

$$S_x^{\varepsilon}(f)=M(f)N^*(f)=X(f+\varepsilon/2)X^*(f-\varepsilon/2) \tag{4.22}$$

式中，$X(f)$、$M(f)$和$N(f)$分别表示$x(t)$、$m(t)$和$n(t)$的傅里叶变换。

式（4.22）表明了循环平稳信号$x(t)$的频谱$X(f+\varepsilon/2)$和$X(f-\varepsilon/2)$之间的相关性。定义谱相关系数为

$$\rho_x^{\varepsilon}(f)=\frac{S_{mn}(f)}{\sqrt{S_m(f)S_n(f)}}=\frac{S_x^{\varepsilon}(f)}{\sqrt{S_x^{\varepsilon}(f+\varepsilon/2)S_x^{\varepsilon}(f-\varepsilon/2)}} \tag{4.23}$$

谱相关系数$\rho_x^{\varepsilon}(f)$是频率的函数。对特定的频率f，可由$f+\varepsilon/2$和$f-\varepsilon/2$两频率处频谱分量的相关程度计算出谱相关系数。

（2）谱冗余的概念

对于循环平稳信号$x(t)$，在ε取值不等于循环频率处，其谱相关系数$\rho_x^{\varepsilon}(f)\equiv 0$。若在某个频率$f_0$处有$\left|\rho_x^{\varepsilon}(f_0)\right|=1$，则说明在频率$f_0+\varepsilon/2$和$f_0-\varepsilon/2$处的频谱分量是完全相关的，称这种特殊的谱相关特性为谱冗余（spectral redundancy）。这种特性是一般平稳随机信号的功率谱所不具备的。

谱冗余的特点之一是循环谱$S_x^{\varepsilon}(f)$包含相位信息。我们知道，一般平稳随机信号的功率谱函数是不具有相位信息的，因此，即使掌握了线性时不变系统中输入信号$x(t)$和输出信号$y(t)$的功率谱密度函数，也无法辨识出系统的相位信息。而对于循环谱来说，如果已经掌握了输入、输出信号的自循环谱$S_x^{\varepsilon}(f)$和$S_y^{\varepsilon}(f)$，则由下式可以直接辨识出完整的系统传递函数$H(f)$：

$$S_y^{\varepsilon}(f)=H(f)H^*(f-\varepsilon)S_x^{\varepsilon}(f) \tag{4.24}$$

这个特点表明，循环相关函数和循环谱可以用来辨识非最小相位系统，这在通信技术中的信道辨识与信道均衡中具有重要意义。

4．高阶循环统计量与高阶循环谱

（1）高阶循环统计量

信号的高阶循环平稳性（higher-order cyclostationarity）是以信号的高阶循环统计量为理论基础的。常用的高阶循环统计量主要包括高阶循环矩、高阶循环累积量和对应的高阶循环谱。

循环平稳随机信号$x(t)$的n阶循环矩定义为其相对于时间t的n阶延迟积的时间平均，即

$$M_{x,n}^{\varepsilon}(\tau_1,\ \tau_2,\ \cdots,\ \tau_{n-1})=\left\langle x(t)x(t+\tau_1)\cdots x(t+\tau_{n-1})\mathrm{e}^{-\mathrm{j}2\pi\varepsilon t}\right\rangle_t \tag{4.25}$$

式中，ε为循环频率。此外，式（4.25）中使用了符号$M_{x,n}^{\varepsilon}$，下标n表示循环矩的阶数。按照这个规则，循环均值M_x^{ε}可以写为$M_{x,1}^{\varepsilon}$，即一阶循环矩；循环相关函数$R_x^{\varepsilon}(\tau)$可以写为$M_{x,2}^{\varepsilon}$，即二阶循环矩。这样，n阶循环矩也可以称为n阶循环相关。

循环平稳信号$x(t)$的n阶循环累积量的定义式如下：

$$C_{x,n}^{\varepsilon}(\tau_1, \tau_2, \cdots, \tau_{n-1}) = \sum_{\bigcup_{j=1}^{q} I_j = I} \left[(-1)^{q-1}(q-1)! \sum_{\varepsilon_1+\cdots+\varepsilon_q=\beta} \prod_{j=1}^{q} M_{x,n_j}^{\varepsilon_j}(\boldsymbol{\tau}_{I_j}) \right] \tag{4.26}$$

式中，$\sum_{\bigcup_{j=1}^{q} I_j = I}$ 表示集合 $I=\{0,1,\cdots,n-1\}$ 中所有无交连非空分割（partition）之和，q 表示分割数，$n_j=|I_j|$ 表示分割 I_j 中元素的个数，$M_{x,n_j}^{\varepsilon_j}(\cdot)$ 表示循环平稳信号的循环矩。ε_1，ε_2，…，ε_q 表示对应的循环频率。

（2）高阶循环谱

循环平稳信号 $x(t)$ 的 n 阶循环谱 ${}_{\mathrm{M}}S_{x,n}^{\varepsilon}(f_1, f_2, \cdots, f_{n-1})$ 和 n 阶循环累积量谱 ${}_{\mathrm{C}}S_{x,n}^{\varepsilon}(f_1, f_2, \cdots, f_{n-1})$ 分别定义为

$${}_{\mathrm{M}}S_{x,n}^{\varepsilon}(f_1, f_2, \cdots, f_{n-1}) = \sum_{\tau_1=-\infty}^{\infty} \cdots \sum_{\tau_{n-1}=-\infty}^{\infty} M_{x,n}^{\varepsilon}(\tau_1, \tau_2, \cdots, \tau_{n-1}) \mathrm{e}^{-\mathrm{j}\sum_{i=1}^{n-1} 2\pi f_i \tau_i} \tag{4.27}$$

$${}_{\mathrm{C}}S_{x,n}^{\varepsilon}(f_1, f_2, \cdots, f_{n-1}) = \sum_{\tau_1=-\infty}^{\infty} \cdots \sum_{\tau_{n-1}=-\infty}^{\infty} C_{x,n}^{\varepsilon}(\tau_1, \tau_2, \cdots, \tau_{n-1}) \mathrm{e}^{-\mathrm{j}\sum_{i=1}^{n-1} 2\pi f_i \tau_i} \tag{4.28}$$

式中，高阶循环累积量谱也称为循环多谱。特别地，三阶循环累积量谱称为循环双谱，四阶循环累积量谱称为循环三谱，与随机信号的高阶累积量谱的命名规则类似。

4.3　分数低阶循环统计量的基本概念与原理

4.3.1　Alpha 稳定分布噪声下循环统计量的退化

Alpha 稳定分布是一种典型的非高斯分布，可以用来很好地描述一类非高斯随机变量或随机过程。Alpha 稳定分布的一个显著特点，如定理 2.3 所述，对于任意服从 Alpha 稳定分布（$0<\alpha<2$）的随机变量 X，有 $E[|X|^p]<\infty$，$0\leqslant p<\alpha$，且有 $E[|X|^p]=\infty$，$p\geqslant\alpha$。也就是说，服从非高斯 Alpha 稳定分布的随机变量和随机过程，其二阶统计量是不存在的。正是由于这个原因，导致信号处理中基于二阶统计量的算法在 Alpha 稳定分布下性能退化，甚至不能应用。

本节以循环相关函数和循环谱为例，分析讨论循环统计量在 Alpha 稳定分布噪声下的性能退化问题。

式（4.15）、式（4.16）和式（4.17）分别给出了循环自相关函数的定义，式（4.18）给出了循环谱的定义。可以看出，循环自相关函数本质上是循环平稳随机信号 $x(t)$ 的周期性时变自相关函数的傅里叶级数展开式，而循环谱则是对循环自相关函数的傅里叶变换。设循环平稳随机信号表示为

$$x(t)=s(t)+v(t) \tag{4.29}$$

式中，$s(t)$ 为具有循环平稳特性的纯净信号，常称为感兴趣信号或有用信号（SOI）；$v(t)$

为分数低阶 Alpha 稳定分布随机噪声。设 SOI 信号与噪声相互统计独立。考虑实值信号的情况，计算随机信号 $x(t)$ 的时变自相关函数，有

$$\begin{aligned} R_x(t,\tau) &= E\left[x(t)x(t-\tau)\right] \\ &= E\left[s(t)s(t-\tau)+s(t)v(t-\tau)+v(t)s(t-\tau)+v(t)v(t-\tau)\right] \\ &= E\left[s(t)s(t-\tau)\right]+E\left[s(t)v(t-\tau)\right]+E\left[v(t)s(t-\tau)\right]+E\left[v(t)v(t-\tau)\right] \end{aligned} \tag{4.30}$$

若 Alpha 稳定分布噪声满足 $0<\alpha<2$，则上式中右边最后一项不存在，即

$$E\left[v(t)v(t-\tau)\right]\to\infty \tag{4.31}$$

若 Alpha 稳定分布噪声满足 $0<\alpha<1$，甚至式（4.30）右边第二项和第三项也不收敛，即

$$\begin{cases} E\left[s(t)v(t-\tau)\right]\to\infty \\ E\left[v(t)s(t-\tau)\right]\to\infty \end{cases} \tag{4.32}$$

这样，在分数低阶 Alpha 稳定分布（$0<\alpha<2$）噪声下，循环平稳随机信号 $x(t)$ 的时变自相关函数不收敛，即

$$R_x(t,\tau)\to\infty,\quad 0<\alpha<2 \tag{4.33}$$

进一步地，由时变自相关函数 $R_x(t,\tau)$ 求傅里叶级数所得的循环自相关函数 $R_x^{\varepsilon}(\tau)$ 也是不收敛的，即

$$R_x^{\varepsilon}(\tau)\to\infty \tag{4.34}$$

同理，对循环自相关函数 $R_x^{\varepsilon}(\tau)$ 再做傅里叶变换所得到的循环谱也是不收敛的，即

$$S_x^{\varepsilon}(f)\to\infty \tag{4.35}$$

再进一步地，在 Alpha 稳定分布噪声下，高阶循环统计量和高阶循环谱也均为不收敛的。

如此一来，体系完备、性能强大的循环平稳信号和循环统计量理论方法的适用性受到 Alpha 稳定分布致命的挑战。图 4.3 和图 4.4 给出了 Alpha 稳定分布噪声条件下，BPSK 信号的循环自相关函数与循环谱的仿真图。仿真条件为：广义信噪比设定为–3 dB，载频为 $f_c=0.125f_s$（f_s 为采样频率），码率为 $R_B=0.00625f_s$。

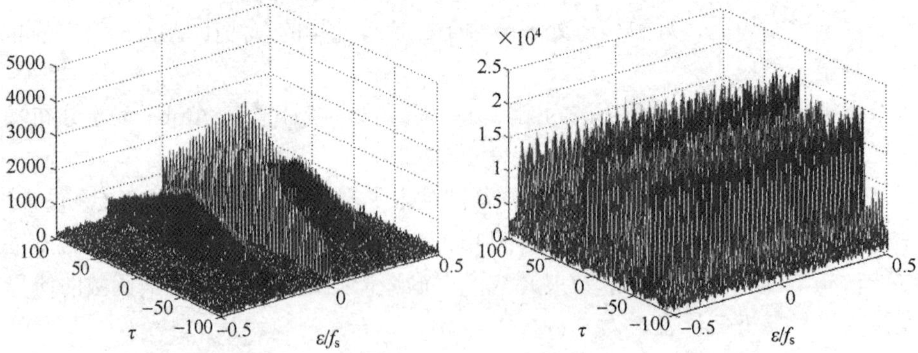

（a）　　　　（b）

图 4.3　BPSK 信号的循环自相关函数。（a）高斯噪声条件；（b）Alpha 稳定分布噪声条件（$\alpha=1.5$）

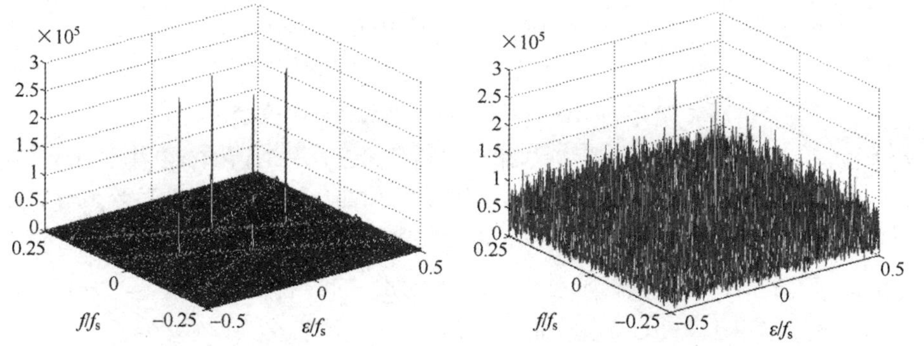

（a）　　　　　　　　　　　　（b）

图 4.4　BPSK 信号的循环谱。（a）高斯噪声条件；（b）Alpha 稳定分布噪声条件（$\alpha = 1.5$）

由图 4.3 和图 4.4 可见，在高斯噪声条件下，BPSK 的循环自相关函数与循环谱均能有效地抑制噪声，并准确地反映 BPSK 信号的特性。而在 Alpha 稳定分布噪声条件下，由于理论上循环自相关函数与循环谱发散所引起的算法性能退化，致使循环自相关函数与循环谱均不能有效抑制噪声，也不能展示出 BPSK 信号的特性。

一般而言，诸如循环自相关函数和循环谱这样的二阶循环统计量，不能有效抑制 Alpha 稳定分布噪声的影响，且由于对应循环统计量的发散而导致算法性能显著退化，乃至不能正常工作。同样，高阶循环统计量与高阶循环谱也具有同样的问题。这就为研究 Alpha 稳定分布噪声下新的循环统计量提出了需求。

4.3.2　分数低阶循环统计量

针对 Alpha 稳定分布条件下基于二阶及高阶循环统计量算法的显著退化的问题，文献中报道了一类分数低阶循环统计量的理论与方法。在 Alpha 稳定分布条件下，循环平稳随机信号的分数低阶统计量，如共变、p 阶矩、分数低阶协方差等，也具有类似于高斯噪声条件下时变相关函数的周期性或准周期性特性。依据其周期性或准周期性，也可以将这些时变共变、时变 p 阶矩和时变分数低阶协方差写成傅里叶级数的形式，从而构成各自对应的分数低阶循环统计量。图 4.5 给出了分数低阶循环统计量与分数低阶循环谱的构成原理。

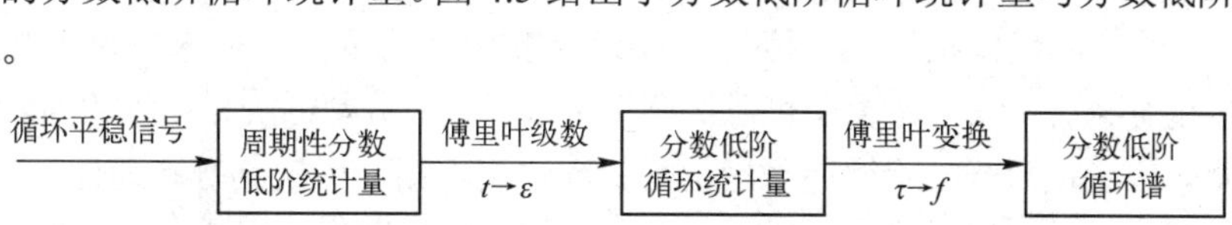

图 4.5　分数低阶循环统计量与分数低阶循环谱的构成原理

1．第一类分数低阶循环相关函数与分数低阶循环谱

时变自相关函数的有界性和周期性，是构建循环自相关函数和求取循环谱函数的关键条件。根据分数低阶统计量的基本理论，诸如分数低阶矩、共变、分数低阶相关或协方差、相位分数低阶协方差等均可以满足 Alpha 稳定分布下的有界性。

关于时变相关函数的周期性，根据广义二阶循环平稳信号 $x(t)$ 的概念，可知循环平稳信号的时变均值与时变相关函数均具有周期性，其基本周期为 T_0，即

$$E[x(t+T_0)] = E[x(t)]$$
$$R_x(t+T_0,\tau) = R_x(t,\tau) \tag{4.36}$$

（1）相位分数低阶矩算子对分数低阶自相关函数周期性的影响

对于被 Alpha 稳定分布噪声污染的循环平稳信号 $x(t)=s(t)+v(t)$，其中 $s(t)$ 和 $v(t)$ 分别表示循环平稳信号和加性 Alpha 稳定分布噪声，其时变分数低阶自相关函数的周期性主要取决于对 $x(t)$ 进行变换处理的运算算子的性能。下面以相位分数低阶矩（PFLOM）算子为例，研究其对时变分数低阶自相关函数周期性的影响。

本书第 3 章给出了 PFLOM 算子的定义为

$$z^{\langle p\rangle} = \begin{cases} |z|^{p+1}/z^*, & z\neq 0,\quad z\in\mathbb{C} \\ 0, & z=0 \end{cases} \tag{4.37}$$

考虑 $z=r\mathrm{e}^{\mathrm{j}\theta}$ 极坐标下的复变量形式，由式（4.37）可以得到（$z\neq 0$时）

$$z^{\langle p\rangle} = \begin{cases} \mathrm{e}^{\mathrm{j}\theta}, & 若\ p=0 \\ r\mathrm{e}^{\mathrm{j}\theta}, & 若\ p=1 \\ r^p\mathrm{e}^{\mathrm{j}\theta}, & 若\ 0<p<1 \end{cases} \tag{4.38}$$

为直观表示 PFLOM 算子的作用，取 z 为实变量，可以得到 PFLOM 算子对信号幅度的抑制作用，图 3.3 显示了 $z^{\langle p\rangle}$ 算子对原变量 z 的抑制作用。

由图 3.3 可知，若算子 $z^{\langle p\rangle}$ 的指数 $p=1$，$z^{\langle p\rangle}$ 的作用相当于一个线性变换，不对输入变量做任何变换；若算子 $z^{\langle p\rangle}$ 的指数 $p=0$，则 $z^{\langle p\rangle}$ 的作用相当于对输入信号进行极性运算；若算子 $z^{\langle p\rangle}$ 的指数满足 $0<p<1$，则其主要作用是对输入信号进行幅度抑制，包括对小输入信号的放大或近似线性运算，和对大输入信号的衰减，而保证信号在 Alpha 稳定分布噪声下的有界性。

另一方面，在复变量 $z=r\mathrm{e}^{\mathrm{j}\theta}$ 情况下，有

$$z^{\langle p\rangle} = \left[r\mathrm{e}^{\mathrm{j}\theta}\right]^{\langle p\rangle} = \begin{cases} r^p\mathrm{e}^{\mathrm{j}\theta}, & z\neq 0 \\ 0, & z=0 \end{cases} \tag{4.39}$$

表明算子 $z^{\langle p\rangle}$ 的作用仅仅是对输入信号 $z=r\mathrm{e}^{\mathrm{j}\theta}$ 的幅度进行变换，而未对该信号的相位有任何影响，这意味着 PFLOM 算子可以保持使用该算子的分数低阶相关函数的周期性不变或几乎不变。或者说，若二阶循环平稳信号 $x(t)$ 的循环相关函数具有周期性，则在 Alpha 稳定分布噪声下，$x(t)$ 的时变分数低阶相关函数显著体现出周期性，或准周期性。在随机信号的循环平稳理论中，准循环平稳（ACS）与循环平稳（CS）均受到广泛重视。

根据以上分析，可以把第一类分数低阶自相关函数的时变形式写为

$$R_x^p(t,\tau) = E\left[x(t+\tau)\left(x^*(t)\right)^{\langle p-1\rangle}\right],\quad 1<p<\alpha \tag{4.40}$$

将式（4.40）所示的时变分数低阶自相关函数写为周期函数的形式，即

$$R_x^p(t+T_0,\tau) = R_x^p(t,\tau),\quad 1<p<\alpha \tag{4.41}$$

（2）第一类分数低阶循环相关函数与分数低阶循环谱

把式（4.41）所示的周期性分数低阶自相关（简称为 p 阶自相关）函数 $R_x^p(t,\tau)$ 写成傅里叶级数的形式，有

$$R_x^p(t,\tau)=\sum_{m=-\infty}^{\infty}R_x^{\varepsilon,p}(\tau)\,\mathrm{e}^{\mathrm{j}2\pi mt/T_0},\quad 1<p<\alpha \tag{4.42}$$

式中，$\varepsilon=m/T_0$ 为循环频率。傅里叶级数的系数则表示为

$$R_x^{\varepsilon,p}(\tau)=\lim_{T\to\infty}\frac{1}{T}\int_{-T/2}^{T/2}R_x^p(t,\tau)\mathrm{e}^{-\mathrm{j}2\pi\varepsilon t}\mathrm{d}t,\quad 1<p<\alpha \tag{4.43}$$

称式（4.43）中的 $R_x^{\varepsilon,p}(\tau)$ 为第一类分数低阶循环自相关（fractional lower-order cyclic auto-correlation）函数，或称为 p 阶循环自相关函数。进一步地，用时间平均表示统计平均，有

$$R_x^{\varepsilon,p}(\tau)=\left\langle x(t+\tau)\left(x^*(t)\right)^{\langle p-1\rangle}\mathrm{e}^{-\mathrm{j}2\pi\varepsilon t}\right\rangle_t \tag{4.44}$$

上式也可以写为

$$R_x^{\varepsilon,p}(\tau)=\left\langle x(t+\tau/2)\left(x^*(t-\tau/2)\right)^{\langle p-1\rangle}\mathrm{e}^{-\mathrm{j}2\pi\varepsilon t}\right\rangle_t \tag{4.45}$$

对式（4.43）或式（4.44）或式（4.45）以 τ 为自变量求傅里叶变换，则得到对应的第一类分数低阶循环谱（fractional lower-order cyclic spectrum）$S_x^{\varepsilon,p}(f)$ 为

$$S_x^{\varepsilon,p}(f)=\int_{-\infty}^{\infty}R_x^{\varepsilon,p}(\tau)\mathrm{e}^{-\mathrm{j}2\pi f\tau}\mathrm{d}\tau,\quad 1<p<\alpha \tag{4.46}$$

式中，$S_x^{\varepsilon,p}(f)$ 又称为 p 阶循环谱。

（3）讨论

如前所述，循环相关函数和循环谱是典型的循环统计量，具有在复杂电磁环境下抑制同频/邻频干扰的能力，因此得到普遍重视和广泛应用。但是，循环相关函数和循环谱是建立在二阶统计量基础上的，在 Alpha 稳定分布条件下，信号的二阶统计量（甚至一阶统计量）发散，导致循环相关函数和循环谱均出现显著的性能退化。

与循环相关函数和循环谱相比，分数低阶循环相关函数与分数低阶循环谱是建立在分数低阶统计量和循环统计量两种理论有机融合基础上的。受益于循环统计量特性，它们与循环相关和循环谱一样，可以有效抵抗同频/邻频干扰的影响。受益于分数低阶统计量，它们在脉冲性 Alpha 稳定分布噪声下具有良好的性能，可以抑制脉冲噪声的影响。这样，分数低阶循环相关和分数低阶循环谱在脉冲噪声和同频干扰并存的环境下具有良好的性能。

2．第二类分数低阶循环相关函数与分数低阶循环谱

前文介绍的第一类分数低阶循环相关函数 $R_x^{\varepsilon,p}(\tau)$ 具有抑制脉冲噪声和同频干扰的能力。但是，这种分数低阶循环统计量只适用于 $\alpha>1$ 的情况。为了进一步扩大分数低阶循环统计量的适用范围，可以采用第 3 章给出的第二类分数低阶相关来定义分数低阶循环统计量。给出第二类时变分数低阶相关的定义式如下：

$$R_x^{ab}(t,\tau)=E\left[\left(x(t+\tau)\right)^{\langle a\rangle}\left(x^*(t)\right)^{\langle b\rangle}\right],\quad 0<a<\alpha/2, 0<b<\alpha/2 \tag{4.47}$$

基于与前文相同的分析，由于相位分数低阶矩算子 $z^{\langle p\rangle}$ 不会对时变相关函数的周期性产生影响，故认为循环平稳信号 $x(t)$ 的第二类时变分数低阶相关函数 $R_x^{ab}(t,\tau)$ 也是周期性的，其周期亦为 T_0。这样，可以将周期性时变分数低阶相关函数 $R_x^{ab}(t,\tau)$ 写为傅里叶级数的形式，即

$$R_x^{ab}(t,\tau)=\sum_{m=-\infty}^{\infty}R_x^{\varepsilon,ab}(\tau)\,\mathrm{e}^{\mathrm{j}2\pi mt/T_0},\quad 0<a<\alpha/2, 0<b<\alpha/2 \tag{4.48}$$

式中，傅里叶级数的系数表示为

$$R_x^{\varepsilon,ab}(\tau)=\lim_{T\to\infty}\frac{1}{T}\int_{-T/2}^{T/2}R_x^{ab}(t,\tau)\mathrm{e}^{-\mathrm{j}2\pi\varepsilon t}\mathrm{d}t,\quad 0<a<\alpha/2, 0<b<\alpha/2 \tag{4.49}$$

上式中 $R_x^{\varepsilon,ab}(\tau)$ 称为第二类分数低阶循环相关函数。上式也可以写为时间平均的对称形式，即

$$R_x^{\varepsilon,ab}(\tau)=\left\langle\left(x(t+\tau/2)\right)^{\langle a\rangle}\left(x^*(t-\tau/2)\right)^{\langle b\rangle}\mathrm{e}^{-\mathrm{j}2\pi\varepsilon t}\right\rangle_t,\quad 0<a<\alpha/2, 0<b<\alpha/2 \tag{4.50}$$

对第二类分数低阶循环相关函数 $R_x^{\varepsilon,ab}(\tau)$ 求取傅里叶变换，可得第二类分数低阶循环谱为

$$S_x^{\varepsilon,ab}(f)=\int_{-\infty}^{\infty}R_x^{\varepsilon,ab}(\tau)\mathrm{e}^{-\mathrm{j}2\pi f\tau}\mathrm{d}\tau,\quad 0<a<\alpha/2, 0<b<\alpha/2 \tag{4.51}$$

3．分析讨论

对比分析式（4.45）和式（4.50）可知，这两种分数低阶循环相关函数的核心思路有两个要点：一是采用 PFLOM 算子对被 Alpha 稳定分布噪声污染的循环平稳信号进行幅度压缩，使之能够抑制脉冲噪声的影响，从而使分数低阶循环统计量有界；二是依据循环平稳信号时变分数低阶统计量的周期性（或准周期性），构建分数低阶循环统计量，从而能够有效排除复杂电磁环境中同频干扰的影响。这样，这两种分数低阶循环相关函数及其对应的分数低阶循环谱，均具有同时抑制脉冲噪声和同频干扰的能力。

进一步对比分析这两种分数低阶循环相关的特点，可见 $R_x^{\varepsilon,p}(\tau)$ 所表示的第一类分数低阶循环相关函数，实质上是采用 PFLOM 算子对参与分数低阶相关运算中的一个 $x(t)$ 进行处理和变换，而第二类分数低阶循环相关函数 $R_x^{\varepsilon,ab}(\tau)$ 则是对分数低阶相关运算中的 $x(t)$ 及其时移 $x(t+\tau)$ 均进行 PFLOM 算子的处理。根据实验和仿真结果，一般认为后者对于脉冲噪声的抑制能力更强一些。

上述两种分数低阶循环相关函数 $R_x^{\varepsilon,p}(\tau)$ 和 $R_x^{\varepsilon,ab}(\tau)$ 的参数选择也是十分重要的。一般来说，$R_x^{\varepsilon,p}(\tau)$ 的 p 参数需满足 $1<p<\alpha$，而 $R_x^{\varepsilon,ab}(\tau)$ 的 a 和 b 参数需满足 $0<a,b<\alpha/2$，这样才能保证分数低阶循环统计量的有界性或收敛性。特别是对于 $R_x^{\varepsilon,p}(\tau)$，若选取 $p=2$，则分数低阶循环相关退化为二阶循环相关；而对于 $R_x^{\varepsilon,ab}(\tau)$，若选取 $a=b=1$，则第二类分数低阶循环相关也退化为二阶循环相关。由此可知，这两种分数低阶循环相关函数均为二

阶循环相关函数的广义化，或者反过来，二阶循环相关函数是上述两种分数低阶循环相关函数的特例。再考虑 $R_x^{\varepsilon,ab}(\tau)$ 的参数选择，若 $a=1$，$b=p-1$，则 $R_x^{\varepsilon,ab}(\tau)$ 变为 $R_x^{\varepsilon,p}(\tau)$。这表明，这两种分数低阶循环相关函数是密切联系的，且 $R_x^{\varepsilon,ab}(\tau)$ 参数选择的范围更为宽泛，这也在一定程度上说明了在实验仿真中 $R_x^{\varepsilon,ab}(\tau)$ 的效果优于 $R_x^{\varepsilon,p}(\tau)$ 的原因。

考虑循环平稳信号的循环频率问题，若循环频率 $\varepsilon=0$，则广义循环平稳信号退化为一般的广义平稳信号，这两种分数低阶循环统计量都退化为分数低阶统计量。这表明，分数低阶循环统计量是分数低阶统计量的广义化，而后者是前者的特例。

4．仿真实验

采用分别混有高斯噪声和 Alpha 稳定分布噪声的 QPSK 信号作为接收信号 $x(t)$，设置 $x(t)$ 的载波频率为 $f_c=0.1f_s$，信号传输的码率（循环频率）为 $\varepsilon=0.005f_s$，Alpha 稳定分布噪声的特征指数为 $\alpha=1.5$，广义信噪比和信噪比均设置为 -3 dB，第一类分数低阶循环相关函数的 p 参数设置为 $p=1.2$，第二类分数低阶循环相关函数的参数设置为 $a=b=0.5$。分别求取信号的两种分数低阶循环谱。

图 4.6 和图 4.7 分别给出了两种分数低阶循环谱的三维曲面。

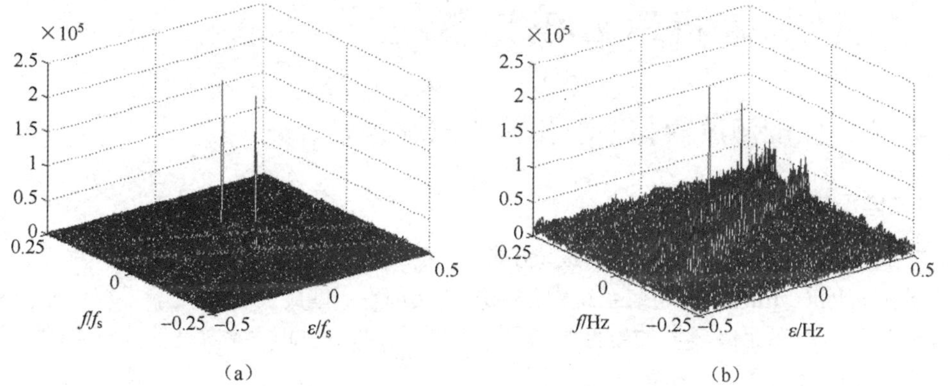

图 4.6　第一类分数低阶循环谱的三维曲面。(a) 高斯噪声条件；(b) Alpha 稳定分布噪声条件（$\alpha=1.5$）

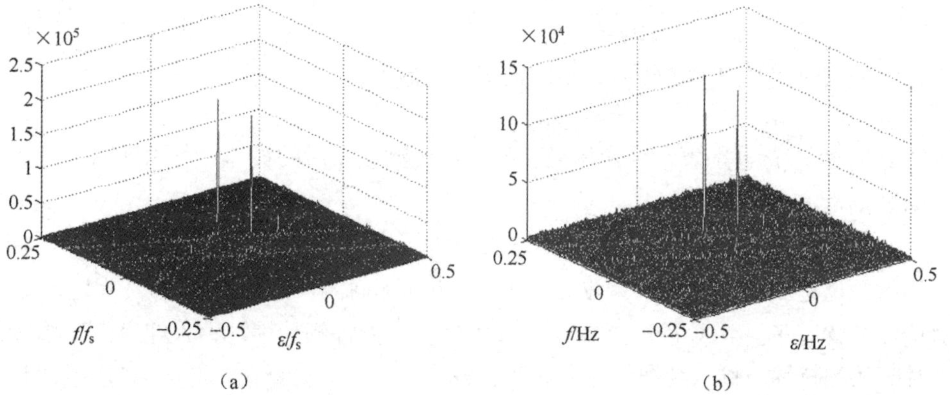

图 4.7　第二类分数低阶循环谱的三维曲面。(a) 高斯噪声条件；(b) Alpha 稳定分布噪声条件（$\alpha=1.5$）

由图 4.6 和图 4.7 可见，在高斯噪声下，两种分数低阶循环统计量均可以有效抑制噪声，取得较为准确的循环平稳信号循环谱特征信息。在 Alpha 稳定分布噪声下，第二类分数低阶循环谱对噪声的抑制效果更好，这应该归功于在第二类分数低阶相关函数中，PFLOM 算子对 $x(t)$ 及其时移 $x(t+\tau)$ 均进行噪声抑制的结果。

分析这两种算法抑制噪声的能力，主要有两个方面的原因：一方面，两种算法均采用循环统计量构建循环谱，由于噪声是没有循环特性的，故在分数低阶循环谱中，噪声的能量被抑制了，或被分散了，而循环平稳信号的能量则集中突出在其特征频率处，由此造成循环谱很高的信噪比；另一方面，两种算法均采用分数低阶统计量对带噪信号进行处理，可以有效抑制高斯噪声和脉冲性 Alpha 稳定分布噪声的影响，特别是有效压缩了 Alpha 稳定分布下噪声的脉冲效应，使其转变为二阶统计量有限的噪声，因而有效削弱了循环谱中的噪声效应。

分数低阶循环统计量和分数低阶循环谱可用于通信、无线电监测、机械振动故障检测及雷达、声呐等多个应用领域，可以用于进行无线电信号的调制方式识别、噪声抑制、干扰抑制、信号滤波与提取、参数估计及机械设备故障诊断等。因此，分数低阶循环统计量和分数低阶循环谱是循环平稳信号分析和处理的有效工具。

4.4 分数低阶循环相关匹配滤波器

4.4.1 匹配滤波器与循环相关匹配滤波器

1. 匹配滤波器的概念

在通信技术中，匹配滤波（matched filtering）是常用的信号处理方法，对应的匹配滤波器（matched filter）是通信系统中常用的重要部件。匹配滤波器是输出端信号瞬时功率与噪声平均功率比值最大的线性滤波器。也就是说，匹配滤波器是使滤波器输出达到最大信噪比的滤波器。

设接收滤波器的传递函数为 $H(f)$，输入纯净信号为 $s(t)$，加性零均值平稳随机噪声为 $v(t)$，接收信号 $x(t)$ 表示为纯净信号与噪声的线性组合，即

$$x(t)=s(t)+v(t),\quad -T/2\leqslant t\leqslant T/2 \tag{4.52}$$

式中，T 表示观测时间。在线性系统假设下，滤波器输出表示为

$$y(t)=s_{\mathrm{o}}(t)+v_{\mathrm{o}}(t) \tag{4.53}$$

式中，$s_{\mathrm{o}}(t)$ 和 $v_{\mathrm{o}}(t)$ 分别表示纯净信号和噪声经过滤波器后的输出。可以证明，当滤波器传递函数满足：

$$H(f)=kS^{*}(f)\mathrm{e}^{-\mathrm{j}2\pi f t_0} \tag{4.54}$$

时，系统输出达到最大信噪比，$H(f)$ 即为所求匹配滤波器的传递函数，$\mathrm{e}^{-\mathrm{j}2\pi f t_0}$ 表示 t_0 时刻对应的相移因子。由式（4.54）可见，匹配滤波器的幅频特性与输入纯净信号幅度谱一致，且其相频特性与输入纯净信号的相频特性正好反相。这表明，对于信号越强的频点，匹配滤波器的增益越大，反之其增益越小。由于匹配滤波器假定了噪声的平坦谱特性，因此，让信号尽可能通过，实际上隐含着尽量减少噪声的通过，从而达到最大信噪比输

出的目标。另一方面，考虑匹配滤波器的相位特性，由于正好与输入纯净信号的相位反相，这样，输出信号的相位为零，正好能实现信号时域相干叠加。由于噪声相位是随机的，其叠加只能是非相干的，进一步保证了输出信噪比最大。

2．循环相关匹配滤波器

为了拓展循环统计量在线性滤波领域的应用，黄知涛等人提出了一种循环平稳信号线性时不变滤波模型，即循环相关匹配滤波器的概念与方法。

设接收信号模型仍为式（4.52）。其中，纯净信号 $s(t)$ 满足循环平稳性，且循环频率为 ε。分别求取式（4.52）中各项与 $s(t)$ 在循环频率 ε 处的循环互相关函数，有

$$R_x^{\varepsilon}(\tau)=R_s^{\varepsilon}(\tau)+R_{xs}^{\varepsilon}(\tau) \tag{4.55}$$

经进一步推导，可以求得循环相关匹配滤波器的传递函数为

$$H(f)=k[S_s^{\varepsilon}(f)]^*\mathrm{e}^{-\mathrm{j}2\pi f\tau_0} \tag{4.56}$$

式中，k 表示系数，$S_s^{\varepsilon}(f)$ 表示 $s(t)$ 的循环谱，$\mathrm{e}^{-\mathrm{j}2\pi f\tau_0}$ 为时移 τ_0 的相移因子。显然，传递函数 $H(f)$ 与纯净输入信号的循环谱 $S_s^{\varepsilon}(f)$ 成共轭关系。所对应的输出最大信噪比为

$$d_{mT}=\int\frac{T\left|S_s^{\varepsilon}(f)\right|^2}{S_s^0(f+\varepsilon/2)G_v(f-\varepsilon/2)}\mathrm{d}f \tag{4.57}$$

式中，$S_s^0(f)$ 表示信号 $s(t)$ 在零循环频率处的循环谱，即信号的功率谱；$G_v(f)$ 表示噪声的功率谱。

与传统匹配滤波器相比，循环相关匹配滤波器具有匹配滤波和循环相关的双重噪声抑制作用，且其输出最大信噪比与信号循环谱特性有关。这些特点使得循环相关匹配滤波器在噪声和干扰并存的情况下，具有比传统匹配滤波器更好的性能。

4.4.2　分数低阶循环相关匹配滤波器的基本原理

1．分数低阶循环相关匹配滤波器的原理

在 Alpha 稳定分布条件下，式（4.52）所示接收信号模型中的加性噪声 $v(t)$ 为 Alpha 稳定分布噪声，由于其功率谱 $G_v(f)\to\infty$，从而导致循环相关匹配滤波器输出功率或信噪比远低于式（4.57）给出的 d_{mT}，不能达到最大信噪比输出，因而无法实现循环相关匹配滤波器的最优线性滤波。

针对循环相关匹配滤波器在 Alpha 稳定分布噪声下性能退化的问题，基于分数低阶统计量理论，刘洋提出了分数低阶循环相关匹配滤波器的概念和方法。

设接收信号模型仍为式（4.52）。其中，纯净信号 $s(t)$ 满足循环平稳性，且循环频率为 ε。加性噪声 $v(t)$ 为 Alpha 稳定分布噪声，设其位置参数为 0，且与信号 $s(t)$ 统计独立。求式（4.52）中各项与 $s(t)$ 在循环频率 ε 处的第二类分数低阶循环相关函数，有

$$R_x^{\varepsilon,ab}(\tau)=R_s^{\varepsilon,ab}(\tau)+R_{xs}^{\varepsilon,ab}(\tau) \tag{4.58}$$

经进一步推导，并采用噪声白化技术，可以求得循环相关匹配滤波器的传递函数为

$$H(f)=k[S_s^{\varepsilon,ab}(f)]^*\mathrm{e}^{-\mathrm{j}2\pi f\tau_0} \tag{4.59}$$

式中，k 表示系数，$S_s^{\varepsilon,ab}(f)$ 表示信号 $s(t)$ 的分数低阶循环谱，$\mathrm{e}^{-\mathrm{j}2\pi f\tau_0}$ 为时移 τ_0 的相移因

子。显然，与匹配滤波器和循环匹配滤波器的传递函数的结构相似，分数低阶循环相关匹配滤波器的传递函数 $H(f)$ 与纯净输入信号的分数低阶循环谱 $S_s^{\varepsilon,ab}(f)$ 成共轭关系。分数低阶循环相关匹配滤波器对于高斯噪声和 Alpha 稳定分布噪声均具有很好的鲁棒性，当滤波器传递函数如式（4.59）所示时，其输出信噪比可以达到最大值，从而实现对信号的最优线性循环匹配滤波。

进一步分析可见，分数低阶循环相关匹配滤波器实际上与 $R_{xs}^{\varepsilon,ab}(\tau)$ 和 $\left[R_s^{\varepsilon,ab}(\tau_0-\tau)\right]^*$ 的互相关等效。其中，$R_{xs}^{\varepsilon,ab}(\tau)$ 为接收信号 $x(t)$ 与纯净信号 $s(t)$ 的分数低阶循环互相关函数，而 $\left[R_s^{\varepsilon,ab}(\tau_0-\tau)\right]^*$ 表示纯净信号 $s(t)$ 的分数低阶循环自相关函数。这一点与经典匹配滤波器互相关运算的等效性是一致的。此外，若接收信号中纯净信号 $s(t)$ 发生幅度衰减和时间延迟，则分数低阶相关匹配滤波器的单位冲激响应产生相应的幅度变化和时间延迟。可以表示为：若接收信号中纯净信号 $s(t)\to As(t-D)$，则分数低阶相关匹配滤波器的单位冲激响应变化为

$$h(\tau)=k\left[R_s^{\varepsilon,ab}(\tau_0-\tau)\right]^*\to\left(kA^{\langle a\rangle}/A\right)\mathrm{e}^{\mathrm{j}\pi\varepsilon D}h(\tau-D) \tag{4.60}$$

式中，“$\to$”表示“变化为”。由式（4.60）可见，分数低阶循环相关匹配滤波器对信号幅度衰减和时间延迟具有适应性。

2．计算机仿真

在 Alpha 稳定分布噪声下，对分数低阶循环相关匹配滤波器进行 AM、BPSK 和 QPSK 等调制信号的匹配滤波，并与循环相关匹配滤波方法进行对比。

实验 4.1 考察分数低阶循环相关匹配滤波器在高斯噪声和 Alpha 稳定分布噪声下的性能。设 AM 信号为零均值循环平稳信号，GSNR = 0 dB，载波频率 $f_\mathrm{c}=0.25f_\mathrm{s}$（$f_\mathrm{s}$ 为信号采样频率），带宽 $B=0.1875f_\mathrm{s}$，Alpha 稳定分布噪声的特征指数 $\alpha=1.7$，PFLOM 指数因子设定为 $a=b=0.5$。图 4.8 和图 4.9 分别给出了高斯噪声和 Alpha 稳定分布噪声下经典循环相关匹配滤波器与分数低阶循环相关匹配滤波器的输出结果。

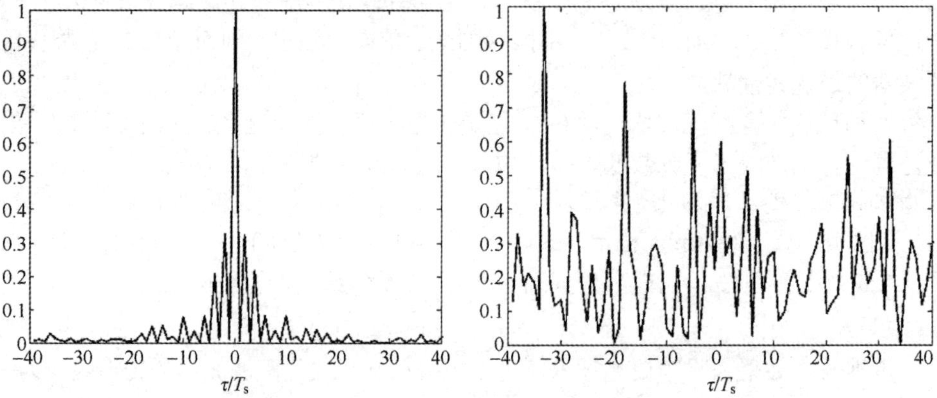

图 4.8 循环相关匹配滤波器输出结果（AM 信号）。（a）高斯噪声下；（b）Alpha 稳定分布噪声下

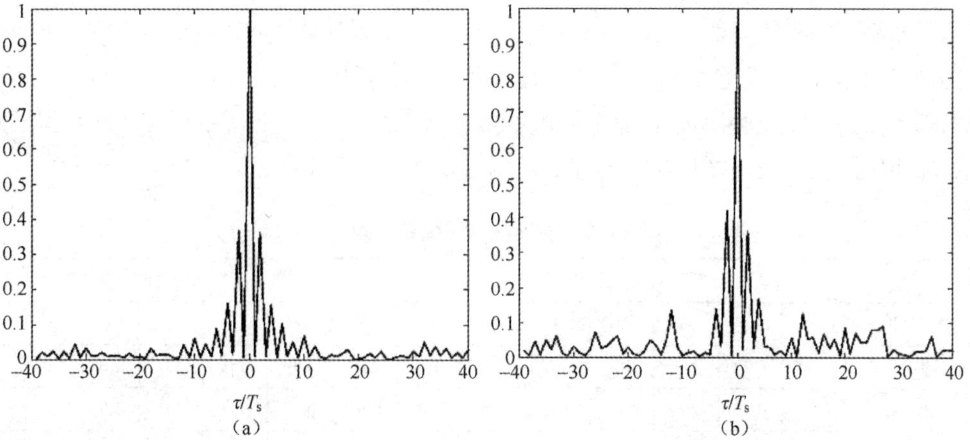

图 4.9　分数低阶循环相关匹配滤波器输出结果（AM 信号）。(a) 高斯噪声下；(b) Alpha 稳定分布噪声下

显然，在高斯噪声下，经典循环相关匹配滤波器和分数低阶循环相关匹配滤波器均能有效抑制噪声的影响，得到很好的输出结果。在 Alpha 稳定分布噪声下，经典循环相关匹配滤波器性能退化，不能得到有效输出，而分数低阶循环相关匹配滤波器则抑制了脉冲噪声的影响，保持了很好的输出性能。

实验 4.2　考察分数低阶循环相关匹配滤波器在脉冲噪声与同频干扰条件下的性能。设 QPSK 信号为零均值循环平稳信号，载波频率 $f_c = 0.2 f_s$，码率设定为 $R_B = 0.05 f_s$，Alpha 稳定分布噪声的特征指数 $\alpha = 1.8$，广义信噪比设定为 0dB，PFLOM 指数因子设定为 $a = b = 0.2$。图 4.10 给出了高斯噪声和 Alpha 稳定分布噪声下分数低阶循环相关匹配滤波器的输出结果。

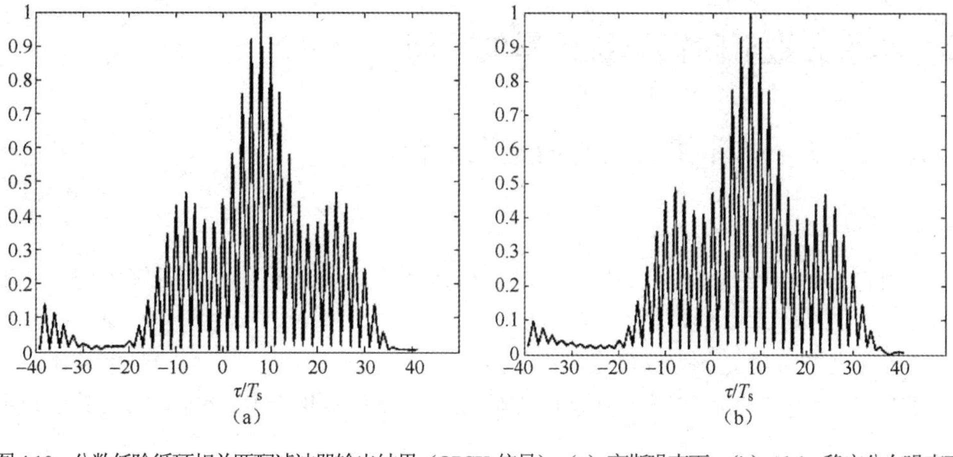

图 4.10　分数低阶循环相关匹配滤波器输出结果（QPSK 信号）。(a) 高斯噪声下；(b) Alpha 稳定分布噪声下

显然，无论是在高斯噪声下，还是在 Alpha 稳定分布噪声下，分数低阶循环相关匹配滤波器均能有效抑制噪声的影响，得到很好的输出结果。

实验 4.3　考察脉冲噪声条件下分数低阶循环相关匹配滤波器的信号检测能力。设接收信号中纯净信号 $s(t)$ 为 BPSK 信号，其载波频率 $f_c = 0.25 f_s$，码率 $R_B = 0.0625 f_s$，Alpha

稳定分布噪声的特征指数设定为$\alpha \in [1.5, 2.0]$，广义信噪比（GNSR）在–9 dB ~ 9 dB 范围变化，PFLOM 因子设定为$a = b = 0.2$。定义信号检测正确率为$P_r = N_r / N$，其中N和N_r分别表示蒙特卡罗实验次数和正确检测次数。表 4.1 给出了 Alpha 稳定分布噪声下分数低阶循环相关匹配滤波与循环相关匹配滤波信号检测的正确率（P_r）比较。

表 4.1　Alpha 稳定分布噪声下信号检测的正确率比较

		循环相关匹配滤波器							分数低阶循环相关匹配滤波器						
GSNR/dB		–9	–6	–3	0	3	6	9	–9	–6	–3	0	3	6	9
P_r	α=2.0	0.84	0.99	1.0	1.0	1.0	1.0	1.0	0.82	0.99	1.0	1.0	1.0	1.0	1.0
	α=1.9	0.32	0.57	0.75	0.91	0.95	0.99	1.0	0.67	0.96	1.0	1.0	1.0	1.0	1.0
	α=1.8	0.07	0.19	0.37	0.55	0.82	0.91	0.97	0.61	0.94	1.0	1.0	1.0	1.0	1.0
	α=1.7	0.02	0.06	0.15	0.34	0.56	0.78	0.89	0.60	0.93	0.97	1.0	1.0	1.0	1.0
	α=1.6	0	0.01	0.02	0.07	0.21	0.49	0.74	0.57	0.88	0.96	1.0	1.0	1.0	1.0
	α=1.5	0	0	0	0.03	0.06	0.22	0.44	0.51	0.83	0.93	0.99	1.0	1.0	1.0

由表 4.1 可见，在高斯噪声（$\alpha = 2$）下，两种循环相关匹配滤波器均能得到很好的检测结果。但是在 Alpha 稳定分布噪声下，随着特征指数和 GSNR 的减小，两种滤波器的性能均有所降低。不过，对于分数低阶循环相关匹配滤波器来说，性能降低得比较缓慢，在$\alpha = 1.5$，且 GSNR = –3 dB 时，其检测正确率仍超过 90%，表现出了很好的鲁棒性。而对于循环相关匹配滤波器来说，在上述条件下的检测正确率为 0，体现了两种算法显著的性能差异。

4.5　基于分数低阶循环统计量的时间延迟估计

4.5.1　基于循环相关的时间延迟估计

1．背景与意义

时间延迟估计（TDE 或 TDOA）是目标信源定位和运动速度测量等领域的关键技术环节，是信号处理中参数估计的主要任务之一。关于时间延迟估计的基本问题，第 3 章已做了较为详细的介绍，这里主要关注在噪声和同频干扰条件下，基于信号循环平稳性的 TDE 理论与方法，这对于复杂电磁环境下目标信源的定位与其他应用具有重要的意义。

2．信号模型与算法介绍

设噪声与同频干扰下 TDE 问题的双基站信号模型为

$$\begin{aligned} x(t) &= s(t) + u(t) + v_1(t) \\ y(t) &= s(t - D_1) + u(t - D_2) + v_2(t) \end{aligned} \tag{4.61}$$

式中，$x(t)$ 和 $y(t)$ 分别表示双基站体系中两个基站各自接收到的目标信号；$s(t)$ 表示远场目标发出的循环平稳信号，是感兴趣的信号（SOI）；而 $u(t)$ 为远场干扰源发出的循环平稳信号，与 $s(t)$ 具有不同的循环频率，是无用信号（unwanted signal，US）。D_1 和 D_2 分别表示两个基站接收到 SOI 和 US 时，由于传播距离不同而引起的时间差，其中 D_1 是待估计的时间延迟。$v_1(t)$ 和 $v_2(t)$ 分别表示两个接收基站接收到的噪声。

针对噪声和同频干扰下的 TDE 问题，Gardner 提出了两种经典的基于信号循环平稳性的 TDE 估计方法，分别称为基于循环互相关的相关（correlated cyclic crosscorrelation，CCCC）法和谱相关比率（spectral correlation ratio，SPECCORR）法。

CCCC 法是一种对循环相关函数再求互相关函数的方法，可以简要表示为

$$C_{\mathrm{C}}^{\varepsilon}(\tau) \triangleq \left| R_{yx}^{\varepsilon}(\tau) \otimes R_{x}^{\varepsilon}(\tau) \right| \tag{4.62}$$

式中，“⊗”表示相关运算。当 $\tau = D_1$ 时，式（4.62）取得最大值，由此得到时间延迟估计为

$$\hat{D}_1^{(\mathrm{C})} = \arg\max_{\tau}[C_{\mathrm{C}}^{\varepsilon}(\tau)] \tag{4.63}$$

SPECCORR 法是 CCCC 法的频域形式，其实质是对信号的循环谱运算进行傅里叶逆变换，并由此得到 TDE 估计。该算法简要表示为

$$C_{\mathrm{S}}^{\varepsilon}(\tau) \triangleq \int_{-\infty}^{\infty} \frac{S_{yx}^{\varepsilon}(\tau)}{S_{x}^{\varepsilon}(\tau)} \mathrm{e}^{\mathrm{j}2\pi f\tau} \mathrm{d}f \tag{4.64}$$

当 $\tau = D_1$ 时，式（4.64）取得最大值，由此得到时间延迟估计为

$$\hat{D}_1^{(\mathrm{S})} = \arg\max_{\tau}[C_{\mathrm{S}}^{\varepsilon}(\tau)] \tag{4.65}$$

在这两种算法的基础上，文献中还报道了多种改进方法，进一步提高了 TDE 的性能。

4.5.2　基于分数低阶循环相关的时间延迟估计

由于 CCCC 法和 SPECCORR 法均为二阶循环统计量基础上的 TDE 估计算法，在 Alpha 稳定分布条件下性能退化。针对这个问题，郭莹和刘洋分别基于分数低阶循环统计量对这两种算法进行了改进和推广，得到了在脉冲噪声和同频干扰并存条件下具有较好鲁棒性的 TDE 估计方法。

1．算法介绍

（1）鲁棒性 CCCC 法

信号模型与式（4.61）相同。其中，加性噪声 $v_1(t)$ 和 $v_2(t)$ 均为 Alpha 稳定分布噪声。分别计算接收信号 $x(t)$ 的第一类分数低阶循环自相关函数 $R_x^{\varepsilon,p}(\tau)$ 和 $x(t)$ 与 $y(t)$ 的第一类分数低阶循环互相关函数 $R_{yx}^{\varepsilon,p}(\tau)$，并考虑 SOI 与干扰噪声的统计独立性，可得

$$R_x^{\varepsilon,p}(\tau) = R_s^{\varepsilon,p}(\tau) \tag{4.66}$$

和

$$R_{yx}^{\varepsilon,p}(\tau)=R_s^{\varepsilon,p}(\tau-D_1)\mathrm{e}^{-\mathrm{j}\pi\varepsilon D_1} \tag{4.67}$$

式中，$R_s^{\varepsilon,p}(\cdot)$ 为 SOI 信号 $s(t)$ 的第一类分数低阶循环自相关函数。将式（4.62）所示 CCCC 法中循环相关函数替换为式（4.66）和式（4.67）所示的第一类分数低阶循环相关函数，有

$$C_{\mathrm{C}}^{\varepsilon,p}(\tau)\triangleq\left|R_{yx}^{\varepsilon,p}(\tau)\otimes R_x^{\varepsilon,p}(\tau)\right| \tag{4.68}$$

当 $\tau=D_1$ 时，式（4.68）取得最大值，由此得到时间延迟估计为

$$\hat{D}_1=\arg\max_{\tau}[C_{\mathrm{C}}^{\varepsilon,p}(\tau)] \tag{4.69}$$

这种鲁棒性 CCCC 法称为 CPCC 法。

（2）鲁棒性 SPECCORR 法

对式（4.66）和式（4.67）所示的第一类分数低阶循环相关函数求取傅里叶变换，得到对应的第一类分数低阶循环谱为

$$S_x^{\varepsilon,p}(f)=S_s^{\varepsilon,p}(f) \tag{4.70}$$

$$S_{yx}^{\varepsilon,p}(f)=S_s^{\varepsilon,p}(f)\mathrm{e}^{-\mathrm{j}2\pi(f+\varepsilon/2)D_1} \tag{4.71}$$

用式（4.70）和式（4.71）替换式（4.64）中的循环谱表达式，得到鲁棒性 SPECCORR 法（简称 RSPECCORR 法）的循环谱运算为

$$C_{\mathrm{S}}^{\varepsilon,p}(\tau)\triangleq\int_{-\infty}^{\infty}\frac{S_{yx}^{\varepsilon,p}(f)}{S_x^{\varepsilon,p}(f)}\mathrm{e}^{\mathrm{j}2\pi f\tau}\mathrm{d}f=\int_{-\infty}^{\infty}\mathrm{e}^{\mathrm{j}2\pi f(\tau-D_1)}\mathrm{e}^{\mathrm{j}2\pi\varepsilon D_1}\mathrm{d}f \tag{4.72}$$

当 $\tau=D_1$ 时，式（4.72）取得最大值，由此得到时间延迟估计为

$$\hat{D}_1=\arg\max_{\tau}[C_{\mathrm{S}}^{\varepsilon,p}(\tau)] \tag{4.73}$$

实际上，CPCC 法和 RSPECCORR 法中的第一类分数低阶循环相关函数和第一类分数低阶循环谱，均可以用第二类分数低阶循环相关函数和对应的第二类分数低阶循环谱替换，从而得到基于第二类分数低阶循环相关的 CPCC 法和 RSPECCORR 法。

2．算法分析

CPCC 法和 RSPECCORR 法能够有效抑制 Alpha 稳定分布噪声影响的关键因素，是这两种方法采用分数低阶循环相关函数和分数低阶循环谱替代 CCCC 法和 SPECCORR 法中的循环相关函数与循环谱。其中最关键的环节，是采用 PFLOM 算子对被 Alpha 稳定分布噪声污染的接收信号进行变换处理，抑制了信号中的脉冲噪声，使得分数低阶循环相关函数和分数低阶循环谱及其进一步运算在 Alpha 稳定分布条件下有界收敛。

3．仿真实验

实验 4.4 考察 CPCC 法和 RSPECCORR 法在 Alpha 稳定分布下 TDE 估计的性能。接收信号模型如式（4.61）所示，设 SOI 信号 $s(t)$ 为 BPSK 信号，其载波频率 $f_{\mathrm{c}_1}=0.25f_{\mathrm{s}}$，码率 $R_{\mathrm{B}_1}=0.0625f_{\mathrm{s}}$，归一化时延真值为 $50T_{\mathrm{s}}$。设同频干扰 $u(t)$ 亦为 BPSK 信号，其载波

频率 $f_{c_2}=f_{c_1}$，码率 $R_{B_2}=0.025f_s$，干扰信号的归一化时延真值为 $65T_s$。设定 Alpha 稳定分布噪声的特征指数为 $\alpha=1.5$，广义信噪比为 $\mathrm{GSNR}=5\mathrm{dB}$。分别采用 SPECCORR 法与 RSPECCORR 法对上述条件下 SOI 的时间延迟进行估计。图 4.11 给出了两种算法在高斯噪声和 Alpha 稳定分布噪声条件下的 TDE 估计结果。

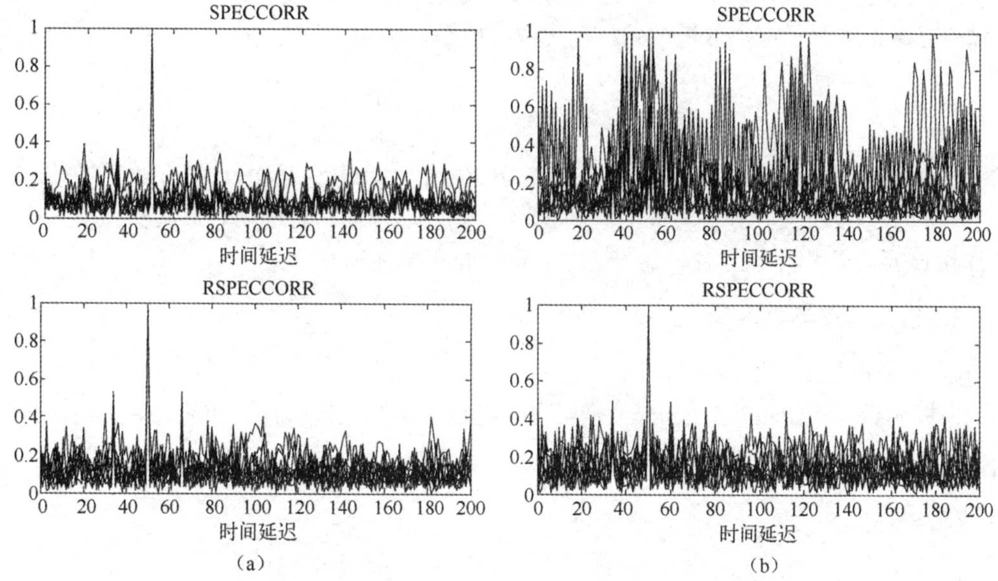

图 4.11　RSPECCORR 法与 SPECCORR 法 TDE 的估计结果比较。（a）高斯噪声下的 TDE 估计结果，其中上图为 SPECCORR 法的结果，下图为 RSPECCORR 法的结果；（b）Alpha 稳定分布下的 TDE 估计结果，其中上图为 SPECCORR 法的结果，下图为 RSPECCORR 法的结果

显然，在高斯噪声下，尽管有噪声和同频干扰的影响，但两种算法均能得到准确的 TDE 估计结果。在 Alpha 稳定分布条件下，经典的 SPECCORR 法性能退化，不能得到准确的 TDE 估计。而 RSPECCORR 法则能有效抑制 Alpha 稳定噪声的影响，并排除同频干扰 $u(t)$ 的影响，得到准确的 TDE 估值。

4.5.3　基于分数低阶循环模糊函数的时延与多普勒频移联合估计

1．背景与信号模型

在雷达、声呐和无线电及声学定位跟踪问题中，经常会遇到目标信源与接收机相对运动的情况。例如，雷达对于空中运动目标的定位与跟踪，声呐对于水下运动目标的定位与跟踪，无线电监测中监测站对于运动无线电信源的定位与跟踪，等等。

由前文可知，对于静态目标的定位问题，可以采用时间延迟估计（TDE 或 TDOA）或 DOA 等技术来完成。而对于运动目标的定位问题，则需要考虑目标与接收机相对运动引起的多普勒频移问题，特别是在目标运动速度快或信号频率较低的场合。

多普勒频移（Doppler shift）是指移动台辐射信号由于波源与观测者的相对运动而产生的频率变化。它揭示了波的属性在运动中发生变化的规律。在运动波源的前方，即在波源接近观测者时，波被压缩，波长变短，频率变高，称为蓝移（blue shift）；在运动波源的后方，即在波源远离观测者时，会产生相反的效应，即波长变长，频率变低，称为红移（red shift）。根据多普勒频移的大小，可以计算出波源循着观测方向运动的速度，因此，多普勒频移对于运动目标的跟踪和定位具有重要意义。

在目标跟踪定位问题中，常把多普勒频移等效为窄带信号在经历固定时间延迟时所有频率分量都进行了恒定数值的频移，用数学模型表示为

$$\begin{aligned} x(t) &= s(t) + v_1(t) \\ y(t) &= s(t-D)\mathrm{e}^{\mathrm{j}2\pi f_\mathrm{d} t} + v_2(t) \end{aligned}, \quad 0 \leqslant t < T \tag{4.74}$$

式中，$x(t)$ 和 $y(t)$ 分别表示两个接收机接收到的信号，$s(t)$ 表示运动目标辐射的窄带信号，D 表示两个接收机接收到信号间的时间延迟，f_d 表示目标相对运动导致的多普勒频移，$v_1(t)$ 和 $v_2(t)$ 表示相互独立且与信号 $s(t)$ 独立的加性噪声。

2．模糊函数与循环模糊函数

（1）模糊函数

模糊函数（ambiguity function）是实现时延与多普勒频移联合估计的有效工具。两个接收信号 $x(t)$ 和 $y(t)$ 之间的模糊函数定义为二者瞬时相关函数 $x(t)y^*(t+\tau)$ 的傅里叶逆变换，即

$$A_{xy}(f,\tau) = \frac{1}{T}\int_0^T x(t)y^*(t+\tau)\mathrm{e}^{\mathrm{j}2\pi f t}\mathrm{d}t \tag{4.75}$$

若 $s(t)$、$v_1(t)$ 和 $v_2(t)$ 都是零均值的，且经历任意时移 τ 和频移 f 之后仍保持相互独立，则

$$\begin{aligned} A_{xy}(f,\tau) &= \frac{1}{T}\mathrm{e}^{-\mathrm{j}2\pi f_\mathrm{d} t}\int_0^T s(t)s^*(t+\tau-D)\mathrm{e}^{\mathrm{j}2\pi(f-f_\mathrm{d})t}\mathrm{d}t \\ &= \mathrm{e}^{-\mathrm{j}2\pi f_\mathrm{d} t}A_s(f-f_\mathrm{d},\tau-D) \end{aligned} \tag{4.76}$$

式中，$A_s(f,\tau) = \frac{1}{T}\int_0^T s(t)s^*(t+\tau)\mathrm{e}^{\mathrm{j}2\pi f t}\mathrm{d}t$ 为源信号 $s(t)$ 的自模糊函数。进一步推导，可得多普勒频移和时间延迟的联合估计为

$$\left[\hat{f}_\mathrm{d}, \hat{D}\right] = \arg\max_{f,\tau}\left[\left|A_{xy}(f,\tau)\right|\right] \tag{4.77}$$

上述模糊函数可以看作常规相关函数的推广。即当对 $x(t)$ 的频移 f 恰巧能够补偿信号间频差 f_d 时，两个无频差的相关输出在信号间相对时延为 D 处取得最大值。

（2）循环模糊函数

针对接收信号 $x(t)$ 和 $y(t)$ 为循环平稳信号的情况，Huang 等人提出了循环互模糊函数（cyclic cross-ambiguity function，CCAF）的概念，将其定义为循环自相关与循环互相关函数乘积的傅里叶逆变换，即

$$C_{yx}^{\varepsilon-f,\varepsilon}(u,f) = \int R_{yx}^{\varepsilon-f}(\tau)\left[R_x^{\varepsilon}(\tau-u)\right]^*\mathrm{e}^{\mathrm{j}\pi f\tau}\mathrm{d}\tau \tag{4.78}$$

式中，$R_x^{\varepsilon}(\cdot)$ 表示 $x(t)$ 在循环频率 ε 处的循环自相关函数，$R_{yx}^{\varepsilon-f}(\tau)$ 表示 $y(t)$ 与 $x(t)$ 在循环频率 $\varepsilon-f$ 处的循环互相关函数，记为

$$R_{yx}^{\varepsilon-f}(\tau)=\left\langle y(t+\tau/2)x^*(t-\tau/2)\mathrm{e}^{-\mathrm{j}2\pi(\varepsilon-f)t}\right\rangle_t \tag{4.79}$$

基于 CCAF 的时间延迟与多普勒频移的联合估计为

$$\left[\hat{D},\hat{f}_{\mathrm{d}}\right]=\arg\max_{u,f}\left[\left|C_{yx}^{\varepsilon-f,\varepsilon}(u,f)\right|\right] \tag{4.80}$$

循环模糊函数充分利用了循环相关函数对噪声和同频干扰的抑制作用，它相比于模糊函数，可以得到更好的时延与多普勒频移联合估计。

3．基于分数低阶循环模糊函数的时延与多普勒频移联合估计

针对 Alpha 稳定分布噪声和同频干扰条件下已有各类模糊函数和循环模糊函数性能退化问题，郭莹和刘洋等提出了基于分数低阶循环模糊函数（fractional lower-order cyclic ambiguity function，PCCAF）的时延与多普勒频移联合估计方法，并提出了一些改进方法，可以有效抑制脉冲噪声和同频干扰的影响。

PCCAF 定义为

$${}_{ab}C_{yx}^{\varepsilon-f,\varepsilon}(u,f)=\int R_{yx}^{\varepsilon-f,ab}(\tau)\left[R_x^{\varepsilon,ab}(\tau-u)\right]^*\mathrm{e}^{\mathrm{j}\pi f\tau}\mathrm{d}\tau \tag{4.81}$$

式中，$R_x^{\varepsilon,ab}(\cdot)$ 表示 $x(t)$ 在循环频率 ε 处的第二类分数低阶循环自相关函数，$R_{yx}^{\varepsilon-f,ab}(\cdot)$ 表示 $y(t)$ 与 $x(t)$ 在循环频率 $\varepsilon-f$ 处的第二类分数低阶循环互相关函数。同理，也可以采用 p 阶循环相关函数 $R_x^{\varepsilon,p}(\cdot)$ 和 $R_{yx}^{\varepsilon-f,p}(\tau)$ 来替换 $R_x^{\varepsilon,ab}(\cdot)$ 和 $R_{yx}^{\varepsilon-f,ab}(\tau)$，形成 p 阶循环模糊函数为

$${}_{p}C_{yx}^{\varepsilon-f,\varepsilon}(u,f)=\int R_{yx}^{\varepsilon-f,p}(\tau)\left[R_x^{\varepsilon,p}(\tau-u)\right]^*\mathrm{e}^{\mathrm{j}\pi f\tau}\mathrm{d}\tau \tag{4.82}$$

基于 PCCAF 的时间延迟与多普勒频移的联合估计为

$$\begin{aligned}\left[\hat{D},\hat{f}_{\mathrm{d}}\right]&=\arg\max_{u,f}\left[\left|{}_{ab}C_{yx}^{\varepsilon-f,\varepsilon}(u,f)\right|\right]\\\left[\hat{D},\hat{f}_{\mathrm{d}}\right]&=\arg\max_{u,f}\left[\left|{}_{p}C_{yx}^{\varepsilon-f,\varepsilon}(u,f)\right|\right]\end{aligned} \tag{4.83}$$

4．仿真实验

实验 4.5　考察 PCCAF 在 Alpha 稳定分布下的性能，并与 CCAF 算法进行比较。设接收信号 $x(t)$ 和 $y(t)$ 满足循环平稳条件，SOI 信号为 BPSK 信号，其载波频率 $f_{\mathrm{c}_1}=0.5f_{\mathrm{s}}$，码率 $R_{\mathrm{B}_1}=0.2f_{\mathrm{s}}$，信号的多普勒频移 $f_{\mathrm{D}_1}=0.3125f_{\mathrm{s}}$，归一化时间延迟为 16。加性噪声服从 Alpha 稳定分布，设定特征指数为 $\alpha=1.5$，广义信噪比为 $\mathrm{GSNR}=5\mathrm{dB}$，$p=1.2$。图 4.12 和图 4.13 分别给出了基于 CCAF 和 PCCAF 算法进行时延和多普勒频移联合估计的结果。

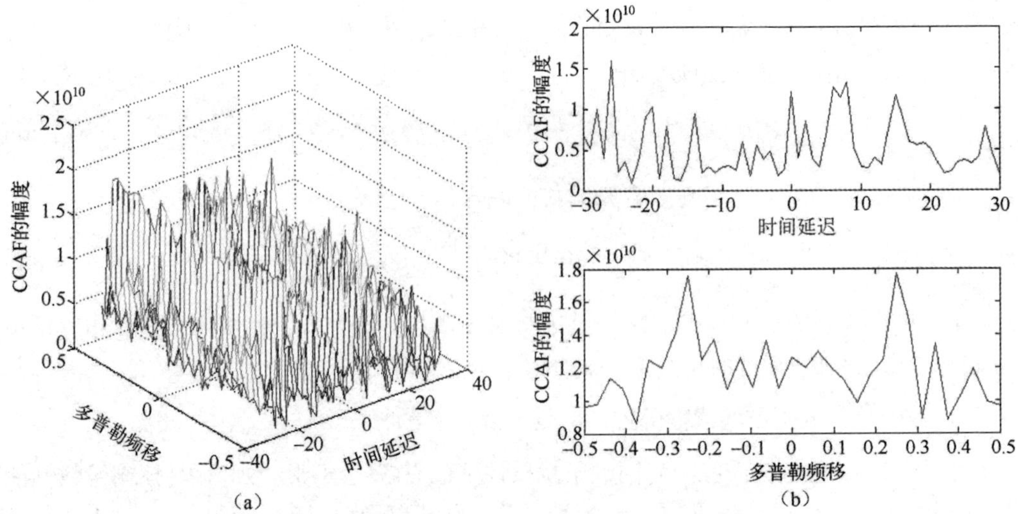

图 4.12　基于 CCAF 算法进行时延和多普勒频移联合估计的结果。(a) CCAF 三维曲面；(b) TDE 估计（上图）与多普勒频移估计（下图）结果

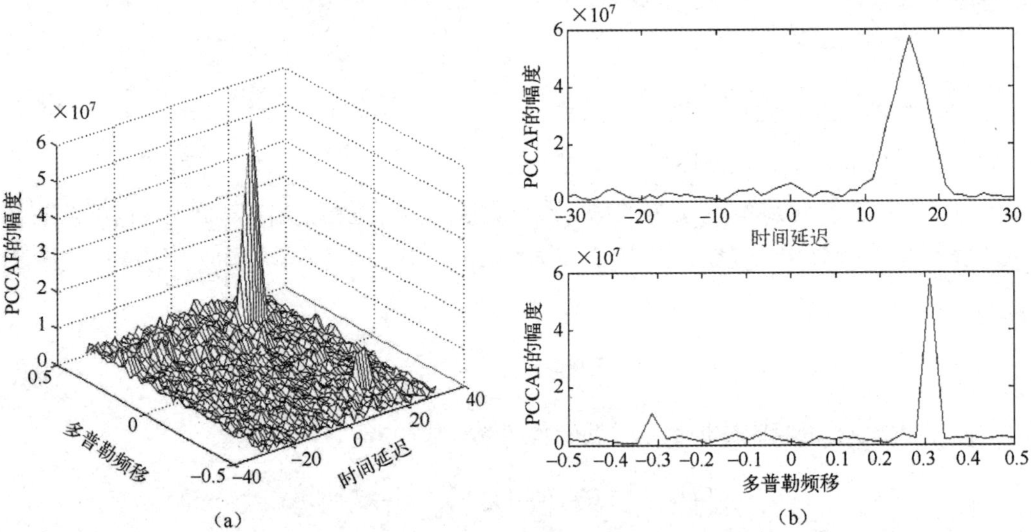

图 4.13　基于 PCCAF 算法进行时延和多普勒频移联合估计的结果。(a)PCCAF 三维曲面；(b) TDE 估计（上图）与多普勒频移估计（下图）结果

显然，在 Alpha 稳定分布噪声下，CCAF 算法性能显著退化，不能有效估计时间延迟与多普勒频移，而 PCCAF 算法则能够有效抑制 Alpha 稳定分布噪声的影响，得到准确的时延和多普勒频移估计结果。

实验 4.6　考察 PCCAF 算法在脉冲噪声和同频干扰并存条件下的时延与多普勒频移估计，并与分数低阶模糊函数（FLOAF）算法进行比较。设 SOI 信号 $s(t)$ 的条件与实验 4.5 相同。干扰信号与 SOI 信号具有相同的调制方式，且具有相同的载频，即 $f_{c_2} = f_{c_1}$，波特率为 $R_{B_2} = 0.0625 f_s$。信干比设置为 5dB，干扰信号时延为 $10T_s$。其他条件与实验 4.5 相同。图 4.14 分别给出了基于 PCCAF 和 FLOAF 算法的时延与多普勒频移联合估计的结果。

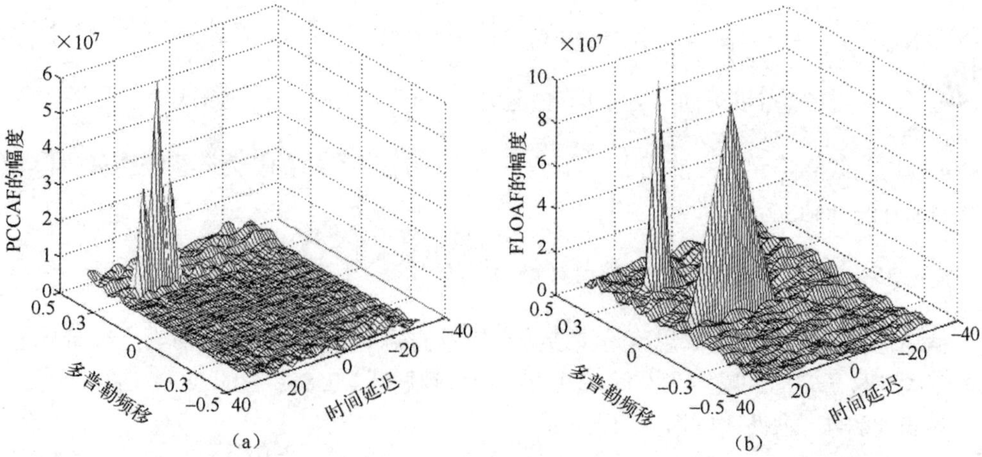

图 4.14　在 Alpha 稳定分布噪声和同频干扰下，基于 PCCAF 和 FLOAF 算法时延与多普勒频移联合估计结果。(a) PCCAF 的估计结果；(b) FLOAF 的估计结果

由图 4.14（b）可以看出，由于 FLOAF 算法是基于分数低阶模糊函数的，不具有循环特性，因此，尽管它能够有效抑制脉冲噪声，但不能排除掉同频干扰的影响，在三维曲面中得到两个显著的峰，其中一个对应于 SOI 信号的时延与多普勒频移，另一个对应于干扰信号的时延与多普勒频移，从而对正确估计造成干扰。由图 4.14（a）可见，PCCAF 算法的三维曲面只有一个显著的峰，对应于 SOI 信号的时延与多普勒频移，可见，PCCAF 算法不仅能抑制脉冲噪声，而且有效排除了同频干扰的影响，得到准确可靠的时延与多普勒频移联合估计。

4.6　基于分数低阶循环统计量的波达方向估计

4.6.1　背景与信号模型

1．背景

第 3 章介绍了目标定位中的波达方向（direction of arrival，DOA）估计问题，着重介绍了其中经典的 MUSIC 法和基于 MUSIC 的 DOA 估计方法。在理论和应用中，与时间延迟估计等参数估计问题相似，DOA 估计问题中也存在着脉冲噪声与同频干扰并存的复杂电磁环境问题，本节专题讨论这种条件下基于分数低阶循环统计量的 DOA 估计方法。

2．信号模型

参考图 3.9 所示的均匀线阵模型。考虑 $L(<M)$ 个远场窄带各向同性非相干信号入射到阵元数为 M 的均匀线阵，接收信号数学模型的矩阵形式为

$$\boldsymbol{x}(t)=\boldsymbol{A}(\theta)\boldsymbol{s}(t)+\boldsymbol{v}(t) \tag{4.84}$$

式中，$\boldsymbol{x}(t)=\left[x_1(t),\ x_2(t),\ \cdots,\ x_M(t)\right]^{\mathrm{T}}$ 为观测信号矢量；$\boldsymbol{s}(t)=\left[s_1(t),\ s_2(t),\ \cdots,\ s_{K_a}(t)\right]^{\mathrm{T}}$ 为入射信号矢量，$K_a(<L)$ 表示具有相同循环频率 ε 的入射信号（SOI 信号）数量，其余 $L-K_a$ 个入射信号具有不同的循环频率，或者为非循环平稳信号，记为 US 信号；异向矩阵

$\boldsymbol{A}(\theta)=\left\{\boldsymbol{A}_{km}\right\}_{M\times K_a}=\left[\boldsymbol{a}(\theta_1),\ \boldsymbol{a}(\theta_2),\ \cdots,\ \boldsymbol{a}(\theta_{K_a})\right]$，其中$\boldsymbol{a}(\theta_k)=\left[1,\ \mathrm{e}^{-\mathrm{j}\omega_k},\ \cdots,\ \mathrm{e}^{-\mathrm{j}(M-1)\omega_k}\right]^{\mathrm{T}}$为入射 SOI 信号异向矢量[以下简写为$\boldsymbol{a}(\theta)$]，且$\omega_k=2\pi\dfrac{d}{\lambda}\sin(\theta_k)$，$\theta_k$为第$k$个信号源的入射角，$d$为均匀线阵阵元之间的间隔；$\boldsymbol{v}(t)=\left[v_1(t),\ v_2(t),\ \cdots,\ v_M(t)\right]^{\mathrm{T}}$为阵列噪声矢量，与信号矢量$\boldsymbol{s}(t)$统计独立。

4.6.2 循环 MUSIC 法及 DOA 估计

循环 MUSIC 法的基本思路是构造接收信号的循环自相关矩阵，对其进行奇异值分解，张成信号子空间和噪声子空间，并进一步得到循环 MUSIC 法的 DOA 估计。

对式（4.84）求循环自相关函数，有

$$\begin{aligned}\boldsymbol{R}_{\boldsymbol{x}}^{\varepsilon}(\tau)&=\left\langle\left[\boldsymbol{x}(t+\tau/2)\right]\left[\boldsymbol{x}^{\mathrm{H}}(t-\tau/2)\right]\mathrm{e}^{-\mathrm{j}2\pi\varepsilon t}\right\rangle_t\\&=\boldsymbol{A}(\theta)\boldsymbol{R}_{\boldsymbol{s}}^{\varepsilon}(\tau)\boldsymbol{A}^{\mathrm{H}}(\theta)+\sigma^2\boldsymbol{I}\end{aligned}\tag{4.85}$$

式中，$\boldsymbol{R}_{\boldsymbol{s}}^{\varepsilon}(\tau)=\left\langle\left[\boldsymbol{s}(t+\tau/2)\right]\left[\boldsymbol{s}^{\mathrm{H}}(t-\tau/2)\right]\mathrm{e}^{-\mathrm{j}2\pi\varepsilon t}\right\rangle_t$为入射 SOI 信号的循环自相关矩阵，$\sigma^2$表示噪声功率，符号“H”表示共轭转置。由于入射信号与噪声统计独立，且噪声不具有循环平稳特性，故噪声对循环自相关矩阵的贡献为零，记为$\sigma^2\boldsymbol{I}=\boldsymbol{0}$。对循环自相关矩阵$\boldsymbol{R}_{\boldsymbol{x}}^{\varepsilon}(\tau)$进行奇异值分解，有

$$\boldsymbol{R}_{\boldsymbol{x}}^{\varepsilon}(\tau)=\boldsymbol{U}\boldsymbol{\Sigma}\boldsymbol{V}^{\mathrm{H}}\tag{4.86}$$

式中，酉矩阵$\boldsymbol{U}$和$\boldsymbol{V}$分别表示对角阵$\boldsymbol{\Sigma}$的左奇异阵和右奇异阵。由于 SOI 信号与 US 信号及噪声均不满足循环相关条件，故循环自相关矩阵$\boldsymbol{R}_{\boldsymbol{x}}^{\varepsilon}(\tau)$的秩为$K_a$，即$\boldsymbol{R}_{\boldsymbol{x}}^{\varepsilon}(\tau)$中只有$K_a$个非零奇异值，其余奇异值为 0。由$K_a$个非零奇异值对应的奇异矢量$\boldsymbol{U}_{\boldsymbol{s}}$和$\boldsymbol{V}_{\boldsymbol{s}}$构成信号子空间，其余奇异值对应的奇异矢量$\boldsymbol{U}_{\boldsymbol{v}}$和$\boldsymbol{V}_{\boldsymbol{v}}$构成噪声子空间，二者满足正交关系。进一步地，可以证明信号子空间的异向矢量与噪声子空间$\boldsymbol{U}_{\mathrm{v}}$也是正交的，即

$$\boldsymbol{a}^{\mathrm{H}}(\theta)\boldsymbol{U}_{\boldsymbol{v}}=0\tag{4.87}$$

实际上，由于噪声的存在，信号子空间的异向矢量$\boldsymbol{a}(\theta)$与噪声子空间$\boldsymbol{U}_{\mathrm{v}}$并不能完全正交。这样，求解 DOA 估计的方法是通过对下式的谱峰进行搜索实现的，即

$$P_{\mathrm{MUSIC}}(\theta)=\frac{1}{\boldsymbol{a}^{\mathrm{H}}(\theta)\boldsymbol{U}_{\boldsymbol{v}}\boldsymbol{U}_{\boldsymbol{v}}^{\mathrm{H}}\boldsymbol{a}(\theta)}\tag{4.88}$$

上式即为循环 MUSIC 法空间谱表达式，也是基于循环 MUSIC 法进行 DOA 估计的表达式。通过对上式的峰值搜索，可以得到 DOA 估计的结果。

4.6.3 分数低阶循环 MUSIC 法及 DOA 估计

1．循环 MUSIC 法遇到的问题

由于充分利用了循环统计量的特点，且由于接收信号中的加性噪声与 SOI 信号不满足循环相关性，故循环 MUSIC 法对于噪声和同频干扰并存的复杂电磁环境具有很好的适应性，基于这种方法进行 DOA 估计，可以有效排除噪声和同频干扰的影响。

但是，由于循环 MUSIC 法是基于循环相关这种二阶统计量的，在 Alpha 稳定分布（$0<\alpha<2$）噪声下，循环相关在理论上是不收敛的，因此在实际应用中，循环 MUSIC 法的性能会出现退化，甚至不能使用。针对这种问题，吴华佳和尤国红等人提出了基于分数低阶循环统计量的分数低阶循环 MUSIC 法，可以有效抑制脉冲噪声和同频干扰的影响，在复杂电磁环境下得到更好的 DOA 估计结果。

2．分数低阶循环 MUSIC 法

参考图 3.9 所示的均匀线阵模型。考虑 $L(<M)$ 个远场窄带各向同性非相干信号入射到阵元数为 M 的均匀线阵，接收信号数学模型的矩阵形式及参数如式（4.84）所示。设 $\boldsymbol{v}(t)=\left[v_1(t),\ v_2(t),\ \cdots,\ v_M(t)\right]^{\mathrm{T}}$ 为阵列噪声矢量，是与信号统计独立的 Alpha 稳定分布噪声。

定义接收信号的分数低阶循环自相关矩阵为

$$\boldsymbol{R}_{\boldsymbol{x}}^{\varepsilon,p}(\tau)=\left\langle \boldsymbol{x}(t+\tau/2)\left[\boldsymbol{x}^{\mathrm{H}}(t-\tau/2)\right]^{\langle p-1\rangle}\mathrm{e}^{-\mathrm{j}2\pi\varepsilon t}\right\rangle_t \tag{4.89}$$

分数低阶循环自相关矩阵 $\boldsymbol{R}_{\boldsymbol{x}}^{\varepsilon,p}(\tau)$ 的第 i 行、第 j 列的元素为

$$\left[\boldsymbol{R}_{\boldsymbol{x}}^{\varepsilon,p}(\tau)\right]_{ij}=R_{x_ix_j}^{\varepsilon,p}(\tau)=\left\langle x_i(t+\tau/2)\left[x_j^{\mathrm{H}}(t-\tau/2)\right]^{\langle p-1\rangle}\mathrm{e}^{-\mathrm{j}2\pi\varepsilon t}\right\rangle_t \tag{4.90}$$

显然，$\left[\boldsymbol{R}_{\boldsymbol{x}}^{\varepsilon,p}(\tau)\right]_{ij}=R_{x_ix_j}^{\varepsilon,p}(\tau)$ 是与信号矢量 $\boldsymbol{x}(t)$ 中第 i 个信号与第 j 个信号的分数低阶循环互相关相等的。将式（4.89）写为矩阵形式，有

$$\boldsymbol{R}_{\boldsymbol{x}}^{\varepsilon,p}(\tau)=\boldsymbol{A}(\theta)\boldsymbol{\Lambda}(\tau)\boldsymbol{A}^{\mathrm{H}}(\theta)+\eta\boldsymbol{I} \tag{4.91}$$

式中，$\boldsymbol{\Lambda}(\tau)$ 中元素 $\Lambda_{lm}(\tau)=\delta_{lm}\left\langle s_l(t+\tau/2)\left[\left(\sum_{q=1}^{K_a}s_q(t-\tau/2)+v_m(t-\tau/2)\right)^*\right]^{\langle p-1\rangle}\mathrm{e}^{-\mathrm{j}2\pi\varepsilon t}\right\rangle_t$，

δ_{lm} 为克罗内克算子，$\eta=\left\langle v_m(t+\tau/2)\left[\left(\sum_{q=1}^{K_a}s_q(t-\tau/2)+v_m(t-\tau/2)\right)^*\right]^{\langle p-1\rangle}\mathrm{e}^{-\mathrm{j}2\pi\varepsilon t}\right\rangle_t$，其中 $l=1,2,\cdots,L$，$m=1,2,\cdots,M$。由于 Alpha 稳定分布噪声不存在非零循环频率，故 $\eta=0$。于是，式（4.91）简化为

$$\boldsymbol{R}_{\boldsymbol{x}}^{\varepsilon,p}(\tau)=\boldsymbol{A}(\theta)\boldsymbol{\Lambda}(\tau)\boldsymbol{A}^{\mathrm{H}}(\theta) \tag{4.92}$$

利用 SOI 信号与 US 信号的循环不相关性及 SOI 信号与 Alpha 稳定分布噪声的独立性，并对分数低阶循环自相关矩阵 $\boldsymbol{R}_{\boldsymbol{x}}^{\varepsilon,p}(\tau)$ 进行奇异值分解，可以得到与经典循环 MUSIC 法类似的信号子空间和噪声子空间。可以证明，信号子空间的异向矢量与噪声子空间是正交的，其中，用 $\boldsymbol{U}_{\boldsymbol{v}}$ 表示循环频率为 ε 时张成的噪声子空间。这样，可以进一步得到基于分数低阶循环相关的分数低阶循环 MUSIC 法的空间谱表达式为

$$P_{\text{FLOCC-MUSIC}}(\theta)=\frac{1}{\boldsymbol{a}^{\mathrm{H}}(\theta)\boldsymbol{U}_{\boldsymbol{v}}\boldsymbol{U}_{\boldsymbol{v}}^{\mathrm{H}}\boldsymbol{a}(\theta)} \tag{4.93}$$

通过对式（4.93）进行谱峰搜索，可以得到基于分数低阶循环 MUSIC 法的 DOA 估计。

3．仿真实验

实验 4.7 考察分数低阶循环 MUSIC 法（记为 FLOCC-MUSIC）在 Alpha 稳定分布条件下的 DOA 估计性能，并将它与循环 MUSIC 法（记为 Cyclic-MUSIC）进行对比。采用 $M = 8$ 的均匀线阵，入射信号为 3 个 AM 调制信号，入射角分别设定为 $\theta_1 = 10^\circ$、$\theta_2 = 45^\circ$ 和 $\theta_3 = 75^\circ$，高斯噪声下的信噪比和 Alpha 稳定分布下的广义信噪比分别为 SNR=15dB 和 GSNR = 15dB，Alpha 稳定分布噪声的特征指数为 $\alpha = 1.6$。

图 4.15 分别给出了 FLOCC-MUSIC 法和与之对比的 Cyclic-MUSIC 法在高斯噪声和 Alpha 稳定分布噪声下 DOA 估计的结果。

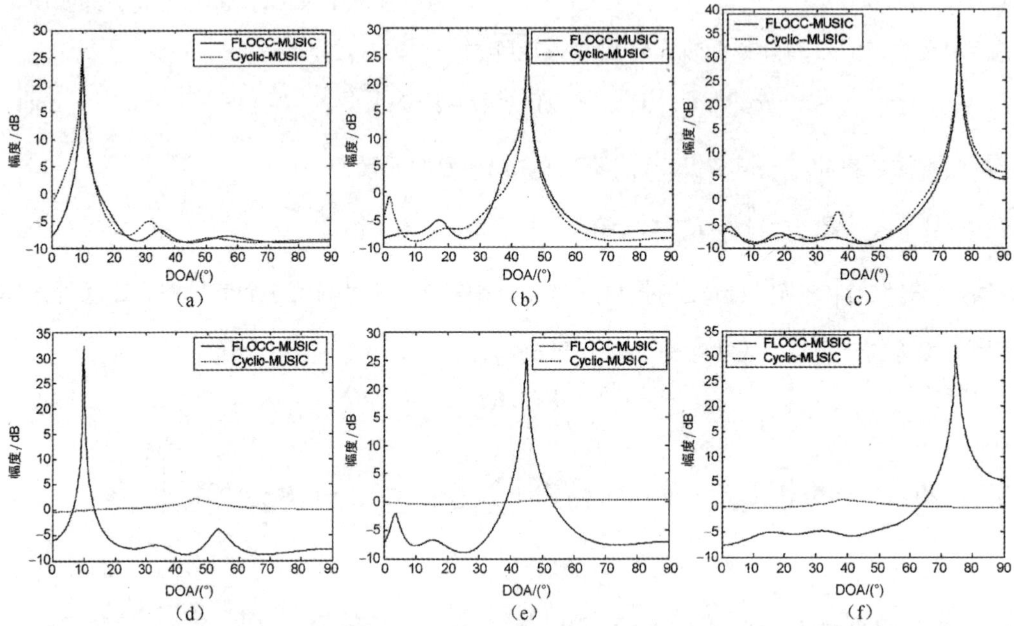

图 4.15 FLOCC-MUSIC 法和 Cyclic-MUSIC 法 DOA 估计的结果。（a）高斯噪声，$\theta_1 = 10^\circ$；（b）高斯噪声，$\theta_2 = 45^\circ$；（c）高斯噪声，$\theta_3 = 75^\circ$；（d）Alpha 稳定分布噪声，$\theta_1 = 10^\circ$；（e）Alpha 稳定分布噪声，$\theta_2 = 45^\circ$；（f）Alpha 稳定分布噪声，$\theta_3 = 75^\circ$

由图 4.15 可见，在高斯噪声下，两种算法均能得到很好的 DOA 估计结果。在 Alpha 稳定分布噪声下，由于循环 MUSIC 法不存在抑制 Alpha 稳定分布噪声的机制，其性能显著退化，因而不能得到有效的 DOA 估计。而分数低阶循环 MUSIC 法，得益于其分数低阶统计量和循环统计量结合的优势，可有效抑制脉冲噪声的影响，并能排除不同循环频率信号的干扰，因此仍能得到较为准确的 DOA 估计结果。

4.7 本章小结

复杂电磁环境是目前通信技术与无线电监测技术所面临的一个重要问题。所谓复杂电磁环境，一般指存在诸多外界电磁因素对接收信号的检测、参数估计和分析处理造成显著的影响。在这些外界因素中，信道中的脉冲噪声和同频干扰是必须受到重点关注并加以解决的两个重要问题。

本章在简要回顾循环统计量及其信号处理理论与方法的基础上，系统介绍了分数低阶循环统计量及相应的信号处理理论与方法，旨在提供一种在复杂电磁环境下能有效抑制脉冲噪声和同频干扰的技术方法，为后续章节进一步介绍相关熵和循环相关熵做准备。

本章较为系统地介绍了随机信号的循环平稳性与循环统计量的概念，引入了循环平稳过程和准循环平稳过程的概念。在此基础上，系统地介绍了分数低阶循环统计量的概念及相关理论和方法。此外，还通过专题介绍了分数低阶循环统计量在若干领域的应用问题，包括分数低阶相关匹配滤波技术，基于分数低阶循环相关的时间延迟估计和波达方向估计问题，基于分数低阶模糊函数的时延与多普勒频移联合估计问题等，分别介绍了相应的算法和仿真实验结果，表明了分数低阶循环统计量在复杂电磁环境下的有效性。

参 考 文 献

[1] GARDNER W A. The spectral correlation theory of cyclostationary time-series[J]. Signal Processing, 1986, 11(1): 13-36.

[2] GARDNER W A, NAPOLITANO A, PAUAR L. Cyclostationarity: Half a century of research[J]. Signal Processing, 2006, 86: 639-697.

[3] NAPOLITANO A. Cyclostationary Process and Time Series: Theory, Applications and Generalizations[M]. London: Academic Press, 2020.

[4] SPOONER C M, MODY A N. Wideband cyslostationary signal processing using sparse subsets of narrowband subchannels[J]. IEEE Transactions on Cognitive Communications and Networking, 2018, 4(2): 162-176.

[5] BENNETT W R. Statistics of regenerative digital transmission[J] Bell System Technical Journal, 1958, 37(12): 1501-1542.

[6] 张贤达，保铮. 通信信号处理[M]. 北京：国防工业出版社，2002.

[7] 黄知涛，周一宇，姜文利. 循环平稳信号处理与应用[M]. 北京：科学出版社，2006.

[8] 王宏禹，邱天爽，陈喆. 非平稳随机信号分析与处理[M]. 2 版. 北京：国防工业出版社，2008.

[9] MA J, QIU T. Automatic modulation classification using cyclic correntropy spectrum in impulsive noise[J]. IEEE Wireless Communications Letters, 2019, 8(2): 440-443.

[10] LUAN S, QIU T, ZHU Y, et al. Cyclic correntropy and its spectrum in frequency estimation in the presence of impulsive noise[J]. Signal Processing 2016, 120(3): 503-508.

[11] LIU T, QIU T, LUAN S. Cyclic frequency estimation by compressed cyclic correntropy spectrum in impulsive noise[J]. IEEE Signal Processing Letters, 2019, 26(6): 888-892.

[12] JIN F, QIU T, LIU T. Robust cyclic beamforming against cycle frequency error in Gaussian and impulsive noise environments[J]. International Journal of Electronics and Communications, 2019, 99(2): 153-160.

[13] SPOONER C M. Theory and Application of Higher-order Cyclostationary[D]. Berkeley: University of California, 1992.

[14] LIU T, QIU T, LUAN S. Cyclic Correntropy: Foundations and theories[J]. IEEE Access, 2018, 6: 34659-34669.

[15] NAPOLITANO A. Cyclostationary: limits and generalizations[J]. Signal Processing, 2016, 120: 323-347.

[16] NAPOLITANO A. Cyclostationary: new trend and applications [J]. Signal Processing, 2016, 120: 385-408.

[17] NAPOLITANO A. Cyclic statistic estimators with uncertain cycle frequencies[J]. IEEE Transactions on Information Theory, 2017, 63(1): 649-675.

[18] GARDNER W A, SPOONER C M. The cumulant theory of cyclostationary time series. Paer I: foundation. Part II: development and application [J]. IEEE Transactions on signal Processing, 1994, 42: 3387-3429.

[19] CHAN Y T, HO K C. Joint time-scale and TDOA estimation: analysis and fast approximation[J]. IEEE Transactions on Signal Processing, 2005, 53(8): 2625-2634.

[20] ADALI T, SCHREIER P J, SCHARF L L. Complex-valued signal processing: the proper way to deal with impropriety[J] IEEE Transactions on Signal Processing, 2011, 59(11): 5101-5125.

[21] RAO M M. Integral representations of second-order processes[J]. Nonlinear Analysis, 2008, 69: 979-986.

[22] HUANG Z T, ZHOU Y Y, JIANG W L. Joint estimation of Doppler and time-difference-of-arrival by exploiting cyclostationarity property [J]. IEE Proceedings Radar, Sonar, and Navigation, 2002, 149(4): 161-165.

[23] HUANG Z T, ZHOU Y Y, JIANG W L. TDOA and Doppler estimation for cyclostationary signals based on multi-cycle frequencies [J]. IEEE Transactions on Aerospace and Electronic Systems, 2008, 44(4): 1251-1264.

[24] 郭莹. 稳定分布环境下的时延估计新方法研究[D]. 大连：大连理工大学，2009.

[25] 刘洋. 稳定分布噪声下循环平稳信号时延与多普勒频移估计方法研究[D]. 大连：大连理工大学，2012.

[26] 尤国红. 无线定位中波达方向与时延估计研究[D]. 大连：大连理工大学，2013.

[27] 夏天. 基于循环平稳理论的柴油发动机振动信号分析及故障诊断研究[D]. 南京：解放军理工大学，2010.

[28] SCHELL S V, CALABRETTA R A, GARDNER W A, et al. Cyclic MUSIC algorithms for signal-selective direction estimation[C]. Proceedings of the International Conference on Acoustics, Speech, and Signal Processing, ICASSP'89, Glasgow, UK, 1989, 4: 2278-2281.

[29] 吴华佳，赵晓鸥，邱天爽，等. 脉冲噪声环境下基于分数低阶循环相关的 MUSIC 算法[J]. 电子与信息学报，2009，31(09)：2269-2273.

[30] 邱天爽. 相关熵与循环相关熵信号处理研究进展[J]. 电子与信息学报, 2020, 42(1): 105-118.

[31] LI T, QIU T, TANG H. Optimum heart sound signal selection based on the cyclostationary property[J]. Computers in Biology and Medicine, 2013, 43(6): 607-612.

[32] LIU Y, QIU T, SHENG H. Time-difference-of-arrival estimation algorithms for cyclostationary signal in impulsive noise[J]. Signal Processing, 2012, 92(9): 2238-2247.

第5章　相关熵基本理论

5.1　概述

从统计信号处理的角度来看，脉冲噪声属于一类典型的非高斯随机过程，通常用 Alpha 稳定分布来描述和建模。研究表明，许多噪声和信号，无论是自然的还是人工的，都具有典型的脉冲性。例如，大气中的雷电，山脉和海浪的影响，电路的瞬态开关，以及水声信号等。传统参数估计算法大多基于高斯噪声的假设进行优化，如果噪声的统计特性偏离高斯假设，参数估计系统的性能将会受到严重影响。为此，有必要研究在这种复杂电磁环境下能够有效工作的信号处理新理论与新方法。由于脉冲噪声的概率密度函数存在重拖尾，且由可变参数α控制拖尾的厚度，因此 Alpha 稳定分布提供了比高斯分布更有效的数学工具来描述具有脉冲性的信号和噪声。对于脉冲噪声环境下的信号参数估计问题，经过几十年的发展，形成了许多类型的研究方法，例如：基于分数低阶统计量理论的研究方法，包括分数低阶矩（FLOM）或相位分数低阶矩（phased FLOM，PFLOM）等分数低阶统计量的技术；基于非参数统计量的估计方法，包括零记忆非线性（zero-memory nonlinear，ZMNL）或高斯拖尾零记忆非线性（Gaussian-tailed ZMNL，GZMNL）等统计量的技术；基于最大似然估计和 M 估计理论的研究方法等。虽然这些方法都具有抑制脉冲噪声的能力，但是也存在一定的不足之处，例如：分数低阶统计量虽然可以有效地抑制脉冲噪声，但需要依赖信号的先验知识进行分数阶参数的选取并且需要较多的数据采样；而 ZMNL 技术可能会在信噪比较低时引起信号子空间和噪声子空间的混叠；基于 M 估计的波束形成则不属于超分辨率参数估计方法的范畴。特别是对于低信噪比、强脉冲噪声及较少快拍数情形下的无线电参数估计问题，现有算法的估计性能仍存在较大的提升空间。

相关熵（correntropy）是 2006 年提出并得到迅速发展的信号处理新理论，其作为基于 Parzen 核方法定义的一种新的广义相似性度量，对于解决上述脉冲噪声环境下的信号处理问题具有重要的意义。所谓相关熵，实际上是一种广义相关函数，它具有能够同时反映信号时间结构和统计特性的优点，可看作在再生核希尔伯特空间定义的相关函数。相关熵依据其核函数的调整与控制，对信号中的脉冲噪声有很好的抑制作用，因此得到信号处理领域的高度重视和深入研究，并在信号检测、参数估计、目标定位、图像处理和自适应滤波等领域得到广泛的应用。

本章从理论分析的角度详细介绍相关熵与相关熵谱的基本概念和基础理论，包括相关熵与相关熵谱的概念与特点、最大相关熵准则、广义相关熵与复相关熵的概念与特点等。在此基础上，给出相应的应用实例，从实验角度验证相关熵理论在脉冲噪声抑制方面的有效性。

5.2 相关熵的基本概念与原理

5.2.1 相关熵的概念

在统计信号处理领域，通常使用随机过程的统计分布和时间结构对其进行描述和分析。长期以来，二阶相关统计量被广泛应用于两个随机变量或随机过程相似性量化分析的实际问题中，但其很大程度上依赖于线性假设。由于脉冲噪声不存在有限的二阶矩，因此，二阶相关统计量的应用受到一定的限制。近年来，科研人员将均方误差（MSE）自适应的概念扩展到信息论学习（information theoretic learning，ITL）领域。信息论学习不但保留了相关学习和均方误差自适应的非参数特性，而且可以从数据中提取更多的信息，因此在非高斯和非线性信号处理中能够获得比均方误差方法更精确的结果。但是在相关熵的概念提出之前，一直缺乏既能有效描述随机过程统计分布又能刻画其时间结构的单一测度。Principe 教授团队基于核方法和信息论学习，提出了相关熵的概念和方法，并对相关熵的性质进行了深入的理论分析。

1. 信息论学习与信息潜的概念

信息论学习是一个基于熵和散度的非参数自适应系统框架。设 X 为一个随机变量，则关于 X 的概率密度函数 $f_X(x)$ 的二阶 Renyi 熵可以表示为

$$H_2(X) = -\ln\int f_X^2(x)\mathrm{d}x \tag{5.1}$$

给定一组独立同分布数据采样 $\{x_i\}_{i=1}^N$，其中 N 为采样点数，则概率密度函数 $f_X(x)$ 的 Parzen 估计可以表示为

$$\hat{f}_{X;\sigma}(x) = \frac{1}{N}\sum_{i=1}^{N}\kappa_\sigma(x-x_i) \tag{5.2}$$

式中，$\kappa_\sigma(x-x_i)$ 为高斯核函数：

$$\kappa_\sigma(x-x_i) = \frac{1}{\sqrt{2\pi}\sigma}\exp\left[-\frac{(x-x_i)^2}{2\sigma^2}\right] \tag{5.3}$$

式中，σ 称为核函数的核长。简单起见，当上下文中的含义清楚时，可省略 $\kappa_\sigma(\cdot)$ 的下标，将其表示为 $\kappa(\cdot)$。

核长 σ 是一个可变参数，实际应用中通常采用 Silverman 规则或最大似然方法等密度估计方法进行设定。从核方法的观点来看，式（5.3）中定义的核函数满足 Mercer 定理，因此可以建立一个非线性映射 $\boldsymbol{\varphi}$，通过该映射，数据将从输入空间转换到无限维再生核希尔伯特空间 $\mathbb{H}$。式（5.3）的核函数满足以下性质：

$$\kappa_\sigma(x-x_i) = \langle\boldsymbol{\varphi}(x),\boldsymbol{\varphi}(x_i)\rangle_{\mathbb{H}} \tag{5.4}$$

式中，$\langle\cdot\rangle_{\mathbb{H}}$ 表示 $\mathbb{H}$ 空间中的内积。

在信息论学习中，经常采用最小误差熵（minimum error entropy，MEE）作为最优准

则，即对于上文定义的有限长数据采样 $\{x_i\}_{i=1}^N$ ，通过下式进行训练：

$$\min \hat{H}_2(X) = -\ln \mathrm{IP}(X) \tag{5.5}$$

式中，

$$\mathrm{IP}(X) = \frac{1}{N^2}\sum_{j=1}^{N}\sum_{i=1}^{N}\kappa_{\sqrt{2}\sigma}(x_j - x_i) \tag{5.6}$$

常称式（5.6）中的 $\mathrm{IP}(X)$ 为信息潜（information potential，IP）。

2．相关熵的定义

理论研究发现，信息潜 $\mathrm{IP}(X)$ 代表再生核希尔伯特空间数据的第一统计矩，即预测数据的均方。因此，为了在该空间中获得一个不受传统矩展开限制的随机过程相似性测度，Principe 教授团队提出了相关熵的概念。

定义 5.1　自相关熵　设 $\{X(t), t\in T\}$ 是一个连续时间随机过程，由高斯核诱导的非线性映射 $\boldsymbol{\varphi}$ 将数据 $X(t)$ 映射到特征空间 $\mathbb{H}$ ，则从 $T\times T$ 空间映射到 $\mathbb{R}^+$ 空间的自相关熵（auto-correntropy）函数定义为

$$\begin{aligned} V_X(t,s) &= E\left[\left\langle \boldsymbol{\varphi}(X(t)), \boldsymbol{\varphi}(X(s))\right\rangle_{\mathbb{H}}\right] \\ &= E\left[\kappa_\sigma(X(t)-X(s))\right] \end{aligned} \tag{5.7}$$

式（5.7）类似于随机过程的自相关函数，因此称为自相关熵。可以证明，自相关熵是一个对称正定函数，因此它也定义了一个新的再生核希尔伯特空间。这样，自相关熵可以将原象空间中的一个非线性问题，通过非线性映射转换为另一个空间中的线性问题，并在该空间对线性问题进行求解。

对于离散时间随机过程 $\{X(n), n\in N\}$ ，自相关熵定义为

$$V[m] = E\left[\kappa_\sigma(X(n)-X(n-m))\right] \tag{5.8}$$

$V[m]$ 可以由下式估计得到：

$$\hat{V}[m] = \frac{1}{N-m+1}\sum_{n=m}^{N}\kappa_\sigma\left[X(n)-X(n-m)\right] \tag{5.9}$$

设 X 为一个随机变量，则随机变量的自相关熵定义为

$$V_\sigma(j) = E\left[\kappa_\sigma(X_j - X_{i+j})\right] \tag{5.10}$$

定义 5.2　互相关熵　设 $\{X(t), t\in T\}$ 和 $\{Y(t), t\in T\}$ 为两个连续时间随机过程，则 $X(t)$ 和 $Y(t)$ 的互相熵（cross-correntropy）定义为

$$V_\sigma(X(t),Y(t)) = E\left[\kappa_\sigma(X(t)-Y(t))\right] \tag{5.11}$$

考虑两个离散时间随机过程 $\{X(n), n\in N\}$ 和 $\{Y(n), n\in N\}$ ，则 $X(n)$ 和 $Y(n)$ 的互相关熵定义为

$$V_\sigma[X(n),Y(n)] = E\left[\kappa_\sigma(X(n)-Y(n))\right] \tag{5.12}$$

进一步，设 X 和 Y 为两个随机变量，则 X 和 Y 的互相关熵定义为

$$V_\sigma(X,Y) = E\left[\kappa_\sigma(X-Y)\right] \tag{5.13}$$

为了便于叙述，本书将自相关熵与互相关熵统称为相关熵，在下文中，除非特别需要，一般不做区别。实际应用中，随机变量 X 和 Y 的联合概率密度函数通常是未知的，且仅能获得有限长度的数据采样 $\{(x_i, y_i)\}_{i=1}^N$，此时的相关熵可用下式估计：

$$\hat{V}_{N,\sigma}(X,Y) = \frac{1}{N}\sum_{i=1}^{N}\kappa_\sigma(x_i - y_i) \tag{5.14}$$

从式（5.13）来看，相关熵的实质是对两个随机变量之差进行高斯变换后求取数学期望。与相关函数相比，相关熵提供了一种非常相似但更加泛化的信号相似性测度，因而在一些文献中也把相关熵称为广义相关函数。与分数低阶统计量相比，相关熵的优势在于可以提取 $X-Y$ 模的高阶统计矩信息：

$$V_\sigma(X,Y) = \frac{1}{\sqrt{2\pi}\sigma}\sum_{n=0}^{\infty}\frac{(-1)^n}{2^n n!}E\left[\frac{(X-Y)^{2n}}{\sigma^{2n}}\right] \tag{5.15}$$

由式（5.15）可知，相关熵 $V_\sigma(X,Y)$ 不但包含相关函数的信息，还包含 $X-Y$ 所有偶阶统计矩的信息。

5.2.2 相关熵谱

1．相关熵谱的定义

设连续时间随机过程 $\{X(t), t\in T\}$ 的自相关熵为 $V_X(t,t+\tau) = E[\kappa_\sigma(X(t) - X(t+\tau))]$，则其相关熵谱密度（correntropy spectral density，CSD）函数定义为

$$S_{V_X}(\omega) = \int_{-\infty}^{\infty} V_X(t,t+\tau)\mathrm{e}^{-\mathrm{j}\omega\tau}\mathrm{d}\tau \tag{5.16}$$

对于式（5.8）定义的离散时间随机过程的自相关熵 $V[m]$，相关熵谱密度函数定义为

$$S_V(\omega) = \sum_{m=-\infty}^{\infty} V[m]\mathrm{e}^{-\mathrm{j}\omega m} \tag{5.17}$$

通常，相关熵谱密度函数也简称为相关熵谱。可见，相关熵谱为量化随机过程频域特征提供了一种新的表达方式。

2．相关熵谱与功率谱的对比

设离散时间随机过程 $X(n)$ 的自相关函数为 $R_X[m]=E[X(n)X(n+m)]$，则 $X(n)$ 的功率谱密度（power spectral density，PSD）函数可以表示为

$$S_X(\omega) = \sum_{m=-\infty}^{\infty} R_X[m]\mathrm{e}^{-\mathrm{j}\omega m} \tag{5.18}$$

由于功率谱是随机过程的二阶统计量，因此不适合描述 Alpha 稳定分布信号与噪声。同时，由于功率谱是线性运算，因此输出信噪比随输入信噪比的降低而线性降低。由式（5.15）可知，相关熵包含二阶和所有偶数阶矩，与仅包含二阶矩的相关函数相比，能够获得更多的信息。进一步分析可以发现，相关熵谱所包含的 e 的负指数的衰减作用，使得相关熵谱在脉冲噪声环境下比功率谱具有更好的性能。

以生命迹象监测为例，图 5.1 给出了在高斯和非高斯噪声环境下用 Weibull 分布模拟功率谱和相关熵谱的计算机仿真结果。参数设置如表 5.1 所示。

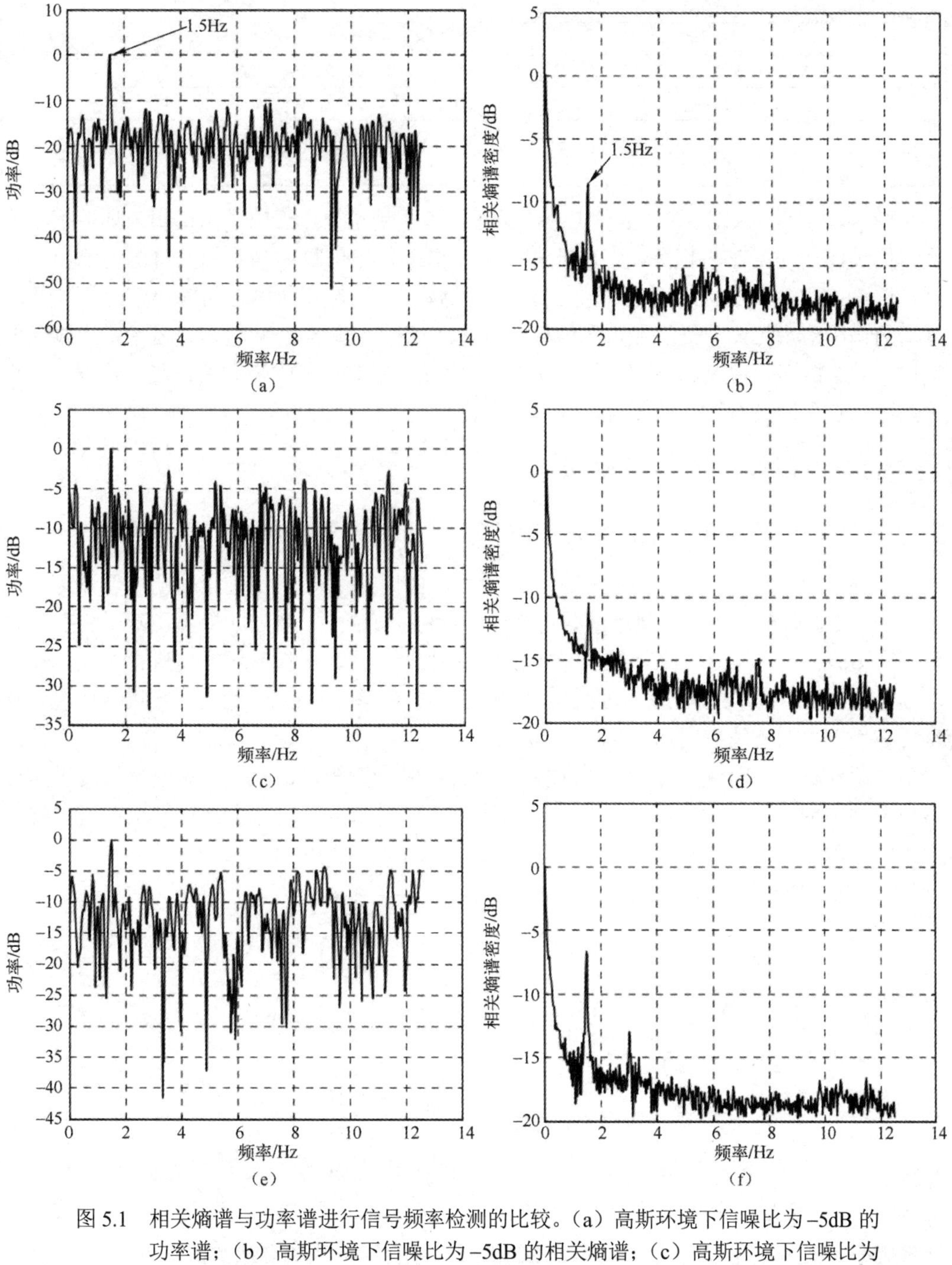

图 5.1　相关熵谱与功率谱进行信号频率检测的比较。（a）高斯环境下信噪比为 –5dB 的功率谱；（b）高斯环境下信噪比为 –5dB 的相关熵谱；（c）高斯环境下信噪比为 –12dB 的功率谱；（d）高斯环境下信噪比为 –12dB 的相关熵谱；（e）Weibull 环境下信噪比为 –12dB 的功率谱；（f）Weibull 环境下信噪比为 –12dB 的相关熵谱

表 5.1 参数设置

参 数	参数值
采样频率	25Hz
载波频率	2GHz
观测时间	20s
心跳频率	1.5Hz
心跳幅度	2mm
核长 σ	0.2

图 5.1（a）～（d）显示了噪声中信号频率检测的结果，给出了高斯噪声环境下不同输入信噪比的功率谱与相关熵谱的比较。功率谱的输出信噪比高于相关熵谱的输出信噪比，这可以用高斯过程二阶统计量的最优性来解释。虽然相关熵谱的输出信噪比低于功率谱的输出信噪比，但仍然能可靠地检测到输入信号。图 5.1（e）、（f）显示了当输入信噪比为−12dB 时，在 Weibull 环境下的结果。显然，在非高斯噪声和低信噪比情况下，相关熵谱比功率谱具有更强的鲁棒性。

5.2.3 相关熵的简单应用

1. 基于相关熵的相关的波达方向估计

如果传感器阵列接收信号中包含脉冲噪声，根据 Alpha 稳定分布的基本理论可知，当$0<\alpha<2$时，其二阶统计量不满足有界性。针对这个问题，Zhang 提出了基于相关熵的相关（correntropy based correlation，CRCO）的概念，并对传统的协方差进行改造，在此基础上结合 MUSIC 算法提出 CRCO-MUSIC 算法，实现了 Alpha 稳定分布噪声环境下具有较好鲁棒性的波达方向估计。

由于对称 Alpha 稳定分布随机过程不存在有限二阶矩，故采用广义信噪比度量信号与噪声的强弱。为实现不同算法性能的量化对比，采用两个统计指标对算法性能进行评价：可分辨概率和均方根误差（root mean square error，RMSE）。

RMSE 的定义可以表示为

$$\mathrm{RMSE}=\frac{1}{P}\sum_{i=1}^{P}\sqrt{\frac{1}{L}\sum_{l=1}^{L}\left(\hat{\theta}_i(l)-\theta_i\right)^2} \tag{5.19}$$

其中，$\hat{\theta}_i$ 为第i个信源波达方向估计的成功估计值，P为信源个数，L为成功次数。

为不失一般性，若两个入射信源满足以下条件：

$$\Lambda(\theta_1,\theta_2)=r(\theta_m)-\frac{\left[r(\theta_1)+r(\theta_2)\right]}{2}>0 \tag{5.20}$$

则称两个入射信源是可分辨的。其中，θ_1 和 θ_2 分别是两个入射信源的波达方向，$\theta_m=(\theta_1+\theta_2)/2$ 是两个入射信源波达方向的均值，$r(\theta)$ 是噪声子空间空间谱的倒数，可分辨概率定义为成功分辨两个入射信源的次数与蒙特卡罗实验总次数的比值。

假设P个不相关的信号以$\{\theta_1,\theta_2,\cdots,\theta_P\}$的角度入射到包含$M$个阵元的均匀线性阵列上，阵列接收数据包含对称 Alpha 稳定分布的加性脉冲噪声，则 CRCO-MUSIC 算法的具体实现步骤如下。

第 1 步：计算 $M\times M$ 维矩阵 $\hat{\boldsymbol{Q}}_x$，其中，矩阵 $\hat{\boldsymbol{Q}}_x$ 中的第 i 行、第 j 列元素为

$$\hat{Q}_x^{ij}=\frac{1}{N}\sum_{t=1}^{N}\left[\exp\left(\frac{|x_i(t)-\xi x_j^*(t)|^2}{2\sigma^2}\right)x_i(t)x_j^*(t)\right],\qquad \xi\neq 1 \tag{5.21}$$

式中，N 为信号的快拍数，ξ 为抑制参数。

第 2 步：对矩阵 $\hat{\boldsymbol{Q}}_x$ 进行奇异值分解，得到矩阵 $\boldsymbol{U}_n=\left[u_{P+1},\ u_{P+2},\ \cdots,\ u_M\right]$，其中，$\{u_{P+1},u_{P+2},\cdots,u_M\}$ 为与 $M-P$ 个小奇异值对应的左奇异矢量。

第 3 步：构建空间谱函数

$$P_{\text{CRCO-MUSIC}}(\theta)=\frac{1}{\boldsymbol{a}^{\mathrm{H}}(\theta)\boldsymbol{U}_n U_n^{\mathrm{H}}\boldsymbol{a}(\theta)} \tag{5.22}$$

式中，$\boldsymbol{a}(\theta)=\left[1,\ \mathrm{e}^{-\mathrm{j}\pi\sin(\theta)},\ \cdots,\ \mathrm{e}^{-\mathrm{j}\pi(M-1)\sin(\theta)}\right]^{\mathrm{T}}$ 为 $M\times 1$ 维导向矢量。

第 4 步：通过搜索式（5.22）的 P 个谱峰，确定信源的波达方向估计 $\left\{\hat{\theta}_1,\hat{\theta}_2,\cdots,\hat{\theta}_p\right\}$。

2．计算机仿真

实验 5.1　噪声特征指数 α 的影响。实验中，设定两信源入射角度分别为 $\theta_1=-5^\circ$ 和 $\theta_2=5^\circ$，广义信噪比 $\text{GSNR}=8\text{dB}$，信号的快拍数 $N=1000$。实验仿真了特征指数变化时几种算法的可分辨概率和均方根误差，结果如图 5.2 所示。可以看出，当特征指数越小，即加性噪声中的脉冲性特征越明显时，所有算法的估计性能均有所下降。然而对比其余算法，CRCO-MUSIC 算法表现出最好的波达方向估计性能。

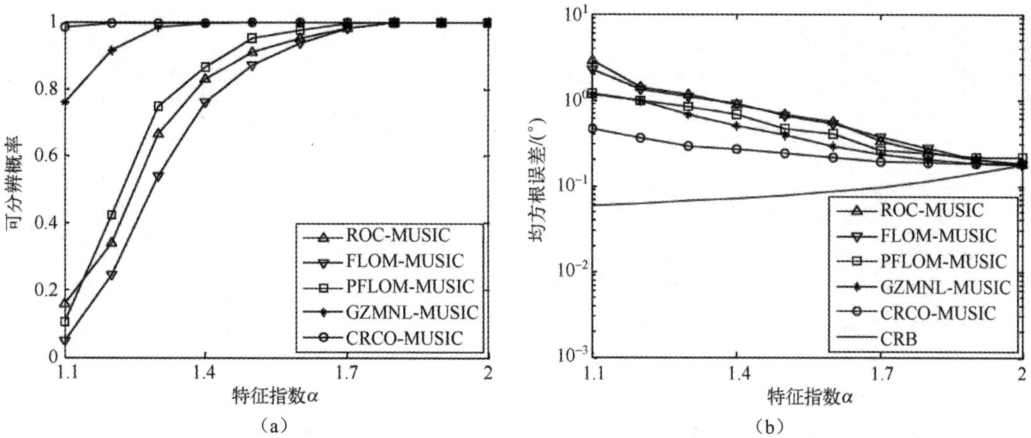

图 5.2　噪声特征指数 α 变化时算法的性能对比。(a) 可分辨概率；(b) 均方根误差

实验 5.2　快拍数的影响。本次实验中，设定两信源入射角度分别为 $\theta_1=-5^\circ$ 和 $\theta_2=5^\circ$，加性噪声为满足特征指数 $\alpha=1.6$ 的对称 Alpha 稳定分布脉冲噪声，$\text{GSNR}=10\text{dB}$。图 5.3 给出了几种算法随阵列输出数据快拍数变化时的可分辨概率和均方根误差。从图中可以看出，随着阵列快拍数的减小，ROC-MUSIC 算法、FLOM-MUSIC 算法、PFLOM-MUSIC 算法、GZMNL-MUSIC 算法及 CRCO-MUSIC 算法均出现不同程度的估计性能退化，然而，

对比其他算法，CRCO-MUSIC 算法总能表现出较高的可分辨概率和较小的均方根误差。

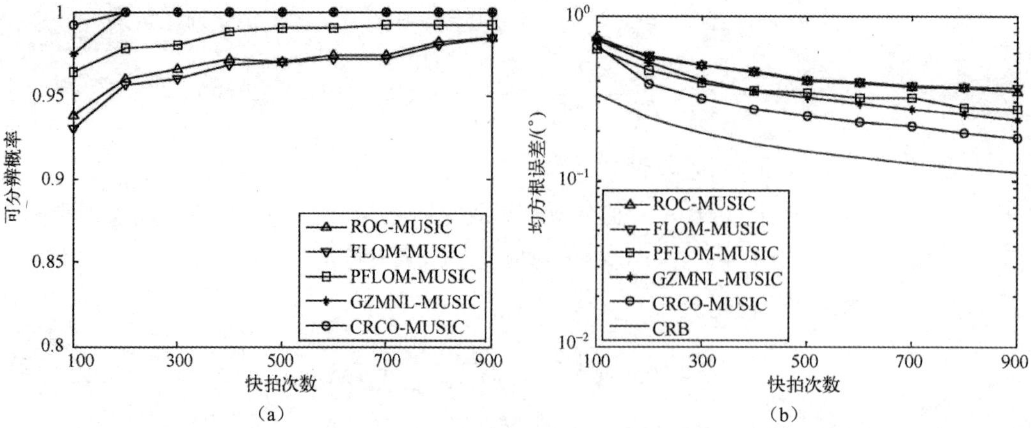

图 5.3 快拍次数变化时算法的性能对比。(a) 可分辨概率；(b) 均方根误差

实验 5.3 信源分离角度的影响。本次实验中，设定加性噪声为满足特征指数 $\alpha = 1.6$ 的对称 Alpha 分布脉冲噪声，$\text{GSNR} = 10\text{dB}$，快拍数 $N = 1000$。实验仿真了几种算法随信源分离角度 $\Delta\theta = |\theta_2 - \theta_1|$ 变化时的可分辨概率和均方根误差，结果如图 5.4 所示。从图中可以看出，当信源分离角度 $\Delta\theta \leqslant 5^\circ$ 时，ROC-MUSIC 算法、FLOM-MUSIC 算法及 PFLOM-MUSIC 算法均很难从 500 次蒙特卡罗实验中分辨出两个入射信源。对应地，当 $\Delta\theta \leqslant 5^\circ$ 时，CRCO-MUSIC 算法已能达到接近于 70%的可分辨概率。同时，随着信源分离角度的增大，对比其他算法，CRCO-MUSIC 算法总能获得更好的估计性能。

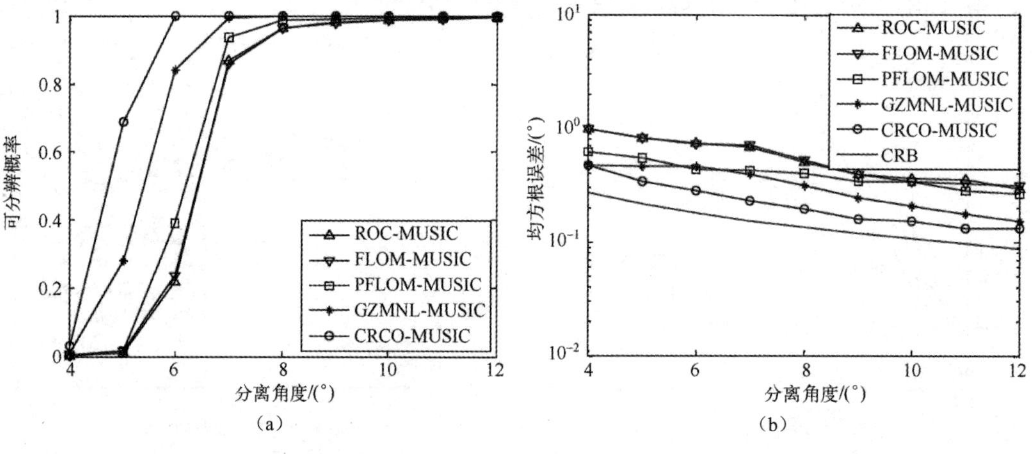

图 5.4 信源分离角度变化时算法的性能对比。(a) 可分辨概率；(b) 均方根误差

5.3 最大相关熵准则

5.3.1 最大相关熵准则的定义

设 X 为待估计的未知参数，$\boldsymbol{Y}$ 为 X 的观测值，为便于问题讨论，假设 X 是一个随

机变量，且满足 $X \in \mathbb{R}$ ，$\boldsymbol{Y}$ 是一个在 $\mathbb{R}^m$ 中取值的随机矢量。基于 $\boldsymbol{Y}$ 实现的 X 的最大相关熵估计，就是要求解一个函数 $g:\mathbb{R}^m \to \mathbb{R}$ ，从而使 X 和 $g(\boldsymbol{Y})$ 之间的相关熵最大。

定义 5.3　设随机变量 $X \in \mathbb{R}$ ，随机矢量 $\boldsymbol{Y} \in \mathbb{R}^m$ ，则最大相关熵准则（maximum correntropy criterion，MCC）定义为

$$\begin{aligned} g_{\mathrm{MC}} &= \arg\max_{g \in \mathcal{G}} V(X, g(\boldsymbol{Y})) \\ &= \arg\max_{g \in \mathcal{G}} E[\kappa_\sigma(X, g(\boldsymbol{Y}))] \end{aligned} \tag{5.23}$$

式中，$\mathcal{G}$ 表示由 $\boldsymbol{Y}$ 产生的 σ 域中所有波莱尔可测函数（Borel measurable function）的集合。高斯核 $\kappa_\sigma(x,y)$ 是旋转不变核函数，亦可记作 $\kappa_\sigma(x-y)$ 。

如果定义估计误差为 $S = X - g(\boldsymbol{Y})$ ，则式（5.23）可表示为

$$\begin{aligned} g_{\mathrm{MC}} &= \arg\max_{g \in \mathcal{G}} V(S) \\ &= \arg\max_{g \in \mathcal{G}} E[\kappa_\sigma(S)] \end{aligned} \tag{5.24}$$

如果 $\forall \boldsymbol{y} \in \mathbb{R}^m$ ，且 X 具有条件概率密度函数 $f_{X|\boldsymbol{Y}}(x \mid \boldsymbol{y})$ ，则估计误差的概率密度函数为

$$f_S(s) = \int_{\mathbb{R}^m} f_{X|\boldsymbol{Y}}(s, g(\boldsymbol{y}) \mid \boldsymbol{y}) \mathrm{d}F_{\boldsymbol{Y}}(\boldsymbol{y}) \tag{5.25}$$

式中，$F_{\boldsymbol{Y}}(\boldsymbol{y})$ 表示 $\boldsymbol{Y}$ 的分布函数。在这种情况下，式（5.24）可以表示为

$$\begin{aligned} g_{\mathrm{MC}} &= \arg\max_{g \in \mathcal{G}} E\left[\kappa_\sigma(S)\right] \\ &= \arg\max_{g \in \mathcal{G}} \int_{-\infty}^{+\infty} \kappa_\sigma(s) \int_{\mathbb{R}^m} f_{X|\boldsymbol{Y}}(s+g(\boldsymbol{y}) \mid \boldsymbol{y}) \mathrm{d}F_{\boldsymbol{Y}}(\boldsymbol{y}) \mathrm{d}s \end{aligned} \tag{5.26}$$

5.3.2　最大相关熵准则的性质

在全局优化的文献中，已经证明了卷积平滑法在搜索全局最小值（或最大值）时是非常有效的。一般来说，可以利用一个非凸代价函数与一个合适的平滑函数的卷积来消除局部最优解，并逐步降低平滑度来实现全局优化。因此，通过对核长进行适当的退火，最大相关熵估计也可以用来获得最大后验估计的全局极大值。由于文献中已经证明最大相关熵估计是一个平滑的最大后验概率估计，因此，最大相关熵估计的最优解显然不一定是唯一的。本节将说明当核长大于一定值时，最大相关熵估计将存在唯一的最优解，该最优解位于平滑后的概率密度函数的严格凹区域（strictly concave region）内。

首先定义一个函数序列 $\{p_n(\boldsymbol{y})\}_{n \in \mathbb{N}}$

$$p_n(\boldsymbol{y}) = \int_{-n}^{n} f_{X|\boldsymbol{Y}}(x \mid \boldsymbol{y}) \mathrm{d}x \tag{5.27}$$

显然，对于任意 $\boldsymbol{y}$ ，有 $\lim\limits_{n \to \infty} p_n(\boldsymbol{y}) = 1$ 。

定理 5.1　假设当 $n \to \infty$ 时，函数 $p_n(\boldsymbol{y})$ 一致收敛于 1。此时存在一个区间 $[-M, M]$ ，$M > 0$ ，使得当核长 σ 大于某个值时，对于任意 $\boldsymbol{y} \in \mathbb{R}^m$ ，平滑后的概率密度函数 $f(x \mid \boldsymbol{y}, \sigma)$ 的最大值都将位于此区间内（证明见 5.7.1 节）。

通过上述性质的分析可知，在一定条件下，当核长σ足够大时，最大相关熵估计总是在一个封闭的有限区间$[-M,M]$内。值得注意的是，由于平滑后的概率密度函数$f(x|\boldsymbol{y},\sigma)$是一个连续函数，它必定在区间$[-M,M]$内存在一个最大值。此外，如果能证明平滑后的概率密度函数$f(x|\boldsymbol{y},\sigma)$在这个区间内也是严格凹函数，那么最大相关熵估计将存在唯一最优解。

还可以证明，假设当$n\to\infty$时，函数$p_n(\boldsymbol{y})$一致收敛到1，那么对于任意区间$[-D,D]$，$D>0$，如果核长σ大于某个值，则对于任意$\boldsymbol{y}\in\mathbb{R}^m$，平滑后的概率密度函数$f(x|\boldsymbol{y},\sigma)$在该区间内是严格凹函数。

5.3.3 应用举例

由前文的分析可知，最大相关熵准则是一种局部相似性测度，对于测量噪声为非零均值、非高斯、异常值较大等情况（这些情况恰为 Alpha 稳定分布噪声的特点），均具有很好的应用价值。因此，利用最大相关熵准则研究 Alpha 稳定分布信号处理方法具有广阔的前景，得到了非高斯信号处理领域的广泛重视，本节给出最大相关熵准则的应用实例。

1．基于最大相关熵准则的波达方向估计

假设存在P个已知频率的远场窄带信源，入射到包含M个阵元的均匀线性阵列中，入射角度分别为$\theta_1,\theta_2,\cdots,\theta_P$，接收信号可表示为

$$\boldsymbol{X}=\boldsymbol{AS}+\boldsymbol{N} \tag{5.28}$$

式中，$\boldsymbol{X}=[\boldsymbol{x}(t_1),\boldsymbol{x}(t_2),\cdots,\boldsymbol{x}(t_N)]$为接收数据矩阵，$\boldsymbol{S}=[\boldsymbol{s}(t_1),\boldsymbol{s}(t_2),\cdots,\boldsymbol{s}(t_N)]$为信号复包络矩阵，$\boldsymbol{N}=[\boldsymbol{n}(t_1),\boldsymbol{n}(t_2),\cdots,\boldsymbol{n}(t_N)]$为噪声矩阵。不失一般性，假设信源之间、信源与噪声之间相互独立，阵元间噪声为独立同分布的随机过程。在高斯噪声环境下，根据低秩近似理论，$\boldsymbol{X}$可利用低秩矩阵$\hat{\boldsymbol{X}}$进行近似

$$\min_{\boldsymbol{X}}\left\|\boldsymbol{X}-\hat{\boldsymbol{X}}\right\|_{\mathrm{F}}^2 \quad \text{s.t.} \quad \operatorname{rank}(\hat{\boldsymbol{X}})\leqslant P \tag{5.29}$$

式中，$\|\cdot\|_{\mathrm{F}}$为矩阵的 Frobenius 范数，$\operatorname{rank}(\cdot)$表示矩阵的秩。式（5.29）的全局最优解为

$$\hat{\boldsymbol{X}}=\boldsymbol{U}_{\mathrm{s}}\boldsymbol{D}_{\mathrm{s}}\boldsymbol{V}_{\mathrm{s}}^{\mathrm{H}} \tag{5.30}$$

$$\mathrm{SVD}(\boldsymbol{X})=\boldsymbol{U}_{\mathrm{s}}\boldsymbol{D}_{\mathrm{s}}\boldsymbol{V}_{\mathrm{s}}^{\mathrm{H}}+\boldsymbol{U}_{\mathrm{n}}\boldsymbol{D}_{\mathrm{n}}\boldsymbol{V}_{\mathrm{n}}^{\mathrm{H}} \tag{5.31}$$

式中，$\mathrm{SVD}(\cdot)$为奇异值分解，$\boldsymbol{D}_{\mathrm{s}}$是对角矩阵，其对角元素为$\boldsymbol{X}$奇异值分解得到的$P$个最大奇异值，$\boldsymbol{U}_{\mathrm{s}}$和$\boldsymbol{V}_{\mathrm{s}}$分别对应$P$个最大奇异值的左特征向量和右特征向量，$\boldsymbol{D}_{\mathrm{n}}$是由其余$M-P$个小奇异值构成的对角矩阵，$\boldsymbol{U}_{\mathrm{s}}$和$\boldsymbol{V}_{\mathrm{n}}$分别为对应的左、右特征向量。

由矩阵的相关理论可知，矩阵$\boldsymbol{U}_{\mathrm{s}}$张成的线性空间即为信号子空间，因此，空间谱函数可以表示为

$$P_{\text{MCC-MUSIC}}(\theta)=\frac{1}{\boldsymbol{a}^{\mathrm{H}}(\theta)(\boldsymbol{I}-\boldsymbol{U}_{\mathrm{s}}\left\langle\boldsymbol{U}_{\mathrm{s}},\boldsymbol{U}_{\mathrm{s}}\right\rangle^{-1}\boldsymbol{U}_{\mathrm{s}}{}^{\mathrm{H}})\boldsymbol{a}(\theta)} \tag{5.32}$$

通过对式（5.32）空间谱函数进行谱峰搜索可估计P个信源的波达方向。

将式（5.29）中的代价函数重写为

$$J_{\mathrm{F}}(\boldsymbol{Y},\boldsymbol{Z})=\|\boldsymbol{X}-\boldsymbol{Y}\boldsymbol{Z}\|_{\mathrm{F}}^{2}=\sum_{m=1}^{M}\sum_{n=1}^{N}|x_{mn}-(\boldsymbol{Y}\boldsymbol{Z})_{mn}|^{2} \tag{5.33}$$

式中，$\boldsymbol{Y}\in\mathbb{C}^{M\times P}$ 和 $\boldsymbol{Z}\in\mathbb{C}^{P\times N}$ 分别为列满秩和行满秩矩阵，M 和 N 分别为阵元数和快拍数，x_{mn} 和 $(\boldsymbol{YZ})_{mn}$ 分别表示矩阵 $\boldsymbol{X}$ 和 $\boldsymbol{YZ}$ 的第 m 行、第 n 列元素。对比式（5.33）和式（5.30）可知，最小化式（5.33）的最优解为 $\boldsymbol{Y}=\boldsymbol{U}_{\mathrm{s}}$ 和 $\boldsymbol{Z}=\boldsymbol{D}_{\mathrm{s}}\boldsymbol{V}_{\mathrm{s}}^{\mathrm{H}}$。

在高斯噪声环境下，上述算法可以有效实现信号子空间的估计，进而实现波达方向的估计。但是，当噪声呈现脉冲性时，上述算法性能将严重退化，甚至失效。为解决该问题，引入基于高斯核函数的相关熵并建立新的代价函数

$$J_{\mathrm{C}}(\boldsymbol{Y},\boldsymbol{Z})=\frac{1}{MN}\sum_{m=1}^{M}\sum_{n=1}^{N}\kappa_{\sigma}\left(x_{mn}-(\boldsymbol{YZ})_{mn}\right) \tag{5.34}$$

根据最大相关熵准则，通过最大化式（5.34）可以获得 $\boldsymbol{Y}$ 和 $\boldsymbol{Z}$ 的估计。采用交替优化算法实现上述问题的求解。假设第 k 次迭代结果为 $\boldsymbol{Y}^{(k)}$ 和 $\boldsymbol{Z}^{(k)}$，则第 $k+1$ 次迭代结果通过求解以下优化问题实现：

$$\boldsymbol{Z}^{(k+1)}=\arg\max_{\boldsymbol{Z}} J_{\mathrm{C}}\left(\boldsymbol{Y}^{(k)},\boldsymbol{Z}\right) \tag{5.35}$$

$$\boldsymbol{Y}^{(k+1)}=\arg\max_{\boldsymbol{Y}} J_{\mathrm{C}}\left(\boldsymbol{Y},\boldsymbol{Z}^{(k+1)}\right) \tag{5.36}$$

算法的具体实现步骤如下。

第 1 步：初始化 $\boldsymbol{Y}^{(0)}$ 为随机列满秩矩阵，$\boldsymbol{Z}^{(0)}$ 为随机行满秩矩阵，设初始迭代次数 $k=0$，初始迭代相对误差 $\varepsilon^{(0)}=1$，最大迭代次数为 K。

第 2 步：求解优化问题 $\boldsymbol{Z}^{(k+1)}=\arg\max\limits_{\boldsymbol{Z}} J_{\mathrm{C}}\left(\boldsymbol{Y}^{(k)},\boldsymbol{Z}\right)$，子问题则通过基于最优步长的随机梯度法进行求解。

第 3 步：采用与第 2 步相同的方法求解优化问题 $\boldsymbol{Y}^{(k+1)}=\arg\max\limits_{\boldsymbol{Y}} J_{\mathrm{C}}\left(\boldsymbol{Y},\boldsymbol{Z}^{(k+1)}\right)$。

第 4 步：令迭代次数 $k=k+1$，计算相邻两次迭代的相对误差。

$$\varepsilon^{(k)}=\frac{\left[J_{\mathrm{C}}\left(\boldsymbol{Y}^{(k)},\boldsymbol{Z}^{(k)}\right)-J_{\mathrm{C}}\left(\boldsymbol{Y}^{(k-1)},\boldsymbol{Z}^{(k-1)}\right)\right]}{J_{\mathrm{C}}\left(\boldsymbol{Y}^{(k-1)},\boldsymbol{Z}^{(k-1)}\right)}$$

第 5 步：重复第 2 步～第 4 步直至满足 $\varepsilon^{(k)}<\varepsilon_{\mathrm{s}}$ 或 $k>K$，其中 ε_{s} 为迭代停止误差。

第 6 步：按照式（5.32）计算空间谱函数，通过搜索空间谱函数的峰值估计 P 个信源的波达方向。

2．计算机仿真

考虑两个独立的窄带单位功率信源入射到均匀线阵，波达方向分别为 $\theta_1=-10^{\circ}$ 和 $\theta_2=20^{\circ}$，阵元个数 $M=8$，阵元间距 $d=\lambda/2$，信号调制方式为 QPSK。阵元噪声为位置参数 $\mu=0$ 的各向同性对称 Alpha 稳定分布随机过程。为方便不同算法进行对比，除实验 5.4 和实验 5.5 外，在相同环境下对经典 MUSIC 算法、FLOM-MUSIC 算法、IN-MUSIC 算法、

ACO-MUSIC 算法、CRCO-MUSIC 算法及本节描述的 MCC-MUSIC 算法进行仿真。

实验 5.4 算法收敛性。采用归一化子空间距离对信号子空间的估计性能进行评价：

$$d\left(\hat{\boldsymbol{Y}}, \boldsymbol{A}\right)=\frac{\left\|\boldsymbol{P}_{\hat{\boldsymbol{Y}}}-\boldsymbol{P}_{\boldsymbol{A}}\right\|_2}{\left\|\boldsymbol{P}_{\boldsymbol{A}}\right\|_2} \tag{5.37}$$

式中，$\boldsymbol{P}_{\boldsymbol{A}}$ 和 $\boldsymbol{P}_{\hat{\boldsymbol{Y}}}$ 分别是 $\boldsymbol{A}$ 和 $\hat{\boldsymbol{Y}}$ 的投影矩阵。图 5.5 给出了不同噪声环境下的迭代相对误差 ε、归一化子空间距离，以及代价函数 $J_{\mathrm{C}}(\boldsymbol{Y},\boldsymbol{Z})$ 随迭代次数的变化曲线。其中，相关熵核长取 $\sigma=1.5$。可以看出，在不同噪声环境下，MCC-MUSIC 算法经过十几次迭代均能达到收敛。因此，在后续仿真实验中，设定算法步骤第 5 步中的迭代停止误差为 $\varepsilon_{\mathrm{s}}=10^{-5}$，$K=100$。此外，从图 5.5（b）可以看出，随着迭代次数的增加，归一化子空间距离逐渐减小，且在当前核长下，归一化子空间距离对噪声特征指数不敏感。从图 5.5（c）可以看出，迭代过程中代价函数确为非递减的，与理论分析一致。

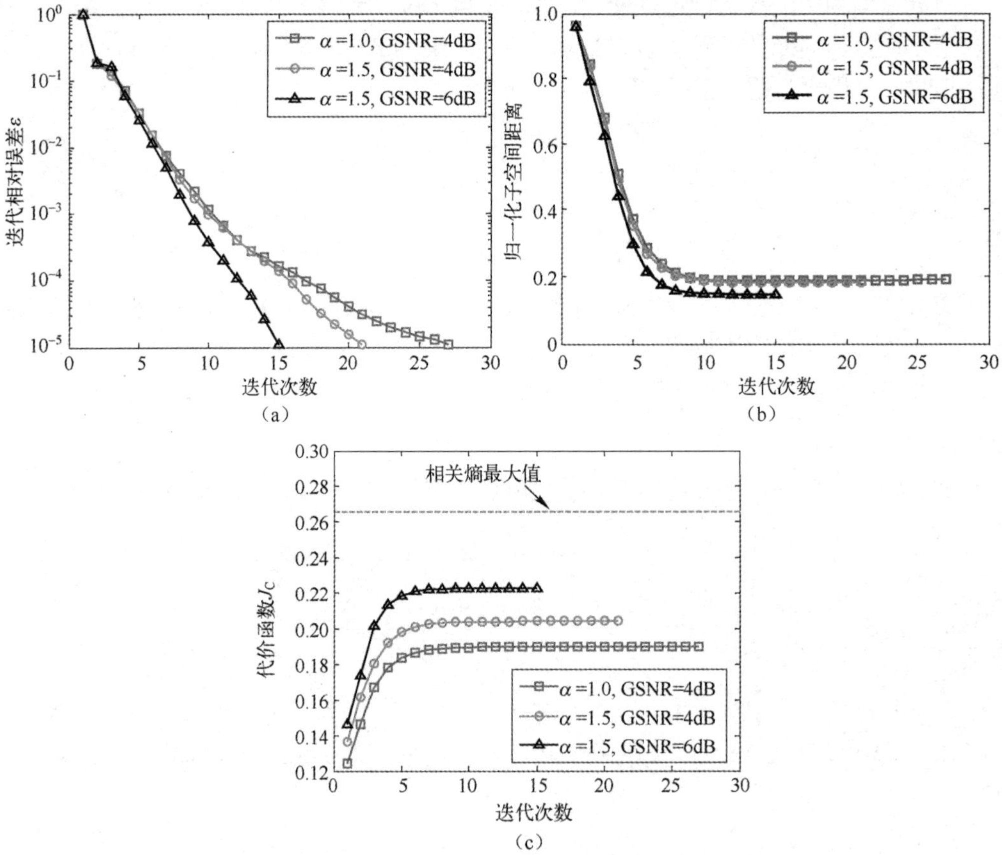

图 5.5　不同噪声环境下算法的收敛曲线。（a）迭代相对误差；（b）归一化子空间距离；（c）代价函数

实验 5.5 核长的选择。图 5.6 给出了不同噪声环境下算法性能随相关熵核长的变化曲线，其中核长设置在 $\sigma\in[0.1,\ 5.0]$ 范围内。可见，当核长满足 $\sigma\in[1.3,\ 2.5]$ 时，算法的性能较好。因此，后续仿真实验中设定核长为 $\sigma=1.5$。

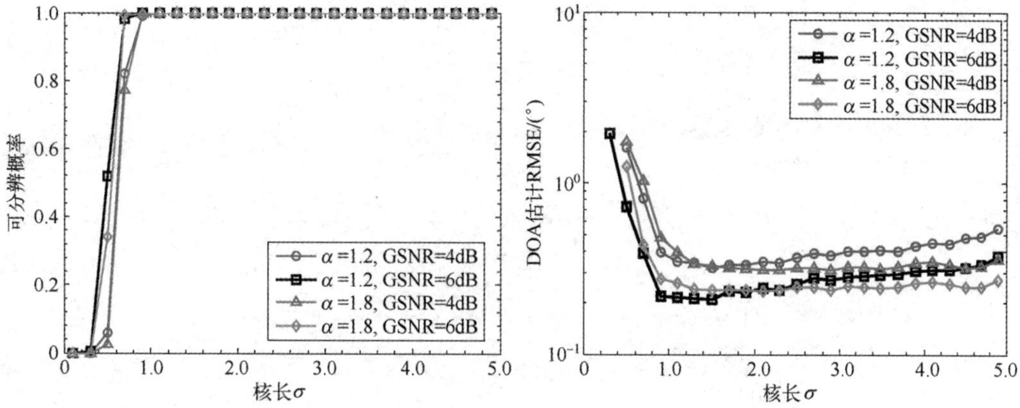

（a）　（b）

图 5.6　核长对算法性能的影响。（a）可分辨概率；（b）均方根误差（RMSE）

此外，还可以看出，参数估计误差随核长的增大呈现先减小后增大的趋势，而当核长在合适的范围内，即当$\sigma \in [1.3, 2.5]$时，MCC-MUSIC 算法对噪声特征指数不敏感，这是由相关熵的特性所决定的。由理论分析可知，核长σ越小，相关熵抑制脉冲噪声的能力越强，但其对信号的影响也越大。因此需要在抑制噪声和保留信号之间进行平衡。当核长σ选取得合适时，相关熵在抑制噪声和保留信号之间达到相对平衡的状态，对脉冲噪声的特征指数有较好的鲁棒性。

实验 5.6　广义信噪比的影响。图 5.7 给出了算法性能随广义信噪比 GSNR 的变化曲线，其中噪声特征指数$\alpha = 1.5$，快拍数$N = 100$。从图中可以看出，尽管随着 GSNR 的增加，所有算法的性能均有所改善，但与其他四种算法相比，经典 MUSIC 算法由于无法抑制 Alpha 稳定分布噪声而性能较差；在低广义信噪比条件下，与其他算法相比，IN-MUSIC、CRCO-MUSIC 与 MCC-MUSIC 算法的可分辨概率更高，其中 MCC-MUSIC 算法估计误差更小；而在高信噪比条件下，与其他算法相比，ACO-MUSIC 与 MCC-MUSIC 两种算法的估计误差更小。图 5.8 给出了柯西噪声（$\alpha = 1.0$）下算法性能随广义信噪比的变化曲线以及参数估计的克拉美-罗界。可以看出，与其他算法相比，MCC-MUSIC 算法具有更加优异的性能。这说明 MCC-MUSIC 算法对脉冲噪声具有更好的鲁棒性。

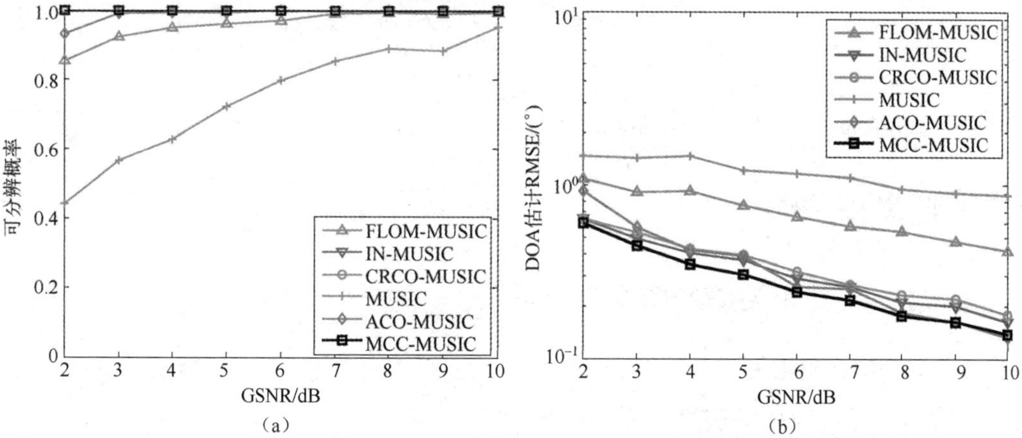

（a）　（b）

图 5.7　广义信噪比对算法性能的影响（$\alpha = 1.5$）。（a）可分辨概率；（b）均方根误差

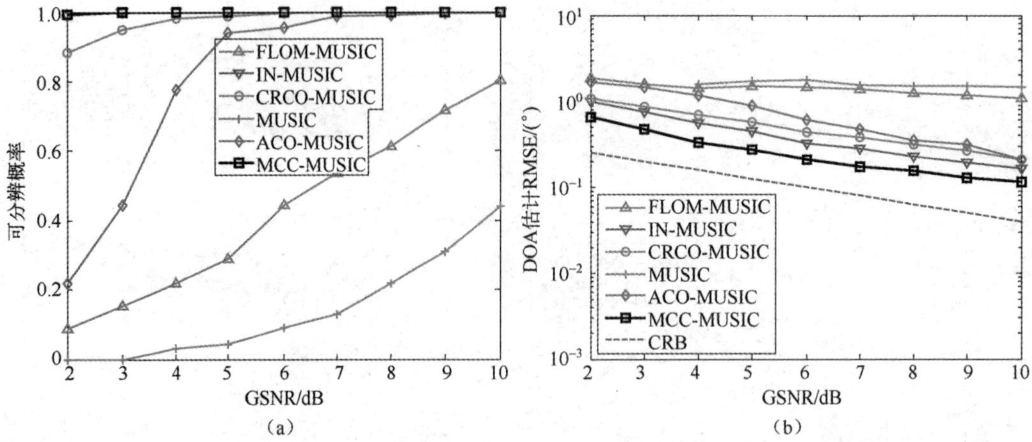

图 5.8　广义信噪比对算法性能的影响（$\alpha = 1.0$）。(a) 可分辨概率；(b) 均方根误差

实验 5.7　噪声特征指数的影响。图 5.9 给出了算法性能随噪声特征指数的变化曲线，其中广义信噪比 GSNR=4dB，快拍数 $N = 100$。从图中可以看出，MCC-MUSIC 算法在高斯噪声（$\alpha = 2.0$）与脉冲噪声（$\alpha < 2.0$）环境下均能取得较好的估计结果。此外，还可以发现，其他算法在高脉冲噪声下，即噪声特征指数较小时，其性能均出现不同程度的退化，而 MCC-MUSIC 算法在确定核长参数下，对噪声特征指数并不敏感，表明 MCC-MUSIC 算法对噪声的适用范围更广，鲁棒性更好。

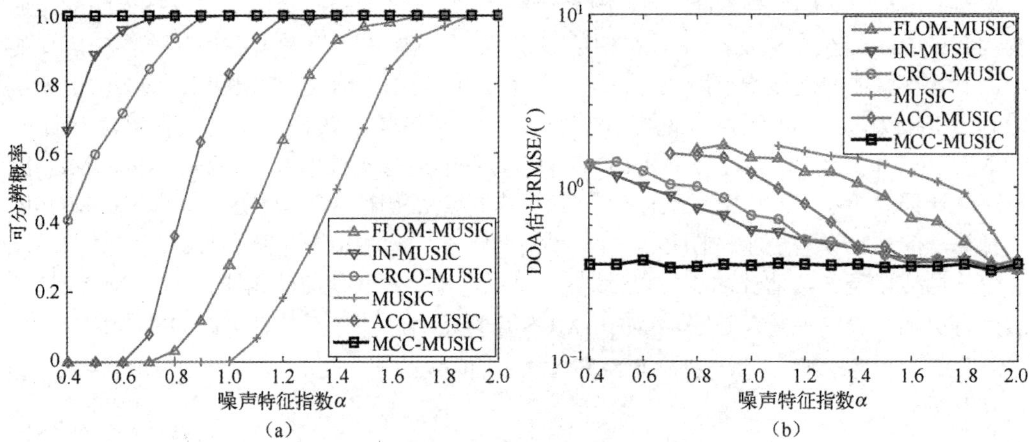

图 5.9　噪声特征指数对算法性能的影响。(a) 可分辨概率；(b) 均方根误差

5.4　广义相关熵

5.4.1　广义相关熵的概念与性质

1. 第一类广义相关熵

(1) 第一类广义相关熵的定义

尽管相关熵在信号处理领域得到了越来越多的关注和应用，但其默认的高斯核函数

并不总是最好的选择。Chen 等人提出了一种以广义高斯密度函数为核函数的广义相关熵，并将其成功地运用到自适应滤波领域，具有很好的稳定性。

高斯密度函数的一个著名推广称为广义高斯密度（generalized Gaussian density，GGD）函数，对于均值为零的情况，可表示为

$$G_{u,v}(e)=\frac{u}{2v\Gamma(1/u)}\exp\left(-\left|\frac{e}{v}\right|^{u}\right)=\varsigma_{u,v}\exp(-\lambda|e|^{u}) \tag{5.38}$$

式中，$u>0$ 为形状参数，$v>0$ 为尺度参数，$\Gamma(\cdot)$ 为伽马函数，$\lambda=1/v^{u}$ 为核参数，该参数以高斯分布（$u=2$）和拉普拉斯分布（$u=1$）为特例。当 $u\to\infty$ 时，广义高斯密度在区间 $(-v,v)$ 上逐点收敛到均匀密度。

定义 5.4　设 X 和 Y 为两个随机变量，则第一类广义相关熵的定义表示为

$$V_{u,v}(X,Y)=E[G_{u,v}(X-Y)] \tag{5.39}$$

显然，采用高斯函数作为核函数的相关熵对应于 $u=2$ 的广义相关熵。通过与相关熵的比较可知，广义相关熵可以通过参数的设定，适应更为复杂的信号条件，并得到更好的结果，因此具有很强的通用性和灵活性。

值得注意的是，在广义相关熵 $V_{u,v}(X,Y)$ 中，核函数不需要满足 Mercer 条件。事实上，针对广义相关熵 $V_{u,v}(X,Y)$，当且仅当 $0<u\leqslant 2$ 时，核函数 $\kappa(x,y)=G_{u,v}(x-y)$ 是正定的。

实际应用中，随机变量 X 和 Y 的联合分布通常是未知的，且仅能够获得有限数据采样 $\{(x_i,y_i)\}_{i=1}^{N}$，因此，广义相关熵 $V_{u,v}(X,Y)$ 可以由下式进行估计：

$$\hat{V}_{u,v}(X,Y)=\frac{1}{N}\sum_{i=1}^{N}G_{u,v}(x_i-y_i) \tag{5.40}$$

（2）第一类广义相关熵的性质

性质 5.1　广义相关熵 $V_{u,v}(X,Y)$ 是对称的，即

$$V_{u,v}(X,Y)=V_{u,v}(Y,X) \tag{5.41}$$

性质 5.2　广义相关熵 $V_{u,v}(X,Y)$ 是正的且是有界的，即

$$0<V_{u,v}(X,Y)\leqslant G_{u,v}(0)=\varsigma_{u,v} \tag{5.42}$$

并且，当且仅当 $X=Y$ 时，$V_{u,v}(X,Y)$ 取最大值。

性质 5.3　广义相关熵 $V_{u,v}(X,Y)$ 包含误差 $X-Y$ 模的高阶矩

$$V_{u,v}(X,Y)=\varsigma_{u,v}\sum_{n=0}^{\infty}\frac{(-1)^{n}}{n!}E[|X-Y|^{un}] \tag{5.43}$$

当参数 λ 足够小时，可得 $V_{u,v}(X,Y)\approx\varsigma_{u,v}(1-\lambda E[|X-Y|^{u}])$。在这种情况下，广义相关熵 $V_{u,v}(X,Y)$ 可以近似为误差 $X-Y$ 模的 u 阶矩的仿射线性函数。

性质 5.4　设数据采样 $\{(x_i,y_i)\}_{i=1}^{N}$ 满足联合概率密度函数 $f_{XY}(x,y)$，如果定义 $\hat{f}_e(\cdot)$ 为关于采样误差 $\{e_i=x_i-y_i\}_{i=1}^{N}$ 概率密度函数的 Parzen 估计，以广义高斯函数 $G_{u,v}$ 作为广义相关熵的核函数，此时 $\hat{V}_{u,v}(X,Y)$ 是 $\hat{f}_e(\cdot)$ 在零点的估计值，即

$$\hat{V}_{u,v}(X,Y)=\hat{f}_e(0) \tag{5.44}$$

式中，$\hat{f}_e(\varepsilon)=\frac{1}{N}G_{u,v}(\varepsilon-e_i)$。

性质 5.5 对于$0<u\leqslant 2$，广义相关熵$V_{u,v}(X,Y)$是映射空间数据的二阶统计量。

证明 对于$0<u\leqslant 2$，核函数$\kappa(x,y)=G_{u,v}(x-y)$是一个 Mercer 核，因此可得

$$V_{u,v}(X,Y)=E[\boldsymbol{\varphi}_{u,v}^{\mathrm{T}}(X)\boldsymbol{\varphi}_{u,v}(Y)] \tag{5.45}$$

式中，$\boldsymbol{\varphi}_{u,v}(\cdot)$是由$G_{u,v}$诱导的非线性映射。

在诸如回归和分类等数据分析中，可以使用一种称为相关熵损失（correntropic loss，C-loss）的统计量来代替相关熵。设X和Y为两个随机变量，则广义相关熵损失（generalized C-loss，GC-loss）定义为

$$J_{\text{GC-loss}}(X,Y)=G_{u,v}(0)-V_{u,v}(X,Y) \tag{5.46}$$

GC-loss 满足$J_{\text{GC-loss}}(X,Y)\geqslant 0$，且当$0<u\leqslant 2$时，式（5.46）可进一步表示为

$$J_{\text{GC-loss}}(X,Y)=\frac{1}{2}E\left[\left\|\boldsymbol{\varphi}_{u,v}(X)-\boldsymbol{\varphi}_{u,v}(Y)\right\|^2\right] \tag{5.47}$$

式（5.47）是 Mercer 核$\kappa(x,y)=G_{u,v}(x-y)$诱导的特征空间$\mathbb{H}_\kappa$中的一个均方代价函数。显然，最小化 GC-loss 将等价于最大化广义相关熵。

设$\{(x_i,y_i)\}_{i=1}^N$为服从联合概率密度函数f_{XY}的N个采样，则 GC-loss 的估计可以表示为

$$\begin{aligned}\hat{J}_{\text{GC-loss}}(X,Y)&=G_{u,v}(0)-\hat{V}_{u,v}(X,Y)\\&=\varsigma_{u,v}-\frac{1}{N}\sum_{i=1}^N G_{u,v}(x_i-y_i)\\&=\varsigma_{u,v}-\frac{1}{N}\sum_{i=1}^N G_{u,v}(e_i)\end{aligned} \tag{5.48}$$

性质 5.6 设$\boldsymbol{X}=[x_1,x_2,\cdots,x_N]^{\mathrm{T}}$，当$\lambda\to 0+$（或$x_i,i=1,2,\cdots,N$）时，函数$L_{u,v}(\boldsymbol{X})=\left(\frac{N}{\lambda\varsigma_{u,v}}\hat{J}_{\text{GC-loss}}(X,0)\right)^{1/u}$将接近于$\boldsymbol{X}$的$L_u$范数，即当$\lambda\to 0$时，有

$$\begin{aligned}L_{u,v}(\boldsymbol{X})&=\left(\frac{N}{\lambda\varsigma_{u,v}}\hat{J}_{\text{GC-loss}}(X,0)\right)^{1/u}\\&=\left[\frac{N}{\lambda\varsigma_{u,v}}\left(G_{u,v}(0)-\frac{1}{N}\sum_{i=1}^N G_{u,v}(x_i)\right)\right]^{1/u}\\&\approx\left[\frac{N}{\lambda\varsigma_{u,v}}\left(\varsigma_{u,v}-\frac{1}{N}\sum_{i=1}^N \varsigma_{u,v}(1-\lambda|x_i|^u)\right)\right]^{1/u}\\&=\left(\sum_{i=1}^N|x_i|^u\right)^{1/u}\end{aligned} \tag{5.49}$$

性质 5.7 设$|x_i|>\delta$，对于$\forall i: x_i \neq 0$，其中δ为一个很小的正数，当$\lambda \to \infty$（或$v \to 0+$）时，最小化函数$L_{u,v}(\boldsymbol{X})$近似等于最小化$\boldsymbol{X}$的L_0范数，即

$$\min_{X\in\Omega} L_{u,v}(\boldsymbol{X}) \sim \min_{X\in\Omega}\|\boldsymbol{X}\|_0，\quad 当\lambda \to \infty \tag{5.50}$$

式中，Ω为$\boldsymbol{X}$的一个可能集合。

证明 设$\boldsymbol{X}_0$是将Ω上的$\|\boldsymbol{X}\|_0$最小化而获得的解，$\boldsymbol{X}_l$是将$L_{u,v}(\boldsymbol{X})$最小化而获得的解，则有

$$L_{u,v}(\boldsymbol{X}_l) \leqslant L_{u,v}(\boldsymbol{X}_0) \tag{5.51}$$

因此

$$\sum_{i=1}^{N} G_{u,v}((\boldsymbol{X}_l)_i) \geqslant \sum_{i=1}^{N} G_{u,v}((\boldsymbol{X}_0)_i) \tag{5.52}$$

式中，$(\boldsymbol{X}_l)_i$表示$\boldsymbol{X}_l$的第i项，则

$$\begin{aligned}&(N-\|\boldsymbol{X}_l\|_0)+\sum_{i=1,(\boldsymbol{X}_l)_i\neq 0}^{N} \exp(-\lambda|(\boldsymbol{X}_l)_i|^u)\\ \geqslant &(N-\|\boldsymbol{X}_0\|_0)+\sum_{i=1,(\boldsymbol{X}_l)_i\neq 0}^{N} \exp(-\lambda|(\boldsymbol{X}_0)_i|^u)\end{aligned} \tag{5.53}$$

因此可得

$$\|\boldsymbol{X}_l\|_0-\|\boldsymbol{X}_0\|_0 \leqslant \sum_{i=1,(\boldsymbol{X}_l)_i\neq 0}^{N} \exp(-\lambda|(\boldsymbol{X}_l)_i|^u) - \sum_{i=1,(\boldsymbol{X}_l)_i\neq 0}^{N} \exp(-\lambda|(\boldsymbol{X}_0)_i|^u) \tag{5.54}$$

由于$|x_i|>\delta$且$\forall i: x_i \neq 0$，当$\lambda \to \infty$时，式（5.54）的右边项近似为零。因此，如果λ足够大，可以得到以下不等式：

$$\|\boldsymbol{X}_0\|_0 \leqslant \|\boldsymbol{X}_l\|_0 \leqslant \|\boldsymbol{X}_l\|_0+\varepsilon \tag{5.55}$$

式中，ε为一个接近于零的小正数。

下面将介绍 GC-loss 的一些优化属性。

性质 5.8 设$\boldsymbol{e}=[e_1,e_2,\cdots,e_N]^{\mathrm{T}}$，可以推导出以下性质。

① 如果$0<u\leqslant 1$，则 GC-loss 在$\boldsymbol{e}$中的任意$e \neq 0$（$i=1,2,\cdots,N$）处都是凹的。

② 如果$u>1$，则 GC-loss 在满足$0<|e_i|\leqslant[(u-1)/u\lambda]^{1/u}(i=1,2,\cdots,N)$的任意$\boldsymbol{e}$处是凸的。

③ 如果$\lambda \to 0+$，对于满足$e \neq 0$（$i=1,2,\cdots,N$）的任意$\boldsymbol{e}$，GC-loss $\hat{J}_{\text{GC-loss}}$在$\boldsymbol{e}$处是凹的，在$u>1$时是凸的。

证明 关于$\boldsymbol{e}$的$\hat{J}_{\text{GC-loss}}$的 Hessian 矩阵可以表示为

$$\boldsymbol{H}_{\hat{J}_{\text{GC-loss}}}(\boldsymbol{e})=-\frac{u\lambda\varsigma_{uv}}{N}\times\begin{bmatrix} T(e_1(u\lambda|e_1|^u-(u-1))) & \cdots & 0\\ \vdots & \ddots & \vdots \\ 0 & \cdots & T(e_N(u\lambda|e_N|^u-(u-1)))\end{bmatrix} \tag{5.56}$$

式中，$T(x)=\exp(-\lambda|x|^u)|x|^{u-2}$。

从式（5.56）可知：

① 如果$0<u\leqslant 1$，则对于满足$e_i\neq 0$（$i=1,2,\cdots,N$）的任意$\boldsymbol{e}$，有$\boldsymbol{H}_{\hat{J}_{\text{GC-loss}}}(\boldsymbol{e})\leqslant 0$。

② 如果$u>1$，则对于满足$0<|e_i|\leqslant[(u-1)/u\lambda]^{1/u}(i=1,2,\cdots,N)$的任意$\boldsymbol{e}$，有$\boldsymbol{H}_{\hat{J}_{\text{GC-loss}}}(\boldsymbol{e})\geqslant 0$。

③ 如果$\lambda\to 0+$，对于满足$e_i\neq 0$（$i=1,2,\cdots,N$）的任何$\boldsymbol{e}$，当$0<u\leqslant 1$时有$\boldsymbol{H}_{\hat{J}_{\text{GC-loss}}}(\boldsymbol{e})\leqslant 0$，当$u>1$时有$\boldsymbol{H}_{\hat{J}_{\text{GC-loss}}}(\boldsymbol{e})\geqslant 0$。

性质 5.9 对于$u>1$，$\hat{J}_{\text{GC-loss}}$是满足$e_i\leqslant M(i=1,2,\cdots,N)$的$\boldsymbol{e}=[e_1,e_2,\cdots,e_N]^{\text{T}}$的可微分凸函数，其中$M$是任意正数。

证明 如果一个可微分函数$f:S\mapsto\mathbb{R}(S\subset\mathbb{R}^N)$满足以下条件，则$f$为凸函数：

$$f(x_2)\geqslant f(x_1)+q^{\text{T}}(x_1,x_2)\nabla f(x_1) \tag{5.57}$$

式中，$\nabla f(x)$是f关于x的梯度，$q(x_1,x_2)$是一个矢量函数。

对于$u>1$，$\hat{J}_{\text{GC-loss}}$是关于$\boldsymbol{e}$的可微分函数，且梯度$\nabla\hat{J}_{\text{GC-loss}}$可以表示为

$$\nabla\hat{J}_{\text{GC-loss}}(\boldsymbol{e})=\frac{u\lambda\varsigma_{u,v}}{N}\left[\exp(-\lambda|e_1|^u)|e_1|^{u-1}\operatorname{sign}(e_1),\cdots,\exp(-\lambda|e_N|^u)|e_N|^{u-1}\operatorname{sign}(e_N)\right]^{\text{T}} \tag{5.58}$$

由于$e_i\leqslant M$，当且仅当$\boldsymbol{e}=\boldsymbol{0}$时，有$\nabla\hat{J}_{\text{GC-loss}}(\boldsymbol{e})=\boldsymbol{0}$。此外，还可以得到$\hat{J}_{\text{GC-loss}}(\boldsymbol{e})\geqslant\hat{J}_{\text{GC-loss}}(\boldsymbol{0})=\boldsymbol{0}$。因此可以构造以下函数：

$$q(\boldsymbol{e}_1,\boldsymbol{e}_2)=\begin{cases}\dfrac{\hat{J}_{\text{GC-loss}}(\boldsymbol{e}_2)-\hat{J}_{\text{GC-loss}}(\boldsymbol{e}_1)}{\nabla\hat{J}_{\text{GC-loss}}(\boldsymbol{e}_1)^{\text{T}}\nabla\hat{J}_{\text{GC-loss}}(\boldsymbol{e}_1)}\nabla\hat{J}_{\text{GC-loss}}(\boldsymbol{e}_1), & \boldsymbol{e}\neq\boldsymbol{0}\\ \boldsymbol{0}, & \boldsymbol{e}=\boldsymbol{0}\end{cases} \tag{5.59}$$

此时$\hat{J}_{\text{GC-loss}}$满足以下条件：

$$\hat{J}_{\text{GC-loss}}(\boldsymbol{e}_2)\geqslant\hat{J}_{\text{GC-loss}}(\boldsymbol{e}_1)+q^{\text{T}}(\boldsymbol{e}_1,\boldsymbol{e}_2)\nabla\hat{J}_{\text{GC-loss}}(\boldsymbol{e}_1) \tag{5.60}$$

2．第二类广义相关熵

（1）第二类广义相关熵的定义

针对 Alpha 稳定分布脉冲噪声二阶矩不存在的特点，以相关熵理论作为基础，Wang 给出另一种广义相关熵的定义。

定义 5.5 对于两个随机变量X和Y，第二类广义相关熵定义为

$$C_\sigma(X,Y)=E\left[(X-Y)^2\kappa_\sigma(X-Y)\right] \tag{5.61}$$

式中，$\kappa_\sigma(\cdot)$为满足 Mercer 条件的核函数。不失一般性，核函数选取高斯函数

$$\kappa_\sigma(\cdot)=\frac{1}{\sqrt{2\pi}\sigma}\exp\left(-\frac{\|\cdot\|_2^2}{2\sigma^2}\right) \tag{5.62}$$

式中，σ为核长。

（2）第二类广义相关熵的性质

性质 5.10 对于任意两个随机变量X和Y，第二类广义相关熵$C_\sigma(X,Y)$是对称的，

即

$$\begin{aligned}C_\sigma(X,Y)&=E\left[(X-Y)^2\kappa_\sigma(X-Y)\right]\\&=E\left[(Y-X)^2\kappa_\sigma(Y-X)\right]=C_\sigma(Y,X)\end{aligned}\tag{5.63}$$

进一步可以推导出

$$C_\sigma(-X,-Y)=E\left[(-X+Y)^2\kappa_\sigma(-X+Y)\right]=C_\sigma(X,Y)\tag{5.64}$$

性质 5.11　对于任意两个随机变量 X 和 Y，第二类广义相关熵 $C_\sigma(X,Y)$ 是非负的，即

$$C_\sigma(X,Y)\geqslant 0\tag{5.65}$$

当且仅当 $X=Y$ 时，第二类广义相关熵 $C_\sigma(X,Y)$ 取最小值 $C_\sigma(X,Y)=0$。

性质 5.12　针对第二类广义相关熵 $C_\sigma(X,Y)$，设存在两个服从对称 Alpha 稳定分布的随机变量 X 和 Y，其特征指数满足 $0<\alpha\leqslant 2$，则第二类广义相关熵 $C_\sigma(X,Y)$ 是有界的。

证明　由第二类广义相关熵的定义可得

$$C_\sigma(X,Y)=E\left[(X-Y)^2\kappa_\sigma(X-Y)\right]\tag{5.66}$$

定义 $r=X-Y$，根据对称 Alpha 稳定分布性质可知，随机变量 r 同样服从对称 Alpha 稳定分布。根据数学期望的定义，式（5.66）可进一步写为

$$C_\sigma(X,Y)=g(r)=\frac{1}{\sqrt{2\pi}\sigma}\int_{-\infty}^{+\infty}\exp\left(-\frac{r^2}{2\sigma^2}\right)r^2f(r)\mathrm{d}r\tag{5.67}$$

式中，$f(r)$ 表示随机变量 r 的概率密度函数。

虽然对称 Alpha 稳定分布随机变量不存在统一的概率密度函数闭式表达式，但有统一的特征函数

$$\varphi(t)=\exp\left\{\mathrm{j}\mu t-\gamma|t|^\alpha\right\}\tag{5.68}$$

根据随机变量概率密度函数与特征函数的关系可得

$$g(r)=\frac{1}{2\pi\sqrt{2\pi}\sigma}\int_{-\infty}^{+\infty}\int_{-\infty}^{+\infty}\exp\left(-\frac{r^2}{2\sigma^2}\right)\exp\left(\mathrm{j}\mu t-\gamma|t|^\alpha-\mathrm{j}\omega r\right)r^2\mathrm{d}r\mathrm{d}t\tag{5.69}$$

又因为 $\int_{-\infty}^{+\infty}f(t)\mathrm{d}t\leqslant\int_{-\infty}^{+\infty}|f(t)|\mathrm{d}t$，所以

$$g(r)\leqslant\frac{1}{2\pi\sqrt{2\pi}\sigma}\int_{-\infty}^{+\infty}\int_{-\infty}^{+\infty}\exp\left(-\frac{r^2}{2\sigma^2}\right)r^2\mathrm{d}r\exp\left(-\gamma|t|^\alpha\right)\mathrm{d}t\tag{5.70}$$

已知 $\int_{-\infty}^{+\infty}\exp\left(-\frac{r^2}{2\sigma^2}\right)r^2\mathrm{d}r=\sqrt{2\pi}\sigma^3$，式（5.70）可写为

$$g(r)\leqslant\frac{\sigma^2}{2\pi}\int_{-\infty}^{+\infty}\exp\left(-\gamma|t|^\alpha\right)\mathrm{d}t=\frac{\sigma^2}{\pi}\int_0^{+\infty}\exp\left(-\gamma t^\alpha\right)\mathrm{d}t\tag{5.71}$$

由复合函数的导数性质可得

$$\frac{\mathrm{d}\left[\exp\left(-\gamma t^\alpha\right)\right]}{\mathrm{d}[\alpha]}=-\exp\left(-\gamma t^\alpha\right)\cdot\gamma t^\alpha\cdot\ln t\tag{5.72}$$

又因为分散系数$\gamma>0$恒成立，所以

$$\begin{cases}\exp\left(-\gamma t^{\alpha}\right)\leqslant\exp\left(-\gamma t\right), & t\in[0,1]\\ \exp\left(-\gamma t^{\alpha}\right)\leqslant\exp\left(-\gamma t\right), & t\in[1,+\infty)\end{cases}\tag{5.73}$$

因此，式（5.71）可进一步写为

$$g(r)\leqslant\frac{\sigma^2}{\pi}\int_0^{+\infty}\exp\left(-\gamma t\right)\mathrm{d}t=\frac{\sigma^2}{\pi\gamma}\tag{5.74}$$

另一方面，由性质 5.11 可知$C_\sigma(X,Y)\geqslant 0$成立，所以针对对称 Alpha 稳定分布随机变量的广义相关熵$C_\sigma(X,Y)$是有界的。

由于脉冲噪声不存在有限的二阶统计量，因此会导致常规的超分辨率子空间类参数估计方法的协方差矩阵无界，从而导致参数估计的性能显著下降甚至无法获得合理的估计结果。由于第二类广义相关熵是有界的，因此可以应用于脉冲噪声环境下的子空间类方法中，进而改善参数估计的精度和鲁棒性。

5.4.2 广义相关熵的应用

1. 基于最小广义相关熵准则的波达方向估计

假设P个不相关的信号以$\{\theta_1,\theta_2,\cdots,\theta_P\}$的角度入射到包含$M$个阵元的均匀线性阵列上，阵列接收数据中包含对称 Alpha 稳定分布的加性脉冲噪声，接收信号中存在的脉冲噪声满足对称 Alpha 稳定分布。在实际应用中，对于一组观测值$\{(x_i,y_i)\}_{i=1}^N$，第二类广义相关熵的估计式表示为

$$\hat{C}_\sigma(X,Y)=\frac{1}{N}\sum_{i=1}^{N}(x_i-y_i)^2\kappa_\sigma(x_i-y_i)\tag{5.75}$$

基于低秩近似理论，式（5.28）中的$\boldsymbol{X}$可以用低秩矩阵$\hat{\boldsymbol{X}}$来近似：

$$\min_{\hat{\boldsymbol{X}}}\left\|\boldsymbol{X}-\hat{\boldsymbol{X}}\right\|_{\mathrm{F}}^2,\qquad \text{s.t.}\qquad \operatorname{rank}(\hat{\boldsymbol{X}})\leqslant P\tag{5.76}$$

式中，P为待估计的信号源个数。

式（5.76）的全局最优解为

$$\begin{aligned}\mathrm{SVD}(\boldsymbol{X})&=\boldsymbol{U}_{\mathrm{s}}\boldsymbol{D}_{\mathrm{s}}\boldsymbol{V}_{\mathrm{s}}^{\mathrm{H}}+\boldsymbol{U}_{\mathrm{n}}\boldsymbol{D}_{\mathrm{n}}\boldsymbol{V}_{\mathrm{n}}^{\mathrm{H}}\\ \hat{\boldsymbol{X}}&\approx\boldsymbol{U}_{\mathrm{s}}\boldsymbol{D}_{\mathrm{s}}\boldsymbol{V}_{\mathrm{s}}^{\mathrm{H}}\end{aligned}\tag{5.77}$$

式中，$\boldsymbol{D}_{\mathrm{s}}$和$\boldsymbol{D}_{\mathrm{n}}$分别表示由$P$个最大奇异值和其余$M-P$个奇异值构成的对角阵，$\boldsymbol{U}_{\mathrm{s}}$和$\boldsymbol{V}_{\mathrm{s}}$分别为对应的左特征向量和右特征向量。

式（5.76）的代价函数可以重写为

$$J_{\mathrm{F}}(\boldsymbol{Y},\boldsymbol{Z})=\left\|\boldsymbol{X}-\boldsymbol{YZ}\right\|_{\mathrm{F}}^2=\sum_{m=1}^{M}\sum_{n=1}^{N}\left|x_{mn}-(\boldsymbol{YZ})_{mn}\right|^2\tag{5.78}$$

式中，$\boldsymbol{Y}\in\mathbb{C}^{M\times P}$为列满秩矩阵，$\boldsymbol{Z}\in\mathbb{C}^{P\times N}$为行满秩矩阵，$N$和$M$分别为信号采样的快拍数和接收阵列阵元个数。

利用广义相关熵替换式（5.78）中的二阶统计矩，得到新的代价函数：

$$J_{\mathrm{C}}(\boldsymbol{Y},\boldsymbol{Z})=\frac{1}{M}\sum_{m=1}^{M}\hat{C}(r_m,0)=\frac{1}{MN}\sum_{m=1}^{M}\sum_{n=1}^{N}\frac{1}{\sqrt{2\pi}\sigma}\exp\left(-\frac{|r_{mn}|^2}{2\sigma^2}\right)|r_{mn}|^2 \tag{5.79}$$

将式（5.79）进一步写为

$$J_{\mathrm{C}}(\boldsymbol{Y},\boldsymbol{Z})=\frac{1}{MN}\left\|\boldsymbol{W}^{1/2}\odot\boldsymbol{R}\right\|_{\mathrm{F}}^2=\frac{1}{MN}\left\|\boldsymbol{W}^{1/2}\odot\boldsymbol{X}-\boldsymbol{W}^{1/2}\odot\boldsymbol{YZ}\right\|_{\mathrm{F}}^2 \tag{5.80}$$

式中，$\odot$ 表示矩阵对应元素相乘，$[\cdot]^{1/2}$ 表示对矩阵中每个元素进行求根运算，$\boldsymbol{W}$ 为加权矩阵，其第 m 行、第 n 列元素为

$$w_{mn}=\frac{1}{\sqrt{2\pi}\sigma}\exp\left(-\frac{|r_{mn}|^2}{2\sigma^2}\right) \tag{5.81}$$

对式（5.80）中的代价函数 $J_{\mathrm{C}}(\boldsymbol{Y},\boldsymbol{Z})$ 的最小化求解，称为最小广义相关熵准则（MGCC）。可见，与式（5.78）定义的代价函数相比，式（5.80）表示的基于广义相关熵的代价函数增加了加权矩阵，当残差较大时，加权矩阵中的元素迅速衰减，从而实现对脉冲噪声的抑制。

利用最小广义相关熵准则，最小化式（5.80）即可得到信号子空间的估计 $\hat{\boldsymbol{Y}}$，计算空间谱函数：

$$P_{\text{MGCC-MUSIC}}(\theta)=\frac{1}{\boldsymbol{a}^{\mathrm{H}}(\theta)\left(\boldsymbol{I}-\hat{\boldsymbol{Y}}\left\langle\hat{\boldsymbol{Y}},\hat{\boldsymbol{Y}}\right\rangle^{-1}\hat{\boldsymbol{Y}}^{\mathrm{H}}\right)\boldsymbol{a}(\theta)} \tag{5.82}$$

通过谱函数的峰值实现信源波达方向的估计。采用 IR-SVD 方法对上述优化问题进行求解，主要步骤如下。

第 1 步：初始化 $\boldsymbol{Y}^{(0)}$ 为随机列满秩矩阵，$\boldsymbol{Z}^{(0)}$ 为随机行满秩矩阵，设迭代次数 $k=0$，迭代相对误差 $\varepsilon^{(0)}=1$，最大迭代次数为 K。

第 2 步：对于第 k 次迭代，计算加权矩阵 $\boldsymbol{W}^{(k)}$，对加权后接收数据矩阵进行奇异值分解：

$$\mathrm{SVD}[(\boldsymbol{W}^{(k)})^{1/2}\odot\boldsymbol{X}]=\boldsymbol{U}_{\mathrm{s}}^{(k)}\boldsymbol{\Sigma}_{\mathrm{s}}^{(k)}(\boldsymbol{V}_{\mathrm{s}}^{(k)})^{\mathrm{H}}+\boldsymbol{U}_{\mathrm{n}}^{(k)}\boldsymbol{\Sigma}_{\mathrm{n}}^{(k)}(\boldsymbol{V}_{\mathrm{n}}^{(k)})^{\mathrm{H}}$$

选择最大的 P 个奇异值组成对角矩阵 $\boldsymbol{\Sigma}_{\mathrm{s}}^{(k)}$，奇异值对应的左特征向量和右特征向量组成矩阵 $\boldsymbol{U}_{\mathrm{s}}^{(k)}\in\mathbb{C}^{M\times P}$ 和 $\boldsymbol{V}_{\mathrm{s}}^{(k)}\in\mathbb{C}^{P\times N}$，更新估计结果 $\boldsymbol{Y}^{(k+1)}\leftarrow\boldsymbol{U}_{\mathrm{s}}^{(k)}$ 和 $\boldsymbol{Z}^{(k+1)}\leftarrow\boldsymbol{\Sigma}_{\mathrm{s}}^{(k)}(\boldsymbol{V}_{\mathrm{s}}^{(k)})^{\mathrm{H}}$。

第 3 步：令 $k=k+1$，计算相邻两次迭代的相对误差：

$$\varepsilon^{(k)}=\frac{J_{\mathrm{C}}\left(\boldsymbol{Y}^{(k)},\boldsymbol{Z}^{(k)}\right)-J_{\mathrm{C}}\left(\boldsymbol{Y}^{(k-1)},\boldsymbol{Z}^{(k-1)}\right)}{J_{\mathrm{C}}\left(\boldsymbol{Y}^{(k-1)},\boldsymbol{Z}^{(k-1)}\right)}$$

第 4 步：重复第 2 步～第 3 步，直至满足 $\varepsilon^{(k)}<\varepsilon_{\mathrm{s}}$ 或 $k<K$，其中 ε_{s} 为迭代停止误差。

第 5 步：按式（5.82）计算空间谱函数，通过搜索峰值获得信源波达方向的估计。

2．计算机仿真

设均匀线性阵列包含 $M=8$ 个阵元，阵元间距为 $d=\lambda/2$，两个功率相同、调制方式为 QPSK 的入射信号，入射角度分别为 $\theta_1=-10°$ 和 $\theta_2=20°$。接收信号中存在的脉冲噪声服从对称 Alpha 稳定分布。作为算法性能对比，同时对 MUSIC 算法、FLOM-MUSIC 算法、

ACO-MUSIC 算法、CRCO-MUSIC 算法及本节描述的 MGCC-MUSIC 算法进行仿真。

实验 5.8 空间谱估计。图 5.10 给出了由不同算法估计得到的归一化空间谱，其中广义信噪比 $GSNR = 4dB$，噪声特征指数 $\alpha = 1.5$，快拍数 $N = 100$。可以看出，在脉冲噪声下，经典 MUSIC 算法性能退化严重，FLOM-MUSIC 算法抑制噪声能力较差，而 MGCC-MUSIC、CRCO-MUSIC 和 ACO-MUSIC 算法能够得到较好的估计结果。

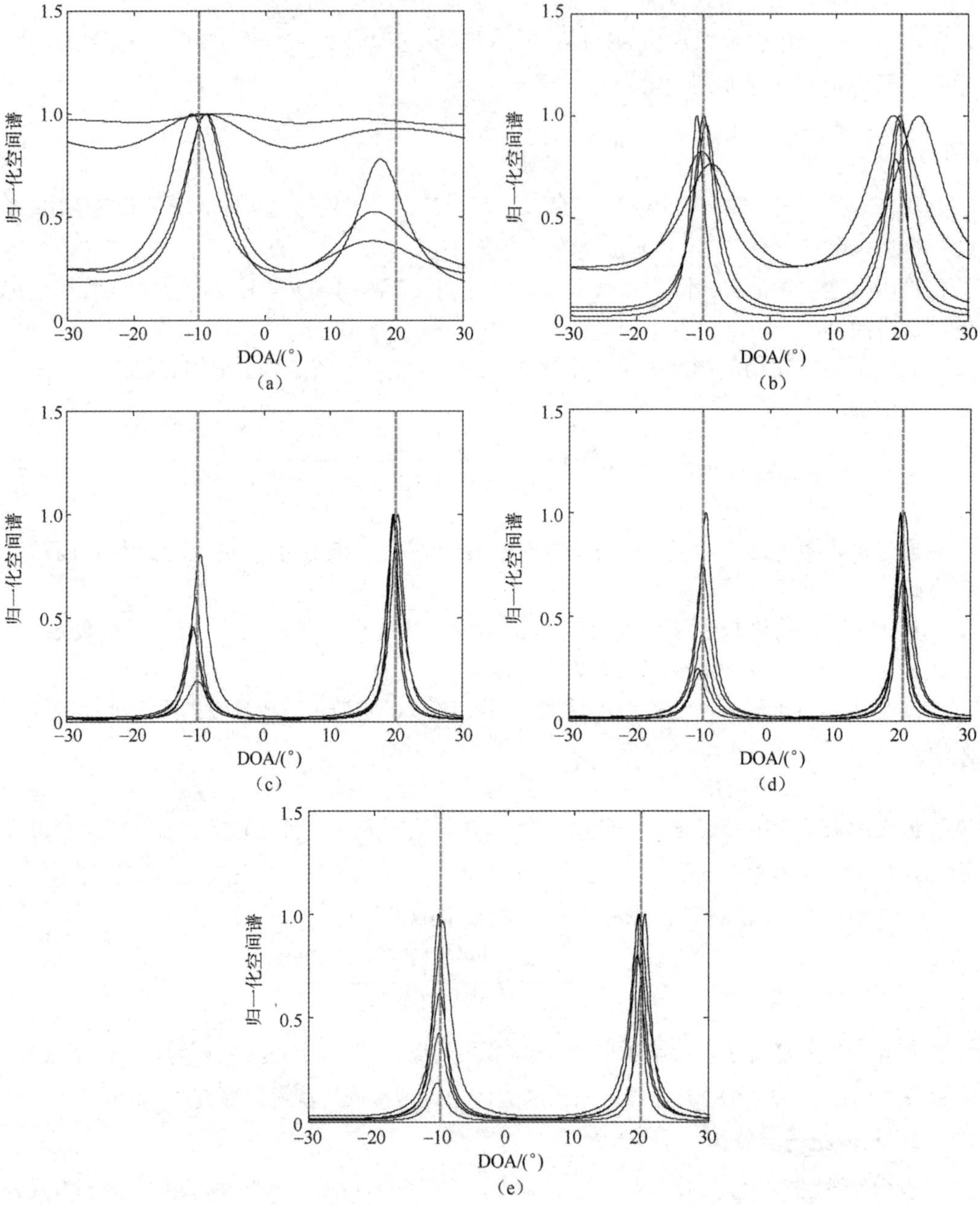

图 5.10 不同算法的归一化空间谱。(a) MUSIC；(b) FLOM-MUSIC；(c) CRCO-MUSIC；(d) ACO-MUSIC；(e) MGCC-MUSIC

实验 5.9　广义信噪比的影响。图 5.11 给出了算法性能随广义信噪比的变化曲线，其中噪声特征指数$\alpha = 1.5$，快拍数$N = 100$。可以看出，经典 MUSIC 算法由于无法抑制脉冲噪声而性能较差；另一方面，当信噪比较低时，与其他算法相比，MGCC-MUSIC 与 CRCO-MUSIC 两种算法的可分辨概率更高，且 MGCC-MUSIC 算法的估计误差更小；但当信噪比较高时，MGCC-MUSIC 与 ACO-MUSIC 算法性能相近。图 5.12 给出了柯西噪声（$\alpha = 1.0$）下算法性能随广义信噪比的变化曲线以及参数估计的克拉美-罗界。可以看出，相比于其他算法，MGCC-MUSIC 算法的可分辨概率更高，参数估计误差更小，具有非常明显的优势。这说明 MGCC-MUSIC 算法更加适用于强脉冲噪声下的参数估计。

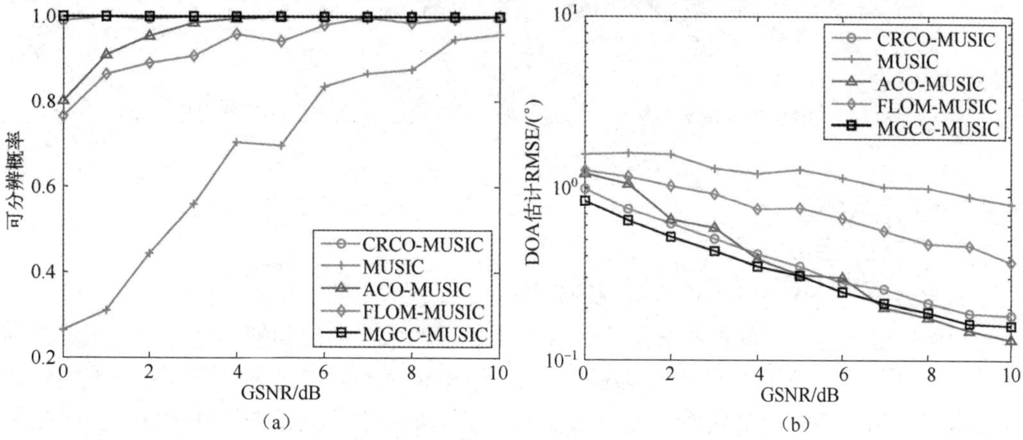

图 5.11　广义信噪比对算法性能的影响（$\alpha = 1.5$）。(a) 可分辨概率；(b) 均方根误差

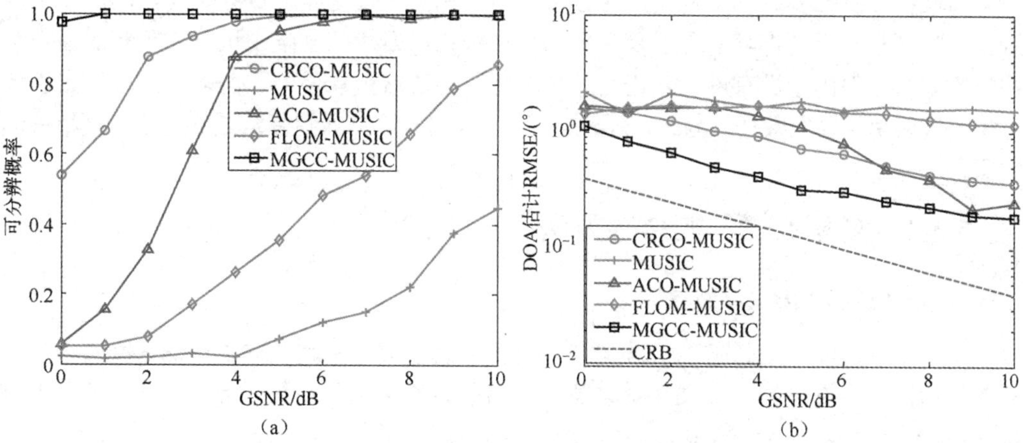

图 5.12　广义信噪比对算法性能的影响（$\alpha = 1.0$）。(a) 可分辨概率；(b) 均方根误差

实验 5.10　噪声特征指数的影响。图 5.13 给出了算法性能随噪声特征指数的变化曲线，其中广义信噪比$\mathrm{GSNR} = 4\mathrm{dB}$，快拍数$N = 100$。可以看出，MGCC-MUSIC 算法在高斯噪声（$\alpha = 2.0$）与脉冲噪声（$\alpha < 2.0$）环境下均能取得较好的估计结果，且在当前核长参数下，MGCC-MUSIC 算法对噪声特征指数不敏感，其性能优势在高脉冲噪声环境下更加明显。

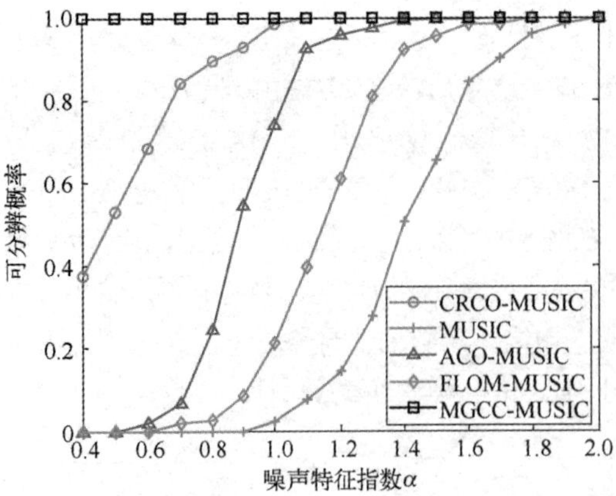

(a)

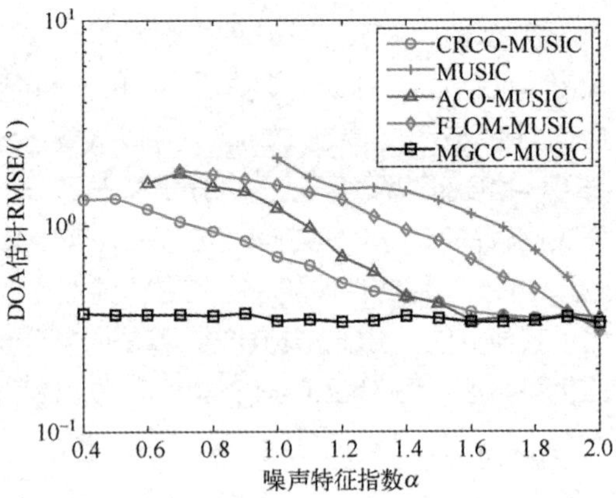

(b)

图 5.13　噪声特征指数对算法性能的影响。(a）可分辨概率；(b）均方根误差

5.5　复相关熵

给定系统的输入与输出信号关系的建模是工程领域中的一个常见问题。为了使输入信号和期望输出信号之间的差异最小化，工程领域通常采用回归解。这种方法虽然在高斯噪声假设下具有较好的性能，但对异常值不具有鲁棒性。在过去的几年中，许多学者开发出基于相关熵的代价函数，该方法提高了非高斯噪声环境下的拟合精度，并且较之最小均方（least mean square，LMS）法等经典的二阶方法具有更好的性能。此外，许多应用领域都涉及在复数域中定义的源信号。由于相关熵仅是实数域的定义，因此有必要进行一些调整，以便将其应用于复数数据。尽管在已发表的文献中可以找到针对复数数据的核方法，但由于没有进行理论研究来阐明其性质或最佳使用方法，因此尚未正确地将相关熵应用于复数数据。为此，Principe 等人将相关熵扩展到复数域，提出了复相关熵的概念。

5.5.1　复相关熵的概念与方法

1. 相关熵的概率密度解释

如果将 Parzen 估计器作为两个随机变量的联合概率，则相关熵直接描述这两个随机变量的相似度。设 X 和 Y 为两个随机变量，其联合概率密度函数为 $f_{XY}(x,y)$，则关于事件 $X=Y$ 的概率密度可以表示为

$$P(X=Y)=\int_{-\infty}^{+\infty}\int_{-\infty}^{+\infty} f_{XY}(x,y)\delta(x-y)\mathrm{d}x\mathrm{d}y \tag{5.83}$$

然而，在大多数实际应用中，随机变量 X 和 Y 的真实分布情况是未知的，且仅存在有限的数据采样 (x_n,y_n)，$n=1,2,3,\cdots,N$ 可用，因此可用基于高斯核的 L 维 Parzen 估计来计算联合概率密度函数：

$$\hat{f}_{X^1,X^2,\cdots,X^L}(x^1,x^2,\cdots,x^L)=\frac{1}{N}\sum_{n=1}^{N}\prod_{l=1}^{L}G_\sigma(x^l-x_n^l) \tag{5.84}$$

式中，$G_\sigma(x)$ 定义为

$$G_\sigma(x)=\frac{1}{\sqrt{2\pi}\sigma}\exp\left(-\frac{x^2}{2\sigma^2}\right) \tag{5.85}$$

x_n^l 表示 L 维随机矢量的第 l 个分量的第 n 个数据采样，σ 为核长。

考虑 $L=2$ 的情况，设 $X^1=X$ 和 $Y^2=Y$，则式（5.84）可表示为

$$\hat{f}_{XY}(x,y)=\frac{1}{N}\sum_{n=1}^{N}G_\sigma(x-x_n)G_\sigma(y-y_n) \tag{5.86}$$

将式（5.86）代入式（5.83）得

$$\hat{P}(X=Y)=\int_{-\infty}^{+\infty}\int_{-\infty}^{+\infty}\frac{1}{N}\sum_{n=1}^{N}G_\sigma(x-x_n)G_\sigma(y-y_n)\,\delta(x-y)\mathrm{d}x\mathrm{d}y \tag{5.87}$$

由于只有非零值在联合空间的对角线 $y=x$ 上出现，因此式（5.87）可进一步表示为

$$\hat{P}(X=Y)=\frac{1}{N}\sum_{n=1}^{N}\int_{-\infty}^{+\infty}G_\sigma(u-x_n)G_\sigma(u-y_n)\mathrm{d}u \tag{5.88}$$

式中，u 表示 x 和 y 在对角线 $y=x$ 上的取值。

由于多个高斯分布乘积的积分仍然对应一个高斯分布，且其核长等于原有高斯分布核与一个正实数的乘积，因此式（5.88）可以表示为

$$\hat{P}(X=Y)=\frac{1}{N}\sum_{n=1}^{N}G_{\sqrt{2}\sigma}(x_n-y_n) \tag{5.89}$$

结合式（5.89），相关熵可以表示为

$$\begin{aligned}V(X,Y)&=E_{XY}[G_{\sqrt{2}\sigma}(X-Y)]\\&=\int_{-\infty}^{+\infty}\int_{-\infty}^{+\infty}f_{XY}(x,y)G(x-y)\mathrm{d}x\mathrm{d}y\end{aligned} \tag{5.90}$$

通过比较式（5.83）和式（5.89），可以合理地假设：对于平滑的概率密度函数，当核长较小时，相关熵实际上可以解释为两个随机变量在满足事件 $X=Y$ 时的概率密度。此外，式（5.89）提供了估计相关熵的精确方法，并且其总是可以解释为关于事件 $X=Y$ 的概率密度的非参数估计。

然而，一般而言，对于任意一个有限核长，相关熵均可根据目标及其信号特征进行估计。这一事实充分地解释了相关熵和均方误差之间的差异，均方误差的局限性在于其仅能够量化二阶矩。

2．复相关熵的定义

复相关熵将相关熵的定义域从实数域扩展到复数域，定义如下两个复随机变量：

$$C_1=X+\mathrm{j}Z \tag{5.91}$$

$$C_2=Y+\mathrm{j}S \tag{5.92}$$

式中，C_1 与 C_2 为复随机变量，X、Y、Z 和 S 均为实随机变量。

进一步定义随机变量 $B \in \mathbb{C}$ 为 C_1 与 C_2 的差

$$B = C_1 - C_2 = (X - Y) + \mathrm{j}(Z - S) \tag{5.93}$$

相应地，B 的实部和虚部分别表示为

$$B_{\mathrm{Re}} = X - Y \tag{5.94}$$

$$B_{\mathrm{Im}} = Z - S \tag{5.95}$$

依据上述分析，满足条件 $C_1 = C_2$，即 $X = Z$ 和 $Y = S$ 的概率密度可以表示为

$$\hat{P}(C_1 = C_2) = \int_{-\infty}^{+\infty}\int_{-\infty}^{+\infty}\int_{-\infty}^{+\infty}\int_{-\infty}^{+\infty} \hat{f}_{XYZS}(x,y,z,s)\,\delta(x-y)\delta(z-s)\mathrm{d}x\mathrm{d}y\mathrm{d}z\mathrm{d}s \tag{5.96}$$

当满足条件 $x = y$ 和 $z = s$ 时，式（5.96）可重写为

$$\hat{P}(C_1 = C_2) = \int_{-\infty}^{+\infty}\int_{-\infty}^{+\infty} \hat{f}_{XYZS}(x,x,z,z)\mathrm{d}x\mathrm{d}z \tag{5.97}$$

为不失一般性，设 $L = 4$，由式（5.84）定义的 Parzen 估计可以代替 $\hat{f}_{XYZS}$ 函数，即

$$\int_{-\infty}^{+\infty}\int_{-\infty}^{+\infty} \frac{1}{N}\sum_{n=1}^{N} G_\sigma(x - x_n)\, G_\sigma(x - y_n) G_\sigma(z - z_n) G_\sigma(z - s_n)\mathrm{d}x\mathrm{d}z \tag{5.98}$$

对式（5.98）中的二重积分进行求解可得

$$\hat{P}(C_1 = C_2) = \frac{1}{N}\sum_{n=1}^{N} G_{\sqrt{2}\sigma}(x_n - y_n)\, G_{\sqrt{2}\sigma}(z_n - s_n) \tag{5.99}$$

类比前文的定义，式（5.99）也是两个复随机变量 C_1 和 C_2 的相关熵的估计。

因此，基于高斯核函数的两个复随机变量 C_1 和 C_2 的复相关熵定义为

$$V_\sigma^C(C_1 - C_2) = E[\kappa(C_1 - C_2)] \tag{5.100}$$

式中，κ 为正定核函数。

如果选取下式作为复相关熵的核函数：

$$G_\sigma^C(C_1 - C_2) = \frac{1}{2\pi\sigma^2}\exp\left(-\frac{(C_1 - C_2)(C_1 - C_2)^*}{2\sigma^2}\right) \tag{5.101}$$

则具有 Parzen 窗的复相关熵非参数估计可以表示为

$$\hat{V}_\sigma^C(C_1 - C_2) = \frac{1}{2N\pi\sigma^2}\sum_{n=1}^{N}\exp\left(-\frac{(x_n - y_n)^2 + (z_n - s_n)^2}{2\sigma^2}\right) \tag{5.102}$$

可见，式（5.102）表示两个复随机变量之间相似度的完整度量。

在对高斯核函数核长进行设定时，也存在折中的选择：一方面，在核长较小的时候需要重点关注联合空间等分线上的样本；另一方面，在核长较大时必须考虑尽可能多的样本的影响。

5.5.2 复相关熵的性质

采用泰勒级数展开，式（5.102）可以进一步表示为以下两种形式：

$$V_\sigma^C(C_1,C_2)=\frac{1}{2\pi\sigma^2}\sum_{m=0}^{\infty}\frac{(-1)^m}{2^m\sigma^{2m}m!}E\left[(X-Y)^{2m}+(Z-S)^{2m}\right] \tag{5.103}$$

和

$$V_\sigma^C(C_1,C_2)=\frac{1}{2\pi\sigma^2}+\frac{k_1}{\sigma^4}E\left[(C_1-C_2)(C_1-C_2)^*\right]+h_{\sigma^6}(C_1-C_2) \tag{5.104}$$

式中，$h_{\sigma^6}(C_1-C_2)$ 包含所有高阶矩。

由式（5.104）可见，随着核长 σ 的增加，由 $h_{\sigma^6}(C_1-C_2)$ 表示的高阶矩项趋近于零的速度比第二项更快。值得一提的是，式（5.104）的第二项刚好涉及复随机变量 C_1 和 C_2 的协方差，因此当核长 σ 增加时，复相关熵趋向于表现出与协方差相同的性能，与实随机变量的相关熵趋于相同。

性质 5.13　对于对称核函数，复相关熵也是对称的，即

$$\begin{aligned}V_\sigma^C(C_1,C_2)&=E[\kappa(C_1,C_2)]\\&=E[\kappa(C_2,C_1)]=V_\sigma^C(C_2,C_1)\end{aligned} \tag{5.105}$$

性质 5.14　复相关熵是正的且是有界的。对于复高斯核函数，复相关熵的估计值 $\hat{V}_\sigma^C$ 始终为实数，且介于 0 和 $1/(2\pi\sigma^2)$ 之间，即

$$0\leqslant\hat{V}_\sigma^C(C_1,C_2)\leqslant\frac{1}{2\pi\sigma^2} \tag{5.106}$$

证明　复高斯核函数为

$$G_\sigma^C(C_1,C_2)=\frac{1}{2\pi\sigma^2}\exp\left(-\frac{(C_1-C_2)(C_1-C_2)^*}{2\sigma^2}\right) \tag{5.107}$$

则复相关熵的估计可以表示为

$$\hat{V}_\sigma^C(C_1,C_2)=\frac{1}{2\pi\sigma^2}\frac{1}{N}\sum_{n=1}^{N}\exp\left(-\frac{(C_1-C_2)(C_1-C_2)^*}{2\sigma^2}\right) \tag{5.108}$$

如果 $C_1=C_2$，则复相关熵的估计 $\hat{V}_\sigma^C(C_1,C_2)$ 取最大值 $\hat{V}_\sigma^C(C_1,C_2)=1/(2\pi\sigma^2)$。然而，如果 C_1 与 C_2 之间存在较大的差异，则式（5.108）中 e 的负实指数项较大，此时 $\hat{V}_\sigma^C(C_1,C_2)$ 趋近于 0。

性质 5.15　对于高斯核函数，复相关熵是随机变量 $B=C_1-C_2$ 的所有偶数阶矩的加权和。此外，增大核长使相关熵趋于复随机变量 C_1 和 C_2 的相关函数。

证明　随机变量 $B=C_1-C_2$ 的实部和虚部的定义如式（5.94）和式（5.95）所示，依据 B_{Re} 和 B_{Im} 的泰勒级数展开，可以分析 $V_\sigma^C(C_1,C_2)=V_\sigma^C(B_{\mathrm{Re}},B_{\mathrm{Im}})=E[G_\sigma^C(B)]$。

$$\begin{aligned}V_\sigma^C(B_{\mathrm{Re}},B_{\mathrm{Im}})=\frac{1}{2\pi\sigma}E\Bigg[&1-\frac{B_{\mathrm{Re}}^2}{2\sigma^2}+\frac{B_{\mathrm{Re}}^4}{8\sigma^4}-\frac{B_{\mathrm{Re}}^6}{48\sigma^6}+\frac{B_{\mathrm{Re}}^8}{384\sigma^8}-\\&\frac{B_{\mathrm{Im}}^2}{2\sigma^2}+\frac{B_{\mathrm{Im}}^4}{8\sigma^4}-\frac{B_{\mathrm{Im}}^6}{48\sigma^6}+\frac{B_{\mathrm{Im}}^8}{384\sigma^8}+\frac{B_{\mathrm{Re}}^2B_{\mathrm{Im}}^2}{4\sigma^4}+\frac{B_{\mathrm{Re}}^2B_{\mathrm{Im}}^4}{16\sigma^6}-\frac{B_{\mathrm{Re}}^4B_{\mathrm{Im}}^2}{16\sigma^6}+\\&\frac{B_{\mathrm{Re}}^2B_{\mathrm{Im}}^6}{96\sigma^8}+\frac{B_{\mathrm{Re}}^4B_{\mathrm{Im}}^4}{64\sigma^8}+\frac{B_{\mathrm{Re}}^6B_{\mathrm{Im}}^2}{96\sigma^8}+\cdots\Bigg]\end{aligned} \tag{5.109}$$

将式（5.109）中分母为σ^2的项分组，并将h_{σ^4}定义为包含求和的高阶项的变量，则式（5.109）可表示为

$$V_\sigma^C(B_{\text{Re}},B_{\text{Im}})=\frac{1}{2\pi\sigma}-\frac{1}{2\pi\sigma}E\left[\frac{B_{\text{Re}}^2+B_{\text{Im}}^2}{2\sigma^2}\right]+h_{\sigma^4} \tag{5.110}$$

$$V_\sigma^C(X,Y,Z,S)=\frac{1}{2\pi\sigma}-\frac{1}{2\pi\sigma}\frac{1}{2\sigma^2}E\left[(X-Y)^2+(Z-S)^2\right]+h_{\sigma^4} \tag{5.111}$$

$$V_\sigma^C(C_1,C_2)=\frac{1}{2\pi\sigma}-\frac{1}{2\pi\sigma^3}E[(C_1-C_2)(C_1-C_2)^*]+h_{\sigma^4} \tag{5.112}$$

$$V_\sigma^C(C_1,C_2)=\frac{1}{2\pi\sigma}-\frac{1}{2\pi\sigma^3}R[C_1,C_2]+h_{\sigma^4} \tag{5.113}$$

式中，$R[C_1,C_2]=E[C_1C_2^*]$是复随机变量C_1和C_2的相关函数。

从式（5.113）可以看出，随着核长σ的增加，由h_{σ^4}表示的高阶项趋近于零的速度比第二项快，这与涉及两个复变量C_1和C_2的相关函数相对应。

性质 5.16 当使用核长为σ的高斯核时，将σ减小到零会导致复相关熵接近事件$C_1=C_2\,[P(C_1=C_2)]$的概率密度。

$$\begin{aligned}\lim_{\sigma\to 0}V_\sigma^C(C_1,C_2)&=\int_{-\infty}^{\infty}\int_{-\infty}^{\infty}f_{XYZS}(u_1,u_1,u_2,u_2)\mathrm{d}u_1\mathrm{d}u_2\\&=P(C_1=C_2)\end{aligned} \tag{5.114}$$

式中，$\int_{-\infty}^{\infty}f_{XYZS}(u_1,u_1,u_2,u_2)$为联合概率密度函数。

证明 重新考虑复相关熵的定义$V_\sigma^C(C_1,C_2)=E[\kappa(C_1,C_2)]$，由于两个复数相等的条件是这两个复数的实部和虚部分别相等，因此，采用高斯核的复相关熵可以展开为

$$V_\sigma^C(C_1,C_2)=\int_{-\infty}^{\infty}\int_{-\infty}^{\infty}\int_{-\infty}^{\infty}\int_{-\infty}^{\infty}f_{XYZS}(x,y,z,s)G_\sigma(x-y)G_\sigma(z-s)\mathrm{d}x\mathrm{d}y\mathrm{d}z\mathrm{d}s \tag{5.115}$$

根据分布理论，可以证明以下事实：

$$\lim_{\sigma\to 0}G_\sigma(x)\equiv\delta(x) \tag{5.116}$$

因此可得

$$\lim_{\sigma\to 0}V_\sigma^C(C_1,C_2)=\int_{-\infty}^{\infty}\int_{-\infty}^{\infty}\int_{-\infty}^{\infty}\int_{-\infty}^{\infty}f_{XYZS}(x,y,z,s)\delta(x-y)\delta(z-s)\mathrm{d}x\mathrm{d}y\mathrm{d}z\mathrm{d}s \tag{5.117}$$

令$x=y=u_1$，$z=s=u_2$，则下式成立：

$$\begin{aligned}\lim_{\sigma\to 0}V_\sigma^C(C_1,C_2)&=\int_{-\infty}^{\infty}\int_{-\infty}^{\infty}f_{XYZS}(u_1,u_1,u_2,u_2)\mathrm{d}u_1\mathrm{d}u_2\\&=P(C_1=C_2)\end{aligned} \tag{5.118}$$

性质 5.17 设独立同分布数据$\{(x_i,y_i,z_i,s_i)\}_i^N$服从联合概率密度函数$f_{XYZS}$，$\hat{f}_{\sigma,XYZS}$为采用核长$\sigma$的 Parzen 估计，此时采用核长$\sigma'=\sqrt{2}\sigma$的复相关熵是$f_{XYZS}$沿着$x=y$和$z=s$形成平面的积分

$$\hat{V}_\sigma^C(C_1,C_2)=\int_{-\infty}^{\infty}\int_{-\infty}^{\infty}\hat{f}_{\sigma,XYZS}(x,y,z,s)\,\mathrm{d}u_1\mathrm{d}u_2\Big|_{x=y=u_1,z=s=u_2} \tag{5.119}$$

具体证明见 5.7.2 节。

性质 5.18　在满足 $N\to\infty$ 的条件下，$\hat{V}_{N,\sigma}(C_1,C_2)$ 是 $\hat{V}_\sigma(C_1,C_2)$ 的均方一致估计。并且，当满足条件 $N\sigma\to\infty$，$\sigma\to 0$ 时，$\hat{V}_{N,\sigma}(C_1,C_2)$ 是 f_B 的渐近无偏估计量，并且是均方一致的。

证明　根据 Parzen 估计的性质可知，在满足 $\lim\limits_{n\to\infty}\sigma=0$ 的条件下可得

$$\lim_{n\to\infty}\hat{f}_{\sigma,XYZS}(x,y,z,s)=f_{\sigma,XYZS}(x,y,z,s) \tag{5.120}$$

因此有

$$E[\hat{V}_{N,\sigma}^C(C_1,C_2)]=V_\sigma^C(C_1,C_2) \tag{5.121}$$

重写关于概率密度函数 $f_B(b)$ 的随机变量 $B=C_1-C_2$，通过采用高斯核函数，并且假设 $N\to\infty$ 和 $\sigma\to 0$，则有

$$\lim_{N\to\infty,\sigma\to 0}E[\hat{V}_{N,\sigma}^C(C_1,C_2)]=P(C_1=C_2)=f_B(0) \tag{5.122}$$

此外，为了分析方差，还需要考虑 Parzen 估计的性质，则有

$$\mathrm{Var}\left[\hat{V}_{N,\sigma}^C(C_1,C_2)\right]=N^{-1}\mathrm{Var}\left[G_\sigma(C_1-C_2)\right] \tag{5.123}$$

$$\lim_{N\to\infty,\sigma\to 0}N\sigma\mathrm{Var}\left[\hat{V}_{N,\sigma}^C(C_1,C_2)\right]=f_B(0)\int G_1^2(u)\mathrm{d}u \tag{5.124}$$

式中，$G_1(u)$ 为核长 $\sigma=1$ 的高斯核函数。

性质 5.19　设 R_1 和 R_2 为两个随机变量，且满足 $R_1,R_2\in\mathbb{R}$，采用高斯核函数，则复相关熵 $V_\sigma^C(R_1,R_2)$ 与传统相关熵 $V_\sigma(R_1,R_2)$ 相差一个值为 $\sqrt{2\pi}\sigma$ 的因子，即

$$\hat{V}_\sigma^C(R_1,R_2)\sqrt{2\pi}\sigma=\hat{V}_\sigma(R_1,R_2) \tag{5.125}$$

证明　对式（5.125）等号左边的项进行展开，可以得到

$$\hat{V}_\sigma^C(R_1,R_2)\sqrt{2\pi}\sigma=\frac{1}{2\pi\sigma^2}\frac{1}{N}\sum_{n=1}^{N}\exp\left(-\frac{(x_n-y_n)^2+(z_n-s_n)^2}{2\sigma^2}\right)\sqrt{2\pi}\sigma \tag{5.126}$$

如果随机变量 R_1 和 R_2 不存在虚部，则式（5.126）可以写为

$$\hat{V}_\sigma^C(R_1,R_2)\sqrt{2\pi}\sigma=\frac{1}{2\pi\sigma}\frac{1}{N}\sum_{n=1}^{N}\exp\left(-\frac{(x_n-y_n)^2}{2\sigma^2}\right) \tag{5.127}$$

式（5.127）正是使用高斯核估计的 $\hat{V}_\sigma(R_1,R_2)$ 的表达式。

值得一提的是，使用高斯核，大多数情况下期望复相关熵能在数值上泛化实数相关熵，从而在数据的虚部等于零时彼此相等。但事实并非如此，因为估计中的误差导致高斯分布在四维情况下（两个复随机变量）的“扩散”与在二维情况下不同。

性质 5.20　使用高斯核，复相关熵的极坐标形式表示为

$$\hat{V}_\sigma^C(C_1,C_2)=\frac{1}{2\pi\sigma^2}\frac{1}{N}\sum_{n=1}^{N}\exp\left(-\frac{|C_1|^2+|C_2|^2}{2\sigma^2}-\frac{|C_1||C_2|\cos(\theta-\phi)}{\sigma^2}\right) \tag{5.128}$$

证明　将 C_1 和 C_2 写成以下极坐标的形式：

$$C_1 = |C_1|\cos\phi + \mathrm{j}|C_1|\sin\phi$$
$$C_2 = |C_2|\cos\theta + \mathrm{j}|C_2|\sin\theta \tag{5.129}$$

可以得到以下两个表达式：

$$\begin{aligned}(x-y)^2 &= (|C_1|\cos\theta - |C_2|\cos\phi)^2 \\ &= |C_1|^2\cos^2\theta - 2|C_1||C_2|\cos\theta\cos\phi + |C_2|^2\cos^2\phi\end{aligned} \tag{5.130}$$

$$\begin{aligned}(z-s)^2 &= (|C_1|\sin\theta - |C_2|\sin\phi)^2 \\ &= |C_1|^2\sin^2\theta - 2|C_1||C_2|\sin\theta\sin\phi + |C_2|^2\sin^2\phi\end{aligned} \tag{5.131}$$

将式（5.130）和式（5.131）相加可得

$$\begin{aligned}&|C_1|^2 + |C_2|^2 - 2|C_1||C_2|(\cos\theta\cos\phi + \sin\theta\sin\phi) \\ &= |C_1|^2 + |C_2|^2 - 2|C_1||C_2|\cos(\theta-\phi)\end{aligned} \tag{5.132}$$

5.6 最大复相关熵准则

5.6.1 最大复相关熵准则的概念与方法

5.5 节介绍的复相关熵定义了两个复随机变量之间的具有鲁棒性的相似性度量统计量。考虑一个线性模型，并将误差 $q = d - y$ 定义为期望信号 d 与估计输出 $y = \boldsymbol{w}^{\mathrm{H}}\boldsymbol{X}$ 之间的差，其中 $y, d, q, \boldsymbol{w}, \boldsymbol{X} \in \mathbb{C}$。将两个复随机变量 D 和 Y 之间的复相关熵作为代价函数

$$\begin{aligned}J_{\mathrm{MCCC}} &= V_\sigma^C(D,Y) = E[G_\sigma^C(d - \boldsymbol{w}^{\mathrm{H}}\boldsymbol{X})] \\ &= E[G_\sigma^C(q)]\end{aligned} \tag{5.133}$$

式中，$\boldsymbol{w}$ 是控制估计信号与期望信号之间误差的参数，G_σ^C 是复高斯核函数。

通过最大化式（5.133）所示的代价函数 J_{MCCC}，可以使 d 和 y 的相似度最大化，该方法称为最大复相关熵准则（maximum complex correntropy criterion，MCCC）。

进一步分析可知，通过使用式（5.133）作为代价函数，可以获得最佳权重的定点解。然后，可以通过令代价函数对 $\boldsymbol{w}^*$ 求导并置零的方式进行求解。但是，依据复相关熵的性质可知，虽然 J_{MCCC} 的输入为复数参数 (D,Y)，但采用高斯核函数也使复相关熵成为实数函数。并且，由于违反了柯西-黎曼条件，式（5.133）在复数域中不存在解析解，因此无法应用标准微分算法求解。 解决该问题的一种可行方案是，考虑在具有二维的欧氏空间中定义代价函数。该方案的缺点是会导致计算量增加。为此，需要利用 Wirtinger 微积分计算建立在空间 $\mathbb{C}$ 和 $\mathbb{R}^2$ 之间对偶性上的 J_{MCCC} 的导数，以获得基于定点算法的递归解。具体求解如下。

J_{MCCC} 对 $\boldsymbol{w}^*$ 求偏导数可得

$$\frac{\partial J_{\mathrm{MCCC}}}{\partial \boldsymbol{w}^*} = \frac{\partial E[G_{\sqrt{2}\sigma}^C(q)]}{\partial \boldsymbol{w}^*} = E\left[G_{\sqrt{2}\sigma}^C(q)\frac{\partial(qq^*)}{\partial \boldsymbol{w}^*}\right] = \boldsymbol{0} \tag{5.134}$$

$$\begin{aligned}\frac{\partial(qq^*)}{\partial \boldsymbol{w}^*} &= \frac{\partial(d-\boldsymbol{w}^{\mathrm{H}}\boldsymbol{X})(d-\boldsymbol{w}^{\mathrm{H}}\boldsymbol{X})^*}{\partial \boldsymbol{w}^*} \\ &= \frac{\partial(d-\boldsymbol{w}^{\mathrm{H}}\boldsymbol{X})(d^*-\boldsymbol{w}^{\mathrm{T}}\boldsymbol{X}^*)}{\partial \boldsymbol{w}^*} \\ &= \frac{\partial(dd^*-d\boldsymbol{X}^{\mathrm{H}}\boldsymbol{w}-\boldsymbol{w}^{\mathrm{H}}\boldsymbol{X}d^*+\boldsymbol{w}^{\mathrm{H}}\boldsymbol{X}\boldsymbol{X}^{\mathrm{H}}\boldsymbol{w})}{\partial w^*} \\ &= (-d^*\boldsymbol{X}+\boldsymbol{X}\boldsymbol{X}^{\mathrm{H}}\boldsymbol{w})E[G_{\sqrt{2}\sigma}^{C}(q)(-d^*\boldsymbol{X}+\boldsymbol{X}\boldsymbol{X}^{\mathrm{H}}\boldsymbol{w})]=\boldsymbol{0}\end{aligned} \tag{5.135}$$

且有

$$E\left[G_{\sqrt{2}\sigma}^{C}(q)d^*\boldsymbol{X}\right]=E\left[G_{\sqrt{2}\sigma}^{C}(q)\boldsymbol{X}\boldsymbol{X}^{\mathrm{H}}\right]\boldsymbol{w} \tag{5.136}$$

需要注意，虽然式（5.135）与维纳解的形式相同，但由于方程两边的高斯指数包含误差，因此不是解析解。尽管如此，它还是可以作为定点方程进行估计求解的，即

$$\boldsymbol{w}=\left[\sum_{n=1}^{N}G_{\sqrt{2}\sigma}^{C}(q_n)\boldsymbol{X}_n\boldsymbol{X}_n^{\mathrm{H}}\right]^{-1}\left[\sum_{n=1}^{N}G_{\sqrt{2}\sigma}^{C}(q_n)d_n^*\boldsymbol{X}_n\right] \tag{5.137}$$

式（5.137）表示获得权重 $\boldsymbol{w}$ 最佳值的迭代解。可见，即使仅经过几次迭代即可实现收敛，但每次迭代都需要计算整个求和，显然这对于实时学习系统是灾难性的。下面将推导一个基于式（5.137）的迭代递归解。

定义复输入信号的加权自相关矩阵，并将所需共轭和输入矢量之间的加权互相关矢量定义为以下形式：

$$\begin{cases}\boldsymbol{R}_n=\sum\limits_{n=1}^{N}G_{\sqrt{2}\sigma}^{C}(q_n)\boldsymbol{X}_n\boldsymbol{X}_n^{\mathrm{H}} \\ \boldsymbol{p}_n=\sum\limits_{n=1}^{N}G_{\sqrt{2}\sigma}^{C}(q_n)d_n^*\boldsymbol{X}_n\end{cases} \tag{5.138}$$

不难看出，对于实数值的情况，式（5.138）类似于维纳解，但并没有采用简单求解平均值的方法，而是使用误差的高斯函数对平均值进行加权。与经典最小二乘或递推最小二乘（RLS）算法类似，自相关矩阵和互相关矢量可以递归更新，因此 $\boldsymbol{R}_n$ 和 $\boldsymbol{p}_n$ 可以重写为以下形式：

$$\begin{cases}\boldsymbol{R}_n=\boldsymbol{R}_{n-1}+G_{\sqrt{2}\sigma}^{C}(q_n)\boldsymbol{X}_n\boldsymbol{X}_n^{\mathrm{H}} \\ \boldsymbol{p}_n=\boldsymbol{p}_{n-1}+\sum\limits_{n=1}^{N}G_{\sqrt{2}\sigma}^{C}(q_n)d_n^*\boldsymbol{X}_n\end{cases} \tag{5.139}$$

作为应用式（5.139）迭代递归方法的前提，初始参数 $\boldsymbol{w}$ 、 $\boldsymbol{R}_0$ 和 $\boldsymbol{p}_0$ 需要提前设置。

5.6.2　应用举例

1．在信道均衡中的应用

为评估 MCCC 的性能，本节将 MCCC 与文献 *Complex valued nonlinear adaptive filters:*

noncircularity, widely linear and neural models 提出的复最小均方（CLMS）算法，文献 *Adaptive filtering: algorithms and practical implementation* 提出的复递归最小二乘（CRLS）算法，以及文献 *An algorithm for the minimization of mixed L_1 and L_2 norms with application to Bayesian estimation* 提出的最小绝对偏差（LAD）算法进行比较。图 5.14 是具有自适应信道均衡的通信系统的原理框图。

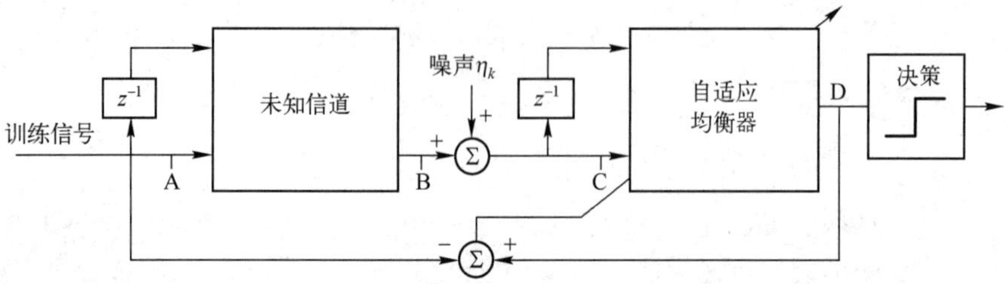

图 5.14　信道均衡系统的原理框图

训练信号由与 16-QAM 星座相关联的 T 间隔复符号序列形成，在图 5.14 中 A 点处，包含同相分量 $A_{k;I}$ 和正交分量 $A_{k;Q}$，其值（ $\pm1\pm \mathrm{j}1, \pm2\pm \mathrm{j}2, \cdots, \pm8\pm \mathrm{j}8$ ）如图 5.15（a）所示。仿真实验中，该信号被应用到未知信道 $\boldsymbol{w}=[w_1,w_2]$ 上，其中 $w_1,w_2\in\mathbb{C}$，可得以下表达式：

$$B_K=[A_K,A_{K-1}]\begin{bmatrix}w_1\\w_2\end{bmatrix}\tag{5.140}$$

式中，w_1 和 w_2 的值分别任意分配给（ $1.1-\mathrm{j}1.1$ ）和（ $0.9-\mathrm{j}0.2$ ），则在图 5.14 中 B 点处，期望信号 B_K 如图 5.15（b）所示。

为了评估该算法对脉冲噪声的鲁棒性，将 B_K 中加入加性 Alpha 稳定分布脉冲噪声 η_k，从而在图 5.14 中 C 点处产生信号 $C_K=B_K+\eta_k$，如图 5.15（c）所示。仿真实验中，设定广义信噪比从 10dB 增加到 20dB 。值得注意的是，图 5.15（c）中的结果是在 GSNR = 20dB 和 $\alpha=1.0$ 时获得的。

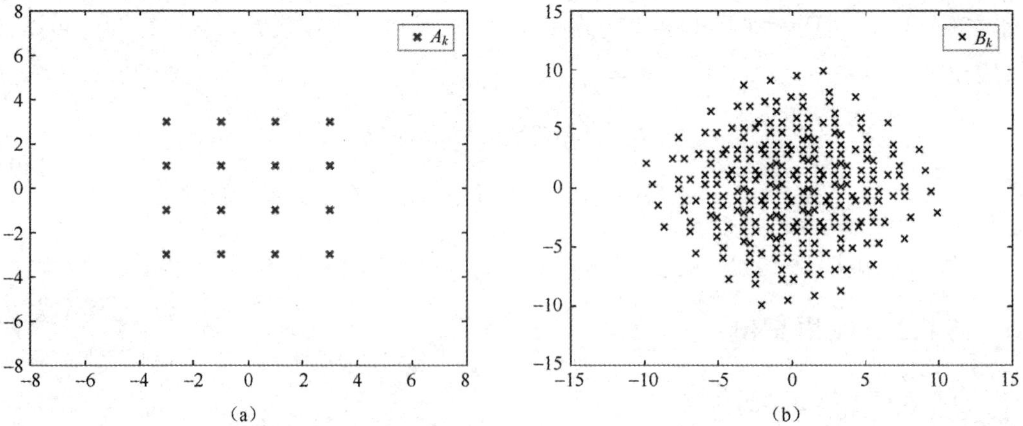

图 5.15　数据流分析。(a) 纯净输入信号 A_k；(b) 信道期望信号 B_k

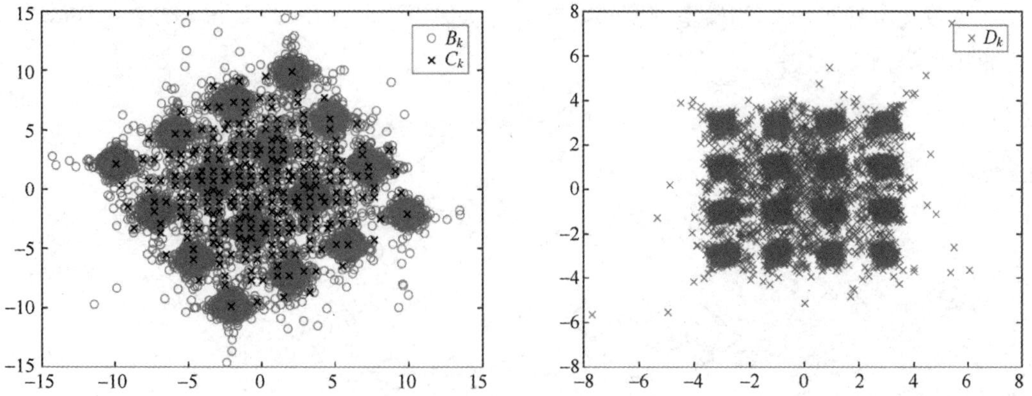

（c）　　（d）

图 5.15　数据流分析（续）。（c）混有α=1.8 的 Alpha 稳定分布噪声（C_k）且 GSNR=20dB 时的 B_k；（d）采用核长为σ=1 的 MCCC 自适应均衡后的接收信号（D_k）

将信号 C_K 及其相应的延迟，以及训练信号与均衡器输出 D_K 之间的误差都作为自适应均衡器的输入。仿真实验中，$\boldsymbol{w}$ 始终初始化为零。当 MCCC 和 CRLS 都是不动点解时，CLMS 和 CMOD 算法都采用了学习率为 0.01 的上升梯度。对训练信号进行均衡处理后，利用各算法在每次迭代中找到的参数，生成不同 GSNR 下的误码率（bit error rate，BER）。为了比较图 5.16（a）中的结果与经典方法（如 CLMS、CRLS 和 LAD）提供的结果，选择了 3 个不同的σ值，即 1、10 和 100。在α=1.5 及 GSNR 从10dB 增加到 20dB 的条件下，对算法的性能通过10^5 次蒙特卡罗实验的均值进行评估。

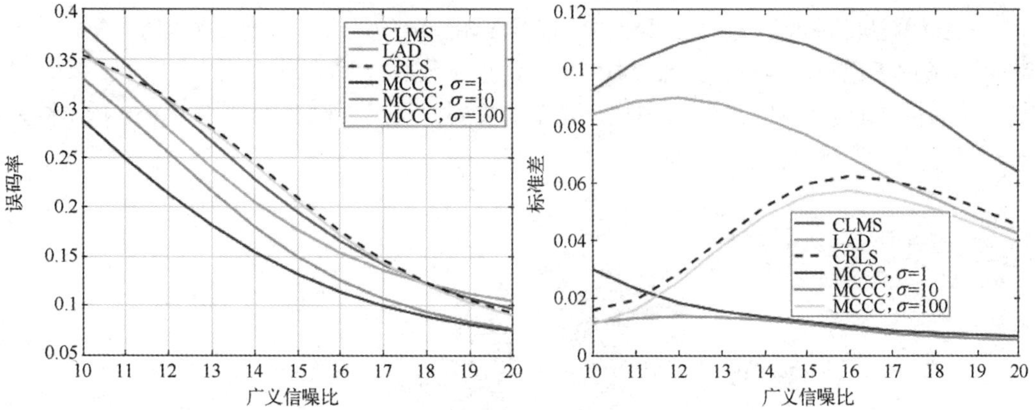

（a）　　（b）

图 5.16　误码率（左）和各自的标准差（右），由 10^5 次迭代得到的不同 GSNR（广义信噪比）下算法的性能。（a）被测试算法的误码率；（b）误码率的标准差

如图 5.16（a）所示，对于较高的 GSNR 值，所有方法都能够获得相当好的结果。由于存在 Alpha 稳定分布脉冲噪声，随着该参数的减小，出现异常值的概率增加。这种环境会降低 CRLS 和 CLMS 等二阶方法的性能。图 5.17 给出了在核长σ=1.0 和α 的不同值（从 1 到 2 变化）下 MCCC 的误码率性能。由复相关熵的性质可知，当使用高斯核时，

复相关熵是事件$C_1 = C_2$的概率密度估计的所有偶数矩的加权和，这使得 MCCC 对异常值的鲁棒性类似于 LAD。

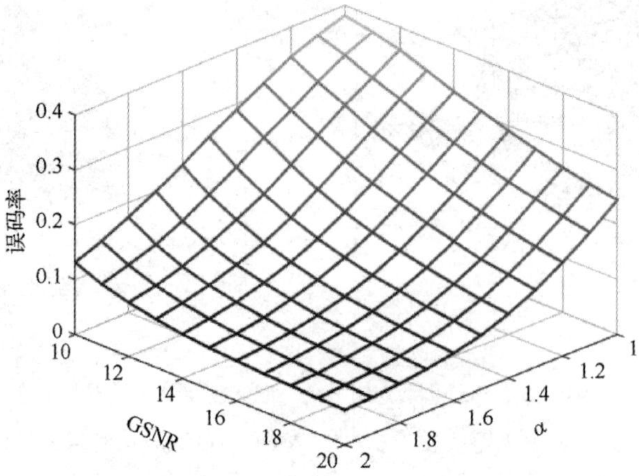

图 5.17　对于不同 GSNR 和α，具有固定核长$\sigma = 1.0$情况下 MCCC 算法的误码率

另外，图 5.16（a）中蒙特卡罗实验的标准差如图 5.16（b）所示。注意到，对于所有测试的核长和GSNR 值，MCCC 在所有测试算法中具有最小的标准差，从而证明其具有较强的鲁棒性。

根据图 5.16（a），关于信道均衡问题的 MCCC 性能与选择合适的核长密切相关，当核长$\sigma = 1.0$时，可以获得最佳结果，图 5.15（d）显示了当GSNR = 20dB 时，由$\sigma = 1.0$的 MCCC 方法产生的无失真信号D_K。因此，可以注意到，在某些GSNR 条件下，当$\sigma = 100$时，LAD 算法的性能是优于 MCCC 的。根据复相关熵的性质，当核长增大时，复相关熵在实值条件下趋向于类似相关的性质。然后，正如预期的那样，当$\sigma = 100$时，MCCC 与 CRLS 的性能非常相似。为了突出核长调整的重要性，图 5.18 给出了由 5 ~ 50 内不同核长创建的每个误码率曲线形成的曲面。

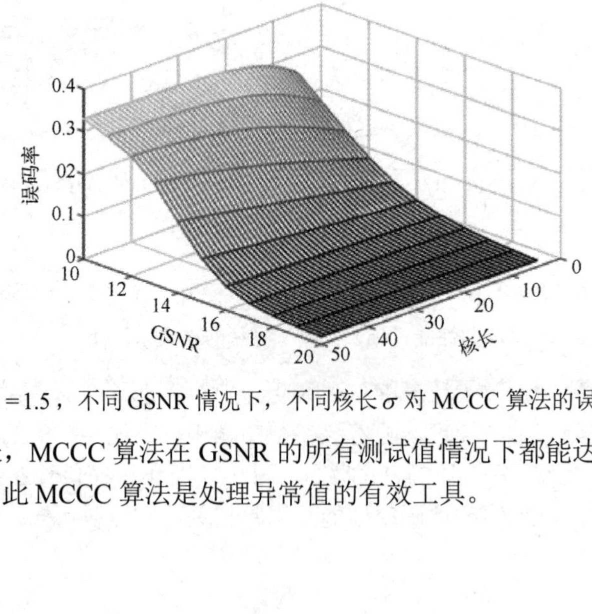

图 5.18　$\alpha = 1.5$，不同 GSNR 情况下，不同核长σ对 MCCC 算法的误码率的影响

通过调整核长，MCCC 算法在 GSNR 的所有测试值情况下都能达到比经典算法更好的误码率水平，因此 MCCC 算法是处理异常值的有效工具。

2．在系统辨识中的应用

典型的系统辨识任务如图 5.19 所示。仿真实验中，权重选为 $\bar{\boldsymbol{w}}=[(1-2\mathrm{j}),\ (-3+4\mathrm{j})]^{\mathrm{T}}$，输入信号为复值随机信号 X，其实部和虚部均服从正态分布，其中实部的概率分布为 $N(1.0,1.5)$，虚部的概率分布为 $N(1.0,0.5)$。$N(\mu,\sigma^2)$ 表示均值为 μ、方差为 σ^2 的标准正态分布。接收信号中包含加性非高斯噪声 $\eta_n=\eta_n^{\mathrm{Re}}+\mathrm{j}\eta_n^{\mathrm{Im}}$，其中 $\eta\in\mathbb{C}$，$\eta_n^{\mathrm{Re}},\eta_n^{\mathrm{Im}}\in\mathbb{R}$。第一种仿真情况下，$\eta_n^{\mathrm{Re}}$ 和 η_n^{Im} 的概率密度函数定义为 $0.9N(0.0,0.05)+0.1N(10.0,5.0)$。第二种仿真情况下，选择广义信噪比为 $\mathrm{GSNR}=10\ \mathrm{dB}$ 且特征指数 $\alpha=1.5$ 的 Alpha 稳定分布噪声。另外，将 MCCC 算法与 CLMS 算法、LAD 算法及 RLS 算法进行性能对比。加权信噪比（weight signal-to-noise ratio，WSNR）定义为

$$\mathrm{WSNR}=10\lg\left(\frac{\bar{\boldsymbol{w}}^{\mathrm{H}}\bar{\boldsymbol{w}}}{(\bar{\boldsymbol{w}}-\boldsymbol{w}_n)^{\mathrm{H}}(\bar{\boldsymbol{w}}-\boldsymbol{w}_n)}\right) \tag{5.141}$$

式中，$\boldsymbol{w}_n$ 是第 n 次迭代中通过 MCCC 算法计算出的权重。

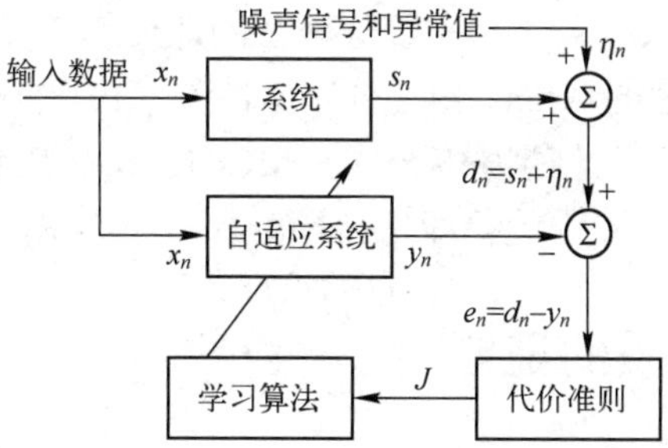

图 5.19　典型的系统辨识任务

经过 300 次迭代，仿真结果如图 5.20 和图 5.21 所示。可见，当进行 10000 次蒙特卡罗实验时，由于权重的初始值始终为零，因此曲线代表平均值。实验结果表明，RLS 和 MCCC 算法可以获得最快的收敛速度。并且，非高斯环境下的异常值对 RLS 和 LMS 的性能也会产生一定的负面影响。因此，可以说 LAD 算法和 MCCC 算法对异常值具有更强的鲁棒性。

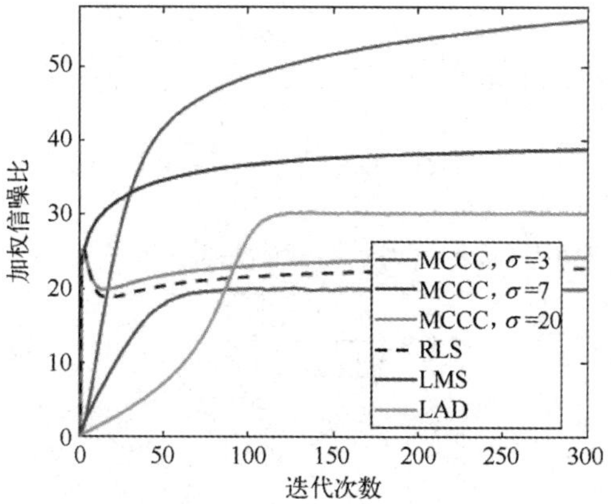

图 5.20　加性双模噪声环境下测试算法的加权信噪比

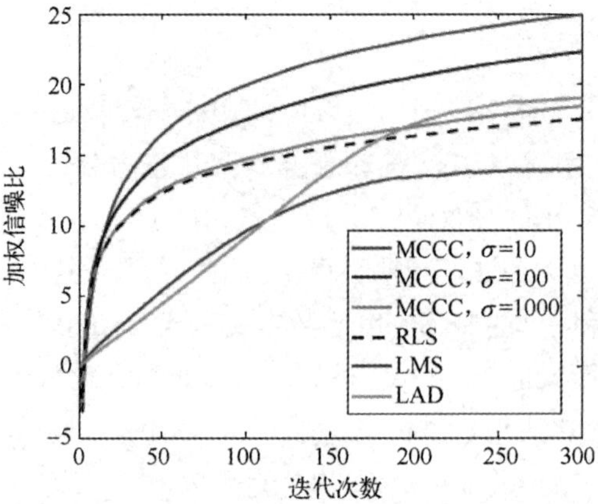

图 5.21　加性 Alpha 稳定分布噪声环境下测试算法的加权信噪比

由式（5.104）可见，核函数的核长σ作为一个自由参数分别对二阶矩和高阶矩加权，因此，为了有效地证明核长σ对 MCCC 算法性能的影响，实验中采用了 3 个不同的核长σ。可以看出，核长σ越大，高阶矩减小的速度越快，所得结果越接近传统的复 RLS 解。图 5.21 中所描述的 Alpha 稳定分布脉冲噪声由于不存在有限的方差，因此要求更大的核长σ。通过适当地调整核长σ，MCCC 算法能够获得比经典方法更高的 WSNR，不但对孤立点具有更强的鲁棒性，同时保持了与 RLS 相同的收敛速度。

5.7　部分定理与性质的证明

5.7.1　定理 5.1 的证明

由于函数序列$\{p_n(\boldsymbol{y})\}_{n\in\mathbb{N}}$以极限 1 一致收敛，那么对于每个（任意小）正数$\varepsilon>0$，存在一个自然数$N$，对于所有的$\boldsymbol{y}$和$n\geqslant N$，有$1-p_n(\boldsymbol{y})<\varepsilon$。假设$1<\varepsilon<1/2$，$M$可以由下式计算得到：

$$M=N+\sigma\sqrt{\ln\left[\exp\left(-\frac{2}{\gamma^2}\right)-\frac{\varepsilon}{1-\varepsilon}\right]^{-2}} \tag{5.142}$$

式中，$\gamma=\sigma/N$。由式（5.142）可得

$$0<\exp\left(-\frac{2}{\gamma^2}\right)-\frac{\varepsilon}{1-\varepsilon}<1 \tag{5.143}$$

由于$1<\varepsilon<1/2$，因此$0<\varepsilon/(1-\varepsilon)<1$，根据式（5.143）有

$$\gamma>\sqrt{\frac{2}{\ln(1-\varepsilon)-\ln\varepsilon}} \tag{5.144}$$

进一步可以推导出

$$\max_{|x|\geqslant M} f(x \mid \boldsymbol{y},\sigma)=\max_{|x|\geqslant M}\int_{-\infty}^{\infty}\kappa_\sigma(x-\tau)f_{X|\boldsymbol{Y}}(\tau\mid\boldsymbol{y})\mathrm{d}\tau$$

$$\begin{aligned}&=\max_{|x|\geqslant M}\frac{1}{\sqrt{2\pi}\sigma}\left[\int\limits_{|\tau|\leqslant M}\exp\left(-\frac{(x-\tau)^2}{2\sigma^2}\right)f_{X|\boldsymbol{Y}}(\tau\mid\boldsymbol{y})\mathrm{d}\tau+\right.\\&\left.\int\limits_{|\tau|>M}\exp\left(-\frac{(x-\tau)^2}{2\sigma^2}\right)f_{X|\boldsymbol{Y}}(\tau\mid\boldsymbol{y})\mathrm{d}\tau\right]\\&\leqslant\frac{1}{\sqrt{2\pi}\sigma}\left[\exp\left(-\frac{(M-N)^2}{2\sigma^2}\right)\int\limits_{|\tau|\leqslant M}f_{X|\boldsymbol{Y}}(\tau\mid\boldsymbol{y})\mathrm{d}\tau+\int\limits_{|\tau|>M}f_{X|\boldsymbol{Y}}(\tau\mid\boldsymbol{y})\mathrm{d}\tau\right]\\&<\frac{1}{\sqrt{2\pi}\sigma}\exp\left(-\frac{2}{\gamma^2}\right)\int\limits_{|\tau|\leqslant M}f_{X|\boldsymbol{Y}}(\tau\mid\boldsymbol{y})\mathrm{d}\tau\end{aligned}\tag{5.145}$$

另一方面，还可以推导出以下结论：

$$\begin{aligned}&\max_{x\in[-N,N]}\int_{-\infty}^{\infty}\kappa_\sigma(x-\tau)f_{X|\boldsymbol{Y}}(\tau\mid\boldsymbol{y})\mathrm{d}\tau\\&=\max_{x\in[-N,N]}\frac{1}{\sqrt{2\pi}\sigma}\int_{-\infty}^{\infty}\exp\left(-\frac{(x-\tau)^2}{2\sigma^2}\right)f_{X|\boldsymbol{Y}}(\tau\mid\boldsymbol{y})\mathrm{d}\tau\\&\geqslant\max_{x\in[-N,N]}\frac{1}{\sqrt{2\pi}\sigma}\int\limits_{|\tau|\leqslant M}\exp\left(-\frac{(x-\tau)^2}{2\sigma^2}\right)f_{X|\boldsymbol{Y}}(\tau\mid\boldsymbol{y})\mathrm{d}\tau\\&\geqslant\frac{1}{\sqrt{2\pi}\sigma}\exp\left(-\frac{2}{\gamma^2}\right)\int\limits_{|\tau|\leqslant M}f_{X|\boldsymbol{Y}}(\tau\mid\boldsymbol{y})\mathrm{d}\tau\end{aligned}\tag{5.146}$$

结合式（5.145）和式（5.146）可得

$$\begin{aligned}&\max_{|x|\geqslant M}\int_{-\infty}^{\infty}\kappa_\sigma(x-\tau)f_{X|\boldsymbol{Y}}(\tau\mid\boldsymbol{y})\mathrm{d}\tau\\&<\max_{x\in[-N,N]}\int_{-\infty}^{\infty}\kappa_\sigma(x-\tau)f_{X|\boldsymbol{Y}}(\tau\mid\boldsymbol{y})\mathrm{d}\tau\\&\leqslant\max_{x\in[-M,M]}\int_{-\infty}^{\infty}\kappa_\sigma(x-\tau)f_{X|\boldsymbol{Y}}(\tau\mid\boldsymbol{y})\mathrm{d}\tau\end{aligned}\tag{5.147}$$

因此，对于任意 $\boldsymbol{y}$，平滑概率密度函数的最大值将位于 $\sigma>\sqrt{2/[\ln(1-\varepsilon)-\ln\varepsilon]}\,N$ 所确定的区间 $[-M,M]$ 内。

5.7.2 性质 5.17 的证明

提出复相关熵的目的是为了在概率意义上避免相关熵的影响。因此，估计复相关熵也就是估计事件 $C_1=C_2$ 的概率密度，这意味着估计事件 $X=Y$ 和 $Z=S$ 的概率密度。原因是两个复数相等时，它们的实部和虚部都相等，则

$$\hat{P}(C_1=C_2)=\int_{-\infty}^{\infty}\int_{-\infty}^{\infty}\int_{-\infty}^{\infty}\int_{-\infty}^{\infty}\hat{f}_{XYZS}(x,y,z,s)\delta(x-y)\,\delta(z-s)\,\mathrm{d}x\mathrm{d}y\mathrm{d}z\mathrm{d}s\tag{5.148}$$

当$x=y$和$z=s$时，式（5.148）可重写为

$$\begin{aligned}\hat{P}(C_1=C_2)&=\int_{-\infty}^{\infty}\int_{-\infty}^{\infty}\hat{f}_{XYZS}(x,y,z,s)\,\mathrm{d}u_1\mathrm{d}u_2\Big|_{x=y=u_1,z=s=u_2}\\&=\int_{-\infty}^{\infty}\int_{-\infty}^{\infty}\hat{f}_{XYZS}(u_1,u_1,u_2,u_2)\mathrm{d}u_1\mathrm{d}u_2\end{aligned}\tag{5.149}$$

可见，式（5.149）是式（5.119）等号右边的项。

为讨论方便，重写关于高斯核函数的复相关熵估计的表达式：

$$\hat{V}_\sigma^C(C_1,C_2)=\frac{1}{2\pi\sigma^2}\frac{1}{N}\sum_{n=1}^{N}\exp\left(-\frac{(C_1-C_2)(C_1-C_2)^*}{2\sigma^2}\right)\tag{5.150}$$

可见，式（5.150）可以通过求解式（5.119）中的二重积分得到。

首先，采用下式定义的Parzen估计代替f_{XYZS}：

$$\hat{f}_{X^1,X^2,\cdots,X^L}(x^1,x^2,\cdots,x^L)=\frac{1}{N}\sum_{n=1}^{N}\prod_{l=1}^{L}G_\sigma(x^l-x_n^l)\tag{5.151}$$

式中，

$$G_\sigma(x)=\frac{1}{\sqrt{2\pi}\sigma}\exp\left(-\frac{x^2}{2\sigma^2}\right)\tag{5.152}$$

设$L=4$，并替换式（5.149）中的f_{XYZS}，有

$$\hat{V}_\sigma^C(C_1,C_2)=\int_{-\infty}^{\infty}\int_{-\infty}^{\infty}\frac{1}{N}\sum_{n=1}^{N}G_\sigma(u_1-x_n)G_\sigma(u_1-y_n)G_\sigma(u_2-z_n)G_\sigma(u_2-s_n)\mathrm{d}u_1\mathrm{d}u_2\tag{5.153}$$

为求解式（5.153）中的二重积分，可以将式（5.153）重写为

$$\hat{V}_\sigma^C(C_1,C_2)=\int_{-\infty}^{\infty}\int_{-\infty}^{\infty}\frac{1}{N}\sum_{n=1}^{N}\frac{1}{4\pi^2\sigma^4}\exp\left(-\frac{1}{2\sigma^2}(a(u_1-b)^2+a'(u_2-b')^2+c)\right)\mathrm{d}u_1\mathrm{d}u_2\tag{5.154}$$

可进一步变换为

$$\begin{aligned}\hat{V}_\sigma^C(C_1,C_2)=\int_{-\infty}^{\infty}\int_{-\infty}^{\infty}\frac{1}{N}\sum_{n=1}^{N}\frac{1}{4\pi^2\sigma^4}\exp\left(-\frac{1}{2\sigma^2}a(u_1-b)^2\right)\times\\\exp\left(-\frac{1}{2\sigma^2}a'(u_2-b')^2\right)\exp\left(-\frac{c}{2\sigma^2}\right)\mathrm{d}u_1\mathrm{d}u_2\end{aligned}\tag{5.155}$$

式中的常数a、b、a'、b'和c可以通过以下方式获得：

$$(u_1-x_i)^2+(u_1-y_i)^2+(u_2-z_i)^2+(u_2-s_i)^2=a(u_1-b)^2+a'(u_2-b')^2+c\tag{5.156}$$

对式（5.156）等号右边各项进行展开，得

$$au_1^2+a'u_2^2-2u_1ab-2u_2a'b'+ab^2+a'b'^2+c\tag{5.157}$$

对式（5.156）等号左边各项进行展开，得

$$2u_1^2+2u_2^2+x_i^2+y_i^2+z_i^2+s_i^2-2u_1(x_i+y_i)-2u_2(z_i+s_i)\tag{5.158}$$

可得

$$\begin{cases} a = a' = 2 \\ b = \dfrac{(x_i + y_i)}{2} \\ b' = \dfrac{(z_i + s_i)}{2} \\ c = \dfrac{(x_i - y_i)^2 + (z_i - s_i)^2}{2} \end{cases} \tag{5.159}$$

将式（5.159）代入式（5.155）可得

$$\hat{V}_\sigma^C(C_1, C_2) = \int_{-\infty}^{\infty}\int_{-\infty}^{\infty} \frac{1}{N}\sum_{n=1}^{N} \frac{1}{4\pi^2\sigma^4} \exp\left(-\frac{(u_1 - b)^2}{\sigma^2}\right) \times \exp\left(-\frac{(u_2 - b')^2}{\sigma^2}\right) \exp\left(-\frac{c}{2\sigma^2}\right) \mathrm{d}u_1 \mathrm{d}u_2 \tag{5.160}$$

令 $\sigma^2 = 2\theta^2$，式（5.160）可重写为

$$\hat{V}_\sigma^C(C_1, C_2) = \int_{-\infty}^{\infty}\int_{-\infty}^{\infty} \frac{1}{N}\sum_{n=1}^{N} \frac{1}{2\pi^2\theta^2} \frac{1}{2\pi 4\theta^2} \exp\left(-\frac{(u_1 - b)^2}{2\theta^2}\right) \times \exp\left(-\frac{(u_2 - b')^2}{2\theta^2}\right) \exp\left(-\frac{c}{4\theta^2}\right) \mathrm{d}u_1 \mathrm{d}u_2 \tag{5.161}$$

由于存在以下条件：

$$\frac{1}{\sqrt{2\pi}\theta}\int_{-\infty}^{\infty} \exp\left(-\frac{(u_1 - b)^2}{2\theta^2}\right) \mathrm{d}u_1 \frac{1}{\sqrt{2\pi}\theta}\int_{-\infty}^{\infty} \exp\left(-\frac{(u_2 - b')^2}{2\theta^2}\right) \mathrm{d}u_2 = 1 \tag{5.162}$$

因此，式（5.161）可重写为

$$\hat{V}_\sigma^C(C_1, C_2) = \frac{1}{2\pi 4\theta^2} \frac{1}{N}\sum_{n=1}^{N} \exp\left(-\frac{(x_i - y_i)^2 + (z_i - s_i)^2}{8\theta^2}\right) \tag{5.163}$$

令 $8\theta^2 = (2\sigma')^2$，可得

$$\hat{V}_\sigma^C(C_1, C_2) = \frac{1}{2\pi(\sigma')^2} \frac{1}{N}\sum_{n=1}^{N} \exp\left(-\frac{(x_i - y_i)^2 + (z_i - s_i)^2}{2(\sigma')^2}\right) \tag{5.164}$$

由于 $\sigma' = \sigma\sqrt{2}$，因此有

$$V_\sigma^C(C_1, C_2) = \frac{1}{N}\sum_{n=1}^{N} G_{\sigma\sqrt{2}}(x_n - y_n) G_{\sigma\sqrt{2}}(z_n - s_n) \tag{5.165}$$

采用 Parzen 窗实现的复相关熵非参数估计可以表示为

$$\hat{V}_\sigma^C(C_1, C_2) = E[G_\sigma(C_1 - C_2)] \tag{5.166}$$

式中，

$$G_\sigma^C(C_1-C_2)=\frac{1}{2\pi\sigma^2}\exp\left(-\frac{(C_1-C_2)(C_1-C_2)^*}{2\sigma^2}\right)=\frac{1}{2\pi\sigma^2}\exp\left(-\frac{(x_n-y_n)^2+(z_n-s_n)^2}{2\sigma^2}\right) \tag{5.167}$$

也可表示为

$$\hat{V}_\sigma^C(C_1,C_2)=\frac{1}{2\pi\sigma^2}\frac{1}{N}\sum_{n=1}^{N}\exp\left(-\frac{(C_1-C_2)(C_1-C_2)^*}{2\sigma^2}\right) \tag{5.168}$$

5.8 本章小结

本章从接收信号中包含的脉冲噪声对信号参数估计的影响问题出发，分析了分数低阶统计量在抑制脉冲噪声方面的优势与不足，给出了相关熵的基本概念与基本原理，包括：相关熵及相关熵谱的概念与特点；与功率谱相比，相关熵谱的优势；相关熵诱导距离测度、最大相关熵准则、广义相关熵、复相关熵、复相关熵诱导距离及最大复相关熵准则的概念与特点，在此基础上给出了其在信道均衡和系统辨识中的应用，从实验角度验证了相关熵理论在脉冲噪声抑制方面的有效性。

参 考 文 献

[1] SHAO M, NIKIAS C L. Signal processing with fractional lower order moments: stable processes and their applications[J]. Proceedings of the IEEE, 1993, 81(7): 986-1010.

[2] SANTAMARIA I, POKHAREL P P, Principe J C. Generalized correlation function: definition, properties, and application to blind equalization[J]. IEEE Transactions on Signal Processing, 2006, 54(6): 2187-2197.

[3] GUIMARAES J P F, FONTES A I R, REGO J B A, et al. Complex correntropy: Probabilistic interpretation and application to complex-valued data[J]. IEEE Signal Processing Letters, 2016, 24(1): 42-45.

[4] 王鹏，邱天爽，等. 脉冲噪声下基于稀疏表示的韧性 DOA 估计方法[J]. 电子学报，2017，46(7)：1537-1544.

[5] YANG X, LI G, ZHENG Z, et al. 2D DOA estimation of coherently distributed noncircular sources[J]. Wireless Personal Communications, 2014, 78(2): 1095-1102.

[6] WAN L, HAN G, JIANG J, et al. DOA estimation for coherently distributed sources considering circular and noncircular signals in massive MIMO systems[J]. IEEE Systems Journal，2017, 11(1): 41-49.

[7] VALAEE S, CHAMPAGNE B, KABAL P. Parametric localization of distributed sources[J]. IEEE Transactions on Signal Processing, 1995, 43(9): 2144-2153.

[8] SHAHBAZPANAHI S, VALAEE S, BASTANI M H. Distributed source localization using ESPRIT algorithm[J]. IEEE Transactions on Signal Processing, 2001, 49(10): 2169-2178.

[9] ROY R, KAILATH T. ESPRIT-estimation of signal parameters via rotational invariance techniques[J]. IEEE Transactions on Acoustics, Speech, and Signal Processing, 1989, 37(7): 984-995.

[10] TSAKALIDES P, NIKIAS C L. Maximum likelihood localization of sources in noise modeled as a stable process[J]. IEEE Transactions on Signal Processing, 1995, 43(11): 2700-2713.

[11] DAS, A. Theoretical and experimental comparison of off-grid sparse Bayesian direction-of-arrival estimation algorithms[J]. IEEE Access. 2017, 5: 18075-18087.

[12] LIU T H, MENDEL J M. A subspace-based direction finding algorithm using fractional lower order statistics[J]. IEEE Transactions on Signal Processing. 2001, 49(8): 1605-1613.

[13] FONTES A I R, REGO J B A, MARTINS A M, et al. Cyclostationary correntropy: definition and applications[J]. Expert Systems with Applications, 2017, 69: 110-117.

[14] SWAMI A, SADLER B M. On some detection and estimation problems in heavy-tailed noise[J]. Signal Process. 2002, 82(12): 1829-1846.

[15] ZHANG J, QIU T. The fractional lower order moments based ESPRIT algorithm for noncircular signals in impulsive noise environments[J]. Wireless Personal Communications, 2017, 96(2): 1673-1690.

[16] ZHANG J, QIU T, SONG A, et al. A novel correntropy based DOA estimation algorithm in impulsive noise environments[J]. Signal Processing. 2014, 104: 346-357.

[17] YOU G, QIU T, SONG A. Novel direction findings for cyclostationary signals in impulsive noise environments[J]. Circuits, Systems, and Signal Processing, 2013, 32(6): 2939-2956.

[18] WU Z, SHI J, ZHANG X, et al. Kernel recursive maximum correntropy[J]. Signal Processing, 2015, 117: 11-16.

[19] KRIM H, VIBERG M. Two decades of array signal processing research: the parametric approach[J]. IEEE Signal Processing Magazine, 1996, 13(4): 67-94.

[20] SHI J, HU G, ZONG B, et al. DOA estimation using multipath echo power for MIMO radar in low-grazing angle[J]. IEEE Sensors Journal, 2016, 16(15): 6087-6094.

[21] ZHU C, WANG W Q, CHEN H, et al. Impaired sensor diagnosis, beamforming, and DOA estimation with difference co-array processing[J]. IEEE Sensors Journal, 2015, 15(7): 3773-3780.

[22] LIU W, POKHAREL P P, PRINCIPE J C. Correntropy: properties and applications in non-Gaussian signal processing[J]. IEEE Transactions on Signal Processing, 2007, 55(11): 5286-5298.

[23] 邱天爽. 相关熵与循环相关熵信号处理研究进展[J]. 电子与信息学报，2020，42(1)：105-118.

[24] 郭莹，邱天爽，等. 脉冲噪声环境下基于分数低阶循环相关的自适应时延估计方法[J]. 通信学报，2007，28(3): 8-14.

[25] PARZEN E. On estimation of a probability density function and mode[J]. The Annals of Mathematical Statistics, 1962, 33(3): 1065-1076.

[26] ZHU X, WANG T, BAO Y, et al. Signal detection in generalized Gaussian distribution noise with Nakagami fading channel[J]. IEEE Access, 2019, 7: 23120-23126.

[27] HE R, ZHENG W S, HU B G. Maximum correntropy criterion for robust face recognition[J]. IEEE Transactions on Pattern Analysis and Machine Intelligence, 2010, 33(8): 1561-1576.

[28] 宋爱民. 稳定分布噪声下时延估计与波束形成新算法[D]. 大连：大连理工大学，2015.

[29] 田全. 基于相关熵与循环相关熵的波达方向估计方法研究[D]. 大连：大连理工大学，2020.

[30] 张贤达. 现代信号处理[M]. 北京：清华大学出版社，2002.

[31] CHEN B, XING L, LIANG J, et al. Steady-state mean-square error analysis for adaptive filtering under the maximum correntropy criterion[J]. IEEE Signal Processing Letters, 2014, 21(7): 880-884.

[32] KONG L, PRINCIPE J C. Life detection based on correntropy spectral density[C]. International Conference on Signal Processing Proceedings. IEEE, 2010: 168-17.

[33] GUIMARAES J P F, FONTES A I R, REGO J B A, et al. Complex correntropy function: properties, and application to a channel equalization problem[J]. Expert Systems with Applications, 2018, 107: 173-181.

[34] GUIMARAES J P F, FONTES A I R, REGO J B A, et al. Complex correntropy: probabilistic interpretation and application to complex-valued data[J]. IEEE Signal Processing Letters, 2016, 24(1): 42-45.

[35] MA W, QU H, GUI G, et al. Maximum correntropy criterion based sparse adaptive filtering algorithms for robust channel estimation under non-Gaussian environments[J]. Journal of the Franklin Institute, 2015, 352(7): 2708-2727.

[36] SHI L, LIN Y. Convex combination of adaptive filters under the maximum correntropy criterion in impulsive interference[J]. IEEE Signal Processing Letters, 2014, 21(11): 1385-1388.

[37] CHEN B, WANG X, LI Y, et al. Maximum correntropy criterion with variable center[J]. IEEE Signal Processing Letters, 2019, 26(8): 1212-1216.

[38] HE R, HU B G, ZHENG W S, et al. Robust principal component analysis based on maximum correntropy criterion[J]. IEEE Transactions on Image Processing, 2011, 20(6): 1485-1494.

[39] 张金凤. 脉冲噪声环境下波达方向估计方法研究[D]. 大连：大连理工大学，2017.

[40] 王鹏. 无线定位中波达方向与多普勒频移估计研究[D]. 大连：大连理工大学，2016.

第 6 章　相关熵的主要性质与物理几何解释

6.1　概述

以均方误差（MSE）为代表的二阶统计量是量化两个随机变量相似程度的基本方法，在理论研究和工程实践中得到普遍重视和广泛应用。但是，基于二阶统计量的方法对于脉冲性和非线性信号处理问题却表现出明显的不足。信息论学习保留了有关学习和均方误差自适应的非参数特性，不但能通过 Parzen 核从数据中直接估计代价函数，还能从数据中提取更多信息用于自适应过程，因此，可以获得比均方误差更精确的解。基于信息论学习提出的相关熵，扩展了随机过程相关函数的基本定义，包含了概率密度函数的高阶矩，且相关熵可以直接从数据样本进行估计，比传统的统计矩要简单得多。相关熵作为一种度量随机变量局部相似性的统计量，不仅能够反映信号的统计特性，还能够反映信号的时间结构。相关熵与两个随机变量在由核长控制的联合空间邻域内相似的概率直接相关，即核长类似于“变焦透镜”，控制着评价相似性的“观察窗口”。这种可调窗口提供了一种有效的机制来消除异常值的有害影响，与传统技术中使用阈值有本质区别。因此，在第 5 章的基础上，本章给出相关熵的性质、概率和几何意义，这一理论框架将有助于理解并准确地将相关熵应用于非线性、非高斯信号处理之中。

本章主要讨论相关熵的性质、物理与几何解释，其中包括：相关熵的对称性、有界性与展开特性，相关熵核函数的核长选取问题，相关熵的无偏估计与渐近一致估计，相关熵的映射空间特性，以及相关熵的物理与几何解释。以这些性质为基础，国内外相关学者相继提出了多种基于相关熵的脉冲噪声抑制算法，解决了脉冲噪声环境下无线电信号参数估计、人脸识别、自适应滤波，以及深度学习等问题。

6.2　相关熵的性质

在实际信号处理过程中，随机变量的联合概率密度函数通常是未知的。因此，针对两个随机变量 X 和 Y 的有限长观测样本 $\{(x_i, y_i)\}_{i=1}^{N}$，通常采用下式来估计相关熵：

$$\hat{V}_{\sigma}(X,Y) = \frac{1}{N}\sum_{i=1}^{N}\kappa_{\sigma}(x_i - y_i) \tag{6.1}$$

式中，$\kappa_{\sigma}(\cdot)$ 为相关熵的核函数，σ 为核长，N 为观测样本的数量。

6.2.1 相关熵的对称性、有界性与展开特性

1．相关熵的对称性

性质 6.1 相关熵的对称性 对于两个随机变量 X 和 Y，相关熵 $V_\sigma(X,Y)$ 满足以下对称关系：

$$V_\sigma(X,Y)=V_\sigma(Y,X) \tag{6.2}$$

证明 对于两个随机变量 X 和 Y，不失一般性，通常采用高斯核函数 $\kappa_\sigma(\cdot)=\left[1/\left(\sqrt{2\pi}\sigma\right)\right]\cdot\exp\left[-(\cdot)^2/(2\sigma^2)\right]$，则相关熵 $V_\sigma(X,Y)$ 可以表示为

$$\begin{aligned}V_\sigma(X,Y)&=\frac{1}{\sqrt{2\pi}\sigma}E\left\{\exp\left(-\frac{|X-Y|^2}{2\sigma^2}\right)\right\}\\&=\frac{1}{\sqrt{2\pi}\sigma}E\left\{\exp\left(-\frac{|Y-X|^2}{2\sigma^2}\right)\right\}\\&=V_\sigma(Y,X)\end{aligned} \tag{6.3}$$

因此，式（6.2）所描述的对称性成立。

也就是说，无论两个随机变量 X 和 Y 在相关熵 $V_\sigma(\cdot,\cdot)$ 的先后顺序或位置如何，在选取相同核函数的条件下，由相关熵 $V_\sigma(\cdot,\cdot)$ 度量的两个随机变量局部相似性的量化结果是不变的。

2．相关熵的有界性

性质 6.2 相关熵的有界性 对于两个随机变量 X 和 Y，选取高斯函数作为核函数，则相关熵 $V_\sigma(X,Y)$ 的有界性可表示为

$$0<V_\sigma(X,Y)\leqslant\frac{1}{\sqrt{2\pi}\sigma} \tag{6.4}$$

考虑到高斯核函数中以 e 为底的负实指数的单调衰减特性，可知相关熵 $V_\sigma(X,Y)$ 的值大于零，即 $V_\sigma(X,Y)>0$。不失一般性，定义新的变量 $Z=|X-Y|$，则随着随机变量 X 与 Y 之差模的减小，Z 值也相应减小，此时相关熵 $V_\sigma(X,Y)$ 的值是单调递增的，当且仅当 $X=Y$ 时，相关熵取得最大值 $1/\left(\sqrt{2\pi}\sigma\right)$。

进一步分析可知，若令 $\Lambda=1/\left(\sqrt{2\pi}\sigma\right)$，当随机变量 X 和 Y 中存在异常值（脉冲噪声），即 $Z=|X-Y|\to\infty$ 时，相关熵能够将趋于无穷的变量 Z 映射到有界的区间 $(0,\Lambda]$ 内，因此相关熵可以用来抑制信号中的脉冲噪声。

3．相关熵的展开特性

性质 6.3 相关熵的展开特性 对于两个随机变量 X 和 Y，设 X 与 Y 的差为一个新的随机变量 $W=X-Y$，采用高斯函数作为核函数，则相关熵 $V_\sigma(X,Y)$ 可以展开成以下泰勒级数的形式：

$$
\begin{aligned}
V_{\sigma}(X,Y) &= \frac{1}{\sqrt{2\pi}\sigma}\sum_{n=0}^{\infty}\frac{(-1)^{n}}{2^{n}n!\sigma^{2n}}E\left[(X-Y)^{2n}\right] \\
&= \frac{1}{\sqrt{2\pi}\sigma}\sum_{n=0}^{\infty}\frac{(-1)^{n}}{2^{n}n!\sigma^{2n}}E\left[W^{2n}\right]
\end{aligned} \tag{6.5}
$$

可见，式（6.5）展开的相关熵$V_{\sigma}(X,Y)$是由随机变量W的所有偶数阶矩的加权和组成的，相比于仅包含二阶矩的随机变量的相关函数，相关熵蕴含着更丰富的统计信息。

4．相关熵诱导距离测度

性质 6.4　相关熵诱导距离测度　相关熵可以诱导一个距离测度——相关熵诱导距离（correntropy induced metric，CIM）。设矢量$\boldsymbol{a}=\left[a_1,a_2,\cdots,a_N\right]^{\mathrm{T}}$，$\boldsymbol{b}=\left[b_1,b_2,\cdots,b_N\right]^{\mathrm{T}}$和$\boldsymbol{c}=\left[c_1,c_2,\cdots,c_N\right]^{\mathrm{T}}$，则$\boldsymbol{a}$和$\boldsymbol{b}$之间的相关熵诱导距离定义为

$$
\mathrm{CIM}=\sqrt{\kappa_{\sigma}(0)-V_{\sigma}(\boldsymbol{a},\boldsymbol{b})} \tag{6.6}
$$

与欧氏距离等其他距离测度类似，相关熵诱导距离具有以下 3 个性质。

① 非负性：$\mathrm{CIM}(\boldsymbol{a},\boldsymbol{b})\geqslant 0$，当且仅当$\boldsymbol{a}=\boldsymbol{b}$时，$\mathrm{CIM}(\boldsymbol{a},\boldsymbol{b})=0$。

② 对称性：$\mathrm{CIM}(\boldsymbol{a},\boldsymbol{b})=\mathrm{CIM}(\boldsymbol{b},\boldsymbol{a})$。

③ 三角不等式：$\mathrm{CIM}(\boldsymbol{a},\boldsymbol{b})\leqslant\mathrm{CIM}(\boldsymbol{a},\boldsymbol{c})+\mathrm{CIM}(\boldsymbol{b},\boldsymbol{c})$。

与常规距离测度的区别在于，相关熵诱导距离测度表现出“混合范数”的特征。换言之，随着两个矢量距离由近至远，相关熵诱导距离测度分别对应近似L_2范数距离、L_1范数距离……直至L_0范数距离。同时，相关熵诱导距离测度的“混合范数”特征完全由其核长σ控制。即核长σ越大，相关熵诱导距离测度的L_2范数距离区域也随之扩大；反之，核长σ越小，其L_2范数距离区域则越小，L_1范数距离区域和L_0范数距离区域则越大。图 6.1 给出了核长σ分别取值为$\sigma=1.0$、$\sigma=1.5$和$\sigma=2.0$时二维平面上的随机矢量$\boldsymbol{a}=[a_1,a_2]^{\mathrm{T}}$与原点$\boldsymbol{0}=[0,0]^{\mathrm{T}}$的相关熵诱导距离等高线图。从图 6.1 中可以看出，相关熵诱导距离在不同参数的情况下表现出不同的性质，因此适合于信号与图像处理领域的脉冲噪声抑制。

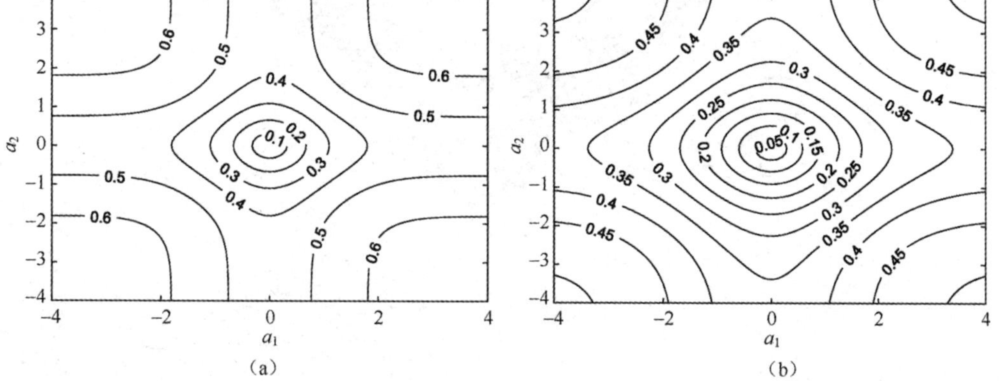

图 6.1　二维随机矢量$\boldsymbol{a}[a_1,a_2]$与原点的相关熵诱导距离等高线图。（a）核长σ=1.0；（b）核长σ=1.5

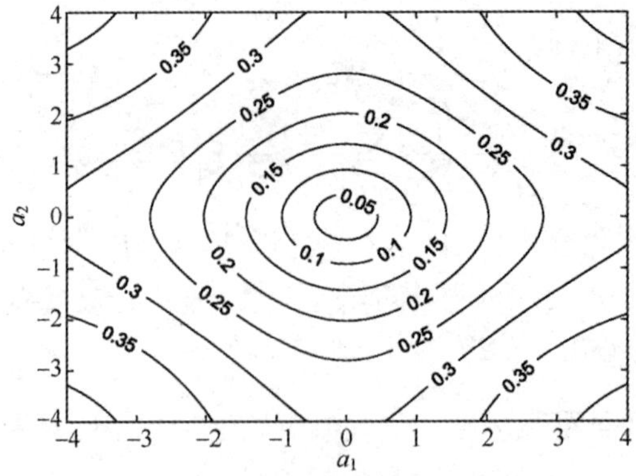

（c）

图 6.1　二维随机矢量 $\boldsymbol{a}[a_1,a_2]$ 与原点的相关熵诱导距离等高线图（续）。（c）核长 σ=2.0

5．广义相关熵诱导距离测度

为便于问题讨论，重写第 5 章中广义高斯密度函数为

$$
\begin{aligned}
G_{u,v}(e) &= \frac{u}{2v\Gamma(1/u)}\exp\left(-\left|\frac{e}{v}\right|^u\right) \\
&= \varsigma_{u,v}\exp(-\lambda\,|\,e\,|^u)
\end{aligned}
\tag{6.7}
$$

设 $\boldsymbol{a}=[a_1,a_2,\cdots,a_N]^{\mathrm{T}}$， $\boldsymbol{b}=[b_1,b_2,\cdots,b_N]^{\mathrm{T}}$，则当 $0<u\leqslant 2$ 时，称定义在 N 维采样空间的函数 $\mathrm{GCIM}(\boldsymbol{a},\boldsymbol{b})=\sqrt{\hat{J}_{\text{GC-loss}}(\boldsymbol{a},\boldsymbol{b})}$ 为广义相关熵诱导距离（GCIM）。

对于 $\boldsymbol{x}=[x_1,x_2]^{\mathrm{T}}$， $\boldsymbol{y}=[0,0]^{\mathrm{T}}$，以及式（6.7）中 $u=4$ 和 $\lambda=1$ 的情况，关于 x_1 和 x_2 的 $\mathrm{GCIM}(\boldsymbol{x},\boldsymbol{y})$ 曲面如图 6.2 所示。可见，GCIM 在不同区域的行为类似于数据的不同范数（从 L_u 到 L_0）。这一观察结果与用高斯核获得的观测结果相似，可由性质 5.6 和性质 5.7 加以证实。

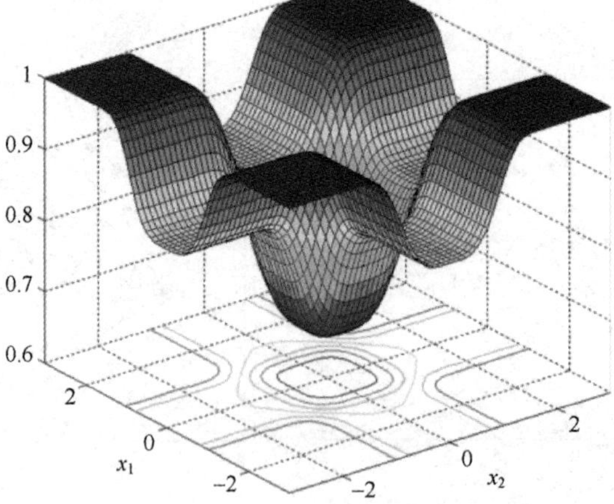

图 6.2　三维空间中的 GCIM 曲面（$u=4$，$\lambda=1$）

6.2.2　核函数的核长问题

1. 核函数方法的原理

在机器学习等分类问题的求解过程中常需要进行内积计算，而变换后的高维空间进行内积运算通常是很困难的。为此，发展了核函数的概念与方法，把高维空间的内积运算转化为低维空间的运算，从而简化问题的求解过程。换言之，如果有了核函数，就不再需要知道具体的映射是什么，可以直接通过核函数求得高维空间的内积，从而计算出高维空间中两个数据点之间的测度。

核函数是映射关系$\boldsymbol{\varphi}(\cdot)$的内积。如图 6.3 所示，虽然映射函数本身仅仅是一种映射关系，并没有增加维度的特性，但利用核函数的特性，能够构造可以增加维度的核函数，这通常是算法中所希望的。

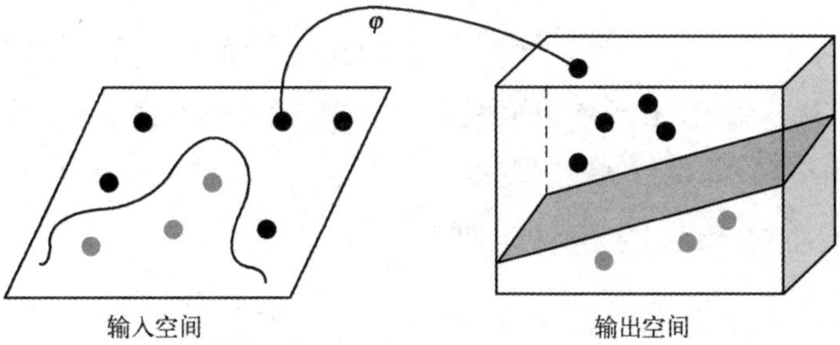

图 6.3　数据空间的映射关系

在机器学习算法中，无论是支持向量机还是感知机（perceptron），在解决非线性问题时，通常都会用到核函数方法。核函数的目标是把原坐标系中线性不可分的输入数据用“核”投影到输出空间（特征空间），尽量使输入数据在新的空间中线性可分。

核函数方法的广泛应用，与其特点是分不开的。核函数具有以下特点：

（1）核函数的引入避免了“维度灾难”，大幅度降低了算法的计算量。此外，输入空间的维度对核函数没有影响，因此，核函数方法可以有效地解决高维输入问题。

（2）核函数无须已知非线性变换函数$\boldsymbol{\varphi}$的形式和参数。

（3）核函数形式和参数的变化会隐式地改变从输入空间到特征空间的映射，进而对特征空间的性质产生影响，最终导致各种核函数方法性能的差异。

（4）核函数方法可以与不同算法相结合，从而形成不同的基于核函数技术的信号处理方法，且核函数和与其结合算法的设计过程可以独立进行，同样也可为不同的应用问题和应用场景选择不同的核函数与算法。

2. 核函数的核长对相关熵的影响

相关熵作为两个随机变量局部相似性度量的统计量，同样需要用到核函数来实现观测或采样数据在不同空间之间的映射。通常情况下，选取高斯函数作为核函数构建相关熵，称为高斯核函数。为讨论方便，重写高斯核函数如下：

$$\kappa_\sigma(X,Y)=\frac{1}{\sqrt{2\pi}\sigma}\exp\left[\frac{(X-Y)^2}{\sigma^2}\right] \tag{6.8}$$

式中，σ 为高斯核函数的核长。

由相关熵诱导距离的性质可知，相关熵表征的是两个随机变量在由核函数的核长 σ 控制的联合空间的邻域中相似程度的概率。也就是说，核长 σ 作为一个缩放因子，控制着评估两个随机变量相似性的观察“窗口”。这个可调整的窗口提供了一种有效的机制来消除信号中异常值的有害影响。这是仅能度量信号时间结构的常规二阶相关统计量所无法比拟的。因此，核函数核长 σ 的选取直接影响到相关熵的性能。

进一步分析可知，设 $\{(x_i,y_i)\}_{i=1}^N$ 是由联合概率密度函数 $f_{XY}(x,y)$ 抽取的独立同分布数据，若核长 $\sigma\to 0$，且 $N\sigma\to\infty$，则由 Parzen 方法估计得到的 $\hat{f}_{XY;\sigma}(x,y)$ 逼近其真值 $f_{XY}(x,y)$，且有

$$\lim_{\sigma\to 0}V(X,Y)=\int_{-\infty}^{+\infty}f_{XY}(x,x)\mathrm{d}x \tag{6.9}$$

但是，在实际应用中，由于 N 不可能趋于无穷，且 $\sigma\to 0$ 会导致无意义的估计结果，故也需要为核长 σ 设定一个下限。

6.2.3 核函数核长的选取原则

实际应用中，对于核函数核长 σ 的选取问题，已有若干文献对其进行了研究，但至今仍主要停留在经验选取的阶段，未能从理论上给出最优的选取方法。本节主要介绍三种核函数核长选取原则。

1. 基于 CIM 的选取原则

本节将基于以下信号模型讨论核函数的核长选取问题。针对图 3.9 所示的均匀线性阵列模型，考虑具有已知中心频率 ω 和入射角度为 $\theta_1,\theta_2,\cdots,\theta_L$ 的 L 个复各向同性非相干窄带信号源入射到包含 M 个传感器的均匀线性阵列。设阵列输出信号包含的噪声是独立同分布的加性高斯白噪声，并且这些噪声与有效信号在统计上是彼此独立的。在基于均匀线性阵列的子空间类超分辨率波达方向估计算法中，要求待估计的信源数量小于阵列中传感器的数量，即 $L<M$ 。

由于跨传感器的传播延迟远小于信号带宽的倒数，故第 i 个传感器接收到的信号可以使用阵列输出的复包络表示

$$x_i(t)=\sum_{k=1}^{L}a_i(\theta_k)s_k(t)+v_i(t),\quad i=1,2,\cdots,M \tag{6.10}$$

式中，$a_i(\theta_k)$ 是第 i 个传感器沿 θ_k 方向的导向矢量，d 是均匀线性阵列中两个相邻传感器之间的距离，$s_k(t)$ 是第 i 个传感器接收到的第 k 个信号，$v_i(t)$ 是第 i 个传感器接收到的加性噪声。换言之，上述信号模型将传感器阵列输出的信号 $x_i(t)$ 解释为纯净信号 $s_k(t)$ 与噪声信号 $v_i(t)$ 的线性叠加。

该核长 σ 的选取原则可以描述为：应当选取核长 σ 使纯净信号 $s_k(t)$ 与零点的相关熵诱导距离（CIM）落入 L_2 范数距离区域，而使噪声与零点的 CIM 尽量落入 L_1 范数距离区

域或 L_0 范数距离区域，即可以通过下式选取核函数的核长 σ：

$$\sigma = l \cdot \sqrt{\hat{\sigma}_s^2} \tag{6.11}$$

式中，l 为尺度因子；$\hat{\sigma}_s^2$ 为纯净信号 $s_k(t)$ 的方差估计值，通常在区间 $(0,5]$ 内选取。

$\hat{\sigma}_s^2$ 可以通过下式采用递推的方式估计得到：

$$\hat{\sigma}_s^2(t) = \lambda_s \hat{\sigma}_s^2(t-1) + C_1(1-\lambda_s) \cdot \mathrm{med}\{A_x(t)\} \tag{6.12}$$

式中，$\mathrm{med}\{\cdot\}$ 表示样本中值函数，$A_x(t) = \{x^2(t), x^2(t-1), \cdots, x^2(t-N_w+1)\}$，其中 N_w 表示估计窗口的长度；λ_s 表示遗忘因子，$0 \leqslant \lambda_s \leqslant 1$；$C_1$ 表示有限数据采样的修正因子，$C_1 = 1.483[1+5/(N_w-1)]$。

2．基于局部熵的自适应核长函数

由于相关熵可以有效地测量两个随机变量间的局部相似性，因此常用来抑制传感器阵列输出信号中包含的脉冲噪声。以相关熵为基础，Tian 等人提出了广义自相关熵的概念。设 X 是一个随机变量，则广义自相关熵的定义为

$$G_\sigma(X) = E[\kappa_\sigma(|X| - \mu_X)] \tag{6.13}$$

式中，μ_X 表示为 $\mu_X = \frac{1}{N}\|X\|_p^p$，在 L_p 空间中，X 在 $0<p<2$ 条件下的 L_p 范数表示为 $\|X\|_p = \sqrt[p]{\sum_{i=1}^{N} |x_i|_p}$。

针对子空间类信号参数估计方法，如果将广义自相关熵用于抑制其中输入的采样数据中所包含的脉冲噪声，则性能也受到核函数核长 σ 的影响。如果核长 σ 较小，则会过多地抑制采样数据中的噪声成分。在这种情况下，信号子空间将扩展到噪声子空间中，破坏噪声子空间和信号子空间的正交性。反之，当核长 σ 较大时，经过广义自相关熵处理后的数据中仍然会包含残留的脉冲噪声成分，从而破坏协方差矩阵的半正定性。并且，现有的研究中已经给出的一些核长 σ 选取方法，都需要一些先验知识才能获得这些核长 σ，实际应用中不易获得。

为了减少算法对阵列与信号先验知识的依赖，提高算法在实际应用中的鲁棒性，Tian 等人也推导了一个自适应核长函数。

设包含脉冲噪声的阵列输出数据为

$$\boldsymbol{x}(t) = [x_1(t), x_2(t), \cdots, x_M(t)]^{\mathrm{T}} \tag{6.14}$$

自适应核长函数定义为

$$\sigma = \frac{\pi}{1+\exp(-H)} \tag{6.15}$$

基于信息论中局部熵理论，上式中的 H 定义为

$$H = -\sum_{i=1}^{M}\sum_{t=1}^{N} p_{it} \lg(p_{it}) \tag{6.16}$$

式中，N 为快拍数，且有

$$p_{it} = \frac{|x_i(t)|}{\sum_{i=1}^{M}\sum_{t=1}^{N}|x_i(t)|} = \frac{|x_i(t)|}{L_1[\boldsymbol{x}(t)]} \tag{6.17}$$

其中 $L_1[\cdot]$ 表示 L_1 范数。

可以看出，式（6.17）只依赖于阵列输出数据 $\boldsymbol{x}(t)$，不需要任何信号和阵列的先验知识。因此，该自适应核长函数特别适用于实际应用的场景。

自适应核长函数具有以下重要性质。

① 自适应核长函数的导数可以表示为

$$\frac{\mathrm{d}(\sigma)}{\mathrm{d}(H)}=\frac{\pi \mathrm{e}^{-H}}{(1+\mathrm{e}^{-H})^2} \tag{6.18}$$

因此，当 $H>0$ 时，自适应核长函数是单调的。

② 由于自适应核长函数满足

$$\frac{\pi}{2}\leqslant\frac{\pi}{1+\mathrm{e}^{-H}}<\pi \tag{6.19}$$

因此，自适应核长函数是正的且是有界的，当且仅当 $H=0$ 时，自适应核长函数获得最小值。

③ 由式（6.17）和式（6.18）可知，自适应核长函数是可微分的实值函数，且在每个点上都具有非负导数。

以下通过 DOA 估计的计算机仿真实验来验证自适应核长函数的有效性。假设两个独立的 QPSK 相干分布源信号入射到具有 $M=8$ 个传感器的均匀线性阵列。阵列输出信号中包含的噪声被建模为加性各向同性复对称 Alpha 稳定分布脉冲噪声，其中特征指数满足 $1\leqslant\alpha\leqslant 2$。对每组实验执行 300 次蒙特卡罗仿真，并评估 DOA 估计的可分辨概率和均方根误差。为了综合评估算法的性能。设两个 QPSK 信号的入射方向角为 $\theta_1=5°$ 和 $\theta_2=15°$，扩散角均为 $2°$。

图 6.4 的仿真实验分析了不同核长对 DOA 估计精度的影响。选取固定核长为 $\{0.5,1.0,1.5,2.0,2.5,3.0,3.5,4.0,4.5,5.0\}$ 与本节描述的自适应核长进行比较。可以看出，当核长 σ 选取为 0.5 时，Tian 等人提出的 GCO-DSPE 算法的可分辨概率和均方根误差都是最好的。如果以核长 $\sigma=1.5$ 作为参考，无论增大还是减小核长，GCO-DSPE 算法的中心 DOA 估计性能都显著降低，且当核长变小时，GCO-DSPE 算法的中心 DOA 估计性能降低更快。综合考虑可分辨概率和均方根误差，自适应核长的性能都是最好的。

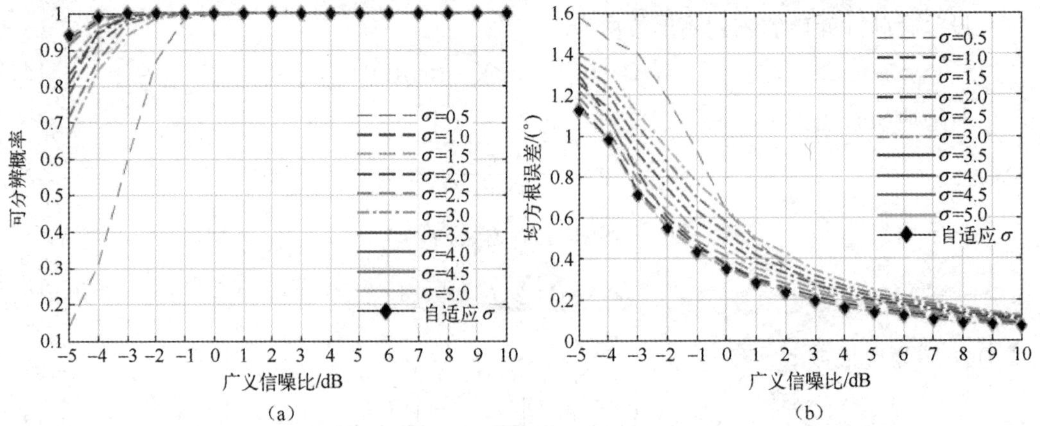

图 6.4　自适应核长函数对算法性能的影响。（a）可分辨概率；（b）均方根误差

上述仿真结果可以解释为：随着阵列输出信号特征与参数的变化，相关熵需要不同的核长来达到最佳的脉冲噪声抑制性能，显然，将核长固定到某个值是不合理的。自适应核长是从阵列输出信号的局部熵得到的，能够反映信号的时变特性，因此可以随着信号的变化动态调整，使相关熵抑制脉冲噪声的性能始终保持最佳。

3．基于最大维度相关熵的核长选取原则

对于相关熵诱导距离，如果给定核长为σ，由于$\kappa_\sigma(0)$为常数，因此可以将其写成如下等价形式：

$$D_{\text{dim}}(\boldsymbol{c},\boldsymbol{s})=\frac{1}{N}\sum_{i=1}^{N}\kappa_\sigma(c_i-s_i) \tag{6.20}$$

称式（6.20）为维度相关熵（correntropy for dimension，CD）。其中，$\boldsymbol{c}$ 和 $\boldsymbol{s}$ 为离散矢量，分别表示为$\boldsymbol{c}=[c_1,c_2,\cdots,c_N]$和$\boldsymbol{s}=[s_1,s_2,\cdots,s_N]$。

显然，对于维度相关熵，核长σ是一个重要的可变参数。因此，为了解决核长σ选择的问题，Tan 等人采用了最大相关熵准则进行处理。

设$\boldsymbol{x}_f=[x_1,x_2,\cdots,x_N]$和$\boldsymbol{y}_f=[y_1,y_2,\cdots,y_N]$是两个样本数据的特征矢量，对于$\boldsymbol{x}_f$和$\boldsymbol{y}_f$的每个维度，定义以下表达式：

$$D_i=|x_i-y_i|,\qquad i=1,2,\cdots,N \tag{6.21}$$

以人脸识别为例，如图 6.5（a）所示，构建$D_i(i=1,2,\cdots,N)$的曲线，设加权后的D_i用D_{B_j}表示，并采用经典的 ULBP（uniform local binary pattern）方法估计受试者本人（genuine）和顶替者（imposter）的分布，如图 6.5（b）所示。可以看出，在区间$[0,3]$内，实验样本被成功判定为受试者本人的比例高于判定为顶替者的比例。基于本实验结果可知，可以采用较小的距离增加维度的权重，从而增强了受试者本人和顶替者的可分离性。如式（6.22）所示，使用带有适当核长σ的维度相关熵可以实现这种想法。

$$D_{\text{dim}}(\boldsymbol{x}_f,\boldsymbol{y}_f)=\frac{1}{N}\sum_{i=1}^{N}\kappa_\sigma(x_i-y_i) \tag{6.22}$$

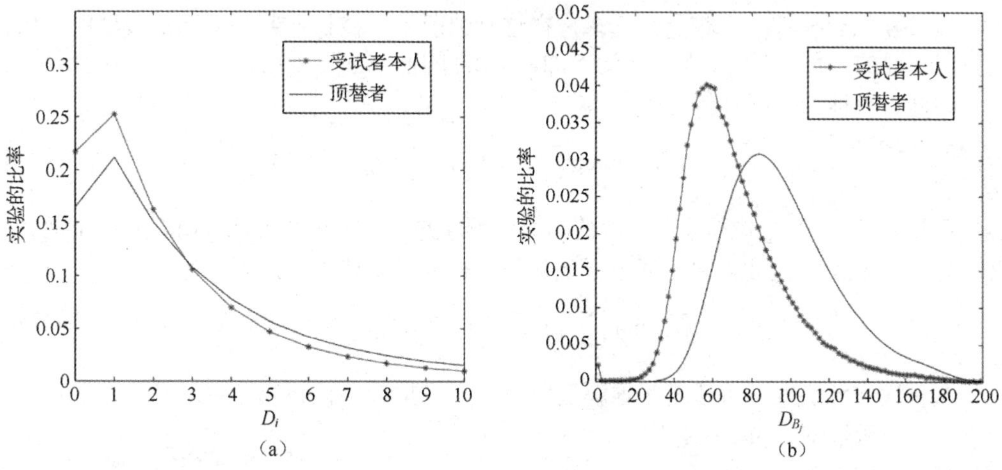

图 6.5　实验样本被成功判定为受试者本人或顶替者的概率。（a）从受试者本人和顶替者获得的D_i的分布；（b）从受试者本人和顶替者获得的D_{B_j}的分布

需要注意，在理想情况下，直方图之间只有一个交点；但在实际应用中会出现多点问题。

最大相关熵准则可以作为参数估计算法的代价函数，对于不同问题，其参数的物理含义和数量有所不同。因此，设 e_i 表示特征矢量的第 i 个分量的误差，核长可通过求 $(1/N)\sum_{i=1}^{N}\kappa_\sigma(e_i)$ 最大值的方式估计得到。

可见，最大相关熵准则使较小误差分量的加权因子最大化，而减弱较大误差分量的加权因子。在式（6.22）中，核长 σ 实际上决定了每个维度的权重。因此，可以基于最大相关熵准则建立核长 σ 的学习方法。图 6.5（a）中的受试者本人和顶替者的两个直方图分别表示为 h_s 和 h_d，$h(i)$ 表示直方图 h 中第 i 个 bin 的值，B 表示直方图的 bin 数，并满足如下关系：

$$\sum_{i=1}^{B} h_\mathrm{s}(i) = 1 \tag{6.23}$$

$$\sum_{i=1}^{B} h_\mathrm{d}(i) = 1 \tag{6.24}$$

$$\exists 0 < t < B \quad \text{s.t.} \quad \begin{cases} h_\mathrm{s}(x) > h_\mathrm{d}(x), & x \leqslant t \\ h_\mathrm{s}(x) < h_\mathrm{d}(x), & x > t \end{cases} \tag{6.25}$$

如图 6.5（a）所示，当直方图之间存在一个交点时，学习 t 很简单。但是，直方图实际上存在两个或更多的交点，在这种情况下，可以通过下式获得 t 的估计：

$$t = \arg\max_{m}\left[\sum_{i=0}^{B}\left(h_\mathrm{s}(i) - h_\mathrm{d}(i)\right)\right], \quad 0 < m < B \tag{6.26}$$

将最大相关熵准则的思想用于上述问题，可以获得以下目标函数：

$$D = \max_{\sigma}\sum_{i=0}^{B}\left(h_\mathrm{s}(i) - h_\mathrm{d}(i)\right)\kappa_\sigma(i) \tag{6.27}$$

在式（6.27）中，选取高斯函数作为核函数。

核长 σ 的选择等同于带宽的选择，在这种情况下，核长 σ 起到低通滤波器的作用，以保留主要的能量。此外，随着 i 的增加，$\kappa_\sigma(i)$ 的值减小得更快。

因此，目标函数可重新构造为

$$\tilde{D} = \max_{\sigma}\sum_{i=0}^{t}\left(h_\mathrm{s}(i) - h_\mathrm{d}(i)\right)\kappa_\sigma(i) \tag{6.28}$$

可见，式（6.28）并不是目标函数的解析解，并且由于枚举方法耗时较长，不适合用来求解式（6.28）。因此，可以通过以下近似目标函数来获得可接受的解：

$$\tilde{D} = \max_{\sigma}\sum_{i=0}^{t}\ln\left[\left(h_\mathrm{s}(i) - h_\mathrm{d}(i)\right)\kappa_\sigma(i)\right] \tag{6.29}$$

这种次优解决方案可以简化求解过程并防止过拟合。该解决方案的另一个优点是还可以应用于增量学习和实时识别中。

具体求解过程如下：

$$\sum_{i=0}^{t}\ln\left[\left(h_{\mathrm{s}}(i)-h_{\mathrm{d}}(i)\right)\kappa_{\sigma}(i)\right]=\sum_{i=0}^{t}\ln\left[\left(h_{\mathrm{s}}(i)-h_{\mathrm{d}}(i)\right)\frac{1}{\sqrt{2\pi}}\right]+\sum_{i=0}^{t}\ln\frac{1}{\sigma}+\sum_{i=0}^{t}-\frac{i^{2}}{2\sigma^{2}} \tag{6.30}$$

由于 $\sum_{i=0}^{t}\ln\left[\left(h_{\mathrm{s}}(i)-h_{\mathrm{d}}(i)\right)\frac{1}{\sqrt{2\pi}}\right]$ 是常数，因此，式（6.30）关于 σ 的导数为

$$\begin{aligned}\frac{\partial}{\partial\sigma}\left\{\sum_{i=0}^{t}\ln\left[\left(h_{\mathrm{s}}(i)-h_{\mathrm{d}}(i)\right)\kappa_{\sigma}(i)\right]\right\}&=\sum_{i=0}^{t}-\frac{1}{\sigma}+\sum_{i=0}^{t}\frac{i^{2}}{\sigma^{3}}\\&=-\frac{t+1}{\sigma}+\frac{t(t+1)(2t+1)}{6\sigma^{3}}\end{aligned} \tag{6.31}$$

所以，选取核长 $\sigma=\sqrt{\frac{t(2t+1)}{6}}$ 来使式（6.31）最大化。

6.2.4　无偏估计与渐近一致估计

对于离散时间严平稳随机过程，设 $\{X(n),n=0,1,\cdots,N-1\}$ 为满足概率密度函数为 $f(X)$ 的独立同分布采样数组，则相关熵可以采用以下形式表示：

$$V[m]=E[\kappa_{\sigma}(X(n)-X(n-m))] \tag{6.32}$$

通常情况下，随机过程的联合概率密度函数是未知的，且很难通过接收到的信号进行估计。因此，式（6.32）一般通过有限数据采样的时间平均进行估计：

$$\hat{V}[m]=\frac{1}{N-m+1}\sum_{n=m}^{N}\kappa_{\sigma}(X(n)-X(n-m)) \tag{6.33}$$

定理 6.1　相关熵估计的渐近收敛　设 $\{X(n),n=0,1,\cdots,N-1\}$ 为满足概率密度函数为 $f_X(x)$ 的独立同分布采样数组，且采用高斯函数作为核函数，则式（6.33）的均值渐近收敛于采用高斯核并通过 Parzen 窗获得的信息潜的估计。

证明　设 Parzen 概率密度函数的估计为

$$\hat{f}_X(x)=\frac{1}{N}\sum_{n=0}^{N-1}\kappa_{\sigma}(X-X(n)) \tag{6.34}$$

则信息潜的估计为

$$\begin{aligned}V&=\int_{-\infty}^{+\infty}\left(\frac{1}{N}\sum_{n=0}^{N-1}\kappa_{\sigma}(X-X(n))\right)^{2}\mathrm{d}x\\&=\frac{1}{N^{2}}\sum_{n'=0}^{N-1}\sum_{n=0}^{N-1}\kappa'_{\sigma}(X-X(n'))\end{aligned} \tag{6.35}$$

式中，核函数 κ'_{σ} 表示为

$$\kappa'_{\sigma}(\cdot)=\frac{1}{\sqrt{2\pi}2\sigma}\mathrm{e}^{-\frac{(\cdot)^{2}}{2(2\sigma)^{2}}} \tag{6.36}$$

另一方面，由于 m 满足条件 $-(N-1)\leqslant m\leqslant N-1$，式（6.33）可以重新表示为

$$\hat{V}[m]=\left(\frac{1}{N}-|m|\right)\sum_{n=m}^{N}\kappa_{\sigma}(X(n)-X(n-m)) \tag{6.37}$$

因此，$\hat{V}[m]$的均值可以表示为

$$\left\langle \hat{V}[m] \right\rangle = \frac{1}{2N-1}\sum_{m=-N+1}^{N-1}\frac{1}{N-|m|}\sum_{n=m}^{N-1}\kappa_\sigma(X(n)-X(n-m)) \tag{6.38}$$

式中，$\langle\cdot\rangle$表示求时间平均。

检查式（6.35）中的各项是否在式（6.38）中是很简单的，然而，在这两个表达式中，对应项的权重是不同的。因此，式（6.33）的均值是信息潜的有偏估计。

定理 6.2　相关熵估计的无偏性与渐近一致性　式（6.1）定义的相关熵的估计

$$\hat{V}_\sigma(X,Y) = \frac{1}{N}\sum_{i=1}^{N}\kappa_\sigma(x_i - y_i) \tag{6.39}$$

是无偏且渐近一致的。

证明　设$\{(x_i, y_i)\}_{i=1}^N$是由$f_{XY}(x,y)$抽取的有限采样数据，定义误差随机变量为$Z = X - Y$，且数据$\{z_i = x_i - y_i\}_{i=1}^N$的误差概率密度函数的Parzen估计为$\hat{f}_{Z;\sigma}(z)$。此时，$\hat{V}_\sigma(X,Y)$是$\hat{f}_{Z;\sigma}(z)$在$z$=0点的估计值，即

$$\begin{aligned}\hat{V}_\sigma(X,Y) &= \frac{1}{N}\sum_{i=1}^{N}\kappa_\sigma(x_i - y_i)\\ &= \frac{1}{N}\sum_{i=1}^{N}\kappa_\sigma(z_i)\\ &= \hat{f}_{Z;\sigma}(0)\end{aligned} \tag{6.40}$$

相关熵还可以写成以下积分的形式：

$$\begin{aligned}V_\sigma(X,Y) &= E[\kappa_\sigma(X-Y)]\\ &= E[\kappa_\sigma(Z)]\\ &= \int_z \kappa_\sigma(z) f_Z(z)\mathrm{d}z\end{aligned} \tag{6.41}$$

此外，还可以观察到

$$f_Z(0) = P(X=Y) = \int_{-\infty}^{+\infty} f_{XY}(x,x)\mathrm{d}x \tag{6.42}$$

将Parzen估计作为理论工具，可以直接获得$\hat{V}_{N;\sigma}(X,Y)$的均值和方差：

$$E\left[\hat{V}_{N;\sigma}(X,Y)\right] = V_\sigma(X,Y) \tag{6.43}$$

$$\lim_{N\to\infty,\sigma\to 0} E[\hat{V}_{N;\sigma}(X,Y)] = f_Z(0) \tag{6.44}$$

$$\mathrm{Var}[\hat{V}_{N;\sigma}(X,Y)] = \frac{\mathrm{Var}[\kappa_\sigma(z)]}{N} \tag{6.45}$$

$$\lim_{N\to\infty,\sigma\to 0} N\sigma\mathrm{Var}[\hat{V}_{N;\sigma}(X,Y)] = f_Z(0)\int_{-\infty}^{\infty}(\kappa_1(u))^2\mathrm{d}u \tag{6.46}$$

式中，$\kappa_1(u)$为核长为1的高斯核函数。

因此，当 $N \to \infty$ 时，$\hat{V}_{N;\sigma}(X,Y)$ 是 $V(X,Y)$ 的无偏估计，且在均方意义上是一致的。进一步，当满足条件 $N\sigma \to \infty$ 且 $\sigma \to 0$ 时，$\hat{V}_{N;\sigma}(X,Y)$ 是 $f_Z(0)$ 的一个渐近无偏估计，且满足均方一致性。

6.2.5　核长对相关熵影响的数学解释

设误差 $Z = X - Y$ 的概率密度函数服从零均值高斯分布，标准差为 σ_Z，即

$$f_Z(z) = \frac{1}{\sqrt{2\pi}\sigma_Z}\exp\left(-\frac{z^2}{2\sigma_Z^2}\right) \tag{6.47}$$

则有

$$V_\sigma = \frac{1}{\sqrt{2\pi(\sigma^2+\sigma_Z^2)}} \tag{6.48}$$

$$V_0 = \lim_{\sigma\to 0} V_\sigma = \frac{1}{\sqrt{2\pi}\sigma_Z} \tag{6.49}$$

式中，σ 为核函数的核长。若 $\sigma < 0.32\sigma_Z$，则可得以下不等式：

$$\left|\frac{(V_\sigma - V_0)}{V_0}\right| < 0.05 \tag{6.50}$$

进一步，若 $\sigma^2 \ll \sigma_Z^2$，则有

$$\frac{(V_0 - V_\sigma)}{V_0} \approx \frac{\sigma^2}{2\sigma_Z^2} \tag{6.51}$$

与概率密度函数估计对核长 σ 具有较大的依赖性相比，相关熵估计对核长 σ 的弱敏感性可以通过相关熵是联合空间中的“中心矩”这一事实来解释。

此外，若假设式（6.47）在回归问题中成立，则式（6.48）中 V_σ 最大化在本质上就是最小化误差的方差 σ_Z^2。如果式（6.46）估计量的方差存在合理的上界，那么 σ 就变得无关紧要了。例如，给定 N，可以选择适当的 σ 使下式成立：

$$\left|\frac{\sqrt{\mathrm{Var}(\hat{V}_{N;\sigma})}}{E(\hat{V}_{N;\sigma})}\right| < 0.05 \tag{6.52}$$

如果 N 足够大，且 σ 足够小，则可得到以下近似关系：

$$\left|\frac{\sqrt{\mathrm{Var}(\hat{V}_{N;\sigma})}}{E(\hat{V}_{N;\sigma})}\right| \approx \sqrt{(N\sigma f_\varepsilon(0))^{-1}\int_{-\infty}^{+\infty}(\kappa_1(z))^2\,\mathrm{d}z} \tag{6.53}$$

6.2.6　相关熵和均方误差的对比

假设 X 和 Y 为两个服从联合分布随机变量，则均方误差表示为

$$\begin{aligned}\mathrm{MSE}(X,Y) &= E[(X-Y)^2] \\ &= \iint (x-y)^2 f_{XY}(x-y)\,\mathrm{d}x\mathrm{d}y\end{aligned} \tag{6.54}$$

相关熵可重写为

$$\begin{aligned}V(X,Y)&=E[\kappa_\sigma(X-Y)]\\&=\iint\kappa_\sigma(x-y)f_{XY}(x-y)\mathrm{d}x\mathrm{d}y\end{aligned}\tag{6.55}$$

式中，$f_{XY}(x-y)$为X和Y的联合概率密度函数。

从式（6.54）可以看出，均方误差是沿着$y=x$线有“谷”的联合空间中的二阶统计量。由于均方误差量化了x和y之间的差异，并且对于远离$y=x$的值是二次增加的，因此它可以用作联合空间中的相似性度量。

虽然均方误差可以在高斯噪声环境下为随机变量相似性提供最优的度量，但如果噪声是以 Alpha 稳定分布的脉冲噪声，则脉冲残差将累积在均方误差中。这就是当测量噪声包含脉冲分量时，高斯分布的假定无法使均方误差达到最优的原因。如果用高斯函数作为核函数，且假设$z=x-y$，则式（6.55）中的核函数$\kappa_\sigma(z)$可以更直观地表示为

$$\kappa_\sigma(z)=\frac{1}{\sqrt{2\pi}\sigma}\exp\left(-\frac{|z|^2}{2\sigma^2}\right)\tag{6.56}$$

不难看出，如果z中包含脉冲噪声，则随着z的增长，$\kappa_\sigma(z)$快速减小。如果$z\to\infty$，则$\kappa_\sigma(z)$趋近于零。因此，噪声中包含的脉冲成分不会占主导地位，所以相对于均方误差，相关熵具有更好的抑制脉冲噪声的作用。

基于上述分析，相关熵利用核函数的核长作为数据样本的调节器，在保证二阶统计量有界的基础上，有效降低了脉冲噪声的影响。

6.3 映射空间特性

设$\{X(t),t\in T\}$是一个以T为索引集的随机过程，通过高斯核诱导的非线性映射$\boldsymbol{\varphi}$将数据映射到有限维再生核希尔伯特空间$\mathbb{H}$，在该空间中，自相关熵函数$V_X(t,s)$从$T\times T$维空间映射到$\mathbb{R}^+$空间：

$$\begin{aligned}V_X(t,s)&=E\left[\left\langle\boldsymbol{\varphi}(X(t)),\boldsymbol{\varphi}(X(s))\right\rangle_{\mathbb{H}}\right]\\&=E\left[\kappa_\sigma(X(t)-X(s))\right]\end{aligned}\tag{6.57}$$

式中，$\langle\cdot,\cdot\rangle_{\mathbb{H}}$表示$\mathbb{H}$空间的内积。

式（6.57）类似于随机过程的自相关，可以证明，式（6.57）中的自相关熵是一个对称正定函数，因此其定义了一个新的再生核希尔伯特空间。Pokhare 等人分析并证明了基于自相关熵理论，可以在该再生核希尔伯特空间中导出最优线性组合器的解析解。

性质 6.5 设$\{X(t),t\in T\}$是以T为索引集的随机过程，且$X(t)\in\mathbb{R}^d$，对于定义在$R\times R$上的任意对称正定核$\kappa(X(t_1),X(t_2))$，相关熵$V(t_1,t_2)=E[\kappa(X(t_1),X(t_2))]$是一个再生核。

证明 由于$\kappa(X(t_1),X(t_2))$是对称的，可知相关熵$V(t_1,t_2)$也是对称的。进一步，由于$\kappa(X(t_1),X(t_2))$满足正定性，对于任意不全为零的集合$\{X_1,X_2,\cdots,X_n\}$和任意实数集合$\{a_1,a_2,\cdots,a_n\}$，可得

$$\sum_{i=1}^{n}\sum_{j=1}^{n}a_i a_j \kappa\left(X_i, X_j\right) > 0 \tag{6.58}$$

并且，如果关于两个随机变量 X 和 Y 的严格正定函数 $g(\cdot,\cdot)$ 满足 $E[g(X,Y)]>0$，则有

$$E\left\{\sum_{i=1}^{n}\sum_{j=1}^{n}a_i a_j \kappa\left(X_i, Y_j\right)\right\} > 0 \Rightarrow \sum_{i=1}^{n}\sum_{j=1}^{n}a_i a_j E\left[\kappa\left(X_i, Y_j\right)\right] = \sum_{i=1}^{n}\sum_{j=1}^{n}a_i a_j V(i,j) > 0 \tag{6.59}$$

因此，$V(t_1,t_2)$ 同时满足对称性和正定性。

根据 Moore-Aronszajn 定理可知，对于两个实值随机变量的每一个实对称正定函数 κ，都唯一存在一个以 κ 为再生核的再生核希尔伯特空间。这表明了核函数与再生希尔伯特空间的一一对应关系，也为映射变换的唯一性提供了理论的保证。

此外，通过分析研究，Liu 等人采用两种映射空间来解释相关熵。

第一种映射空间是高斯核诱导的再生核希尔伯特空间，在核机器学习中被广泛应用。再生核希尔伯特空间上的元素是由高斯核的特征函数表示的无限维矢量，由于 $\|\boldsymbol{\varphi}(x)\|^2 = \kappa(0) = 1/(\sqrt{2\pi}\sigma)$，因此在三维空间中，这些元素位于以原点为圆心，以 $1/(\sqrt{2\pi}\sigma)$ 为半径的球体的第一卦限。相关熵可以对采样数据在该球体的投影进行计算。

第二种映射空间是由相关熵核函数本身诱导的再生核希尔伯特空间，其中元素是随机变量，而内积则由相关来定义。采用这种解释，相关熵可以很容易地用于统计推断，并且为与输入空间非线性相关的再生核希尔伯特空间提供了一种基于内积的优化算法。

6.4　相关熵的其他性质

前文论述了相关熵的对称性、有界性与展开特性，介绍了相关熵核长的选取方法，以及映射空间的特性等方面内容。除此之外，Principe 团队对相关熵理论进行了深入分析和研究，还给出了以下重要的性质。

6.4.1　自相关熵的性质

为便于问题讨论，重写第 5 章定义的离散时间随机过程自相关熵的定义。设 $\{X(n), n \in N\}$ 是一个离散时间随机过程，其自相关熵可以表示为

$$V[m] = E\left[\kappa_\sigma(X(n) - X(n-m))\right] \tag{6.60}$$

则自相关熵 $V[m]$ 具有以下性质。

性质 6.6　自相关熵 $V[m]$ 是关于原点对称的偶函数，即

$$V[m] = V[-m] \tag{6.61}$$

性质 6.7　自相关熵 $V[m]$ 在原点取得最大值，即

$$V[m] \leqslant V[0],\quad \forall m \tag{6.62}$$

性质 6.8 对于满足$m=0,1,\cdots,P-1$的自相关熵函数$V[m]$，则由式（6.63）定义的$P\times P$维托普利兹（Toeplitz）相关熵矩阵是正定的。

$$\boldsymbol{V}=\begin{bmatrix} V[0] & V[1] & \cdots & V[P-1] \\ V[1] & V[0] & \cdots & V[P-2] \\ \vdots & \vdots & \ddots & \vdots \\ V[P-1] & V[P-2] & \cdots & V[0] \end{bmatrix} \tag{6.63}$$

证明 矩阵$\boldsymbol{V}$可以展开为以下形式：

$$\boldsymbol{V}=\sum_{n=m}^{N}\boldsymbol{A}_n \tag{6.64}$$

式中，$\boldsymbol{A}_n$可以表示为

$$\boldsymbol{A}_n=\begin{bmatrix} \kappa_\sigma(x_n-x_n) & \kappa_\sigma(x_n-x_{n-1}) & \cdots & \kappa_\sigma(x_n-x_{n-P-1}) \\ \kappa_\sigma(x_n-x_{n-1}) & \kappa_\sigma(x_n-x_n) & \cdots & \kappa_\sigma(x_n-x_{n-P-2}) \\ \vdots & \vdots & \ddots & \vdots \\ \kappa_\sigma(x_n-x_{n-P-1}) & \kappa_\sigma(x_n-x_{n-P-2}) & \cdots & \kappa_\sigma(x_n-x_n) \end{bmatrix} \tag{6.65}$$

如果$\kappa_\sigma(x_i-x_j)$为满足 Mercer 条件的核函数，则对于任意n，$\boldsymbol{A}_n$是一个正定矩阵。此外，由于多个正定矩阵的和同样满足正定性，因此，矩阵$\boldsymbol{V}$也是正定矩阵。

上述性质为将自相关熵应用到采用常规相关矩阵的各种信号处理方法提供了可能性，例如，信号和噪声子空间分解、投影等。

性质 6.9 设$\{X(n)\in\mathbb{R},n\in T\}$是一个零均值离散时间广义平稳高斯过程，其自相关为$r[m]=E[X(n)X(n-m)]$，则该随机过程的自相关熵可以表示为

$$V[m]=\begin{cases} \dfrac{1}{\sqrt{2\pi}\sigma}, & m=0 \\ \dfrac{1}{\sqrt{2\pi(\sigma^2+\sigma^2[m])}}, & m\neq 0 \end{cases} \tag{6.66}$$

式中，$\sigma^2[m]=2(r[0]-r[m])$。

证明 由于自相关熵函数定义为$V[m]=E[\kappa_\sigma(X(n)-X(n-m))]$，因此，对于$m\neq 0$，$X(n)$是一个零均值高斯随机过程，因此，设$Z(m)=X(n)-X(n-m)$也是一个零均值的高斯随机变量，其方差为$\sigma^2[m]=2(r[0]-r[m])$，因此有

$$V[m]=\int_{-\infty}^{+\infty}\kappa_\sigma(Z(m))\frac{1}{\sqrt{2\pi}\sigma[m]}\exp\left(-\frac{Z^2(m)}{2\sigma^2[m]}\right)\mathrm{d}Z(m) \tag{6.67}$$

由于上述考虑的是高斯核函数，因此式（6.67）是两个零均值高斯方差的卷积，并在原点求值，据此可直接推导出式（6.66）的结论。

性质 6.10 通过理论分析可以发现，相关熵通过二次 Renyi 熵传递了随机过程时间结构及其概率密度函数的信息。由性质 6.8 可知，如果$\{X(n)\in\mathbb{R},n\in T\}$是方差为$\sigma_X^2$的零均

值白高斯过程，对于 $\forall m \neq 0$，可得

$$V[m]=\frac{1}{\sqrt{2\pi(\sigma^2+\sigma_X^2)}} \tag{6.68}$$

这与函数的平均值一致，当然，当 $V[m]$ 的概率密度函数是通过核长为 σ^2 的 Parzen 窗估计获得的时，它是一个方差为 σ_X^2 的高斯随机变量的信息潜。

6.4.2　针对两个随机变量的相关熵的性质

为便于问题讨论，重写第 5 章定义的随机变量的相关熵。设 X 和 Y 为两个随机变量，则 X 和 Y 的相关熵定义为

$$V_\sigma(X,Y)=E\left[\kappa_\sigma(X-Y)\right] \tag{6.69}$$

$V_\sigma(X,Y)$ 具有以下性质。

性质 6.11　相关熵是映射特征空间数据的二阶统计量。

证明　假设特征空间的维数为 M，核映射为 $\boldsymbol{\varphi}(X)=[\varphi_1(X),\varphi_2(X),\cdots,\varphi_M(X)]^{\mathrm{T}}$，则 $\boldsymbol{\varphi}(X)$ 和 $\boldsymbol{\varphi}(Y)$ 的二阶统计量可以通过以下的相关矩阵表示：

$$\begin{aligned}\boldsymbol{R}_{XY}&=E[\boldsymbol{\varphi}(X)\boldsymbol{\varphi}(Y)^{\mathrm{T}}]\\&=\begin{bmatrix}E[\varphi_1(X)\varphi_1(Y)] & \cdots & E[\varphi_1(X)\varphi_M(Y)]\\ \vdots & \ddots & \vdots\\ E[\varphi_M(X)\varphi_1(Y)] & \cdots & E[\varphi_M(X)\varphi_M(Y)]\end{bmatrix}\end{aligned} \tag{6.70}$$

同时，有

$$V_\sigma(X,Y)=E[\boldsymbol{\varphi}^{\mathrm{T}}(X)\boldsymbol{\varphi}(Y)]=\mathrm{tr}(\boldsymbol{R}_{XY}) \tag{6.71}$$

式中，$\mathrm{tr}(\cdot)$ 表示矩阵的迹。

$\boldsymbol{R}_{XY}$ 的迹等于特征值之和，这说明相关熵是由高斯核诱导的特征空间中的二阶统计量。该性质通常与核方法中定义的互协方差运算进行对比，即再生核希尔伯特空间中数据中心化后的相关熵是互协方差的迹。

性质 6.12　设服从联合概率密度函数 $f_{XY}(x,y)$ 的独立同分布观测数据为 $\{(x_i,y_i)\}_{i=1}^N$，且 $\hat{f}_{XY;\sigma}(x,y)$ 是以 σ 为核长的概率密度函数 $f_{XY}(x,y)$ 的 Parzen 估计，则以 $\sigma'=\sqrt{2}\sigma$ 为核长的相关熵的估计是 $\hat{f}_{XY;\sigma}(x,y)$ 沿着 $x=y$ 的积分

$$\hat{V}_{\sqrt{2}\sigma}(X,Y)=\int_{-\infty}^{+\infty}\hat{f}_{XY;\sigma}(x,y)\Big|_{x=y=u}\mathrm{d}u \tag{6.72}$$

证明　利用二维径向对称高斯核估计联合概率密度函数 $f_{XY}(x,y)$ 可得

$$\hat{f}_{XY;\sigma}(x,y)=\frac{1}{N}\sum_{i=1}^{N}K_\sigma\left(\begin{bmatrix}x\\y\end{bmatrix}-\begin{bmatrix}x_i\\y_i\end{bmatrix}\right) \tag{6.73}$$

式中，

$$K_\sigma\left(\begin{bmatrix}x\\y\end{bmatrix}\right)=\frac{1}{2\pi\left|\sum\right|^{1/2}}\exp\left(-\frac{1}{2}\begin{bmatrix}x\\y\end{bmatrix}^{\mathrm{T}}\sum{}^{-1}\begin{bmatrix}x\\y\end{bmatrix}\right) \tag{6.74}$$

其中，

$$\Sigma = \begin{bmatrix} \sigma^2 & 0 \\ 0 & \sigma^2 \end{bmatrix} \tag{6.75}$$

由式（6.73）~式（6.75）可以推导出

$$K_\sigma\left(\begin{bmatrix} x \\ y \end{bmatrix}\right) = \kappa_\sigma(x)\kappa_\sigma(y) \tag{6.76}$$

因此

$$\hat{f}_{XY;\sigma}(x,y) = \frac{1}{N}\sum_{i=1}^{N}\kappa_\sigma(x-x_i)\kappa_\sigma(y-y_i) \tag{6.77}$$

对式（6.77）沿着 $x=y$ 进行积分，可得

$$\begin{aligned}
&\int_{-\infty}^{+\infty} \hat{f}_{XY;\sigma}(x,y)\Big|_{x=y=u} \mathrm{d}u \\
&= \int_{-\infty}^{+\infty} \frac{1}{N}\sum_{i=1}^{N}\kappa_\sigma(x-x_i)\kappa_\sigma(y-y_i)\Big|_{x=y=u}\mathrm{d}u \\
&= \frac{1}{N}\sum_{i=1}^{N}\int_{-\infty}^{+\infty}\kappa_\sigma(x-x_i)\kappa_\sigma(y-y_i)\mathrm{d}u \\
&= \frac{1}{N}\sum_{i=1}^{N}\kappa_{\sqrt{2}\sigma}(x_i-y_i) \\
&= \hat{V}_{\sqrt{2}\sigma}(X,Y)
\end{aligned} \tag{6.78}$$

根据 Parzen 方法的条件，当满足 $\sigma \to 0$ 且 $N\sigma \to +\infty$ 时，$\hat{f}_{XY;\sigma}(x,y)$ 接近真实的概率密度函数 $f_{XY}(x,y)$，因此可得

$$\begin{aligned}
&\lim_{\sigma\to 0} V(X,Y) \\
&\quad = \lim_{\sigma\to 0}\iint_{x,y}\kappa_\sigma(x-y)f_{XY}(x,y)\mathrm{d}x\mathrm{d}y \\
&\quad = \iint_{x,y}\delta(x-y)f_{XY}(x,y)\mathrm{d}x\mathrm{d}y \\
&\quad = \int_{-\infty}^{+\infty} f_{XY}(x,x)\mathrm{d}x
\end{aligned} \tag{6.79}$$

在实际应用中，相关熵的估计只对有限数量样本进行，这对核长的设定将存在一个下界，因为太小的核长会导致估计没有意义。当用于计算相关熵的核长为 σ 时，相关熵可以用随机变量 X 和 Y 之差的模在边长为 $\sqrt{2/\pi}\sigma$ 的矩形（假设联合概率密度函数在此核长 σ 内是平滑的）内的概率来近似计算：

$$V_\sigma(X,Y) \approx \frac{1}{\sqrt{2\pi}\sigma}P\left(|Y-X| < \sqrt{\pi/2}\sigma\right) \tag{6.80}$$

性质 6.13 设随机变量 X 和 Y 是统计独立的，则有

$$V(X,Y) = \left\langle E[\boldsymbol{\varphi}(X)], E[\boldsymbol{\varphi}(Y)]\right\rangle_{\mathbb{H}} \tag{6.81}$$

证明　结合性质 6.11 的结论可得

$$\begin{aligned} V(X,Y) &= E\left[\sum_{i=1}^{M}\varphi_i(X)\varphi_i(Y)\right] \\ &= \sum_{i=1}^{M}E[\varphi_i(X)]E[\varphi_i(Y)] \\ &= \langle E[\boldsymbol{\varphi}(X)], E[\boldsymbol{\varphi}(Y)]\rangle_{\mathbb{H}} \end{aligned} \tag{6.82}$$

性质 6.13 可称为特征空间中的不相关性，是一种新的、易于计算的 X 和 Y 之间独立性的度量。此外，该性质还可以用概率密度函数来解释。

如果 X 和 Y 是独立的，有

$$f_{XY}(x,y) = f_X(x)f_Y(y) \tag{6.83}$$

利用 Parzen 窗估计这些概率密度函数，则

$$\hat{f}_{XY;\sigma}(x,y) = \frac{1}{N}\sum_{i=1}^{N}\kappa_\sigma(x-x_i)\kappa_\sigma(y-y_i) \tag{6.84}$$

$$\hat{f}_{X;\sigma}(x) = \frac{1}{N}\sum_{i=1}^{N}\kappa_\sigma(x-x_i) \tag{6.85}$$

$$\hat{f}_{Y;\sigma}(y) = \frac{1}{N}\sum_{i=1}^{N}\kappa_\sigma(y-y_i) \tag{6.86}$$

结合式（6.84）~ 式（6.86），将式（6.83）沿着 $y = x$ 积分可得

$$\frac{1}{N}\sum_{i=1}^{N}\kappa_{\sqrt{2}\sigma}(x_i - y_i) \approx \frac{1}{N^2}\sum_{j}^{N}\sum_{i}^{N}\kappa_{\sqrt{2}\sigma}(x_j - y_i) \tag{6.87}$$

这是式（6.81）样本估计的近似值。式（6.87）中的近似值是由 Parzen 窗估计获得的。当 σ 趋近于零且 $N\sigma$ 趋于无穷时，式（6.87）可以写为

$$\frac{1}{N}\sum_{i=1}^{N}\kappa_{\sqrt{2}\sigma}(x_i - y_i) = \frac{1}{N^2}\sum_{j}^{N}\sum_{i}^{N}\kappa_{\sqrt{2}\sigma}(x_j - y_i) \tag{6.88}$$

与位势场（potential field）进行类比，式（6.87）右边的项称为互信息潜，且当 $X = Y$ 时，式（6.87）右边的项退化为信息潜。从核方法的角度来看，$f_X(\cdot) = E[\boldsymbol{\varphi}(X)]$ 和 $f_Y(\cdot) = E[\boldsymbol{\varphi}(Y)]$ 是再生核希尔伯特空间的两个点，并且互信息潜恰为以这两个概率密度函数创建的矢量之间的内积。

式（6.81）与 Gretton 等人提出的约束协方差相似，依据 Jacod 和 Protter 在函数空间中通过协方差算子关于独立性特征的研究，可知其是一种强独立性测量。Jacod 和 Protter 将协方差运算符约束在再生核希尔伯特空间的闭合球中，并将该度量转换为格拉姆（Gram）矩阵的矩阵范数。但是，相关熵直接从 Parzen 对概率密度函数的估计开始，是一种更简单（但可能较弱）的独立性度量。

性质 6.14　设 $\{x_i\}_{i=1}^{N}$ 是一个观测数据集，则相关熵核诱导一个尺度非线性映射 η，η 将信号映射为 $\{\eta_x(i)\}_{i=1}^{N}$，同时在某种意义上保留相似性度量

$$E[\eta_x(i)\eta_x(i+t)] = V(i,i+t) \\ = E[\kappa(x(i)-x(i+1))] \tag{6.89}$$

式中，$0 \leqslant t \leqslant N-1$。

转换后数据的均方是 $N \to \infty$ 时原始数据信息潜的渐近估计。

证明 设 m_η 为转换数据的平均值

$$m_\eta = \frac{1}{N}\sum_{i=1}^{N}\eta_x(i) \tag{6.90}$$

则有

$$m_\eta^2 = \frac{1}{N^2}\sum_{i=1}^{N}\sum_{j=1}^{N}\eta_x(i)\eta_y(j) \tag{6.91}$$

以样本估计形式重写式（6.89）如下：

$$\sum_{i=1}^{N-t}\eta_x(i)\eta_x(i+t) = \sum_{i=1}^{N-t}\kappa(x(i)-x(i+t)) \tag{6.92}$$

式中，参数 t 固定，并且取 $N \to \infty$。

如果将双重求和式（6.91）展开成一个数组，并沿对角线方向求和，这恰好在不同的时延因子上获得了转换数据的自相关函数，因此在不同的时延因子上获得的输入数据的相关熵函数可以表示为

$$\begin{aligned} \frac{1}{N^2}\sum_{i=1}^{N}\sum_{j=1}^{N}\eta_x(i)\eta_y(j) &= \frac{1}{N^2}\left(\sum_{t=0}^{N-1}\sum_{i=1}^{N-t}\eta_x(i)\eta_y(i+t) + \sum_{t=1}^{N-1}\sum_{i=1+t}^{N}\eta_x(i)\eta_y(i-t)\right) \\ &\approx \frac{1}{N^2}\left(\sum_{t=0}^{N-1}\sum_{i=1}^{N-t}\kappa(x(i)-x(i+t)) + \sum_{t=1}^{N-1}\sum_{i=1+t}^{N}\kappa(x(i)-x(i-t))\right) \\ &= \frac{1}{N^2}\sum_{i=1}^{N}\sum_{j=1}^{N}\kappa\big(x(i)-x(j)\big) \end{aligned} \tag{6.93}$$

从式（6.93）可知，当求和索引远离主对角线时，所涉及能够导致近似值估计越来越差的数据量越来越小。需要注意，当从有限长的数据估计自相关函数时，这是完全相同的问题。当 N 趋近于无穷时，估计误差趋近于零。换言之，通过相关熵核诱导的转换后数据的均值能够渐近估计信息潜的均方根，从而估计原始数据的熵。这个性质进一步证实相关熵具有随机变量相似性度量的性质。

6.5 相关熵的物理与几何解释

6.5.1 相关熵的物理解释

相关熵可以度量映射到特征空间的信号的相似性。从本质上讲，相关熵将自相关函数推广到非线性空间，设 $\{X(t), t \in T\}$ 是关于 T 的严平稳过程，则相关熵函数可写成

以下形式：

$$\begin{aligned} V_X(s,t) &= E\left\{\langle \boldsymbol{\varphi}(X(s)), \boldsymbol{\varphi}(X(t))\rangle_{\mathbb{H}}\right\} \\ &= E\{\kappa(X(s), X(t))\} \end{aligned} \tag{6.94}$$

式中，$\boldsymbol{\varphi}$ 表示高斯核诱导的从输入空间到特征空间 $\mathbb{H}$ 的非线性映射，$\langle \cdot,\cdot \rangle_{\mathbb{H}}$ 表示特征空间 $\mathbb{H}$ 上的内积。

与采用显式的方式定义映射、计算映射进而获取映射内积不同，相关熵利用“核技巧”，将非线性映射的内积定义为正定的 Mercer 核，即

$$\kappa\left(X(s), X(t)\right) = \langle \boldsymbol{\varphi}(X(s)), \boldsymbol{\varphi}(X(t))\rangle_{\mathbb{H}} \tag{6.95}$$

不需要明确关于映射函数的知识，“核技巧”即可提供有效的计算。近年来，核方法在预测、分类、分解等领域得到了广泛的应用。

从物理含义来看，相关熵是将信号时间结构和信号幅度的统计分布结合在一个函数中的相似性度量。虽然相关熵与传统的自相关函数有共同之处，但与自相关不同的是，相关熵对振幅分布的高阶矩更为敏感，可以更好地识别信号产生的非线性特征。此外，相关熵还能够利用核方法有效地计算内积。

由于相关熵计算简单且能反映非线性特性，因此可用作非线性测试的判别度量。对于不同数据长度、不同信噪比，以及不同静态非线性失真条件下的合成线性高斯、线性非高斯和非线性时间序列，相关熵作为非线性测度的分辨能力有所提升。

6.5.2　相关熵的几何解释

1．希尔伯特空间的核关联

近年来，随着研究的不断深入，提出了包括支持向量机、核主成分分析、Fisher 判别分析，以及核规范相关分析等核方法，并成功地解决了多种统计信号参数估计问题。核方法的基本思想是将数据 $x_i(t)$ 从输入空间转换为矢量 $\boldsymbol{\varphi}(x_i)$ 的高维特征空间，其中的内积可以使用满足 Mercer 条件的正定核函数来计算：

$$\kappa(x_i, x_j) = \left\langle \boldsymbol{\varphi}(x_i), \boldsymbol{\varphi}(x_j)\right\rangle_{\mathbb{H}} \tag{6.96}$$

这个简单的思路能够用内积表示的线性算法解决非线性问题，甚至无须知道确切的映射 $\boldsymbol{\varphi}$。

特征空间 $\mathbb{H}$ 的一个重要特征是，它是一个再生核希尔伯特空间，即函数 $\{\kappa(\cdot,x): x\in\chi\}$ 张成的空间定义了唯一的泛函希尔伯特空间。这些空间的关键属性是核的可再生性，即

$$f(x) = \left\langle \kappa(\cdot,x), f\right\rangle_{\mathbb{H}},\quad \forall f\in\mathbb{H} \tag{6.97}$$

特别地，如果定义从输入空间到再生核希尔伯特空间的非线性映射为 $\boldsymbol{\varphi}(x)=\kappa(\cdot,x)$，则有

$$\left\langle \boldsymbol{\varphi}(x), \boldsymbol{\varphi}(y)\right\rangle_{\mathbb{H}} = \left\langle \kappa(\cdot,x), \kappa(\cdot,y)\right\rangle_{\mathbb{H}} = \kappa(x,y) \tag{6.98}$$

由此，$\boldsymbol{\varphi}(x)=\kappa(\cdot,x)$ 定义了与核关联的希尔伯特空间。

2．再生高斯核的几何意义

高斯函数因具有平移不变性而成为使用最广泛的 Mercer 核函数。另一方面，信息论学习解决了以非参数方式直接从数据中提取信息的问题。通常情况下，Renyi 熵或对 Kullback-Leibler 距离的近似值已用作信息论学习的代价函数，并且它们在诸如时间序列预测、盲源分离及均衡问题上均取得了理想的结果。

最近的研究成果显示，当使用 Parzen 方法估计信息论学习的代价函数时，还可以使用由 Parzen 核定义的核特征空间中的内积来表示信息论学习的代价函数，从而表明信息论学习与核方法之间的密切关系。例如，设一个数据集为 $x_1, x_2, \cdots, x_N \in \mathbb{R}^d$，与其对应的一组转换数据为 $\boldsymbol{\varphi}(x_1), \boldsymbol{\varphi}(x_2), \cdots, \boldsymbol{\varphi}(x_N)$，则有

$$\begin{aligned}\|m_\Phi\|^2 &= \left\langle \frac{1}{N}\sum_{i=1}^{N}\boldsymbol{\varphi}(x_i), \frac{1}{N}\sum_{j=1}^{N}\boldsymbol{\varphi}(x_j) \right\rangle \\ &= \frac{1}{N}\sum_{i=1}^{N}\sum_{j=1}^{N}\kappa(x_i - x_j)\end{aligned} \tag{6.99}$$

类似地，理论研究表明，核独立成分分析与柯西-施瓦兹（Cauchy-Schwartz）独立度量之间存在等价性。实际上，所有在输入空间中使用非参数概率密度函数估计的学习算法，都可以用以点积表示的核方法作为替代公式，这种联系给出了核方法与相关熵的几何关系，并通过输入空间中概率密度函数的估计值来确定最佳核参数。

设 $\{X(t), t \in T\}$ 是以 T 为索引集的随机过程，且 $X(t) \in \mathbb{R}^d$，由于 $\|\boldsymbol{\varphi}(X(t))\|^2 = \kappa(0) = 1/\left(\sqrt{2\pi}\sigma\right)$，因此由再生高斯核诱导的非线性变换将输出采样映射到特征空间的一个球上。如图 6.6 所示，$\boldsymbol{\varphi}(X(t_1))$ 和 $\boldsymbol{\varphi}(X(t_2))$ 两点之间的距离与从原点到这些点的矢量之间的角度成正比，即

$$\begin{aligned}d(\boldsymbol{\varphi}(X(t_1)), \boldsymbol{\varphi}(X(t_2))) &\propto \arccos\left(\frac{\langle \boldsymbol{\varphi}(X(t_1)), \boldsymbol{\varphi}(X(t_2)) \rangle}{\|\boldsymbol{\varphi}(X(t_1))\|\|\boldsymbol{\varphi}(X(t_2))\|}\right) \\ &= \arccos\left(\sqrt{2\pi}\sigma_\kappa(X(t_1) - X(t_2))\right)\end{aligned} \tag{6.100}$$

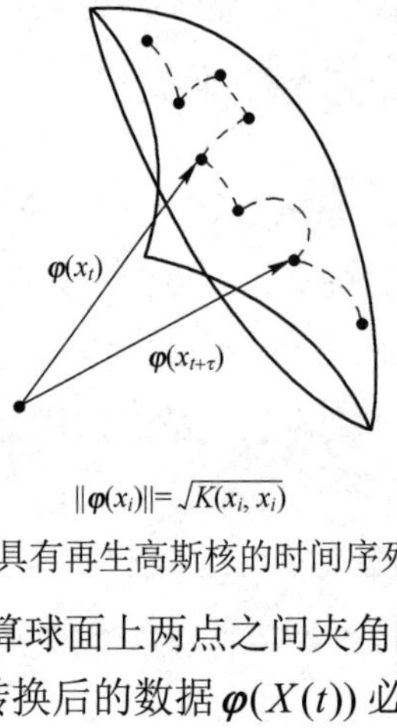

图 6.6　具有再生高斯核的时间序列的映射

换言之，核函数实际上是计算球面上两点之间夹角的余弦（即距离）。此外，从前面的讨论和图 6.6 中还可以发现，转换后的数据 $\boldsymbol{\varphi}(X(t))$ 必须位于球体上第一卦限的某个嵌

入流形上。并且从信息论学习和核方法之间的联系可知，特征矢量也传递了输入数据集二次 Renyi 熵的信息。

6.6　本章小结

在第 5 章论述相关熵的概念和理论的基础上，本章主要介绍了相关熵的对称性、有界性、展开特性，相关熵的无偏估计与渐近一致估计，并给出了完整的数学证明。在此基础上，讨论了相关熵的核长选取问题，相关熵的映射空间特性，以及相关熵的物理与几何解释。上述性质表明，相关熵作为两个随机变量在由核函数的核长控制的联合空间的邻域中相似程度的概率，不仅反映信号的统计特性，而且反映信号的时间结构。进一步，相关熵包含了随机变量更为丰富的统计特征，因此常用于抑制信号中所包含的脉冲噪声，解决脉冲噪声环境下无线信号参数估计与目标定位、人脸识别、自适应滤波，以及深度学习等方面的问题。

参 考 文 献

[1] PARZEN E. On estimation of a probability density function and mode[J]. The Annals of Mathematical Statistics, 1962, 33(3): 1065-1076.

[2] HUBER P J. Robust statistics[M]. John Wiley & Sons, 2004.

[3] PrINCIPE J C, XU D, FISHER J, et al. Information theoretic learning[J]. Unsupervised Adaptive Filtering, 2000, 1: 265-319.

[4] SHAWE-TAYLOR J, CRISTIANINI N. Kernel methods for pattern analysis[M]. Cambridge University Press, 2004.

[5] NIKIAS C L, SHAO M. Signal processing with alpha-stable distributions and applications[M]. Wiley-Interscience, 1995.

[6] MA W, QU H, GUI G, et al. Maximum correntropy criterion based sparse adaptive filtering algorithms for robust channel estimation under non-Gaussian environments[J]. Journal of the Franklin Institute, 2015, 352(7): 2708-2727.

[7] BELKACEMI H, MARCOS S. Robust subspace-based algorithms for joint angle/Doppler estimation in non-Gaussian clutter[J]. Signal Processing, 2007, 87(7): 1547-1558.

[8] SANTAMARÍA I, POKHAREL P P, PRINCIPE J C. Generalized correlation function: definition, properties, and application to blind equalization[J]. IEEE Transactions on Signal Processing, 2006, 54(6): 2187-2197.

[9] ZHANG J, QIU T, SONG A, et al. A novel correntropy based DOA estimation algorithm in impulsive noise environments[J]. Signal Processing, 2014, 104: 346-357.

[10] KRISHNAMOORTHY K. Handbook of statistical distributions with applications[M]. CRC Press, 2016.

[11] JEONG K H, PRINCIPE J C. The correntropy MACE filter for image recognition[C]. Signal Processing Society Workshop on Machine Learning for Signal Processing. IEEE, 2006: 9-14.

[12] PARZEN E. Statistical methods on time series by Hilbert space methods[J]. Applied Mathematics and Statistics Laboratory, Stanford Univ., Stanford, CA, Tech. Rep, 1959, 23.

[13] ERDOGMUS D, PRINCIPE J C. Generalized information potential criterion for adaptive system training[J]. IEEE Transactions on Neural Networks, 2002, 13(5): 1035-1044.

[14] TIAN Q, QIU T, LI J, et al. Robust adaptive DOA estimation method in an impulsive noise environment considering coherently distributed sources[J]. Signal Processing, 2019, 165: 343-356.

[15] JeNSSEN R, ERDOGMUS D, PRINCIPE J C, et al. Towards a unification of information theoretic learning and kernel methods[C]. Proceedings of the IEEE Signal Processing Society Workshop Machine Learning for Signal Processing. IEEE, 2004: 93-102.

[16] SANTAMARÍA I, ERDOGMUS D, PRINCIPE J C. Entropy minimization for supervised digital communications channel equalization[J]. IEEE Transactions on Signal Processing, 2002, 50(5): 1184-1192.

[17] ARONSZAJN N. Theory of reproducing kernels[J]. Transactions of the American mathematical society, 1950, 68(3): 337-404.

[18] LIU W, POKHAREL P P, PRINCIPE J C. Correntropy: properties and applications in non-Gaussian signal processing[J]. IEEE Transactions on Signal Processing, 2007, 55(11): 5286-5298.

[19] GRETTON A, HERBRICH R, SMOLA A, et al. Kernel methods for measuring independence[J]. Journal of Machine Learning Research, 2005, 6(Dec): 2075-2129.

[20] DAI T, LU W, WANG W, et al. Entropy-based bilateral filtering with a new range kernel[J]. Signal Processing, 2017, 137: 223-234.

[21] SHANNON C E. A mathematical theory of communication[J]. ACM SIGMOBILE Mobile Computing and Communications Review, 2001, 5(1): 3-55.

[22] KAPUR J N, SAHOO P K, WONG A K C. A new method for gray-level picture thresholding using the entropy of the histogram[J]. Computer Vision, Graphics, and Image Processing, 1985, 29(3): 273-285.

[23] ROUSSEEUW P J, HUBERT M. Robust statistics for outlier detection[J]. Wiley Interdisciplinary Reviews: Data Mining and Knowledge Discovery, 2011, 1(1): 73-79.

[24] 张银兵，赵俊渭，李金明，等. 基于 Renyi 熵的水声信道判决反馈盲均衡算法研究[J]. 电子与信息学报，2009，31(4)：911-915.

[25] 郭业才，龚秀丽，张艳萍. 基于样条函数 Renyi 熵的时间分集小波盲均衡算法[J]. 电子与信息学报，2011，33(9)：2050-2055.

[26] DING Z, LI Y. Blind equalization and identification[M]. CRC press, 2001.

[27] WANG W, ZHAO J, QU H, et al. An adaptive kernel width update method of correntropy for channel estimation[C]. International conference on digital signal processing (DSP). IEEE, 2015: 916-920.

第 7 章　基于相关熵的信号滤波技术

本章主要介绍基于相关熵的滤波器理论及其在不同领域中的应用，从而使得读者能够进一步深入了解相关熵在处理非高斯信号与噪声时所具有的优势。

7.1　概述

信号滤波是信号处理中最重要的基本概念与技术之一。简言之，信号滤波的目的是去除信号中的无用成分，保留信号中的有用成分。经典滤波技术通常在频域上对信号的不同频率成分进行区分，而现代的统计最优滤波技术则往往依据某种统计最优准则对信号的成分、参数或信号的整体进行估计或提取。可以这样说，有信号处理的地方，几乎就会有信号滤波的存在。

维纳滤波器、卡尔曼滤波器和基于最小均方（LMS）准则的自适应滤波器是典型的统计最优滤波器。这些滤波器的共同特点是基于某个二阶统计量构造代价函数或递推估计量。因此，这类统计最优滤波器在脉冲噪声条件下发生性能退化，不能实现最优滤波。

为了改善脉冲噪声条件下统计最优滤波器的性能，自 2006 年相关熵的概念和理论提出以来，人们进行了广泛的探索和研究，提出了许多基于相关熵的统计最优滤波器的改进方法，并取得了很好的应用效果。通常，利用相关熵构造代价函数从而替代均方误差在统计滤波器中的作用，以解决传统滤波器在脉冲噪声条件下性能退化的问题。其中，作为相关熵理论的主要建立者，Principe 教授团队提出了利用最大相关熵替代 LMS 作为自适应滤波器的代价函数，提出并实现了脉冲噪声条件下的线性和递归线性滤波器。随后，西安交通大学陈霸东教授团队在基于相关熵的统计最优滤波器研究与设计中取得了显著成果，包括研究了最大相关熵准则（MCC）下的贝叶斯估计问题，进而得出 MCC 本质上是一个平滑最大后验（MAP）概率估计的结论。在此基础上，将相关熵运用到一系列的滤波器设计中，如核自适应滤波器、约束型滤波器、卡尔曼滤波器等，并在脉冲噪声下取得了很好的性能。

为了使读者能够深入理解相关熵在滤波技术中的应用，本章介绍几种基于相关熵的滤波技术。通过对各种滤波技术的原理和使用结果进行说明，帮助读者了解相关熵抑制脉冲噪声的优势，并掌握利用相关熵实现基本信号滤波的方法。

7.2　基于相关熵的信号滤波技术

第 2 章介绍了经典的统计最优滤波器，可以发现：在滤波器的设计过程中，二阶统计量通常作为代价函数用于滤波器系数的计算。然而，由前面章节可知，二阶统计量在脉冲噪声条件下会出现性能退化的问题。那么，如何设计一种能够在脉冲噪声下依然有效的统计滤波器就显得尤为重要。为此，本节介绍基于相关熵的自适应滤波技术。

7.2.1 基于最大相关熵准则的贝叶斯估计研究

1. MCC 的优点

近年来，最大相关熵准则（MCC）作为一种相似性的度量，被广泛应用到各种场合。与其他相似性度量手段相比，相关熵有以下优势：①对于满足任意概率密度分布的变量或随机过程，其相关熵都是有界的；②相关熵包含所有的偶数阶矩，这些矩对于非线性和非高斯信号处理十分有效；③相关熵中所包含的高阶矩可以通过控制核长来调整权重，具有灵活性；④相关熵是一个局部的相似测量，并且它对于信号数据中的野点具有很好的鲁棒性。基于这些优势，相关熵被运用在自适应滤波中，并通常利用最大相关熵作为代价函数实现自适应滤波器的设计。为进一步了解 MCC 在滤波器中应用的本质，Chen 等人介绍了如何利用贝叶斯估计的原理对 MCC 进行分析，最终证明 MCC 本质上为一种平滑的最大后验（MAP）概率的估计，因此最大相关熵可以作为滤波器设计中的代价函数。

2. MCC 的本质分析

假设 X 为一个待测量，Y 为其观测值或者说测量值。进一步假设 X 为一个标量随机变量（$X\in\mathbb{R}$），$\boldsymbol{Y}$ 为一个矢量随机变量（$\boldsymbol{Y}\in\mathbb{R}^m$），那么 X 和 $\boldsymbol{Y}$ 的最大相关熵估计就是寻找一个映射函数 g ($\mathbb{R}^m\to\mathbb{R}$)使得 X 与 $g(\boldsymbol{Y})$ 之间的相关熵最大化，即

$$g_{\mathrm{MC}}=\underset{g\in G}{\arg\max}\,V_\sigma\left(X,g(\boldsymbol{Y})\right)=\underset{g\in G}{\arg\max}\,E\left[\kappa_\sigma\left(X,g(\boldsymbol{Y})\right)\right] \tag{7.1}$$

式中，G 代表对于 $\boldsymbol{Y}$ 所有 Borel 可测函数的集合，κ_σ 代表一个平移不变的高斯核函数。令 $E_r=X-g(\boldsymbol{Y})$ 代表估计误差，则式（7.1）可重新表示为

$$g_{\mathrm{MC}}=\underset{g\in G}{\arg\max}\,V_\sigma\left(E_r\right)=\underset{g\in G}{\arg\max}\,E\left[\kappa_\sigma\left(E_r\right)\right] \tag{7.2}$$

对于任意实数矢量 $\boldsymbol{y}\in\mathbb{R}^m$，$X$ 的条件概率密度函数可以表示为 $f_{X|\boldsymbol{Y}}(x\mid\boldsymbol{y})$，此时误差变量的概率密度函数则可以表示为

$$f_{E_r}(e)=\int_{\mathbb{R}^m}f_{X|\boldsymbol{Y}}\left(e+g(\boldsymbol{y})\mid\boldsymbol{y}\right)\mathrm{d}F_{\boldsymbol{Y}}(\boldsymbol{y}) \tag{7.3}$$

式中，$F_{\boldsymbol{Y}}(\boldsymbol{y})$ 为 $\boldsymbol{Y}$ 的分布函数，此时可以得到

$$\begin{aligned}g_{\mathrm{MC}}&=\underset{g\in G}{\arg\max}\,E\left[\kappa_\sigma\left(E_r\right)\right]\\&=\underset{g\in G}{\arg\max}\int_{-\infty}^{\infty}\kappa_\sigma(e)\int_{\mathbb{R}^m}f_{X|\boldsymbol{Y}}\left(e+g(\boldsymbol{y})\mid\boldsymbol{y}\right)\mathrm{d}F_{\boldsymbol{Y}}(\boldsymbol{y})\,\mathrm{d}e\end{aligned} \tag{7.4}$$

而式（7.4）则可进一步表示为

$$g_{\mathrm{MC}}(\boldsymbol{y})=\underset{x\in\mathbb{R}}{\arg\max}\,\rho(x\,|\,\boldsymbol{y},\sigma),\quad \forall\boldsymbol{y}\in\mathbb{R}^m \tag{7.5}$$

式中，$\rho(x\,|\,\boldsymbol{y},\sigma)=\kappa_\sigma(x)*f_{X|\boldsymbol{Y}}(x\,|\,\boldsymbol{y})$，符号“*”为卷积算子。这是因为

$$\begin{aligned}
V_\sigma(E_r)&=\int_{-\infty}^{\infty}\kappa_\sigma(e)\int_{\mathbb{R}^m}f_{X|\boldsymbol{Y}}\mathrm{d}F_{\boldsymbol{Y}}(\boldsymbol{y})(e+g(\boldsymbol{y})\,|\,\boldsymbol{y})\mathrm{d}e\\
&=\int_{\mathbb{R}^m}\left\{\int_{-\infty}^{\infty}\kappa_\sigma(e)f_{X|\boldsymbol{Y}}(e+g(\boldsymbol{y})\,|\,\boldsymbol{y})\mathrm{d}e\right\}\mathrm{d}F_{\boldsymbol{Y}}(\boldsymbol{y})\\
&=\int_{\mathbb{R}^m}\left\{\int_{-\infty}^{\infty}\kappa_\sigma(e'-g(\boldsymbol{y}))f_{X|\boldsymbol{Y}}(e'\,|\,\boldsymbol{y})\mathrm{d}e'\right\}\mathrm{d}F_{\boldsymbol{Y}}(\boldsymbol{y})\\
&=\int_{\mathbb{R}^m}\left\{\int_{-\infty}^{\infty}\kappa_\sigma(g(\boldsymbol{y})-e')f_{X|\boldsymbol{Y}}(e'\,|\,\boldsymbol{y})\mathrm{d}e'\right\}\mathrm{d}F_{\boldsymbol{Y}}(\boldsymbol{y})\\
&=\int_{\mathbb{R}^m}\left\{\int_{-\infty}^{\infty}\kappa_\sigma(\bullet)*f_{X|\boldsymbol{Y}}(\bullet|\,\boldsymbol{y})g(\boldsymbol{y})\right\}\mathrm{d}F_{\boldsymbol{Y}}(\boldsymbol{y})\\
&=\int_{\mathbb{R}^m}\rho(g(\boldsymbol{y})\,|\,\boldsymbol{y},\sigma)\,\mathrm{d}F_{\boldsymbol{Y}}(\boldsymbol{y})
\end{aligned}\tag{7.6}$$

式中，$e'=e+g(\boldsymbol{y})$。由式（7.6）即可容易地推导出式（7.5）。

由于 $f_{X|\boldsymbol{Y}}(x|\boldsymbol{y})$ 实际上是观测值 $\boldsymbol{y}$ 的后验概率密度函数，并且 $\rho(x|\boldsymbol{y},\sigma)$ 可以被看成后验概率密度函数的平滑形式。由式（7.5）可以看出，基于 MCC 的估计问题实质上是平滑最大后验概率的估计问题。在这个问题中，由于核函数的核长 σ 能够控制平滑程度，因而起到十分重要的作用。当 σ 趋近于 0 时，高斯核函数退化为狄拉克函数（δ 函数），且 $\rho(x|\boldsymbol{y},\sigma)$ 趋近于条件概率密度函数 $f_{X|\boldsymbol{Y}}(x|\boldsymbol{y})$。此时，基于 MCC 的估计问题完全等同于最大后验概率估计问题。而当 σ 趋近于无穷时，二阶矩在相关熵中占主导地位，MCC 则等同于最小均方准则。

此外，由全局优化理论可知，卷积平滑算法在寻找全局最大或最小值时是非常有效的。通常来说，可以通过将非凸函数与一个合适的平滑函数卷积来避免局部最优值所造成的干扰，并且实现全局最优的结果。因此，通过合理地调整相关熵的核长，基于 MCC 的估计算法还可以解决利用最大后验概率寻找全局最优值的问题。综合上述两点，最大相关熵可以有效地替代二阶统计量作为参数估计和滤波器设计中的代价函数。

7.2.2　基于最大相关熵的自适应滤波器

了解到 MCC 的本质后，就可以将 MCC 应用到各种类型的自适应滤波器中，从而解决脉冲噪声下的自适应滤波问题。为了进一步明确相关熵在滤波技术中的应用，Abhishek 等人将 MCC 运用到线性自适应系统中，通过 MCC 设计滤波器的代价函数，从而实现鲁棒性的线性滤波系统。

1．基本原理

图 7.1 所示为一个典型的线性自适应系统。针对该系统，将期望输出信号 d_i 和滤波器实际输出 y_i 之差的相关熵作为代价函数进行滤波器设计。在第 n 次迭代中，代价函数为

$$J_n = \frac{1}{\sqrt{2\pi}\sigma N}\sum_{i=N-n+1}^{n}\exp\left(\frac{-(d_i - y_i)^2}{2\sigma^2}\right) \tag{7.7}$$

式中，N 为信号长度，σ 为相关熵采用的高斯核函数的核长。假设滤波器系数在第 n 次迭代中为 $\boldsymbol{w}_n$，则基于相关熵的代价函数表示为

$$J_n = \frac{1}{\sqrt{2\pi}\sigma N}\sum_{i=N-n+1}^{n}\exp\left(\frac{-(d_i - \boldsymbol{w}_n^{\mathrm{T}}\boldsymbol{x}_i)^2}{2\sigma^2}\right) \tag{7.8}$$

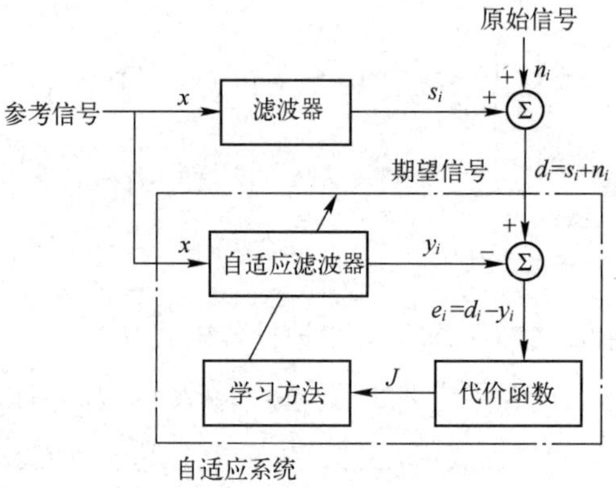

图 7.1　线性自适应系统

由式（7.8）无法直接计算出最优的滤波器系数，为解决这一问题，选择梯度迭代的方法进行滤波器系数的计算。此时，滤波器系数可以按照下式计算得到：

$$\boldsymbol{w}_{n+1} = \boldsymbol{w}_n + \frac{\mu}{\sqrt{2\pi}\sigma^3 N}\sum_{i=N-n+1}^{n}\exp\left(\frac{-(e_i)^2}{2\sigma^2}e_i\boldsymbol{x}_i\right) \tag{7.9}$$

式中，$e_i = d_i - \boldsymbol{w}_n^{\mathrm{T}}\boldsymbol{x}_i$ 表示误差，μ 为迭代步长。当 $N=1$ 时，根据随机梯度法，式（7.9）可表示为

$$\boldsymbol{w}_{n+1} = \boldsymbol{w}_n + \frac{\mu}{\sqrt{2\pi}\sigma^3}\exp\left(\frac{-(e_n)^2}{2\sigma^2}e_n\boldsymbol{x}_n\right) \tag{7.10}$$

由式（7.10）可知，与常规的 LMS 自适应滤波器权系数矢量的迭代公式 $\boldsymbol{w}_{n+1} = \boldsymbol{w}_n + \mu e_n \boldsymbol{x}_n$ 相比，该式在每次迭代中，都将误差变量 e_n 与一个带有指数函数的尺度因子相乘。而正是这个尺度因子，保证了在迭代过程中，脉冲噪声所引起的误差发散现象被抑制。因此，基于 MCC 的自适应滤波器能够有效地解决脉冲噪声条件下的信号滤波问题。

2．仿真实验

为了验证基于 MCC 的自适应滤波器的性能，通过一个系统辨识问题的滤波器设计进行仿真实验。所谓系统辨识，是指利用系统的输入/输出特性来描述系统行为的方法。在系统辨识中，待辨识的未知系统部分的系统函数可以用自适应滤波器达到稳态后的系统

函数近似。通过自适应滤波器系数计算滤波器的系统函数，从而进行未知系统传递函数变化的跟踪，就可以实现动态系统辨识的过程。

实验结果如图 7.2 所示，其中权信噪比（weight SNR）用于衡量估计得到的系统函数与真实系统函数的相似性，该值越大，代表系统辨识效果越好。从图 7.2 可以看出，在脉冲噪声环境下，相较于传统的 LMS 自适应滤波器，基于 MCC 的滤波器具有明显的优势，可以获得更高的权信噪比。对比同样基于核函数的最小误差熵（minimum error entropy，MEE）算法，MCC 也具有更高的权信噪比。

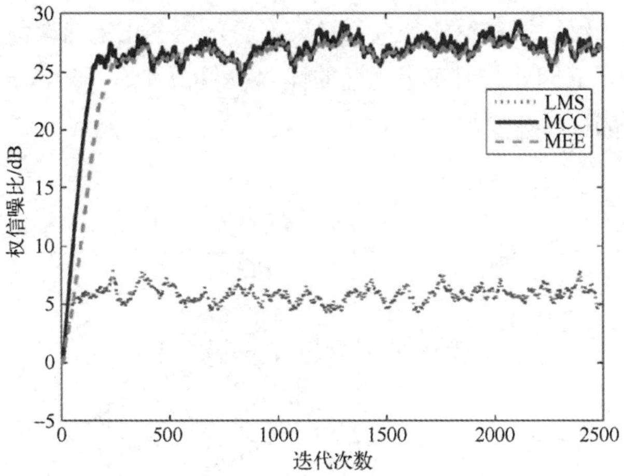

图 7.2　脉冲噪声下不同滤波器的系统辨识效果

7.2.3　基于核最大相关熵的自适应滤波器

1．核自适应滤波器的基本概念

7.2.2 节介绍了如何依据 MCC 实现基本的最大相关熵自适应滤波器。随着信号处理理论和方法的不断发展，各种新型滤波器不断出现，相关熵也相应地渗透到各种滤波器中。

核自适应滤波器（kernel adaptive filter，KAF）的主要思想是：用一个线性的自适应滤波算法来实现非线性信号处理。即通过选择一个固定的映射，将输入数据映射到高维特征空间中，在高维的特征空间中使用线性滤波器算法。此时，就可以不需要计算权矢量的更新（在高维空间中，这也是无法计算的），而通过 Mercer 核将映射至高维空间的核函数展开成特征值和特征矢量的形式，直接得到滤波器映射至核希尔伯特空间后的输出，从而实现核方法与自适应滤波器的结合。

为解决核最小均方（kernel least mean square，KLMS）滤波在脉冲噪声条件下失效的问题，Zhao 等人实现了一种基于 MCC 的核自适应滤波器，即核最大相关熵（kernel maximum correntropy，KMC）自适应滤波器。下面就如何将相关熵应用到核自适应滤波器中进行介绍。

2．基本原理

针对两个变量 $\boldsymbol{d}$ 和 $\boldsymbol{\mu}$，若两者之间的映射为非线性的，则线性滤波器会出现性能退化。

由于核函数具有很好的广义逼近和凸优化能力，基于核函数的方法能有效地解决这一问题。在 KMC 滤波器中，输入信号 $\boldsymbol{\mu}_i$ 首先通过核函数被映射到一个更高维的特征空间 $\mathbb{F}$ 中，记为 $\boldsymbol{\varphi}(\boldsymbol{\mu}_i)$。随后，把线性自适应滤波器应用到这一特征空间，则该自适应滤波器的权矢量可表示为

$$\begin{aligned}\boldsymbol{f}&=\sum_{i\in N}c_i\left\langle\boldsymbol{\varphi}(\boldsymbol{\mu}_i),.\right\rangle\\&=\sum_{i\in N}c_i\kappa(\boldsymbol{\mu}_i,.)\end{aligned}\tag{7.11}$$

式中，c_i 代表通过训练数据获得的加权系数，κ 表示一个正定的核函数。$\boldsymbol{f}$ 在自适应滤波器中通常用 $\boldsymbol{\Omega}$ 表示。因此，对每组匹配的样本 $\{\boldsymbol{\varphi}(\boldsymbol{\mu}_n),d_n\}$ 利用 MCC 及随机梯度法，可得到滤波器系数的迭代公式：

$$\begin{aligned}\boldsymbol{\Omega}_0&=0\\\boldsymbol{\Omega}_{n+1}&=\boldsymbol{\Omega}_n+\eta\frac{\partial\kappa_\sigma\left(d_n,\boldsymbol{\Omega}_n^{\mathrm{T}}\boldsymbol{\varphi}(\boldsymbol{\mu}_n)\right)}{\partial\boldsymbol{\Omega}_n}\\&=\boldsymbol{\Omega}_n+\eta\left[\exp\left(\frac{-e_n^2}{2\sigma^2}\right)e_n\boldsymbol{\varphi}_n\right]\\&=\boldsymbol{\Omega}_{n-1}+\eta\sum_{i=n-1}^{n}\left[\exp\left(\frac{-e_i^2}{2\sigma^2}\right)e_i\boldsymbol{\varphi}_i\right]\\&=\eta\sum_{i=1}^{n}\left[\exp\left(\frac{-e_i^2}{2\sigma^2}\right)e_i\boldsymbol{\varphi}_i\right]\end{aligned}\tag{7.12}$$

式中，$\boldsymbol{\varphi}_n$ 为 $\boldsymbol{\varphi}(\boldsymbol{\mu}_n)$ 的简写，$e_n=d_n-\boldsymbol{\Omega}_n^{\mathrm{T}}\boldsymbol{\varphi}_n$，$\eta$ 为迭代步长。此时，利用上式即可通过核函数得到系统的输出，该输出为新输出与之前一系列输出在预测误差加权下的内积，即

$$\begin{aligned}y_{n+1}&=\boldsymbol{\Omega}_{n+1}^{\mathrm{T}}\boldsymbol{\varphi}_{n+1}\\&=\eta\sum_{i=1}^{n}\left[\exp\left(\frac{-e_i^2}{2\sigma^2}\right)e_i\boldsymbol{\varphi}_i^{\mathrm{T}}\boldsymbol{\varphi}_{n+1}\right]\\&=\eta\sum_{i=1}^{n}\left[\exp\left(\frac{-e_i^2}{2\sigma^2}\right)e_i\kappa(\boldsymbol{\mu}_i,\boldsymbol{\mu}_{n+1})\right]\end{aligned}\tag{7.13}$$

通过不断迭代式（7.12）和式（7.13）直到满足迭代终止条件，可以计算得到最终的滤波器系数 $\boldsymbol{\Omega}$，从而实现核最大相关熵滤波器的设计，并完成信号的滤波处理。可以看出，该滤波器既能像常规核自适应滤波器一样，具有很好的广义逼近和凸优化能力，又能够避免传统滤波器在脉冲噪声下失效的问题。

通过式（7.12）可以计算出 KMC 自适应滤波器的滤波器系数，但该滤波器是否会像传统的 LMS 自适应滤波器在短数据或强噪声条件下出现病态问题呢？通常在 LMS 自适应滤波器中，运用 Tikhonov 正则化可以解决该问题。那么，将这一正则化项同样引入到 KMC 的代价函数中，可得

$$\max_{\boldsymbol{\Omega}} \sum_{i=1}^{N} \kappa_{\sigma}\left(d_i, \boldsymbol{\Omega}\left(\boldsymbol{\varphi}_i\right)\right) + \lambda \left\|\boldsymbol{\Omega}\right\|_{\mathbb{F}}^2 \tag{7.14}$$

而该优化问题等价于下式：

$$\max_{\boldsymbol{\Omega}} \sum_{i=1}^{N} \kappa_{\sigma}\left(d_i, \boldsymbol{\Omega}\left(\boldsymbol{\varphi}_i\right)\right), \quad \text{s.t. } \left\|\boldsymbol{\Omega}\right\|_{\mathbb{F}}^2 \leqslant C \tag{7.15}$$

由文献可知，当步长η满足一定条件时，$\left\|\boldsymbol{\Omega}\right\|_{\mathbb{F}}^2$随迭代次数单调递减。因此，对于任意一个正值$C$，都可以通过合适的步长和初始条件计算出$\boldsymbol{\Omega}$，这使得 KMC 的优化是一个自正则化的问题，从而不需要通过添加正则项来避免不适定问题，这是 KMC 相较于 KLMS 除抑制脉冲噪声之外的又一个优势。

3．仿真实验

为了验证 KMC 滤波器的性能，通过倍频系统这一典型的非线性系统进行仿真实验。在仿真实验中，系统的输入训练信号和期望信号均为正弦信号，其中训练信号的频率为f_0，期望输出信号的频率为$2f_0$。具体的输入、输出信号如图 7.3 所示，其中训练信号$x(n)$用实线表示，期望信号$y(n)$用点画线表示。

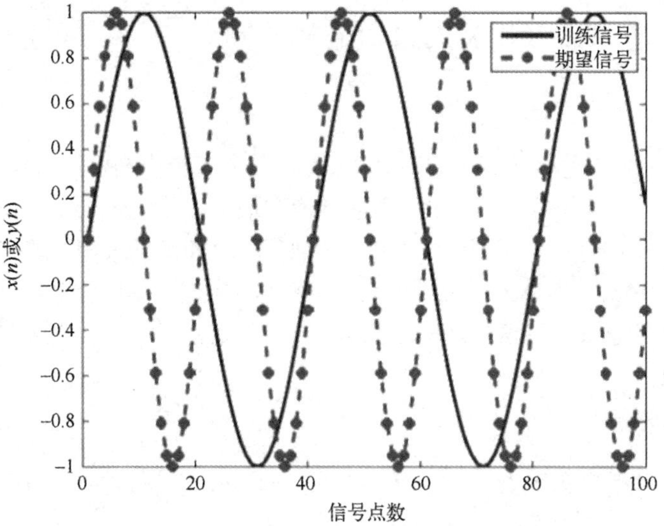

图 7.3　倍频系统的训练信号与期望信号

通过 Alpha 稳定分布生成脉冲噪声，考察不同滤波器得到的输出信号与期望信号之间的误差。测试算法包括本节介绍的 KMC 滤波器以及传统的 KLMS 和 MCC 滤波器。其中，两种核自适应滤波器，即 KMC 和 KLMS 滤波器，其核映射的高斯核函数的核长均设置为 0.5；两种使用相关熵的滤波器，即 KMC 和 MCC 滤波器，其相关熵的高斯核函数核长均设置为 0.4。通过 100 次不同起始点的蒙特卡罗实验，利用固有误差功率（intrinsic error power，IEP）衡量各算法的性能：

$$\text{IEP} = E\left[\boldsymbol{d} - f\left(\boldsymbol{\mu}\right)\right]^2 \tag{7.16}$$

式中，$\boldsymbol{d}$和$\boldsymbol{\mu}$分别代表无噪声干扰的期望输出和输入，$f(\boldsymbol{\mu})$表示含噪声的信号经滤波器后得到的输出信号。具体的实验结果如图 7.4 所示，可以看出，KMC 相较于其他算法具有明显的优势，且具有更低的 IEP，说明其输出信号更接近期望输出。

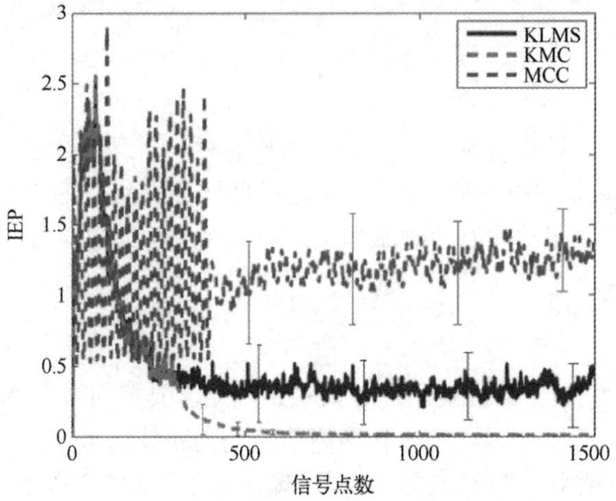

图 7.4　不同滤波器的平均学习曲线

7.2.4　核递归最大相关熵自适应滤波器

1. KRMC 滤波器概念

7.2.3 节介绍的核最大相关熵自适应滤波器，其显著特点是可以有效抑制非线性系统中的脉冲噪声，但是其收敛速度较慢。考虑到递归最小二乘（recursive least square，RLS）算法具有更快的收敛速度，Wu 等人提出了一种基于核递归最大相关熵（kernel recursive maximum correntropy，KRMC）准则的自适应滤波算法。这种滤波器不仅继承了核最大相关熵对于脉冲噪声条件下信号处理的优势，还可以通过递归模型有效地加快算法速度，并改善滤波效果。

2. 基本原理

假设一个非线性映射函数 f 的训练数据序列为 $\{\boldsymbol{u}_i,d_i\}_{i=1}^{N}$。核自适应滤波中的核映射函数选为高斯核函数 $\kappa_{\sigma_2}(\cdot)$，σ_2 表示其核长。基于 Mercer 理论，任意的 Mercer 核可以将一个映射 $\boldsymbol{\varphi}$ 从输入空间引入到高维空间。此时，在特征空间内的内积可以表示为 $\kappa_{\sigma_2}(\boldsymbol{u}_i,\boldsymbol{u}_j)=\kappa_{\sigma_2}(\boldsymbol{u}_i-\boldsymbol{u}_j)=\boldsymbol{\varphi}_i^{\mathrm{T}}\boldsymbol{\varphi}_j$，其中 $\boldsymbol{\varphi}_i$ 代表函数 $\boldsymbol{\varphi}(\boldsymbol{u}_i)$。基于核自适应与递归最大相关熵准则，KRMC 的代价函数定义为

$$J=\max_{\Omega}\sum_{j=1}^{i}\beta^{i-j}\kappa_{\sigma_1}\left(d_j-\boldsymbol{\Omega}^{\mathrm{T}}\boldsymbol{\varphi}_j\right)-\frac{1}{2}\beta^{i}\gamma_2\left\|\boldsymbol{\Omega}^2\right\| \tag{7.17}$$

式中，$\boldsymbol{\Omega}$ 为滤波器系数；β 为遗忘因子，且通常 $0\ll\beta\leqslant1$；γ_2 为正则化因子，包含 γ_2 的正则项用于保证自相关矩阵的逆矩阵存在；$\kappa_{\sigma_1}\left(d_j-\boldsymbol{\Omega}^{\mathrm{T}}\boldsymbol{\varphi}_j\right)=\exp\left(\frac{-\left(d_j-\boldsymbol{\Omega}^{\mathrm{T}}\boldsymbol{\varphi}_j\right)^2}{2\sigma_1^2}\right)$ 为相关

熵的核函数。令式（7.17）对 $\boldsymbol{\Omega}$ 求梯度并令其等于 0，即得到滤波器的系数解为

$$\boldsymbol{\Omega}=\left(\boldsymbol{\Phi}_i\boldsymbol{B}_i\boldsymbol{\Phi}_i^{\mathrm{T}}+\gamma_2\beta^i\sigma_1^2\boldsymbol{I}\right)^{-1}\boldsymbol{\Phi}_i\boldsymbol{B}_i\boldsymbol{d}_i \tag{7.18}$$

式中，$\boldsymbol{\Phi}_i=\left[\boldsymbol{\varphi}_1,\boldsymbol{\varphi}_2,\cdots,\boldsymbol{\varphi}_i\right]$ 且

$$\boldsymbol{B}_i=\mathrm{diag}\left[\beta^{i-1}\exp\left(-\left(d_1-\boldsymbol{\Omega}^{\mathrm{T}}\boldsymbol{\varphi}_1\right)^2/\left(2\sigma_1^2\right)\right),\cdots,\exp\left(-\left(d_i-\boldsymbol{\Omega}^{\mathrm{T}}\boldsymbol{\varphi}_i\right)^2/\left(2\sigma_1^2\right)\right)\right] \tag{7.19}$$

利用矩阵的求逆原理，可得

$$\left(\boldsymbol{\Phi}_i\boldsymbol{B}_i\boldsymbol{\Phi}_i^{\mathrm{T}}+\gamma_2\beta^i\sigma_1^2\boldsymbol{I}\right)^{-1}\boldsymbol{\Phi}_i\boldsymbol{B}_i=\boldsymbol{\Phi}_i\left(\boldsymbol{\Phi}_i^{\mathrm{T}}\boldsymbol{\Phi}_i+\gamma_2\beta^i\sigma_1^2\boldsymbol{B}_i^{-1}\right)^{-1} \tag{7.20}$$

将式（7.20）代入式（7.18），可得

$$\boldsymbol{\Omega}_i=\boldsymbol{\Phi}_i\left(\boldsymbol{\Phi}_i^{\mathrm{T}}\boldsymbol{\Phi}_i+\gamma_2\beta^i\sigma_1^2\boldsymbol{B}_i^{-1}\right)^{-1}\boldsymbol{d}_i \tag{7.21}$$

由式（7.21）可以看出，加权系数（即滤波器系数）可以直接由传输数据的线性组合表示，换言之，$\boldsymbol{\Omega}_i=\boldsymbol{\Phi}_i\boldsymbol{a}_i$，其中 $\boldsymbol{a}_i=\left(\boldsymbol{\Phi}_i^{\mathrm{T}}\boldsymbol{\Phi}_i+\gamma_2\beta^i\sigma_1^2\boldsymbol{B}_i^{-1}\right)^{-1}\boldsymbol{d}_i$ 可由核函数计算得到。

为计算 $\boldsymbol{a}_i$，令 $\boldsymbol{Q}_i=\left(\boldsymbol{\Phi}_i^{\mathrm{T}}\boldsymbol{\Phi}_i+\gamma_2\beta^i\sigma_1^2\boldsymbol{B}_i^{-1}\right)^{-1}$，可以得到如下公式：

$$\boldsymbol{Q}_i=\begin{bmatrix}\boldsymbol{\Phi}_{i-1}^{\mathrm{T}}\boldsymbol{\Phi}_{i-1}+\gamma_2\beta^i\sigma_1^2\boldsymbol{B}_{i-1}^{-1} & \boldsymbol{\Phi}_{i-1}^{\mathrm{T}}\boldsymbol{\varphi}_i\\ \boldsymbol{\varphi}_i^{\mathrm{T}}\boldsymbol{\Phi}_{i-1} & \boldsymbol{\varphi}_i^{\mathrm{T}}\boldsymbol{\varphi}+\gamma_2\beta^i\sigma_1^2\theta_i\end{bmatrix}^{-1} \tag{7.22}$$

式中，$\theta_i=\left(\exp\left(-e_i^2/\left(2\sigma_1^2\right)\right)^2\right)^{-1}$ 且 $e_i=d_i-\boldsymbol{\Omega}^{\mathrm{T}}\boldsymbol{\varphi}_i$，因此很容易得到：

$$\boldsymbol{Q}_i^{-1}=\begin{bmatrix}\boldsymbol{Q}_{i-1}^{-1} & \boldsymbol{h}_i\\ \boldsymbol{h}_i^{\mathrm{T}} & \boldsymbol{\varphi}_i^{\mathrm{T}}\boldsymbol{\varphi}+\gamma_2\beta^i\sigma_1^2\theta_i\end{bmatrix} \tag{7.23}$$

式中，$\boldsymbol{h}_i=\boldsymbol{\Phi}_{i-1}^{\mathrm{T}}\boldsymbol{\varphi}_i$。根据块矩阵求逆的原理，可以发现：

$$\boldsymbol{Q}_i=r_i^{-1}\begin{bmatrix}\boldsymbol{Q}_{i-1}r_i+\boldsymbol{z}_i\boldsymbol{z}_i^{\mathrm{T}} & -\boldsymbol{z}_i\\ -\boldsymbol{z}_i^{\mathrm{T}} & 1\end{bmatrix} \tag{7.24}$$

式中，$\boldsymbol{z}_i=\boldsymbol{Q}_{i-1}\boldsymbol{h}_i$，且

$$r_i=\boldsymbol{\varphi}_i^{\mathrm{T}}\boldsymbol{\varphi}+\gamma_2\beta^i\sigma_1^2\theta_i-\boldsymbol{z}_i^{\mathrm{T}}\boldsymbol{h}_i \tag{7.25}$$

3．算法步骤

根据上述表达式，可以实现 $\boldsymbol{a}_i$ 的迭代更新，具体迭代流程步骤如下。

步骤 1：初始化 $\boldsymbol{Q}_1=\left(\kappa_{\sigma_2}\left(\boldsymbol{u}_1-\boldsymbol{u}_1\right)+\gamma_2\beta\sigma_1^2\right)^{-1}$ 和 $\boldsymbol{a}_1=\boldsymbol{Q}_1d_1$。

步骤 2：对于 $i>1$，计算 $\boldsymbol{h}_i=\left[\kappa_{\sigma_2}\left(\boldsymbol{u}_i-\boldsymbol{u}_1\right),\cdots,\kappa_{\sigma_2}\left(\boldsymbol{u}_i-\boldsymbol{u}_{i-1}\right)\right]^{\mathrm{T}}$，$y_i=\boldsymbol{h}_i^{\mathrm{T}}\boldsymbol{a}_{i-1}$，$e_i=d_i-y_i$，$\boldsymbol{z}_i=\boldsymbol{Q}_{i-1}\boldsymbol{h}_i$，$\theta_i=\left(\exp\left(-e_i^2/\left(2\sigma_1^2\right)\right)\right)^{-1}$。

步骤 3：计算 $r_i=\kappa_{\sigma_2}\left(\boldsymbol{u}_i-\boldsymbol{u}_i\right)+\gamma_2\beta^i\sigma_1^2\theta_i-\boldsymbol{z}_i^{\mathrm{T}}\boldsymbol{h}_i$，$\boldsymbol{Q}_i=r_i^{-1}\begin{bmatrix}\boldsymbol{Q}_{i-1}r_i+\boldsymbol{z}_i\boldsymbol{z}_i^{\mathrm{T}} & -\boldsymbol{z}_i\\ -\boldsymbol{z}_i^{\mathrm{T}} & 1\end{bmatrix}$。

步骤 4：计算 $\boldsymbol{a}_i = \begin{bmatrix} \boldsymbol{a}_{i-1} r_i - z_i r_i^{-1} e_i \\ r_i^{-1} e_i \end{bmatrix}$。

通过上述步骤得到 $\boldsymbol{a}_i$ 后，利用 $\boldsymbol{\Omega}_i = \boldsymbol{\Phi}_i \boldsymbol{a}_i$ 可以得到 KRMC 滤波器的系数。相较于传统的核递归最小二乘（KRLS）滤波器，KRMC 的主要差别体现在式（7.25）的计算上。这样，KRMC 滤波器实现了对信号造成干扰的脉冲噪声的抑制。当受脉冲噪声影响时，误差变量的值十分显著，θ_i 也会因此变得十分大，这会导致 r_i^{-1} 的值变得很小，从而减弱脉冲噪声对滤波器系数更新所造成的影响。此外，可以发现，当相关熵的核长 σ_1 十分显著时，KRMC 近似于 KRLS，这说明 KRMC 不仅对脉冲噪声具有很好的滤波效果，而且对高斯噪声也有很好的适用性。

4．仿真实验

为进一步验证 KRMC 算法的有效性，对该算法和核最小均方（KLMS）算法、核递归最小二乘（KRLS）算法及核最大相关熵（KMC）算法进行了仿真实验。在仿真实验中，考虑一个 Mackey-Glass 混沌时间序列的短期预测问题。以该序列中 500 组被噪声干扰的样本作为输入训练数据，其他的 100 组无噪声干扰的数据作为测试数据。实验的目标是利用过去 7 个样本来预测当前数据的值。实验中的脉冲噪声通过 Alpha 稳定分布产生，针对核自适应滤波器，核映射函数的核长 σ_2 设置为 $\sqrt{2}/2$。对于使用了相关熵的滤波器，相关熵的核长 σ_1 设置为 1。100 次蒙特卡罗实验的结果如图 7.5 所示。

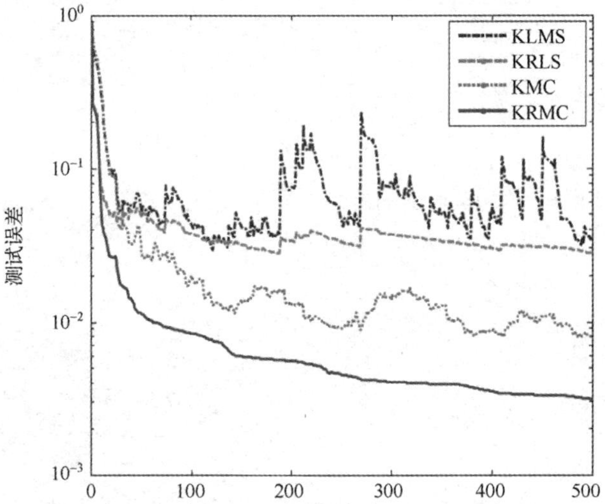

图 7.5　脉冲噪声下各滤波器的测试误差收敛曲线

图 7.5 为不同滤波器在脉冲噪声下的测试误差收敛曲线。可以明显地看出，在脉冲噪声下，KMC 和 KRMC 滤波器受强噪声干扰的影响很小，而 KLMS 和 KRLS 滤波器由于对脉冲噪声很敏感，出现了明显的性能退化，测试误差（testing error）显著且剧烈波动。此外，由于将递归机制引入到滤波器设计中，KRMC 滤波器相较于 KMC 滤波器具有更快的收敛速度和更低的测试误差。

7.2.5　基于约束最大相关熵的自适应滤波器

1．CMCC 的概念

7.2.2 节 ~ 7.2.4 节介绍的基于相关熵的滤波器，均未考虑误差累积对滤波器系数估计所造成的影响。为了减少这种影响，很多研究将线性约束引入滤波器的设计中，称为约束型自适应滤波器。

由于具有误差校正功能，约束型自适应滤波器被广泛应用于信号处理与数字通信等领域，如系统辨识、盲干扰抑制、阵列信号处理等。约束型自适应滤波器的大多数算法均建立在高斯噪声的背景下，其中最著名的是约束最小均方（constrained least mean square，CLMS）算法，通过简单的梯度算法就可以解决线性约束最小均方问题。尽管 CLMS 算法具有很好的性能，但其收敛速度缓慢，因此有研究将递归机制引入其中，设计出一种基于递归最小二乘的约束型自适应滤波器——约束递归最小二乘（constrained recursive least square，CRLS）滤波器。

由于采用了基于二阶统计量准则，上述算法在脉冲噪声条件下均会发生性能退化。考虑到这一问题，Peng 等人实现了一种基于约束最大相关熵准则（constrained maximum correntropy criterion，CMCC）的自适应滤波器，将线性约束引入最大相关熵准则（MCC）。这种滤波器既能像本章前面介绍的基于最大相关熵的自适应滤波器一样对脉冲噪声具有鲁棒性，又能通过线性约束条件减少累积误差的影响，从而有效提高自适应滤波器的性能。

2．基本原理

假设一个未知的线性系统存在一个 M 维的待估计加权矢量 $\tilde{\boldsymbol{w}}=\left[w_1, w_2, \cdots, w_M\right]^{\mathrm{T}}$。观测输出在 n 时刻的值 d_n 可表示为

$$d_n = y_n + v_n = \tilde{\boldsymbol{w}}^{\mathrm{T}}\boldsymbol{x}_n + v_n \tag{7.26}$$

式中，$y_n = \tilde{\boldsymbol{w}}^{\mathrm{T}}\boldsymbol{x}_n$ 表示该未知系统的真实输出，$\boldsymbol{x}_n = \left[x_{1,n}, x_{2,n}, \cdots, x_{M,n}\right]^{\mathrm{T}}$ 为输入矢量，v_n 表示噪声或干扰所产生的影响。假设待估计加权矢量为另一个 M 维线性滤波器的系数矢量，该滤波器的自适应加权矢量为 $\boldsymbol{w}_n$。此时，在时刻 n 的瞬时预测误差可以写成

$$e_n = d_n - y_n = d_n - \boldsymbol{w}_{n-1}^{\mathrm{T}}\boldsymbol{x}_n \tag{7.27}$$

式中，$y_n = \boldsymbol{w}_{n-1}^{\mathrm{T}}\boldsymbol{x}_n$ 表示自适应滤波器的输出。对于一个约束型自适应滤波器，需要在代价函数中添加相应的线性约束条件，如

$$\boldsymbol{C}^{\mathrm{T}}\boldsymbol{w} = \boldsymbol{f} \tag{7.28}$$

式中，$\boldsymbol{C}$ 是一个 $M \times K$ 维的约束矩阵，$\boldsymbol{f}$ 为一个包含 K 个约束值的矢量。对于 CLMS 滤波器，通过解决下述优化问题可计算滤波器的系数矢量：

$$\min_{\boldsymbol{w}} E\left[\left(d_n - \boldsymbol{w}_{n-1}^{\mathrm{T}}\boldsymbol{x}_n\right)^2\right] \quad \text{s.t.} \ \boldsymbol{C}^{\mathrm{T}}\boldsymbol{w} = \boldsymbol{f} \tag{7.29}$$

利用梯度法即可得到滤波器系数矢量的迭代公式

$$\boldsymbol{w}_n = \boldsymbol{P}\left[\boldsymbol{w}_{n-1} + \eta\left(d_n - \boldsymbol{w}_{n-1}^{\mathrm{T}}\boldsymbol{x}_n\right)\boldsymbol{x}_n\right] + \boldsymbol{q} \tag{7.30}$$

式中，η 为迭代步长，$\boldsymbol{P}=\boldsymbol{I}_M-\boldsymbol{C}\left(\boldsymbol{C}^{\mathrm{T}}\boldsymbol{C}\right)^{-1}\boldsymbol{C}^{\mathrm{T}}$，$\boldsymbol{q}=\boldsymbol{C}\left(\boldsymbol{C}^{\mathrm{T}}\boldsymbol{C}\right)^{-1}\boldsymbol{f}$。为解决式（7.29）在脉冲噪声下失效的问题，将上述线性约束引入到最大相关熵准则中，新的代价函数可以表示为

$$\max_{\boldsymbol{w}} E\left[\kappa_\sigma\left(d_n-\boldsymbol{w}_{n-1}^{\mathrm{T}}\boldsymbol{x}_n\right)\right] \quad \text{s.t.}\ \boldsymbol{C}^{\mathrm{T}}\boldsymbol{w}=\boldsymbol{f} \tag{7.31}$$

利用拉格朗日方程，将上述函数改写为

$$J_{\text{CMCC}}=E\left[\kappa_\sigma\left(d_n-\boldsymbol{w}_{n-1}^{\mathrm{T}}\boldsymbol{x}_n\right)\right]+\boldsymbol{\xi}_n^{\mathrm{T}}\left(\boldsymbol{C}^{\mathrm{T}}\boldsymbol{w}_{n-1}-\boldsymbol{f}\right) \tag{7.32}$$

式中，$\boldsymbol{\xi}_n$ 是一个 $K\times 1$ 维的拉格朗日乘子矢量。利用随机梯度法对上式求解，即可得到加权系数（即滤波器系数矢量）为

$$\boldsymbol{w}_n=\boldsymbol{P}\left[\boldsymbol{w}_{n-1}+\eta g\left(e_n\right)\left(d_n-\boldsymbol{w}_{n-1}^{\mathrm{T}}\boldsymbol{x}_n\right)\boldsymbol{x}_n\right]+\boldsymbol{q} \tag{7.33}$$

式中，$g\left(e_n\right)$ 表示一个非线性高斯核函数，其表达式为

$$g\left(e_n\right)=\exp\left(-\frac{e_n^2}{2\sigma^2}\right) \tag{7.34}$$

对比式（7.33）和式（7.30）发现，相较于约束最小均方（CLMS）滤波器，CMCC 滤波器在迭代过程中，误差变量多了一个加权尺度因子 $g(e_n)$，正是由于该尺度因子，在脉冲噪声引起误差发散时，仍然能够通过一个很小的 $g(e_n)$ 进行误差压制，从而保证算法在脉冲噪声下仍然具有很好的性能。此外，CMCC 与 CLMS 几乎具有相同的计算复杂度，不会造成计算负担。

3．仿真实验

为验证 CMCC 算法的性能，约束最小均方（CLMS）算法、约束仿射投影（CAP）算法及约束递归最小二乘（CRLS）算法进行了对比仿真实验。实验中，考虑一个线性系统辨识的问题，其中自适应滤波器的长度等于系统的脉冲响应长度，约束值的个数为 3，$\boldsymbol{C}$ 是一个任意的满秩矩阵。通过 Alpha 稳定分布产生脉冲噪声，CAP 算法中的滑动窗长度设置为 4，CMCC 中相关熵的核长设置为 2。由图 7.6 可以看出，CMCC 相较于其他算法具有显著的优势，MSD 代表稳态均方差，其值越小，表示滤波器性能越好。

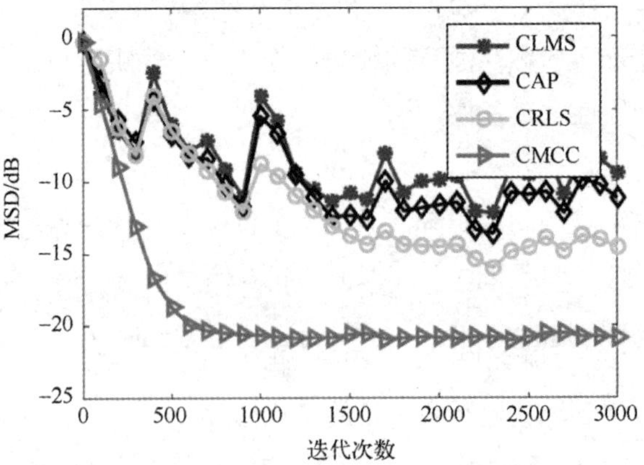

图 7.6　脉冲噪声下不同滤波器的收敛曲线

7.3　基于相关熵的卡尔曼滤波技术

7.3.1　相关熵卡尔曼滤波器的产生背景

7.2 节介绍了相关熵在自适应滤波器中的应用，本节将介绍如何将相关熵应用到卡尔曼滤波技术中。

卡尔曼滤波器（Kalman filter）可以认为是维纳滤波器的推广，它不仅适用于平稳过程，而且也适用于非平稳过程，不仅可以用于线性滤波问题，还可以用于非线性控制问题，甚至可以用于多输入-多输出系统。20 世纪五六十年代，Kalman 在美国国家航空航天局（NASA）研究中心访问时，发现这种滤波器对于解决阿波罗计划的轨道预测很有意义，并且后来在阿波罗飞船的导航计算机中使用了这种滤波器。其显著特点是，它是在时域内进行分析的，并且应用状态空间分析方法。

针对不同的研究方向和应用类型，许多学者在卡尔曼滤波器的基础上进行了一系列的拓展，如扩展卡尔曼滤波器（extended Kalman filter，EKF）、二阶扩展卡尔曼滤波器（second-order extended Kalman filter，SKF）、无迹卡尔曼滤波器（unscented Kalman filter，UKF）等。然而，这些卡尔曼滤波器均是建立在最小均方误差准则基础上的，其主要用于高斯分布的噪声条件。当信号或者噪声呈现脉冲特性时，上述卡尔曼滤波器会出现明显的性能退化。因此，本节通过将相关熵引入各种类型的卡尔曼滤波器中，体现相关熵在卡尔曼滤波器中应用的优势。

7.3.2　基于最大相关熵的卡尔曼滤波器

1．MCKF 的基本概念

首先介绍一种最基本的基于最大相关熵的卡尔曼滤波器（maximum correntropy Kalman filter，MCKF）。Chen 等人利用最大相关熵准则（MCC）代替最小均方误差准则作为优化准则，并基于定点（fixed-point）迭代算法，实现了脉冲噪声下有效的卡尔曼滤波器构造，所以 MCKF 又称基于 MCC 的卡尔曼滤波器。与传统的卡尔曼滤波器相似，MCKF 不仅能保留状态均值的传递过程，也能保留协方差矩阵的传递过程。

2．基本原理

针对一个观测值维度为n的线性模型，其包含下述的状态方程与观测方程：

$$\begin{aligned}\boldsymbol{x}(k)&=\boldsymbol{F}(k-1)\boldsymbol{x}(k-1)+\boldsymbol{q}(k-1)\\ \boldsymbol{y}(k)&=\boldsymbol{H}(k)\boldsymbol{x}(k)+\boldsymbol{r}(k)\end{aligned} \tag{7.35}$$

式中，$\boldsymbol{x}(k)$为状态矢量，$\boldsymbol{y}(k)$为观测矢量，$\boldsymbol{F}$和$\boldsymbol{H}$分别为状态转移矩阵和观测矩阵，$\boldsymbol{q}(k-1)$和$\boldsymbol{r}(k)$分别表示系统噪声与测量噪声。卡尔曼滤波器中通常包含预测和更新两个过程，在预测过程中，状态矢量的先验均值与协方差矩阵可定义为

$$\begin{aligned}\hat{\boldsymbol{x}}(k|k-1)&=\boldsymbol{F}(k-1)\hat{\boldsymbol{x}}(k-1|k-1)\\ \boldsymbol{P}(k|k-1)&=\boldsymbol{F}(k-1)\boldsymbol{P}(k-1|k-1)\boldsymbol{F}^{\mathrm{T}}(k-1)+\boldsymbol{Q}(k-1)\end{aligned} \tag{7.36}$$

式中，$\boldsymbol{Q}(k-1)=E\left[\boldsymbol{q}(k-1)\boldsymbol{q}^{\mathrm{T}}(k-1)\right]$。

此时，根据式（7.35）和式（7.36），对于线性系统可以得到

$$\begin{bmatrix}\hat{\boldsymbol{x}}(k|k-1)\\ \boldsymbol{y}(k)\end{bmatrix}=\begin{bmatrix}\boldsymbol{I}\\ \boldsymbol{H}(k)\end{bmatrix}\boldsymbol{x}(k)+\boldsymbol{v}(k) \tag{7.37}$$

式中，$\boldsymbol{I}$ 是一个 $n\times n$ 的单位矩阵，且

$$\boldsymbol{v}(k)=\begin{bmatrix}-\left(\boldsymbol{x}(k)-\hat{\boldsymbol{x}}(k|k-1)\right)\\ \boldsymbol{r}(k)\end{bmatrix} \tag{7.38}$$

通过对 $E\left[\boldsymbol{v}(k)\boldsymbol{v}^{\mathrm{T}}(k)\right]=\boldsymbol{B}(k)\boldsymbol{B}^{\mathrm{T}}(k)$ 进行 Cholesky 分解获得 $\boldsymbol{B}(k)$，并对式（7.37）左乘 $\boldsymbol{B}^{-1}(k)$，可以得到

$$\boldsymbol{D}(k)=\boldsymbol{W}(k)\boldsymbol{x}(k)+\boldsymbol{e}(k) \tag{7.39}$$

式中，$\boldsymbol{W}(k)=\boldsymbol{B}^{-1}(k)\begin{bmatrix}\boldsymbol{I}\\ \boldsymbol{H}(k)\end{bmatrix}$，$\boldsymbol{e}(k)=\boldsymbol{B}^{-1}(k)\boldsymbol{v}(k)$，且 $E\left[\boldsymbol{e}(k)\boldsymbol{e}^{\mathrm{T}}(k)\right]=\boldsymbol{I}$。在系统被脉冲噪声干扰时，传统的卡尔曼滤波器的代价函数会发生性能退化，此时，针对式（7.39）构造一种基于相关熵的代价函数，其表示为

$$J_L\left(\boldsymbol{x}(k)\right)=\frac{1}{L}\sum_{i=1}^{L}\kappa_\sigma\left(d_i(k)-\boldsymbol{w}_i(k)\boldsymbol{x}(k)\right) \tag{7.40}$$

式中，κ_σ 表示核长为 σ 的高斯核函数，$d_i(k)$ 为 $\boldsymbol{D}(k)$ 的第 i 个元素，$\boldsymbol{w}_i(k)$ 为 $\boldsymbol{W}(k)$ 的第 i 行，$L=n+m$ 为 $\boldsymbol{D}(k)$ 的维数。

基于 MCC，$\boldsymbol{x}(k)$ 的最优解可利用下式求解：

$$\hat{\boldsymbol{x}}(k)=\arg\max_{\boldsymbol{x}(k)} J_L\left(\boldsymbol{x}(k)\right)=\arg\max_{\boldsymbol{x}(k)}\sum_{i=1}^{L}\kappa_\sigma\left(e_i(k)\right) \tag{7.41}$$

式中，$e_i(k)$ 为 $\boldsymbol{e}(k)$ 的第 i 个元素，

$$e_i(k)=d_i(k)-\boldsymbol{w}_i(k)\boldsymbol{x}(k) \tag{7.42}$$

利用梯度法对式（7.41）求解，即

$$\frac{\partial J_L\left(\boldsymbol{x}(k)\right)}{\partial \boldsymbol{x}(k)}=\sum_{i=1}^{L}\left[\kappa_\sigma\left(e_i(k)\right)\boldsymbol{w}_i^{\mathrm{T}}(k)\left(d_i(k)-\boldsymbol{w}_i(k)\boldsymbol{x}(k)\right)\right]=0 \tag{7.43}$$

容易看出

$$\boldsymbol{x}(k)=\left(\sum_{i=1}^{L}\kappa_\sigma\left(e_i(k)\right)\boldsymbol{w}_i^{\mathrm{T}}(k)\boldsymbol{w}_i(k)\right)^{-1}\times\left(\sum_{i=1}^{L}\kappa_\sigma\left(e_i(k)\right)\boldsymbol{w}_i^{\mathrm{T}}(k)d_i(k)\right) \tag{7.44}$$

由于 $e_i(k)=d_i(k)-\boldsymbol{w}_i(k)\boldsymbol{x}(k)$，上式的最优解是对于 $\boldsymbol{x}(k)$ 的一个定点等式，因此，上式可以改写为

$$\boldsymbol{x}(k)=f\left(\boldsymbol{x}(k)\right) \tag{7.45}$$

式中，

$$f\left(\boldsymbol{x}(k)\right)=\left(\sum_{i=1}^{L}\kappa_\sigma\left(d_i(k)-\boldsymbol{w}_i(k)\boldsymbol{x}(k)\right)\boldsymbol{w}_i^{\mathrm{T}}(k)\boldsymbol{w}_i(k)\right)^{-1}\times \left(\sum_{i=1}^{L}\kappa_\sigma\left(d_i(k)-\boldsymbol{w}_i(k)\boldsymbol{x}(k)\right)\boldsymbol{w}_i^{\mathrm{T}}(k)d_i(k)\right) \tag{7.46}$$

随后，可以定点迭代进行 $\boldsymbol{x}(k)$ 的更新，即

$$\hat{\boldsymbol{x}}(k)_{t+1}=f\left(\hat{\boldsymbol{x}}(k)_t\right) \tag{7.47}$$

式中，$\hat{\boldsymbol{x}}(k)_t$ 表示在第 t 次定点迭代中得到的解，因此式（7.44）可以表示为

$$\boldsymbol{x}(k)=\left(\boldsymbol{W}^{\mathrm{T}}(k)\boldsymbol{C}(k)\boldsymbol{W}(k)\right)^{-1}\boldsymbol{W}^{\mathrm{T}}(k)\boldsymbol{C}(k)\boldsymbol{D}(k) \tag{7.48}$$

式中，

$$\boldsymbol{C}(k)=\begin{bmatrix}\boldsymbol{C}_x(k) & \boldsymbol{0}\\ \boldsymbol{0} & \boldsymbol{C}_y(k)\end{bmatrix} \tag{7.49}$$

$$\boldsymbol{C}_x(k)=\mathrm{diag}\left[\kappa_\sigma\left(e_1(k)\right),\kappa_\sigma\left(e_2(k)\right),\cdots,\kappa_\sigma\left(e_n(k)\right)\right] \tag{7.50}$$

$$\boldsymbol{C}_y(k)=\mathrm{diag}\left[\kappa_\sigma\left(e_{n+1}(k)\right),\kappa_\sigma\left(e_{n+2}(k)\right),\cdots,\kappa_\sigma\left(e_{n+m}(k)\right)\right] \tag{7.51}$$

利用上述结果，可得到卡尔曼滤波器中状态矢量的迭代流程

$$\boldsymbol{x}(k)=\hat{\boldsymbol{x}}(k\,|\,k-1)+\bar{\boldsymbol{K}}(k)\left(\boldsymbol{y}(k)-\boldsymbol{H}(k)\hat{\boldsymbol{x}}(k\,|\,k-1)\right) \tag{7.52}$$

式中，

$$\bar{\boldsymbol{K}}(k)=\bar{\boldsymbol{P}}(k\,|\,k-1)\boldsymbol{H}^{\mathrm{T}}(k)\left(\boldsymbol{H}(k)\bar{\boldsymbol{P}}(k\,|\,k-1)\boldsymbol{H}^{\mathrm{T}}(k)+\bar{\boldsymbol{R}}(k)\right)^{-1} \tag{7.53}$$

$$\bar{\boldsymbol{P}}(k\,|\,k-1)=\boldsymbol{B}_P(k\,|\,k-1)\boldsymbol{C}_x^{-1}\boldsymbol{B}_P^{\mathrm{T}}(k\,|\,k-1) \tag{7.54}$$

$$\bar{\boldsymbol{R}}(k)=\boldsymbol{B}_r(k)\boldsymbol{C}_y^{-1}\boldsymbol{B}_r^{\mathrm{T}}(k) \tag{7.55}$$

通过上述流程即可完成基于 MCC 的卡尔曼滤波器的迭代。由迭代公式可以看出，区别于传统的卡尔曼滤波器，MCKF 除了通过相关熵进行非高斯噪声的抑制，还利用了一个定点算法来进行状态变量的后验估计，并且由于定点迭代的初始值是通过先验估计 $\hat{\boldsymbol{x}}(k\,|\,k-1)$ 计算得到的，MCKF 具有非常快的收敛速度，通常几次迭代即可以完成收敛。

3．仿真实验

为了验证 MCKF 的性能，将传统的卡尔曼滤波器（KF）与不同核长下基于 MCC 的卡尔曼滤波器（MCKF）进行了对比仿真实验。考虑下述的线性系统：

$$\begin{bmatrix}x_1(k)\\ x_2(k)\end{bmatrix}=\begin{bmatrix}\cos\theta & -\sin\theta\\ \sin\theta & \cos\theta\end{bmatrix}\begin{bmatrix}x_1(k-1)\\ x_2(k-1)\end{bmatrix}+\begin{bmatrix}q_1(k-1)\\ q_2(k-1)\end{bmatrix} \tag{7.56}$$

$$y(k)=\begin{bmatrix}1 & 1\end{bmatrix}\begin{bmatrix}x_1(k)\\ x_2(k)\end{bmatrix}+r(k) \tag{7.57}$$

式中，$\theta=\pi/18$，$q_1(k-1)$、$q_2(k-1)$ 及 $r(k)$ 均为由 Alpha 稳定分布产生的脉冲噪声。考察

KF 与不同核长的 MCKF 对于 x_1 和 x_2 的估计误差，其估计误差的概率密度分布如图 7.7 所示。由实验结果可以发现，当相关熵核长选择得合适时，MCKF 相比于 KF 具有明显的优势，在脉冲噪声下，MCKF 的误差分布具有更高的峰值和更小的分散系数。

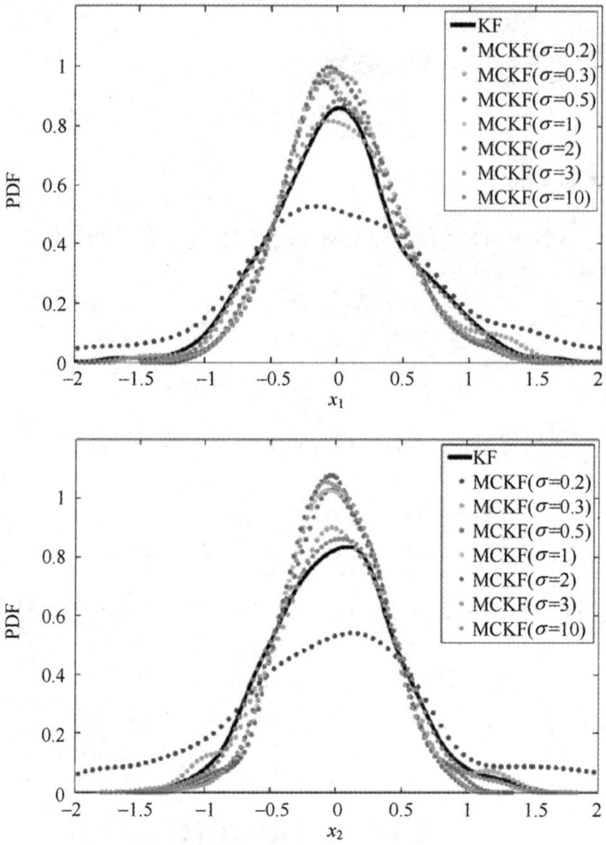

图 7.7　脉冲噪声下 KF 与不同核长 MCKF 估计误差的概率密度分布

7.3.3　状态约束最大相关熵卡尔曼滤波器

1. 约束条件下的卡尔曼滤波器

7.3.2 节介绍了基于 MCC 的卡尔曼滤波器，其对脉冲噪声表现出良好的抑制能力。与 7.2.2 节～7.2.4 节的滤波器类似，其仅将 MCC 引入卡尔曼滤波器模型中，而未考虑累积误差所造成的影响。与 7.2.5 节类似，可以通过将约束条件引入滤波器的设计中，从而进一步提高滤波器的性能。在某些特殊系统中（如立体视觉系统、手势估计模型）中，系统状态通常满足确定线性或非线性约束。考虑这些系统，可以将系统的先验信息通过约束条件引入滤波器中。对于线性约束，可以采用估计投影和概率密度函数截断等方法引入滤波器的约束条件进行设计。对于非线性约束，则可以采用线性近似和二阶近似等方法。

通过将状态约束引入基于 MCC 的卡尔曼滤波器中，Liu 等人实现了一类基于状态约束最大相关熵的卡尔曼滤波器，下文将介绍其具体结构和原理。

2．基本原理

MCKF 通过式（7.52）不断更新而得到估计值 $\hat{\boldsymbol{x}}$，利用线性约束得到一个新的估计值。首先假设所有的状态成分均满足一个线性约束：

$$\boldsymbol{M}\boldsymbol{x}=\boldsymbol{m} \tag{7.58}$$

式中，$\boldsymbol{M}$ 是一个 $s\times n$ 矩阵，$\boldsymbol{m}$ 是一个 $s\times 1$ 的矢量，且 $s\leqslant n$。此外，假设 $\boldsymbol{M}$ 是一个满秩矩阵。

为解决这一线性约束问题，首先可以使用估计投影的方法，该方法是约束型滤波器中常用的方法，它通过将非约束下的估计 $\hat{\boldsymbol{x}}$ 投影到一个约束表面，随后约束条件下的估计值 $\bar{\boldsymbol{x}}$ 可以利用下述方程计算求解：

$$\bar{\boldsymbol{x}}=\arg\min_{\boldsymbol{x}}\left(\boldsymbol{x}-\hat{\boldsymbol{x}}\right)^{\mathrm{T}}\boldsymbol{W}\left(\boldsymbol{x}-\hat{\boldsymbol{x}}\right)\quad \text{s.t. } \boldsymbol{M}\boldsymbol{x}=\boldsymbol{m} \tag{7.59}$$

式中，$\boldsymbol{W}$ 是一个半正定的加权矩阵。最后，利用拉格朗日算子法，拉格朗日方程可表示为

$$L=\left(\boldsymbol{x}-\hat{\boldsymbol{x}}\right)^{\mathrm{T}}\boldsymbol{W}\left(\boldsymbol{x}-\hat{\boldsymbol{x}}\right)+2\lambda\left(\boldsymbol{M}\boldsymbol{x}-\boldsymbol{m}\right) \tag{7.60}$$

式中，λ 为正则化因子，而上述方程的最优解可以利用下式进行求解：

$$\frac{\partial L}{\partial \boldsymbol{x}}=0 \tag{7.61}$$

$$\frac{\partial L}{\partial \lambda}=0 \tag{7.62}$$

利用式（7.61）和式（7.62）即可解得

$$\bar{\boldsymbol{x}}=\hat{\boldsymbol{x}}-\boldsymbol{W}^{-1}\boldsymbol{M}^{\mathrm{T}}\left(\boldsymbol{M}\boldsymbol{W}^{-1}\boldsymbol{M}^{\mathrm{T}}\right)^{-1}\left(\boldsymbol{M}\hat{\boldsymbol{x}}-\boldsymbol{m}\right) \tag{7.63}$$

通常，令 $\boldsymbol{W}=\left(\boldsymbol{P}\left(k\,|\,k-1\right)\right)^{-1}$ 或 $\boldsymbol{W}=\boldsymbol{I}$ 来进行约束项的估计。

除上述算法外，还可以利用概率密度函数截断（probability density function truncation）算法进行卡尔曼滤波器的设计。此时，约束的状态估计变量即为截断概率密度函数的均值。具体的设计步骤如下所示。

首先，定义 $\bar{\boldsymbol{x}}^{(t)}$ 表示在引入了 t 个约束项的估计值之后的状态变量。$\bar{\boldsymbol{P}}^{(t)}$ 表示其协方差矩阵，初始化

$$t=0,\quad \bar{\boldsymbol{x}}^{(t)}=\hat{\boldsymbol{x}},\quad \bar{\boldsymbol{P}}^{(t)}=\boldsymbol{P}\left(k\,|\,k\right) \tag{7.64}$$

进行下面的转换：

$$\boldsymbol{z}^{(t)}=\boldsymbol{\rho}\boldsymbol{S}^{-1/2}\boldsymbol{U}^{\mathrm{T}}\left(\boldsymbol{x}-\bar{\boldsymbol{x}}^{(t)}\right) \tag{7.65}$$

式中，$\boldsymbol{\rho}$ 和 $\boldsymbol{U}$ 均为正交矩阵，$\boldsymbol{S}$ 为对角阵。

对 $\bar{\boldsymbol{P}}^{(t)}$ 进行奇异值分解（SVD），可以得到

$$\bar{\boldsymbol{P}}^{(t)}=\boldsymbol{U}\boldsymbol{S}\boldsymbol{V}^{\mathrm{T}} \tag{7.66}$$

此外，利用 Gram-Schmidt 正交化使其满足下式，从而计算正交矩阵 $\boldsymbol{\rho}$：

$$\boldsymbol{\rho}\boldsymbol{S}^{1/2}\boldsymbol{U}^{\mathrm{T}}\boldsymbol{M}_{t+1}^{\mathrm{T}}=\left[\left(\boldsymbol{M}_{t+1}\overline{\boldsymbol{P}}^{(t)}\boldsymbol{M}_{t+1}^{\mathrm{T}}\right)^{1/2},0,\cdots,0\right]^{\mathrm{T}} \tag{7.67}$$

式中，$\boldsymbol{M}_{t+1}$ 表示 $\boldsymbol{M}$ 的第 t+1 行。由式（7.67）可知

$$\boldsymbol{M}_{t+1}\boldsymbol{U}\boldsymbol{S}^{1/2}\boldsymbol{\rho}^{\mathrm{T}}\boldsymbol{z}^{(t)}+\boldsymbol{M}_{t+1}\overline{\boldsymbol{x}}^{(t)}=m_{t+1} \tag{7.68}$$

式中，m_{t+1} 表示 $\boldsymbol{m}$ 的第 t+1 个元素。

令式（7.68）两边同时除以 $\left(\boldsymbol{M}_{t+1}\overline{\boldsymbol{P}}^{(t)}\boldsymbol{M}_{t+1}^{\mathrm{T}}\right)^{1/2}$，得到

$$\frac{\boldsymbol{M}_{t+1}\boldsymbol{U}\boldsymbol{S}^{1/2}\boldsymbol{\rho}^{\mathrm{T}}\boldsymbol{z}^{(t)}}{\left(\boldsymbol{M}_{t+1}\overline{\boldsymbol{P}}^{(t)}\boldsymbol{M}_{t+1}^{\mathrm{T}}\right)^{1/2}}=\frac{m_{t+1}-\boldsymbol{M}_{t+1}\overline{\boldsymbol{x}}^{(t)}}{\left(\boldsymbol{M}_{t+1}\overline{\boldsymbol{P}}^{(t)}\boldsymbol{M}_{t+1}^{\mathrm{T}}\right)^{1/2}} \tag{7.69}$$

由上式可知，$\boldsymbol{z}^{(t)}$ 具有零均值且其协方差矩阵为一个单位矩阵。

定义

$$c_{t+1}=\frac{m_{t+1}-\boldsymbol{M}_{t+1}\overline{\boldsymbol{x}}^{(t)}}{\left(\boldsymbol{M}_{t+1}\overline{\boldsymbol{P}}^{(t)}\boldsymbol{M}_{t+1}^{\mathrm{T}}\right)^{1/2}} \tag{7.70}$$

并且可知

$$[1,0,\cdots,0]\boldsymbol{z}^{(t)}=c_{t+1} \tag{7.71}$$

则 $\boldsymbol{z}^{(t+1)}$ 的均值和方差可表示为

$$\mu=c_{t+1} \tag{7.72}$$

$$\xi^2=0 \tag{7.73}$$

而对于转移后的状态估计值，在应用了 t+1 个约束项后，可表示为

$$\overline{\boldsymbol{z}}^{(t+1)}=[\mu,0,\cdots,0]^{\mathrm{T}} \tag{7.74}$$

$$\mathrm{cov}\left(\overline{\boldsymbol{z}}^{(t+1)}\right)=\mathrm{diag}\left(\xi^2,1,\cdots,1\right) \tag{7.75}$$

对式（7.65）求逆，有

$$\overline{\boldsymbol{x}}^{(t+1)}=\boldsymbol{U}\boldsymbol{S}^{1/2}\rho^{\mathrm{T}}\overline{\boldsymbol{z}}^{(t+1)}+\overline{\boldsymbol{x}}^{(t)} \tag{7.76}$$

$$\overline{\boldsymbol{P}}^{(t+1)}=\boldsymbol{U}\boldsymbol{S}^{1/2}\rho^{\mathrm{T}}\,\mathrm{cov}\left(\overline{\boldsymbol{z}}^{(t+1)}\right)\rho\boldsymbol{S}^{1/2}\boldsymbol{U} \tag{7.77}$$

把上述约束条件与基本的 MCKF 流程相结合，对 $\boldsymbol{x}$ 的迭代直到满足 $t+1=\mathrm{length}(\boldsymbol{m})$ 为止，其中，length 表示求矢量的长度运算。这样，可通过概率密度函数截断实现卡尔曼滤波器的设计。

3．仿真实验

为了验证约束型最大相关熵卡尔曼滤波器的效果，分别就基本卡尔曼滤波器（KF）、基于 MCC 的卡尔曼滤波器（MCKF）、基于估计投影的卡尔曼滤波器（KF-EP）、基于 MCC 与估计投影的卡尔曼滤波器（MCKF-EP）、基于概率密度函数截断的卡尔曼滤波器

（KF-PDFT）与基于 MCC 和概率密度函数截断的卡尔曼滤波器（MCKF-PDFT）进行了对比仿真实验。考虑一个陆地车辆的导航问题，车辆速度的方向为θ。在导航过程中，其状态转移方程和观测方程如下：

$$\boldsymbol{x}(k)=\begin{bmatrix}1&0&L&0\\0&1&0&L\\0&0&1&0\\0&0&0&1\end{bmatrix}\boldsymbol{x}(k-1)+\begin{bmatrix}0\\0\\L\sin\theta\\L\cos\theta\end{bmatrix}\boldsymbol{\mu}(k-1)+\boldsymbol{q}(k-1) \tag{7.78}$$

$$\boldsymbol{y}(k)=\begin{bmatrix}1&0&0&0\\0&1&0&0\end{bmatrix}\boldsymbol{x}(k)+\boldsymbol{r}(k) \tag{7.79}$$

式中，状态矢量$\boldsymbol{x}(k)=\left[x_1(k),x_2(k),x_3(k),x_4(k)\right]^{\mathrm{T}}$包含该车辆的北部位置、东部位置、北向速度及东向速度，L表示离散时间间隔，$\boldsymbol{\mu}(k)$表示累计输入，$\theta=0.28\pi$。如果该车辆在陆地上的角度为θ，可知$\tan\theta=x_1(k)/x_2(k)=x_3(k)/x_4(k)$，此时约束矩阵$\boldsymbol{M}$设置为

$$\boldsymbol{M}=\begin{bmatrix}1&-\tan\theta&0&0\\0&0&1&\theta\end{bmatrix} \tag{7.80}$$

此外，系统噪声和测量噪声均服从 Alpha 稳定分布。考察不同类型滤波器对于状态矢量$\boldsymbol{x}$的估计误差，实验结果如图 7.8 所示。由实验结果可以看出，基于 MCC 的一类滤波器在非高斯噪声下相对于传统卡尔曼滤波器有明显的性能优势，且具有更小的均方根误差。此外，在这些基于 MCC 的滤波器中，基于约束条件的滤波器相对于无约束条件的滤波器，同样具有更小的均方根误差。

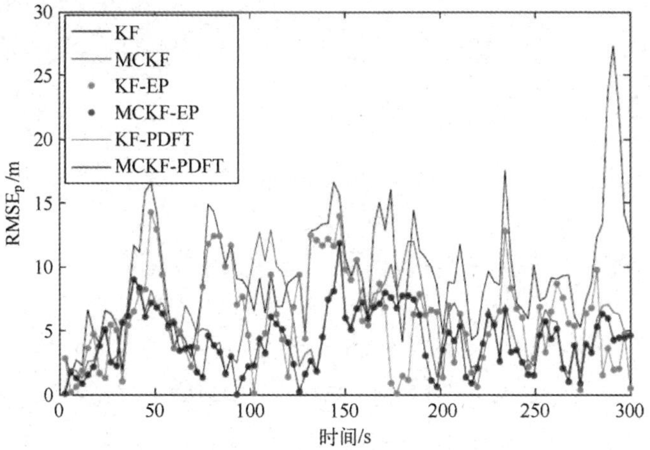

图 7.8　脉冲噪声下不同滤波器的均方根误差

7.3.4　相关熵无迹卡尔曼滤波器

1. UKF 的概念

7.3.2 节和 7.3.3 节主要介绍了线性系统中卡尔曼滤波器的设计，针对非线性系统，尤

其是高度非线性的系统，基于上述算法的滤波器会出现发散现象，从而产生性能退化。为解决发散现象，文献中提出了一种无迹卡尔曼滤波器（UKF）。通过一系列确定的 sigma 点近似概率密度分布，并利用非线性方程组传递概率分布，UKF 可以将非线性系统近似为线性系统。目前已有的 UKF 是基于高斯噪声的假设的，在脉冲噪声下会出现性能退化。为此，Liu 等人提出一种结合 MCC 与无迹变换的卡尔曼滤波器，即 MCUF。该算法首先利用无迹变换（UT）来获得状态矩阵和协方差矩阵的先验估计，然后利用基于 MCC 的统计线性状态回归得到后验状态与协方差矩阵。通过这一过程，实现了脉冲噪声与非线性系统下的卡尔曼滤波器设计。

2．基本原理

假设一个非线性系统表示为如下形式：

$$\boldsymbol{x}(k)=f\left(k-1,\boldsymbol{x}(k-1)\right)+\boldsymbol{q}(k-1) \tag{7.81}$$

$$\boldsymbol{y}(k)=h\left(k,\boldsymbol{x}(k)\right)+\boldsymbol{r}(k) \tag{7.82}$$

式中，$\boldsymbol{x}(k)$ 表示在 k 时刻的 n 维状态矢量，$\boldsymbol{y}(k)$ 表示在第 k 时刻的 m 维观测矢量，f 表示一个非线性的状态方程，h 表示一个非线性的观测方程，且假设 f 和 h 是连续可微的。而系统噪声 $\boldsymbol{q}(k-1)$ 与测量噪声 $\boldsymbol{r}(k)$ 通常均被假定相互独立。与无迹卡尔曼滤波器相似，MCUF 首先对数据进行无迹变换，主要包含时间更新和测量更新两个步骤。

考虑时间上的更新，对于 $2n+1$ 个样本点，通过观测状态变量 $\hat{\boldsymbol{x}}(k|k-1)$ 和协方差矩阵 $\boldsymbol{P}(k-1|k-1)$ 在最近的 $k-1$ 个步骤中得到

$$\begin{aligned}
&\chi^0(k-1|k-1)=\hat{\boldsymbol{x}}(k-1|k-1)\\
&\chi^i(k-1|k-1)=\hat{\boldsymbol{x}}(k-1|k-1)+\left(\sqrt{(n+\lambda)\boldsymbol{P}(k-1|k-1)}\right)_i,\quad i=1,\cdots,n\\
&\chi^i(k-1|k-1)=\hat{\boldsymbol{x}}(k-1|k-1)-\left(\sqrt{(n+\lambda)\boldsymbol{P}(k-1|k-1)}\right)_{i-n},\quad i=n+1,\cdots,2n
\end{aligned} \tag{7.83}$$

式中，$\left(\sqrt{(n+\lambda)\boldsymbol{P}(k-1|k-1)}\right)_i$ 为 $(n+\lambda)\boldsymbol{P}(k-1|k-1)$ 矩阵的均方根的第 i 列；n 为状态维度；λ 为复合尺度因子，其定义为

$$\lambda=\nu^2(n+\phi)-n \tag{7.84}$$

其中 ν 表示一个 sigma 点的传播度（通常选择一个很小的正值），ϕ 表示一个参数且通常被设置为 $3-n$。

不定点的迭代通常利用下述处理方程进行运算：

$$\chi^{i*}(k|k-1)=f\left(k-1,\chi^i(k-1|k-1)\right),\quad i=0,\cdots,2n \tag{7.85}$$

初始状态的均值和协方差则由下式估计：

$$\hat{\boldsymbol{x}}(k|k-1)=\sum_{i=0}^{2n}w_m^i\chi^{i*}(k|k-1) \tag{7.86}$$

$$\begin{aligned}
\boldsymbol{P}(k-1|k-1)=&\sum_{i=0}^{2n}w_c^i\left[\chi^{i*}(k|k-1)-\hat{\boldsymbol{x}}(k|k-1)\right]\times\\
&\left[\chi^{i*}(k|k-1)-\hat{\boldsymbol{x}}(k|k-1)\right]^{\mathrm{T}}+\boldsymbol{Q}(k-1)
\end{aligned} \tag{7.87}$$

式中，状态和协方差矩阵对应的权值可表示为

$$w_m^0 = \frac{\lambda}{n+\lambda} \tag{7.88}$$

$$w_c^0 = \frac{\lambda}{n+\lambda} + \left(1-\alpha^2+\beta\right) \tag{7.89}$$

$$w_m^i = w_c^i = \frac{1}{2(n+\lambda)}, \quad i=1,\cdots,2n \tag{7.90}$$

式中，β 为一个与 $\boldsymbol{x}(k)$ 概率分布先验有关的参数，在高斯分布中通常设置为 2。

针对测量状态的更新，与上述更新类似，一系列的 χ 值可利用初始状态的均值和协方差得到，如下所示：

$$\begin{aligned}
&\chi^0(k-1|k-1) = \hat{\boldsymbol{x}}(k|k-1) \\
&\chi^i(k-1|k-1) = \hat{\boldsymbol{x}}(k|k-1) + \left(\sqrt{(n+\lambda)\boldsymbol{P}(k-1|k-1)}\right)_i, \quad i=1,\cdots,n \\
&\chi^i(k-1|k-1) = \hat{\boldsymbol{x}}(k|k-1) - \left(\sqrt{(n+\lambda)\boldsymbol{P}(k-1|k-1)}\right)_{i-n}, \quad i=n+1,\cdots,2n
\end{aligned} \tag{7.91}$$

此时，以上各点利用下述传输方程处理：

$$\gamma^i(k) = h\left(k, \chi^i(k|k-1)\right), \quad i=0,\cdots,2n \tag{7.92}$$

初始测量值的均值则由下式计算：

$$\hat{\boldsymbol{y}}(k) = \sum_{i=0}^{2n} w_m^i \gamma^i(k) \tag{7.93}$$

进而，状态矢量与观测矢量的互协方差矩阵可表示为

$$\boldsymbol{P_{xy}}(k) = \sum_{i=0}^{2n} w_c^i \left[\chi^i(k|k-1) - \hat{\boldsymbol{x}}(k|k-1)\right]\left[\gamma^i(k) - \hat{\boldsymbol{y}}(k)\right]^{\mathrm{T}} \tag{7.94}$$

接下来，利用一个基于最大相关熵准则（MCC）的线性回归模型来获得测量值的更新方程。首先为了构造线性回归模型，定义初始状态的估计误差为

$$\eta\left(\boldsymbol{x}(k)\right) = \boldsymbol{x}(k) - \hat{\boldsymbol{x}}(k|k-1) \tag{7.95}$$

并且定义测量斜率矩阵为

$$\boldsymbol{H}(k) = \left(\boldsymbol{P}^{-1}(k-1|k-1)\boldsymbol{P_{xy}}(k)\right)^{\mathrm{T}} \tag{7.96}$$

与此同时，状态方程也可近似表示为

$$\boldsymbol{y}(k) \approx \hat{\boldsymbol{y}}(k) + \boldsymbol{H}(k)\left(\boldsymbol{x}(k) - \hat{\boldsymbol{x}}(k|k-1)\right) + \boldsymbol{r}(k) \tag{7.97}$$

组合式（7.86）、式（7.93）和式（7.97），可以得到如下的统计线性回归模型：

$$\begin{bmatrix} \hat{\boldsymbol{x}}(k|k-1) \\ \boldsymbol{y}(k) - \hat{\boldsymbol{y}}(k) + \boldsymbol{H}(k)\hat{\boldsymbol{x}}(k|k-1) \end{bmatrix} = \begin{bmatrix} \boldsymbol{I} \\ \boldsymbol{H}(k) \end{bmatrix} \boldsymbol{x}(k) + \boldsymbol{\xi}(k) \tag{7.98}$$

式中，

$$\boldsymbol{\xi}(k) = \begin{bmatrix} \eta\left(\boldsymbol{x}(k)\right) \\ \boldsymbol{r}(k) \end{bmatrix} \tag{7.99}$$

可以发现，式（7.98）与式（7.37）具有相似的形式，此时就可以按照与 7.3.2 节中一样的处理方法进行后续的卡尔曼滤波器设计。

3．仿真实验

考虑一单变量非平稳增长模型，该模型通常被作为非线性滤波的经典实例。其状态方程和观测方程如下：

$$
\begin{aligned}
x(k) &= 0.5x(k-1)+25\frac{x(k-1)}{1+x(k-1)^2}+8\cos\left(1.2(k-1)\right)+q(k-1) \\
y(k) &= \frac{x(k)^2}{20}+r(k)
\end{aligned}
\tag{7.100}
$$

观测噪声与系统噪声均由 Alpha 稳定分布产生，状态变量 x 的估计均方误差结果如图 7.9 所示，分别就扩展卡尔曼滤波器（EKF）、Huber 扩展卡尔曼滤波器（HEKF）、无迹卡尔曼滤波器（UKF）、Huber 无迹卡尔曼滤波器（HUKF），以及本节的基于 MCC 的无迹卡尔曼滤波器（MCUF）进行了仿真实验。由实验结果可以看出，在适当核长下，MCUF 相较于其他滤波器具有更低的估计均方误差，体现出其更好的性能。

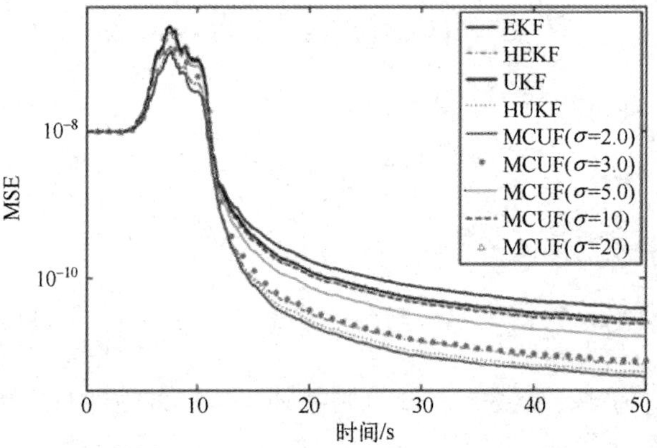

图 7.9　脉冲噪声下不同卡尔曼滤波器的估计均方误差（MSE）曲线

7.4　本章小结

近年来，相关熵作为一种受到广泛关注的信号处理新概念与新方法，在脉冲噪声下的信号处理中取得了显著的成果。由第 5 章与第 6 章可以发现，相关熵在脉冲噪声下的信号处理中具有显著优势。为进一步阐明相关熵在脉冲噪声下的应用原理与良好的性能表现，本章详细介绍了相关熵的热点研究方向，即基于相关熵的信号滤波技术。通过介绍相关熵在不同种类的滤波器（如线性自适应滤波器、卡尔曼滤波器）中的应用原理与实验结果，可以看出相关熵在脉冲噪声下信号滤波中所具有的优势。

参 考 文 献

[1] JEONG K H, LIU W, HAN S, et al. The correntropy MACE filter[J]. Pattern Recognition, 2009,42: 871-885.

[2] ZHAO S, CHEN B D, PRINCIPE J C. Kernel adaptive filtering with maximum correntropy criterion[C]. Proceedings of International Joint Conference on Neural Networks, San Jose, California, USA, 2011, 2012-2017.

[3] CHEN B D, PRINCIPE J C. Maximum correntropy estimation is a smoothed MAP estimation[J]. IEEE Signal Processing Letters, 2012, 19(8): 491-494.

[4] CHEN B D, XING L, LIANG J, et al. Steady-state mean-square error analysis for adaptive filtering under the maximum correntropy criterion[J]. IEEE Signal Processing Letters, 2014, 21(7): 880-884.

[5] WU Z, SHI J, ZHANG X, et al. Kernel recursive maximum correntropy[J]. Signal Processing, 2015,117: 11-16.

[6] PENG S Y, CHEN B D, SUN L, et al. Constrained maximum correntropy adaptive filtering[J]. Signal Processing ,2017,140: 116-126.

[7] CHEN B D, LIU X, ZHAO H Q, et al. Maximum correntropy Kalman filter[J]. Automatica, 2017,76: 70-77.

[8] LIU X, CHEN B D, ZHAO H Q, et al. Maximum correntropy Kalman filter with state constraints[J]. IEEE Access, 2017, 5: 25846-25853.

[9] LIU X, CHEN B D, XU B, et al. Maximum correntropy unscented filter[J]. International Journal of Systems Science, 2017, 48(8): 1607-1615.

[10] YU Y, ZHAO H Q, CHEN B D. A new normalized subband adaptive filter algorithm with individual variable step sizes[J]. Circuits, Systems, and Signal Processing, 2016, 35(4): 1407-1418.

[11] MA W T, DUAN J D, MAN W S, et al. Robust kernel adaptive filters based on mean p-power error for noisy chaotic time series prediction[J]. Engineering Applications of Artificial Intelligence, 2017, 58: 101-110.

[12] MA W T, ZHENG D Q, ZHANG Z Y, et al. Robust proportionate adaptive filter based on maximum correntropy criterion for sparse system identification in impulsive noise environments[J]. Signal, Image and Video Processing, 2018, 12(1): 117-124.

[13] LU L, ZHAO H Q, CHEN B D. Collaborative adaptive Volterra filters for nonlinear system identification in α-stable noise environments[J]. Journal of the Franklin Institute, 2016, 353(17): 4500-4525.

[14] MA W T, QIU J, LIU X, et al. Unscented Kalman Filter with Generalized Correntropy Loss for Robust Power System Forecasting-Aided State Estimation[J]. IEEE Transactions on Industrial Informatics, 2019, 15(11): 6091-6100.

[15] WANG F, HE Y C, WANG S Y, et al. Maximum total correntropy adaptive filtering against heavy-tailed noises[J]. Signal Processing, 2017, 141: 84-95.

[16] WANG S Y, DANG L J, CHEN B D, et al. Random Fourier filters under maximum correntropy criterion[J]. IEEE Transactions on Circuits and Systems I: Regular Papers, 2018, 65(10): 3390-3403.

[17] SINGH A, PRINCIPE J C. A closed form recursive solution for maximum correntropy training[C]//2010 IEEE international conference on acoustics, speech and signal processing. IEEE, 2010: 2070-2073.

[18] CHEN B D, XING L, ZHAO H Q, et al. Generalized correntropy for robust adaptive filtering[J]. IEEE Transactions on Signal Processing, 2016, 64(13): 3376-3387.

[19] SiNGH A, PRINCIPE J C. Using correntropy as a cost function in linear adaptive filters[C]//2009 International Joint Conference on Neural Networks. IEEE, 2009: 2950-2955.

[20] WANG W Y, ZHAO H Q, ZENG X P, et al. Steady-state performance analysis of nonlinear spline adaptive filter under maximum correntropy criterion[J]. IEEE Transactions on Circuits and Systems II: Express Briefs, 2020,67(6): 1154-1158.

[21] QIAN G, WANG S Y, LU H H C. Maximum Total Complex Correntropy for Adaptive Filter[J]. IEEE Transactions on Signal Processing, 2020, 68: 978-989.

[22] CHEN B D, XING L, LIANG J, et al. Steady-state mean-square error analysis for adaptive filtering under the maximum correntropy criterion[J]. IEEE signal processing letters, 2014, 21(7): 880-884.

[23] MA W Y, QU H, GUI G, et al. Maximum correntropy criterion based sparse adaptive filtering algorithms for robust channel estimation under non-Gaussian environments[J]. Journal of the Franklin Institute, 2015, 352(7): 2708-2727.

[24] WANG W Y, ZHAO H Q, ZENG X P. Geometric algebra correntropy: Definition and application to robust adaptive filtering[J]. IEEE Transactions on Circuits and Systems II: Express Briefs, 2019, 67(6): 1164-1168.

[25] HUANG F Y, ZHANG J S, ZHANG S. Adaptive filtering under a variable kernel width maximum correntropy criterion[J]. IEEE Transactions on Circuits and Systems II: Express Briefs, 2017, 64(10): 1247-1251.

[26] LU L, ZHAO H Q. Active impulsive noise control using maximum correntropy with adaptive kernel size[J]. Mechanical Systems and Signal Processing, 2017, 87: 180-191.

[27] CHEN B D, WANG J J, ZHAO H Q, et al. Convergence of a fixed-point algorithm under maximum correntropy criterion[J]. IEEE Signal Processing Letters, 2015, 22(10): 1723-1727.

[28] WANG G Q, LI N, ZHANG Y G. Maximum correntropy unscented Kalman and information filters for non-Gaussian measurement noise[J]. Journal of the Franklin Institute, 2017, 354(18): 8659-8677.

[29] ZHAO J, ZHANG H B. Kernel recursive generalized maximum correntropy[J]. IEEE Signal Processing Letters, 2017, 24(12): 1832-1836.

[30] WANG W Y, ZHAO H Q, et al. Robust adaptive filtering algorithm based on maximum correntropy criteria for censored regression[J]. Signal Processing, 2019, 160: 88-98.

[31] 邱天爽. 相关熵与循环相关熵信号处理研究进展[J]. 电子与信息学报，2020, 042(001): 105-118.

[32] 宋爱民. 稳定分布噪声下时延估计与波束形成新算法[D]. 大连：大连理工大学，2015.

[33] 栾声扬. 有界非线性协方差与相关熵及在无线定位中的应用[D]. 大连：大连理工大学，2017.

第 8 章　相关熵信号处理的其他应用

本章主要介绍相关熵在信号处理过程中除信号滤波外的应用问题，以便读者进一步深入了解相关熵在不同应用中处理非高斯信号与噪声时所具有的优势。

8.1　概述

自从相关熵的概念和理论方法于 2006 年由 Principe 教授团队首次提出以来，文献报道了大量基于相关熵进行信号处理的理论和应用研究成果。据不完全统计，截至 2020 年 10 月，关于相关熵的研究论文累计超过 4000 篇，其中仅 2015 年以后，论文发表的数量就接近 3000 篇。可以认为，关于相关熵理论和应用的研究正在成为信号处理领域一个前沿和热点问题。研究表明，相关熵理论方法已经广泛应用到各相关领域中，如自适应滤波、信号相似性测量、非线性鲁棒检测器、无线定位、图像处理、医学信号分析等。总体而言，相关熵在自适应滤波的应用最为广泛，本书在第 7 章已就相关熵在信号自适应滤波领域中的应用进行了详细的介绍。为了进一步全面了解相关熵在各个领域的应用，本章对相关熵在局部相似性测度、无线电监测、图像处理和医学信号分析等多个热点领域的应用进行了较为详细的介绍。

8.2　相关熵作为局部相似性的测度

8.2.1　常规的相似性测度

常规的相似性测度以两个矢量的距离为基础，而距离测量值是两矢量各相应分量之差的函数。设 $\boldsymbol{x}=\left[x_1,x_2,\cdots,x_n\right]^{\mathrm{T}}$，$\boldsymbol{y}=\left[y_1,y_2,\cdots,y_n\right]^{\mathrm{T}}$，计算 $\boldsymbol{x}$ 与 $\boldsymbol{y}$ 之间的距离测度函数有很多种，常用的主要包括如下 5 种。

1．欧氏距离

欧氏距离即欧几里得距离（Euclidean distance），最初用于计算欧几里得空间（简称欧氏空间）中两个点的距离。上述矢量 $\boldsymbol{x}$ 和 $\boldsymbol{y}$ 的欧氏距离为

$$d\left(\boldsymbol{x},\boldsymbol{y}\right)=\left\|\boldsymbol{x}-\boldsymbol{y}\right\|=\left[\sum_{i=1}^{n}\left(x_i-y_i\right)^2\right]^{1/2} \tag{8.1}$$

欧氏距离能够体现个体数值特征的绝对差异，因此被广泛应用于需要从维度数值大小中体现差异的分析。

2．曼哈顿距离

曼哈顿距离（Manhattan distance）又称为绝对值距离，其来源于对城市区块距离的描述，是将多个维度上的距离进行求和后的结果。与欧氏距离相似，曼哈顿距离是用于多维数据空间距离的测度，其定义为

$$d(\boldsymbol{x},\boldsymbol{y})=\sum_{i=1}^{n}|x_i-y_i| \tag{8.2}$$

3．切比雪夫距离

切比雪夫距离（Chebyshev distance）又称为棋盘距离，起源于国际象棋中国王的走法，其定义为

$$d(\boldsymbol{x},\boldsymbol{y})=\arg\max_{i}|x_i-y_i| \tag{8.3}$$

4．明氏距离

明氏距离又称为明可夫斯基距离（Minkowski distance），是欧氏空间中的一种测度，可看作欧氏距离和曼哈顿距离的一种推广。其定义为

$$d(\boldsymbol{x},\boldsymbol{y})=\left[\sum_{i=1}^{n}|x_i-y_i|^m\right]^{1/m} \tag{8.4}$$

由式（8.4）可以看出：当$m=2$时，明氏距离即为欧氏距离；当$m=1$时，明氏距离即为曼哈顿距离。

5．马氏距离

马氏距离即马哈拉诺比斯距离（Mahalanobis distance），假设$\boldsymbol{x}$、$\boldsymbol{y}$属于同一个矢量集，两者的马氏距离定义如下：

$$d(\boldsymbol{x},\boldsymbol{y})=(\boldsymbol{x}-\boldsymbol{y})^{\mathrm{T}}\boldsymbol{V}^{-1}(\boldsymbol{x}-\boldsymbol{y}) \tag{8.5}$$

式中，$\boldsymbol{V}$表示矢量集协方差矩阵统计量。马氏距离通常用于度量服从同一分布且协方差矩阵为常数的矩阵的两个随机变量的差异度。

除上述几种方式外，还有许多度量手段，如汉明距离、巴氏距离等。然而，这些距离大多数均假定所涉及的噪声服从高斯分布，在脉冲噪声条件下会出现性能退化。为此，借助于相关熵，文献中报道了基于相关熵的相似性测度新方法。

8.2.2 相关熵作为相似性测度

相关熵作为一种广义的相似性测度，可视为再生核希尔伯特空间的相关函数，能同时反映信号的时间结构和统计特性，能较好地抑制脉冲噪声中的野点带来的影响。给定N维样本空间内两组矢量$\boldsymbol{x}=[x_1,x_2,\cdots,x_N]^{\mathrm{T}}$和$\boldsymbol{y}=[y_1,y_2,\cdots,y_N]^{\mathrm{T}}$，则相关熵诱导距离（CIM）定义如下：

$$\mathrm{CIM}(\boldsymbol{x},\boldsymbol{y})=[\kappa_\sigma(0)-\kappa_\sigma(\boldsymbol{x}-\boldsymbol{y})]^{1/2} \tag{8.6}$$

相关熵诱导距离具有以下性质：

（1）$\mathrm{CIM}(\boldsymbol{x},\boldsymbol{y}) \geqslant 0$，当且仅当 $\boldsymbol{x}=\boldsymbol{y}$ 时，$\mathrm{CIM}(\boldsymbol{x},\boldsymbol{y})=0$；

（2）$\mathrm{CIM}(\boldsymbol{x},\boldsymbol{y})=\mathrm{CIM}(\boldsymbol{y},\boldsymbol{x})$；

（3）$\mathrm{CIM}(\boldsymbol{x},\boldsymbol{z}) \leqslant \mathrm{CIM}(\boldsymbol{x},\boldsymbol{y})+\mathrm{CIM}(\boldsymbol{y},\boldsymbol{z})$。

图 8.1 给出了核长 $\sigma=1.0$ 和 $\sigma=0.5$ 时二维样本空间 $\mathrm{CIM}(\boldsymbol{x},\boldsymbol{0})$ 的等高线图，其中 $\boldsymbol{x}=[x_1,x_2]^{\mathrm{T}}$，$\boldsymbol{0}=[0,0]^{\mathrm{T}}$。从图中可以看出，相关熵诱导距离（CIM）并非样本空间的单一范数。当样本空间中的点距离原点较近时，CIM 表现为 L_2 范数；而当该点距离原点较远时，CIM 表现为 L_1 范数。进一步地，当该点继续远离原点时，CIM 表现为 L_0 范数。此外，还可以发现，核长 σ 对 CIM 有较大的影响：当核长 σ 较大时，CIM 在更大范围内表现为 L_2 范数；而当核长 σ 较小时，CIM 在更大范围内表现为 L_1 范数和 L_0 范数。

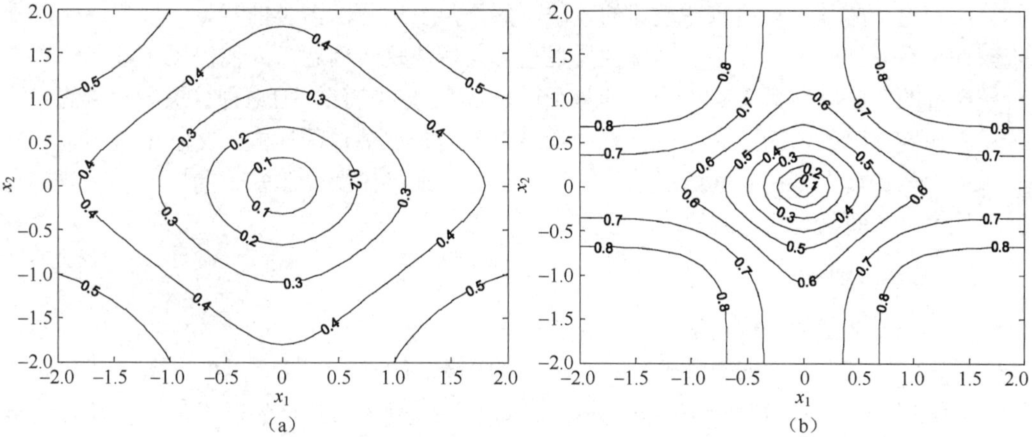

图 8.1　二维样本空间 CIM ($\boldsymbol{x}$,$\boldsymbol{0}$) 的等高线图。(a) 核长 σ=0；(b) 核长 σ=0.5

8.3　相关熵在无线定位技术中的应用

无线定位是指利用信号处理方法对接收到的无线信号进行分析而得到特征参数，并利用特定的参数估计与定位算法，确定目标信号的特点与位置的技术。这种技术广泛应用于雷达、声呐、导航、地震勘测、无线电监测及移动通信等多个军用和民用领域，是国内外信号处理领域的研究热点。

目前，针对各种无线定位技术，主要以二阶统计量或高阶统计量为基础实现信号参数的估计并完成定位。近年来，随着无线电技术的快速发展，电磁环境日益复杂，传统方法在脉冲噪声条件下经常会出现性能退化的问题。而相关熵作为一种能有效抑制脉冲噪声的统计量，被广泛地引入到各种无线定位技术中，第 5 章就相关熵在无线定位中的波达方向估计进行了介绍。本章在此基础上，进一步详细地介绍如何将相关熵应用在无线定位中的时间延迟估计、波达方向估计及自适应波束形成等方面。

8.3.1　基于相关熵的时间延迟估计

1. 时间延迟估计的概念与意义

时间延迟估计（time delay estimation，TDE）简称时延估计，是指利用参数估计和信号处理方法，对信号到达不同接收器之间的时间延迟进行估计。在无线电目标定位等领域，时间延迟估计也常称为到达时差估计（time difference of arrival，TDOA）。

时间延迟估计是数字信号处理领域一个十分活跃的研究方向，它是目标定位技术中的核心算法，其估计精度直接影响定位目标的准确性。一方面，它与现代谱估计、自适应算法等信号处理的基础理论紧密相关，从而具有重要理论研究意义。另一方面，它具有很强的实际工程背景，如声呐、雷达等军事领域、生物医学、水声、石油勘探、故障诊断等工业科学领域都有其广泛的应用。纵观过去几十年的时延估计算法的发展，若从不同的处理域进行分类，大致可以分为时域和变换域两类算法；若从采样周期角度分类，可以分为整数采样周期和非整数采样周期两类算法；还可以分为非迭代的基于相关运算的算法和迭代的基于自适应滤波器的算法。然而，上述算法涉及的背景大多考虑高斯噪声条件，在脉冲噪声条件下会出现性能退化。为解决这一问题，人们提出了基于分数低阶统计量的算法，如第 3 章所介绍的基于最小 p 范数的方法，但这种算法对噪声的先验知识有一定程度的依赖。为了改善脉冲噪声下时间延迟估计的性能，文献中介绍了一种基于最大相关熵准则的时间延迟估计方法，它可以在不需要先验知识的情况下有效提高脉冲噪声下时间延迟估计的性能。

2．基本原理

（1）信号模型与常规算法

考虑时间延迟估计的信号模型为 $x_1(n)=s(n)+v_1(n)$，$x_2(n)=s(n-D)+v_2(n)$。其中，$x_1(n)$ 与 $x_2(n)$ 是观测信号，n 为离散时间变量，D 为待估计的延迟时间，$s(n)$ 为感兴趣信号，$v_1(n)$ 与 $v_2(n)$ 为服从独立对称 Alpha 稳定分布的噪声。

由于延迟信号 $s(n-D)$ 可视为 $s(n)$ 与一个横向滤波器卷积的结果，该滤波器利用 sinc 函数作为权系数，因此在自适应时间延迟估计中，常常将时间延迟估计转化为对有限脉冲响应（FIR）滤波器系数的估计问题，利用估计的权系数的峰值位置得到时间延迟信息。

设延迟时间的范围为 $[-M,M]$，自适应 FIR 滤波器的权系数为 $\boldsymbol{h}=[h(-M),\cdots,h(0),\cdots,h(M)]^{\mathrm{T}}$，则滤波器的误差信号为

$$e(n)=x_2(n)-\sum_{i=-M}^{M}h(i)x_1(n+i) \tag{8.7}$$

经过自适应训练得到的滤波器权系数矢量为 $\boldsymbol{h}^*=\left[h^*(-M),\cdots,h^*(0),\cdots,h^*(M)\right]^{\mathrm{T}}$，那么时间延迟估计则可利用下式求得：

$$\hat{D}=-\arg\max_{i}\left(h^*(i)\right) \tag{8.8}$$

（2）基于相关熵的时延估计算法

由相关熵的性质可知，最大化误差信号的相关熵能够起到使误差信号功率最小化的目的，因此将采用误差信号的最大相关熵作为代价函数：

$$J_{\mathrm{MCC}}(\boldsymbol{h})=E\left[\kappa_\sigma\left(x_2(n)-\sum_{i=-M}^{M}h(i)x_1(n+i)\right)\right] \tag{8.9}$$

通过下式优化求解滤波器系数：

$$\max_{\boldsymbol{h}} J_{\text{MCC}}(\boldsymbol{h}) \tag{8.10}$$

考虑实际数据为有限长，为实现 FIR 滤波器权系数 $\boldsymbol{h}$ 的估计，$J_{\text{MCC}}(\boldsymbol{h})$ 的估计为

$$\hat{J}_{\text{MCC}}(\boldsymbol{h}) = \frac{1}{N-2M}\sum_{n=M+1}^{N-M}\kappa_\sigma\left(x_2(n) - \sum_{k=-M}^{k=M} h(k)x_1(n+k)\right) \tag{8.11}$$

利用随机梯度下降法得到 $\boldsymbol{h}$ 的更新关系式为

$$\begin{aligned}\boldsymbol{h}_{n+1} &= \boldsymbol{h}_n + \mu\left[\frac{\partial \hat{J}_{\text{MCC}}(\boldsymbol{h})}{\partial \boldsymbol{h}}\right]_n \\ &= \boldsymbol{h}_n + \mu\frac{1}{\sqrt{2\pi}\sigma^3}\exp\left(-\frac{e(n)^2}{2\sigma^2}\right)\cdot e(n)\cdot \boldsymbol{x}_1|_{[n-M\quad n+M]}\end{aligned} \tag{8.12}$$

式中，μ 为迭代步长，$\boldsymbol{x}_1|_{[n-M\quad n+M]} = \left[x_1(n-M),\cdots,x_1(n),\cdots,x_1(n+M)\right]^{\mathrm{T}}$。为方便讨论，将基于相关熵准则的时间延迟估计简记为 MCCTDE。通过式（8.12）进行滤波器系数的求解，随后利用式（8.8）进行时间延迟的估计。此时，比较已有的其他算法权系数更新关系式可以发现：

MCCTDE 算法的权系数迭代公式可以记为

$$\boldsymbol{h}_{n+1} = \boldsymbol{h}_n + \mu\psi_1(e(n))\cdot e(n)\cdot \boldsymbol{x}_1|_{[n-M\quad n+M]} \tag{8.13}$$

基于最小 p 范数的时延估计（LMPTDE）算法的权系数的更新关系式为

$$\boldsymbol{h}_{n+1} = \boldsymbol{h}_n + \mu p\psi_2(e(n))\cdot e(n)\cdot \boldsymbol{x}_1|_{[n-M\quad n+M]} \tag{8.14}$$

基于最小均方的时延估计（LMSTDE）算法的权系数的更新关系式为

$$\boldsymbol{h}_{n+1} = \boldsymbol{h}_n + \mu\psi_3(e(n))\cdot e(n)\cdot \boldsymbol{x}_1|_{[n-M\quad n+M]} \tag{8.15}$$

以上公式中，$\psi_1(e(n)) = \exp\left(-\frac{e(n)^2}{2\sigma^2}\right)$，$\psi_2(e(n)) = |e(n)|^{p-2}$，$p<\alpha\leqslant 2$，$\psi_3(e(n)) = 1$。

通过上述各式可以发现，与第 7 章介绍的自适应滤波器设计类似，不同方法的主要区别在于误差项上的尺度因子不同。正是由于该尺度因子，MCCTDE 和 LMPTDE 算法能够有效抑制非高斯噪声；再者，MCCTDE 算法不需要噪声的先验知识，并且相较于 LMPTDE 算法，其尺度因子在核长适当时抑制脉冲噪声的能力更强。

3．仿真实验

为了评估 MCCTDE 算法的性能，采用零均值高斯分布信号 $s(n)$ 作为输入信号。观测数据长度为 1064，真实时延设定为 $D=20$。FIR 滤波器阶数为 125，且初始权系数 $\boldsymbol{h}_0$ 取零矢量。信号中采用加性 Alpha 稳定分布噪声，图 8.2 是在 GSNR=1.5dB 条件下不同算法随噪声特征指数增加（噪声脉冲性减弱）时延估计的性能对比，分别对比了 MCCTDE、LMSTDE 及 LMPTDE 三种时延估计算法。其中各算法的迭代步长设置为 $\mu=10^{-5}$。定义时延估计误差为

$$\text{MAE}=\frac{1}{M}\sum_{i=1}^{M}\left|\frac{\hat{D}_i-D}{D}\right| \tag{8.16}$$

式中，$M=300$ 是仿真实验次数，$\hat{D}_i\ (i=1,\cdots,M)$ 是第 i 次估计的结果，D 是时延的真值。

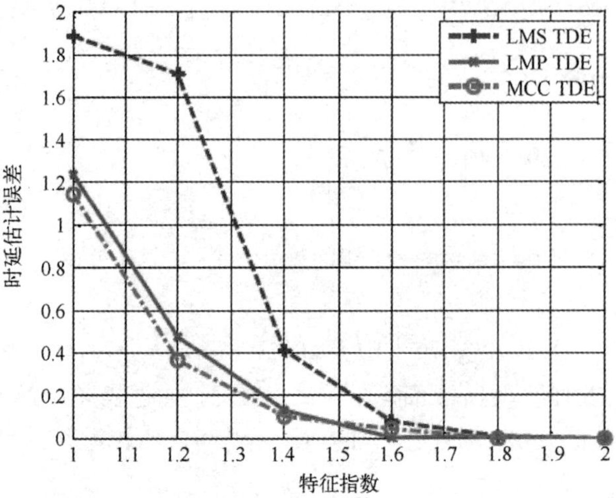

图 8.2　不同算法的时延估计结果

由图 8.2 可以看出，相较于 LMSTDE 算法，MCCTDE 算法与 LMPTDE 算法具有明显的性能优势，这是因为它们具有抗脉冲噪声的能力。在核长合适的条件下，MCCTDE 算法具有最好的估计性能。

8.3.2　基于相关熵与稀疏表示的波达方向估计

1．稀疏表示下的 DOA 估计

第 5 章介绍了利用相关熵和低秩逼近算法实现波达方向（DOA）估计的方法，这是一种基于子空间的算法，需要较多的信号快拍数并且无法处理相干信号源。近年来，基于稀疏表示的 DOA 估计算法受到了学者们的关注，成为当前的研究热点。其原因在于该类方法具有快拍数要求低，能够处理相干信源等优点。但现有的基于稀疏表示的 DOA 估计算法大多假设噪声服从高斯分布，在脉冲噪声下算法性能严重下降甚至失效。针对脉冲噪声下的 DOA 估计问题，王鹏实现了一种最大相关熵准则下基于稀疏表示的 DOA 估计算法（CM-NIHT），该算法保留了相关熵算法对脉冲噪声的鲁棒性和基于稀疏表示的 DOA 估计算法的优点，取得了较好的估计效果。

2．基本原理

本节采用式（5.28）所示的信号模型，t 时刻所有阵元的输出为

$$\boldsymbol{x}(t)=\boldsymbol{A}\boldsymbol{s}(t)+\boldsymbol{n}(t) \tag{8.17}$$

将空间均匀划分为 $\{\bar{\theta}_1,\bar{\theta}_2,\cdots,\bar{\theta}_Q\}$，并且满足 $Q\gg P$（P 表示信号源的个数）。假设每

个空间位置$\bar{\theta}_i$处存在一个信源$\tilde{s}_i(t)$，此时式（8.17）可进一步写成

$$\boldsymbol{x}(t)=\boldsymbol{\Phi}\tilde{\boldsymbol{s}}(t)+\boldsymbol{n}(t) \tag{8.18}$$

式中，$\boldsymbol{\Phi}=\left[\boldsymbol{a}(\bar{\theta}_1),\boldsymbol{a}(\bar{\theta}_2),\cdots,\boldsymbol{a}(\bar{\theta}_Q)\right]^{\mathrm{T}}$，$\tilde{\boldsymbol{s}}(t)=\left[\tilde{s}_1(t),\tilde{s}_2(t),\cdots,\tilde{s}_Q(t)\right]^{\mathrm{T}}$。

对比式（8.17）和式（8.18）可以发现，仅当满足$\bar{\theta}_i=\theta_k$时，有$\tilde{s}_i(t)=s_k(t)\neq 0$成立。又因为$Q\gg P$，因此$\tilde{\boldsymbol{s}}(t)$是稀疏的。以上分析表明，利用观测数据$\boldsymbol{x}(t)$重建得到稀疏信号$\tilde{\boldsymbol{s}}(t)$，即可以实现信源的 DOA 估计。

然而，单快拍下基于稀疏表示的 DOA 估计算法可分辨的信源数目少且易受噪声影响，故多快拍下基于稀疏表示的 DOA 估计方法受到关注。多快拍下基于稀疏表示的 DOA 估计信号模型可写为

$$\boldsymbol{X}=\boldsymbol{\Phi}\tilde{\boldsymbol{S}}+\boldsymbol{N} \tag{8.19}$$

式中，$\boldsymbol{X}=\left[\boldsymbol{x}(t_1),\cdots,\boldsymbol{x}(t_N)\right]$，$\tilde{\boldsymbol{S}}=\left[\tilde{\boldsymbol{s}}(t_1),\cdots,\tilde{\boldsymbol{s}}(t_N)\right]$且$\boldsymbol{N}=\left[\boldsymbol{n}(t_1),\cdots,\boldsymbol{n}(t_N)\right]$。可以发现，在 DOA 估计问题中，$\tilde{\boldsymbol{s}}(t_1),\tilde{\boldsymbol{s}}(t_2),\cdots,\tilde{\boldsymbol{s}}(t_N)$具有相同的稀疏结构，即非零元素的位置相同，而非零元素的位置对应的角度就是信源的波达方向（DOA）。

若信源数目已知，则式（8.19）的重构可通过求解下述问题来实现：

$$\hat{\tilde{\boldsymbol{S}}}=\max_{\boldsymbol{Y}}\hat{V}_\sigma(\boldsymbol{X},\boldsymbol{\Phi}\boldsymbol{Y})\quad\text{s.t.}\ \|\boldsymbol{Y}\|_{\ell_{2,0}}\leqslant P \tag{8.20}$$

式中，$\boldsymbol{Y}\in\mathbb{C}^{Q\times N}$，$\|\boldsymbol{Y}\|_{\ell_{2,0}}=\|\tilde{\boldsymbol{y}}^{(\ell_2)}\|_0$，$\tilde{\boldsymbol{y}}^{(\ell_2)}=\left[\tilde{y}_1^{(\ell_2)},\cdots,\tilde{y}_Q^{(\ell_2)}\right]^{\mathrm{T}}$，$\tilde{y}_k^{(\ell_2)}=\|\boldsymbol{y}_{(k)}\|_2$，$\boldsymbol{y}_{(k)}$表示矩阵$\boldsymbol{Y}$的第$k$行，即首先求取矩阵$\boldsymbol{Y}$行矢量的 2 范数，组成新的矢量$\tilde{\boldsymbol{y}}^{(\ell_2)}$，再求该矢量的 0 范数。相关熵$\hat{V}_\sigma(\boldsymbol{X},\boldsymbol{\Phi}\boldsymbol{Y})$可表示为

$$\hat{V}_\sigma(\boldsymbol{X},\boldsymbol{\Phi}\boldsymbol{Y})=\frac{1}{MN}\sum_{n=1}^{N}\sum_{m=1}^{M}\kappa_\sigma\left(x_{mn}-(\boldsymbol{\Phi}\boldsymbol{Y})_{mn}\right) \tag{8.21}$$

式中，x_{mn}与$(\boldsymbol{\Phi}\boldsymbol{Y})_{mn}$分别表示$\boldsymbol{X}$和$\boldsymbol{\Phi}\boldsymbol{Y}$的第$m$行、第$n$列的元素。

进一步，式（8.20）中的代价函数可写为

$$\frac{1}{MN}\max_{\boldsymbol{X}}\sum_{n=1}^{N}\sum_{m=1}^{M}\kappa_\sigma\left(x_{mn}-(\boldsymbol{\Phi}\boldsymbol{Y})_{mn}\right)=\frac{1}{N}\max_{\boldsymbol{Y}}\sum_{n=1}^{N}\hat{V}_\sigma\left(\boldsymbol{x}_n,\boldsymbol{\Phi}\boldsymbol{y}_n\right)\quad\text{s.t.}\ \|\boldsymbol{Y}\|_{L_2,0}\leqslant P \tag{8.22}$$

式中，$\boldsymbol{x}_n$与$\boldsymbol{y}_n$分别表示矩阵$\boldsymbol{X}$和$\boldsymbol{Y}$的第n列。

假设存在矩阵$\boldsymbol{Y}^*=\left[\boldsymbol{y}_1^*,\boldsymbol{y}_2^*,\cdots,\boldsymbol{y}_N^*\right]$，且列矢量满足

$$\boldsymbol{y}_n^*=\arg\max_{\boldsymbol{y}}V_\sigma\left(\boldsymbol{x}_n,\boldsymbol{\Phi}\boldsymbol{y}\right)\quad\text{s.t.}\ \|\boldsymbol{y}\|_0\leqslant P,\quad\text{supp}(\boldsymbol{y})=\text{supp}\left(\tilde{\boldsymbol{y}}^{(\ell_2)}\right) \tag{8.23}$$

式中，$n=1,2,\cdots,N$，$\text{supp}(\cdot)$表示该矢量中非零元素位置的集合。对比式（8.22）与式（8.23）容易发现，$\boldsymbol{Y}^*$能够使得式（8.22）取得最大值，这就意味着$\boldsymbol{Y}^*$是该式的一种解。因此，式（8.22）所描述的优化问题求解可以转化为N个子问题的求解，从而完成信号的重构与 DOA 估计，对于每一个子问题，由归一化迭代硬阈值（NIHT）可知，若第k次迭代结果为$\boldsymbol{y}^{(k)}$，则第$k+1$次迭代可以写为

$$\boldsymbol{y}^{(k+1)}=H_P\left(\boldsymbol{y}^{(k)}+\mu^{(k)}\boldsymbol{g}^{(k)}\right) \tag{8.24}$$

式中，$H_P(\boldsymbol{y})$ 表示仅保留 $\boldsymbol{y}$ 中最大的 P 个峰值而其他元素置 0 的非线性操作，$\mu^{(k)}$ 为第 k 次迭代步长，$\boldsymbol{g}$ 为梯度

$$\boldsymbol{g}=\boldsymbol{\Phi}^{\mathrm{H}}\boldsymbol{W}\left(\boldsymbol{x}-\boldsymbol{\Phi}\boldsymbol{y}\right) \tag{8.25}$$

式中，$\boldsymbol{W}$ 为对角矩阵。当相关熵采用高斯核函数时，对角元素为

$$w_{i,i}=\frac{1}{2\sqrt{2\pi}\sigma^3}\exp\left(-\left|x_i-\boldsymbol{\Phi}_{(i)}\boldsymbol{y}\right|^2\Big/\left(2\sigma^2\right)\right) \tag{8.26}$$

式中，$\boldsymbol{\Phi}_{(i)}$ 表示矩阵 $\boldsymbol{\Phi}$ 的第 i 行，x_i 表示矢量 $\boldsymbol{x}$ 的第 i 个元素。与传统 NIHT 算法相比，该方法令梯度项含有加权矩阵 $\boldsymbol{W}$ 以实现对脉冲噪声的抑制。

3．仿真实验

为评价不同算法在脉冲噪声条件下的 DOA 估计性能，考虑两个独立的窄带信源入射到一个阵元个数为 8 的均匀线阵，波达方向分别为 θ_1=10°和 θ_2=30°，信号的快拍数设置为 50，脉冲噪声的特征指数 $\alpha=1.5$。不同算法在 GSNR 变化下的性能如图 8.3 所示。从图中可以看出，随着 GSNR 的增大，所有算法的性能均有显著的改善。其中，相对于其他算法，CM-NIHT 算法在可分辨概率及参数估计误差两个方面均具有较为明显的优势。原因在于 CM-NIHT 算法将相关熵和稀疏表示相结合，既保留了基于稀疏表示的 DOA 估计算法的高估计精度，又利用相关熵实现对 Alpha 稳定分布脉冲噪声的抑制。

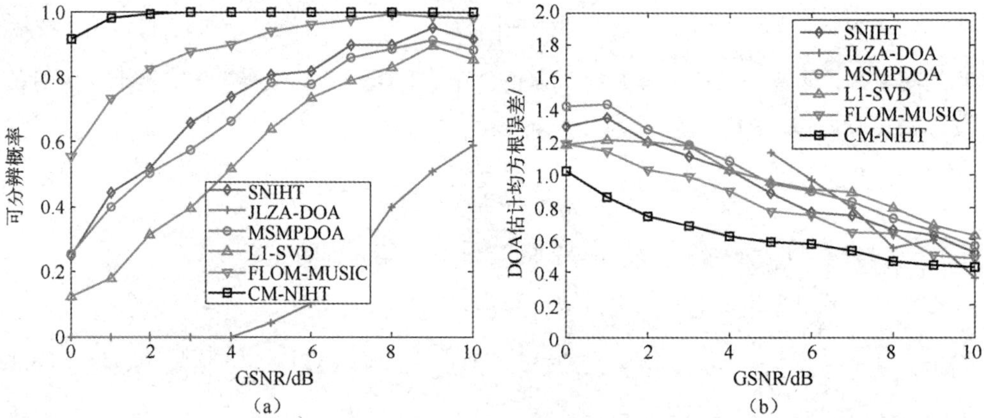

图 8.3　广义信噪比（GSNR）对算法性能的影响。（a）可分辨概率；（b）DOA 估计均方根误差

8.3.3　基于相关熵的波束形成

1．波束形成的概念与背景

波束形成作为阵列信号处理的一个研究方向，被广泛应用于雷达、声呐、无线通信、射电天文、语音信号处理及生物医学等领域中。其主要目的是使得阵列在感兴趣的波达方向达到最大的阵增益，并抑制干扰源对应波达方向的阵增益。常规波束形成器只能在固定方向实现最大的输出干扰噪声比，阵增益有限，而自适应波束形成能够根据信号环境的变化自适应地调整各阵元的加权因子，从而达到在增强信号的同时抑制干扰的目

的。传统的自适应波束形成算法大多基于高斯噪声背景的假设，在脉冲噪声条件下会出现性能退化的问题。考虑到相关熵在处理脉冲噪声时所具有的优势，Hajiabadi 等人实现了一种基于相关熵的自适应波束形成算法，从而保证脉冲噪声条件下自适应波束形成的性能。

2．基本原理

假设存在 M 个传感器构成的均匀线阵，在第 t 次快拍采样下，接收信号可表示为

$$\boldsymbol{x}(t)=\boldsymbol{s}_0(t)\boldsymbol{a}(\theta_0)+\sum_{j=1}^{J}\boldsymbol{s}_j(t)\boldsymbol{a}(\theta_j)+\boldsymbol{v}(t) \tag{8.27}$$

式中，$\boldsymbol{s}_0(t)$ 为感兴趣信号（SOI），$\boldsymbol{s}_j(t)$ $(j=1,\cdots,J)$ 为扰源，θ 为入射角度，$\boldsymbol{a}(\theta)$ 为各信号的导向矢量，$\boldsymbol{v}(t)$ 为噪声。

波束形成的目的是设计一个加权矩阵 $\boldsymbol{W}$，使得在 SOI 的波达方向为 θ_0 时，波束形成的输出 $\boldsymbol{y}(t)=\boldsymbol{W}\boldsymbol{x}(t)$ 与 SOI（即 $\boldsymbol{s}_0(t)$）最为接近，而这个加权矩阵受到 SOI 入射角度的影响，满足 $\boldsymbol{W}\boldsymbol{a}(\theta_0)=1$。传统高斯噪声下，通常利用最小化均方误差，即 $\boldsymbol{W}_o=\arg\min\limits_{\boldsymbol{W}}E\left[\left(\boldsymbol{e}(t)\right)^2\right]$ 进行优化求解，其中 $\boldsymbol{e}(t)=\boldsymbol{s}_0(t)-\boldsymbol{y}(t)$。然而该方法在脉冲噪声下会出现性能退化，因此利用 MCC，一个新的代价函数可以构造为

$$\max_{\boldsymbol{W}}\kappa_\sigma\left(\boldsymbol{s}(t),\boldsymbol{y}(t)\right)\qquad \text{s.t. } \boldsymbol{C}^*\boldsymbol{W}=\boldsymbol{F} \tag{8.28}$$

式中，$\boldsymbol{C}$ 和 $\boldsymbol{F}$ 为线性约束条件。

利用拉格朗日乘子法得到

$$L(\boldsymbol{W},\lambda)=E\left[\frac{1}{\sqrt{2\pi}\sigma}\exp\left(\frac{-\left(\boldsymbol{e}(t)\right)^2}{2\sigma^2}\right)\right]-\lambda\left(\boldsymbol{C}^*\boldsymbol{W}-\boldsymbol{F}\right) \tag{8.29}$$

式中，λ 为正则化因子，对式（8.29）利用随机梯度法，可以得到 $\boldsymbol{W}$ 的迭代计算公式为

$$\boldsymbol{W}_{t+1}=\boldsymbol{W}_t+\mu\nabla_{\boldsymbol{W}_t}L(\boldsymbol{W}_t,\lambda) \tag{8.30}$$

式中，μ 为迭代步长，且

$$\nabla_{\boldsymbol{W}_t}L(\boldsymbol{W}_t,\lambda_t)=\frac{1}{\sqrt{2\pi}\sigma^3}\boldsymbol{e}(t)\exp\left(\frac{-\left(\boldsymbol{e}(t)\right)^2}{2\sigma^2}\right)\boldsymbol{x}(t)-\lambda\boldsymbol{C} \tag{8.31}$$

将式（8.31）代入式（8.30），可以得到

$$\boldsymbol{W}_{t+1}=\boldsymbol{W}_t+\mu\frac{1}{\sqrt{2\pi}\sigma^3}\boldsymbol{e}(t)\exp\left(\frac{-\left(\boldsymbol{e}(k)\right)^2}{2\sigma^2}\right)\boldsymbol{x}(t)-\mu\lambda\boldsymbol{C} \tag{8.32}$$

由于线性约束在所有时刻都会满足 $\boldsymbol{C}^*\boldsymbol{W}_{t+1}=\boldsymbol{F}$，因此将该约束引入式（8.31）中，可以得到

$$\boldsymbol{C}^*\boldsymbol{W}_t+\mu\frac{1}{\sqrt{2\pi}\sigma^3}\boldsymbol{e}(t)\exp\left(\frac{-\left(\boldsymbol{e}(t)\right)^2}{2\sigma^2}\right)\boldsymbol{C}^*\boldsymbol{x}(t)-\mu\lambda\boldsymbol{C}^*\boldsymbol{C}=\boldsymbol{F} \tag{8.33}$$

通过式（8.33）计算出迭代过程中λ的最优值为

$$\mu\lambda=\left(\boldsymbol{C}^*\boldsymbol{C}\right)^{-1}\boldsymbol{C}^*\boldsymbol{W}_t+\mu\frac{1}{\sqrt{2\pi\sigma^3}}\boldsymbol{e}(t)\exp\left(\frac{-\left(\boldsymbol{e}(t)\right)^2}{2\sigma^2}\right)\left(\boldsymbol{C}^*\boldsymbol{C}\right)^{-1}\boldsymbol{C}^*\boldsymbol{x}(t)-\left(\boldsymbol{C}^*\boldsymbol{C}\right)^{-1}\boldsymbol{F} \tag{8.34}$$

随后，将式（8.34）代入式（8.32）中，就可以得到$\boldsymbol{W}$的最终迭代公式

$$\boldsymbol{W}_{t+1}=\boldsymbol{P}\left[\boldsymbol{W}_t+\mu\frac{1}{\sqrt{2\pi\sigma^3}}\boldsymbol{e}(t)\exp\left(\frac{-\left(\boldsymbol{e}(t)\right)^2}{2\sigma^2}\right)\boldsymbol{x}(t)\right]+\boldsymbol{Q} \tag{8.35}$$

式中，

$$\boldsymbol{P}=\boldsymbol{I}-\boldsymbol{C}\left(\boldsymbol{C}^*\boldsymbol{C}\right)^{-1}\boldsymbol{C}^* \tag{8.36}$$

$$\boldsymbol{Q}=\boldsymbol{C}\left(\boldsymbol{C}^*\boldsymbol{C}\right)^{-1}\boldsymbol{F} \tag{8.37}$$

3. 仿真实验

为了评价不同噪声分布下基于 MCC 和 LMS 的自适应波束形成算法的性能，利用均匀线阵进行了仿真实验。SOI 与干扰源均为 QPSK 信号，SOI 的入射角度为90°，信干比设置为 20dB，迭代步长设置为 0.01，相关熵的核长设置为 1，干扰噪声分别通过高斯分布和 Alpha 稳定分布产生。实验结果如图 8.4 所示。

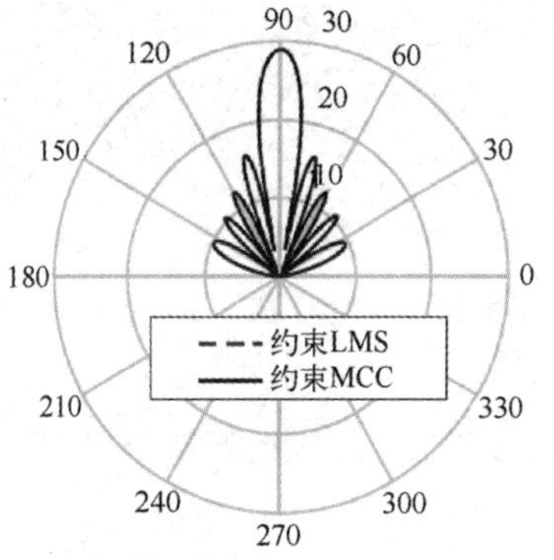

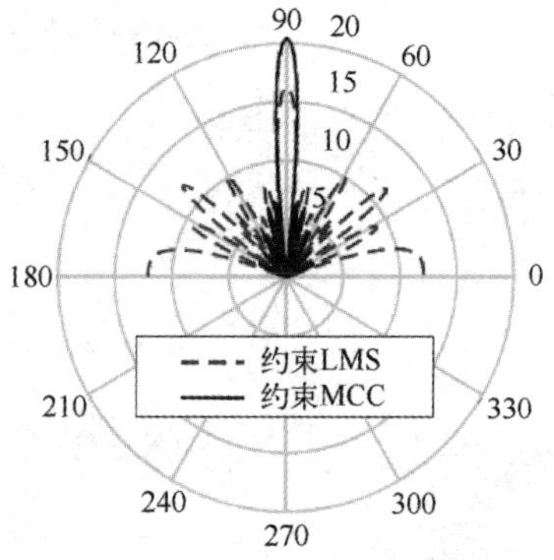

图 8.4　不同噪声分布下的波束图。(a) 高斯分布噪声下的波束图；(b) Alpha 稳定分布噪声下的波束图

由图 8.4 可以看出，在高斯分布噪声下，基于 MCC 和基于 LMS 的自适应波束形成算法均能有效地识别出SOI的角度，对于SOI的增益和旁瓣的抑制也几乎一致。而在Alpha 稳定分布（脉冲噪声）条件下，基于 MCC 的算法相较于基于 LMS 的算法对于 SOI 的增益更大，旁瓣抑制得更好，这再次体现了相关熵在处理脉冲噪声时具有明显的优势。

8.4 基于相关熵的图像处理技术

8.4.1 图像处理的基本概念

图像处理（image processing）又称为影像处理，是利用计算机对图像信息进行加工

以满足人的视觉心理或应用需求的行为和技术。图像处理技术应用广泛，现已广泛应用于遥感、测绘学、大气科学、天文学、医学与美图等诸多领域，对于改善图像质量或提取图像中的信息具有重要作用。图像处理技术起源于 20 世纪 20 年代，目前通常采用数字图像处理技术。图像处理技术的主要内容包括图像压缩、增强复原、匹配描述识别，常见的处理有图像数字化、图像编码、图像增强、图像复原、图像分割和图像分类等。

目前，大多数的图像处理均建立在高斯噪声假设条件下，而脉冲噪声的出现，常会引起图像处理系统的性能退化。然而，实际图像中经常会受到脉冲噪声的影响，如合成孔径雷达（SAR）图像、灰度不均匀图像等。因此，利用相关熵解决图像中的脉冲噪声问题受到了广泛的关注。目前相关熵已广泛应用于图像分割、分类、识别等领域中。本节就图像处理的若干热点研究问题，介绍相关熵是如何应用在图像处理中的。

8.4.2　基于相关熵的图像分割技术

1．图像分割的概念

图像分割是图像处理和模式识别中一个重要的研究方向，其目的在于将图像分为一系列不重合的区域从而寻找感兴趣的目标。目前，在图像分割领域中存在多种类型的方法，包括边缘检测、水平集、图割和聚类等。在聚类方法中，K 均值聚类方法通过将图像分割问题转化为一个 K 均值聚类问题，从而实现图像分割。在 K 均值聚类的基础上，研究者将局部二值拟合（LBF）、局部高斯拟合（LGF）、局部图像拟合（LIF）等技术引入 K 均值聚类中，从而改善图像分割的效果。然而在这些技术中，均假设噪声为高斯噪声。但某些实际图像 [如合成孔径雷达（SAR）图像] 包含的噪声更为复杂且无法由高斯分布描述，由于噪声的干扰和灰度的不连续性，上述算法出现性能退化。为解决这一问题，Wang 等人提出一种基于局部相关熵的 K 均值聚类算法（即 LCK 算法）。借助相关熵，LCK 算法可以降低远离聚类中心的部分的权重，从而提高算法对于野点的鲁棒性。将这种基于相关熵的 K 均值聚类算法应用到活动轮廓模型上，可以有效提高图像分割的性能，如分割准确率等。

2．基本原理

考虑 N 个样本点 $\chi=\{x_i\}_{i=1}^{N}$ 的 K 均值聚类问题，通过将相关熵运用到代价函数中，得到一种新的代价函数

$$\min_{\{\mu_c\}_{c=1}^{K}}\left(-\sum_{c=1}^{K}\sum_{i=1}^{N}\theta(i,c)\sigma^2 g\left(\|x_i-\mu_c\|_2\right)\right) \tag{8.38}$$

式中，$\theta(i,c)$ 表示成员变量，即元素 i 属于第 c 类的概率，其满足两个条件：对于任意的 $\theta(i,c)\in[0,1]$ 且 $\sum_{c=1}^{K}\theta(i,c)=1$， $g(x)=\exp\left(-x^2/\left(2\sigma^2\right)\right)$ 是相关熵中核长为 σ 的高斯核函数。借助于该核函数，可有效加强靠近聚类中心样本的权重并降低远离聚类中心样本的权重。

经典的活动轮廓模型分割算法将图像分割看作一个全局 K 均值聚类过程。通过结合轮廓的长度项，其代价函数模型如下：

$$C=\min_{C,\{\mu_c\}_{c=1}^{K}}\sum_{c=1}^{K}\sum_{i=1}^{N}\theta(i,c)\|x_i-\mu_c\|_2+v|C| \tag{8.39}$$

式中，C 表示分割的轮廓，v 表示对应轮廓长度的加权项。

然而，当待分割图像为灰度不均匀的图像时，不同聚类集的像素点会发生重叠，导致上述全局模型出现性能退化，因而在灰度不均匀的图像中，像素点很难依靠全局模型进行分割。因此，通过考虑局部区域的像素点，例如，在轮廓内的像素点，这些像素点的值就可以被分离。考虑到这一问题，可以采用如下的基于局部 K 均值聚类的模型：

$$C^*=\min_{\{\mu_{j,c}\}_{c=1}^{K}}\sum_{c=1}^{K}\sum_{i\in G_j}\theta(i,c)\kappa(j,i)\left(\|x_i-\mu_{j,c}\|_2\right)+v|C| \tag{8.40}$$

式中，$i\in G_j$ 表示在第 j 个像素点周围的局部像素点，并且

$$\kappa(j,i)=\frac{1}{2\pi\sigma_d^2}\exp\left(\frac{-d(i,j)^2}{2\sigma_d^2}\right) \tag{8.41}$$

式中，$\kappa(j,i)$ 表示一个用于获取局部信息的高斯核函数，$d(i,j)$ 代表第 i 个像素点与第 j 个像素点的空间距离，$\{\mu_{j,c}\}_{c=1}^{K}$ 为第 j 个像素点的局部聚类点集合。

通过整合所有的局部模型，基于局部信息的图像分割模型可以表示为

$$C^*=\min_{C,\{\mu_{j,c}\}_{c=1}^{K}}\sum_{j=1}^{N}\sum_{c=1}^{K}\sum_{i\in G_j}\theta(i,c)\kappa(j,i)\left(\|x_i-\mu_{j,c}\|_2\right)+v|C| \tag{8.42}$$

然而，式（8.42）并未考虑非高斯噪声造成的影响，因此，结合基于相关熵的 K 均值聚类模型式（8.38），一种新的基于局部相关熵的 K 均值聚类模型（LCK 模型）的代价函数如下：

$$C^*=\min_{C,\left\{\{\mu_{j,c}\}_{c=1}^{K}\right\}_{j=1}^{N}}-\sum_{j=1}^{N}\sum_{c=1}^{K}\sum_{i\in G_j}\theta(i,c)\kappa(j,i)\sigma^2 g\left(\|x_i-\mu_{j,c}\|_2\right)+v|C| \tag{8.43}$$

显然，该模型相对于式（8.42）的最大区别在于如何定义像素点与聚类中心的距离，基于相关熵的模型相比于传统模型具有更宽泛的定义，它不仅适用于高斯噪声，也适用于非高斯噪声。通过水平集的框架可以实现该模型的优化求解。通常利用 C_0 代表一系列水平集函数 ϕ 的零水平集。考虑一个二分类问题，此时聚类的个数为 $K=2$，成员变量则定义为

$$\theta(i,1)=H(\phi_i),\quad \theta(i,2)=1-H(\phi_i) \tag{8.44}$$

式中，$H(\cdot)$ 为 Heaviside 函数，通常利用 ε- Heaviside 函数近似：

$$H_\varepsilon(x)=\frac{1}{2}\left[1+\frac{2}{\pi}\arctan\left(\frac{x}{\varepsilon}\right)\right] \tag{8.45}$$

其导数可表示为

$$\delta_{\varepsilon}(x)=\frac{\varepsilon}{\pi\left(x^{2}+\varepsilon^{2}\right)} \tag{8.46}$$

将式（8.45）代入 LCK 模型中，可以得到最终的代价函数为

$$\begin{aligned}\phi^{*}&=\min_{\phi,\{\mu_{j,1},\mu_{j,2}\}_{j=1}^{N}} E\left(\phi,\{\mu_{j,1},\mu_{j,2}\}_{j=1}^{N}\right)\\&=\min_{\phi,\{\mu_{j,1},\mu_{j,2}\}_{j=1}^{N}} -\sum_{j=1}^{N}\sum_{i\in G_j}k(j,i)\sigma^{2}\left(H_{\varepsilon}(\phi_i)\right)g\left(\left\|\boldsymbol{x}_i-\mu_{j,1}\right\|_2\right)+\\&\left(1-H_{\varepsilon}(\phi_i)\right)g\left(\left\|\boldsymbol{x}_i-\mu_{j,2}\right\|_2\right)+v\sum_{j=1}^{N}\left|\delta(\phi_j)\right|+\xi\sum_{j=1}^{N}0.5\left(\left|\delta(\phi_j)\right|-1\right)^{2}\end{aligned} \tag{8.47}$$

通过优化求解式（8.47），即可以完成图像的分割。

3．SAR 图像分割实验

为评价不同算法在脉冲噪声条件下的分割性能，采用被强脉冲噪声干扰的 SAR 图像作为实验数据，将 LCK 算法分别与传统活动轮廓模型算法 CV、LIF、LBF 及 LBF 结合局部阶能量（LBF-ORDER）算法进行实验对比。实验结果如图 8.5 所示，可以看出，基于相关熵的模型分割效果明显优于其他算法，它能够成功地将 SAR 图像中的道路分割出来，并且引入的背景干扰很小。这是因为通过基于相关熵的距离度量，图像中的一些与道路像素点显著不同的像素点被认为是野点，从而在轮廓演化的过程中被剔除掉，避免了其对分割结果的影响。与之相对应的是，其他几种分割算法由于采用了基于最小均方误差的距离度量，都出现了明显的性能退化。

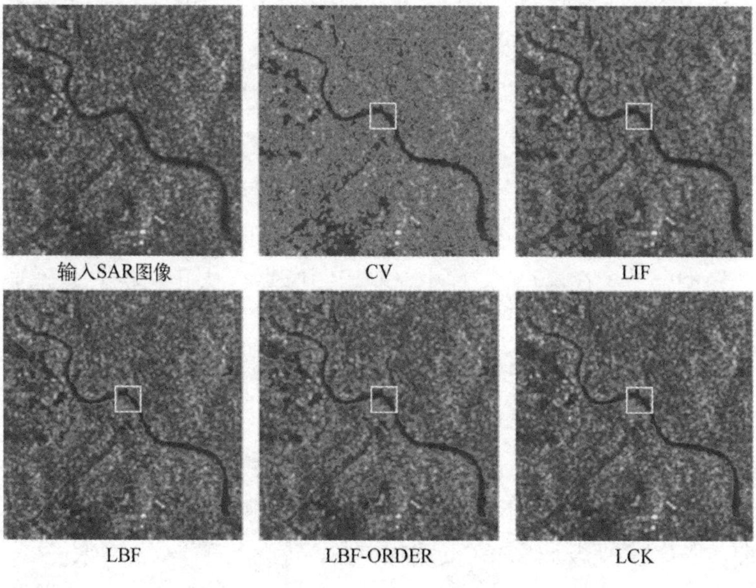

图 8-5　不同算法的 SAR 图像分割效果

8.4.3 基于相关熵的视觉跟踪技术

1. 视觉跟踪的概念与应用

在计算机视觉领域，视觉跟踪在许多应用中起到十分重要的作用，包括车辆导航、人机交互、视频监控等。通常，视觉跟踪问题通过寻找一个与目标模板最相似的区域来建立模型，这一类算法也称为模板类算法。在模板类算法中，相似度测量是一个非常重要的指标。现有算法中大多未考虑图像中脉冲噪声造成的影响，从而采用 L_1 范数、L_2 范数等作为距离测量的范数。然而这些测量方法在脉冲噪声下会出现性能退化，为此 Bo 等人提出了一种利用相关熵作为相似性测度的视觉跟踪方法，它能够有效地改善非高斯噪声条件下视觉跟踪的性能。

2. 基本原理

考虑两个具有同样尺寸 $N_1 \times N_2$ 的图像块 $\boldsymbol{A}$ 和 $\boldsymbol{B}$，将其矢量化后得到相应的一维图像矢量 $\boldsymbol{A} \to \boldsymbol{a}$ ，$\boldsymbol{B} \to \boldsymbol{b}$ 。结合碎片化（fragment）算法，可以构造出一个基于碎片化的相关熵来衡量两个图像块的不相似程度，将每个图像块分为 $M = M_1 \times M_2$ 个碎片，对于每一个碎片，分别将其矢量化得到 $\boldsymbol{a}_i\left(i=1,\cdots,M\right)$ 和 $\boldsymbol{b}_i\left(i=1,\cdots,M\right)$，并对其归一化得到 $\overline{\boldsymbol{a}}_i$ 与 $\overline{\boldsymbol{b}}_i$ 。此时，对于图像块 $\boldsymbol{A}$ 和 $\boldsymbol{B}$，其基于碎片化和相关熵的相似性测度因子（FCIM）可表示为

$$\mathrm{FCIM}\left(\boldsymbol{A},\boldsymbol{B}\right)=\left[1-\sum_{i=1}^{M}\frac{1}{M}\exp\left(-\frac{\left\|\overline{\boldsymbol{a}}_i-\overline{\boldsymbol{b}}_i\right\|_2^2}{2\sigma^2}\right)\right]^{1/2} \tag{8.48}$$

FCIM 越小，表示两个图像块越相似。为利用 FCIM 解决视觉跟踪问题，通常利用贝叶斯推理与马尔可夫模型建模。考虑一组观测图像块 $y_t=\{\boldsymbol{Y}_1,\boldsymbol{Y}_2,\cdots,\boldsymbol{Y}_t\}$ ，视觉跟踪的目标就是通过 y_t 来估计隐藏状态变量 $\boldsymbol{x}_t$ 的，即

$$p\left(\boldsymbol{x}_t\middle|y_t\right)\propto p\left(\boldsymbol{Y}_t\middle|\boldsymbol{x}_t\right)\int p\left(\boldsymbol{x}_t\middle|\boldsymbol{x}_{t-1}\right)p\left(\boldsymbol{x}_{t-1}\middle|y_t\right)\mathrm{d}\boldsymbol{x}_{t-1} \tag{8.49}$$

式中，$p\left(\boldsymbol{x}_t\middle|\boldsymbol{x}_{t-1}\right)$ 表示两个连续状态之间状态转移模型，$p\left(\boldsymbol{Y}_t\middle|\boldsymbol{x}_t\right)$ 表示基于似然函数的观测模型。状态转移模型通常用仿射变换进行构造，例如，可以运用一个随机游走进行状态转移，即 $p\left(\boldsymbol{x}_t\middle|\boldsymbol{x}_{t-1}\right)$=$\mathrm{CN}\left(\boldsymbol{x}_t;\boldsymbol{x}_t,\boldsymbol{\varphi}\right)$，其中 $\boldsymbol{\varphi}$ 为协方差矩阵。

对于观测模型，考虑在第 t 帧图像中，利用图像块 $\boldsymbol{Y}_t^i$ 来预测状态 $\boldsymbol{x}_t^i$ ，通过 FCIM 来衡量这个观测模型，即

$$p\left(\boldsymbol{Y}_t^i\middle|\boldsymbol{x}_t^i\right)=\mathrm{FCIM}\left(\boldsymbol{Y}_t^i,\boldsymbol{D}\right) \tag{8.50}$$

式中，$\boldsymbol{D}$ 表示目标模板，其对第 1 帧图像进行初始化，通过跟踪处理进行在线更新。通过不断的更新迭代，即可实现视觉跟踪。为实现在线更新，在每帧获得被跟踪目标的最佳候选状态（记为 $\boldsymbol{x}^*$ ）后，提取出其对应的图像块 $\boldsymbol{Y}^*$ 来更新目标模板。为了避免损坏或者阻塞的问题，考虑一种基于碎片化的迭代原则，即

$$\begin{cases}\boldsymbol{t}_i\leftarrow\left(1-\eta\right)\boldsymbol{t}_i+\eta\boldsymbol{y}_i^*, & 若\left\|\overline{\boldsymbol{y}}_i^*-\overline{\boldsymbol{t}}_i\right\|_2<\varepsilon\\ \boldsymbol{t}_i\leftarrow\boldsymbol{t}_i, & 其他\end{cases} \tag{8.51}$$

式中，$\boldsymbol{t}_i$ 和 $\boldsymbol{y}_i^*$ 分别表示 $\boldsymbol{D}$ 和 $\boldsymbol{Y}^*$ 的第 i 个碎片。$\bar{\boldsymbol{y}}_i^*$ 和 $\bar{\boldsymbol{t}}_i$ 分别表示其归一化的值，η 为更新速率，ε 为一个预设的阈值。

3．仿真实验

为了验证上述方法对于目标跟踪的有效性，采用 600 幅图片进行视觉跟踪测试。图片尺寸大小为 32×32 像素，每个图片被分为 4×4 像素的碎片，更新速率设置为 0.05，ε 设置为 0.2，FCIM 中相关熵的核长设置为 1，实验结果如图 8.6 所示。可以看出，FCIM 算法具有更好的视觉跟踪效果，该算法能有效地抑制遮挡所带来的跟踪干扰，如视频 FaceOcc 1#0470、FaceOcc 2#0580。此外，在跟踪较为困难的汽车与动物视频方面，该算法也取得了良好的效果，如 Car#11 和 Animal#0055。

图 8.6　不同算法的视觉跟踪效果

8.4.4　基于相关熵的人脸识别技术

1．人脸识别的概念

人脸识别是基于人的脸部特征信息进行身份识别的一种生物识别技术。这种技术用摄像机采集含有人脸的图像或视频流，并在图像中自动检测和跟踪人脸，进而对检测到的人脸进行脸部识别，通常也称为人像识别、面部识别。目前，人脸识别已广泛应用在各种场合。而在人脸识别中，如何能够稳健地提取人脸结构特征是一个重要的问题。He 等人提出一种基于相关熵与稀疏表示的人脸识别方法，该方法能够避免野点噪声对人脸识别造成的影响，并有效地提高人脸识别的性能。

2．基本原理

对于人脸识别问题，用矢量 $\boldsymbol{A}=[y_1,y_2,\cdots,y_m]^{\mathrm{T}}$ 表示人脸图像矢量，矢量 $\boldsymbol{B}=\left(\sum_i x_{i1}\beta_i,\cdots,\right.$

$\left.\sum_i x_{m1}\beta_i\right)^{\mathrm{T}}$ 是数据集 $\boldsymbol{X}$ 利用稀疏编码矢量 $\boldsymbol{\beta}=[\beta_1,\cdots,\beta_n]^{\mathrm{T}}$ 的线性表示。于是，人脸识别就可以转换为寻找一个合适的 $\boldsymbol{\beta}$ 使得 $\boldsymbol{B}$ 与 $\boldsymbol{A}$ 最为接近的问题。因此，可以定义如下基于相关熵的代价函数：

$$J=\max\sum_{j=1}^{m}\kappa_\sigma\left(y_j-\sum_{i=1}^{n}x_{ij}\beta_i\right)-\lambda\|\boldsymbol{\beta}\|_1 \tag{8.52}$$

式中，κ_σ 代表相关熵中的高斯核函数。为了解决式（8.52）的优化问题，通过对 $\boldsymbol{\beta}$ 引入一种非负约束，得到新的代价函数为

$$J=\max\sum_{j=1}^{m}\kappa_\sigma\left(y_j-\sum_{i=1}^{n}x_{ij}\beta_i\right)-\lambda\sum_{i=1}^{n}\beta_i \quad \text{s.t. } \beta_i\geqslant 0 \tag{8.53}$$

由于式（8.53）为一个非线性问题，无法直接进行优化。通常利用半二次（half-quadratic）正则化或期望最大（expectation-maximization）算法进行优化求解。由于该优化过程较为复杂，本书不做具体描述，读者可以查阅相关文献了解具体的优化过程。

3．仿真实验

为评估本节算法的性能，对于 AR Database 在不同采样率条件下进行人脸识别。所采用的方法包括本节介绍的基于相关熵的算法（CESR），并与基于 L_0 范数、L_1 范数、L_2 范数的稀疏表示方法（SRC0、SRC1、SRC2）以及基于模线性回归（LRC）的算法和最近邻（1NN）的算法进行了对比。实验结果如图 8.7 所示，横坐标表示 4 种特征维数对数。可以看出，CESR 明显比其他算法具有更高的准确率。

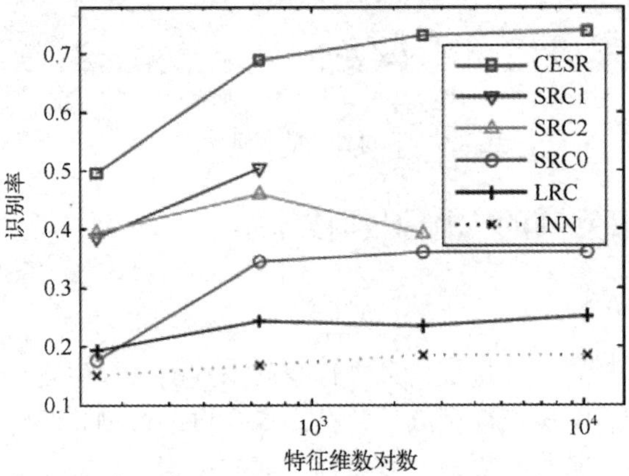

图 8.7　不同算法的人脸识别率

8.5　基于相关熵的医学信号处理技术

8.5.1　医学信号处理的必要性

医学信号是指通过某些方法从人体采集得到的、可以反映人体生理状态的各种信号。

由于医学信号与人体生理状态存在一定的对应关系，因而可用于对人体健康状况的评估，对于临床上辅助诊断患者的疾病具有重要的作用。然而，原始的医学信号包含了大量的冗余信息，或是与某种疾病不相关的非特异性信息，因此，通过对原始信号的人眼观察，很难直接进行精准的诊断。为了得到比较直观的、可应用于临床诊断的信息，通常需要使用一些特殊分析方法对原始医学信号进行一定的处理，这就是医学信号处理。另外，由于医学信号的采集不可避免地会引入一定的噪声，因此医学信号的采集和应用还涉及降噪等处理过程和方法。目前，常见的算法依然假设噪声为高斯噪声，然而医学信号经常会具有非线性、非平稳和非高斯方面的问题，因此，相关熵理论与方法在医学信号分析处理中也得到了重视和应用。本节介绍相关熵在不同医学信号处理中的应用原理与实际效果。

8.5.2　基于相关熵的慢性心力衰竭患者呼吸模式分类

1．慢性心力衰竭

心力衰竭是由于心肌梗死、心肌病、血流动力学负荷过重、炎症等原因引起的心肌损伤，造成心肌结构和功能的变化，最后导致心室泵血或充盈功能低下。临床主要表现为呼吸困难、乏力和体液潴留。慢性心力衰竭是指持续存在的心力衰竭状态，可以稳定、恶化或失代偿。慢性心力衰竭在全世界都是一个严重的健康问题，每年约有上千万人受到该疾病的影响。慢性心力衰竭患者通常会出现呼吸异常现象，如各种形式的振荡呼吸模式。因此，通过对呼吸模式的分析可以判断是否为慢性心力衰竭患者。针对这一问题，Ainara 等人介绍了一种基于相关熵谱密度的呼吸信号分析的方法。呼吸信号由于具有非线性特性并且会受到噪声的影响，通过相关熵可以更有效地提取信号的高阶统计量特征并抑制噪声的影响，从而提高呼吸模式分类的准确率。

2．基本原理

为了通过分析呼吸信号来发现慢性心力衰竭患者与健康受试者的差别，该研究主要利用相关熵谱进行判别，通过呼吸信号的相关熵谱是否在对应调制频率上出现谱峰来进行慢性心力衰竭患者与健康受试者的分类。其中，离散时间信号的相关熵谱的定义为

$$S\left(\mathrm{e}^{\mathrm{j}\omega}\right)=\sum_{m=-N+1}^{N-1}\left(V_m-\bar{V}\right)\mathrm{e}^{-\mathrm{j}\omega m} \tag{8.54}$$

式中，N 为信号长度，$\bar{V}$ 为 V 的均值，且

$$V(m)=\frac{1}{U(m)}\sum_{n=m}^{N}\kappa_\sigma\left(x(n),x(n-m)\right)g(n)g(n-m) \tag{8.55}$$

$$g(n)=\begin{cases}1, & \text{样本未丢失}\\ 0, & \text{样本丢失}\end{cases} \tag{8.56}$$

$$U(m)=\sum_{n=m}^{N}g(n)g(n-m) \tag{8.57}$$

由于所采集的呼吸信号有时会出现样本丢失或饱和，因此通过$g(n)$的样本流失状态移除这些样本点，从而避免对后续呼吸系统活动的分析造成影响。利用式（8.54）对呼吸信号求解相关熵谱，对相关熵谱的特征进行分析，即可有效地判别是否为慢性心力衰竭患者。

3．实验结果

为验证相关熵谱可以有效地进行慢性心力衰竭的判别，通过对健康受试者与患有慢性心力衰竭的患者进行呼吸信号的采集并进行功率谱与相关熵谱的分析，实验结果如图 8.8 和图 8.9 所示。通过实验结果可以看出，慢性心力衰竭患者与健康受试者在相关熵谱上具有明显的区别，健康受试者的相关熵谱密度缺少与调制频率对应的谱峰[见图 8.8（d）]，而慢性心力衰竭患者则表现出更多的与调制频率对应的谱峰[见图 8.9（d）]。同时可以发现，相对于相关熵谱密度，传统的功率谱无法观测出这一现象。

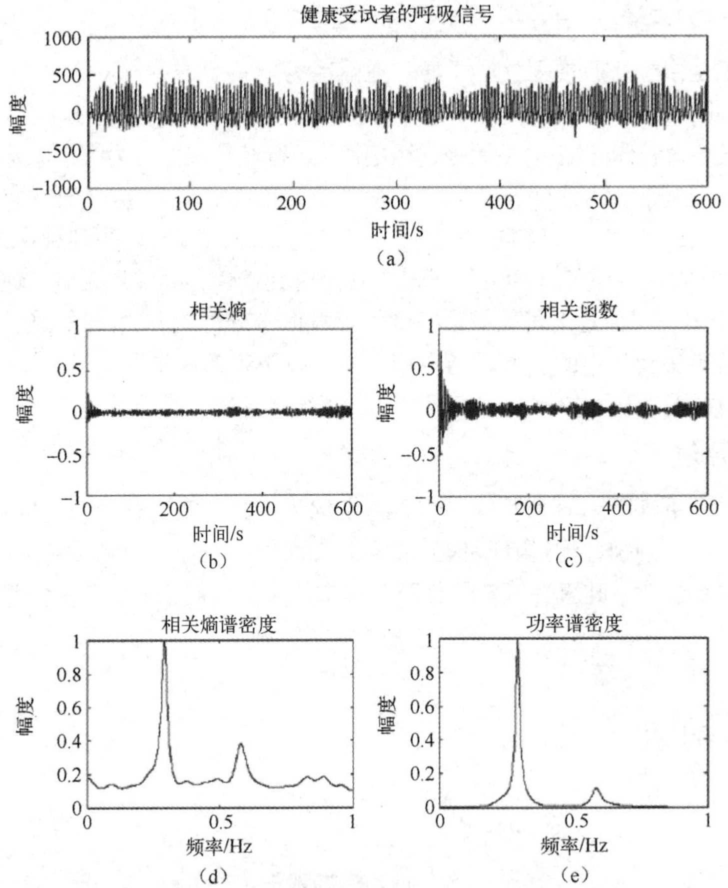

图 8.8　健康受试者呼吸信号实验结果。（a）呼吸信号；（b）呼吸信号相关熵；（c）呼吸信号相关函数；（d）呼吸信号相关熵谱密度；（e）呼吸信号功率谱密度

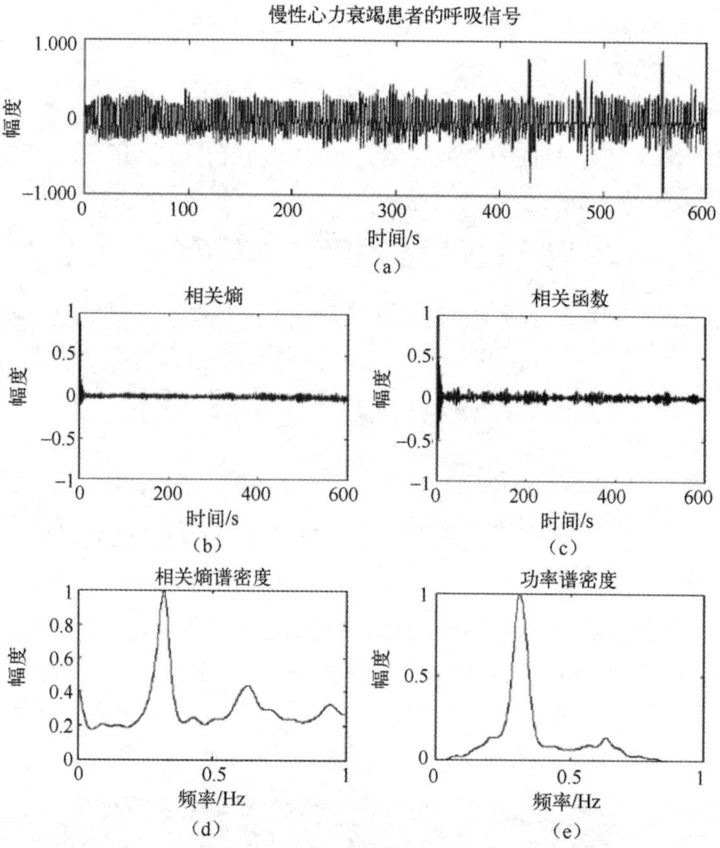

图 8.9　慢性心力衰竭患者呼吸信号实验结果。(a) 呼吸信号；(b) 呼吸信号相关熵；(c) 呼吸信号相关函数；(d) 呼吸信号相关熵谱密度；(e) 呼吸信号功率谱密度

8.5.3　基于相关熵的序列比较基因杂交技术数据处理

1．aCGH 技术的概念

序列比较基因杂交（array comparative genomic hybridizationa，aCGH）技术是一种相对较新的用于测量受试者 DNA 副本数变化（copy number variation，CNV）的技术，常用于将患者与健康受试者的 CNV 进行对比。CNV 对很多疾病的预测具有重要作用，尤其是癌症。各种类型的癌症都是由染色体片段的扩增或缺失引起的，发现 DNA 副本数变化异常可以帮助研究人员在基因组中寻找重要的基因片段，因此对 aCGH 数据的分析十分重要。已有的数据分析方法，通常假定 aCGH 数据受到高斯噪声的影响，然而在很多情况中，这种假设并不成立。因此，Majid M. 等人提出一种利用相关熵来处理 aCGH 数据的方法，从而减少非高斯噪声对数据处理产生的影响。

2．基本原理

定义 $\boldsymbol{D}\in\mathbb{R}^{m\times n}$ 是一组从多样本中获得的 aCGH 数据，其中 m 为探针的数量，n 为样

本的数量。$\boldsymbol{D}$ 中的任意一个元素 $D_{i,j}$ 代表第 i 个探针采集的第 j 个样本的对数值。通过下式描述该数据受到噪声干扰后的模型：

$$\boldsymbol{D}=\boldsymbol{B}+\boldsymbol{V} \tag{8.58}$$

式中，$\boldsymbol{B}\in\mathbb{R}^{m\times n}$ 表示未受干扰的 CNV 信号，$\boldsymbol{V}$ 为干扰噪声。以相关熵作为相似性度量，可以利用下式进行纯净 CNV 信号的重构：

$$\min_{\boldsymbol{B}}\text{CIM}\left(\boldsymbol{D},\boldsymbol{B}\right)+\lambda_1\left\|\boldsymbol{B}\right\|_*+\lambda_2\sum_j\left\|\boldsymbol{B}_j\right\|_{\text{TV}} \tag{8.59}$$

式中，$\|\bullet\|_*$ 表示求核范数，$\boldsymbol{B}_j$ 表示 $\boldsymbol{B}$ 的第 j 列，$\left\|\boldsymbol{B}_j\right\|_{\text{TV}}=\sum_i\left|\boldsymbol{B}_{i+1,j}-\boldsymbol{B}_{i,j}\right|$ 为最大变差范数，且

$$\text{CIM}\left(\boldsymbol{X},\boldsymbol{Y}\right)=\left(\kappa_\sigma\left(0,0\right)-\frac{1}{N}\sum_{i=1}^{N}\kappa_\sigma\left(\boldsymbol{X}_i-\boldsymbol{Y}_i\right)\right)^{1/2} \tag{8.60}$$

由式（8.60）可以看出，该优化问题是一个非凸函数，无法直接求解，因此同样采用半二次（half-quadratic）正则化进行求解，得到可认为接近纯净信号 $\boldsymbol{B}$ 的重构信号。

3．实验结果

为了验证算法的有效性，通过仿真数据与真实数据进行验证。对于仿真数据，aCGH 数据的长度为 50，探针个数为 500，基于相关熵算法重构信号的效果如图 8.10 所示。其中，第一行图片为原始纯净信号，第二行为加入非高斯噪声后的信号，第三行为重构后的信号。可以看出，基于相关熵的算法能有效地重构出纯净信号。

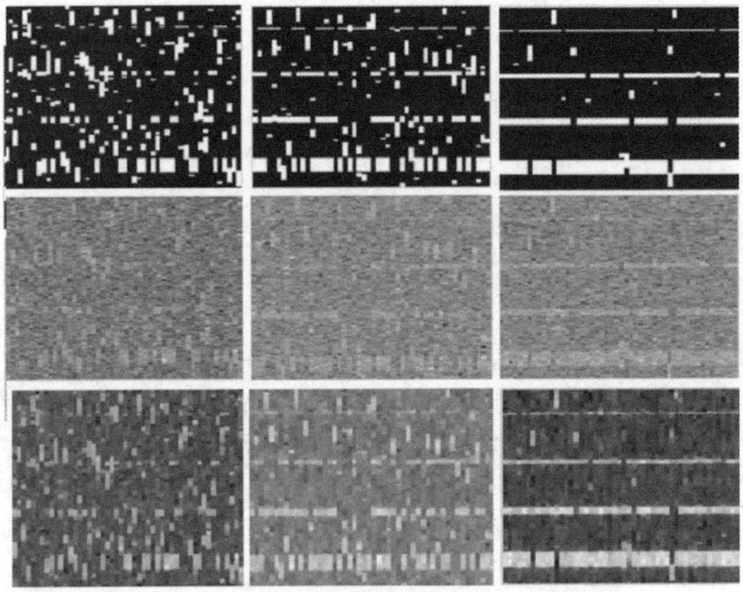

图 8.10　仿真数据下的信号重构效果

对于真实数据，采用已有的癌症患者数据集。其重构效果如图 8.11 所示，其中实线表示算法重构出的信号，离散点表示收集到的真实信号。

由图 8.11 可见，基于相关熵算法重构出的信号能很好地近似真实信号的分布趋势。

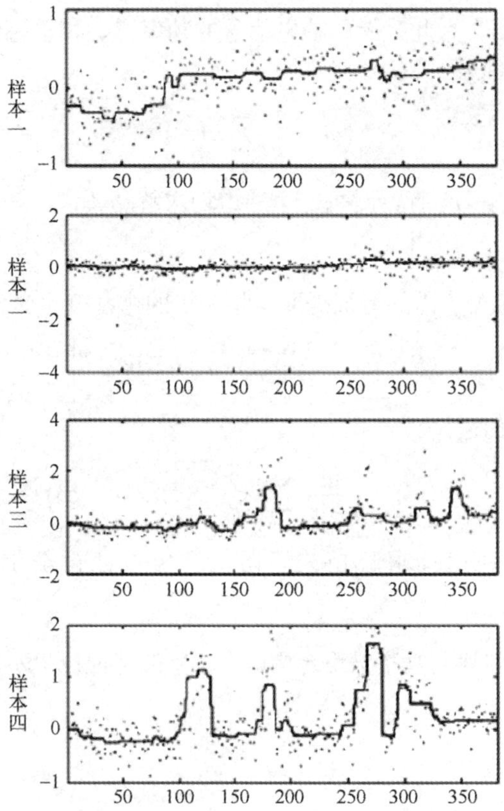

图 8.11 真实数据下的信号重构效果

8.5.4 基于相关熵的脑电信号特征提取

1．脑机接口的概念

脑机接口（brain-computer interface，BCI）是在人与外部设备间创建的直接信息连接通路。脑机接口系统将脑信号作为输入信号，经过信号处理，从中辨别出人的意图，并把人的思维活动转换为命令信号，可以实现对外部设备的控制，或与外界的交流。进一步地，也可以通过电刺激方式将信息输入脑，与脑进行交互。基于脑电信号或脑电图（electroencephalogram，EEG）的脑机接口技术已经被广泛应用到各种领域中，如医疗、老年人护理、娱乐游戏等。如何从低信噪比的脑电信号中快速、有效地提取特征是脑机接口应用中一个重要的部分。为此，Qin 等人实现了一种结合相关熵谱和功率谱两种特征作为运动想象分类的特征，有效地提高了运动想象的分类准确率。

2．基本原理

考虑脑电信号滤波后的输出 $\boldsymbol{X}$，其维度为 $c\times n$，其中 c 为通道数，n 为所记录的信号长度。假设 y 是每次试验的标签，$y=1$ 为想象左侧，$y=-1$ 为想象右侧。一个由特征提取方法得到的特征矢量 $\boldsymbol{p}$，其维度为 $c\times d$，d 为每个通道提取的特征个数。通过一系列的特征矢量 $\boldsymbol{p}$ 和标签 y 就可以训练出合适的分类器，从而对新的接收数据 $\boldsymbol{X}_j$ 进行分类。

因此 $\boldsymbol{p}$ 的选择十分重要。为此，考虑脑电信号的功率谱、相关熵谱和两者的组合作为特征 $\boldsymbol{p}$ 。其中脑电信号的功率谱定义为

$$P_{\mathrm{psd}}(\omega)=\frac{1}{n}\left|\sum_{m=0}^{n-1}\boldsymbol{x}(m)\mathrm{e}^{-\mathrm{j}\omega m}\right| \tag{8.61}$$

式中，$\boldsymbol{x}(m)$ 代表 $\boldsymbol{X}$ 的第 m 行，对每一个通道均求解功率谱，就可以获得基于功率谱的特征，即 $\boldsymbol{p}=\left[P_{\mathrm{psd}}^{1},P_{\mathrm{psd}}^{2},\cdots,P_{\mathrm{psd}}^{c}\right]$。

同理，考虑基于相关熵谱的特征提取，相关熵的谱密度定义为

$$S_{\mathrm{csd}}(\omega)=\frac{1}{n}\left|\sum_{m=0}^{n-1}\left(v(m)-\overline{v}\right)\mathrm{e}^{-\mathrm{j}\omega m}\right| \tag{8.62}$$

式中，$\overline{v}$ 代表 $v(m)$ 的均值，且

$$v(m)=\frac{1}{n-m}\sum_{l=m-1}^{n}\kappa_{\sigma}\left(x(l),x(l-m)\right) \tag{8.63}$$

此时，对每一个通道均求解相关熵谱，就可以获得基于相关熵谱的特征，即 $\boldsymbol{p}=\left[S_{\mathrm{csd}}^{1},S_{\mathrm{csd}}^{2},\cdots,S_{\mathrm{csd}}^{c}\right]$。

此外，考虑将相关熵谱与功率谱组合构造一个新的特征，即 $\boldsymbol{p}=\left[\lambda_1 S_{\mathrm{csd}}^{1},\lambda_1 S_{\mathrm{csd}}^{2},\cdots,\lambda_1 S_{\mathrm{csd}}^{c},\lambda_2 P_{\mathrm{psd}}^{1},\lambda_2 P_{\mathrm{psd}}^{2},\cdots,\lambda_2 P_{\mathrm{psd}}^{c}\right]$。

3．实验结果

为衡量不同特征下运动想象分类的准确率，采用 BCI 竞赛数据集，分别利用功率谱、相关熵谱及两者组合提取特征并进行分类器的训练，分类器模型采用 K 最近邻（KNN）分类器，实验结果如表 8.1 所示，由表 8.1 可以看出，利用相关熵谱和功率谱组合（CSD&PSD）作为特征，可以有效地提高分类准确率。

表 8.1　运动想象分类准确率

受试者	PSD	CSD	CSD&PSD
B01	0.64459	0.56172	**0.64488**
B02	0.45909	**0.54077**	0.53535
B03	0.51161	0.53508	**0.54579**
B04	0.96587	0.94065	**0.97283**
B05	0.65969	0.59351	**0.66449**
B06	0.66026	0.5974	**0.66364**
B07	0.72216	0.73108	**0.73865**
B08	0.86575	0.86039	**0.88891**
B09	0.76816	0.68079	**0.77316**
平均值	0.69524	0.67127	**0.71419**

注：加粗的数字用于标识对于当前受试者，该算法的准确率最高。

8.6　相关熵在其他领域的应用

前面章节绍了相关熵在许多热点研究中的应用。除此之外，相关熵还广泛应用到其

他各领域中，如天文时间序列周期估计、风速预测、电力消耗预测等。本节将介绍如何在这些领域中利用相关熵来解决应用问题，进一步扩展相关熵在各种领域中应用的思路。

8.6.1　基于相关熵的天文时间序列周期估计

1．天文时间序列

天文学中的变星（variable star），是指亮度与电磁辐射不稳定、经常变化，并且伴随着其他物理变化的恒星。而变化呈周期性的变星，称为周期变星，通常可分为长期变星和短期变星两种。光曲线（light curve）是反映恒星亮度随时间变化的时间序列，其特点是噪声强，且采样不均匀。传统的估计星变周期的方法是时隙相关法（slotted correlation）、周期图法和方差分析法，但是由于非高斯噪声的影响，这些方法性能不够理想。为了更准确地估计周期变星的周期，Huijse 等人提出了一种基于时隙相关熵（slotted correntropy）的方法，即：使用时隙滞后直接由不规则采样时间序列估计相关熵，并进一步采用一种新的信息论度量方法来识别相关熵谱密度的峰值。

2．基本原理

对于一个不规则采样的时间序列，其时隙相关熵定义为

$$V\left[k\Delta\tau\right]=\frac{\sum_{i,j}^{N}\kappa_{\sigma}\left(x_i-x_j\right)B_{k,\Delta\tau}\left(t_i,t_j\right)}{\sum_{i,j}^{N}B_{k,\Delta\tau}\left(t_i,t_j\right)} \tag{8.64}$$

式中，$k=0,1,2,\cdots,\lfloor\tau_{\max}/\Delta\tau\rfloor$，$\lfloor\cdot\rfloor$ 为就近取整的算子，$\Delta\tau$ 为时隙的长度，$\tau_{\max}$ 为最大的延迟，t_i 和 t_j 分别为采样点 x_i 和 x_j 对应的时间，且

$$B_{k,\Delta\tau}\left(t_i,t_j\right)=\begin{cases}1, & 若\left|t_i-t_j-k\Delta\tau\right|<0.5\Delta\tau\\0, & 其他\end{cases} \tag{8.65}$$

利用式（8.64）求解出基于时隙相关熵的功率谱，以时隙相关熵功率谱作为判别因子，就可以估计天文时间序列的周期。

3．实验结果

利用 MACHO 数据集测量得到的结果进行测试，基于时隙相关熵的算法估计准确率可以达到 97%，而基于时隙相关的算法准确率为 93%，可以看出相关熵在处理天文时间信号上所具有的优势。

8.6.2　基于相关熵的风速预测

1．风速预测

风力发电是世界上使用最广泛的可再生能源之一，风速预测则是风力发电领域研究的重要方向之一。经典的短期风速预测的方法包括自回归滑动平均、支持向量机回归和人工神经网络等。极限学习机（extreme learning machine，ELM）使基于神经网络的学习具有快

速的训练速度和良好的生成性能，而在深度学习中开发的堆叠极限学习机（SELM）则将一个较大的神经网络分割成若干个连续计算的较小的神经网络，实现较小的存储占用。由于天气、温度、海拔等诸多不确定因素的影响，风能往往是不稳定的。这些随机波动会使数据产生误差。针对上述不确定性问题，有研究依据相关熵所具有的非线性测度的特点，在 SELM 框架中加入广义相关熵函数，Bessa R J 等人提出一种基于广义相关熵的风速预报方法。通过对多阶秒级和多阶分钟级风速预报实验，验证了基于广义相关熵方法的优越性。与传统和最新的模型相比，基于广义相关熵和 SELM 方法的预测精度更高，时间消耗更少。

2．基本原理

考虑 N 个训练样本 $\left\{(\boldsymbol{x}_i,\boldsymbol{t}_i)\middle|\boldsymbol{x}_i\in\mathbb{R}^q,\boldsymbol{t}_i\in\mathbb{R}^n\right\}_{i=1}^{N}$ ，基于 5.4 节中所介绍的广义相关熵和 ELM 的原理，可以定义如下的代价函数：

$$J(\beta)=\min_{\beta}\left\{\lambda\left(1-\frac{1}{N}\sum_{i=1}^{N}G_{\gamma,\alpha}(\boldsymbol{t}_i-\boldsymbol{y}_i)\right)\right\}+\eta\|\beta\|_{\mathrm{F}} \tag{8.66}$$

式中，β 为需要估计的隐藏层输出权重；$G_{\gamma,\alpha}$ 为广义相关熵的核函数；$\boldsymbol{y}_i$ 为预测的风速，且

$$\boldsymbol{y}_i=\boldsymbol{h}_i\beta \tag{8.67}$$

其中 $\boldsymbol{h}_i$ 为对于训练数据 $\boldsymbol{x}_i$ 输出的隐藏层矢量。通过分析式（8.66），能够优化求解出 β，从而利用式（8.67）改进神经网络中的训练模型，最终实现对风速的预测。

3．实验结果

为衡量本节算法的性能，通过对采集到的数据进行 10min 后的风速预测，实验结果如图 8.12 所示。可以看出，基于广义相关熵的算法相较于其他算法更接近真实的测量值。

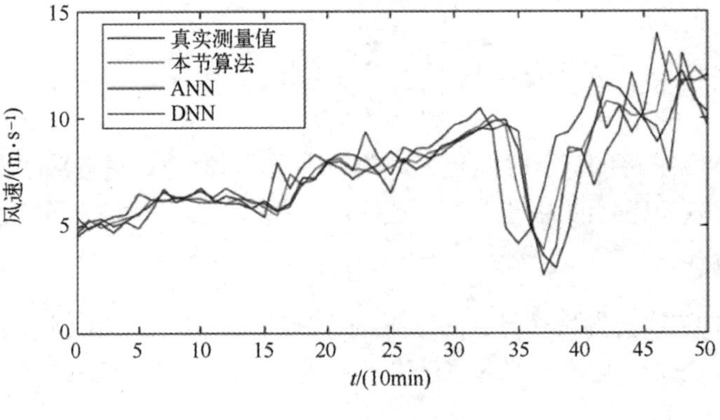

图 8.12　风速预测结果

8.6.3　基于相关熵的电力消耗预测

1．相关熵与电力消耗预测

电力消耗预测（forecasting of electricity consumption，FoEC）是近年来电力市场十分关注的重要问题。如何科学准确地预测和评估电量消耗，是该领域研究的关键课题之一。

针对电量消耗预测中尚存在的问题，有文献依据最大相关熵准则（MCC）改进最小均方支持向量机（LSSVM）模型，以相关熵函数作为局部相似性评价准则。Duan 等人提出了一种电力消耗预测新方法，数据分析实验表明，这种基于最大相关熵准则改进的预测方法，比常规的 LSSVM 具有更好的预测特性，对电力企业制定购电计划和用户定价具有参考意义。

2．实验结果

通过对山西省某大型工厂的电力预测验证算法的性能，实验结果如图 8.13 所示。由图可以看出，相较于基于最小均方误差的算法（MSE-LSSVM），基于相关熵的算法（MCC-LSSVM）与真实值更为接近，预测结果更准确。

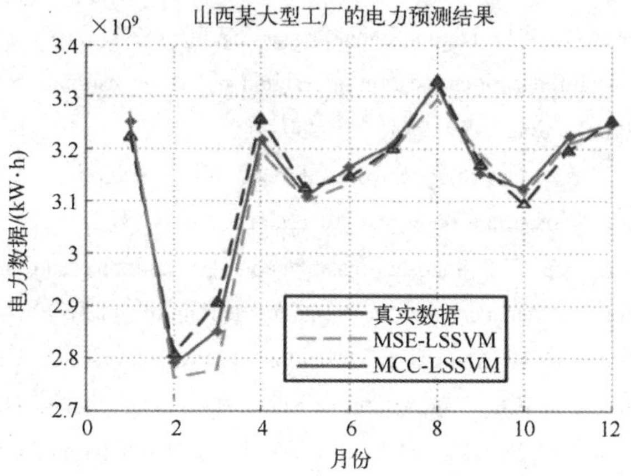

图 8.13　电力消耗预测结果

8.7　本章小结

在复杂电磁环境中，由于受到脉冲噪声的影响，各应用领域已有的信号处理分析算法可能出现性能退化。而相关熵作为一种新的相似性测度手段，能有效地解决脉冲噪声下的信号处理问题。在第 7 章就相关熵的热点应用——自适应滤波器进行了重点介绍，在此基础上，本章介绍了相关熵在各种其他领域中的应用，包括无线定位技术、图像处理、医学信号分析等。这些领域是现代科学技术的重要领域，且与人们的日常生活息息相关，通过介绍在不同领域中使用相关熵进行信号分析与处理的算法原理与实验结果，进一步体现出相关熵在处理脉冲噪声时所具有的优势，也体现出后续章节在相关熵的基础上研究循环相关熵的必要性。

参 考 文 献

[1] GUNDUZ A, PRINCIPE J C. Correntropy as a novel measure for nonlinearity tests[J]. Signal Processing, 2009, 89: 14-23.

[2] 王宏禹，邱天爽. 自适应噪声抵消与时间延迟估计[M]. 大连：大连理工大学出版社，1999.

[3] MA X Y, NIKIAS C L. Joint estimation of time delay and frequency delay in impulsive noise using fractional lower order statistics[J]. IEEE Transactions on Signal Processing, 1996, 44(11): 2669-2687.

[4] ZENG W J, SO H C, ZOUBIR A M. An ℓp-norm minimization approach to time delay estimation in impulsive noise[J]. Digital Signal Processing, 2013, 23(4): 1247-1254.

[5] GUAN N Y, TAO D C, LUO Z G, et al. Manifold Regularized Discriminative Nonnegative Matrix Factorization With Fast Gradient Descent[J]. IEEE Transactions on Image Processing, 2011, 20(7): 2030-2048.

[6] WANG P, QIU T S, REN F Q, et al. A robust DOA estimator based on the correntropy in alpha-stable noise environments[J]. 2017, Digital Signal Processing, 60: 242-251.

[7] SCHMIDT R. Multiple emitter location and signal parameter estimation[J]. IEEE Transactions on Antennas and Propagation, 1986, 34(3): 276-280.

[8] LIU T H, MENDEL J M. A subspace-based direction finding algorithm using fractional lower order statistics[J]. IEEE Transactions on Signal Processing, 2001, 49(8): 1605-1613.

[9] HE J, LIU Z, WONG K T. Snapshot-instantaneous $\|\cdot\|_\infty$ normalization against heavy-tail noise[J]. IEEE Transactions on Aerospace and Electronic Systems, 2008, 44(3): 1221-1227.

[10] ZENG W J, SO H C, HUANG L. LP-MUSIC: robust direction-of-arrival estimator for impulsive noise environments[J]. IEEE Transactions on Signal Processing, 2013, 61(17): 4296-4308.

[11] ZHANG J F, QIU T S, SONG A M, et al. A novel correntropy based DOA estimation algorithm in impulsive noise environments[J]. Signal Processing, 2014, 104: 346-357.

[12] BLUMENSATH T, DAVIES M E. Normalized iterative hard thresholding: guaranteed stability and performance[J]. IEEE Journal of Selected Topics in Signal Processing, 2010, 4(2): 298-309.

[13] MALIOUTOV D, CETIN M, WILLSKY A S. A sparse signal reconstruction perspective for source localization with sensor arrays[J]. IEEE Transactions on Signal Processing, 2005, 53(8): 3010-3022.

[14] COTTER S F. Multiple snapshot matching pursuit for direction of arrival (DOA) estimation[C]. 15th European Signal Processing Conference, Poanan, Poland. 2007: 247-251.

[15] HYDER M M, MAHATA K. Direction-of-arrival estimation using a mixed norm approximation[J]. IEEE Transactions on Signal Processing, 2010, 58(9): 4646-4655.

[16] BLANCHARD J D, CERMAK M, HANLE D, et al. Greedy algorithms for joint sparse recovery[J]. IEEE Transactions on Signal Processing, 2014, 62(7): 1694-1704.

[17] WANG L F, PAN C H. Robust level set image segmentation via a local correntropy-based K-means clustering[J]. Pattern Recognition,2014, 47: 1917-1925.

[18] GARDE A, SÖRNMO L, JANÉ R, et al. Correntropy-based spectral characterization of respiratory patterns in patients with chronic heart failure[J]. IEEE Transactions on Biomedical Engineering, 2010, 57(8): 1964-1972.

[19] HUIJSE P, ESTEVEZ P A, ZEGERS P, et al. Period estimation in astronomical time series using slotted correntropy[J]. IEEE Signal Processing Letters, 2011, 18(6): 371-374.

[20] HE R, ZHENG W S, HU B G. Maximum correntropy criterion for robust face recognition[J]. IEEE Transactions on Pattern Analysis and Machine Intelligence, 2010, 33(8): 1561-1576.

[21] 邱天爽. 相关熵与循环相关熵信号处理研究进展[J]. 电子与信息学报, 2020, 042(001):105-118.

[22] DUAN J D, QIU X Y, MA W T, et al. Electricity consumption forecasting scheme via improved LSSVM with maximum correntropy criterion[J]. Entropy, 2018, 20(2): 112.

[23] Qi Y, CINAR G T, SOUZA V M A, et al. Effective insect recognition using a stacked autoencoder with maximum correntropy criterion[C]//2015 International Joint Conference on Neural Networks (IJCNN). IEEE, 2015: 1-7.

[24] JIANG X L, WANG Q, HE B, et al. Robust level set image segmentation algorithm using local correntropy-based fuzzy c-means clustering with spatial constraints[J]. Neurocomputing, 2016, 207: 22-35.

[25] QIN X M, ZHENG Y F, CHEN B D. Extract EEG Features by Combining Power Spectral Density and Correntropy Spectral Density[C]//2019 Chinese Automation Congress (CAC). IEEE, 2019: 2455-2459.

[26] BO C J, ZHANG R B, TANG J B, et al. Visual tracking based on fragment-based correntropy induced metric[J]. Optik, 2014, 125(18): 5229-5233.

[27] HAJIABADI M, KHOSHBIN H, HODTANI G A. Adaptive beamforming based on linearly constrained maximum correntropy learning algorithm[C]//2017 7th International Conference on Computer and Knowledge Engineering (ICCKE). IEEE, 2017: 42-46.

[28] GUNDUZ A, PRINCIPE J C. Correntropy as a novel measure for nonlinearity tests[J]. Signal Processing, 2009, 89(1): 14-23.

[29] WANG J J Y, WANG X, GAO X. Non-negative matrix factorization by maximizing correntropy for cancer clustering[J]. BMC bioinformatics, 2013, 14(1): 1-11.

[30] MOHAMMADI M, HODTANI G A, YASSI M. A robust correntropy-based method for analyzing multisample aCGH data[J]. Genomics, 2015, 106(5): 257-264.

[31] BESSA R J, MIRANDA V, GAMA J. Entropy and correntropy against minimum square error in offline and online three-day ahead wind power forecasting[J]. IEEE Transactions on Power Systems, 2009, 24(4): 1657-1666.

[32] MELIA U, GUAITA M, VALLVERDÚ M, et al. Correntropy measures to detect daytime sleepiness from EEG signals[J]. Physiological measurement, 2014, 35(10): 2067-2083.

[33] 王鹏. 无线定位中波达方向与多普勒频移估计研究[D]. 大连：大连理工大学，2016.

[34] 宋爱民. 稳定分布噪声下时延估计与波束形成新算法[D]. 大连：大连理工大学，2015.

[35] 于玲. Alpha 稳定分布噪声环境下韧性时延估计新算法研究[D]. 大连：大连理工大学，2017.

第 9 章　循环相关熵基本理论

本书前面章节较为系统地介绍了基于分数低阶统计量和相关熵的非高斯信号处理理论与方法。在此基础上，本章将在循环频率域对相关熵的概念和理论进行推广，系统介绍循环相关熵（cyclic correntropy，CCE）和循环相关熵谱（cyclic correntropy spectrum，CCES）的基本概念及理论，并分别介绍 CCE 和 CCES 的基本性质。此外，针对 CCE 和 CCES 的推广问题，本章还将介绍两类广义循环相关熵及其谱函数的概念和性质。本章内容可为无线电信号参数估计与识别及机械振动信号故障诊断等方法提供理论支撑。

9.1　概述

近年来，随着新兴移动通信技术的发展，各类无线通信技术日益成为人们生活、工作和学习等诸多方面的重要保障，并在民用和军用等领域体现出不可替代的重要性。由于应用场景愈发变得多样化和复杂化，无线通信信号难免会受到多种噪声和干扰的污染，在某些极端条件下，例如，当脉冲噪声和同频干扰并存时，现有的很多信号分析和处理方法的性能都会出现不同程度的退化。因此，如何在复杂电磁环境的条件下保持乃至提升这些算法性能，成为通信信号处理领域一个亟待解决的问题。

本章选取脉冲噪声及同频干扰并存的情况作为复杂电磁环境的典型代表。脉冲噪声是一类典型的非高斯噪声，现有的非高斯信号处理理论和方法已然比较成熟，主要包括分数低阶统计量理论、相关熵及广义相关熵理论等，它们都能够较好地抑制以 Alpha 稳定分布为模型的脉冲噪声。同频干扰问题是一类典型的非平稳信号处理问题，在非平稳信号处理框架下，循环平稳信号处理方法是解决该类问题的重要手段，经过近半个世纪的发展，该类方法已经取得了长足的进步，并能够有效地抑制同频干扰或邻频干扰信号。

相比之下，针对更为复杂的电磁环境，尤其是脉冲噪声及同频干扰并存条件下的电磁环境，相关的信号处理理论还比较薄弱，目前典型的理论进展主要包括分数低阶循环统计量理论和循环相关熵理论。前者是分数低阶统计量理论和循环平稳信号处理理论结合的成果。作为分数低阶统计量在循环频率域的推广，分数低阶循环统计量承袭了分数低阶统计量对噪声尤其是脉冲噪声先验知识的依赖性，当噪声先验知识匮乏时，基于分数低阶循环统计量的信号处理方法对脉冲噪声的抑制能力会有所降低。循环相关熵是相关熵理论和循环平稳信号处理理论结合的成果，同时它也是相关熵在循环频率域的推广，因而保持了相关熵对脉冲噪声的抑制能力。循环相关熵对噪声先验知识的依赖性较小，即当噪声先验知识匮乏时，依然能够取得较理想的效果。

根据上面的阐述，表 9.1 对分数低阶统计量、分数低阶循环统计量、相关熵和循环相关熵的总体性能进行了概括和总结，以方便读者对这四种概念在脉冲噪声和同频带干扰并存条件下的性能有更清晰的了解。同时，表 9.1 也给出了循环相关熵对脉冲噪声和同频干扰的抑制能力，这不仅是在复杂电磁环境下对信号进行分析和处理的目标，更是循环相关熵理论及方法的价值所在。

表 9.1　脉冲噪声和同频干扰并存条件下各理论和方法的性能比较

名称	对脉冲噪声的抑制能力	对同频干扰的抑制能力	脉冲噪声与同频干扰并存时的抑制能力	说明
分数低阶统计量	较好	差	差	对噪声先验知识依赖性较强
分数低阶循环统计量	较好	较好	较好	
相关熵	好	差	差	对噪声先验知识依赖性较弱
循环相关熵	好	好	好	

9.2　循环相关熵及其谱函数的基本概念与原理

9.2.1　循环互相关熵与循环互相关熵谱的基本概念

定义 9.1　循环互相关熵　两个实循环平稳随机过程 $X(t)$ 和 $Y(t)$ 所对应的互相关熵为

$$V_{XY}^{\sigma}(t,\tau)=E\left[\kappa_{\sigma}\left(X(t)-Y(t+\tau)\right)\right] \tag{9.1}$$

式中，$\kappa_{\sigma}(\cdot)$ 表示高斯核函数，其定义式如下：

$$\kappa_{\sigma}(x)=\frac{1}{\sqrt{2\pi}\sigma}\exp\left(-\frac{|x|^2}{2\sigma^2}\right) \tag{9.2}$$

式中，σ 表示高斯核函数的核长。此外，按照互相关熵的原始定义式，还可以选取其他满足 Mercer 条件的核函数 $\kappa(\cdot)$，不过在本章和第 10 章中都将选用高斯核函数 $\kappa_{\sigma}(\cdot)$。

若二者的时变互相关熵 $V_{XY}^{\sigma}(t,\tau)$ 具有周期性（不妨设其周期为 T_0），则对应的循环互相关熵 $U_{XY}^{\sigma}(\varepsilon,\tau)$ 可定义为 $V_{XY}^{\sigma}(t,\tau)$ 的傅里叶级数的系数，表示为

$$U_{XY}^{\sigma}(\varepsilon,\tau)=\frac{1}{T_0}\int_{-T_0/2}^{T_0/2}V_{XY}^{\sigma}(t,\tau)\mathrm{e}^{-\mathrm{j}2\pi\varepsilon t}\mathrm{d}t \tag{9.3}$$

式中，ε 为循环频率。

显然，由傅里叶级数理论可知，$U_{XY}^{\sigma}(\varepsilon,\tau)$ 体现了周期性的互相关熵 $V_{XY}^{\sigma}(t,\tau)$ 所包含的各频率分量的大小。但是该周期性主要与信号的统计特性有关，而与信号时域波形的周期性无关，因此为了与信号时域的周期性或者频率相区分，在进行循环平稳信号处理时称这种频率为循环频率。在此基础上，就能够在循环频率域对具有周期性的 $V_{XY}^{\sigma}(t,\tau)$ 进行研究。

定义 9.2　循环互相关熵谱　循环互相关熵 $U_{XY}^{\sigma}(\varepsilon,\tau)$ 所对应的循环互相关熵谱 $S_{XY}^{\sigma}(\varepsilon,f)$ 的定义式为

$$S_{XY}^{\sigma}(\varepsilon,f)=\int_{-\infty}^{\infty}U_{XY}^{\sigma}(\varepsilon,\tau)\mathrm{e}^{-\mathrm{j}2\pi f\tau}\mathrm{d}\tau \tag{9.4}$$

由傅里叶变换的意义可知，$S_{XY}^{\sigma}(\varepsilon,f)$ 能够衡量 $U_{XY}^{\sigma}(\varepsilon,\tau)$ 中由时移变量 τ 所引入的不同频率分量的大小。选取两个 AM 信号，它们的采样频率均为 f_{s}，载波频率均满足 $f_{\mathrm{c}}=0.1f_{\mathrm{s}}$，高斯核函数的核长为 $\sigma=0.5$，则这两个 AM 信号的循环互相关熵和循环互相关熵谱如图 9.1 所示。

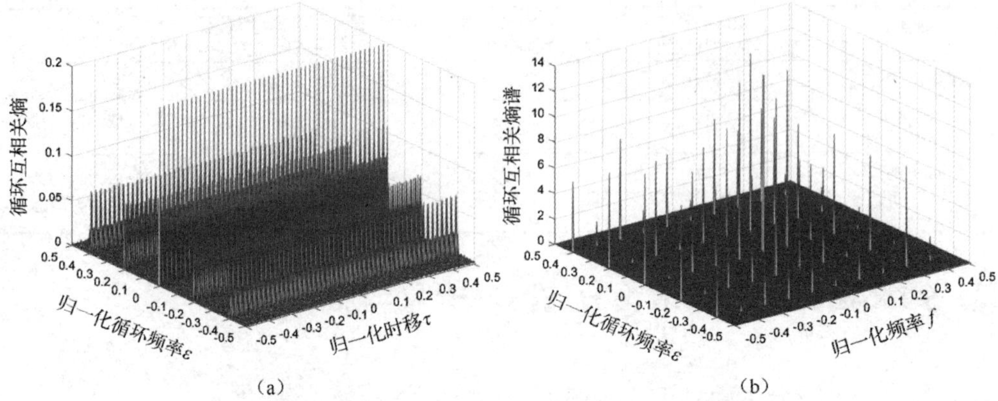

图 9.1　AM 信号的循环互相关熵和循环互相关熵谱。(a) 循环互相关熵；(b) 循环互相关熵谱

为了避免采样频率和信号总时长等参数对结果产生影响，采用归一化的时移、归一化的频率和归一化的循环频率对其进行描述。其中，归一化频率是频率与采样频率的比值，归一化循环频率是循环频率与采样频率的比值，归一化时移则是时移与所规定的时移最大值的比值。从图 9.1 (a) 可见，在某些循环频率 ε 处的循环互相关熵截面中，所得波形具有周期性，按照式 (9.4) 对该波形进行傅里叶变换，由图 9.1 (b) 可见，截面中存在尖锐的谱峰，印证了图 9.1 (a) 中的结果。

9.2.2　循环自相关熵与循环自相关熵谱的基本概念

定义 9.3　循环自相关熵　一个实循环平稳随机过程 $X(t)$ 的自相关熵的定义式如下：

$$V_X^{\sigma}(t,\tau)=E\left[\kappa_{\sigma}\left(X(t)-X(t+\tau)\right)\right] \tag{9.5}$$

若该时变自相关熵 $V_X^{\sigma}(t,\tau)$ 具有周期性（不妨设其周期为 T_0），则对应的循环自相关熵 $U_X^{\sigma}(\varepsilon,\tau)$ 定义为 $V_X^{\sigma}(t,\tau)$ 的傅里叶级数的系数，其定义式如下：

$$U_X^{\sigma}(\varepsilon,\tau)=\frac{1}{T_0}\int_{-T_0/2}^{T_0/2}V_X^{\sigma}(t,\tau)\mathrm{e}^{-\mathrm{j}2\pi\varepsilon t}\mathrm{d}t \tag{9.6}$$

与前文相类似，由傅里叶级数的意义可知，$U_X^{\sigma}(\varepsilon,\tau)$ 体现了周期性的自相关熵 $V_X^{\sigma}(t,\tau)$ 所包含的各频率分量的大小，因而可用于在循环频率域研究 $V_X^{\sigma}(t,\tau)$ 的周期性。

定义 9.4　循环自相关熵谱　循环自相关熵 $U_X^{\sigma}(\varepsilon,\tau)$ 所对应的循环自相关熵谱 $S_X^{\sigma}(\varepsilon,f)$ 的定义式为

$$S_X^{\sigma}(\varepsilon,f)=\int_{-\infty}^{\infty}U_X^{\sigma}(\varepsilon,\tau)\mathrm{e}^{-\mathrm{j}2\pi f\tau}\mathrm{d}\tau \tag{9.7}$$

也与前文相类似，由傅里叶变换的意义可知，$S_{XY}^{\sigma}(\varepsilon,f)$ 能够衡量 $U_{XY}^{\sigma}(\varepsilon,\tau)$ 中由时移

变量τ所引入的不同频率分量的大小，可用于在循环频率域研究$V_X^\sigma(t,\tau)$的特性，同时抑制具有相同或相近频率但具有不同循环频率的干扰。

选取一个 AM 信号，采样频率为f_s，载波频率满足$f_c=0.1f_s$，高斯核函数的核长为$\sigma=0.5$，则该 AM 信号的循环自相关熵和循环自相关熵谱如图 9.2 所示。

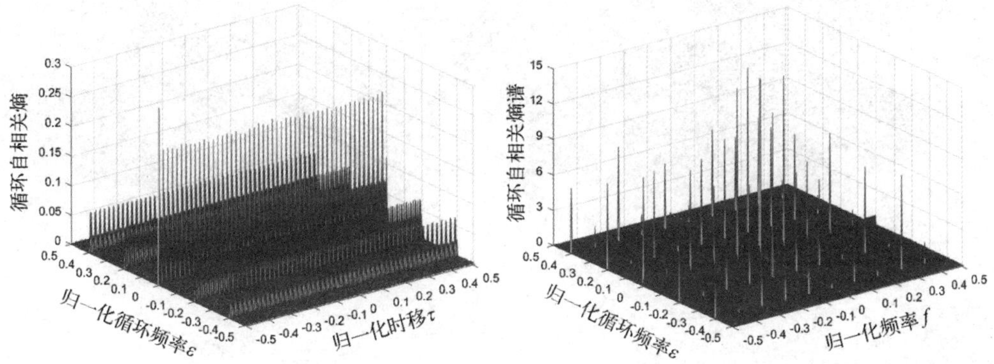

（a）　　　　（b）

图 9.2　AM 信号的循环自相关熵和循环自相关熵谱。（a）循环自相关熵；（b）循环自相关熵谱

由图 9.2（a）可见，在某些循环频率ε处的循环自相关熵截面中，波形具有周期性，按照式（9.7）对该波形进行傅里叶变换，则由图 9.2（b）可见，截面中存在尖锐的谱峰，印证了图 9.2（a）中的结果。

此外，鉴于循环互相关熵与循环自相关熵的相似性，本书将二者统称为循环相关熵。此外，在循环相关熵及循环相关熵谱的概念被提出后，还有文献提出了多核循环相关熵的概念，即指两个乃至多个具有不同核长的循环相关熵的线性组合。

9.2.3　关于循环相关熵及其谱函数存在性的说明

1．初步的直观分析

一方面，由频谱分析理论可知，若两个调制信号的载波频率相同或者相近，则难以在频率域上实现信号分离，进而难以逐一分析。另一方面，由循环平稳信号处理理论可知，如果上述的信号具有不同的循环频率，则有可能在循环频率域上将两者分离，从而能够对两个信号分别进行分析和处理。由于循环相关熵是相关熵在循环平稳信号处理理论框架下的推广，因而它能够在循环频率域分析和处理具有不同循环频率的信号。基于前述的理论，它的这一优点是能够预见的。尽管如此，验证其抑制脉冲噪声的能力还是很有必要的。为了进一步阐明此问题，在图 9.3 中分别展示了在相同脉冲噪声条件下同一个 AM 信号所对应的循环谱、分数低阶循环谱和循环相关熵谱。其中，采样频率为f_s，载波频率$f_c=0.1f_s$，信号与噪声的广义信噪比 GSNR = 3dB，特征指数$\alpha=1.5$，分数低阶循环谱的参数a和b分别同时取 0.85 和 0.65，循环相关熵的高斯核函数的核长为$\sigma=0.5$。

如图 9.3（a）所示，循环谱已淹没在噪声中；如图 9.3（b）所示，当噪声的先验知识较为匮乏时，由于脉冲噪声的存在，分数低阶循环谱也会受到较强的干扰；而如图 9.3（c）所示，当噪声的先验知识较为充分时，分数低阶循环谱则呈现出较为清晰的谱峰；如

图 9.3（d）所示，循环相关熵谱的谱峰既尖锐又稀疏。在对循环相关熵谱及谱峰进行了直观的观察和分析后，还需要进一步对循环相关熵存在性问题进行理论分析。

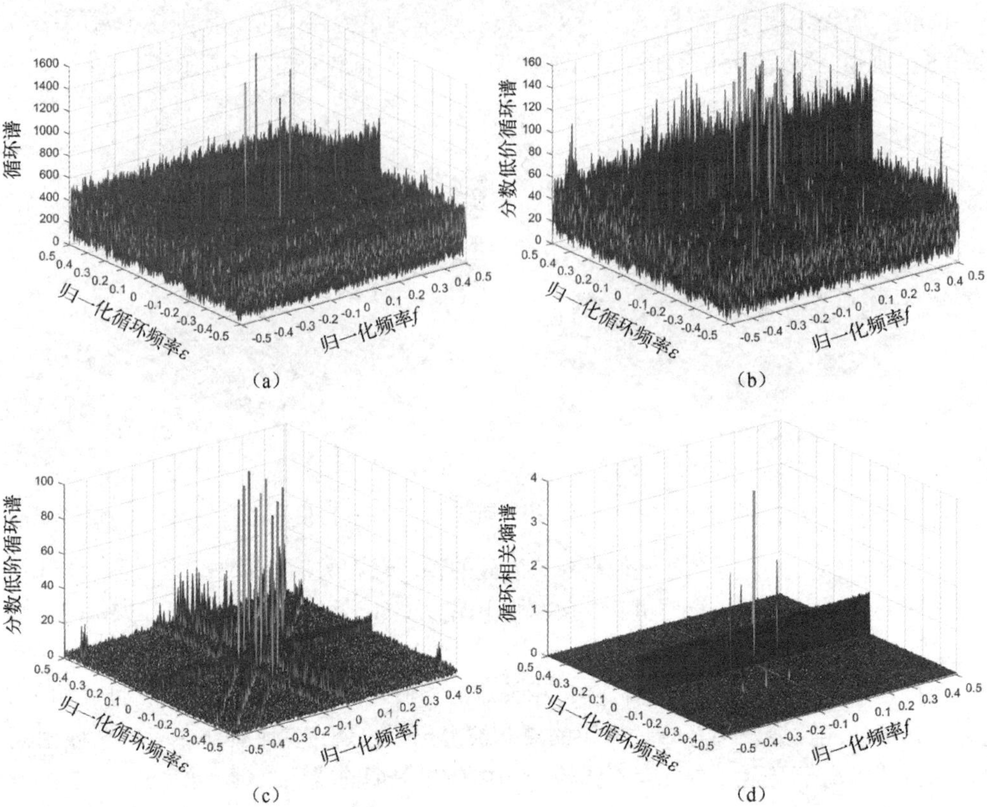

图 9.3　AM 信号的各种循环谱比较。（a）循环谱；（b）$a=b=0.85$ 时的分数低阶循环谱；（c）$a=b=0.65$ 时的分数低阶循环谱；（d）循环相关熵谱

2．进一步的理论分析

由循环相关熵的定义可知，它是相关熵的傅里叶级数，而又由傅里叶级数相关理论可知，若随机过程或者随机信号所对应的循环相关熵存在，则该随机过程或者随机信号所对应的相关熵应当具有周期性。这一要求是比较苛刻的，为了进一步说明此问题，将相关熵$V_X^{\sigma}(t,\tau)$进行泰勒展开，如下式所示：

$$V_X^{\sigma}(t,\tau)=\frac{1}{\sqrt{2\pi}\sigma}\sum_{n=0}^{\infty}\frac{1}{n!}\left(-\frac{1}{2\sigma^2}\right)^n E\left(\sum_{m=0}^{2n}(-1)^{2n-m}C_{2n}^{m}X^m(t)X^{2n-m}(t+\tau)\right) \tag{9.8}$$

式中，$C_{2n}^{m}=(2n)!/(m!(2n-m)!)$。

将式（9.8）中包含统计期望的部分记为$M_X^{2n}(t,\tau)$，它满足如下关系式：

$$\begin{aligned}M_X^{2n}(t,\tau)&=E\left(\sum_{m=0}^{2n}(-1)^{2n-m}C_{2n}^{m}X^m(t)X^{2n-m}(t+\tau)\right)\\&=\sum_{m=0}^{2n}(-1)^{2n-m}C_{2n}^{m}E\left(X^m(t)X^{2n-m}(t+\tau)\right)\end{aligned} \tag{9.9}$$

当$n=1$时，对应的两阶统计量为

$$M_X^2(t,\tau)=E\left(X^2(t)\right)-2E\left(X(t)X(t+\tau)\right)+E\left(X^2(t+\tau)\right) \tag{9.10}$$

当$n=2$时，对应的四阶统计量为

$$\begin{aligned}M_X^4(t,\tau)=&E\left(X^4(t)\right)-4E\left(X^3(t)X(t+\tau)\right)+\\&6E\left(X^2(t)X^2(t+\tau)\right)-4E\left(X^3(t)X(t+\tau)\right)+E\left(X^4(t+\tau)\right)\end{aligned} \tag{9.11}$$

由式（9.8）、式（9.10）和式（9.11）的观察可以得到结论：时变相关熵$V_X^\sigma(t,\tau)$是随机信号$X(t)$和$X(t+\tau)$的$2n$阶矩及$2n$阶混合矩的线性组合，其中$n\in\mathbb{N}$。显然，若$M_X^{2n}(t,\tau)$均具有周期性且周期为T_0，则$V_X^\sigma(t,\tau)$的周期也为T_0，前者是后者的充分条件。简言之，当$X(t)$满足偶数阶循环平稳条件时，其循环相关熵是存在的。

由于上述条件比较苛刻，虽然有许多具有二阶循环平稳特性的人工信号和自然信号，但是严格满足偶数阶循环平稳的信号则较少，故在实际应用中难以找到满足条件的真实信号。不过这并不妨碍我们利用循环相关熵来研究信号的循环平稳特性，以及在循环频率域对其进行分析和处理。这是因为相关熵是由信号的各种偶数阶统计量线性组成的，如果信号具有二阶循环平稳特性，则对应的二阶统计量将会表现出周期性，经过傅里叶级数运算及傅里叶变换这两种线性变换后，周期性的分量会在循环频率域产生对应的谱峰。此外，还有一个重要原因，就是随着阶数的增加，高阶统计量迅速衰减。为了说明此问题，将式（9.9）代入式（9.8），得到

$$V_X^\sigma(t,\tau)=\frac{1}{\sqrt{2\pi}\sigma}\sum_{n=0}^{\infty}\frac{1}{n!}\left(-\frac{1}{2\sigma^2}\right)^n M_X^{2n}(t,\tau) \tag{9.12}$$

通过计算可知，无论核长σ如何取值，$2\sigma^2\sqrt[n]{n!}$都会随着n的增加而增加且趋向于无穷大，故$\left|\frac{1}{n!}\left(\frac{1}{2\sigma^2}\right)^n\right|=\left|\frac{1}{n!}\left(-\frac{1}{2\sigma^2}\right)^n\right|$会迅速衰减且趋向于零，从而使得$V_X^\sigma(t,\tau)$中的高阶矩之和$M_X^{2n}(t,\tau)$所对应的分量迅速减小。综上可知，随机信号相关熵中的二阶矩及二阶混合矩才是其主要分量，虽然其他高阶偶数阶矩及偶数阶混合矩也是很重要的分量，但是其重要性将随着n的增加而迅速降低。

通过上述分析可知，由于相关熵包含二阶矩和二阶混合矩，并且这些二阶统计量是相关熵的主要分量，故当随机过程满足二阶循环平稳特性时，这些具有周期性的统计量将以循环频率域谱峰的形式出现在循环相关熵谱中，而这些谱峰所在的位置与频率和循环频率都有关。因此，通过循环相关熵谱就可以对随机过程进行分析和处理。由此可见，即使随机过程无法满足偶数阶循环平稳这一苛刻的条件，只要它具有二阶循环平稳特性，就同样可以利用循环相关熵谱中的谱峰特征来对其进行参数估计或者特征识别。

由于很多无线电调制信号或者机械故障诊断中的故障信号都具有二阶循环平稳特性，即使其时变相关熵本身不具有严格的周期性，只要它所包含的二阶统计量具有周期性并且可以用来进行信号分析，就不再考虑循环相关熵及其谱函数的存在性了。至此，我们为在实际条件下利用循环相关熵对各类随机信号进行参数估计和特征识别铺平了道路。基于上述结论，本书将借助各种常见的模拟调制信号和数字调制信号对循环相关熵所包含的二阶统计量进行研究，并解释循环相关熵谱的谱峰位置与载波频率和码元速率等参数的关系。

此外，循环相关熵和循环相关熵谱的概念是针对实随机过程提出的，在 9.3 节中，将进一步针对复随机过程介绍复循环相关熵和复循环相关熵谱。

3．8 种常见调制信号的循环相关熵与循环相关熵谱

除了上述的 AM 信号，在图 9.4 中展示了其他 8 种常见的实值调制信号的循环相关熵与循环相关熵谱。其中，采样频率为 f_s，载波频率 $f_c = 0.1 f_s$，码元传输速率 $R_B = 0.05 f_s$，高斯核函数的核长为 $\sigma = 0.5$。

如果单独观察图 9.2，实际上除了谱峰的位置和稀疏性，很难发现其他特征，但是如果同时观察图 9.2 和图 9.4，则可发现不同调制类型的信号所对应的循环相关熵及其谱函数各具特点。首先，AM、2ASK 和 MSK 信号的循环相关熵及其谱函数具有显著差异；其次，2PSK、4PSK 和 8PSK 信号所对应的两类函数曲面较为相似，这一结论也适用于 16QAM、32QAM 和 64QAM 信号。虽然未经定量分析，但就各类调制信号的循环相关熵及其谱函数的曲面而言，调制方式大类别（如 AM、2ASK、MSK）之间的差异比较明显，而各种调制方式子类别（如不同进制的 PSK 或不同进制的 QAM）内部的差异则相对不容易发现。

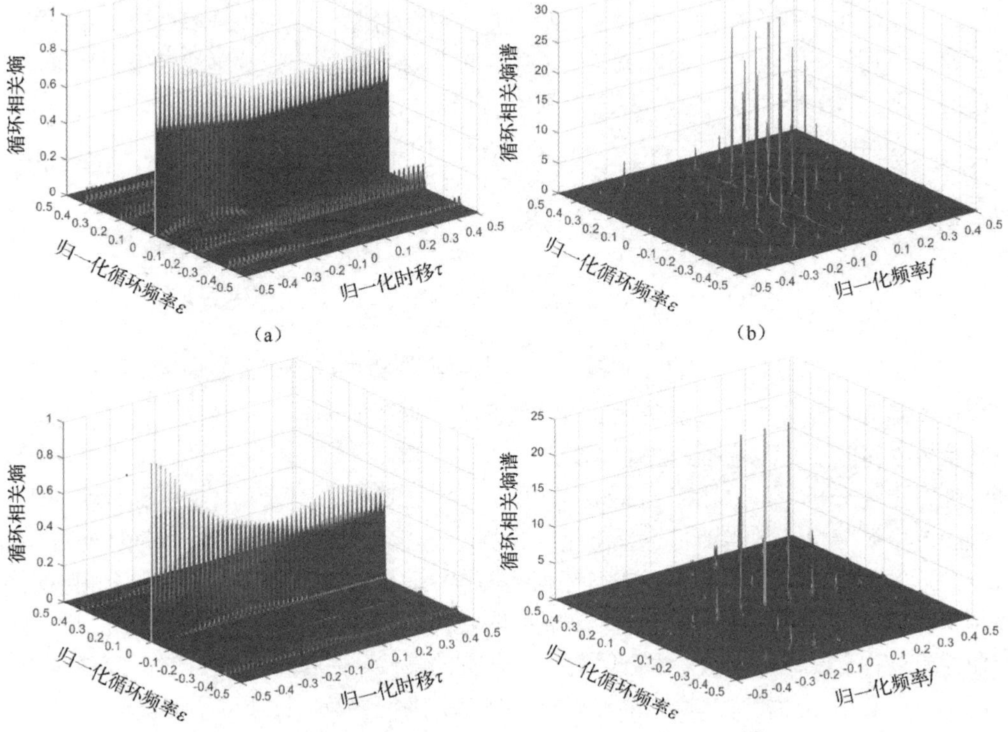

图 9.4　各类实信号所对应的循环相关熵及其谱函数。(a) 2ASK 信号循环相关熵；(b) 2ASK 信号循环相关熵谱；(c) MSK 信号循环相关熵；(d) MSK 信号循环相关熵谱；(e) 2PSK 信号循环相关熵；(f) 2PSK 信号循环相关熵谱；(g) 4PSK 信号循环相关熵；(h) 4PSK 信号循环相关熵谱；(i) 8PSK 信号循环相关熵；(j) 8PSK 信号循环相关熵谱；(k) 16QAM 信号循环相关熵；(l) 16QAM 信号循环相关熵谱；(m) 32QAM 信号循环相关熵；(n) 32QAM 信号循环相关熵谱；(o) 64QAM 信号循环相关熵；(p) 64QAM 信号循环相关熵谱

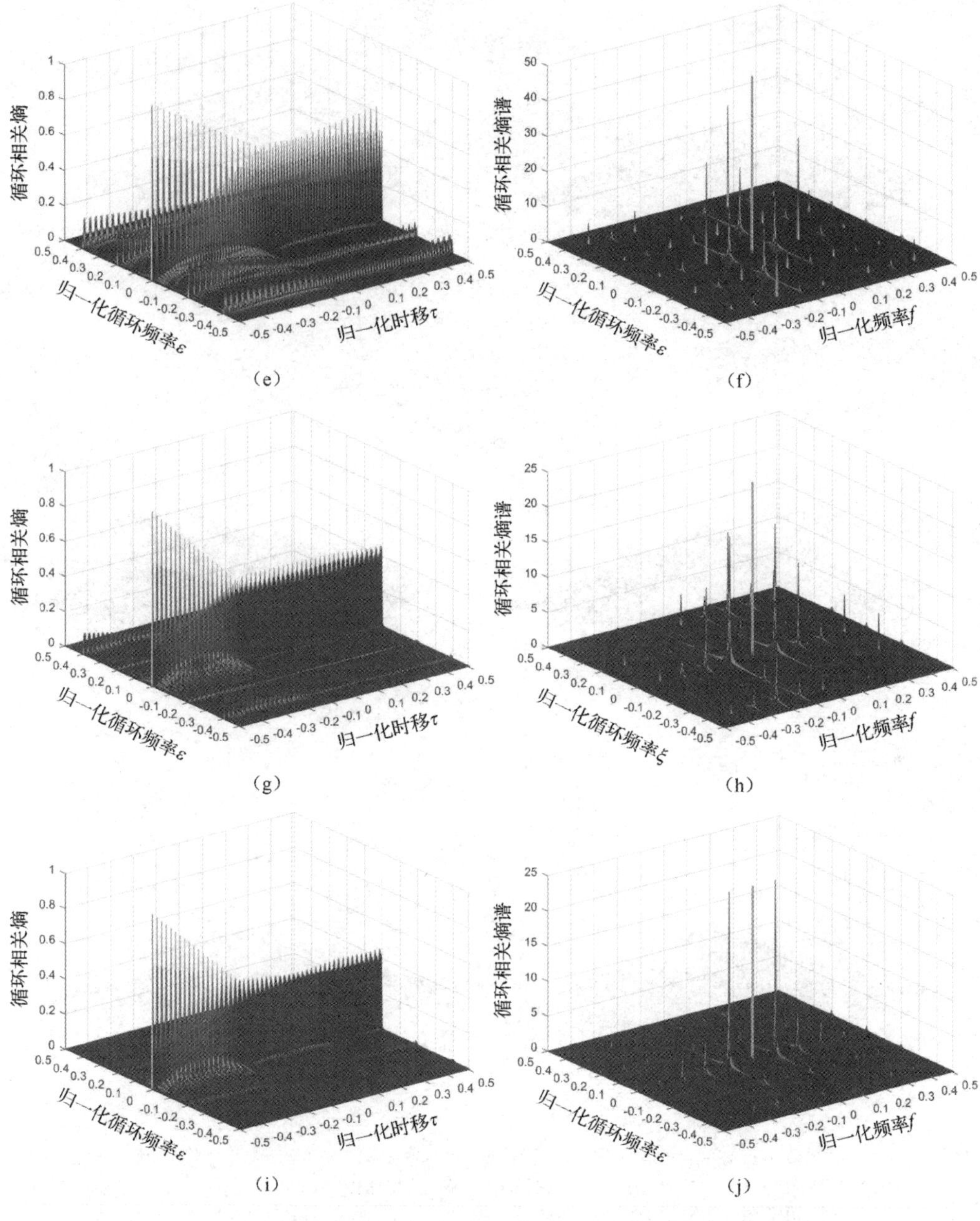

图 9.4　各类实信号所对应的循环相关熵及其谱函数（续一）。(a) 2ASK 信号循环相关熵；(b) 2ASK 信号循环相关熵谱；(c) MSK 信号循环相关熵；(d) MSK 信号循环相关熵谱；(e) 2PSK 信号循环相关熵；(f) 2PSK 信号循环相关熵谱；(g) 4PSK 信号循环相关熵；(h) 4PSK 信号循环相关熵谱；(i) 8PSK 信号循环相关熵；(j) 8PSK 信号循环相关熵谱；(k) 16QAM 信号循环相关熵；(l) 16QAM 信号循环相关熵谱；(m) 32QAM 信号循环相关熵；(n) 32QAM 信号循环相关熵谱；(o) 64QAM 信号循环相关熵；(p) 64QAM 信号循环相关熵谱

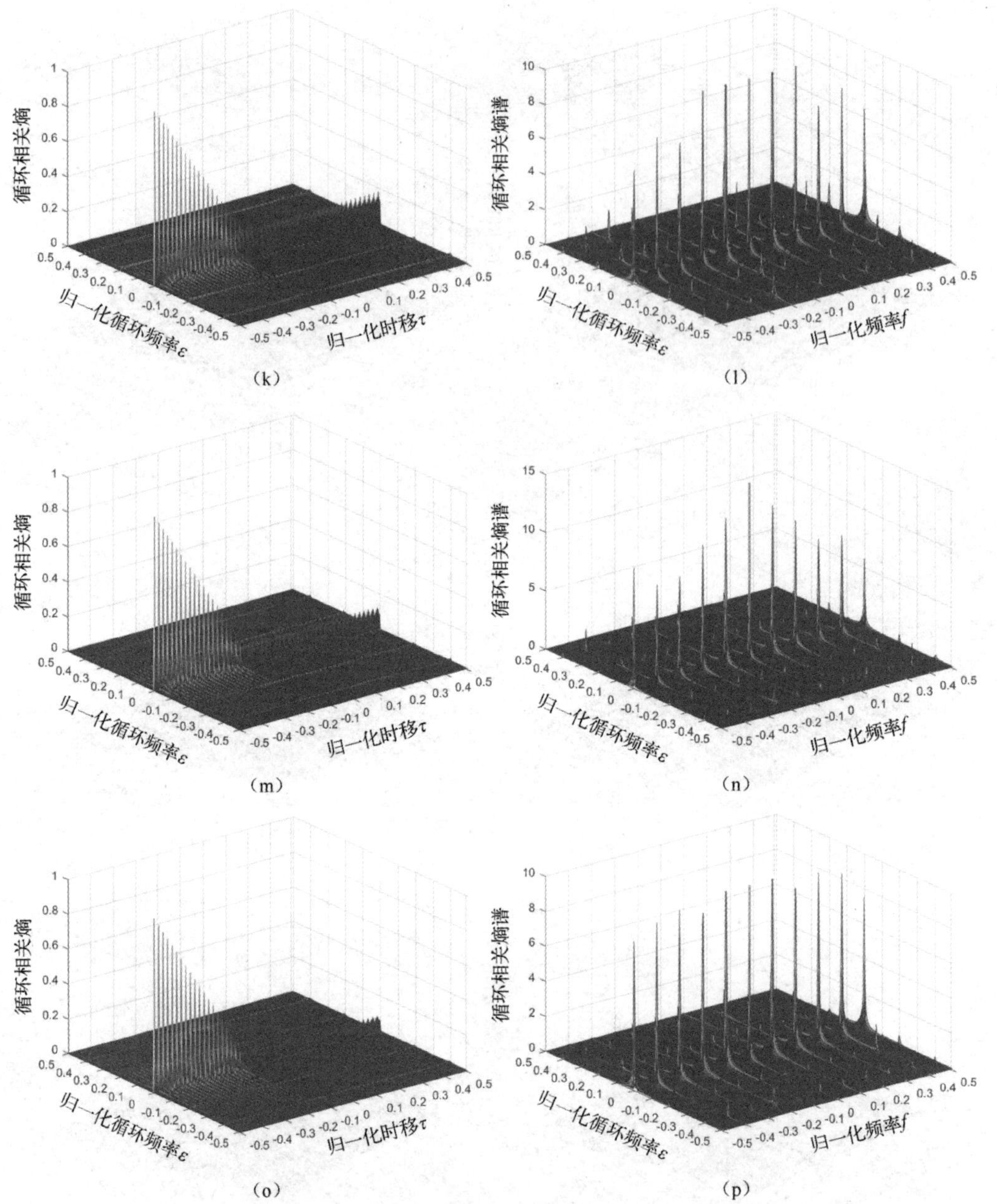

图 9.4　各类实信号所对应的循环相关熵及其谱函数（续二）。(a) 2ASK 信号循环相关熵；(b) 2ASK 信号循环相关熵谱；(c) MSK 信号循环相关熵；(d) MSK 信号循环相关熵谱；(e) 2PSK 信号循环相关熵；(f) 2PSK 信号循环相关熵谱；(g) 4PSK 信号循环相关熵；(h) 4PSK 信号循环相关熵谱；(i) 8PSK 信号循环相关熵；(j) 8PSK 信号循环相关熵谱；(k) 16QAM 信号循环相关熵；(l) 16QAM 信号循环相关熵谱；(m) 32QAM 信号循环相关熵；(n) 32QAM 信号循环相关熵谱；(o) 64QAM 信号循环相关熵；(p) 64QAM 信号循环相关熵谱

9.3　复循环相关熵及其谱函数的基本概念

在循环相关熵这一概念提出时，它主要用于在循环频率域研究实随机过程的相似性及循环平稳特性。而在进行信号处理时，尤其是在进行无线电信号处理时，为了简便，

信号常会采用复随机过程的形式。针对该情况，本节将首先介绍一种复循环相关熵及其谱函数的概念；然后，为了方便读者理解，补充介绍无线电信号处理过程中常见的两类复随机信号形式——解析信号和正交模型信号。

9.3.1　复循环互相关熵与复循环互相关熵谱的基本概念

定义 9.5　复循环互相关熵　两个复循环平稳随机过程 $X(t)$ 和 $Y(t)$，其复循环互相关熵函数定义为

$$C_{XY}^{\sigma}(t,\tau)=E\left[\kappa_{\sigma}\left(X(t)-Y^{*}(t+\tau)\right)\right] \tag{9.13}$$

如果复循环互相关熵函数 $C_{XY}^{\sigma}(t,\tau)$ 具有周期性，不妨设其周期为 T_0，则对应的复循环互相关熵定义为 $C_{XY}^{\sigma}(t,\tau)$ 的傅里叶级数的系数，即

$$U_{XY}^{\sigma}(\varepsilon,\tau)=\frac{1}{T_0}\int_{-T_0/2}^{T_0/2}C_{XY}^{\sigma}(t,\tau)\mathrm{e}^{-\mathrm{j}2\pi\varepsilon t}\mathrm{d}t \tag{9.14}$$

定义 9.6　复循环互相关熵谱　复循环互相关熵函数 $U_{XY}^{\sigma}(\varepsilon,\tau)$ 所对应的复循环互相关熵谱 $S_{XY}^{\sigma}(\varepsilon,f)$ 定义为

$$S_{XY}^{\sigma}(\varepsilon,f)=\int_{-\infty}^{\infty}U_{XY}^{\sigma}(\varepsilon,\tau)\mathrm{e}^{-\mathrm{j}2\pi f\tau}\mathrm{d}\tau \tag{9.15}$$

为了对比实值和复值两种情况的循环互相关熵及各自的循环互相关熵谱，选取两个复值 AM 信号作为输入信号，计算复循环互相关熵及其谱函数，结果如图 9.5 所示。其中，采样频率为 f_{s}，载波频率 $f_{\mathrm{c}}=0.1f_{\mathrm{s}}$，高斯核函数的核长为 $\sigma=0.5$。

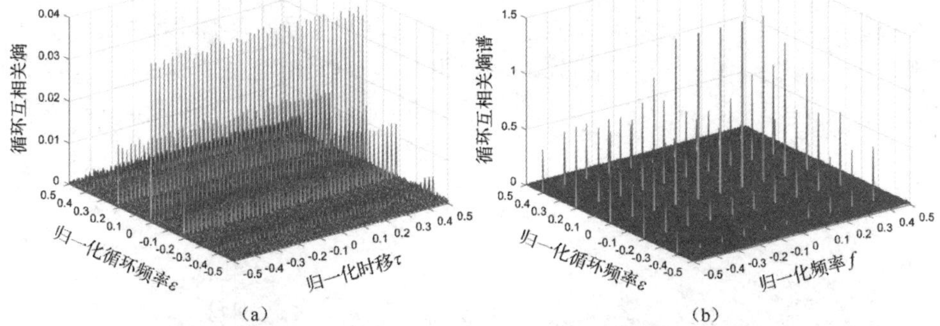

图 9.5　复值 AM 信号的复循环互相关熵和复循环互相关熵谱。(a) 复循环互相关熵；(b) 复循环互相关熵谱

9.3.2　复循环自相关熵与复循环自相关熵谱的基本概念

定义 9.7　复循环自相关熵　设一个复循环平稳随机过程 $X(t)$，其复循环自相关熵的定义式为

$$C_{X}^{\sigma}(t,\tau)=E\left[\kappa_{\sigma}\left(X(t)-X^{*}(t+\tau)\right)\right] \tag{9.16}$$

如果复循环自相关熵 $C_{X}^{\sigma}(t,\tau)$ 具有周期性，不妨设其周期为 T_0，则对应的复循环自相关熵 $U_{X}^{\sigma}(\varepsilon,\tau)$ 定义为 $C_{X}^{\sigma}(t,\tau)$ 的傅里叶级数的系数，其定义式为

$$U_{X}^{\sigma}(\varepsilon,\tau)=\frac{1}{T_0}\int_{-T_0/2}^{T_0/2}C_{X}^{\sigma}(t,\tau)\mathrm{e}^{-\mathrm{j}2\pi\varepsilon t}\mathrm{d}t \tag{9.17}$$

定义 9.8　复循环自相关熵谱　复循环自相关熵$U_X^\sigma\left(\varepsilon,\tau\right)$所对应的复循环自相关熵谱$S_X^\sigma\left(\varepsilon,f\right)$的定义式为

$$S_X^\sigma\left(\varepsilon,f\right)=\int_{-\infty}^{\infty}U_X^\sigma\left(\varepsilon,\tau\right)\mathrm{e}^{-\mathrm{j}2\pi f\tau}\mathrm{d}\tau \tag{9.18}$$

为了对比实值和复值两种情况的循环自相关熵及各自的循环互相关熵谱，选取一个复值 AM 信号作为输入信号，计算复循环自相关熵及其谱函数，结果如图 9.6 所示。其中，采样频率为f_s，载波频率$f_\mathrm{c}=0.1f_\mathrm{s}$，高斯核函数的核长为$\sigma=0.5$。

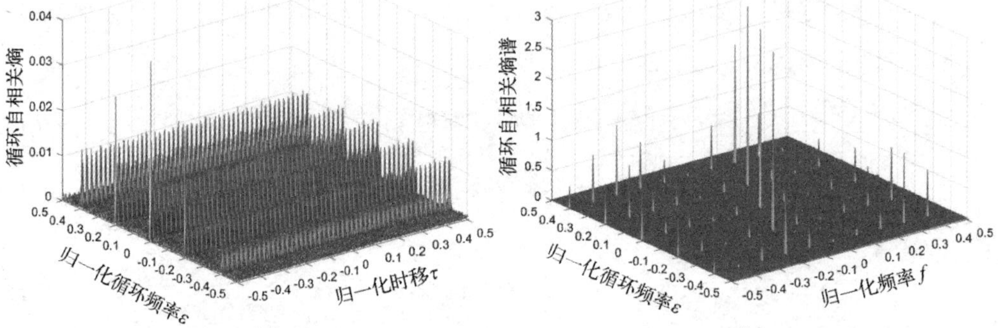

（a）　（b）

图 9.6　复值 AM 信号的复循环自相关熵和复循环自相关熵谱。（a）复循环自相关熵；（b）复循环自相关熵谱

对比图 9.1 和图 9.5 以及图 9.2 和图 9.6 可见，即使信号的调制方式和参数相同，但是所对应的实信号和复信号两种循环相关熵及其谱函数的三维曲面仍存在差别。与图 9.4 相对应，在图 9.7 中展示了其他 8 种常见的调制信号的复循环相关熵与复循环相关熵谱。其中，采样频率为f_s，载波频率$f_\mathrm{c}=0.1f_\mathrm{s}$，码元传输速率$R_\mathrm{B}=0.05f_\mathrm{s}$，高斯核函数的核长为$\sigma=0.5$。

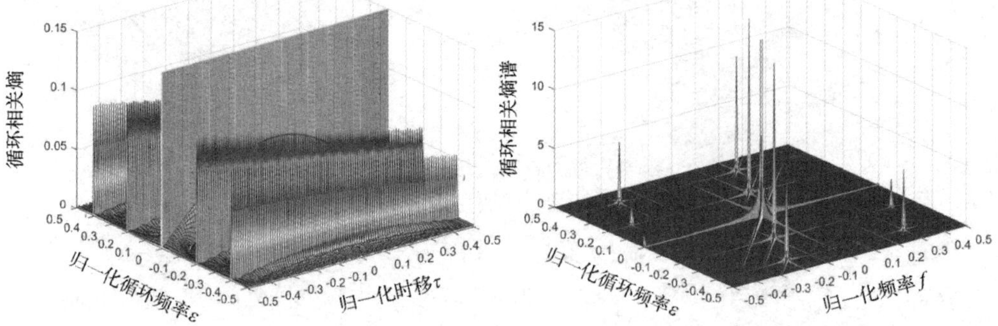

（a）　（b）

图 9.7　各类复信号所对应的复循环相关熵及其谱函数。（a）2ASK 信号复循环相关熵；（b）2ASK 信号复循环相关熵谱；（c）MSK 信号复循环相关熵；（d）MSK 信号复循环相关熵谱；（e）2PSK 信号复循环相关熵；（f）2PSK 信号复循环相关熵谱；（g）4PSK 信号复循环相关熵；（h）4PSK 信号复循环相关熵谱；（i）8PSK 信号复循环相关熵；（j）8PSK 信号复循环相关熵谱；（k）16QAM 信号复循环相关熵；（l）16QAM 信号复循环相关熵谱；（m）32QAM 信号复循环相关熵；（n）32QAM 信号复循环相关熵；（o）64QAM 信号复循环相关熵；（p）64QAM 信号复循环相关熵谱

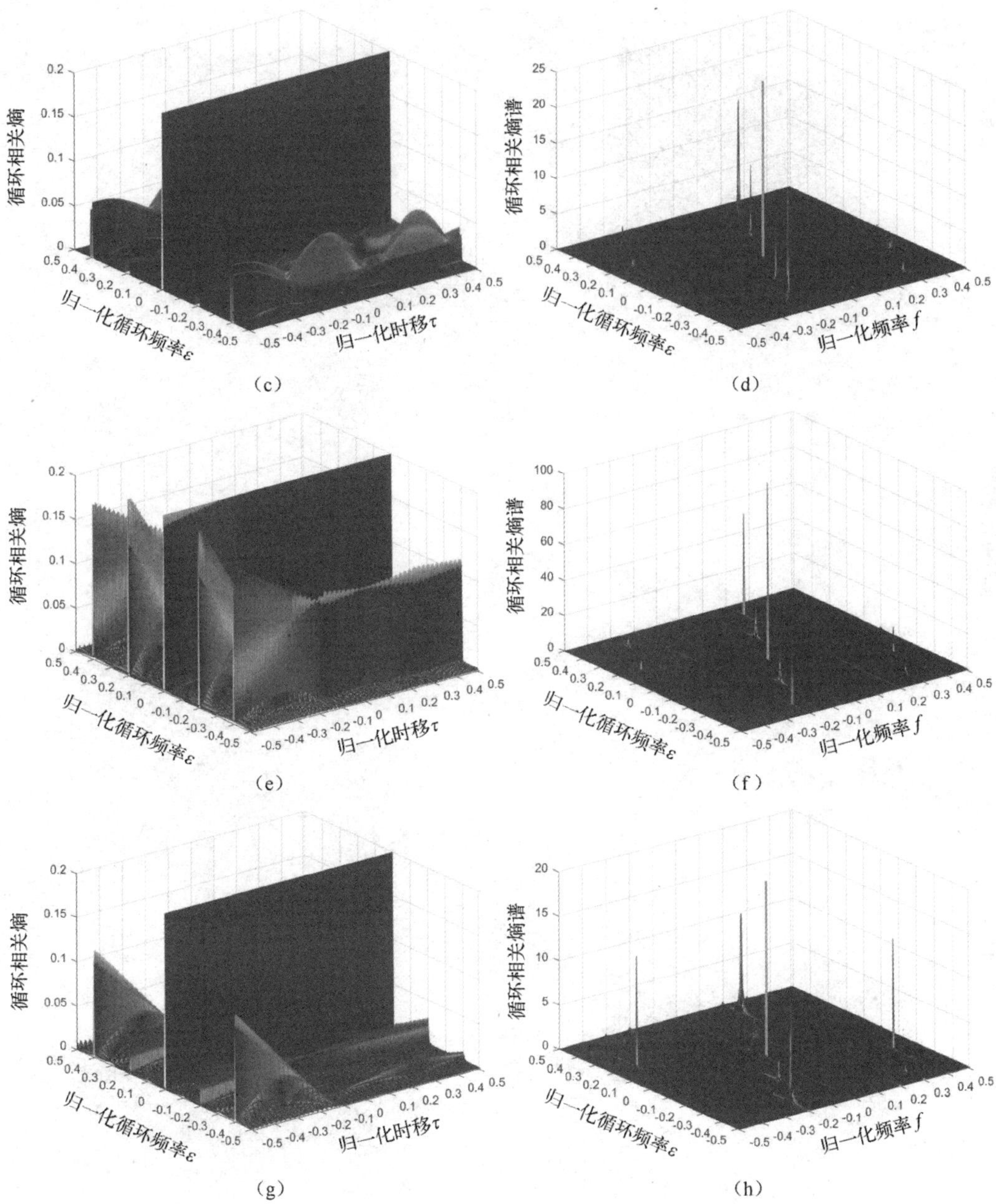

图 9.7　各类复信号所对应的复循环相关熵及其谱函数（续一）。(a) 2ASK 信号复循环相关熵；(b) 2ASK 信号复循环相关熵谱；(c) MSK 信号复循环相关熵；(d) MSK 信号复循环相关熵谱；(e) 2PSK 信号复循环相关熵；(f) 2PSK 信号复循环相关熵谱；(g) 4PSK 信号复循环相关熵；(h) 4PSK 信号复循环相关熵谱；(i) 8PSK 信号复循环相关熵；(j) 8PSK 信号复循环相关熵谱；(k) 16QAM 信号复循环相关熵；(l) 16QAM 信号复循环相关熵谱；(m) 32QAM 信号复循环相关熵；(n) 32QAM 信号复循环相关熵；(o) 64QAM 信号复循环相关熵；(p) 64QAM 信号复循环相关熵谱

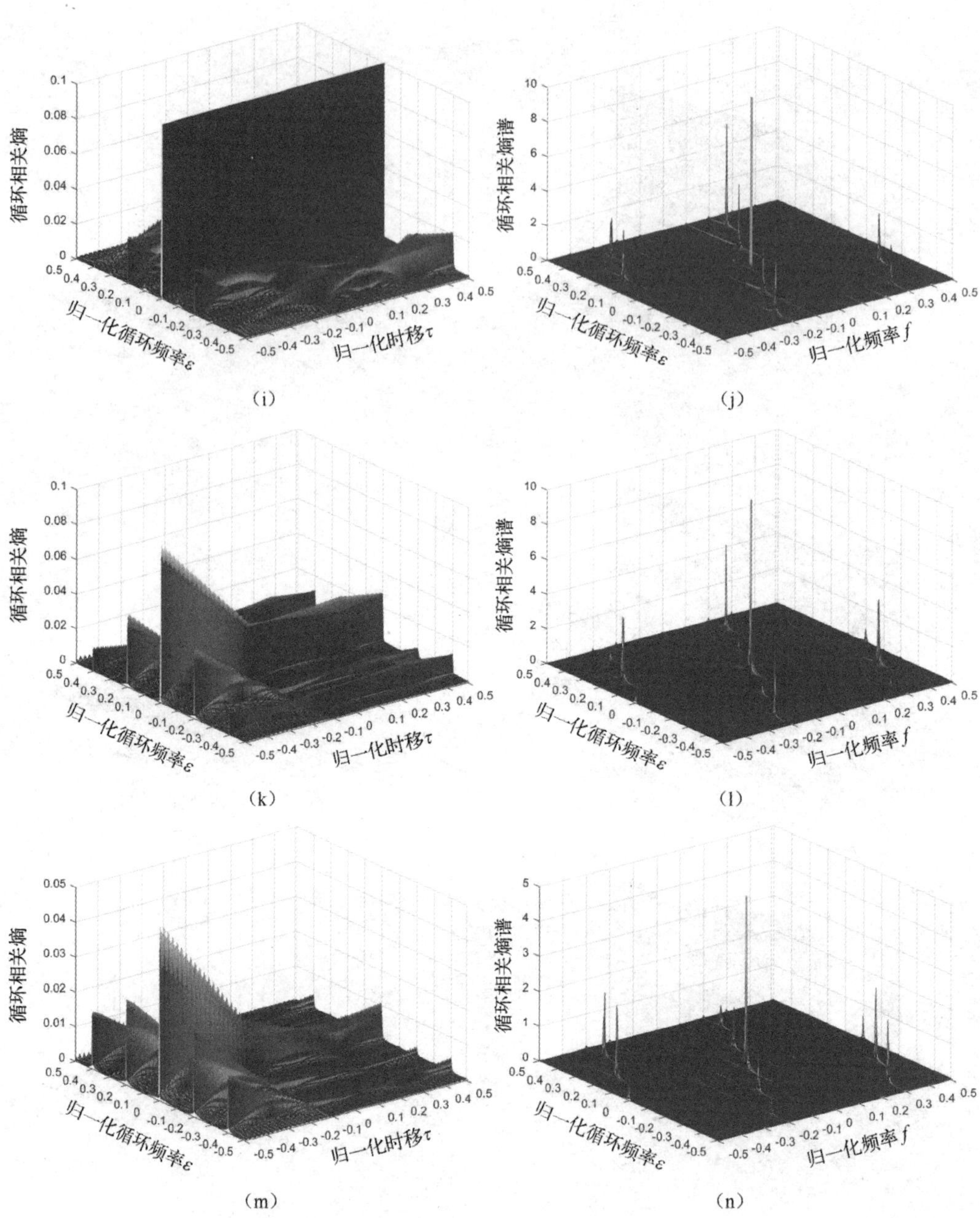

图 9.7　各类复信号所对应的复循环相关熵及其谱函数（续二）。(a) 2ASK 信号复循环相关熵；(b) 2ASK 信号复循环相关熵谱；(c) MSK 信号复循环相关熵；(d) MSK 信号复循环相关熵谱；(e) 2PSK 信号复循环相关熵；(f) 2PSK 信号复循环相关熵谱；(g) 4PSK 信号复循环相关熵；(h) 4PSK 信号复循环相关熵谱；(i) 8PSK 信号复循环相关熵；(j) 8PSK 信号复循环相关熵谱；(k) 16QAM 信号复循环相关熵；(l) 16QAM 信号复循环相关熵谱；(m) 32QAM 信号复循环相关熵；(n) 32QAM 信号复循环相关熵；(o) 64QAM 信号复循环相关熵；(p) 64QAM 信号复循环相关熵谱

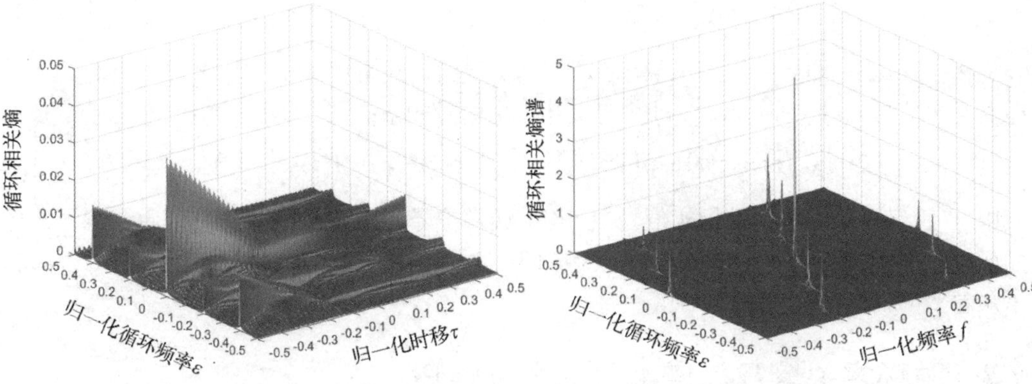

（o）　　　　　　　　　　　　　　（p）

图 9.7　各类复信号所对应的复循环相关熵及其谱函数（续三）。（a）2ASK 信号复循环相关熵；（b）2ASK 信号复循环相关熵谱；（c）MSK 信号复循环相关熵；（d）MSK 信号复循环相关熵谱；（e）2PSK 信号复循环相关熵；（f）2PSK 信号复循环相关熵谱；（g）4PSK 信号复循环相关熵；（h）4PSK 信号复循环相关熵谱；（i）8PSK 信号复循环相关熵；（j）8PSK 信号复循环相关熵谱；（k）16QAM 信号复循环相关熵；（l）16QAM 信号复循环相关熵谱；（m）32QAM 信号复循环相关熵；（n）32QAM 信号复循环相关熵；（o）64QAM 信号复循环相关熵；（p）64QAM 信号复循环相关熵谱

对比图 9.4 和图 9.7 可见，无论对于实信号还是复信号，当它们具有相同的调制方式和信号参数时，所对应的循环相关熵谱在循环频率-频率域的谱峰均锐利、稀疏且清晰可辨。9.4 节还将详尽、系统地介绍循环相关熵谱峰与载波频率和码元速率等信号参数之间的内在关系。

此外，当复随机过程退化为实随机过程时，复循环相关熵及其谱函数等价于实循环相关熵及其谱函数。又因为实随机过程是一类特殊的复随机过程，所以 9.2 节和 9.3 节共用了部分符号和公式来描述循环相关熵及其谱函数。此外，在本书的后续章节中，若无特别说明，循环相关熵及其谱函数都是指复循环相关熵及其谱函数。

9.3.3　复信号模型：解析信号与正交信号

解析信号与正交信号是数字信号处理领域两类主要的复信号模型。为了方便查阅，这里给出实信号及对应的正交信号的表达式。

1．解析信号

不妨将实随机信号记作$s(t)$，其解析信号记作$s_{\mathrm{A}}(t)$，则两者满足如下关系式：

$$s_{\mathrm{A}}(t)=s(t)+\mathrm{j}H\big(s(t)\big) \tag{9.19}$$

式中，函数$H(\cdot)$表示希尔伯特变换，复信号的虚部等于实信号的希尔伯特变换。$H(\cdot)$的定义式为

$$H\big(s(t)\big)=\frac{1}{\pi}\int_{-\infty}^{\infty}\frac{s(\tau)}{t-\tau}\mathrm{d}\tau \tag{9.20}$$

2．正交信号

由于在工程领域中希尔伯特变换是难以实现的，故常用正交信号来代替解析信号。即对于实信号$s(t)=A(t)\cos\varphi(t)$，定义其正交信号如下：

$$s_{\mathrm{O}}(t)=A(t)\exp\left(\mathrm{j}\varphi(t)\right)=A(t)\cos\varphi(t)+\mathrm{j}A(t)\sin\varphi(t) \tag{9.21}$$

其中，“正交”这一概念是指实信号$s(t)$（I 通道信号）与其相移结果（Q 通道信号）之间的正交关系。此外，还需要指出，对于同一个实信号，其解析信号和正交信号可能并不相同。

9.4 循环相关熵及其谱函数的主要性质

通过 9.2 节和 9.3 节，本书已经介绍了循环相关熵及其谱函数的基本概念和理论，同时给出了定义式。但是为了能够在实际应用中的复杂电磁条件下，借助循环相关熵及其谱函数来抑制脉冲噪声和同频干扰，还需要进一步了解它们的性质，故本节将系统地介绍循环相关熵及其谱函数的特点和性质。

9.4.1 循环相关熵的统计平均与时间平均的关系

1．循环自相关熵的统计平均

性质 9.1 设$X(t)$是一个循环平稳随机过程，其循环自相关熵的统计平均表达式$U_X^\sigma(\varepsilon,\tau)$为

$$\begin{aligned}U_X^\sigma(\varepsilon,\tau)&=\frac{1}{T_0}\int_{-T_0/2}^{T_0/2}C_X^\sigma(t,\tau)\mathrm{e}^{-\mathrm{j}2\pi\varepsilon t}\mathrm{d}t\\&=\frac{1}{T_0}\int_{-T_0/2}^{T_0/2}E\left[\kappa_\sigma\left(X(t)-X^*(t+\tau)\right)\right]\mathrm{e}^{-\mathrm{j}2\pi\varepsilon t}\mathrm{d}t\end{aligned} \tag{9.22}$$

2．循环自相关熵的时间平均

性质 9.2 设$X(t)$是一个循环平稳随机过程，且满足循环各态历经性，则其自相关熵的时间平均$\overline{C}_X^\sigma(t,\tau)$表达式为

$$\overline{C}_X^\sigma(t,\tau)=\lim_{N\to\infty}\frac{1}{2N+1}\sum_{n=-N}^{N}\kappa_\sigma\left(X(t+nT_0)-X^*(t+\tau+nT_0)\right) \tag{9.23}$$

式中，$\overline{C}_X^\sigma(t,\tau)$的“横线”表示以时间平均代替统计平均。将其代入式（9.22）中，则可将$U_X^\sigma(\varepsilon,\tau)$表达式改写为循环自相关熵的时间平均$\overline{U}_X^\sigma(\varepsilon,\tau)$表达式，即

$$\begin{aligned}\overline{U}_X^\sigma(\varepsilon,\tau)&=\frac{1}{T_0}\int_{-T_0/2}^{T_0/2}\left(\lim_{N\to\infty}\frac{1}{2N+1}\sum_{n=-N}^{N}\kappa_\sigma\left(X(t+nT_0)-X^*(t+\tau+nT_0)\right)\right)\mathrm{e}^{-\mathrm{j}2\pi mt/T_0}\mathrm{d}t\\&\overset{T=(2N+1)T_0,\ \varepsilon=m/T_0}{=}\lim_{T\to\infty}\frac{1}{T}\int_{-T/2}^{T/2}\kappa_\sigma\left(X(t)-X^*(t+\tau)\right)\mathrm{e}^{-\mathrm{j}2\pi\varepsilon t}\mathrm{d}t\\&=\left\langle\kappa_\sigma\left(X(t)-X^*(t+\tau)\right)\mathrm{e}^{-\mathrm{j}2\pi\varepsilon t}\right\rangle_t\end{aligned} \tag{9.24}$$

式中，$\overline{U}_X^\sigma(\varepsilon,\tau)$ 的“横线”同样表示以时间平均代替统计平均。$\langle\cdot\rangle_t$ 表示时间平均算子，对于具有循环各态历经性的随机过程 $X(t)$，$\langle X(t)\rangle_t$ 满足如下关系式：

$$\langle X(t)\rangle_t = \lim_{T\to\infty}\frac{1}{T}\int_{-T/2}^{T/2} X(t)\mathrm{d}t \tag{9.25}$$

对于满足循环各态历经的随机过程，可以利用时间平均代替统计平均来计算循环自相关熵及其谱函数，即 $U_X^\sigma(\varepsilon,\tau)=\overline{U}_X^\sigma(\varepsilon,\tau)$，因此在后文中不再区分时间平均和统计平均。

9.4.2 循环相关熵与偶数阶循环统计量的关系

1．循环互相关熵与偶数阶循环统计量的关系

性质 9.3　若 $X(t)$ 和 $Y(t)$ 是两个循环平稳随机过程，则其循环互相关熵 $U_{XY}^\sigma(\varepsilon,\tau)$ 与 $X(t)$ 和 $Y^*(t+\tau)$ 满足如下关系式：

$$\begin{aligned}U_{XY}^\sigma(\varepsilon,\tau) &= \frac{1}{\sqrt{2\pi}\sigma}\left\langle\left[\sum_{n=0}^{\infty}\frac{1}{n!}\left(-\frac{1}{2\sigma^2}\right)^n\left(\sum_{m=0}^{2n}(-1)^{2n-m}C_{2n}^m X^m(t)\left(Y^*(t+\tau)\right)^{2n-m}\right)\right]\mathrm{e}^{-\mathrm{j}2\pi\varepsilon t}\right\rangle_t\\ &= \frac{1}{\sqrt{2\pi}\sigma}\sum_{n=0}^{\infty}\frac{1}{n!}\left(-\frac{1}{2\sigma^2}\right)^n\left(\sum_{m=0}^{2n}(-1)^{2n-m}C_{2n}^m\left\langle X^m(t)\left(Y^*(t+\tau)\right)^{2n-m}\mathrm{e}^{-\mathrm{j}2\pi\varepsilon t}\right\rangle_t\right)\end{aligned} \tag{9.26}$$

2．循环自相关熵与偶数阶循环统计量的关系

性质 9.4　若 $X(t)$ 是一个循环平稳随机过程，则其循环自相关熵 $U_X^\sigma(\varepsilon,\tau)$ 与 $X(t)$ 和 $X^*(t+\tau)$ 满足如下关系式：

$$\begin{aligned}U_{X}^\sigma(\varepsilon,\tau) &= \frac{1}{\sqrt{2\pi}\sigma}\left\langle\left[\sum_{n=0}^{\infty}\frac{1}{n!}\left(-\frac{1}{2\sigma^2}\right)^n\left(\sum_{m=0}^{2n}(-1)^{2n-m}C_{2n}^m X^m(t)\left(X^*(t+\tau)\right)^{2n-m}\right)\right]\mathrm{e}^{-\mathrm{j}2\pi\varepsilon t}\right\rangle_t\\ &= \frac{1}{\sqrt{2\pi}\sigma}\sum_{n=0}^{\infty}\frac{1}{n!}\left(-\frac{1}{2\sigma^2}\right)^n\left(\sum_{m=0}^{2n}(-1)^{2n-m}C_{2n}^m\left\langle X^m(t)\left(X^*(t+\tau)\right)^{2n-m}\mathrm{e}^{-\mathrm{j}2\pi\varepsilon t}\right\rangle_t\right)\end{aligned} \tag{9.27}$$

9.4.3 循环相关熵的时移关系

1．循环互相关熵的时移关系

性质 9.5　若 $X_1(t)$、$X_2(t)$、$Y_1(t)$、$Y_2(t)$ 是 4 个循环平稳随机过程，且满足 $X_2(t)=X_1(t-t_0)$，$Y_2(t)=Y_1(t-t_0)$，由于各随机过程之间的时移关系，对应的循环互相关熵 $U_{X_1Y_1}^\sigma(\varepsilon,\tau)$ 和 $U_{X_2Y_2}^\sigma(\varepsilon,\tau)$ 满足如下关系式：

$$U_{X_2Y_2}^\sigma(\varepsilon,\tau)=U_{X_1Y_1}^\sigma(\varepsilon,\tau)\mathrm{e}^{-\mathrm{j}2\pi\varepsilon t_0} \tag{9.28}$$

证明 根据循环互相关熵的定义，$U^{\sigma}_{X_2Y_2}(\varepsilon,\tau)$满足如下关系式：

$$\begin{aligned}
U^{\sigma}_{X_2Y_2}(\varepsilon,\tau) &= \frac{1}{T_0}\int_{-T_0/2}^{T_0/2} C^{\sigma}_{X_2Y_2}(t,\tau)\mathrm{e}^{-\mathrm{j}2\pi\varepsilon t}\mathrm{d}t \\
&= \frac{1}{\sqrt{2\pi}\sigma}\frac{1}{T_0}\int_{-T_0/2}^{T_0/2} E\left[\exp\left(-\left|X_2(t)-Y_2^*(t+\tau)\right|^2\Big/\left(2\sigma^2\right)\right)\right]\mathrm{e}^{-\mathrm{j}2\pi\varepsilon t}\mathrm{d}t \\
&= \frac{1}{\sqrt{2\pi}\sigma}\frac{1}{T_0}\int_{-T_0/2}^{T_0/2} E\left[\exp\left(-\left|X_1(t-t_0)-Y_1^*(t-t_0+\tau)\right|^2\Big/\left(2\sigma^2\right)\right)\right]\mathrm{e}^{-\mathrm{j}2\pi\varepsilon t}\mathrm{d}t \\
&\overset{s=t-t_0}{=} \frac{1}{T_0}\int_{-T_0/2}^{T_0/2} E\left[\exp\left(-\left|X_1(s)-Y_1^*(s+\tau)\right|^2\Big/\left(2\sigma^2\right)\right)\right]\mathrm{e}^{-\mathrm{j}2\pi\varepsilon(s+t_0)}\mathrm{d}(s+t_0) \\
&= \left(\frac{1}{T_0}\int_{-T_0/2}^{T_0/2} E\left[\frac{1}{\sqrt{2\pi}\sigma}\exp\left(-\left|X_1(s)-Y_1^*(s+\tau)\right|^2\Big/\left(2\sigma^2\right)\right)\right]\mathrm{e}^{-\mathrm{j}2\pi\varepsilon s}\mathrm{d}s\right)\mathrm{e}^{-\mathrm{j}2\pi\varepsilon t_0} \\
&= U^{\sigma}_{X_1Y_1}(\varepsilon,\tau)\mathrm{e}^{-\mathrm{j}2\pi\varepsilon t_0}
\end{aligned} \tag{9.29}$$

2．循环自相关熵的时移关系

性质 9.6 若$X(t)$和$Y(t)$是两个循环平稳随机过程，且满足$Y(t)=X(t-t_0)$，由于随机过程间的时移关系，对应的循环自相关熵$U^{\sigma}_{X}(\varepsilon,\tau)$和$U^{\sigma}_{Y}(\varepsilon,\tau)$满足如下关系式：

$$U^{\sigma}_{Y}(\varepsilon,\tau)=U^{\sigma}_{X}(\varepsilon,\tau)\mathrm{e}^{-\mathrm{j}2\pi\varepsilon t_0} \tag{9.30}$$

由于证明过程与式（9.29）类似，故而此处省略证明过程。

9.4.4 循环相关熵的对称关系

1．循环互相关熵的时移域对称关系

性质 9.7 若$X(t)$和$Y(t)$是两个循环平稳随机过程，则其循环互相关熵$U^{\sigma}_{XY}(\varepsilon,\tau)$和$U^{\sigma}_{YX}(\varepsilon,\tau)$在时移域具有对称关系，即满足如下关系式：

$$U^{\sigma}_{XY}(\varepsilon,-\tau)=U^{\sigma}_{YX}(\varepsilon,\tau)\mathrm{e}^{-\mathrm{j}2\pi\varepsilon\tau} \tag{9.31}$$

证明 根据循环互相关熵的定义，可知$U^{\sigma}_{XY}(\varepsilon,-\tau)$满足如下关系式：

$$\begin{aligned}
U^{\sigma}_{XY}(\varepsilon,-\tau) &= \frac{1}{T_0}\int_{-T_0/2}^{T_0/2} E\left[\kappa_\sigma\left(X(t)-Y^*(t-\tau)\right)\right]\mathrm{e}^{-\mathrm{j}2\pi\varepsilon t}\mathrm{d}t \\
&\overset{s=t-\tau}{=} \frac{1}{T_0}\int_{-T_0/2}^{T_0/2} E\left[\kappa_\sigma\left(X(s+\tau)-Y^*(s)\right)\right]\mathrm{e}^{-\mathrm{j}2\pi\varepsilon(s+\tau)}\mathrm{d}(s+\tau) \\
&= \left(\frac{1}{T_0}\int_{-T_0/2}^{T_0/2} E\left[\kappa_\sigma\left(Y(s)-X^*(s+\tau)\right)\right]\mathrm{e}^{-\mathrm{j}2\pi\varepsilon s}\mathrm{d}s\right)\mathrm{e}^{-\mathrm{j}2\pi\varepsilon\tau} \\
&= \left(\frac{1}{T_0}\int_{-T_0/2}^{T_0/2} C^{\sigma}_{YX}(s,\tau)\mathrm{e}^{-\mathrm{j}2\pi\varepsilon s}\mathrm{d}s\right)\mathrm{e}^{-\mathrm{j}2\pi\varepsilon\tau} \\
&= U^{\sigma}_{YX}(\varepsilon,\tau)\mathrm{e}^{-\mathrm{j}2\pi\varepsilon\tau}
\end{aligned} \tag{9.32}$$

2．循环自相关熵的时移域对称关系

性质 9.8　若 $X(t)$ 是一个循环平稳随机过程，则其循环自相关熵 $U_X^\sigma(\varepsilon,\tau)$ 在时移域具有对称关系，即满足如下关系式：

$$U_X^\sigma(\varepsilon,-\tau)=U_X^\sigma(\varepsilon,\tau)\mathrm{e}^{-\mathrm{j}2\pi\varepsilon\tau} \tag{9.33}$$

由于证明过程和式（9.32）类似，故而此处省略证明过程。

3．循环互相关熵的循环频率域共轭对称关系

性质 9.9　若 $X(t)$ 和 $Y(t)$ 是两个循环平稳随机过程，则其循环互相关熵 $U_{XY}^\sigma(\varepsilon,\tau)$ 在循环频率域具有共轭对称关系，即满足如下关系式：

$$U_{XY}^\sigma(-\varepsilon,\tau)=\left[U_{XY}^\sigma(\varepsilon,\tau)\right]^* \tag{9.34}$$

证明　根据循环互相关熵的定义，$U_{XY}^\sigma(-\varepsilon,\tau)$ 满足如下关系式：

$$\begin{aligned}U_{XY}^\sigma(-\varepsilon,\tau)&=\frac{1}{T_0}\int_{-T_0/2}^{T_0/2}C_{XY}^\sigma(t,\tau)\mathrm{e}^{-\mathrm{j}2\pi(-\varepsilon)t}\mathrm{d}t\\&=\left[\frac{1}{T_0}\int_{-T_0/2}^{T_0/2}C_{XY}^\sigma(t,\tau)\mathrm{e}^{-\mathrm{j}2\pi\varepsilon t}\mathrm{d}t\right]^*=\left[U_{XY}^\sigma(\varepsilon,\tau)\right]^*\end{aligned} \tag{9.35}$$

4．循环自相关熵的循环频率域共轭对称关系

性质 9.10　若 $X(t)$ 是一个循环平稳随机过程，则其循环自相关熵 $U_X^\sigma(\varepsilon,\tau)$ 在循环频率域具有共轭对称关系，即满足如下关系式：

$$U_X^\sigma(-\varepsilon,\tau)=\left[U_X^\sigma(\varepsilon,\tau)\right]^* \tag{9.36}$$

由于证明过程和式（9.35）类似，故而此处省略证明过程。

9.4.5　循环相关熵谱的共轭对称关系

1．循环互相关熵谱的循环频率-频率域共轭对称关系

性质 9.11　若 $X(t)$ 和 $Y(t)$ 是两个循环平稳随机过程，则其循环互相关熵谱 $S_{XY}^\sigma(\varepsilon,f)$ 在循环频率-频率域具有共轭对称关系，即满足如下关系式：

$$S_{XY}^\sigma(-\varepsilon,-f)=\left[S_{XY}^\sigma(\varepsilon,f)\right]^* \tag{9.37}$$

证明　根据循环互相关熵谱的定义和式（9.34）可知，$S_{XY}^\sigma(-\varepsilon,-f)$ 满足如下关系式：

$$\begin{aligned}S_{XY}^\sigma(-\varepsilon,-f)&=\int_{-\infty}^{\infty}U_{XY}^\sigma(-\varepsilon,\tau)\mathrm{e}^{-\mathrm{j}2\pi(-f)\tau}\mathrm{d}\tau\\&=\int_{-\infty}^{\infty}\left[U_{XY}^\sigma(\varepsilon,\tau)\right]^*\mathrm{e}^{-\mathrm{j}2\pi(-f)\tau}\mathrm{d}\tau\\&=\left[\int_{-\infty}^{\infty}U_{XY}^\sigma(\varepsilon,\tau)\mathrm{e}^{-\mathrm{j}2\pi f\tau}\mathrm{d}\tau\right]^*\\&=\left[S_{XY}^\sigma(\varepsilon,f)\right]^*\end{aligned} \tag{9.38}$$

2．循环自相关熵谱的循环频率-频率域共轭对称关系

性质 9.12 若 $X(t)$ 一个循环平稳随机过程，则其循环自相关熵谱 $S_X^\sigma(\varepsilon,f)$ 在循环频率-频率域具有共轭对称关系，即满足如下关系式：

$$S_X^\sigma(-\varepsilon,-f)=\left[S_X^\sigma(\varepsilon,f)\right]^* \tag{9.39}$$

由于证明过程和（9.38）类似，故而此处省略证明过程。

9.4.6 循环相关熵谱的谱峰与载波频率和码元速率的关系

1．AM 调制信号循环自相关熵谱的谱峰与载波频率的关系

性质 9.13 若 $x(t)$ 是一个 AM 调制信号，则其循环自相关熵谱 $S_x^\sigma(\varepsilon,f)$ 在 $\varepsilon=\pm 2f_c$ 处存在谱峰。

为了进一步说明该性质，选取具有二阶循环平稳特性的实值 AM 调制信号作为研究对象，设其包络 $a(t)$ 是一个零均值的平稳实信号，具有各态历经性，并且满足如下关系式：

$$\begin{cases}\langle a(t)\rangle_t=0\\ \langle a(t+\tau/2)a(t-\tau/2)\rangle_t\neq 0\\ \left\langle a(t)\mathrm{e}^{-\mathrm{j}2\pi\varepsilon t}\right\rangle_t=0\\ \left\langle a(t+\tau/2)a(t-\tau/2)\mathrm{e}^{-\mathrm{j}2\pi\varepsilon t}\right\rangle_t=0,\quad \forall\varepsilon\neq 0\end{cases} \tag{9.40}$$

由 $\langle a(t)\rangle_t=0$ 和 $\left\langle a(t)\mathrm{e}^{-\mathrm{j}2\pi\varepsilon t}\right\rangle_t=0$ 可知，AM 信号的包络 $a(t)$ 的均值为零且不具有一阶循环平稳特性；又由 $\left\langle a(t+\tau/2)a(t-\tau/2)\mathrm{e}^{-\mathrm{j}2\pi\varepsilon t}\right\rangle_t=0$ 可知，该包络 $a(t)$ 也不具有二阶循环平稳特性。则连续 AM 信号 $x(t)$ 满足如下关系式：

$$x(t)=a(t)\cos(2\pi f_c t+\varphi_0) \tag{9.41}$$

式中，φ_0 表示初始相位，而 f_c 表示载波频率（简称为载频）。

为方便表示，常将循环自相关熵 $U_x^\sigma(\varepsilon,\tau)$ 写成对称形式，如下式所示：

$$U_x^\sigma(\varepsilon,\tau)=\left\langle\kappa_\sigma\big(x(t-\tau/2)-x(t+\tau/2)\big)\mathrm{e}^{-\mathrm{j}2\pi\varepsilon t}\right\rangle_t \tag{9.42}$$

将循环自相关熵进行泰勒级数展开，可得

$$\begin{aligned}U_x^\sigma(\varepsilon,\tau)&=\frac{1}{\sqrt{2\pi}\sigma}\left\langle\left[\sum_{n=0}^{\infty}\frac{1}{n!}\left(-\frac{1}{2\sigma^2}\right)^n\left|x(t-\tau/2)-x(t+\tau/2)\right|^{2n}\right]\mathrm{e}^{-\mathrm{j}2\pi\varepsilon t}\right\rangle_t\\&=\frac{1}{\sqrt{2\pi}\sigma}\sum_{n=0}^{\infty}\frac{1}{n!}\left(-\frac{1}{2\sigma^2}\right)^n\left\langle\left|x(t-\tau/2)-x(t+\tau/2)\right|^{2n}\mathrm{e}^{-\mathrm{j}2\pi\varepsilon t}\right\rangle_t\end{aligned} \tag{9.43}$$

由 9.2.3 节中对系数 $\frac{1}{n!}\left(-\frac{1}{2\sigma^2}\right)^n$ 的说明可知，无论 σ 如何取值，$2\sigma^2\sqrt[n]{n!}$ 都会随着 n

的增加而增加且趋向于无穷大，导致$\left|\frac{1}{n!}\left(\frac{1}{2\sigma^2}\right)^n\right|=\left|\frac{1}{n!}\left(-\frac{1}{2\sigma^2}\right)^n\right|$迅速衰减且趋向于零，故而使得$U_x^\sigma(\varepsilon,\tau)$中与高阶矩相对应的分量迅速减小。此外，考虑到如 AM 信号的许多人工信号具有二阶循环平稳特性，选取$\left|x(t-\tau/2)-x(t+\tau/2)\right|^2$，求傅里叶级数，结果如下：

$$\left\langle\left|x\left(t-\frac{\tau}{2}\right)-x\left(t+\frac{\tau}{2}\right)\right|^2\mathrm{e}^{-\mathrm{j}2\pi\varepsilon t}\right\rangle_t=\begin{cases}R_a(0)-\cos(2\pi f_\mathrm{c}\tau)R_a(\tau), & \varepsilon=0\\ \frac{1}{2}\left(\cos(2\pi f_\mathrm{c}\tau)R_a(0)-R_a(\tau)\right), & \varepsilon=\pm2f_\mathrm{c}\\ 0, & 其他\end{cases}\tag{9.44}$$

式中，$R_a(\tau)=E\left[a(t+\tau/2)a(t-\tau/2)\right]=\left\langle a(t+\tau/2)a(t-\tau/2)\right\rangle_t=\overline{R}_a(\tau)$。

继续求傅里叶变换，结果如下：

$$\int_{-\infty}^{\infty}\left\langle\left|x(t-\tau/2)-x(t+\tau/2)\right|_2^2\mathrm{e}^{-\mathrm{j}2\pi\varepsilon t}\right\rangle_t\mathrm{e}^{-\mathrm{j}2\pi f\tau}\mathrm{d}\tau=\begin{cases}2\pi R_a(0)\delta(f)-\frac{1}{2}\left[S_a(f-f_\mathrm{c})+S_a(f+f_\mathrm{c})\right], & \varepsilon=0\\ \frac{1}{2}\left[\pi R_a(0)\delta(f-f_\mathrm{c})+\pi R(0)\delta(f+f_\mathrm{c})-S_a(f)\right], & \varepsilon=\pm2f_c\\ 0, & 其他\end{cases}\tag{9.45}$$

式中，$S_a(f)$表示$R_a(\tau)$的傅里叶变换，即它的频率谱密度函数。

由式（9.45）可知，AM 信号的循环自相关熵谱在$\varepsilon=\pm2f_\mathrm{c}$处存在谱峰。这是因为，首先 AM 信号具有二阶循环平稳特性，其自相关熵中包含周期性的二阶统计量分量，如$E\left(\left|x(t-\tau/2)-x(t+\tau/2)\right|^2\right)$，故而它所对应的循环自相关熵谱在非零循环频率处具有谱峰。这一结论为进一步通过循环频率对二阶循环平稳的各类信号进行频率估计提供了理论依据，故而在实际应用中，不必再要求信号具有偶数阶循环平稳的特性，也不必再要求循环自相关熵及其谱函数一定存在，而只要求它具有二阶循环平稳的特性。

2．PSK 调制信号循环自相关熵谱的谱峰与载波频率和码元速率的关系

前文的结论是基于 AM 这类模拟调制信号而得到的，那么对于其他类型的调制信号，尤其是数字调制信号，是否满足上述结论是我们进一步需要关心的问题。文献中给出了基于二阶循环统计量的研究成果，即对于数字调制信号而言，循环频率所对应的谱峰位置不仅与载波频率f_c有关，还与数字基带信号的码元速率R_B有关。对于 2PSK 信号而言，其循环自相关熵谱即满足如下性质。

性质 9.14　若$x(t)$是一个 2PSK 调制信号，则其循环自相关熵谱$S_x^\sigma(\varepsilon,f)$在

$\varepsilon = \pm 2f_c + kR_B$ 处存在谱峰。

性质 9.15 若 $x(t)$ 是一个 2PSK 调制信号，则其循环自相关熵谱 $S_x^\sigma(\varepsilon, f)$ 在 $\varepsilon = kR_B$ 处存在谱峰。

下面从三个方面分别说明上述关系。

（1）PSK 类调制信号循环自相关熵谱的谱峰与载波频率和码元速率的关系

以 2PSK 的数字调制信号为例，在 $\varepsilon = kR_B$ 处，循环自相关熵包含与 $R_b(\varepsilon,\tau)\cos(2\pi f_c\tau) - R_b(\varepsilon,0)\left(1+e^{j2\pi\varepsilon\tau}\right)$ 成正比的非零分量，这里 $R_b(\varepsilon,\tau)$ 是 2PSK 信号 $s(t)=b(t)\cos(2\pi f_c t)$ 的基带包络 $b(t)=\sum_n b_n q(t-nT_B)$ 的循环自相关函数，T_B 为码元宽度，且满足 $T_B = 1/R_B$；而在 $\varepsilon = \mp 2f_c + kR_B$ 处，循环自相关熵包含与 $R_b(\varepsilon \pm 2f_c,\tau) - R_b(\varepsilon \pm 2f_c,0)\left(1+e^{j2\pi\varepsilon\tau}\right)$ 成正比的非零分量，故在循环自相关熵谱中也存在对应的谱峰。

为了验证上述结论，选取 2PSK 信号，设采样频率为 f_s，首先选取码元速率为 $R_B = 0.05f_s$，载波频率为 $f_c = 0.1f_s = 2R_B$，实验结果如图 9.8（a）所示；然后选取 $R_B = 0.01f_s$，$f_c = 0.02f_s = 2R_B$，实验结果如图 9.8（b）所示。为了进一步对该问题进行拓展研究，选取 4PSK 信号和上述实验条件，并重新进行实验。将循环自相关熵谱投影至循环频率域，得到循环自相关熵谱投影，简称为循环相关熵谱投影。实验结果如图 9.8（c）和图 9.8（d）所示。

由图 9.8 可见，对于 2PSK 信号，当 $R_B = 0.05f_s$ 时，在 $\varepsilon = kR_B$ 处的谱峰清晰，而当 $R_B = 0.01f_s$ 时，在 $\varepsilon = kR_B$ 处的谱峰也可以分辨。此外，在上述条件下，谱峰也出现在 $\varepsilon = \pm 2f_c + kR_B$ 处，故而初步验证了循环自相关熵谱的谱峰与载波频率和码元速率之间的关系。同样，对于 4PSK 信号，也可以观察到相似的实验结果并得出相同的结论。但是由于各类谱峰此起彼伏，故在实际应用中很难通过上述办法判断与载波频率及码元速率所对应的谱峰。

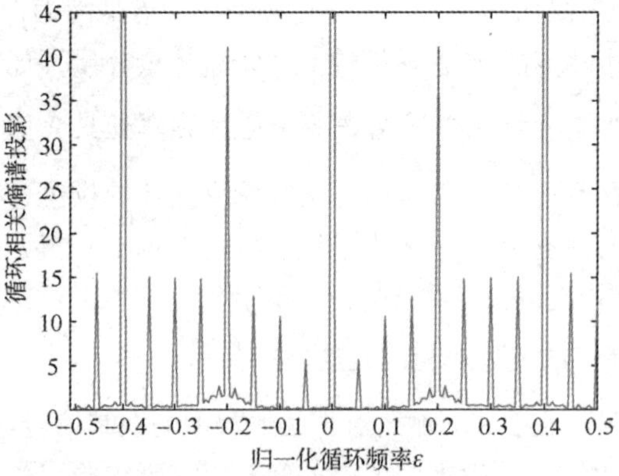

（a）

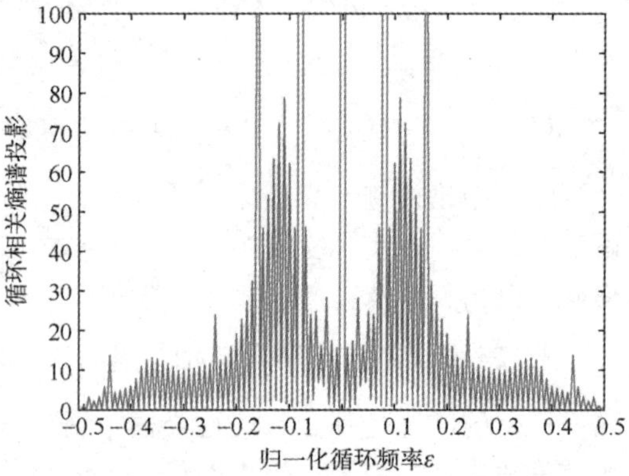

（b）

图 9.8 循环相关熵谱投影的谱峰与载波频率和码元速率的关系。
（a）2PSK 信号 $f_c = 0.1f_s = 2R_B$；（b）2PSK 信号 $f_c = 0.02f_s = 2R_B$；
（c）4PSK 信号 $f_c = 0.1f_s = 2R_B$；（d）4PSK 信号 $f_c = 0.02f_s = 2R_B$

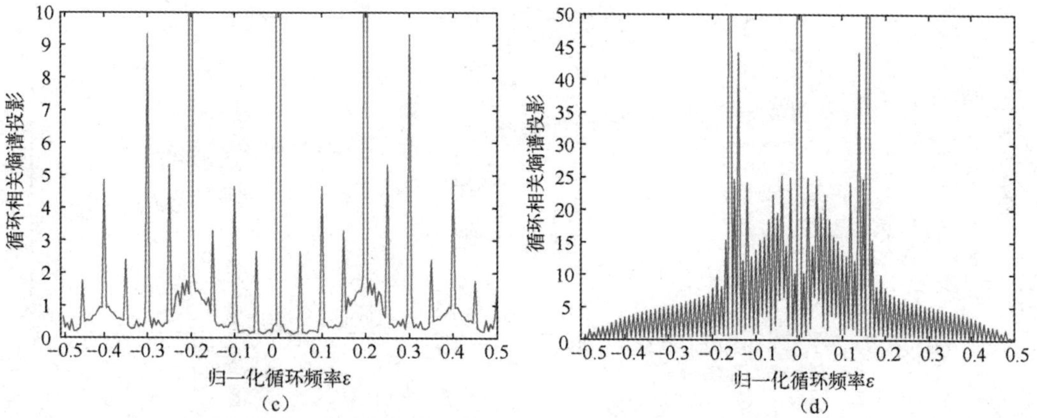

图 9.8　循环相关熵谱投影的谱峰与载波频率和码元速率的关系（续）。
（a）2PSK 信号 $f_c = 0.1f_s = 2R_B$；（b）2PSK 信号 $f_c = 0.02f_s = 2R_B$；
（c）4PSK 信号 $f_c = 0.1f_s = 2R_B$；（d）4PSK 信号 $f_c = 0.02f_s = 2R_B$

（2）PSK 类调制信号循环相关熵谱投影的谱峰与码元速率的关系

为了排除载波频率对循环相关熵谱投影中谱峰位置的影响，将高频调制信号的载波频率降至零中频，利用接收机 I 和 Q 两个输出通道的信号和正交信号模型构成复信号，并依据循环相关熵及其谱函数的公式计算循环频率域上的谱投影。分别选取 2PSK 和 4PSK 调制信号，信号的参数分别设定为 $R_B = 0.1f_s, R_B = 0.125f_s, R_B = 0.2f_s, R_B = 0.25f_s$，实验结果如图 9.9 所示。

由图 9.9（a）~（d）可见，对于 2PSK 信号，循环相关熵谱投影的谱峰出现在 $\varepsilon = kR_B$ 处，更进一步地验证了循环相关熵谱峰与码元速率的关系；与图 9.8 相比，实验结果更为清晰，对结论的验证也更为直接。此外，由图 9.9（e）~（h）可见，对于 4PSK 信号，也可以观察到相似的实验结果，即在 $\varepsilon = kR_B$ 处会出现谱峰。

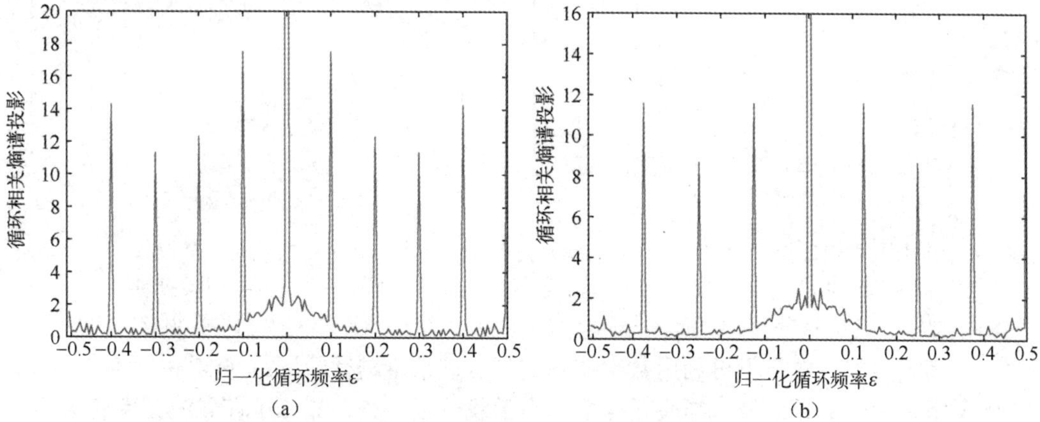

图 9.9　循环相关熵谱投影的谱峰与码元速率的关系。（a）2PSK 信号 $R_B = 0.1f_s$；（b）2PSK 信号 $R_B = 0.125f_s$；（c）2PSK 信号 $R_B = 0.2f_s$；（d）2PSK 信号 $R_B = 0.25f_s$；（e）4PSK 信号 $R_B = 0.1f_s$；(f)4PSK 信号 $R_B = 0.125f_s$；(g)4PSK 信号 $R_B = 0.2f_s$；(h)4PSK 信号 $R_B = 0.25f_s$

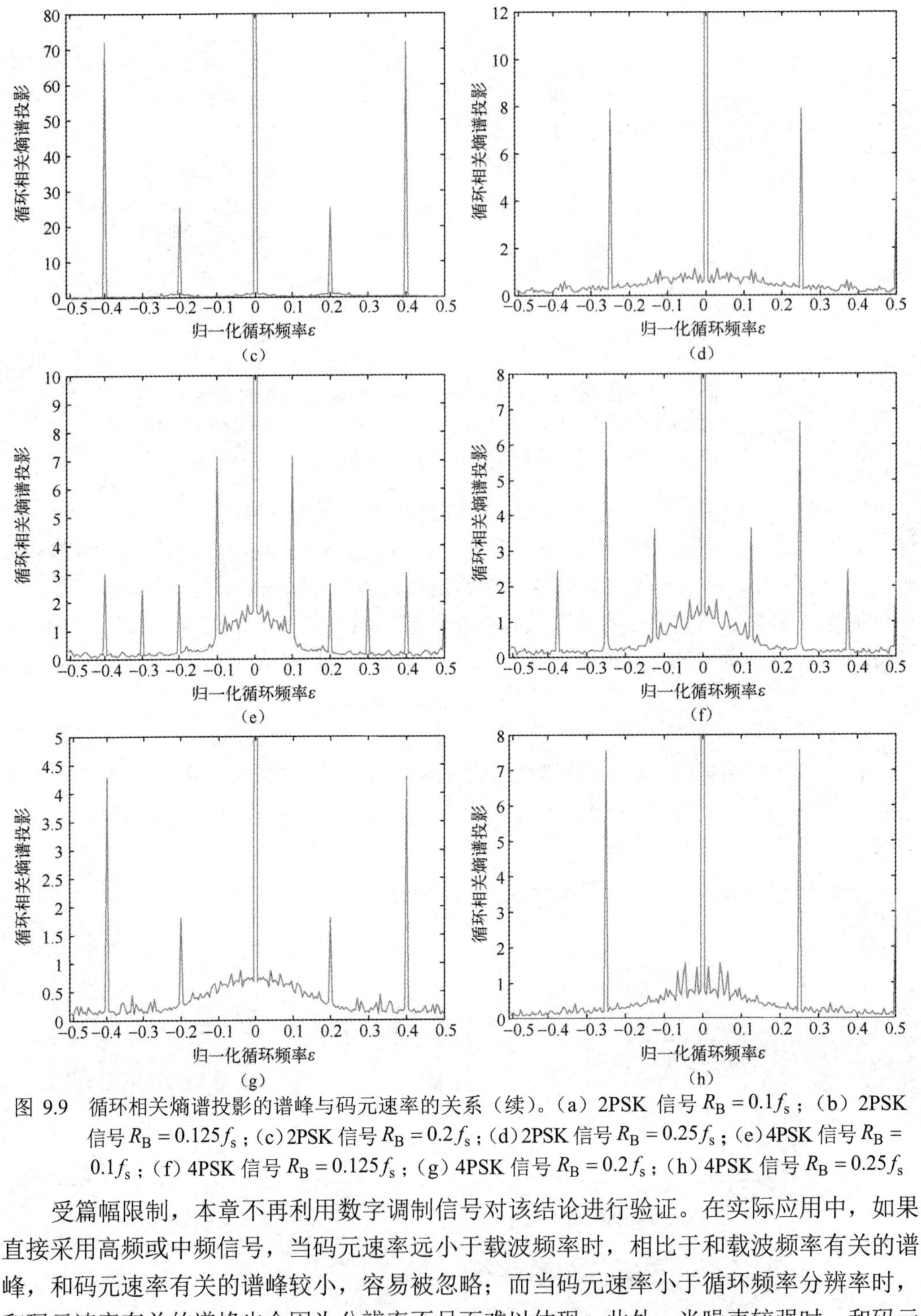

图 9.9 循环相关熵谱投影的谱峰与码元速率的关系（续）。(a) 2PSK 信号 $R_B = 0.1f_s$；(b) 2PSK 信号 $R_B = 0.125f_s$；(c) 2PSK 信号 $R_B = 0.2f_s$；(d) 2PSK 信号 $R_B = 0.25f_s$；(e) 4PSK 信号 $R_B = 0.1f_s$；(f) 4PSK 信号 $R_B = 0.125f_s$；(g) 4PSK 信号 $R_B = 0.2f_s$；(h) 4PSK 信号 $R_B = 0.25f_s$

受篇幅限制，本章不再利用数字调制信号对该结论进行验证。在实际应用中，如果直接采用高频或中频信号，当码元速率远小于载波频率时，相比于和载波频率有关的谱峰，和码元速率有关的谱峰较小，容易被忽略；而当码元速率小于循环频率分辨率时，和码元速率有关的谱峰也会因为分辨率不足而难以体现。此外，当噪声较强时，和码元速率有关的谱峰可能被淹没，也难以确认。但如果采用零中频输出信号，再通过循环自相关熵谱的谱峰位置来估计原始信号码元速率，则可以得到准确的估计结果。

（3）各类数字调制信号循环相关熵谱的谱峰与载波频率的关系

显而易见的是，若要实现零中频的输出，需要能够准确地估计信号的载波频率，因此，下面进一步介绍循环相关熵谱的谱峰与载波频率的关系。选取多种调制信号的循环相关熵谱投影作为研究对象，信号参数为 $R_{\mathrm{B}}=0.005f_{\mathrm{s}}$，$f_{\mathrm{c}}=0.1f_{\mathrm{s}}=20R_{\mathrm{B}}$，结果如图 9.10 所示。

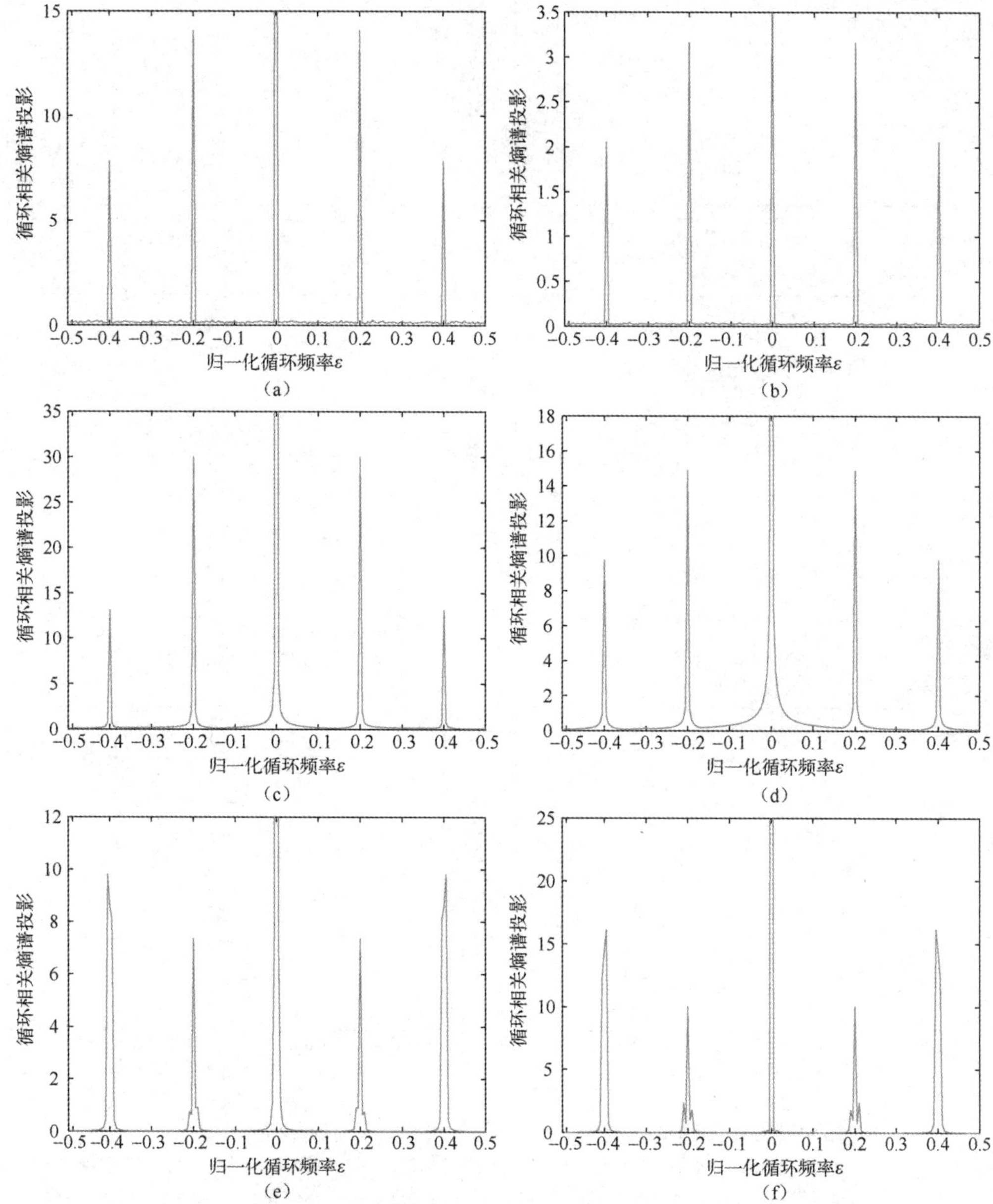

图 9.10　循环相关熵谱投影的谱峰与载波频率的关系。（a）AM 实信号；（b）AM 复信号；（c）2ASK 实信号；（d）2ASK 复信号；（e）MSK 实信号；（f）MSK 复信号；（g）2PSK 实信号；（h）2PSK 复信号；（i）4PSK 实信号；（j）4PSK 复信号；（k）8PSK 实信号；（l）8PSK 复信号；（m）16QAM 实信号；（n）16QAM 复信号；（o）32QAM 实信号；（p）32QAM 复信号；（q）64QAM 实信号；（r）64QAM 复信号

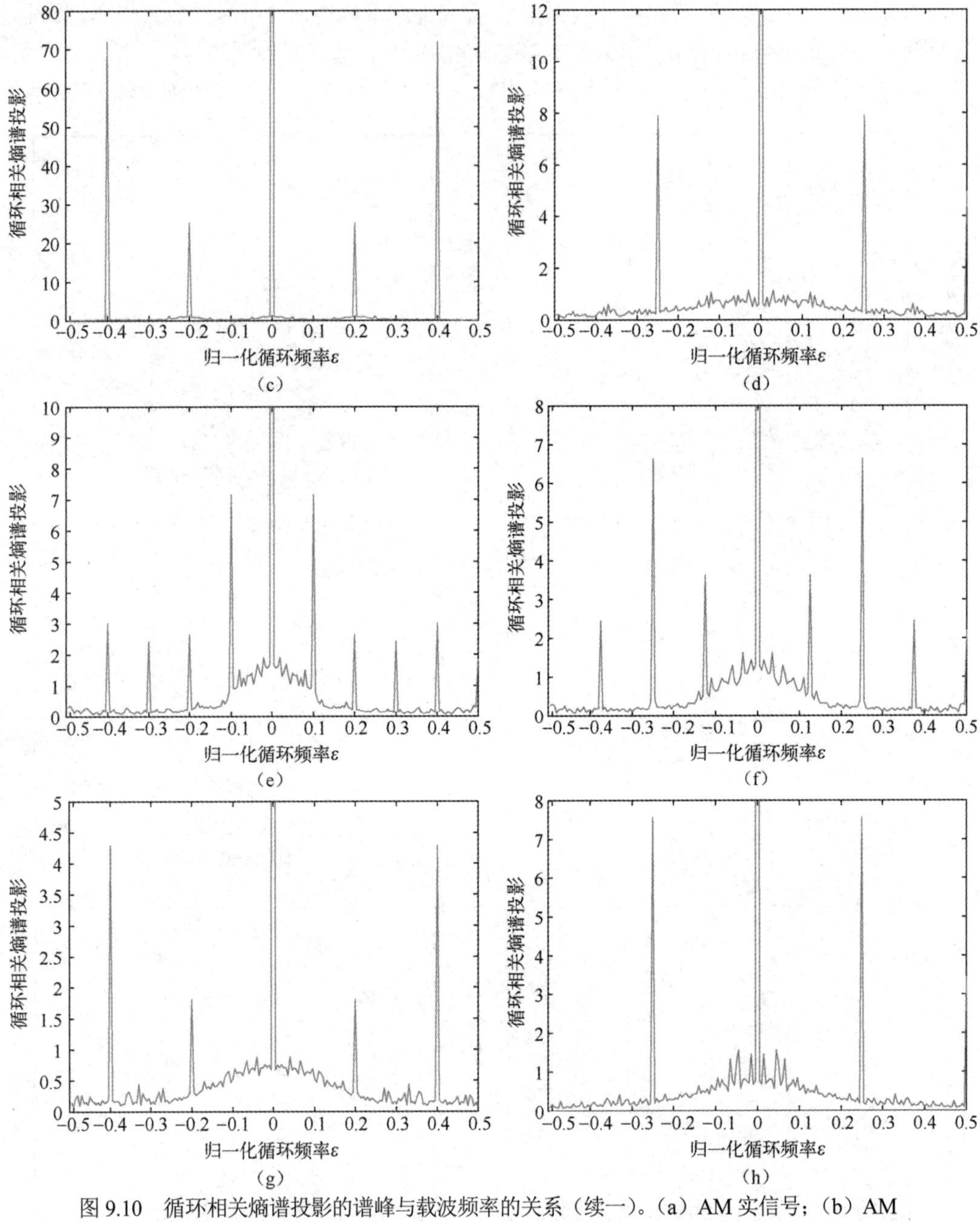

图 9.10　循环相关熵谱投影的谱峰与载波频率的关系（续一）。(a) AM 实信号；(b) AM 复信号；(c) 2ASK 实信号；(d) 2ASK 复信号；(e) MSK 实信号；(f) MSK 复信号；(g) 2PSK 实信号；(h) 2PSK 复信号；(i) 4PSK 实信号；(j) 4PSK 复信号；(k) 8PSK 实信号；(l) 8PSK 复信号；(m) 16QAM 实信号；(n) 16QAM 复信号；(o) 32QAM 实信号；(p) 32QAM 复信号；(q) 64QAM 实信号；(r) 64QAM 复信号

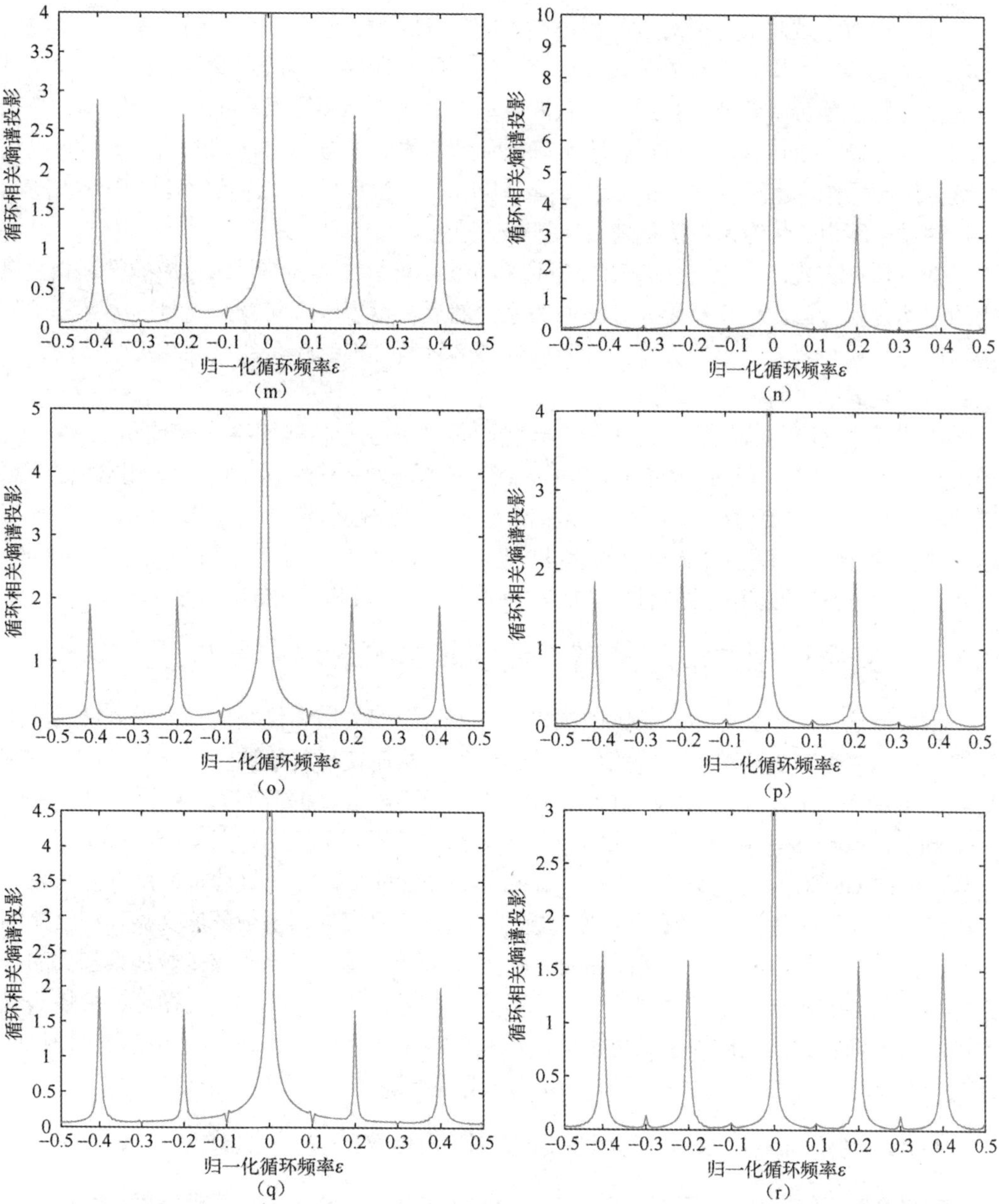

图 9.10　循环相关熵谱投影的谱峰与载波频率的关系（续二）。(a) AM 实信号；(b) AM 复信号；(c) 2ASK 实信号；(d) 2ASK 复信号；(e) MSK 实信号；(f) MSK 复信号；(g) 2PSK 实信号；(h) 2PSK 复信号；(i) 4PSK 实信号；(j) 4PSK 复信号；(k) 8PSK 实信号；(l) 8PSK 复信号；(m) 16QAM 实信号；(n) 16QAM 复信号；(o) 32QAM 实信号；(p) 32QAM 复信号；(q) 64QAM 实信号；(r) 64QAM 复信号

由图 9.10 可见，各类常见调制信号的循环相关熵谱投影的谱峰出现在 $\varepsilon = \pm 0.2 f_s$ 处，考虑到信号载波频率均为 $f_c = 0.1 f_s$，故各种数字调制信号也存在类似于 AM 信号的结论，即在它们的循环相关熵谱中的 $\varepsilon = \pm 2 f_c$ 处也存在谱峰。此外，还可以发现，循环相关熵谱投影在 $\varepsilon = \pm 4 f_c$ 附近也存在谱峰，由式（9.43）可知，该处的谱峰是由谐波分量所引入的。

在上述数字调制信号所对应的循环相关熵谱投影中，没有观察到码元速率对谱峰的影响。主要有三个原因，首先是载波频率远大于码元速率；其次是受限于计算量，所选取的循环频率分辨率较低；最后是与载波频率相关的谱峰强度远高于与码元速率相关的谱峰强度。通过上述方法，可以较为准确地估计信号载波频率，再借助估计值对调制信号进行降频操作，就可以基于正交信号模型利用零中频的 I、Q 双通道输出构造复信号，最后通过循环相关熵谱谱峰搜索来估计基带信号的码元速率。

通过仿真实验，本节首先验证了 2PSK 和 4PSK 等数字调制信号所对应的循环相关熵谱的谱峰位置与载波频率和码元速率的关系，然后验证了零中频输出信号的循环相关熵谱的谱峰位置与码元速率的关系，最后验证了多种数字调制信号的循环相关熵谱的谱峰位置与载波频率间的关系。

由此可见，本节所介绍的各类关系是通过循环相关熵谱估计信号载波频率或码元速率的理论依据。更重要的是，若感兴趣信号与干扰在时域和频域均是重叠的，则难以利用常规的时域或频域方法对它们进行分析和处理。在这种情况下，若感兴趣信号与干扰信号具有不同的码元速率，则可以借助循环相关熵及其谱函数对其进行分离，从而实现对感兴趣信号的分析和处理。此外，本节所介绍的诸多关系与性质也是第 10 章中有关循环相关熵应用的理论依据。

9.5 广义循环相关熵及其谱函数的基本概念和主要性质

相关熵这一概念提出后，文献中提出了许多基于相关熵和传统信号处理算法的改进算法，在脉冲噪声下获得了较好的信号处理性能，从而使相关熵这一概念得到广泛的重视。基于相关熵这一基本概念，Chen 等人提出了基于广义高斯核函数的广义相关熵（generalized correntropy）的概念，Zhang 等人提出了基于相关熵的相关（correntropy-based correlation，CRCO）这一概念。上述广义相关熵概念的提出为更好地抑制脉冲噪声提供了可能。此外，在循环频率域，Li 等人提出了基于广义高斯核函数的广义循环相关熵的概念，在本书中称为第一类广义循环相关熵；Chen 等人提出了基于核函数加权相关的广义循环相关熵的概念，在本书中称为第二类广义循环相关熵。两类广义循环相关熵概念的提出均为抑制脉冲噪声提供了更多的选项和可能。作为对相关熵和循环相关熵理论的补充，本节对广义循环相关熵的概念和基本理论进行介绍。

9.5.1 第一类广义循环相关熵及其谱函数的基本概念

定义 9.9 第一类广义互相关熵 $X(t)$ 和 $Y(t)$ 为两个循环平稳随机过程，其第一类广义互相关熵的定义为

$$C_{XY}^{(1)}(t,\tau)=E\left[G_{\mu\nu}\left(X(t)-Y(t+\tau)\right)\right] \tag{9.46}$$

式中，$G_{\mu\nu}(\cdot)$ 表示广义高斯核函数，定义为

$$\begin{aligned}G_{\mu\nu}\left(X(t)-Y^*(t+\tau)\right)&=\frac{\mu}{2\nu\Gamma(1/\mu)}\exp\left(-\left|\frac{X(t)-Y^*(t+\tau)}{\nu}\right|^{\mu}\right)\\&=\gamma_{\mu\nu}\exp\left(-\lambda\left|X(t)-Y^*(t+\tau)\right|^{\mu}\right)\end{aligned} \tag{9.47}$$

其中，$\Gamma(\cdot)$ 表示伽马函数，$\mu>0$ 表示形状参数，$\nu>0$ 表示尺度参数，$\lambda=\nu^{-\mu}$ 表示核参数，$\gamma_{\mu\nu}=\mu/\left[2\nu\Gamma(1/\mu)\right]$ 表示归一化的常数。

定义 9.10　第一类广义循环互相关熵　若 $C_{XY}^{(1)}(t,\tau)$ 具有周期性，不妨设其周期为 T_0，则对应的第一类广义循环互相关熵 $U_{XY}^{(1)}(\varepsilon,\tau)$ 定义为 $C_{XY}^{(1)}(t,\tau)$ 的傅里叶级数的系数，如下式所示：

$$U_{XY}^{(1)}(\varepsilon,\tau)=\frac{1}{T_0}\int_{-T_0/2}^{T_0/2}C_{XY}^{(1)}(t,\tau)\mathrm{e}^{-\mathrm{j}2\pi\varepsilon t}\mathrm{d}t \tag{9.48}$$

定义 9.11　第一类广义循环互相关熵谱　$U_{XY}^{(1)}(\varepsilon,\tau)$ 所对应的第一类广义循环互相关熵谱 $S_{XY}^{(1)}(\varepsilon,f)$ 定义为

$$S_{XY}^{(1)}(\varepsilon,f)=\int_{-\infty}^{\infty}U_{XY}^{(1)}(\varepsilon,\tau)\mathrm{e}^{-\mathrm{j}2\pi f\tau}\mathrm{d}\tau \tag{9.49}$$

鉴于循环互相关熵与循环自相关熵的关系，可以通过第一类广义循环互相关熵及其谱函数的定义得到第一类广义自相关熵及其谱函数的定义。

以两个 AM 信号为例，计算其第一类广义互相关熵及其谱函数，其结果和谱投影如图 9.11 所示。其中，参数设置为 $\mu=4$，$\nu=1$，采样频率为 f_s，载波频率为 $f_c=0.1f_s$，高斯核函数的核长为 0.5。

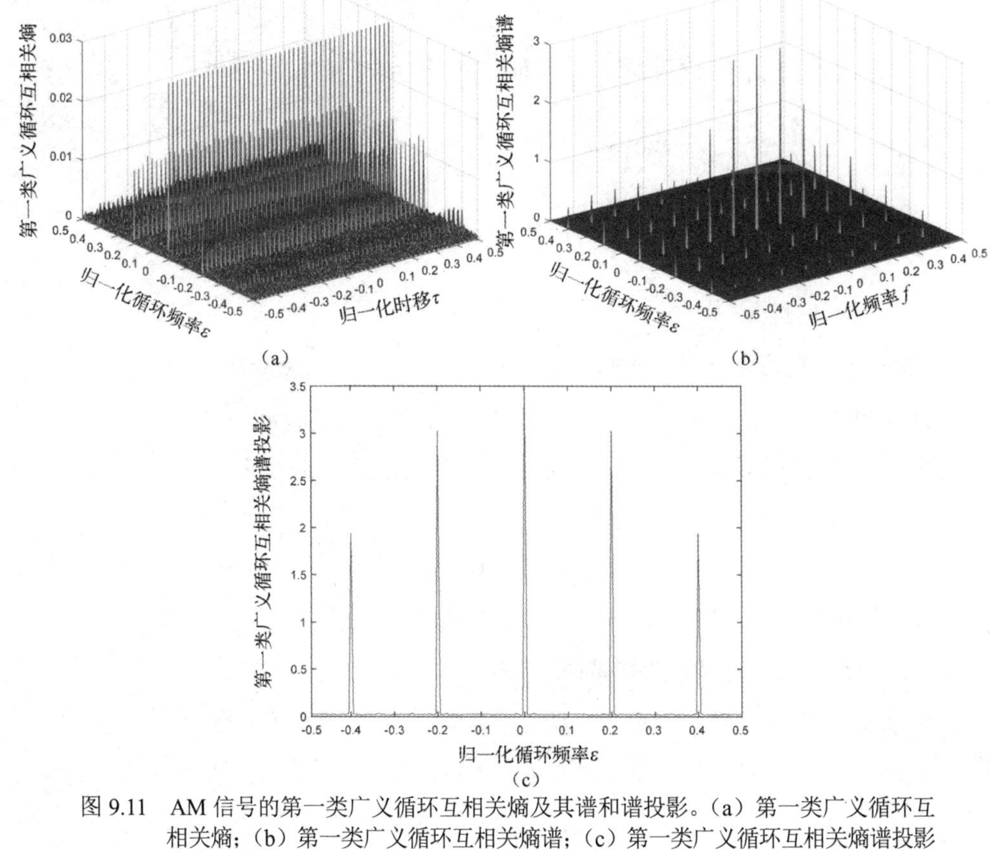

图 9.11　AM 信号的第一类广义循环互相关熵及其谱和谱投影。(a) 第一类广义循环互相关熵；(b) 第一类广义循环互相关熵谱；(c) 第一类广义循环互相关熵谱投影

显然，由图 9.11 可见，对于 AM 信号而言，其第一类广义循环相关熵谱投影在循环频率 $\varepsilon=\pm 0.2f_s=\pm 2f_c$ 处存在谱峰，与之前的关系相同。限于篇幅，在此就不详细展示其他调制信号的第一类广义循环相关熵及其谱和谱投影，读者可根据公式进行 MATLAB 编程并验证上述关系。

9.5.2 第一类广义循环相关熵及其谱函数的主要性质

1．第一类广义循环互相关熵的时移关系

性质 9.16 若 $X_1(t)$、$X_2(t)$、$Y_1(t)$、$Y_2(t)$ 是四个循环平稳随机过程，且满足关系 $X_2(t)=X_1(t-t_0)$，$Y_2(t)=Y_1(t-t_0)$，由于随机过程间具有时移关系，对应的第一类广义循环互相关熵 $U_{X_1Y_1}^{(1)}(\varepsilon,\tau)$ 和 $U_{X_2Y_2}^{(1)}(\varepsilon,\tau)$ 满足如下关系式：

$$U_{X_1Y_1}^{(1)}(\varepsilon,\tau)=U_{X_2Y_2}^{(1)}(\varepsilon,\tau)\mathrm{e}^{-\mathrm{j}2\pi\varepsilon t_0} \tag{9.50}$$

证明 根据第一类广义循环互相关熵的定义，$U_{X_2Y_2}^{(1)}(\varepsilon,\tau)$ 满足如下关系式：

$$\begin{aligned}
U_{X_2Y_2}^{(1)}(\varepsilon,\tau)&=\frac{1}{T_0}\int_{-T_0/2}^{T_0/2}C_{X_2Y_2}^{(1)}(t,\tau)\mathrm{e}^{-\mathrm{j}2\pi\varepsilon t}\mathrm{d}t\\
&=\gamma_{\mu\nu}\int_{-T_0/2}^{T_0/2}E\left[\exp\left(-\lambda\left|X_2(t)-Y_2^*(t+\tau)\right|^{\mu}\right)\right]\mathrm{e}^{-\mathrm{j}2\pi\varepsilon t}\mathrm{d}t\\
&=\gamma_{\mu\nu}\int_{-T_0/2}^{T_0/2}E\left[\exp\left(-\lambda\left|X_1(t-t_0)-Y_1^*(t-t_0+\tau)\right|^{\mu}\right)\right]\mathrm{e}^{-\mathrm{j}2\pi\varepsilon t}\mathrm{d}t\\
&\overset{s=t-t_0}{=}\gamma_{\mu\nu}\int_{-T_0/2}^{T_0/2}E\left[\exp\left(-\lambda\left|X_1(s)-Y_1^*(s+\tau)\right|^{\mu}\right)\right]\mathrm{e}^{-\mathrm{j}2\pi\varepsilon(s+t_0)}\mathrm{d}(s+t_0)\\
&=\left(\frac{1}{T_0}\int_{-T_0/2}^{T_0/2}\gamma_{\mu\nu}E\left[\exp\left(-\lambda\left|X_1(s)-Y_1^*(s+\tau)\right|^{\mu}\right)\right]\mathrm{e}^{-\mathrm{j}2\pi\varepsilon s}\mathrm{d}s\right)\mathrm{e}^{-\mathrm{j}2\pi\varepsilon t_0}\\
&=U_{X_1Y_1}^{(1)}(\varepsilon,\tau)\mathrm{e}^{-\mathrm{j}2\pi\varepsilon t_0}
\end{aligned} \tag{9.51}$$

2．第一类广义循环自相关熵的时移关系

性质 9.17 若 $X(t)$ 和 $Y(t)$ 是两个循环平稳随机过程，且满足 $Y(t)=X(t-t_0)$，由于随机过程间存在时移关系，其第一类广义循环自相关熵 $U_X^{(1)}(\varepsilon,\tau)$ 和 $U_Y^{(1)}(\xi,\tau)$ 满足如下关系式：

$$U_Y^{(1)}(\varepsilon,\tau)=U_X^{(1)}(\varepsilon,\tau)\mathrm{e}^{-\mathrm{j}2\pi\varepsilon t_0} \tag{9.52}$$

由于证明过程和式（9.51）类似，故而此处省略证明过程。

3．第一类广义循环互相关熵的时移域对称关系

性质 9.18 若 $X(t)$ 和 $Y(t)$ 是两个循环平稳随机过程，则其第一类广义循环互相关熵 $U_{XY}^{(1)}(\varepsilon,\tau)$ 和 $U_{YX}^{(1)}(\varepsilon,\tau)$ 具有时移域对称关系，即满足如下关系式：

$$U_{XY}^{(1)}(\varepsilon,-\tau)=U_{YX}^{(1)}(\varepsilon,\tau)\mathrm{e}^{-\mathrm{j}2\pi\varepsilon\tau} \tag{9.53}$$

证明　根据第一类广义循环互相关熵的定义，可知$U_{XY}^{(1)}(\varepsilon,-\tau)$满足如下关系式：

$$
\begin{aligned}
U_{XY}^{(1)}(\varepsilon,-\tau)&=\frac{1}{T_0}\int_{-T_0/2}^{T_0/2}E\left[G_{\mu\nu}\left(X(t)-Y^*(t-\tau)\right)\right]\mathrm{e}^{-\mathrm{j}2\pi\varepsilon t}\mathrm{d}t\\
&\overset{s=t-\tau}{=}\frac{1}{T_0}\int_{-T_0/2}^{T_0/2}E\left[G_{\mu\nu}\left(X(s+\tau)-Y^*(s)\right)\right]\mathrm{e}^{-\mathrm{j}2\pi\varepsilon(s+\tau)}\mathrm{d}(s+\tau)\\
&=\left(\frac{1}{T_0}\int_{-T_0/2}^{T_0/2}E\left[G_{\mu\nu}\left(Y(s)-X^*(s+\tau)\right)\right]\mathrm{e}^{-\mathrm{j}2\pi\varepsilon s}\mathrm{d}s\right)\mathrm{e}^{-\mathrm{j}2\pi\varepsilon\tau}\\
&=\left(\frac{1}{T_0}\int_{-T_0/2}^{T_0/2}C_{YX}^{(1)}(s,\tau)\mathrm{e}^{-\mathrm{j}2\pi\varepsilon s}\mathrm{d}s\right)\mathrm{e}^{-\mathrm{j}2\pi\varepsilon\tau}\\
&=U_{YX}^{(1)}(\varepsilon,\tau)\mathrm{e}^{-\mathrm{j}2\pi\varepsilon\tau}
\end{aligned}
\tag{9.54}
$$

4．第一类广义循环自相关熵的时移域对称关系

性质 9.19　若$X(t)$是一个循环平稳随机过程，则其第一类广义循环自相关熵$U_{X}^{(1)}(\varepsilon,\tau)$具有时移域对称关系，即满足如下关系式：

$$
U_{X}^{(1)}(\varepsilon,-\tau)=U_{Y}^{(1)}(\varepsilon,\tau)\mathrm{e}^{-\mathrm{j}2\pi\varepsilon\tau}\tag{9.55}
$$

由于证明过程与式（9.54）类似，故省略此处的证明过程。

5．第一类广义循环互相关熵的循环频率域共轭对称关系

性质 9.20　若$X(t)$和$Y(t)$是两个循环平稳随机过程，则其第一类广义循环互相关熵$U_{XY}^{(1)}(\varepsilon,\tau)$在循环频率域具有共轭对称关系，即满足如下关系式：

$$
U_{XY}^{(1)}(-\varepsilon,\tau)=\left[U_{XY}^{(1)}(\varepsilon,\tau)\right]^*\tag{9.56}
$$

证明　根据第一类广义循环互相关熵的定义，可知$U_{XY}^{(1)}(-\varepsilon,\tau)$满足如下关系式：

$$
\begin{aligned}
U_{XY}^{(1)}(-\varepsilon,\tau)&=\frac{1}{T_0}\int_{-T_0/2}^{T_0/2}C_{XY}^{(1)}(t,\tau)\mathrm{e}^{-\mathrm{j}2\pi(-\varepsilon)t}\mathrm{d}t\\
&=\left[\frac{1}{T_0}\int_{-T_0/2}^{T_0/2}C_{XY}^{(1)}(t,\tau)\mathrm{e}^{-\mathrm{j}2\pi\varepsilon t}\mathrm{d}t\right]^*=\left[U_{XY}^{(1)}(\varepsilon,\tau)\right]^*
\end{aligned}
\tag{9.57}
$$

6．第一类广义循环自相关熵的循环频率域共轭对称性

性质 9.21　若$X(t)$是一个循环平稳随机过程，则其第一类广义循环自相关熵$U_{X}^{(1)}(\varepsilon,\tau)$在循环频率域具有共轭对称关系，即满足如下关系式：

$$
U_{X}^{(1)}(-\varepsilon,\tau)=\left[U_{X}^{(1)}(\varepsilon,\tau)\right]^*\tag{9.58}
$$

由于证明过程与式（9.57）类似，故而此处省略证明过程。

7．第一类广义循环互相关熵谱的循环频率-频率域共轭对称关系

性质 9.22　若$X(t)$和$Y(t)$是两个循环平稳随机过程，则第一类广义循环互相关熵谱$S_{XY}^{(1)}(\varepsilon,f)$在循环频率-频率域具有共轭对称关系，即满足如下关系式：

$$S_{XY}^{(1)}(-\varepsilon,-f)=\left[S_{XY}^{(1)}(\varepsilon,f)\right]^{*} \tag{9.59}$$

证明 根据第一类广义循环互相关熵谱的定义和式（9.56）可知，$S_{XY}^{(1)}(-\varepsilon,-f)$满足如下关系式：

$$\begin{aligned}S_{XY}^{(1)}(-\varepsilon,-f)&=\int_{-\infty}^{\infty}U_{XY}^{(1)}(-\varepsilon,\tau)\mathrm{e}^{-\mathrm{j}2\pi(-f)\tau}\mathrm{d}\tau\\&=\left[\int_{-\infty}^{\infty}U_{XY}^{(1)}(\varepsilon,\tau)\mathrm{e}^{-\mathrm{j}2\pi f\tau}\mathrm{d}\tau\right]^{*}\\&=\left(S_{XY}^{(1)}(\varepsilon,f)\right)^{*}\end{aligned} \tag{9.60}$$

8．第一类广义循环自相关熵谱的循环频率-频率域共轭对称关系

性质 9.23 若$X(t)$是一个循环平稳随机过程，则第一类广义循环自相关熵谱$S_{X}^{(1)}(\varepsilon,f)$在循环频率-频率域具有共轭对称关系，即满足如下关系式：

$$S_{X}^{(1)}(-\varepsilon,-f)=\left[S_{X}^{(1)}(\varepsilon,f)\right]^{*} \tag{9.61}$$

由于证明过程与式（9.60）类似，故而此处省略证明过程。

9.5.3 第二类广义循环相关熵及其谱函数的基本概念

定义 9.12 $X(t)$和$Y(t)$是两个循环平稳随机过程，则基于相关熵的相关（CRCO）定义为

$$C_{XY}^{(2)}(t,\tau)=E\left[X(t)Y^{*}(t+\tau)\kappa_{\sigma}\left(X(t)-Y(t+\tau)\right)\right] \tag{9.62}$$

定义 9.13 第二类广义循环互相关熵 若$C_{XY}^{(2)}(t,\tau)$具有周期性，不妨设其周期为T_0，则对应的第二类广义循环互相关熵$U_{XY}^{(2)}(\xi,\tau)$可定义为$C_{XY}^{(2)}(t,\tau)$的傅里叶级数的系数，其定义式为

$$U_{XY}^{(2)}(\varepsilon,\tau)=\frac{1}{T_0}\int_{-T_0/2}^{T_0/2}C_{XY}^{(2)}(t,\tau)\mathrm{e}^{-\mathrm{j}2\pi\varepsilon t}\mathrm{d}t \tag{9.63}$$

定义 9.14 第二类广义循环互相关熵谱 $U_{XY}^{(2)}(\varepsilon,\tau)$所对应的第二类广义循环互相关熵谱$S_{XY}^{(2)}(\varepsilon,f)$的定义式如下：

$$S_{XY}^{(2)}(\varepsilon,f)=\int_{-\infty}^{\infty}U_{XY}^{(2)}(\varepsilon,\tau)\mathrm{e}^{-\mathrm{j}2\pi f\tau}\mathrm{d}\tau \tag{9.64}$$

鉴于循环互相关熵与循环自相关熵的关系，可以通过第二类广义循环互相关熵及其谱函数的定义得到第二类广义循环自相关熵及其谱函数的定义。

在此仍然以 9.3 节中的两个 AM 信号所对应的复信号为例计算，AM 信号的第二类广义互相关熵及其谱函数和谱投影如图 9.12 所示。

由图 9.12 可见，对于 AM 信号，其第二类广义循环自相关熵谱投影在循环频率$\varepsilon=\pm 2f_{\mathrm{c}}$存在谱峰，与前文介绍的关系相同。同样，限于篇幅，在此就不详细展示其他调制信号的第二类广义循环相关熵谱、谱函数和谱投影了，如果读者有兴趣，可以根据公式复现和验证上述关系。

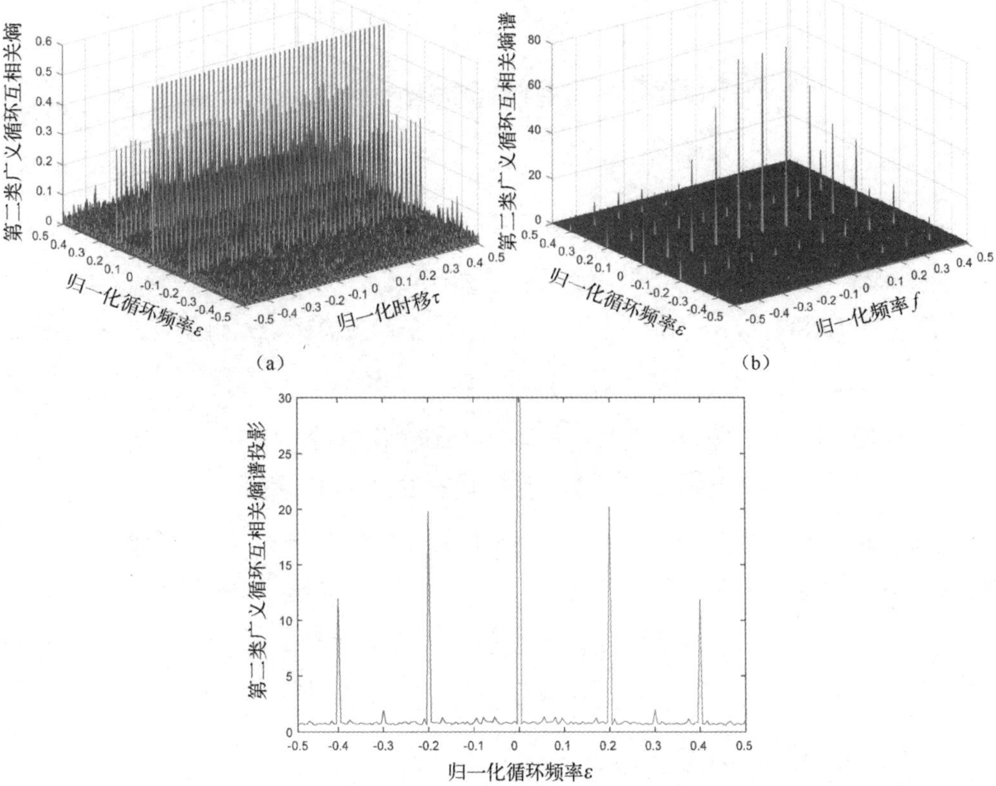

（a）　　（b）

（c）

图 9.12　AM 信号的第二类广义循环互相关熵及其谱和谱投影。（a）第二类广义循环互相关熵；（b）第二类广义循环互相关熵谱；（c）第二类广义循环互相关熵谱投影

9.5.4　第二类广义循环相关熵及其谱函数的主要性质

1．第二类广义循环互相关熵的时移关系

性质 9.24　若 $X_1(t)$、$X_2(t)$、$Y_1(t)$ 和 $Y_2(t)$ 是 4 个循环平稳随机过程，且满足关系 $X_2(t)=X_1(t-t_0)$，$Y_2(t)=Y_1(t-t_0)$，由于随机过程间的时移关系，对应的第二类广义循环互相关熵 $U_{X_1Y_1}^{(2)}(\varepsilon,\tau)$ 和 $U_{X_2Y_2}^{(2)}(\varepsilon,\tau)$ 满足如下关系式：

$$U_{X_2Y_2}^{(2)}(\varepsilon,\tau)=U_{X_1Y_1}^{(2)}(\varepsilon,\tau)\mathrm{e}^{-\mathrm{j}2\pi\varepsilon t_0} \tag{9.65}$$

证明　根据第二类广义循环互相关熵的定义，$U_{X_2Y_2}^{(2)}(\varepsilon,\tau)$ 满足如下关系式：

$$\begin{aligned}U_{X_2Y_2}^{(2)}(\varepsilon,\tau)&=\frac{1}{T_0}\int_{-T_0/2}^{T_0/2}C_{X_2Y_2}^{(2)}(t,\tau)\mathrm{e}^{-\mathrm{j}2\pi\varepsilon t}\mathrm{d}t\\&=\frac{1}{T_0}\int_{-T_0/2}^{T_0/2}E\left[X_2(t)Y_2^*(t+\tau)\kappa_\sigma\left(X_2(t)-Y_2(t+\tau)\right)\right]\mathrm{e}^{-\mathrm{j}2\pi\varepsilon t}\mathrm{d}t\\&=\frac{1}{T_0}\int_{-T_0/2}^{T_0/2}E\left[X_1(t-t_0)Y_1^*(t-t_0+\tau)\kappa_\sigma\left(X_1(t-t_0)-Y_1(t-t_0+\tau)\right)\right]\mathrm{e}^{-\mathrm{j}2\pi\varepsilon t}\mathrm{d}t\end{aligned}$$

$$\begin{aligned}&\overset{s=t-\tau}{=}\frac{1}{T_0}\int_{-T_0/2}^{T_0/2}E\left[X_1(s)Y_1^*(s+\tau)\kappa_\sigma\left(X_1(s)-Y_1(s+\tau)\right)\right]\mathrm{e}^{-\mathrm{j}2\pi\varepsilon(s+t_0)}\mathrm{d}(s+t_0)\\&=\left(\frac{1}{T_0}\int_{-T_0/2}^{T_0/2}E\left[X_1(s)Y_1^*(s+\tau)\kappa_\sigma\left(X_1(s)-Y_1(s+\tau)\right)\right]\mathrm{e}^{-\mathrm{j}2\pi\varepsilon s}\mathrm{d}s\right)\mathrm{e}^{-\mathrm{j}2\pi\varepsilon t_0}\\&=U_{X_1Y_1}^{(2)}(\varepsilon,\tau)\mathrm{e}^{-\mathrm{j}2\pi\varepsilon t_0}\end{aligned}\tag{9.66}$$

2．第二类广义循环自相关熵的时移关系

性质 9.25 若$X(t)$和$Y(t)$是两个循环平稳随机过程，且满足$Y(t)=X(t-t_0)$，则由于随机过程间的时移关系，对应的第二类广义循环自相关熵$U_X^{(2)}(\varepsilon,\tau)$和$U_Y^{(2)}(\varepsilon,\tau)$满足

$$U_Y^{(2)}(\varepsilon,\tau)=U_X^{(2)}(\varepsilon,\tau)\mathrm{e}^{-\mathrm{j}2\pi\varepsilon t_0}\tag{9.67}$$

由于证明过程与式（9.66）类似，故而此处省略证明过程。

3．第二类广义循环互相关熵的循环频率-时移域共轭对称关系

性质 9.26 若$X(t)$和$Y(t)$是两个循环平稳随机过程，则其第二类广义循环互相关熵$U_{XY}^{(2)}(\varepsilon,\tau)$和$U_{YX}^{(2)}(\varepsilon,\tau)$在循环频率-时移域具有共轭对称关系，即满足如下关系式：

$$U_{XY}^{(2)}(-\varepsilon,\tau)=\left(U_{YX}^{(2)}(\varepsilon,-\tau)\right)^*\mathrm{e}^{-\mathrm{j}2\pi\varepsilon\tau}\tag{9.68}$$

证明 根据第二类广义循环互相关熵的定义，可知$U_{XY}^{(2)}(\varepsilon,-\tau)$满足如下关系式：

$$\begin{aligned}U_{XY}^{(2)}(-\varepsilon,\tau)&=\frac{1}{T_0}\int_{-T_0/2}^{T_0/2}E\left[X(t)Y^*(t+\tau)\kappa_\sigma\left(X(t)-Y(t+\tau)\right)\right]\mathrm{e}^{-\mathrm{j}2\pi(-\varepsilon)t}\mathrm{d}t\\&\overset{s=t+\tau}{=}\frac{1}{T_0}\int_{-T_0/2}^{T_0/2}E\left[X(s-\tau)Y^*(s)\kappa_\sigma\left(X(s-\tau)-Y(s)\right)\right]\mathrm{e}^{-\mathrm{j}2\pi(-\varepsilon)(s-\tau)}\mathrm{d}(s-\tau)\\&=\left(\frac{1}{T_0}\int_{-T_0/2}^{T_0/2}E\left[Y(s)X^*(s-\tau)\kappa_\sigma\left(Y(s)-X(s-\tau)\right)\right]\mathrm{e}^{-\mathrm{j}2\pi\varepsilon s}\mathrm{d}s\right)^*\mathrm{e}^{-\mathrm{j}2\pi\varepsilon\tau}\\&=\left(\frac{1}{T_0}\int_{-T_0/2}^{T_0/2}C_{YX}^{(2)}(s,-\tau)\mathrm{e}^{-\mathrm{j}2\pi\varepsilon s}\mathrm{d}s\right)^*\mathrm{e}^{-\mathrm{j}2\pi\varepsilon\tau}\\&=\left(U_{YX}^{(2)}(\varepsilon,-\tau)\right)^*\mathrm{e}^{-\mathrm{j}2\pi\varepsilon\tau}\end{aligned}\tag{9.69}$$

4．第二类广义循环自相关熵的循环频率-时移域共轭对称关系

性质 9.27 若$X(t)$是一个循环平稳随机过程，则其第二类广义循环自相关熵$U_X^{(2)}(\varepsilon,\tau)$在循环频率-时移域具有共轭对称关系，即满足如下关系式：

$$U_X^{(2)}(-\varepsilon,\tau)=\left(U_X^{(2)}(\varepsilon,-\tau)\right)^*\mathrm{e}^{-\mathrm{j}2\pi\varepsilon\tau}\tag{9.70}$$

由于证明过程与式（9.69）类似，故而此处省略证明过程。

5．第二类广义循环互相关熵谱的循环频率-频率域共轭对称关系

性质 9.28 若$X(t)$和$Y(t)$是两个联合循环平稳随机过程，则第二类广义循环互相关熵谱$S_{XY}^{(2)}(\varepsilon,f)$满足循环频率-频率域的共轭对称关系，即满足如下关系式：

$$S_{XY}^{(2)}(-\varepsilon,-f)=\left[-S_{YX}^{(2)}(\varepsilon,\varepsilon+f)\right]^{*} \tag{9.71}$$

证明　根据第二类广义循环互相关熵谱的定义和式（9.68）可知，$S_{XY}^{(1)}(-\varepsilon,-f)$ 满足如下关系式：

$$\begin{aligned}S_{XY}^{(2)}(-\varepsilon,-f)&=\int_{-\infty}^{\infty}U_{XY}^{(2)}(-\varepsilon,\tau)\mathrm{e}^{-\mathrm{j}2\pi(-f)\tau}\mathrm{d}\tau\\&=\int_{-\infty}^{\infty}\left(U_{YX}^{(2)}(\varepsilon,-\tau)\right)^{*}\mathrm{e}^{-\mathrm{j}2\pi\varepsilon\tau}\mathrm{e}^{-\mathrm{j}2\pi f\tau}\mathrm{d}\tau\\&\overset{s=-\tau}{=}\int_{-\infty}^{\infty}\left(U_{YX}^{(2)}(\varepsilon,s)\right)^{*}\mathrm{e}^{-\mathrm{j}2\pi(\varepsilon+f)(-s)}\mathrm{d}s\\&=\left(\int_{-\infty}^{\infty}U_{YX}^{(2)}(\varepsilon,s)\mathrm{e}^{-\mathrm{j}2\pi(\varepsilon+f)s}\mathrm{d}s\right)^{*}\\&=\left(S_{YX}^{(2)}(\varepsilon,\varepsilon+f)\right)^{*}\end{aligned} \tag{9.72}$$

6. 第二类广义循环自相关熵谱的循环频率-频率域共轭对称关系

性质 9.29　若 $X(t)$ 是一个循环平稳随机过程，则第二类广义循环自相关熵谱 $S_{X}^{(2)}(\varepsilon,f)$ 在循环频率-频率域具有共轭对称关系，即满足如下关系式：

$$S_{X}^{(2)}(-\varepsilon,-f)=\left[S_{X}^{(2)}(\varepsilon,\varepsilon+f)\right]^{*} \tag{9.73}$$

由于证明过程与式（9.72）类似，故而此处省略证明过程。

9.6　本章小结

循环相关熵理论的出发点，是在分数低阶循环统计量理论框架外，寻找一种能够有效抑制脉冲噪声，并同时克服同频干扰的数学工具。由于相关熵具有“局部”相似性测度这一优势，故而将其在循环频率域进行推广，进而得到了循环相关熵的概念。本章系统地介绍了实、复两类信号的循环相关熵和循环相关熵谱的概念和定义式。为了更好地理解循环相关熵及其谱函数等概念，本章还给出了多种调制信号的循环相关熵及其谱函数等的仿真结果。

在对概念和定义介绍的基础上，本章还详细介绍了循环相关熵及其谱函数的性质，并对各结论进行了推导和论证。然后，着重介绍了循环相关熵的谱峰位置与载波频率和码元速率之间的关系。这些性质为后续章节中各类基于循环相关熵的方法提供了理论依据。

除了循环相关熵及其谱函数这一类基础概念，本章还介绍了两类广义循环相关熵及对应的广义循环相关熵谱函数的概念，并对这两类广义循环相关熵及其谱函数的性质进行了介绍和证明。

参 考 文 献

[1] NIKIAS C L, SHAO M. Signal processing with alpha-stable distributions and applications[M].

Wiley-Interscience, 1995.

[2] LIU W, POKHAREL P P, PRÍNCIPE J C. Correntropy: Properties and applications in non-Gaussian signal processing[J]. IEEE Transactions on Signal Processing, 2007, 55(11): 5286-5298.

[3] FONTES A I R. Uso de correntropia na generalização de funções cicloestacionárias e aplicações para a extração de características de sinais modulados[D]. Universidade Federal do Rio Grande do Norte, 2015.

[4] LUAN S, QIU T, ZHU Y, et al. Cyclic correntropy and its spectrum in frequency estimation in the presence of impulsive noise[J]. Signal Processing, 2016, 120: 503-508.

[5] FONTES A I R, REGO J B A, MARTINS A M, et al. Cyclostationary correntropy: Definition and applications[J]. Expert Systems with Applications, 2017, 69: 110-117.

[6] FONTES A I R, REGO J B A, MARTINS A M, et al. Corrigendum to 'Cyclostationary Correntropy: Definition and applications'[Expert Systems with Applications 69 (2017) 110-117][J]. Expert Systems with Applications, 2017, 100(81): 472-473.

[7] LIU T, QIU T, LUAN S. Cyclic correntropy: Foundations and theories[J]. IEEE Access, 2018, 6: 34659-34669.

[8] LIU T, QIU T, LUAN S. Cyclic frequency estimation by compressed cyclic correntropy spectrum in impulsive noise[J]. IEEE Signal Processing Letters, 2019, 26(6): 888-892.

[9] HE R, ZHENG W S, HU B G. Maximum correntropy criterion for robust face recognition[J]. IEEE Transactions on Pattern Analysis and Machine Intelligence, 2010, 33(8): 1561-1576.

[10] CHEN B, LIU X, ZHAO H, et al. Maximum correntropy Kalman filter[J]. Automatica, 2017, 76: 70-77.

[11] LIU W, POKHAREL P P, PRINCIPE J C. Correntropy: A localized similarity measure[C]//The 2006 IEEE international joint conference on neural network proceedings. IEEE, 2006: 4919-4924.

[12] CHEN B, PRÍNCIPE J C. Maximum correntropy estimation is a smoothed MAP estimation[J]. IEEE Signal Processing Letters, 2012, 19(8): 491-494.

[13] HE R, HU B G, ZHENG W S, et al. Robust principal component analysis based on maximum correntropy criterion[J]. IEEE Transactions on Image Processing, 2011, 20(6): 1485-1494.

[14] WU Z, SHI J, ZHANG X, et al. Kernel recursive maximum correntropy[J]. Signal Processing, 2015, 117: 11-16.

[15] ZhAO S, CHEN B, PRINCIPE J C. Kernel adaptive filtering with maximum correntropy criterion[C]// The 2011 International Joint Conference on Neural Networks. IEEE, 2011: 2012-2017.

[16] CHEN B, XING L, ZHAO H, et al. Generalized correntropy for robust adaptive filtering[J]. IEEE Transactions on Signal Processing, 2016, 64(13): 3376-3387.

[17] CHEN L, QU H, ZHAO J. Generalized Correntropy based deep learning in presence of non-Gaussian noises[J]. Neurocomputing, 2018, 278: 41-50.

[18] LIU M, ZHAO N, LI J, et al. Spectrum sensing based on maximum generalized correntropy under symmetric alpha stable noise[J]. IEEE Transactions on Vehicular Technology, 2019, 68(10): 10262-10266.

[19] TIAN Q, QIU T, CAI R. DOA Estimation for CD Sources by Complex Cyclic Correntropy in an Impulsive Noise Environment[J]. IEEE Communications Letters, 2020, 24(5): 1015-1019.

[20] MA W, QIU J, LIU X, ET al. Unscented Kalman filter with generalized correntropy loss for robust power system forecasting-aided state estimation[J]. IEEE Transactions on Industrial Informatics, 2019, 15(11): 6091-6100.

[21] LIU T, QIU T, JIN F, et al. Phased fractional lower-order cyclic moment processed in compressive signal processing[J]. IEEE Access, 2019, 7: 98811-98819.

[22] ZHANG J, QIU T, SONG A, et al. A novel correntropy based DOA estimation algorithm in impulsive noise environments[J]. Signal Processing, 2014, 104: 346-357.

[23] CHEN X, QIU T, LIU C, et al. TDOA Estimation Algorithm Based on Generalized Cyclic Correntropy in Impulsive Noise and Cochannel Interference[J]. IEICE Transactions on Fundamentals of Electronics, Communications and Computer Sciences, 2018, 101(10): 1625-1630.

[24] 金艳，郝浪浪，姬红兵. 脉冲噪声下基于循环相关熵的 PSK 信号码速率估计[J]. 控制与决策，2020，35(03)：226-230.

[25] 李辉，郝如江. 基于循环多核相关熵的故障检测方法及应用[J]. 仪器仪表学报，2020，41(5): 252-260.

[26] 张贤达，保铮. 非平稳信号分析与处理[M]. 北京：国防工业出版社，1998.

[27] 邱天爽. 相关熵与循环相关熵信号处理研究进展[J]. 电子与信息学报，2020，42(1)：105-118.

[28] 邱天爽，栾声扬，王鹏，等. 一种基于循环相关熵的载频估计方法[J]. 中国，2015105913129[P]. 2016-02-03.

[29] 栾声扬. 有界非线性协方差与相关熵及在无线定位中的应用[D]. 大连：大连理工大学，2017.

第 10 章　基于循环相关熵的信号处理方法

第 9 章介绍了循环相关熵的概念和性质等基本理论，在此基础上，本章将着重介绍基于循环相关熵及其谱函数的具体应用，例如，若干在复杂电磁环境中的通信信号处理方法以及在脉冲噪声条件下的机械信号处理方法，主要包括无线电信号的载波频率估计、波达方向估计、到达时差估计和调制方式识别及轴承故障诊断等方法。由于在介绍各类应用和方法的过程中会涉及循环相关熵、循环相关熵谱及其投影等一系列的概念和性质，故循环相关熵基本理论是理解本章内容的关键。此外，本章还会涉及压缩感知和深度学习，因此了解相关理论的基本概念也会助于理解相关内容。

10.1　概述

伴随着无线通信技术的普及和发展，无线电传播所处的电磁环境变得愈发复杂。无论在民用领域，还是在军用领域，复杂的电磁环境增加了通信信号分析和处理工作的难度，因而在复杂电磁环境条件下，如何提升各类信号处理方法的性能就成为重中之重。具体而言，准确的载波频率估计是接收感兴趣信号的前提，精确的波达方向（DOA）估计能为提升信噪比提供保障，精准的到达时差（TDOA）估计可以更好地解决信号源定位问题，确切的调制方式识别则是解调信号的必要条件。由此可见，上述通信信号参数估计问题和识别问题是信号接收和处理过程中的重要问题。

在不同领域进行信号处理时，有时所遇到的问题是相似的。例如，在机械信号处理领域，如何进行机械设备的模态分析和故障诊断，尤其是轴承类故障诊断，是非常普遍而又重要的问题，而在解决这类问题的过程中，可能也会遇到脉冲噪声的情况。

鉴于这些问题的重要性，文献中介绍了一些相关的研究进展，但是针对复杂电磁环境，尤其是针对脉冲噪声和同频干扰并存条件的研究成果还较少，还需要对这些问题进行进一步的研究和提炼，以便从非高斯信号处理和非平稳信号处理两大理论体系的交叠处寻得突破。

许多经典的方法是基于二阶统计量的，在没有同频干扰的条件下，这些方法能够较好地抑制高斯噪声。但是，在诸如脉冲噪声这样的非高斯噪声条件下，由于二阶统计量自身的局限性，经典的信号处理方法的性能会发生显著的退化。此外，这些方法也无法较好地抑制同频干扰或邻频干扰。

由于感兴趣信号和干扰信号通常具有不同的循环频率特征，基于二阶循环统计量的信号处理方法可以有效地抑制同频干扰或邻频干扰，因此这些方法已广泛应用于通信信号处理领域。但由于上述方法是基于二阶循环统计量的，难以抑制脉冲噪声是其显著的局限性。

为了解决同频干扰和脉冲噪声并存条件下的信号处理问题，在循环平稳信号处理理论框架下，出现了一系列新概念和新方法，如分数低阶循环统计量和基于分数低阶循环统计量的信号处理方法。但是，此类方法对于噪声的先验知识的依赖性较强，当难以准确地估计噪声参数时，此类方法的性能会退化，当噪声模型失配严重时，此类方法甚至会彻底失效。

第 9 章介绍了循环相关熵的概念和性质等基本理论，可知基于循环相关熵概念的信号处理方法能够同时抑制脉冲噪声和同频干扰。本章将结合各类具体应用问题，介绍基于循环相关熵和循环相关熵谱的信号处理方法，主要包括：基于循环相关熵的单载波频率和多载波频率的估计方法，循环相关熵谱的压缩和重建方法以及对应的载波频率估计方法，基于循环相关熵的 DOA 估计方法和信号源个数的估计方法，基于第一类和第二类广义循环相关熵的 TDOA 估计方法，基于循环相关熵谱的调制方式识别方法，以及基于广义循环相关熵的轴承故障诊断方法等。

10.2　基于循环相关熵的载波频率估计

10.2.1　基于循环相关熵谱的单载波频率估计

在复杂电磁环境下，尤其是当脉冲噪声存在时，同频干扰会增加信号参数估计的难度，导致很多基于信号频谱特征的参数估计方法难以奏效，而这一问题则促进了其他方法的发展。其中，利用信号的循环平稳特性在循环频率域进行特征提取的方法获得了广泛的关注并实现了长足的发展。为此，本节将选取三种基于循环相关熵谱的载波频率估计方法进行介绍。

为了更好地介绍本节的内容，首先需要回顾一下第 9 章的内容。在概念和性质层面，第 9 章首先介绍了循环相关熵及其谱函数的概念，然后给出了循环相关熵的存在性条件，最后得到了一个重要结论，即：只要信号满足二阶循环平稳特性，信号的循环相关熵谱就会包含谱峰特征。此外，第 9 章还分别以 AM 信号和 2PSK 信号为例，详细地介绍了循环相关熵谱的谱峰与信号的载波频率和码元速率之间的关系。第 9 章所介绍的这些概念和性质是本节及后续章节所介绍方法的理论基础。此外，本章将循环互相关熵和循环自相关熵统称为循环相关熵。

1．基于循环相关熵谱的单载波频率估计方法

借助上述理论基础，基于循环相关熵谱的单载波频率估计方法流程如图 10.1 所示。

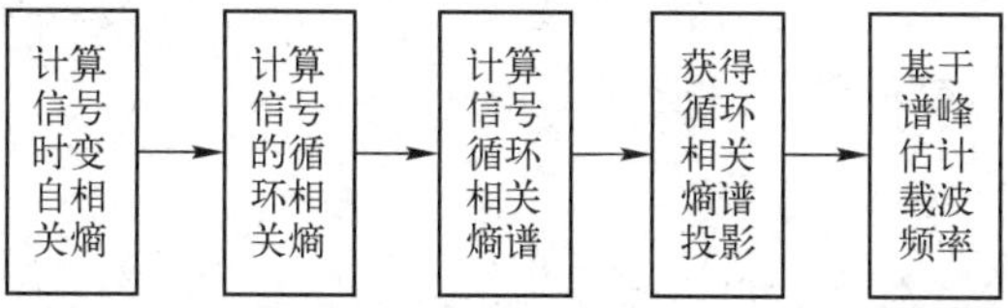

图 10.1　基于循环相关熵谱的单载波频率估计方法流程

图 10.1 所涉及的各类概念的定义式可参见第 9 章。除了图 10.1 所介绍的基于循环相关熵谱的载波频率估计方法，借助循环谱或分数低阶循环谱也可以对信号的载波频率进

行估计。针对模拟调制信号，图 9.3 选取 AM 调制信号和相同的脉冲噪声，在循环频率-频率域展示了各类谱函数曲面。针对数字调制信号，下面选取 2PSK 调制信号和相同的脉冲噪声，继续在循环频率-频率域展示各类谱函数曲面，其中，载波频率为 $f_c = 1000\text{Hz}$，采样频率为 $f_s = 10000\text{Hz}$，码元速率 $R_B = 50\text{Baud}$，信号时长 $T = 2\text{s}$，广义信噪比 GSNR= − 3dB，Alpha 稳定分布噪声的特征指数 $\alpha = 1.3$，高斯核函数的核长 $\sigma = 0.5$。分别计算各类循环谱函数的曲面，结果如图 10.2 所示。

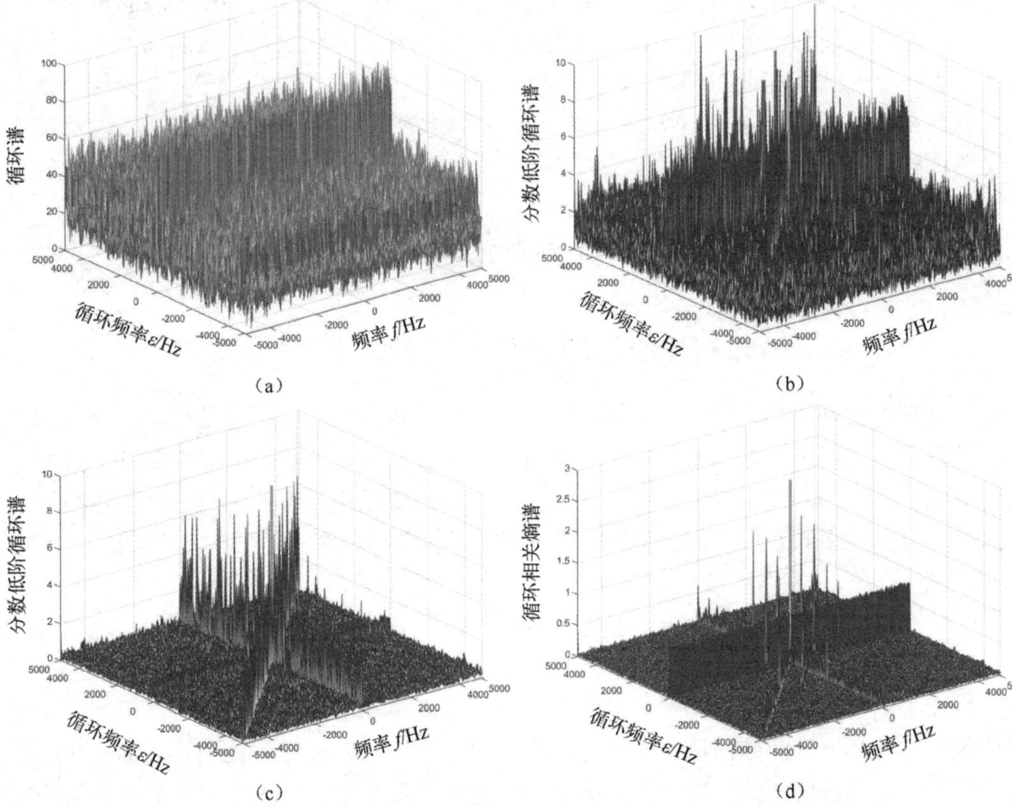

图 10.2　GSNR= −3dB 时 2PSK 信号的各类谱函数曲面。(a) 循环谱；(b) $a = b = 0.75$ 时分数低阶循环谱；(c) $a = b = 0.55$ 时分数低阶循环谱；(d) 循环相关熵谱

由图 10.2 可见，2PSK 信号的循环相关熵谱具有最为显著的抑制脉冲噪声的能力，这与第 9 章中 AM 信号的循环相关熵谱是一致的。至此，本书分别选取了模拟调制信号和数字调制信号，然后对比了它们的循环谱、分数低阶循环谱和循环相关熵谱，并通过对比发现循环相关熵谱对脉冲噪声的抑制能力最强。

2. 仿真信号实验

通过上述计算结果的对比，可以发现循环相关熵谱具有优异的脉冲噪声抑制能力。此外，第 9 章也初步介绍了循环相关熵的谱峰位置与载波频率之间的关系，本节将继续验证谱峰的位置是否会随着载波频率的改变而改变这一重要问题。

实验 10.1　选取两个 2PSK 调制信号，其载波频率分别为 $f_{c1} = 1000\text{Hz}$ 和 $f_{c2} = 500\text{Hz}$，

采样频率 $f_s = 10000\text{Hz}$，码元速率 $R_B = 50\text{Baud}$，信号时长 $T = 2\text{s}$，高斯核函数的核长 $\sigma = 0.5$。分别计算这两个信号的循环相关熵谱投影，结果如图 10.3 所示。

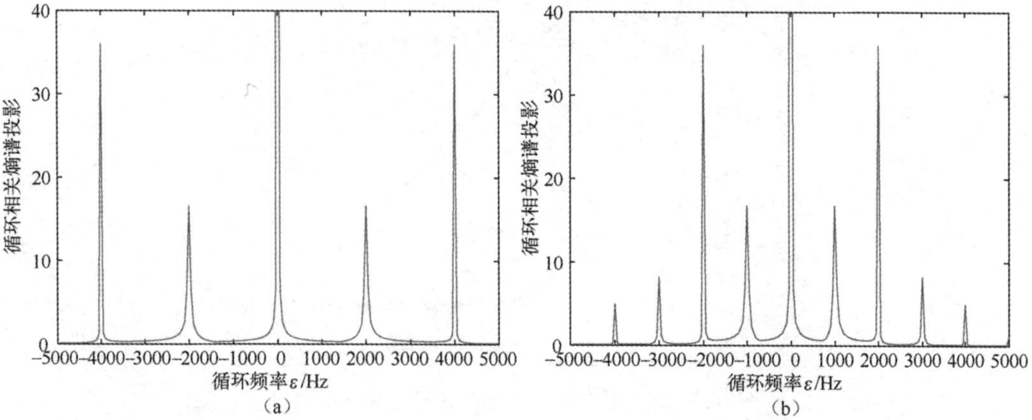

图 10.3 当载波频率不同时，2PSK 信号的循环相关熵谱投影。
（a）载波频率为 1000Hz；（b）载波频率为 500Hz

由图 10.3（a）可见，当载波频率为 $f_{c1} = 1000\text{Hz}$ 时，谱峰所对应的循环频率分别为 $\varepsilon = \pm 2000\text{Hz}$，其绝对值是此时载波频率的 2 倍。由图 10.3（b）可见，当载波频率为 $f_{c2} = 500\text{Hz}$ 时，谱峰所对应的循环频率分别为 $\varepsilon = \pm 1000\text{Hz}$，其绝对值也是此时载波频率的 2 倍。这一结论与第 9 章中所得结论一致，即在实际应用中，当码元速率远小于载波频率时或者当码元速率低于循环频率的分辨率时，循环相关熵谱的谱峰位置所对应的循环频率与信号载波频率满足 $\varepsilon = \pm 2 f_c$。

此外，还需要说明的是，循环相关熵包含高阶谐波分量，故在循环频率域的偶数倍谐波频率处，循环相关熵谱的曲面也会出现谱峰。受到核长 σ 的大小及阶数的共同影响，在某些情况下，循环相关熵所包含的高频分量的能量较小，与能量较大的低频分量所对应的谱峰相比，高频分量所对应的谱峰较小，甚至在同一尺度下难以被发现。

实验 10.2 为了进一步说明基于循环相关熵谱（cyclic correntropy spectrum，CCES）的单载波频率估计方法的优势，选取循环相关谱（cyclic correlation spectrum，CCS）、分数低阶循环相关谱（fractional lower-order cyclic correlation spectrum，FLOCCS）作为比较对象，其中，循环相关谱简称为循环谱，分数低阶循环相关谱简称为分数低阶循环谱。选取 2PSK 调制信号，其载波频率 $f_c = 1000\text{Hz}$，采样频率 $f_s = 10000\text{Hz}$，码元速率 $R_B = 50\text{Baud}$，信号时长 $T = 2\text{s}$，广义信噪比的取值范围为 $\text{GSNR} \in [-10, 10]\text{dB}$；FLOCCS 的参数为 $a = b = 0.55$，高斯核函数的核长为 $\sigma = 0.5$，蒙特卡罗实验的总次数为 $N_{MC} = 200$，实验结果如图 10.4 所示。

由图 10.4 可见，当广义信噪比较低时，基于循环相关熵的单载波频率估计方法的估计误差最小，该结果不但直接验证了这一方法的有效性，还通过算法对比验证了，相比于循环谱和分数低阶循环谱，循环相关熵谱对脉冲噪声的抑制能力较强。

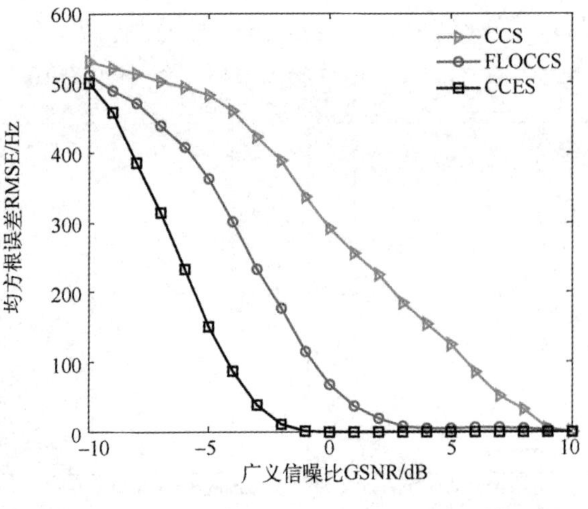

图 10.4　载波频率估计的 RMSE-GSNR 曲线比较

3．实际信号实验

（1）背景

民航无线电通信业务所涉及的频率范围主要为108 ~ 137MHz 。为了保障民航飞行器的安全，这一频率范围是受到严格保护的，不允许其他信号使用该范围内的频谱。然而总会有一些通信信号有意或者无意地侵入该频率范围。为此，无线电监管部门需要对此类信号进行核实并对信号源进行定位，以确保民航通信安全。

（2）实验目标与结果

为了进一步研究和研制相关的技术和设备以有效地监管此类干扰，选取 AM 信号进行载波频率估计实验。经过民航飞行器的散射，所接收到的单载波频率 AM 信号功率较小，故信噪比也较低。而本实验的目标就是在这一较为恶劣的噪声条件下，实现较为准确的载波频率估计。考虑到本实验所涉及的电磁环境较为复杂，需要能够同时抑制噪声和同频带干扰的方法，根据文献[6]的研究成果，最终确定在非高斯信号处理和非平稳信号处理的交叉领域去寻求突破口，在原有的概念和理论的基础上提出新的概念和方法。

实验 10.3　选取单载波频率的 AM 信号源作为模拟干扰源，它所发出的信号经过民航飞行器散射后由设置于地面的接收机接收。为了避免对民航通信频段产生干扰，模拟干扰源的载波频率 $f_c = 147\text{MHz}$ ，接收信号时长 $T = 300\text{s}$ ，降至零中频后输出信号的采样频率 $f_s = 1525\text{Hz}$ 。选取所得到的数据计算信号的时频谱，实验结果如图 10.5（a）所示；所选择数据的时间范围为 $t \in [99,101]\text{s}$ ，计算循环相关熵谱投影，实验结果如图 10.5（b）所示。

在图 10.5（a）所示的时频谱中，存在一条深灰色的曲线，称为多普勒频移曲线。这是由于民航飞行器在飞行过程中，它相对于发射机和接收机的位置和速度不断发生改变，造成了地面接收机所接收到的散射信号的频率随时间变化的现象，是典型的多普勒频移现象。由图 10.5（b）给出的循环相关熵谱投影曲线可见，除了在零循环频率处出现的第一个谱峰，在循环频率 $\varepsilon = 61\text{Hz}$ 处还出现了第二个谱峰，该谱峰所对应的多普勒频移的绝对值为30.5Hz，根据飞机的速度和位置可以确认它是使频率不断减小的多普勒频移，故多普勒频移应为−30.5Hz，这与图 10.5（a）的时频谱中100s处的多普勒频移曲线所对应的数值吻合，验证了本节所介绍的基于循环相关熵谱的载波频率估计方法的有效性。

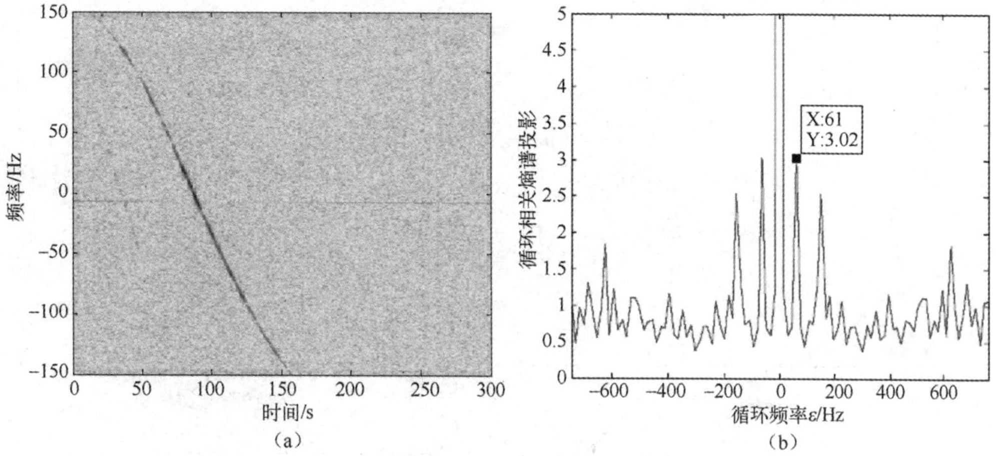

图 10.5　实测飞机散射信号的时频谱和循环相关熵谱投影。（a）时频谱；（b）循环相关熵谱投影

10.2.2　基于循环相关熵谱的多载波频率估计

当邻近频带中存在多个感兴趣信号，或同时存在感兴趣信号和干扰信号，且需要对其载波频率进行逐一估计时，10.2.1 节所介绍的单载波频率估计方法无法满足要求。针对邻近频带中多信号载波频率估计问题，本节将介绍基于循环相关熵谱的多载波频率估计方法。

1．基于循环相关熵谱的多载波频率估计方法

具体而言，基于循环相关熵谱的多载波频率估计方法可以按照如下步骤实现。

第 1 步：选取感兴趣信号的频率中心及频域带宽，分别记作 f_0 和 B 。

第 2 步：根据公式 $C_x^\sigma(t,\tau)=E\left[\kappa_\sigma\left(x(t)-x^*(t+\tau)\right)\right]$ 计算接收到的信号 $x(t)$ 所对应的相关熵 $C_x^\sigma(t,\tau)$ 。

第 3 步：根据公式 $U_x^\sigma(\varepsilon,\tau)=\dfrac{1}{T_0}\int_{-T_0/2}^{T_0/2}C_x^\sigma(t,\tau)\mathrm{e}^{-\mathrm{j}2\pi\varepsilon t}\mathrm{d}t$ 计算相关熵 $C_x^\sigma(t,\tau)$ 所对应的循环相关熵 $U_x(\varepsilon,\tau)$，其中循环频率的范围是 $(2f_0-B,2f_0+B)$ 。

第 4 步：根据公式 $S_x^\sigma(\varepsilon,f)=\int_{-\infty}^{\infty}U_x^\sigma(\varepsilon,\tau)\mathrm{e}^{-\mathrm{j}2\pi f\tau}\mathrm{d}\tau$ 计算循环相关熵 $U_x(\varepsilon,\tau)$ 所对应的循环相关熵谱 $S_x(\varepsilon,f)$ 。

第 5 步：在 $f=0$ 的截面中计算循环相关熵谱的模值可得 $\left|S_x(\varepsilon,0)\right|$，再依据 $\left|S_x(\varepsilon,0)\right|$ 在循环频率域搜索谱峰，并由谱峰中极大值的位置估计对应的载波频率。

2．仿真实验

实验 10.4　选取两个 2PSK 信号，其载波频率分别是 $f_{c1}=4000\text{Hz}$ 和 $f_{c2}=4100\text{Hz}$，码元速率均为 $R_B=500\text{Baud}$，采样频率 $f_s=40000\text{Hz}$，信号时长 $T=0.25\text{s}$；Alpha 稳定分布噪声的特征指数 $\alpha=1.3$，广义信噪比 GSNR=5dB；当噪声的先验知识不足时，为分

数低阶循环谱选择参数 $a = b = 0.85$，而当噪声的先验知识充足时，选择参数 $a = b = 0.45$，为循环相关熵谱选择高斯核函数的核长 $\sigma = 0.5$。实验结果如图 10.6 所示。

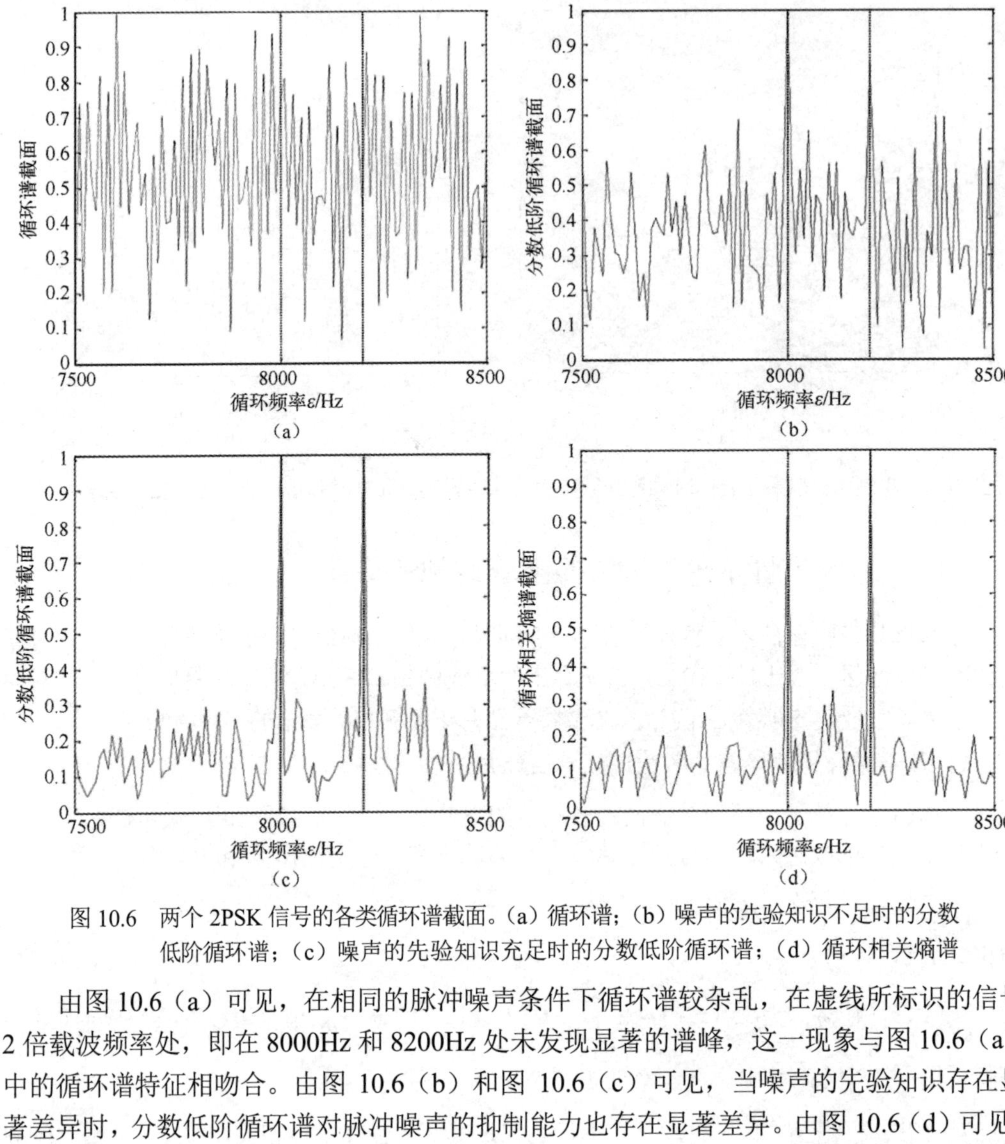

图 10.6　两个 2PSK 信号的各类循环谱截面。(a) 循环谱；(b) 噪声的先验知识不足时的分数低阶循环谱；(c) 噪声的先验知识充足时的分数低阶循环谱；(d) 循环相关熵谱

由图 10.6（a）可见，在相同的脉冲噪声条件下循环谱较杂乱，在虚线所标识的信号 2 倍载波频率处，即在 8000Hz 和 8200Hz 处未发现显著的谱峰，这一现象与图 10.6（a）中的循环谱特征相吻合。由图 10.6（b）和图 10.6（c）可见，当噪声的先验知识存在显著差异时，分数低阶循环谱对脉冲噪声的抑制能力也存在显著差异。由图 10.6（d）可见，循环相关熵谱的谱峰更为清晰，载频估计准确。由此体现出在这三种方法中，基于循环相关熵谱的载波频率估计方法对脉冲噪声具有最好的抑制能力。

实验 10.5　为了验证本节所介绍的多载波频率估计方法的适用性，本实验所选取的两个 2PSK 信号的参数与实验 10.4 相同。首先，选取广义信噪比 GSNR = 5dB，Alpha 稳定分布噪声的特征指数的取值范围是 $\alpha \in [1.0,\ 2.0]$；然后，选取广义信噪比的取值范围是 $\mathrm{GSNR} \in [-4,\ 10]\mathrm{dB}$，特征指数 $\alpha = 1.3$。对于分数低阶循环谱，先设置参数 $a = b = 0.3,\ 0.4,\ 0.6$；再重新设置参数 $a = b = 0.3,\ 0.4,\ 0.45$。高斯核函数的核长为 $\sigma = 0.5$，实验结果如图 10.7 所示。

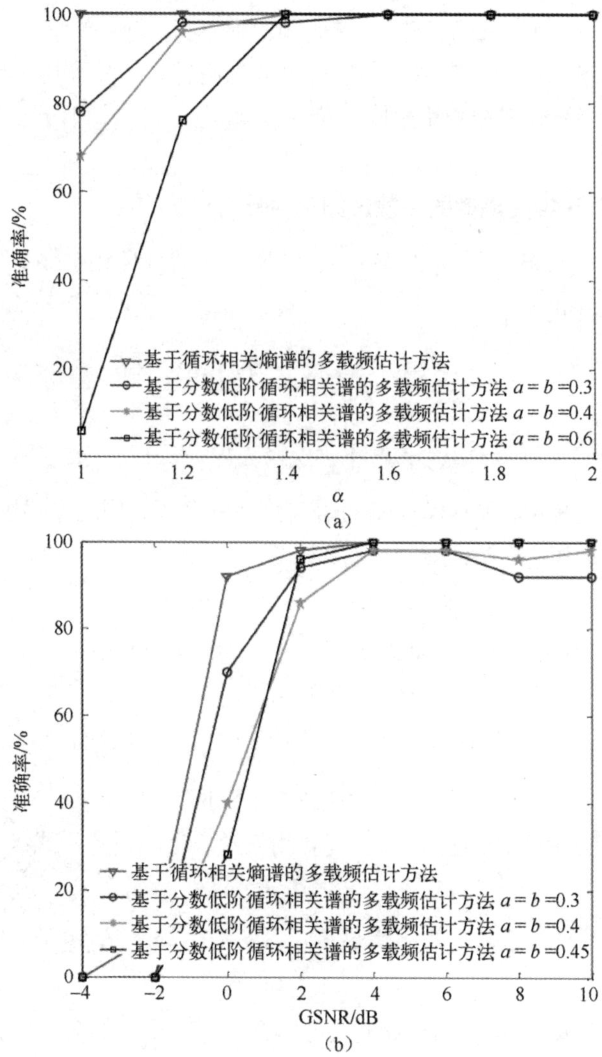

图 10.7 不同噪声条件下多载波频率估计方法的准确率曲线比较。
（a）准确率-特征指数曲线；（b）准确率-GSNR 曲线

由图 10.7（a）可见，当特征指数$\alpha \geqslant 1.4$时，两类方法对载波频率（载频）的估计准确率都接近 100%；但是当特征指数$\alpha < 1.4$时，相比基于分数低阶循环谱的方法，基于循环相关熵谱的方法具有更高的估计准确率，基于分数低阶循环谱的方法的估计准确率则显著依赖于对噪声的先验知识，即体现在对参数的选择上。由图 10.7（b）可见，当 GSNR < 4dB 时，基于循环相关熵谱的方法仍具有最高的估计准确率。

10.2.3 基于压缩循环相关熵谱的载波频率估计

本节介绍一种基于压缩循环相关熵谱的载波频率估计方法。借助于循环相关熵谱谱峰的稀疏性，该方法采用压缩感知技术对循环相关熵谱进行压缩和重建，从而达到利用较少数据实现相近功能的目的。通过该方法，最终实现数据的处理、存储和传输在时间域和空间域的分布化，即数据的处理、存储和传输不再限于一时，也不再限于一处。基于压缩循环相关熵谱的载波频率估计方法可以分为两种，一种利用了整个谱函数，另一种只利用了循环频率-频率域第Ⅰ象限的谱函数，本节用公式和伪代码分别对其进行介绍。

1．基于压缩循环相关熵谱的多载波频率估计方法

假设随机信号 $x(t)$ 满足循环平稳特性，它所对应的循环相关熵 $U_x^{\sigma}(\varepsilon,\tau)$ 和循环相关熵谱 $S_x^{\sigma}(\varepsilon,f)$ 的定义式如下：

$$U_x^{\sigma}(\varepsilon,\tau)=\frac{1}{T_0}\int_{-T_0/2}^{T_0/2}C_x^{\sigma}(t,\tau)\mathrm{e}^{-\mathrm{j}2\pi\varepsilon t}\mathrm{d}t \tag{10.1}$$

$$S_x^{\sigma}(\varepsilon,f)=\int_{-\infty}^{\infty}U_x^{\sigma}(\varepsilon,\tau)\mathrm{e}^{-\mathrm{j}2\pi f\tau}\mathrm{d}\tau \tag{10.2}$$

在计算机处理过程中，循环相关熵的谱函数是以离散数据的方式进行存储和计算的，故以离散形式将式（10.2）表示为

$$S_x^{\sigma}(m,n)=S_x^{\sigma}(m\Delta\varepsilon,n\Delta f) \tag{10.3}$$

式中，$\Delta\varepsilon$ 表示循环频率分辨率，Δf 表示频率分辨率，$m=1,2,\cdots,M$，$n=1,2,\cdots,N$，M 和 N 分别表示离散循环相关熵谱的行数和列数。

再将离散循环相关熵谱写为由列矢量集合 $\{\boldsymbol{s}_n\}_{n=1}^{N}$ 所组成的矩阵形式 $\boldsymbol{S}_x^{\sigma}$，即

$$\boldsymbol{S}_x^{\sigma}=[\boldsymbol{s}_1\ \boldsymbol{s}_2\ \cdots\ \boldsymbol{s}_N] \tag{10.4}$$

引入归一化后的随机高斯矩阵 $\boldsymbol{\Phi}_n$，则观测矢量满足如下关系式：

$$\boldsymbol{z}_n=\boldsymbol{\Phi}_n\boldsymbol{s}_n \tag{10.5}$$

式中，$\boldsymbol{s}_n$ 表示列矢量，随机高斯矩阵满足 $\boldsymbol{\Phi}_n\in\mathbb{R}^{K_n\times N}$ 且 $2K\leqslant K_n\ll N$，K 表示列矢量的稀疏度。

由随机高斯矩阵集合 $\{\boldsymbol{\Phi}_n\}_{n=1}^{N}$ 及观测矢量集合 $\{\boldsymbol{z}_n\}_{n=1}^{N}$ 得到的循环相关熵谱列矢量估计的集合 $\{\hat{\boldsymbol{s}}_n\}_{n=1}^{N}$ 为

$$\hat{\boldsymbol{s}}_n=\arg\min\|\boldsymbol{s}_n\|_0,\quad \text{s.t.}\quad \|\boldsymbol{z}_n-\boldsymbol{\Phi}_n\hat{\boldsymbol{s}}_n\|_2<\varsigma \tag{10.6}$$

式中，ς 表示用于控制压缩重建误差的极小值。

由循环相关熵谱列矢量估计的集合 $\{\hat{\boldsymbol{s}}_n\}_{n=1}^{N}$ 对循环相关熵谱进行估计，即对其进行重建：

$$\hat{\boldsymbol{S}}_X^{\sigma}=\left[\hat{\boldsymbol{s}}_1,\hat{\boldsymbol{s}}_2,\cdots,\hat{\boldsymbol{s}}_{N_f}\right] \tag{10.7}$$

由式（10.7）得到压缩重建后的循环相关熵的估计谱，将该估计谱投影到循环频率域就可以通过检测谱峰的位置，实现对载波频率的估计。上面介绍的是第一种方法，该方法对循环相关熵谱整体进行压缩和重建。接下来介绍第二种方法，该方法对第Ⅰ象限的循环相关熵谱投影进行压缩和重建，其伪代码如表 10.1 所示。

表 10.1　第二种基于压缩循环相关熵谱的载波频率估计方法的伪代码

第二种基于压缩循环相关熵谱的载波频率估计方法

输入：循环平稳信号 $x(t)$，观测矩阵 $\boldsymbol{\Phi}$
输出：重建循环相关熵谱投影的谱峰位置正确与否
for ε do
    for τ do
        计算循环相关熵 $U_x^\sigma(\varepsilon,\tau)$；
    end
    计算循环相关熵谱 $S_x^\sigma(\varepsilon,f)$，并得到其离散谱 $S_x^\sigma(m,n)$；
end
for $m>0$ do
    计算第 I 象限的循环相关熵谱投影 $P_x^+(m)=\max_f\left(\left\|S_x^\sigma(m,n)\right\|\right)$；
end
压缩感知初始化：$\boldsymbol{p}=P_x^+(m)$，$\boldsymbol{q}=\boldsymbol{\Phi p}$，$\boldsymbol{r}^0=\boldsymbol{q}$，$\boldsymbol{A}=\varnothing$，$\boldsymbol{\Lambda}=\varnothing$；
for $k=1:K$ do
    计算 $n^k=\arg\max_{\boldsymbol{\phi}_{n^k}\in\boldsymbol{\Phi}-\boldsymbol{\Lambda}}\left\|\boldsymbol{\phi}_{n^k}^{\mathrm{T}}\boldsymbol{R}^{k-1}\right\|$；
    计算 $\boldsymbol{A}=\left[\boldsymbol{A},\boldsymbol{n}^k\right]$，$\boldsymbol{\Lambda}=\left[\boldsymbol{\Lambda},\phi_{n^k}\right]$；
    计算 $\hat{\boldsymbol{p}}^k=\left(\boldsymbol{\Lambda}^{\mathrm{T}}\boldsymbol{\Lambda}\right)^{-1}\boldsymbol{\Lambda}^{\mathrm{T}}$，$\boldsymbol{r}^k=\boldsymbol{q}-\boldsymbol{\Lambda}\boldsymbol{p}^k$；
end
从大到小重新排序 $\boldsymbol{p}$ 和 $\boldsymbol{q}$ 中的元素 $[\boldsymbol{p},\boldsymbol{a}]=\mathrm{sort}(\boldsymbol{p})$，$\left[\hat{\boldsymbol{p}}^K,\boldsymbol{b}\right]=\mathrm{sort}\left(\hat{\boldsymbol{p}}^K\right)$；
if $\boldsymbol{a}(1:K)==\boldsymbol{b}(1:K)$
    return 重建循环相关熵谱投影成功；
else
    return 重建循环相关熵谱投影不成功；
end

2．仿真实验

实验 10.6　选取一个 2PSK 调制信号，其载波频率 $f_c=1000\text{Hz}$，采样频率 $f_s=5000\text{Hz}$，码元速率 $R_B=5$ Baud；Alpha 稳定分布噪声的特征指数 $\alpha=1.3$，广义信噪比 GSNR = 5dB；高斯核函数核长 $\sigma=0.5$。选取第一种方法，计算压缩前和重建后的全部循环相关熵谱及其投影，实验结果如图 10.8 所示。

由图 10.8（a）和图 10.8（c）可见，重建后循环相关熵谱的谱峰突出，与压缩前循环相关熵谱的谱峰相比没有显著差异。由图 10.8（b）和图 10.8（d）可见，压缩前和重建后谱投影的谱峰位置也没有显著差异。这表明，通过压缩感知技术所重建的谱函数和谱投影保留了与原始谱函数和谱投影一致的谱峰特征，即谱峰位置和稀疏性。

实验 10.7　选取一个 2PSK 调制信号，其载波频率 $f_c=1000\text{Hz}$，采样频率 $f_s=5000\text{Hz}$，码元速率 $R_B=5$ Baud；Alpha 稳定分布噪声的特征指数 $\alpha=1.3$，广义信噪比 GSNR = 5dB；高斯核函数核长 $\sigma=0.5$。选取第二种方法，计算压缩前和重建后在第 I 象限的循环相关熵谱投影，实验结果如图 10.9 所示。

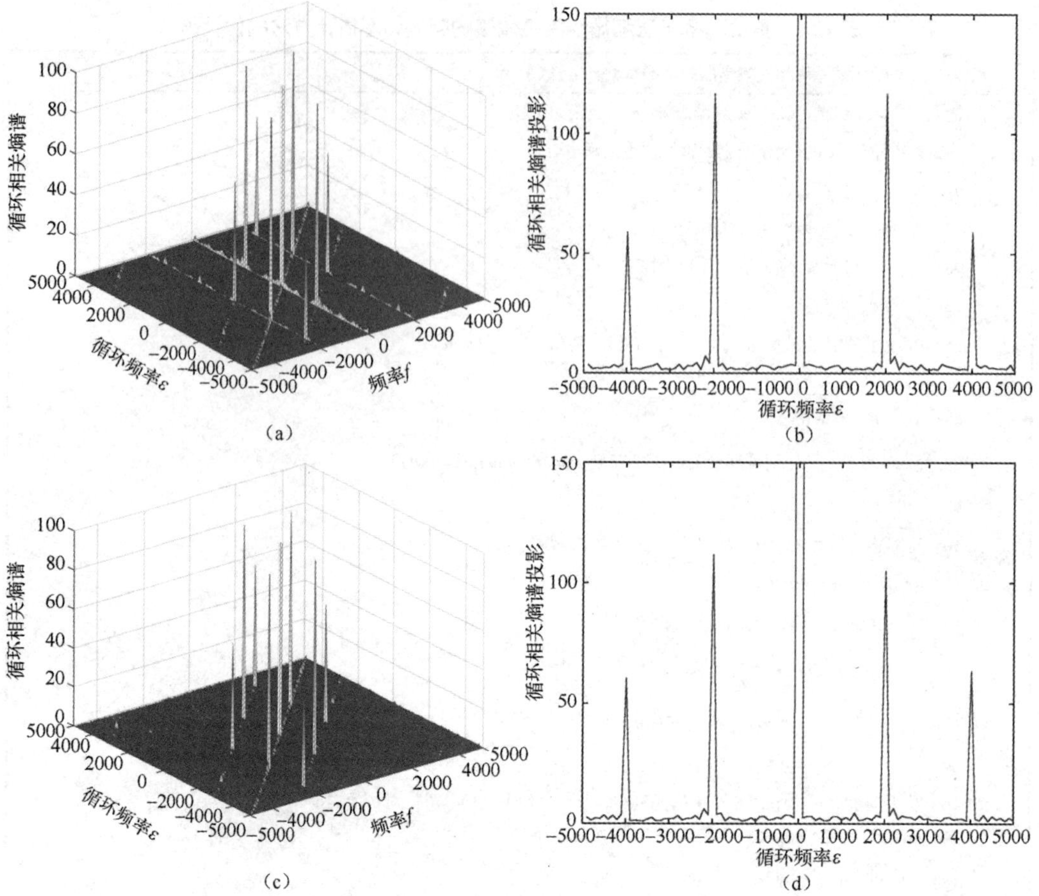

图 10.8 压缩前和重建后的循环相关熵谱及其投影。(a) 压缩前的循环相关熵谱；(b) 压缩前的循环相关熵谱投影；(c) 重建后的循环相关熵谱；(d) 重建后的循环相关熵谱投影

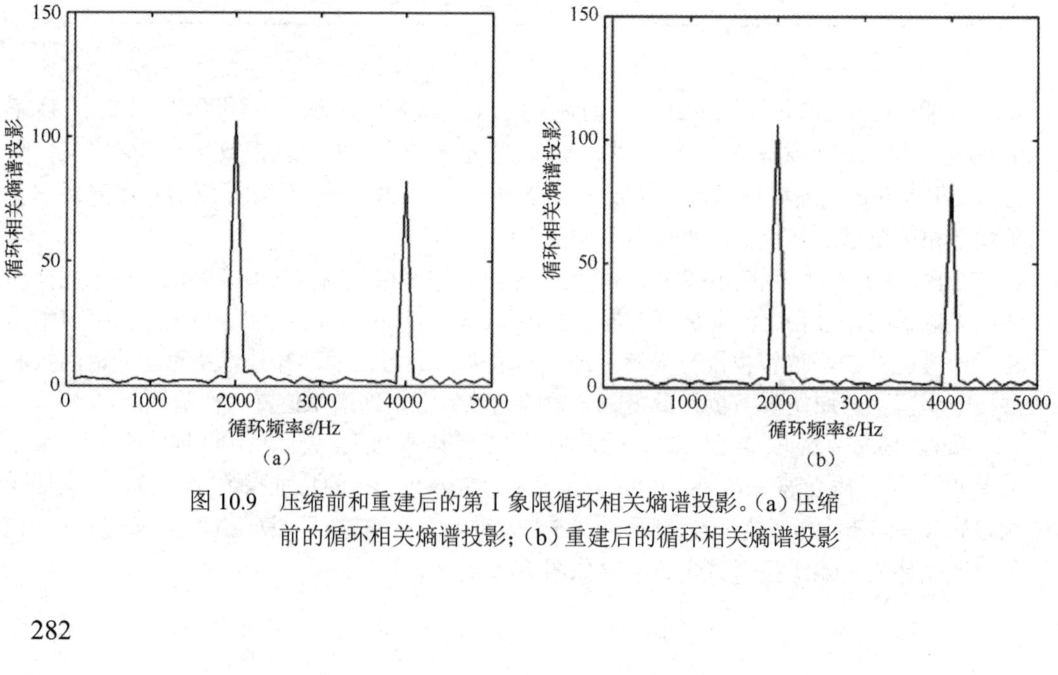

图 10.9 压缩前和重建后的第 I 象限循环相关熵谱投影。(a) 压缩前的循环相关熵谱投影；(b) 重建后的循环相关熵谱投影

由图 10.9 可见，在压缩前和重建后，第 I 象限的谱投影中谱峰位置相同。此外，由图 10.8 和图 10.9 可见，无论是在压缩前还是在重建后，都可以通过循环相关熵谱投影估计载波频率。后续实验中将选取不同的特征指数，并采用不同的压缩率进一步对载波频率的估计准确率进行比较。其中，估计的准确率 P_{Acc} 定义式为

$$P_{\mathrm{Acc}} = \frac{N_{\mathrm{Acc}}}{N_{\mathrm{MC}}} \tag{10.8}$$

式中，N_{Acc} 表示准确估计载波频率的次数，N_{MC} 表示蒙特卡罗实验的总次数。若载波频率估计值和真实值是相等的，则认为估计是准确的。此外，在后文中式（10.8）还会被用来描述其他的准确率，但是当方法不同时，参数 N_{Acc} 的含义也不同。

实验 10.8　选取一个 AM 调制信号，其载波频率 $f_{\mathrm{c}} = 200\mathrm{Hz}$，采样频率 $f_{\mathrm{s}} = 1000\mathrm{Hz}$，码元速率 $R_{\mathrm{B}} = 5\mathrm{Baud}$，信号时长 $T = 1\mathrm{s}$；Alpha 稳定分布噪声的特征指数分别为 $\alpha = 1.75,\ 1.45,\ 1.25$，广义信噪比 $\mathrm{GSNR} = 10\mathrm{dB}$，压缩率的取值范围是 $\lambda \in [10\%,\ 40\%]$。参与比较的方法分别为基于循环相关（cyclic correlation）、分数低阶循环相关（fractional lower-order cyclic correlation，FLOCC）和循环相关熵（cyclic correntropy）。对于分数低阶循环相关，参数分别为 $p = 0.6$ 和 $p = 0.7$；对于循环相关熵，高斯核函数的核长分别为 $\sigma = 1$、$\sigma = 2$ 和 $\sigma = 3$。分别计算不同实验条件下的准确率-压缩率曲线，实验结果如图 10.10 所示。

由图 10.10(a)可见，当 Alpha 稳定分布特征指数为 1.75 时，噪声的脉冲性较弱，FLOCC 方法具有较好的性能，而基于压缩循环相关熵谱的方法性能略微落后。由图 10.10（b）可见，当其特征指数为 1.45 时，噪声的脉冲性变得较强，两类方法的性能比较接近，此时基于压缩相关熵谱的方法略微占据优势。由图 10.10（c）可见，当其特征指数为 1.25 时，噪声的脉冲性变得更强，此时基于压缩循环相关熵谱的方法性能优势体现得较为明显。因此，由上述三组实验可知，当噪声的脉冲性较强时，压缩循环相关熵谱能够有效地抑制噪声中的野点，对载波频率估计的准确率较高，而当噪声幅度的概率分布接近高斯分布时，基于 FLOCC 的方法则具有更好的性能，上述结论为不同条件下的方法选择提供了参考。

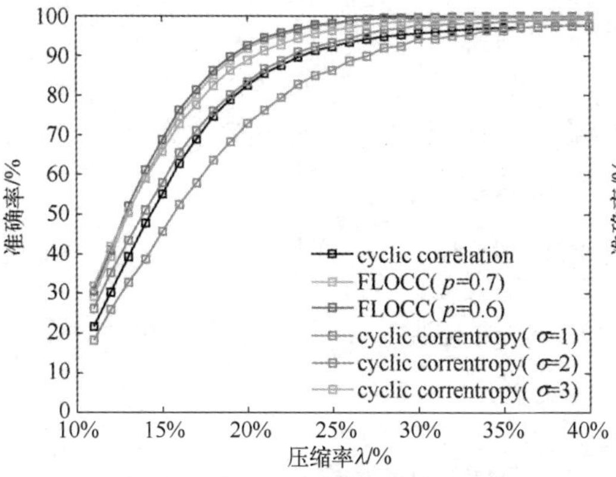

（a）

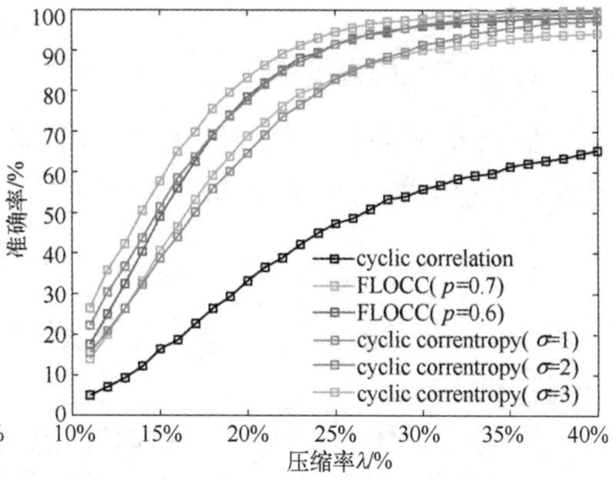

（b）

图 10.10　不同噪声条件下估计准确率-压缩率曲线比较。（a）Alpha 稳定分布噪声的特征指数为 1.75；（b）Alpha 稳定分布噪声的特征指数为 1.45；（c）Alpha 稳定分布噪声的特征指数为 1.25

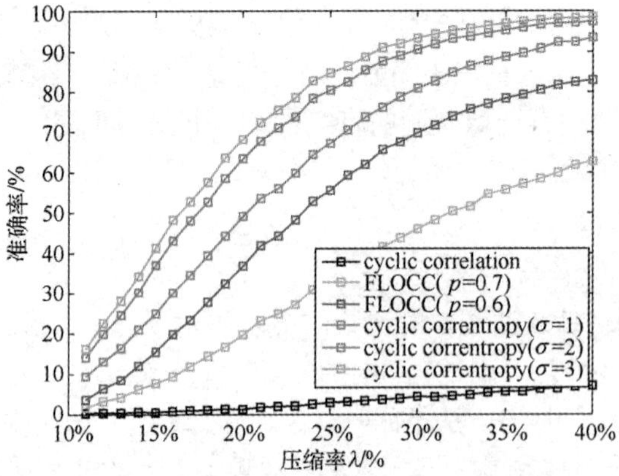

（c）

图 10.10　不同噪声条件下估计准确率-压缩率曲线比较（续）。(a) Alpha 稳定分布噪声的特征指数为 1.75；(b) Alpha 稳定分布噪声的特征指数为 1.45；(c) Alpha 稳定分布噪声的特征指数为 1.25

10.3　基于循环相关熵的波达方向估计

在诸如无线电监测之类的无线通信技术领域，接收到的信号受到诸多因素的影响，如信道中的各类噪声、干扰及多径传播等，接收到的信号功率通常较弱，此时就需要对感兴趣的无线电信号的波达方向（DOA）进行估计，从而提升接收信号的信噪比。此外，对于信号源的定位通常也离不开对 DOA 的估计。空间谱的主要功能是对空间信号进行定位、跟踪或者为其他方法提供参数。此外，空间谱还可用于估计信号源个数、信号源的位置及空域的参数。空间谱最重要的任务之一就是对 DOA 进行估计。鉴于 DOA 估计及空间谱的重要性，本节将重点介绍两种基于循环相关熵的方法，即单一的 DOA 估计方法及 DOA 与信号源个数的联合估计方法。

10.3.1　基于循环相关熵的 DOA 估计

1．均匀线阵模型

假设 K 个宽带远场信号入射到一均匀线阵，阵元个数为 M，阵元间距为 d，信号快拍数为 N，则第 m 个阵元的接收信号 $x_m(t)$ 的表达式为

$$x_m(t)=\sum_{k=1}^{K}s_k\left(t+d(m-1)\sin\left(\theta_k\right)/c\right)+n_m\left(t\right) \tag{10.9}$$

式中，$s_k(t)$ 表示第 k 个入射源，θ_k 表示其 DOA，c 为光速，$n_m\left(t\right)$ 表示第 m 个阵元上的加性脉冲噪声。

2．基于循环相关熵的 DOA 估计方法

由式（10.9）可以计算第 m 个阵元接收信号 $x_m(t)$ 所对应的循环相关熵，如下式所示：

$$U_{x_m}^{\sigma}\left(\varepsilon,\tau\right)=\left\langle\sum_{i=1}^{K}\kappa_\sigma\left(s_k\left(t+\beta_m\right)-s_k\left(t+\beta_m+\tau\right)\right)\right\rangle_t=\sum_{k=1}^{K}U_{s_k}\left(\tau\right)\mathrm{e}^{\mathrm{j}2\pi\varepsilon\beta_m} \tag{10.10}$$

构造如下虚拟阵列输出：

$$\boldsymbol{U}_x^{\sigma}(\varepsilon,\tau)=\boldsymbol{A}(\varepsilon)\boldsymbol{z}(\varepsilon,\tau) \tag{10.11}$$

式中，矩阵$\boldsymbol{U}_x^{\sigma}(\varepsilon,\tau)=\left[U_{x_1}(\varepsilon,\tau),U_{x_2}(\varepsilon,\tau),\cdots,U_{x_M}(\varepsilon,\tau)\right]^{\mathrm{T}}$，$\boldsymbol{A}(\varepsilon)=\left[\boldsymbol{a}(\theta_1),\boldsymbol{a}(\theta_2),\cdots,\boldsymbol{a}(\theta_K)\right]$，矢量$\boldsymbol{a}(\theta_k)=\left[\mathrm{e}^{\mathrm{j}2\pi\varepsilon\beta_1},\mathrm{e}^{\mathrm{j}2\pi\varepsilon\beta_2},\cdots,\mathrm{e}^{\mathrm{j}2\pi\varepsilon\beta_M}\right]^{\mathrm{T}}$，$\boldsymbol{z}(\varepsilon,\tau)=\left[U_{s_1}(\varepsilon,\tau),U_{s_2}(\varepsilon,\tau),\cdots,U_{s_K}(\varepsilon,\tau)\right]^{\mathrm{T}}$。

利用单时延构造该虚拟阵列输出，等价于传统 DOA 估计方法中的数据长度为单快拍。为解决单快拍下的 DOA 估计，利用稀疏重构方法进行 DOA 的估计。假设待估计信号的 DOA 存在于一个集合Θ中，$\Theta=\left[\tilde{\theta}_1,\tilde{\theta}_2,\cdots,\tilde{\theta}_{N_0}\right]$，$N_0\gg K$，则式（10.11）中虚拟阵列输出的稀疏表达式为

$$\boldsymbol{U}=\boldsymbol{B}(\Theta)\tilde{\boldsymbol{z}} \tag{10.12}$$

式中，$\boldsymbol{B}(\Theta)=\left[\boldsymbol{a}(\tilde{\theta}_1),\boldsymbol{a}(\tilde{\theta}_2),\cdots,\boldsymbol{a}(\tilde{\theta}_{N_0})\right]$为过完备字典，$\tilde{\boldsymbol{z}}$为$\boldsymbol{z}$的稀疏表示，其维数为$N_0\times 1$。对比式（10.11）与式（10.12）可知，当且仅当$\tilde{\theta}_k$与接收信号的真实 DOA 相等时，$\tilde{\boldsymbol{z}}$中的第k个不为零的元素与之对应。因此只要稀疏重构出$\tilde{\boldsymbol{z}}$，并寻找$\tilde{\boldsymbol{z}}$中非零元素的位置即可完成对信号 DOA 的估计。稀疏重构求解的代价函数如下：

$$\min\left\|\boldsymbol{U}-\boldsymbol{B}(\Theta)\tilde{\boldsymbol{z}}\right\|_{\mathrm{F}}^2 \quad \text{s.t.}\ \left\|\tilde{\boldsymbol{z}}\right\|_0\leqslant K \tag{10.13}$$

为保证方法效率，采用归一化迭代硬阈值方法进行上述问题的求解，假设第j次迭代结果为$\tilde{\boldsymbol{z}}^{(j)}$，则第$j$+1 次迭代结果满足如下关系式：

$$\tilde{\boldsymbol{z}}^{(j+1)}=H_K\left(\tilde{\boldsymbol{z}}^{(j)}+\eta\boldsymbol{g}^{(j)}\right) \tag{10.14}$$

式中，$H_K(\cdot)$表示仅保留K个最大峰值而其他元素置零的算子；η为步长；$\boldsymbol{g}^{(j)}$为梯度，它满足如下关系式：

$$\boldsymbol{g}^{(j)}=\boldsymbol{B}^{\mathrm{H}}(\Theta)\left(\boldsymbol{V}_1-\boldsymbol{B}(\Theta)\tilde{\boldsymbol{z}}^{(j)}\right) \tag{10.15}$$

对式（10.14）不断迭代，直到满足终止条件，然后通过下式获得 DOA 估计值：

$$\hat{\theta}_k=\tilde{\theta}_{n_0} \quad \left(\tilde{z}_{n_0}\neq 0\right) \tag{10.16}$$

上式表示当$\tilde{\boldsymbol{z}}$的第k个非零元素又是其第n_0个元素$\tilde{z}_{n_0}$时，第k个 DOA 的估计值$\hat{\theta}_k$等于集合Θ中的第n_0个角度$\tilde{\theta}_{n_0}$。该方法称为基于循环相关熵的归一化迭代硬阈值法（cyclic correntropy-based normalized iteration hard thresholding，CCE-NIHT）。

3．仿真实验

实验 10.9　信号接收阵列为一个由 5 个阵元组成的均匀线阵，两个远场宽带 2PSK 信号入射到该接收阵列。信号源的 DOA 为$\theta_1=10^{\circ}$，载波频率$f_{\mathrm{c}1}=150\mathrm{MHz}$，码元速率$R_{\mathrm{B}}=20\mathrm{MBand}$，相对带宽近似$\Delta B_1=40\%$，干扰源的 DOA 为$\theta_1=20^{\circ}$，载波频率为$f_{\mathrm{c}2}=150\mathrm{MBand}$，相对带宽近似为$\Delta B_2=30\%$，循环频率设置$\varepsilon=300\mathrm{MHz}$，信号的快拍数为$N=5000$; Alpha 稳定分布噪声的特征指数为$\alpha=1.4$，广义信噪比的取值范围为$\mathrm{GSNR}\in[1,7]\mathrm{dB}$。作为比较对象的方法是基于循环相关的线性预测方法（cyclic correlation based linear prediction，CYC-LP）和基于最大相关熵准则的线性预测方法（maximum correntropy criterion-based linear prediction，MCC-LP），并采用估计准确率和均方根误差来衡量方法的性能，其中，估计准确率 P_{Acc} 的定义式如式（10.8）所示，N_{Acc} 表示准确估计 DOA 的次数，如果 DOA 角度的估计误差小于1°，则认为估计准确，实验结果如图 10.11 所示。

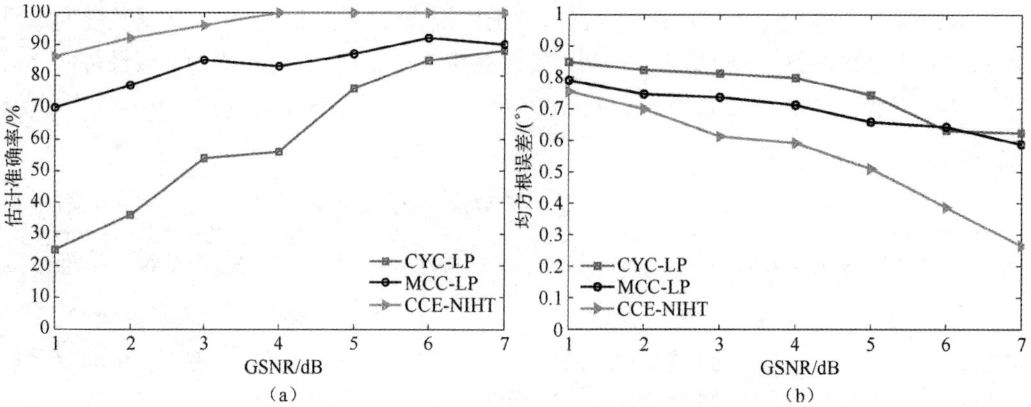

图 10.11　广义信噪比不同时各方法性能比较。(a) 估计准确率；(b) 均方根误差

由图 10.11 可见，随着 GSNR 的不断提高，脉冲噪声的影响也在不断减小，所有方法的性能均有显著的提升。但是当广义信噪比较低时，由于 CYC-LP 无法抵抗脉冲噪声，其估计准确率较低。此外，由于继承了稀疏重构类方法精度高的优点，因此与其他方法相比，CCE-NIHT 具有最高的估计精确率和最小的 RMSE。具体而言，当 GSNR > 2dB 时，CCE-NIHT 的准确率达到了 90%以上，远优于其他方法。

实验 10.10　本实验将进一步验证当噪声的特征指数不同时各方法性能的变化规律。广义信噪比 $\text{GSNR}=5\text{dB}$，特征指数的变换范围是 $\alpha\in[1.1,\ 2]$；天线阵列、信号、干扰、对比的方法及其他参数与实验 10.9 相同，实验结果如图 10.12 所示。

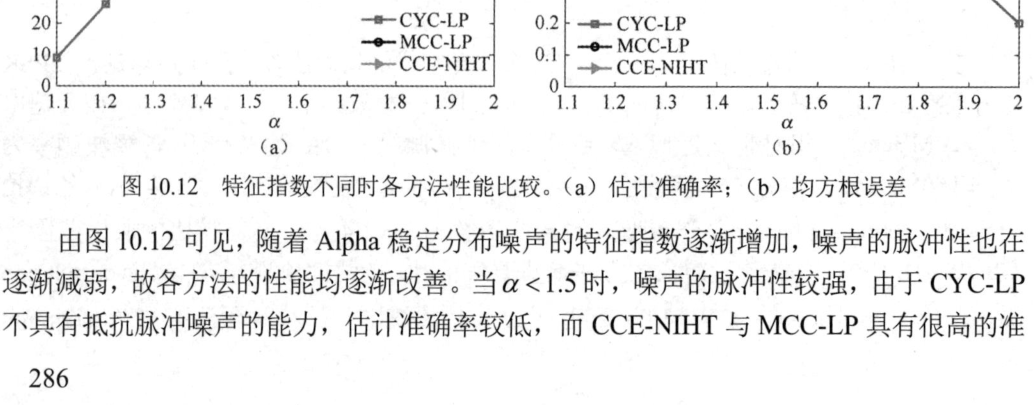

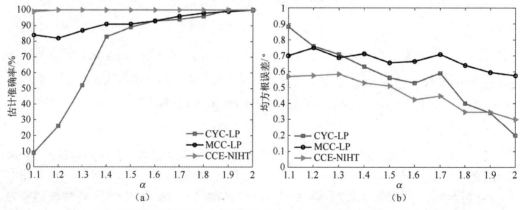

图 10.12　特征指数不同时各方法性能比较。(a) 估计准确率；(b) 均方根误差

由图 10.12 可见，随着 Alpha 稳定分布噪声的特征指数逐渐增加，噪声的脉冲性也在逐渐减弱，故各方法的性能均逐渐改善。当 $\alpha<1.5$ 时，噪声的脉冲性较强，由于 CYC-LP 不具有抵抗脉冲噪声的能力，估计准确率较低，而 CCE-NIHT 与 MCC-LP 具有很高的准

确率，且 CCE-NIHT 优于 MCC-LP。此外，由于借助稀疏重构方法高精度的优势，当$\alpha>1.2$时，CCE-NIHT 可以完全准确地估计 DOA。而当$\alpha>1.6$时，三种方法均能呈现较高的估计准确率，但 CCE-NIHT 相较于其他方法依然具有优势，仅当$\alpha=2$时，CCE-NIHT 的 RMSE 稍高于 CYC-LP 的 RMSE，这是因为此时噪声为高斯噪声，CYC-LP 所采用的二阶统计量不会发散。

实验 10.11　本实验将进一步验证当快拍数不同时各方法性能的变化规律。广义信噪比 $\mathrm{GSNR}=5\mathrm{dB}$，特征指数$\alpha=1.5$，信号的快拍数的取值范围是$N\in[800,\ 5600]$；天线阵列、信号、干扰、对比的方法及其他参数与实验 10.9 相同，实验结果如图 10.13 所示。

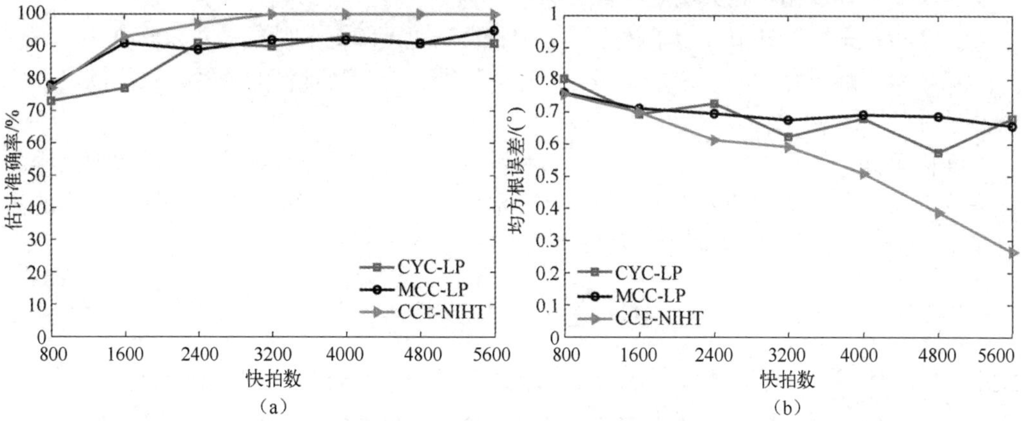

图 10.13　快拍数不同时各方法性能比较。（a）估计准确率；（b）均方根误差

由图 10.13 可见，当快拍数增加时，各方法的估计准确率和均方根误差均有所改善，这是由于随着快拍数增加，信号提供的信息更加丰富。相较于其他两种方法，CCE-NIHT 的性能具有显著的优势。

10.3.2　基于循环相关熵的 DOA 和信号源个数联合估计

10.3.1 节介绍了基于循环相关熵的 DOA 估计方法，该方法默认信号源个数是已知的。虽然在很多情况下，该假设是符合实际的，但在某些特殊情况下，如在进行频谱监测时，DOA 和信号源个数都是未知的，故而不但需要对 DOA 进行估计，还需要同时对信号源个数进行估计。针对此问题，本节将介绍一种基于最大相关熵准则的线性预测的方法（MCC-LP）。

1. 基于循环相关熵的 DOA 和信号源个数联合估计方法思路

10.3.1 节介绍的基于循环相关熵的 DOA 估计方法，无法应用于信号源个数未知的情况。为此，本节将以金芳晓提出并证明的定理 10.1 为依据，实现信号源个数和 DOA 的联合估计。

定理 10.1　当快拍数趋于无穷大时，具有相同循环频率的信号个数等于矩阵 $\boldsymbol{\Sigma}=\boldsymbol{\Phi}^{\mathrm{H}}\boldsymbol{\Phi}$ 的秩。

定理 10.1 中，矩阵$\boldsymbol{\Phi}$表示循环相关熵矩阵，其定义式将在后文中给出。由定理 10.1 可知，只要能够获得足够多的快拍数据，就可以通过估计矩阵$\boldsymbol{\Sigma}$的非零特征值的个数来近似估计信号源个数。但是在实际中，信号的快拍数总是有限的，故依据有限快拍数来估计信号源个数必然会引入误差。因此，还需要对所引入的误差进行分析，才能对方法进行修正。此外，近似解的求解过程还涉及估计正则化参数集和选择代价函数的问题。

该方法基于线性预测模型，借助于循环相关熵得到矩阵$\boldsymbol{\Phi}$的表示形式，并依据最大相关熵准则和基于相关熵的代价函数来估计误差和正则化参数，最终实现信号源个数与DOA的联合估计。

2．方法流程

该方法的主要步骤如下。

第1步：计算循环相关熵矩阵$\boldsymbol{\Phi}$。

第2步：采用奇异值分解求解矩阵$\boldsymbol{\Phi}$的特征矢量矩阵$\boldsymbol{U}$和特征值对角阵$\boldsymbol{\Lambda}$。

第3步：通过迭代不断求解比值∂，它是特征矢量和特征值的函数，直到满足迭代终止条件。

在简单介绍了该方法的流程后，本节将继续通过公式具体介绍该方法的实现过程。首先依据10.3.1节给出的线性阵列模型，并根据式（10.9）可知，第M个阵元接收的信号可由前$M-1$个阵元的接收信号线性表示，即

$$x_M(t)=\sum_{i=1}^{M-1}x_{M-i}(t+\beta_i)+e_M(t) \tag{10.17}$$

式中，$\beta_i=(i-1)d\sin(\theta_k)/c$，$e_M(t)$表示预测误差，$c$为光速，$d$表示阵无间距。

由式（10.17）和第9章中介绍的循环相关熵的时移性质，可知$U_{x_M}^{\sigma}(\varepsilon,\tau)$满足如下关系式：

$$U_{x_M}^{\sigma}(\varepsilon,\tau)=\sum_{i=1}^{M-1}U_{x_{M-i}}^{\sigma}(\varepsilon,\tau)\mathrm{e}^{\mathrm{j}2\pi\varepsilon\beta_i} \tag{10.18}$$

由于$e_M(t)$不具有循环平稳特性，故认为在循环频率不为零处，它所对应的循环相关熵恒为零。因此，可以认为式（10.18）中不存在与$e_M(t)$有关的项。

根据式（10.18）和不同的时延因子（$\tau=0,1,\cdots,N-1$）可构造虚拟输出阵列，并得到相应的线性预测映射模型，即

$$\begin{aligned}\begin{bmatrix}U_{x_M}^{\sigma}(\varepsilon,0)\\U_{x_M}^{\sigma}(\varepsilon,1)\\\vdots\\U_{x_M}^{\sigma}(\varepsilon,N-1)\end{bmatrix}&=\begin{bmatrix}U_{x_{M-1}}^{\sigma}(\varepsilon,0)&U_{x_{M-2}}^{\sigma}(\varepsilon,0)&\cdots&U_{x_1}^{\sigma}(\varepsilon,0)\\U_{x_{M-1}}^{\sigma}(\varepsilon,1)&U_{x_{M-2}}^{\sigma}(\varepsilon,1)&\cdots&U_{x_1}^{\sigma}(\varepsilon,1)\\\vdots&\vdots&\ddots&\vdots\\U_{x_{M-1}}^{\sigma}(\varepsilon,N-1)&U_{x_{M-2}}^{\sigma}(\varepsilon,N-1)&\cdots&U_{x_1}^{\sigma}(\varepsilon,N-1)\end{bmatrix}\begin{bmatrix}\mathrm{e}^{\mathrm{j}2\pi\varepsilon\beta_1}\\\mathrm{e}^{\mathrm{j}2\pi\varepsilon\beta_2}\\\vdots\\\mathrm{e}^{\mathrm{j}2\pi\varepsilon\beta_{M-1}}\end{bmatrix}\\&=\begin{bmatrix}\boldsymbol{\varphi}_{x_{M-1}}^{\mathrm{T}}(\varepsilon,0)\\\boldsymbol{\varphi}_{x_{M-1}}^{\mathrm{T}}(\varepsilon,1)\\\vdots\\\boldsymbol{\varphi}_{x_{M-1}}^{\mathrm{T}}(\varepsilon,N-1)\end{bmatrix}\begin{bmatrix}\mathrm{e}^{\mathrm{j}2\pi\varepsilon\beta_1}\\\mathrm{e}^{\mathrm{j}2\pi\varepsilon\beta_2}\\\vdots\\\mathrm{e}^{\mathrm{j}2\pi\varepsilon\beta_{M-1}}\end{bmatrix}\end{aligned} \tag{10.19}$$

进一步写为矩阵形式，即

$$\boldsymbol{U}=\boldsymbol{\Phi}\boldsymbol{q} \tag{10.20}$$

式中，$\boldsymbol{U}=\left[U_{x_M}^{\sigma}(\varepsilon,0),U_{x_M}^{\sigma}(\varepsilon,1),\cdots,U_{x_M}^{\sigma}(\varepsilon,N-1)\right]^{\mathrm{T}}$，$\boldsymbol{q}=\left[\mathrm{e}^{\mathrm{j}2\pi\varepsilon\beta_1},\mathrm{e}^{\mathrm{j}2\pi\varepsilon\beta_2},\cdots,\mathrm{e}^{\mathrm{j}2\pi\varepsilon\beta_{M-1}}\right]^{\mathrm{T}}$，$\boldsymbol{\Phi}=\left[\boldsymbol{\varphi}_{x_{M-1}}(\varepsilon,0),\boldsymbol{\varphi}_{x_{M-1}}(\varepsilon,1),\cdots,\boldsymbol{\varphi}_{x_{M-1}}(\varepsilon,N-1)\right]^{\mathrm{T}}$，$\boldsymbol{\varphi}_{x_{M-1}}(\varepsilon,\tau)=\left[U_{x_{M-1}}^{\sigma}(\varepsilon,\tau),U_{x_{M-2}}^{\sigma}(\varepsilon,\tau),\cdots,U_{x_1}^{\sigma}(\varepsilon,\tau)\right]^{\mathrm{T}}$。

对矩阵 $\boldsymbol{\Sigma}=\boldsymbol{\Phi}^{\mathrm{H}}\boldsymbol{\Phi}$ 进行特征值分解，得到

$$\boldsymbol{\Sigma}=\boldsymbol{\Phi}^{\mathrm{H}}\boldsymbol{\Phi}=\boldsymbol{V}\boldsymbol{\Lambda}\boldsymbol{V}^{\mathrm{H}} \tag{10.21}$$

式中，$\boldsymbol{V}=[\boldsymbol{v}_1,\boldsymbol{v}_2,\cdots,\boldsymbol{v}_{M-1}]$，$\boldsymbol{\Lambda}=\mathrm{diag}(\lambda_1,\lambda_2,\cdots,\lambda_{M-1})$，$\{\boldsymbol{v}_i\}_{i=1}^{M-1}$ 和 $\{\lambda_i\}_{i=1}^{M-1}$ 分别是特征矢量和对应的特征值。

准备开始迭代，设定初始值 $k=0$，方差 $\beta_k^2=\chi$，正则化参数集 $\{\gamma_{i,k}\}_{i=1}^{M-1}=\chi$，并可设 $\chi=10^{-50}$。再按照式（10.19）计算矩阵 $\boldsymbol{q}$，即

$$\boldsymbol{q}_k(\gamma_{i,k})=\sum_{i=1}^{M-1}\frac{\boldsymbol{v}_i\boldsymbol{v}_i^{\mathrm{H}}}{\lambda_i-\beta_k^2-\gamma_{i,k}}\boldsymbol{\eta} \tag{10.22}$$

式中，$\boldsymbol{\eta}=\boldsymbol{\Phi}^{\mathrm{H}}\boldsymbol{U}$。然后按照式（10.22）更新正则化参数集合 $\{\gamma_{i,k}\}_{i=1}^{M-1}$，可得

$$\gamma_{i,k+1}=\left(\beta_k^2\lambda_i\left(1+\left\|\boldsymbol{q}_k(\gamma_{i,k})\right\|_2^2\right)+\beta_k^4\left\|\boldsymbol{v}_i^{\mathrm{H}}\boldsymbol{q}_k(\gamma_{i,k})\right\|_2^2\right)\Big/\left(N\left(\lambda_i-\beta_k^2\right)\left\|\boldsymbol{v}_i^{\mathrm{H}}\boldsymbol{q}_k(\gamma_{i,k})\right\|_2^2\right) \tag{10.23}$$

式中，N 是采样信号的快拍数。然后，按照式（10.22）更新方差，可得

$$\beta_{k+1}^2=\left\|\boldsymbol{U}-\boldsymbol{\Phi}\boldsymbol{q}_k(\gamma_{i,k})\right\|_2^2 \tag{10.24}$$

按照式（10.23）计算比值 ∂，可得

$$\partial=\frac{|\gamma_{M-1,k+1}|}{|\gamma_{1,k+1}|} \tag{10.25}$$

若 $\partial<\varsigma$，则继续迭代；若 $\partial>\varsigma$，则终止迭代。其中，ς 是设定的迭代条件值。通过分析 $\{\lambda_i-\beta^2\}_{i=1}^{M-1}$ 和 $\{\gamma_i^2\}_{i=1}^{M-1}$ 两条曲线的关系，就可以估计信号源个数 K，即

$$K=i\quad \text{s.t.}\quad \lambda_i-\beta^2=\gamma_i^2 \tag{10.26}$$

在估计得到信号源个数后，还需要进一步估计信号源的 DOA。首先，通过式（10.22）来计算 $\boldsymbol{q}_k$；然后，通过搜索空间谱的谱峰来获得相对应的 DOA 估计值，空间谱的计算公式如下：

$$P(\theta)=\frac{1}{\left|1-\sum_{i=1}^{M-1}\mathrm{e}^{\mathrm{j}2\pi\varepsilon\beta_i}w^{-i}\right|} \tag{10.27}$$

式中，$w=\exp\left[\mathrm{j}(2\pi\varepsilon d\sin\theta)/c\right]$。

由于该方法用到了最大相关熵准则和线性预测，故称为基于最大相关熵准则的线性预测法。但是由于该方法也涉及循环相关熵，故有文献也将其称为基于循环相关熵的线性预测法（cyclic correntropy based linear prediction，CCE-LP）。

3．仿真实验

实验 10.12 为了验证该方法的可行性，进行一组仿真实验。采用 10 阵元均匀线阵，阵元间距为$d=c/(2\varepsilon)$，ε为入射信号的循环频率，c表示光速；选取两个 2PSK 调制信号作为远场入射信号，载波频率均为$f_{c1}=100\text{MHz}$，相对带宽均近似为$\Delta B_1=30\%$，DOA 分别为$\theta_1=25^\circ$和$\theta_2=50^\circ$；选取一个 AM 信号作为干扰，载波频率为$f_{c2}=100\text{MHz}$，相对带宽近似为$\Delta B_2=25\%$，DOA 为$\theta_3=20^\circ$；采样频率为$f_s=500\text{ MHz}$，快拍数为$N=6000$，广义信噪比$\text{GSNR}=10\text{dB}$，Alpha 稳定分布噪声的特征指数$\alpha=1.5$。采用 CCE-LP 对信号源个数和 DOA 进行联合估计，并充分考虑快拍数所造成的误差，实验结果如图 10.14 所示。

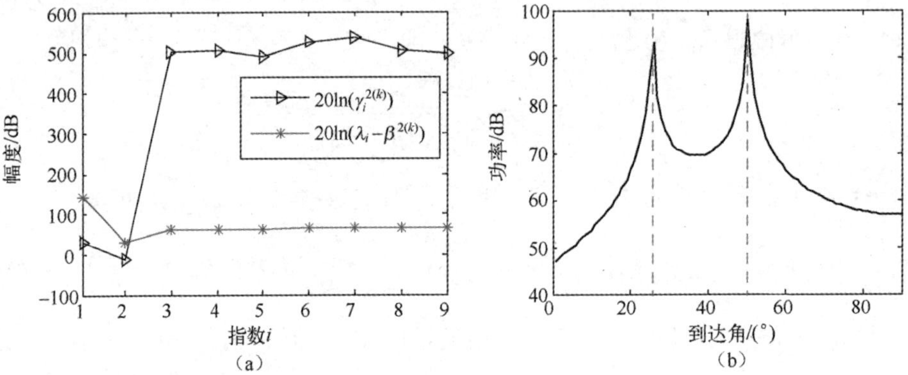

图 10.14 信号源个数和 DOA 联合估计实验结果图。（a）信号源个数估计；（b）DOA 估计

由图 10.14（a）可见，两条曲线分别与$\left\{\lambda_i-\beta^2\right\}_{i=1}^{M-1}$和$\left\{\gamma_{i,k+1}\right\}_{i=1}^{M-1}$有关，它们的交点所对应的就是信号源个数的估计值 2，与实验条件相符。而在图 10.14（b）中，该方法也可以通过谱峰准确地估计得到两个信号源信号的 DOA。

实验 10.13 为了进一步验证在不同噪声条件下 CCE-LP 法性能的变化规律，参与对比的方法主要包括 MCC-LP、ROC-MUSIC、EX-POC-RMUSIC 和 W-CMSR 算法。按照如下方式设定实验参数：每次只改变一个实验参数，其他的信号和干扰参数按照实验 10.12 选取，即广义信噪比变化范围$\text{GSNR}\in[0,20]\text{dB}$，Alpha 稳定分布噪声的特征指数变化范围是$\alpha\in[1,2]$，信号源角度差变化范围是$\Delta\theta\in[1^\circ,68^\circ]$。各算法的性能可由 DOA 的可分辨概率和均方根误差来衡量。可分辨概率P_{res}定义式如下：

$$P_{\text{res}}=\frac{N_{\text{res}}}{N_{\text{MC}}} \tag{10.28}$$

式中，N_{res}表示可以分辨角度的次数，N_{MC}表示蒙特卡罗实验的总次数。此外，若信号源角度差可以被分辨，则还需要满足如下条件：

$$\Lambda\left(\hat{\theta}_1,\hat{\theta}_2\right)\triangleq F\left(\left(\hat{\theta}_1+\hat{\theta}_2\right)/2\right)-\frac{1}{2}\left[F\left(\hat{\theta}_1\right)+F\left(\hat{\theta}_2\right)\right]>0 \tag{10.29}$$

式中，$F(\theta)$表示空间谱式（10.27）的倒数，即满足$F(\theta)=1/P(\theta)$。实验结果分别如图 10.15、图 10.16 和图 10.17 所示。

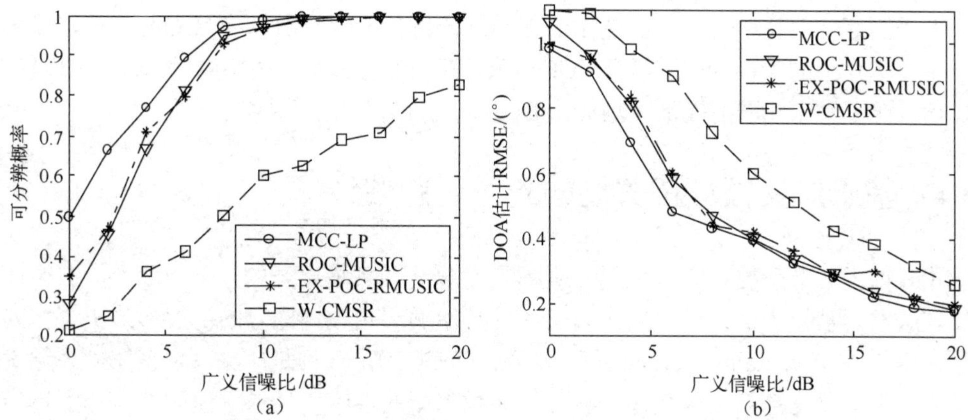

图 10.15　广义信噪比变化时各方法性能比较。(a) 可分辨概率-广义信噪比曲线；(b) RMSE-广义信噪比曲线

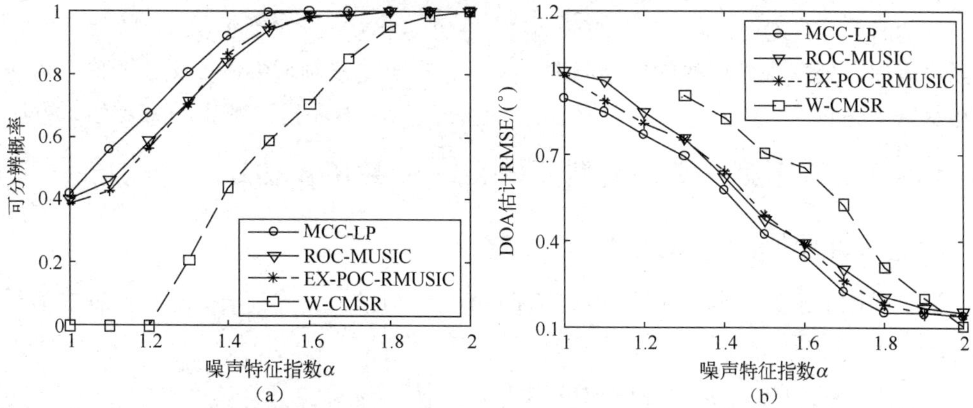

图 10.16　噪声特征指数变化时各方法性能比较。(a) 可分辨概率-特征指数曲线；(b) RMSE-特征指数曲线

由图 10.15、图 10.16 和图 10.17 可见，无论当 GSNR 变化时，还是当 Alpha 稳定分布噪声的特征指数 α 变化时，或者当信号源角度差变化时，相比于其他方法，MCC-LP 具有最高的可分辨概率和最小的 DOA 估计均方根误差，因而 MCC-LP 具有最好的性能。

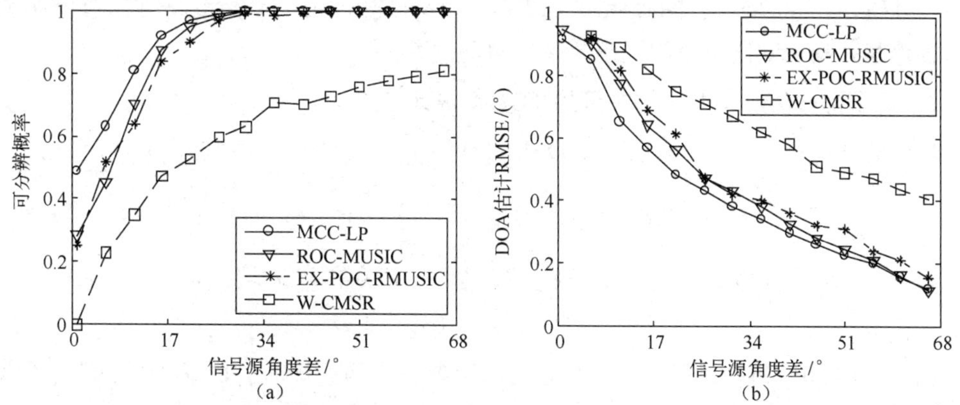

图 10.17　信号源角度差变化时各方法性能比较。(a) 可分辨概率-信号源角度差曲线；(b) RMSE-信号源角度差曲线

此外，还需要说明的是，虽然 10.3.1 节所介绍的 CCE-NIHT 在 DOA 估计性能方面好于本节所介绍的 MCC-LP，但是 CCE-NIHT 默认信号源个数是已知的，而 MCC-LP 可以在信号源个数未知的前提下成功估计 DOA，两种方法的适用场景不同。

10.4 基于广义循环相关熵的到达时差估计

本章前面各节所提及的 5 种方法都是围绕循环相关熵展开的，但实际上，在循环相关熵这一概念被提出后，还先后出现了两种基于循环相关熵概念的扩展形式，统称为广义循环相关熵（generalized cyclic correntropy，GCCE），一种是广义高斯核在循环频率域的推广，另一种是高斯核与相关运算在循环频率域的推广。为了方便区别，分别称为第一类广义循环相关熵和第二类广义循环相关熵。关于第一类和第二类广义循环相关熵的概念和性质，请参见本书第 9 章的介绍。

到达时差（TDOA）估计简称时差估计，在许多文献中也称为时间延迟估计（TDE），是无线电信号处理领域重要的应用问题，广泛存在于诸多领域中，如无线通信、雷达、声呐及生物医学等。本节将分别介绍基于上述两类广义循环相关熵的 TDOA 估计方法。

10.4.1 基于第一类广义循环相关熵的 TDOA 估计

1. 连续时间信号的 TDOA 估计信号模型

为了描述基于第一类广义循环熵的 TDOA 估计方法，首先需要介绍该问题的信号模型，即

$$\begin{cases} x(t) = s(t) + w(t) + v_1(t) \\ y(t) = s(t - D_1) + w(t - D_2) + v_2(t) \end{cases} \tag{10.30}$$

式中，t 表示连续时间变量；$x(t)$ 和 $y(t)$ 分别表示由两个独立传感器接收到的实信号；$s(t)$ 为循环平稳的感兴趣信号，$w(t)$ 为循环平稳的干扰信号，两种循环平稳信号具有不同的循环频率；$v_1(t)$ 和 $v_2(t)$ 是加性随机噪声，且都不具有循环平稳性；$D_1 \in \mathbb{R}$ 是感兴趣信号的 TDOA，是需要估计的参数，而 $D_2 \in \mathbb{R}$ 是干扰信号的 TDOA。为了方便分析和计算，各信号和噪声都假定是相互统计独立的。

2. 基于第一类广义循环相关熵的 TDOA 估计方法

按照式（9.50）计算随机信号 $x(t)$ 和 $y(t)$ 的第一类广义循环相关熵如下：

$$U_{xy}^{(1)}(\varepsilon,\tau) = \gamma_{\mu\nu} \exp\left(-\lambda \left| x(t) - y(t+\tau) \right|^{\mu}\right) \tag{10.31}$$

式中，$\gamma_{\mu\nu} = \mu / \left(2\nu\Gamma(1/\mu)\right)$ 表示归一化的常数，$\mu > 0$ 表示形状参数，$\nu > 0$ 表示尺度参数。

由式（10.30）和式（10.31）可知，若不存在噪声和干扰，当 $\tau = D_1$ 时，$U_{xy}^{(1)}(\varepsilon,\tau)$ 取得最大值。故不断地改变时移变量 τ，搜索 $U_{xy}^{(1)}(\varepsilon,\tau)$ 的最大值，就可以得到 TDOA 的估

计值 $\hat{D}_1$，即

$$\hat{D}_1=\arg\max_{\tau}\left(U_{xy}^{(1)}(\varepsilon,\tau)\right) \tag{10.32}$$

由于通常情况下假设感兴趣信号和干扰信号具有不同的循环频率，故此时估计的误差主要来自噪声的影响，因此在循环频率域用于衡量信号相似性的数学工具对特定噪声的抑制能力决定了 TDOA 估计方法的性能。

3．仿真实验

实验 10.14　为了验证基于第一类广义循环相关熵（GCCE）的 TDOA 估计方法性能，选取一个 2PSK 调制信号作为感兴趣信号，其载波频率 $f_{c1}=2.5\text{MHz}$，码元速率 $R_{B1}=0.625\text{MBand}$，TDOA 为 $D_1=100T_s$，其中 $T_s=1/f_s$ 为采样间隔，$f_s=10\text{MHz}$ 为采样频率，快拍数为 $N=10000$；另选取一个 2PSK 调制信号作为干扰，其载波频率为 $f_{c2}=2\text{MHz}$，码元速率 $R_{B2}=0.25\text{MBand}$，TDOA 为 $D_2=50T_s$；当广义信噪比的取值范围是 $\text{GSNR}\in[-6,10]\text{dB}$ 时，Alpha 稳定分布噪声特征指数 $\alpha=1.3$；当 Alpha 稳定分布噪声的特征指数取值范围是 $\alpha\in[0.8,2]$ 时，广义信噪比 $\text{GSNR}=-2\text{dB}$。另外选取三种方法参与比较，分别是基于循环相关（cyclic correlation，CC）、基于分数低阶循环协方差（fractional lower-order cyclic covariance，FLOCC）和基于循环相关熵（cyclic correntropy，CCE）的方法。对于 FLOCC，$a=b=0.6$；对于 CCE，高斯核函数的核长 $\sigma=1$；对于 GCCE，$\mu=5$，$\lambda=0.01$。对每种 TDOA 估计方法进行 1000 次蒙特卡罗实验，并在不同噪声条件下，用 TDOA 的估计值与真实值的均方误差（MSE）来衡量四种算法的性能，实验结果如图 10.18 所示。

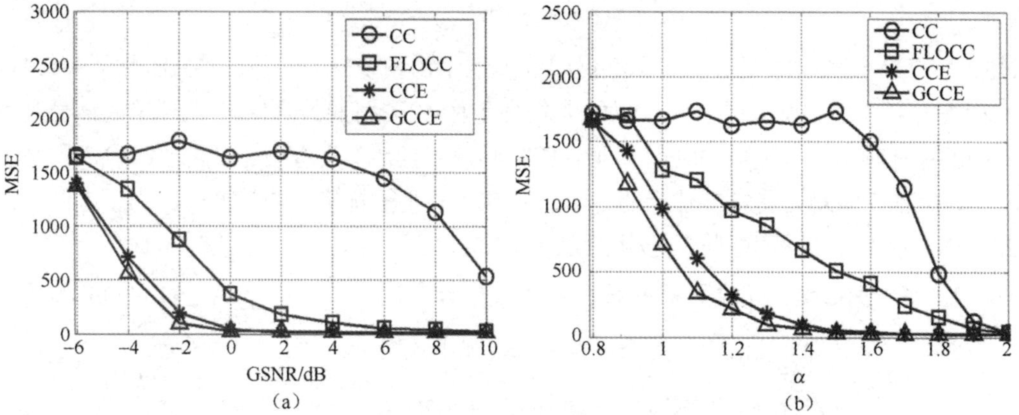

图 10.18　噪声条件不同时各 TDOA 估计方法性能比较。(a) GSNR 变化时的均方误差曲线；(b) 特征指数 α 变化时的均方误差曲线

由图 10.18 (a) 可见，当广义信噪比在 $[0,10]\text{dB}$ 范围内变化时，基于循环相关熵（CCE）的方法与基于第一类广义循环相关熵（GCCE）的方法具有相似的性能，均方误差很小，且均优于其他的两种方法。而随着广义信噪比不断降低，脉冲噪声的能量不断增强，即使是基于循环相关熵的方法和基于第一类广义循环相关熵的方法也都开始出现较大的估计误差，但是在这个过程中，基于第一类广义循环相关熵的方法的均方误差还是略小于

基于循环相关熵的方法的，从而体现出了本节所介绍的 TDOA 估计方法在低广义信噪比条件下抑制脉冲噪声的优势。

由图 10.18（b）可见，当 Alpha 稳定分布噪声的特征指数在$[1.5, 2]$范围内变化时，基于循环相关熵的方法和基于第一类广义循环相关熵的方法也具有相似的性能，均方误差接近于零，且均优于其他的两种方法；而随着 Alpha 稳定分布噪声特征指数的不断减小，噪声的脉冲性不断增强，即使是基于循环相关熵的方法和基于第一类广义循环相关熵的方法也都开始出现较大的估计误差，但是在这个过程中，基于第一类广义循环相关熵的方法的均方误差还是仍略小于基于循环相关熵的方法的，从而也体现出了本节所介绍的 TDOA 估计方法在低广义信噪比条件下抑制脉冲噪声的优势。

由上面的观察和分析可以得到如下结论：相比于其他三种方法，基于第一类广义循环相关熵的 TDOA 估计方法在强脉冲噪声条件下具有最好的估计性能；而在一般强度的脉冲噪声条件下，基于循环相关熵的 TDOA 估计方法具有与该方法相似的性能。

10.4.2 基于第二类广义循环相关熵的 TDOA 估计

本节介绍基于第二类广义循环相关熵的 TDOA 估计方法，与之前不同的是，信号模型的建立和方法的介绍是基于离散时间信号的。

1. 基于离散时间信号的 TDOA 估计信号模型

除了在 10.4.1 节中介绍的由连续时间信号所描述的 TDOA 模型，TDOA 估计问题通常还可以通过基于离散时间信号的信号模型来表示，即

$$\begin{cases} x(n)=s(n)+w(n)+v_1(n) \\ y[n]=s(n-D_1)+w(n-D_2)+v_2(n) \end{cases} \tag{10.33}$$

式中，n 表示离散时间变量；$x(n)$ 和 $y(n)$ 分别表示由两个独立的传感器接收到的实信号，$s(n)$ 是循环平稳的感兴趣信号，$w(n)$ 是循环平稳的干扰信号，这两个循环平稳信号具有不同的循环频率；$v_1(n)$ 和 $v_2(n)$ 是加性随机噪声，且都不具有循环平稳性；$D_1 \in \mathbb{Z}$ 是感兴趣信号的 TDOA，是需要估计的参数，而 $D_2 \in \mathbb{Z}$ 是干扰信号的 TDOA。为了方便分析和计算，各信号和噪声都假定是相互统计独立的。

2. 基于第二类广义循环相关熵的 TDOA 估计方法

首先，计算两个离散信号的循环相关熵，如下式所示：

$$U_{xy}^{(2)}(l,m)=\frac{1}{(N-m+1)\sqrt{2\pi}\sigma}\sum_{n=1}^{N}\exp\left(-\frac{x(n)y^*(n+m)\left|x(n)-y(n+m)\right|^2}{2\sigma^2}\right)\exp\left(-\mathrm{j}2\pi\frac{l}{T_0}nT_\mathrm{s}\right) \tag{10.34}$$

式中，T_0 是第二类广义相关熵的周期。但是在实际应用中，如果第二类广义相关熵不具有周期性，也可以选取联合二阶循环平稳信号的二阶混合矩 $E(x(n)y(n+m))$ 的周期。$\varepsilon=l/T_0$ 表示模拟循环频率（即前文中所述的循环频率），$l\in\mathbb{Z}$ 表示数字循环频率。$f_0=1/T_0$ 为模拟循环频率的分辨率，如果 T_0 取值较大，则 f_0 较小，循环频率分辨率的精

度较高，当$T_0 \to \infty$时，$f_0 \to 0$，此时ε可以表示连续循环频率。

由式（10.34）可知，若不存在噪声和干扰信号，当$m = D_1$时，$U_{xy}^{(2)}(l,m)$取得最大值，故搜索$U_{xy}^{(2)}(l,m)$的最大值就可以得到 TDOA 的估计值$\hat{D}_1$，具体如下：

$$\hat{D}_1 = \arg\max_m \left(U_{xy}^{(2)}(l,m) \right) \tag{10.35}$$

由于该方法利用了第二类广义循环相关熵来估计 TDOA，因此称为基于第二类广义循环相关熵的 TDOA 估计方法（简称 GCCETDE）。

3．仿真实验

实验 10.15　为了验证基于第二类广义循环相关熵的 TDOA 估计方法性能，选取一个 2PSK 调制信号作为感兴趣信号，其载波频率$f_{c1} = 1000\text{Hz}$，码元速率$R_{B1} = 200\text{Baud}$，TDOA 为$D_1 = 48T_s$，其中$T_s = 1/f_s$为采样间隔，$f_s = 5000\text{Hz}$为采样频率，快拍数$N = 16384$；另选取一个 2PSK 调制信号作为干扰，其载波频率$f_{c2} = 950\text{Hz}$，码元速率$R_{B2} = 200\text{Baud}$，TDOA 为$D_2 = 55T_s$；广义信噪比$\text{GSNR} = -3\text{dB}$，Alpha 稳定分布噪声特征指数$\alpha = 1.4$。另外选取三种方法参与比较，分别是基于二阶循环统计量的方法（SPECCOA）、基于分数低阶循环统计量的方法（FLOCC）和基于相关熵的方法（CETDE）。对于 FLOCC，$a = b = 0.5$；对于 CETDE 和本节所介绍的 GCCETDE，高斯核函数的核长$\sigma = 1$。按照上述方法进行计算，并比较与 TDOA 有关的峰值的位置，实验结果如图 10.19 所示。

由图 10.19 可见，峰值的位置可以用来估计感兴趣信号的 TDOA，由 SPECCOA、FLOCC、CETDE 和 GCCETDE 所得到的 DOA 估计结果分别为$51T_s$、$55T_s$、$48T_s$和$48T_s$。可见，只有 CETDE 和 GCCETDE 的 TDOA 估计值是准确的，相比于其他两种方法，它们具有抑制当前条件下脉冲噪声的能力。

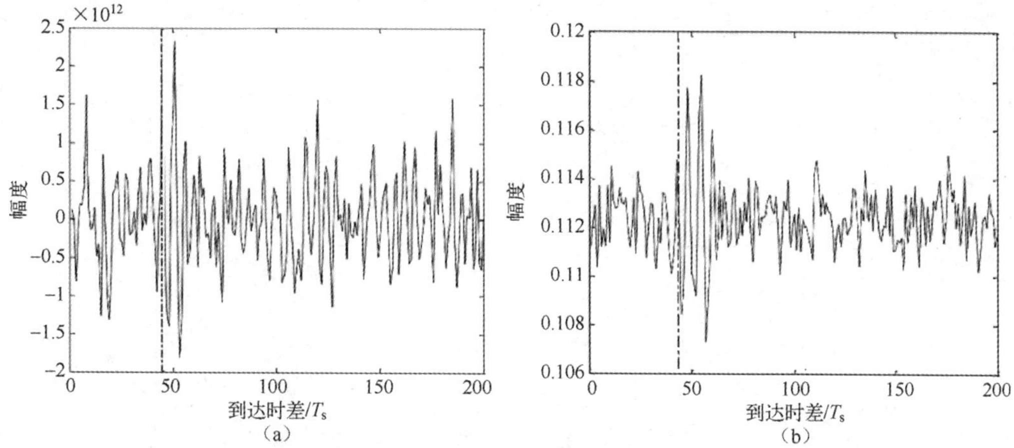

图 10.19　四种方法的到达时差（TDOA）估计对比。（a）SPECCOA；（b）FLOCC；（c）CETDE；（d）GCCETDE

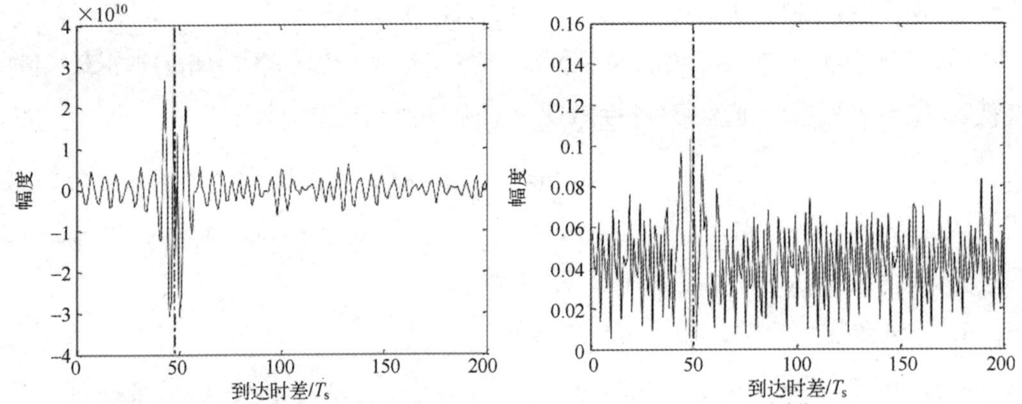

（c）（d）

图 10.19 四种方法的到达时差（TDOA）估计对比（续）。(a) SPECCOA；（b）FLOCC；（c）CETDE；（d）GCCETDE

实验 10.16 为了进一步验证基于第二类广义循环相关熵的 TDOA 估计方法的性能，选取：当广义信噪比的取值范围是 $\text{GSNR} \in [-15, 7]$dB 时，Alpha 稳定分布噪声特征指数 $\alpha = 1.4$；当 Alpha 稳定分布噪声的特征指数的取值范围是 $\alpha \in [1.1, 2]$ 时，广义信噪比 $\text{GSNR} = -3\text{dB}$；其他的实验条件与实验 10.15 一致。继续选择 SPECCOA、FLOCC、CETDE 和 GCCETDE 四种 TDOA 估计方法进行比较。其性能是通过估计准确率 P_{Acc} 来衡量的，估计准确率 P_{Acc} 定义式如式（10.8）所示，N_{Acc} 表示准确估计 TDOA 的次数，如果估计的 TDOA 与真实的 TDOA 相等，则认为估计准确。实验结果如图 10.20 所示。

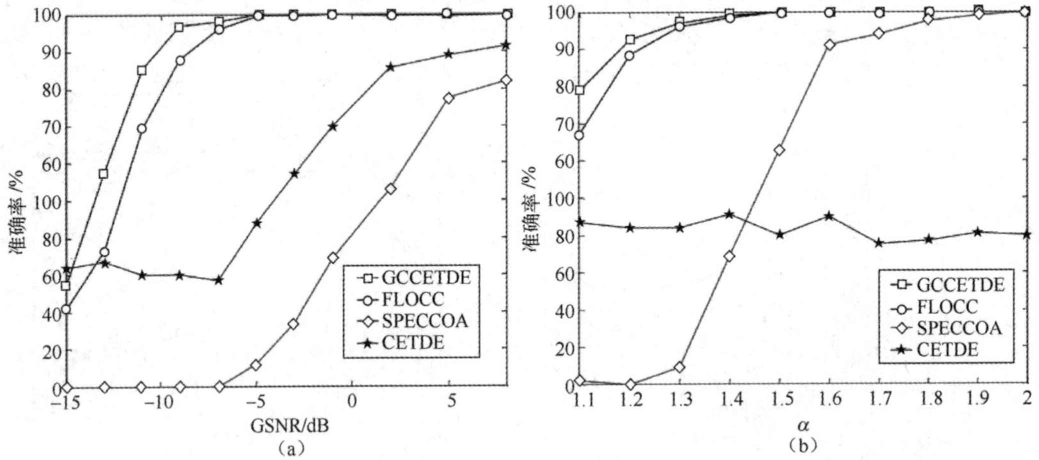

（a）（b）

图 10.20 不同噪声条件下各 TDOA 估计方法的准确率比较。(a) Alpha 稳定分布噪声的特征指数为 1.4，GSNR 变化；(b) 广义信噪比为 −3dB，Alpha 稳定分布噪声的特征指数变化

由图 10.20（a）可见，由于 CETDE 无法抑制同频干扰，难以分辨所估计的 TDOA 是来自目标信号还是干扰信号，因此估计性能较差。因为 SPECCOA 不能抑制脉冲噪声，所以它的 TDOA 估计准确率较低。相比于上述两种方法，在抑制脉冲噪声影响方面，GCCETDE 和 FLOCC 有着明显的优势，并且当 GSNR<−5dB 时，GCCETDE 的性能要优于 FLOCC 的性能，因此对低广义信噪比的适应性更强。

此外，由图 10.20（b）可见，由于 CETDE 不能抑制同频干扰，在同频干扰的影响下该方法的性能较差。而在脉冲性相对较弱的条件下（$1.8<\alpha<2$），SPECCOA 能够准确估计出 TDOA；但是随着特征指数不断减小，噪声的脉冲性不断增强，SPECCOA 的性能急剧下降。相比于上述两种方法，GCCETDE 和 FLOCC 在抑制脉冲噪声影响方面有着明显的优势；当$\alpha<1.4$时，相比于 FLOCC，GCCETDE 对于脉冲噪声有更强的韧性，因此它的 TDOA 估计准确率也更高。

10.5　基于循环相关熵谱和神经网络的调制方式识别

除了本章前面几节所介绍的应用问题，在无线通信领域，无线电信号处理所涉及的问题还有很多类，如何对未知信号的调制方式进行识别就是一类重要的问题。

调制方式识别是无线电信号处理领域的重要技术之一，广泛应用于民用领域和军用领域。为了实现和改进调制方式识别技术，涌现了大量的科研成果。这些成果主要可以分为两大类：一类是基于最大似然估计的方法；另一类则是基于特征分类的方法。

通过与神经网络技术相结合，基于特征分类的调制方式识别技术取得了长足的进步。本节将介绍一个基于循环相关熵谱和神经网络的调制方式自动识别方法。

1．基于循环相关熵谱和神经网络的调制方式自动识别方法

基于循环相关熵谱和神经网络的调制方式自动识别方法分为两个主要环节，即特征提取环节和模式识别环节。

特征提取环节包括三个主要步骤：（1）根据式（9.7）计算接收信号的循环相关熵谱；（2）在$\varepsilon=0, f_c$，$\pm 2f_c, 4f_c$共 5 个循环频率处提取截面；（3）利用主成分分析法（principal component analysis，PCA）进行特征提取和降维，获得特征矢量。

模式识别环节包括两个主要步骤：（1）利用上述特征和对应的标签训练径向基函数神经网络；（2）利用训练好的网络对未知标签的特征进行分类。

该方法如图 10.21 所示，其中（a）~（e）依次为接收信号的时域波形、循环相关熵谱、循环相关熵谱截面、PCA 降维后的特征矢量及径向基函数神经网络。

2．仿真实验

实验 10.17　为了验证基于循环相关熵谱的调制方式识别方法的性能，分别选取 2PSK、2ASK、QPSK 和 16QAM 四类调制信号作为待识别的调制信号。当广义信噪比的取值范围是$\mathrm{GSNR}\in[-5\mathrm{dB}, 10\mathrm{dB}]$时，Alpha 稳定分布噪声的特征指数$\alpha=1.8$。每种条件下每种调制信号各生成 2000 个数据样本，并按照 1∶1 的比例将这些样本分为训练集和测试集。参与比较的有三种方法，分别是基于分数低阶循环统计量的识别方法、基于白化滤波器的最大似然估计识别方法、基于循环特征的识别方法，并选取最好的实验结果作为比较方法的实验结果。用调制方式的估计准确率来衡量本节所介绍的方法（简记为 CCES-RBF）和参与比较的方法的性能，估计准确率P_{Acc}定义式如式（10.8）所示，N_{Acc}表示准确估计调制方式类别的次数，也就是正确识别调试方式的次数。实验结果如图 10.22 所示。

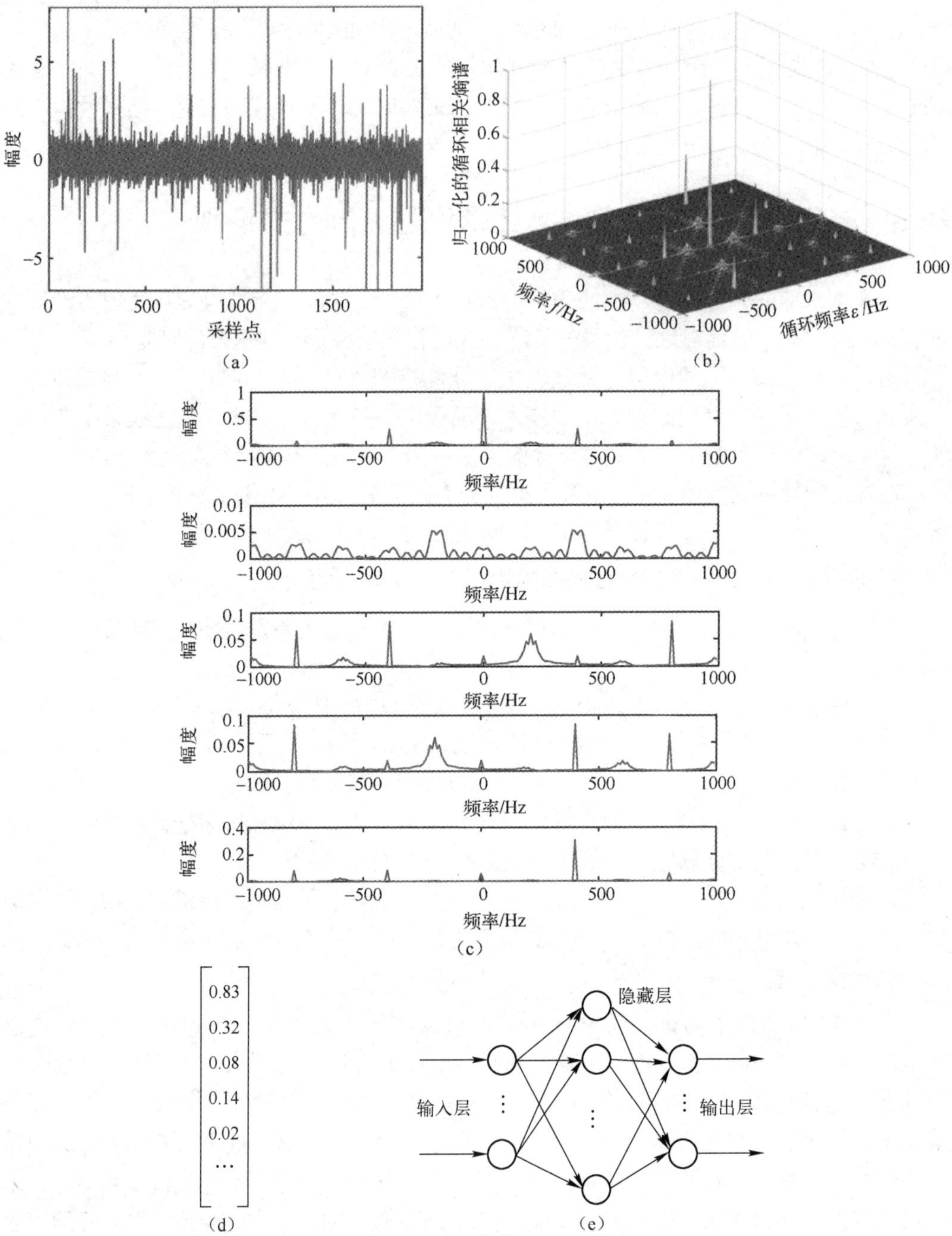

图 10.21　基于循环相关熵谱和神经网络的调制方式自动识别方法。(a) 接收信号时域波形；(b) 信号的循环相关熵谱；(c) 循环相关熵谱截面；(d) PCA 降维后的特征矢量；(e) 径向基函数神经网络

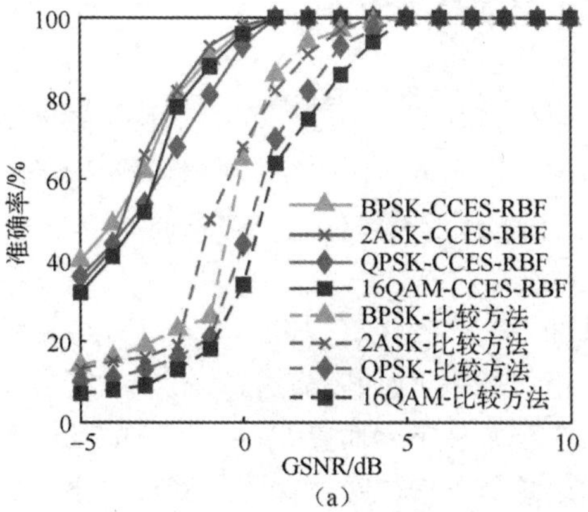

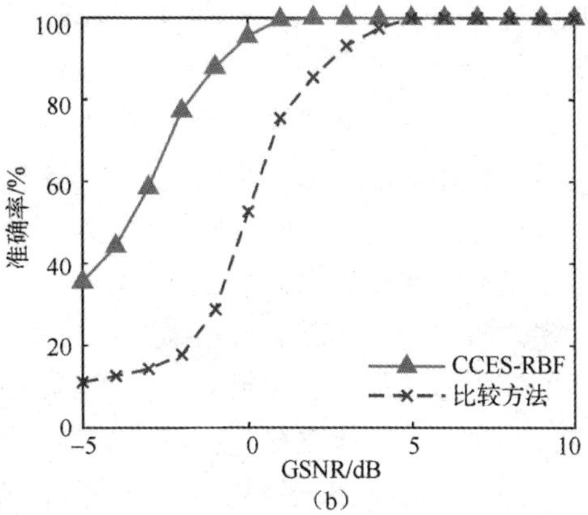

图 10.22　GSNR 变化时各方法性能比较。(a) 特征指数为 1.8 时各类调制信号的准确率-GSNR 曲线；(b) 特征指数为 1.8 时所有调制信号的准确率-GSNR 曲线

由图 10.22（a）可见，对于各类调制信号而言，无论 GSNR 如何变化，本节所介绍的方法都优于参与比较的其他方法。由图 10.22（b）可见，将各类调制信号作为一个总体，无论 GSNR 在范围内如何变化，本节所介绍的方法（CCES-RBF）的性能均优于参与比较的方法。

实验 10.18　本实验除了进一步验证广义信噪比对本节所介绍的方法的性能的影响，还将验证不同的 Alpha 稳定分布噪声的特征指数对该方法性能的影响。当广义信噪比的取值范围是 $\mathrm{GSNR}\in[-5, 10]\mathrm{dB}$ 时，Alpha 稳定分布噪声的特征指数 $\alpha=1.3$；当特征指数的取值范围 $\alpha\in[1.1, 2]$ 时，广义信噪比的取值 $\mathrm{GSNR}=1\mathrm{dB}$。实验结果如图 10.23 所示。

由图 10.23（a）可见，对于各类调制信号而言，无论 GSNR 如何变化，本节所介绍的方法（CCES-RBF）都优于参与比较的其他方法。由图 10.22（a）和图 10.23（a）可见，对于 4 种不同的调制信号，本节所介绍的方法始终保持最高的识别准确率。由图 10.23（b）可见，当特征指数变化时，本节所介绍的方法的性能均优于参与比较的其他方法。

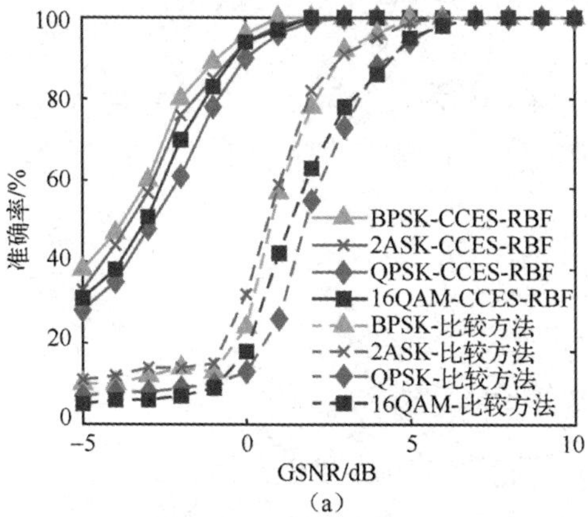

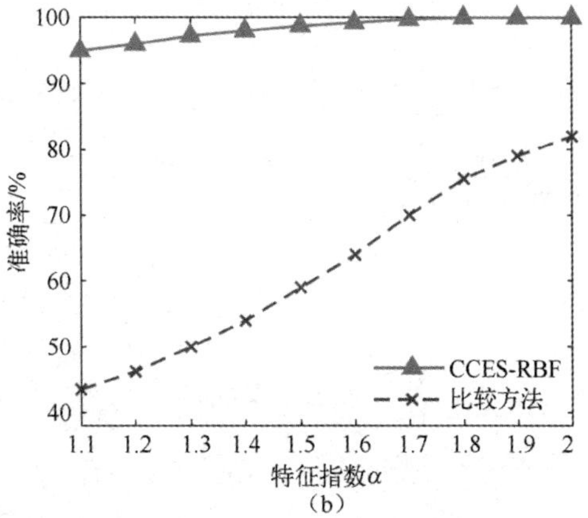

图 10.23　噪声条件不同时各方法性能比较。(a) 特征指数为 1.3 时的准确率-GSNR 曲线；(b) 广义信噪比为 1dB 时的准确率-特征指数曲线

10.6 基于广义循环相关熵谱的轴承故障诊断

围绕通信信号处理中常见的各类问题，本章的前几节已经逐一介绍了基于循环相关熵的各类应用方法。鉴于无线电信号的产生机制，很多人工调制信号都具有循环平稳特性。同样，由于轴承等机械装置的运转机制，机械领域的许多信号也存在循环平稳特性，故常用循环统计量作为诊断工具对滚动轴承故障进行检测。

滚动轴承是应用于各类机械中的重要机械部件，在各类旋转机械中，随处可见滚动轴承的应用。例如，在车辆或其他机械的齿轮箱、铁路车轴和涡轮机等机械中都大量使用了滚动轴承。由于这些滚动轴承长期在恶劣生产条件下周而复始地运转，故其性能会逐渐下降，且时常会发生故障。故障诊断技术是预防机械故障、保障机器正常运行至关重要的手段。本节根据文献调研，以滚动轴承故障诊断为例，介绍广义循环相关熵在机械工程领域中的应用。

1．滚动轴承点蚀故障的振动响应信号模型

所谓滚动轴承的点蚀，是指轴承在使用一段时间后出现的一种疲劳性表层剥落现象。这是因为轴承在使用时其滚动体与内外圈接触，要承受相当大的载荷，且轴承材料也有一定的使用寿命，当轴承使用达到一定次数后，应力会改变接触面的某些薄弱部位，使这些部位出现鱼鳞状的疲劳剥落点，即出现轴承点蚀故障，从而破坏轴承的平稳运行。

滚动轴承点蚀故障的振动响应信号模型如下：

$$x(t)=\sum_{i} A_i s(t-iT)+v(t) \tag{10.36}$$

式中，A_i 为瞬态脉冲幅值，T 为脉冲周期，$v(t)$ 表示平稳随机噪声。

对于式（10.36）所示的滚动轴承点蚀故障振动响应信号模型，瞬态冲击 $s(t)$ 是以系统的固有频率 f_{b} 为频率的振荡衰减信号。模拟轴承外圈故障振动响应信号，则 A_i 为常数，可将式（10.36）进行改写，如下式所示：

$$x(t)=\sum_{i=1}^{N} A_i \cdot \Theta(t-t_i)\mathrm{e}^{-C_i(t-t_1)} \cdot \sin\left[2\pi f_{\mathrm{b}i}(t-t_i)+\theta_{\mathrm{b}i}\right]+v_1(t)+v_2(t) \tag{10.37}$$

式中，C_i 为阻尼衰减因子，t_i 为冲击持续的时间，$\theta_{\mathrm{b}i}$ 为初始相位，$f_{\mathrm{b}i}$ 为电动机系统的共振频率，$v_1(t)$ 为零均值高斯噪声，$v_2(t)$ 为脉冲噪声。用函数 $\Theta(t-t_i)$ 来指定冲击发生的时间，其定义式如下：

$$\Theta(t-t_i)=\begin{cases}1, & t-t_i \geqslant 0 \\ 0, & t-t_i<0\end{cases} \tag{10.38}$$

2．基于第一类广义循环相关熵谱的轴承故障诊断方法

基于第一类广义循环相关熵谱的轴承故障诊断方法的流程可以概括为以下 5 个步骤：

① 设 $x(t)$ 和 $y(t)$ 为两路振动信号，对信号进行解卷积预处理，以消除传递路径的影响；

② 根据公式 $C_{xy}^{(1)}(t,\tau)=E\left[G_{\mu\nu}\left(x(t)-y(t+\tau)\right)\right]$，计算信号 $x(t)$ 和 $y(t)$ 的第一类广义相关熵 $C_{xy}^{(1)}(t,\tau)$；

③ 根据公式 $U_{xy}^{(1)}(\varepsilon,\tau)=\dfrac{1}{T_0}\int_{-T_0/2}^{T_0/2}C_{xy}^{(1)}(t,\tau)\mathrm{e}^{-\mathrm{j}2\pi\varepsilon t}\mathrm{d}t$，计算信号的第一类广义循环相关熵 $U_{xy}^{(1)}(\varepsilon,\tau)$；

④ 根据公式 $S_{xy}^{(1)}(\varepsilon,f)=\int_{-\infty}^{\infty}U_{xy}^{(1)}(\varepsilon,\tau)\mathrm{e}^{-\mathrm{j}2\pi f\tau}\mathrm{d}\tau$，计算信号的第一类广义循环相关熵谱 $S_{xy}^{(1)}(\varepsilon,f)$；

⑤ 根据 $S_{xy}^{(1)}(\varepsilon,f)$ 的频谱结构特征识别轴承故障。

由以上 5 个步骤可见，基于第一类广义循环相关熵谱的轴承故障诊断方法可以分为特征提取和特征识别两个阶段。具体而言，首先，通过输入的轴承振动信号计算第一类广义循环相关熵谱；然后，通过广义循环相关熵谱识别轴承故障。

3．仿真信号实验

实验 10.19　为了证明基于第一类广义循环相关熵谱的轴承故障诊断方法的可行性，在无噪声条件下通过式（10.37）生成轴承外圈仿真信号，其中，设轴承外圈故障特征频率为 $f_{\text{outer}}=110\text{Hz}$，电动机系统的固有振动频率 $f_{\text{b}}=1000\text{Hz}$，采样频率 $f_{\text{s}}=6000\text{Hz}$。信号的时域波形和频谱如图 10.24 所示，可用于故障诊断的对应的第一类广义循环相关熵及其谱函数的轮廓特征如图 10.25 所示。

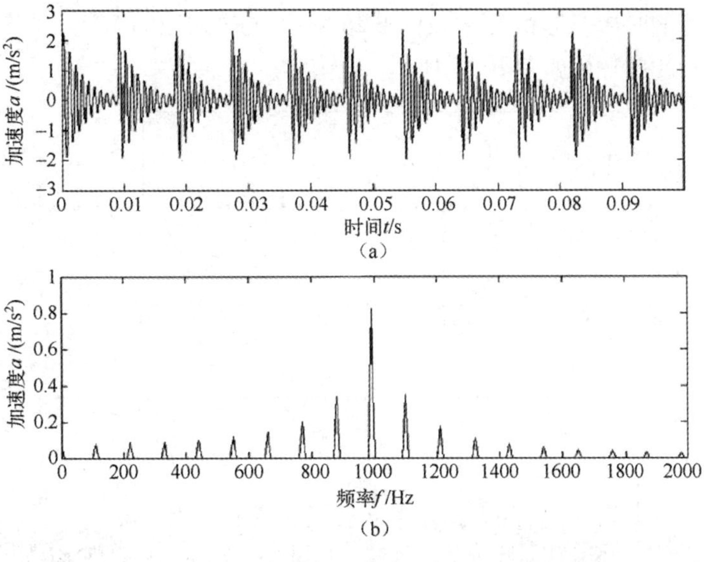

图 10.24　无噪声时轴承外圈故障仿真信号。(a) 时域波形；(b) 频谱

由图 10.24（a）可对信号的时域波形形成直观的认识；由图 10.24（b）可见，信号的频谱是以系统的固有频率 $f_{\text{b}}=1000\text{Hz}$ 为中心，两边分布着以轴承外圈故障特征频率 $f_{\text{outer}}=110\text{Hz}$ 为间隔的边带。

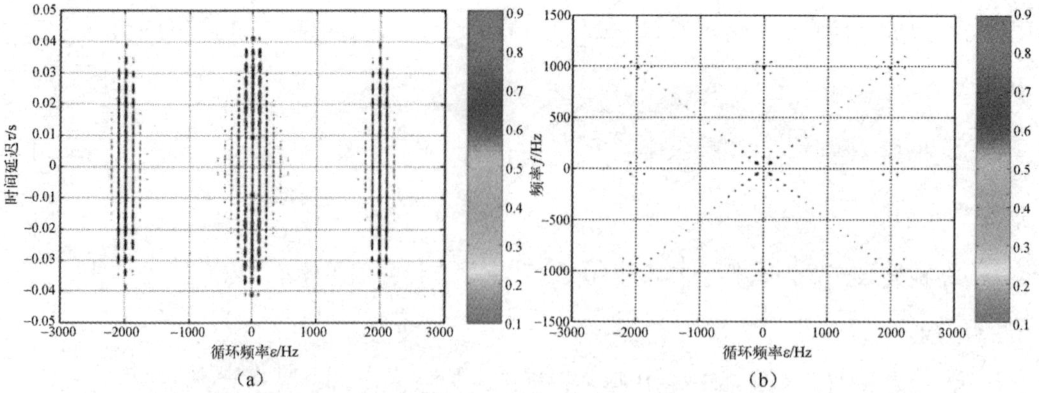

图 10.25　无噪声时轴承外圈故障仿真信号的第一类广义循环相关熵及其谱函数轮廓特征（$\beta=3,\sigma=0.6$）。(a) 第一类广义循环相关熵；(b) 第一类广义循环相关熵谱

由图 10.25 可见，这些谱峰主要分布在 $f=\pm f_{\mathrm{b}}$ 两条频率线及其平行线上；在频谱中心 $(0,0)$Hz 和 2 倍共振频率处 $(\pm1000,\pm2000)$Hz，这些平行线构成菱形，菱形在水平方向的对角线长度等于 $2f_{\mathrm{outer}}$，在垂直方向的对角线长度等于 f_{outer}，这种频谱结构清晰地表达了轴承外圈故障的频谱特征，因此，根据这些频谱特征可准确识别轴承故障。

实验 10.20　为了进一步证明在噪声条件下基于第一类广义循环相关熵谱的轴承故障诊断方法的可行性，在实验 10.19 的信号上同时添加高斯和非高斯噪声，来验证第一类广义循环相关熵对噪声的抑制能力。其中，设轴承外圈故障特征频率为 $f_{\mathrm{outer}}=110\mathrm{Hz}$，电动机系统的固有振动频率 $f_{\mathrm{b}}=1000\mathrm{Hz}$，瞬态冲击振幅 $A_i=5$，采样频率 $f_{\mathrm{s}}=6000\mathrm{Hz}$。受噪声污染信号的时域波形和频谱如图 10.26 所示，与之对应的循环相关谱和第一类广义循环相关熵谱的轮廓特征如图 10.27 所示。

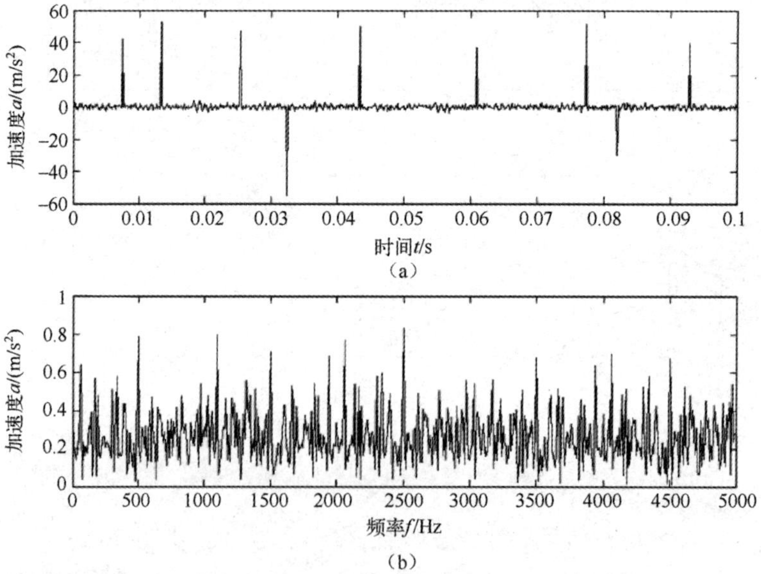

图 10.26　有噪声时轴承外圈故障仿真信号。(a) 时域波形；(b) 频谱

由图 10.26 可见，信号的时域波形受到强脉冲噪声的污染，同时，受到污染后信号的频谱也受到噪声的频谱成分的影响而难以区分。

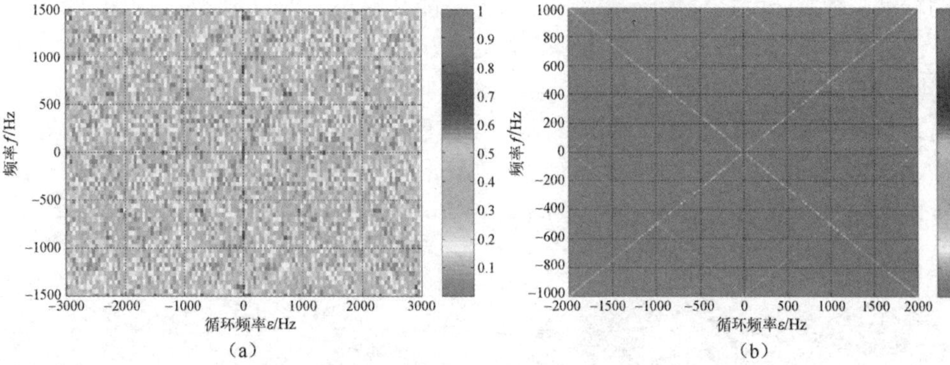

图 10.27　有噪声时轴承外圈故障仿真信号的循环相关谱和第一类广义循环相关熵谱的轮廓特征（$\beta=3,\sigma=0.6$）。(a) 循环相关谱；(b) 第一类广义循环相关熵谱

由图 10.27 可见，对于循环相关谱而言，信号的能量分散在整个双频平面内，谱相关密度的能量聚集性很差，轴承外圈特征频率和系统共振频率已完全被噪声掩盖，难以有效识别。而对于第一类广义循环相关熵谱而言，信号具有很强的能量聚集性，能准确表示强噪声中信号的频率成分，能有效抑制高斯噪声和非高斯脉冲噪声。

4．真实信号实验

实验 10.21　为了更进一步地介绍和验证该方法的可行性，采用美国凯斯西储大学（Case Western Reserve University）轴承数据中心（Bearing Data Center）在网站上公布的实验数据，实验轴承型号为深沟球轴承 6205-2RS JEM SKF，采样频率 $f_s=12000\text{Hz}$，电动机负载为空载，电动机转速为 $f_r=29.95\text{Hz}$，电动机轴承内圈故障振动信号的数据记录号为 105DE 和 125DE，构成两路传感器信号，将两路传感器采集的振动信号进行信息融合，通过第 9 章中的定义式（9.49）计算其第一类广义循环相关熵谱。滚动轴承内圈故障特征频率为 $f_{\text{inner}}=162.185\text{Hz}$，内圈轴承故障信号的循环相关谱和第一类广义循环相关熵谱的轮廓特征如图 10.28 所示。

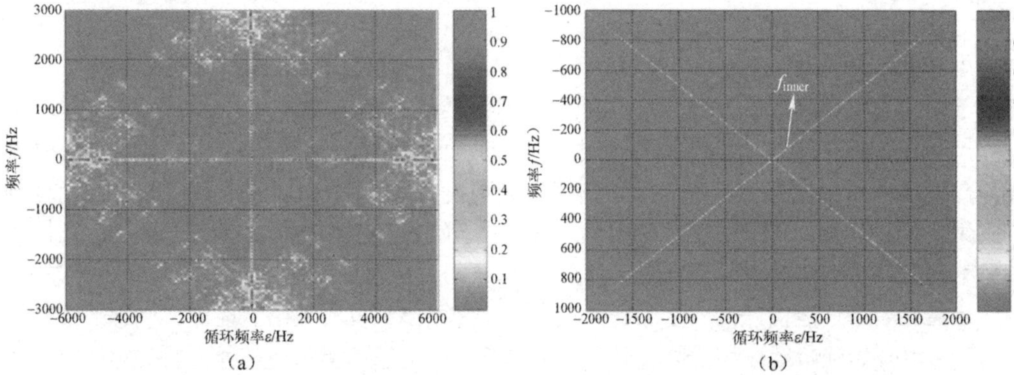

图 10.28　真实轴承内圈故障信号的循环相关谱和第一类广义循环相关熵谱的轮廓特征（$\beta=4,\sigma=2$）。(a) 循环相关谱；(b) 第一类广义循环相关熵谱

由图 10.28（a）可见，循环相关谱能量聚集性较差且分辨率较低，故而难以有效识别轴承内圈故障特征频率。由图 10.28（b）可见，在第一类广义循环相关熵谱中由 f_{inner} 所标识的轴承内圈故障特征较为清晰，因此该方法能够提高轴承故障诊断的准确性和可靠性，其性能优于传统的基于二阶统计量的谱相关方法。

实验 10.22 仍采用实验 10.21 中的实验数据来源，电动机轴承外圈故障振动信号的数据记录号为 130DE 和 144DE，构成两路传感器信号，将两路传感器采集的振动信号进行信息融合，计算其第一类广义循环相关熵谱。滚动轴承外圈故障信号的频率为 $f_{\text{outer}}=107.365\text{Hz}$，外圈轴承故障信号的循环相关谱和第一类广义循环相关熵谱的轮廓特征如图 10.29 所示。

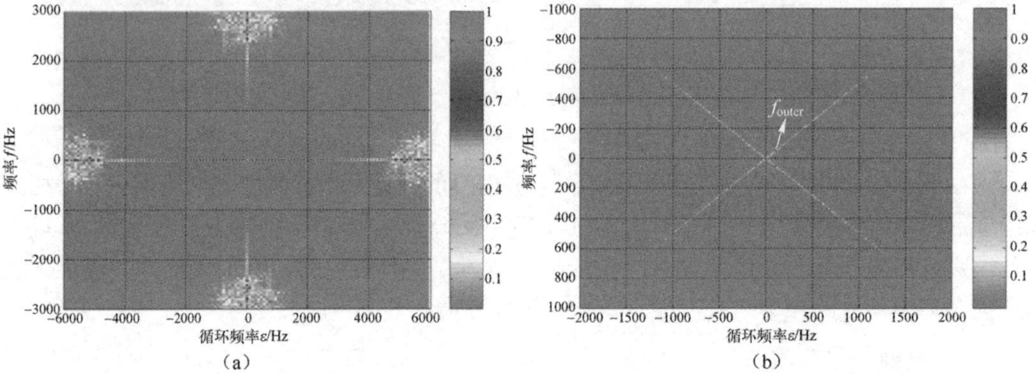

图 10.29 真实的轴承外圈故障信号的循环相关谱和第一类广义循环相关熵谱的轮廓特征（$\beta=4,\sigma=2$）。(a) 循环相关谱；(b) 第一类广义循环相关熵谱

由图 10.29（a）的实验结果同样可以得到类似于实验 10.21 中的结论，即传统的循环相关谱能量聚集性较差且分辨率较低，难以有效识别轴承外圈故障特征频率。而由图 10.29（b）可见，在第一类广义循环相关熵谱中由 f_{outer} 所标识的轴承外圈故障特征较为清晰，故而该方法能够提高轴承故障诊断的准确性和可靠性，其性能优于传统的基于二阶统计量的谱相关方法。

10.7 本章小结

本章从实际应用出发，介绍了如何利用循环相关熵及其谱函数改进现有的信号处理方法，并给出能够抑制脉冲噪声和同频干扰的各类改进方法。

所涉及的信号处理方法主要涉及两个领域，一是无线电信号处理，二是机械信号处理。在无线电信号处理领域中，分别围绕载波频率估计、DOA 估计、TDOA 估计及调制方式识别四种应用，着重介绍了基于循环相关熵及其谱函数的各类方法。此外，在机械信号处理领域，着重介绍了基于第一类广义循环相关熵谱的轴承故障诊断与分析方法。

本章内容是依照信号的产生原理来撰写的，如果单纯以所采用的理论、概念或性质划分，则可以分为利用循环相关熵、循环相关熵谱和广义循环相关熵三种主要类别，所涉及的其他基本理论还包括阵列信号处理、压缩感知理论及深度学习理论等。其中关于循环相关熵的基本理论，可参考第 9 章的内容，更深入的理论请读者参阅相关专业书籍和文献。

需要说明的是，在本书撰写过程中，参考并借鉴了多位科研工作者围绕相关熵与循环相关熵理论与应用所进行的多项研究工作。出于对原作者的尊重，同时也引用了原来的实验条件和实验结果，在此对原作者表示感谢和致意。

参 考 文 献

[1] NIKIAS C L, SHAO M. Signal processing with alpha-stable distributions and applications[M]. Wiley-Interscience, 1995.

[2] LIU W, POKHAREL P P, PRÍNCIPE J C. Correntropy: Properties and applications in non-Gaussian signal processing[J]. IEEE Transactions on Signal Processing, 2007, 55(11): 5286-5298.

[3] LIU W, POKHAREL P P, PRINCIPE J C. Correntropy: A localized similarity measure[C]//The 2006 IEEE International Joint Conference on Neural Network Proceedings. IEEE, 2006: 4919-4924.

[4] CHEN B, XING L, ZHAO H, et al. Generalized correntropy for robust adaptive filtering[J]. IEEE Transactions on Signal Processing, 2016, 64(13): 3376-3387.

[5] CHEN L, QU H, ZHAO J. Generalized correntropy based deep learning in presence of non-Gaussian noises[J]. Neurocomputing, 2018, 278: 41-50.

[6] LUAN S, QIU T, ZHU Y, et al. Cyclic correntropy and its spectrum in frequency estimation in the presence of impulsive noise[J]. Signal Processing, 2016, 120: 503-508.

[7] LIU T, QIU T, LUAN S. Cyclic correntropy: Foundations and theories[J]. IEEE Access, 2018, 6: 34659-34669.

[8] LIU T, QIU T, LUAN S. Cyclic frequency estimation by compressed cyclic correntropy spectrum in impulsive noise[J]. IEEE Signal Processing Letters, 2019, 26(6): 888-892.

[9] FONTES A I R. Uso de correntropia na generalização de funções cicloestacionárias e aplicações para a extração de características de sinais modulados[D]. Universidade Federal do Rio Grande do Norte, 2015.

[10] FONTES A I R, REGO J B A, MARTINS A M, et al. Cyclostationary correntropy: Definition and applications[J]. Expert Systems with Applications, 2017, 69: 110-117.

[11] FONTES A I R, REGO J B A, MARTINS A M, et al. Corrigendum to 'cyclostationary correntropy: definition and applications'[Expert Systems with Applications 69 (2017) 110-117][J]. Expert Systems with Applications, 2017, 100(81): 472-473.

[12] TIAN Q, QIU T, CAI R. DOA estimation for CD sources by complex cyclic correntropy in an impulsive noise environment[J]. IEEE Communications Letters, 2020, 24(5): 1015-1019.

[13] JIN F, QIU T, LUAN S, et al. Joint estimation of the DOA and the number of sources for wideband signals using cyclic correntropy[J]. IEEE Access, 2019, 7: 42482-42494.

[14] LI S, LIN B, DING Y, et al. Signal-selective time difference of arrival estimation based on generalized cyclic correntropy in impulsive noise environments[C]//International Conference on Wireless Algorithms, Systems, and Applications. Springer, Cham, 2018: 274-283.

[15] CHEN X, QIU T, LIU C, Et al. TDOA estimation algorithm based on generalized cyclic correntropy in impulsive noise and cochannel interference[J]. IEICE Transactions on Fundamentals of

Electronics, Communications and Computer Sciences, 2018, 101(10): 1625-1630.

[16] MA J, QIU T. Automatic modulation classification using cyclic correntropy spectrum in impulsive noise[J]. IEEE Wireless Communications Letters, 2018, 8(2): 440-443.

[17] ZHAO X, QIN Y, HE C, et al. Rolling element bearing fault diagnosis under impulsive noise environment based on cyclic correntropy spectrum[J]. Entropy, 2019, 21(1): 50.

[18] CHEN B, PRÍNCIPE J C. Maximum correntropy estimation is a smoothed MAP estimation[J]. IEEE Signal Processing Letters, 2012, 19(8): 491-494.

[19] MA J, LIN S C, GAO H, et al. Automatic modulation classification under non-gaussian noise: A deep residual learning approach[C]// 2019 IEEE International Conference on Communications (ICC). IEEE, 2019: 1-6.

[20] WANG F, WANG X. Fast and robust modulation classification via Kolmogorov-Smirnov test[J]. IEEE Transactions on Communications, 2010, 58(8): 2324-2332.

[21] CHAVALI V G, DA SILVA C R C M. Classification of digital amplitude-phase modulated signals in time-correlated non-Gaussian channels[J]. IEEE transactions on communications, 2013, 61(6): 2408-2419.

[22] DUTTA T, SATIJA U, RAMKUMAR B, et al. A novel method for automatic modulation classification under non-Gaussian noise based on variational mode decomposition[C]//2016 Twenty Second National Conference on Communication (NCC). IEEE, 2016: 1-6.

[23] YOU G, JIANG B, QIN H, et al. A novel cyclic correntropy MUSIC algorithm of cyclostationary signal based on UCA in impulsive noise[C]//2017 Chinese Automation Congress (CAC). IEEE, 2017: 2820-2823.

[24] WANG P, QIU T, REN F, et al. A robust DOA estimator based on the correntropy in alpha-stable noise environments[J]. Digital Signal Processing, 2017, 60: 242-251.

[25] LIU M, ZHAO N, LI J, Et al. Spectrum sensing based on maximum generalized correntropy under symmetric alpha stable noise[J]. IEEE Transactions on Vehicular Technology, 2019, 68(10): 10262-10266.

[26] MA W, QIU J, LIU X, et al. Unscented Kalman filter with generalized correntropy loss for robust power system forecasting-aided state estimation[J]. IEEE Transactions on Industrial Informatics, 2019, 15(11): 6091-6100.

[27] 李辉，郝如江. 基于循环多核相关熵的故障检测方法及应用[J]. 仪器仪表学报，2020(5)：252-260.

[28] 邱天爽，陈兴，马济通，等. 基于循环相关熵谱的时频混叠信号载波频率估计方法[J]. 通信学报，2018，39(6)：20-26.

[29] 邱天爽. 相关熵与循环相关熵信号处理研究进展[J]. 电子与信息学报，2020，42(1)：205-118.

[30] 邱天爽，栾声扬，王鹏，等. 一种基于循环相关熵的载频估计方法[P]. 中国，2015105913129. 2016-02-03.

[31] 栾声扬. 有界非线性协方差与相关熵及在无线定位中的应用[D]. 大连：大连理工大学，2017.